U0157552

本书获评住房和城乡建设部"十四五"规划教材
住房城乡建设部土建类学科专业"十三五"规划教材
A+U 高等学校建筑学与城乡规划专业教材

Architecture and Urban

建筑物理

杨 柳　主编
刘加平　主审
西安建筑科技大学　华南理工大学　编著
重庆大学　清华大学

第 5 版

中国建筑工业出版社

图书在版编目（CIP）数据

建筑物理 / 杨柳主编；西安建筑科技大学等编著
.—5 版 .—北京：中国建筑工业出版社，2021.1（2023.12 重印）
住房城乡建设部土建类学科专业"十三五"规划教材
A+U 高等学校建筑学与城乡规划专业教材
ISBN 978-7-112-25665-5

Ⅰ.①建… Ⅱ.①杨… ②西… Ⅲ.①建筑物理学—
高等学校—教材 Ⅳ.① TU11

中国版本图书馆CIP数据核字（2020）第235198号

责任编辑：陈　桦
文字编辑：柏铭泽
责任校对：张惠雯

为了更好地支持相应课程的教学，我们向采用本书作为教材的教师
提供课件，有需要者可与出版社联系。
建工书院：http://edu.cabplink.com
邮箱：jckj@cabp.com.cn　电话：(010)58337285

住房城乡建设部土建类学科专业"十三五"规划教材
A+U高等学校建筑学与城乡规划专业教材

建筑物理（第5版）

	杨　柳	主编
	刘加平	主审
西安建筑科技大学	华南理工大学	编著
重庆大学	清华大学	

*

中国建筑工业出版社出版、发行（北京海淀三里河路9号）
各地新华书店、建筑书店经销
北京方舟正佳图文设计有限公司制版
廊坊市海涛印刷有限公司印刷

*

开本：787毫米 ×1092毫米　1 / 16　印张：26¾　字数：697千字
2021年9月第五版　2023年12月第五十次印刷
定价：**59.00**元（赠教师课件）
ISBN 978-7-112- 25665-5
　　（36539）

前言（第 5 版）　Fifth Edition Preface

　　《建筑物理》第 5 版是在原西安建筑科技大学、华南理工大学、重庆大学和清华大学四校合编的《建筑物理》统编教材第四版的基础上编写而成的。

　　新版教材沿用了原书的主体框架，仍然分为建筑热工学、建筑光学和建筑声学三个相对独立的部分。近十余年来，我国绿色建筑和建筑节能取得了长足的发展，2016 年《中共中央国务院关于进一步加强城市规划建设管理工作的若干意见》中提出了新时期建筑八字方针，即"适用、经济、绿色、美观"，进一步加强建筑的节能减排要求；2020 年 9 月，习近平总书记在第七十五届联合国大会上提出了"碳达峰、碳中和"的发展目标，作出中国对全球可持续发展的郑重承诺。住房和城乡建设部顺应时代潮流，陆续对民用建筑的节能设计标准、建筑采光设计标准、建筑设计统一标准和绿色建筑评价标准进行了更新。为了遵从新时期建筑方针，顺应建筑节能、绿色建筑及实现"双碳目标"的发展需求，故再次对《建筑物理》统编教材进行修编。

　　本次修编进一步完善和扩充了建筑物理基本概念和原理的阐述，增加了"湿球温度""显热和潜热""焓湿图""操作温度""光的非视觉生物效应"和"色貌"等相关概念；根据最新规范和标准的要求，更新了"围护结构保温设计要求""隔热设计标准"和"采光计算公式"等内容；增加了有关"被动式太阳能设计"和"大型消声室"的教学案例；删除或缩减白炽灯和卤钨灯等淘汰或非常用光源，补充了固体发光光源（LED、OLED）等内容。其目的在于，通过建筑物理课程的学习，加强学生对社会可持续发展的理解，培养学生具备建筑物理环境设计的理念，使其能够在建筑与规划设计的不同环节，采用相应的措施，改善建筑的热湿环境、光环境与声环境，合理解决建筑设计中遇到的保温、防热、防潮、节能、照明、音质改善和噪声与振动控制等问题，创造健康、舒适、绿色、宜居的建筑环境。

《建筑物理》统编教材在不断地修编中度过了近 70 个年头，从体系到内容的完善都离不开一代代建筑物理学领域前辈们的不懈努力，本书全体编著者对前辈们的卓越工作表示深深敬意。在本书第五版初稿完成之际，本书主编特将稿件送呈西安建筑科技大学刘加平院士主审。重庆大学唐鸣放教授和内蒙古工业大学刘铮教授、天津大学王立雄教授、浙江大学张三明副教授分别对建筑热工学、建筑光学和建筑声学进行了审阅。审阅人为本次改编提出了很多建设性意见，对本书编写质量的提高起到重要作用。

本书第 5 版由杨柳主编。其中建筑热工学部分的编者是杨柳、朱新荣（第 1～4 章、第 6 章，西安建筑科技大学）、孟庆林、李琼（第 5 章，华南理工大学）；建筑光学部分的编写工作由重庆大学严永红完成；建筑声学部分的编写工作由清华大学燕翔完成。

杨柳

2020 年西安建筑科技大学

前言（第三版）　Third Edition Preface

　　《建筑物理》第三版是在原西安冶金建筑学院、华南工学院、重庆建筑工程学院和清华大学等四院校合编的《建筑物理》统编教材第二版基础上编写而成的。

　　新版教材基本保持了原书的风格和框架体系，全书仍然分为建筑热工学、建筑光学和建筑声学三个相对独立的组成部分。为贯彻全国建筑学专业指导委员会倡导的建筑教育中应重视"厚基础、宽口径"的基本精神，在修编中除继续完善基本的概念和原理，对部分章节的内容和图例进行了调整外，还增加了建筑中太阳能利用和绿色照明的内容，更新了城市噪声控制部分内容，参考了全国一级注册建筑师考试大纲，注重了与现行相关建筑设计规范的衔接。其目的在于，通过建筑物理课程学习，不但能熟练地掌握建筑物理学的基本原理，而且能够运用建筑设计、构造设计、合理选材等"被动式"手段，创造出适宜的热环境、光环境和声环境，并能够节约能源和材料。这是因为，在建筑学科领域兴起的绿色建筑的研究与实践，要求人们在逐步提高居住环境质量的同时，应当节约能源和自然资源，保护自然生态环境，而建筑物理学中所提倡的物理环境设计方法，正是符合可持续发展原理的"绿色"方法。

　　国内建筑院校开设建筑物理课程已近 50 个春秋，经过几代人的努力，建筑物理环境的教学、研究和应用已发展成为较完整的学科体系。早在 20 世纪 60 年代初，中国建筑工业出版社就组织原西安冶金建筑学院、清华大学、原重庆建筑工程学院和原华南工学院的部分教师，编写了我国第一本《建筑物理》统编教材。1979年，原书的编者们重新编写了新版《建筑物理》，1987年又对其修订出版了第二版。先后参加过原书编写和审稿的人员包括我国在建筑热工学、建筑光学和建筑声学领域的众多前辈，其中有西安建筑科技大学王景云教授，原西安冶金建筑学院王建瑚教授，华南理工大学林其标教授，清华大学车世光教授、张昌龄教授、李晋奎教授、谭恩慈教授、黄祥村教授，重庆建筑大学杨光璿教授、罗茂羲教授，东南大学柳孝图教授、甘柽教授、何凤飞教授等。如此众多著名学者的共同贡献，作为建筑物理发展史上的里程碑，将对我国建筑学教育的发展产生深远影响。

在本书第三版初稿完成之际，征得中国建筑工业出版社同意，本书主编聘请重庆建筑大学陈启高教授、天津大学沈天行教授和同济大学钟祥璋教授分别对建筑热工学、建筑光学和建筑声学进行了审阅。审阅人提出的许多建设性意见对提高本书的编写质量起到了重要的作用。

本书第三版由刘加平主编。其中建筑热工篇编者为刘加平、钟珂（西安建筑科技大学）、王建瑚（青岛建筑工程学院）和黎明（华南理工大学）；建筑光学篇编者为陈仲林、杨光璿（重庆建筑大学）；建筑声学篇编者为李晋奎（清华大学）和刘铮（内蒙古工业大学）。

刘加平

1999年国庆于西安建筑科技大学

前言（第一版）　First Edition Preface

　　建筑物理是建筑环境科学的基本组成部分。本书内容包括建筑热工学、建筑光学和建筑声学。这些内容可概括为：研究建筑中的热、光、声等物理现象和材料的热物理、光学及声学性能；论述为获得良好的热、光、声环境的设计原理和方法。

　　建筑物理是培养高级建筑设计人才不可缺少的专业基础课程。建筑设计人员必须掌握一定的建筑物理知识，否则就不可能完满地解决有关热、光、声环境的设计问题，也就不可能保证现代建筑应有的设计质量。

　　必须认识到，从建筑规划、设计到局部的构造设计，甚至施工管理，自始至终都涉及建筑物理的有关知识和技能。例如，在建筑规划中，如不考虑噪声的危害而将有强烈噪声的工厂布置在居民区内，必将严重影响居民的生活与休息。房屋的朝向、间距不合理，则在炎热地区必将加重室内过热现象，而在寒冷地区又会得不到应有的日照而影响室内卫生。

　　在单体建筑设计中，由于大多数建筑物都有其对热、光、声方面的具体要求，且在许多情况下，这些要求对房屋的使用质量具有重大甚至是决定性意义，当然就更离不开建筑物理技术。例如，就室内气候而言，如果大量性工业与民用建筑的保温、防热处理不好，势必影响亿万人民的正常生活与工作。而一座冷库的绝热防潮处理不合要求，一到炎热季节，库温上升，货物变质，将造成经济上的巨大损失。在光环境设计方面，仅从中小学教室因采光、照明条件不好，使青少年视力普遍下降的严重情况，就可看到其重要性。对室内音质要求高的房间，如影剧院、音乐厅等，则建筑设计中的声学处理具有决定性的意义。噪声干扰，特别是住宅楼板隔声性能低劣，已是建筑设计中必须认真解决的突出问题。

由此可见，建筑物理知识对提高建筑设计质量，促进建筑工业现代化具有多么重大的意义。因此，在专业教育中，必须加强建筑物理的教学工作；在设计工作中，必须充分应用建筑物理技术。

通过本课程的讲授和习题、实验的训练，将使学生掌握建筑物理的基本原理，具备相应的设计能力。在学习本课时，首先应力求从物理概念上弄清热、光、声等物理现象在建筑中的传播规律。在此基础上，一方面注意掌握设计原则，另一方面也要重视材料的有关性能和构造设计技能，此外，还应了解计算公式的物理意义并能较熟练地进行计算。

本书是根据 1978 年制订的编写大纲，由西安冶金建筑学院、华南工学院、重庆建筑工程学院、清华大学等四院校有关教师共同编写，由南京工学院柳孝图、甘柽、何凤飞三同志主审定稿的。

本书由王景云同志主编。各部分的编者是：王景云（第一、三章），王建瑚（第二、四章），林其标（第五、六章），杨光璿、罗茂羲（第七、八、九章），谭恩慈、黄祥村（第十章），李晋奎（第十一、十三章），黄祥村（第十二章），车世光、张昌龄（第十四章），车世光（第十五章）。

编者

1979 年 9 月

基本符号表

建筑热工学

q	热流强度，W/m^2	t_i	室内气温，$°C$
λ	材料的导热系数，$W/(m \cdot K)$；辐射波长，μm	t_e	室外气温，$°C$
q_c	对流换热强度，W/m^2	t_{se}	室外综合温度，$°C$
α_c	对流换热系数，$W/(m^2 \cdot K)$	Y	材料层表面蓄热系数，$W/(m^2 \cdot K)$
θ	固体表面的温度，$°C$	Y_i	内表面蓄热系数，$W/(m^2 \cdot K)$
ε	黑度（发射率），无因次量	Y_e	外表面蓄热系数，$W/(m^2 \cdot K)$
E_λ	单色辐射力，$W/(m^2 \cdot \mu m)$	α_i	内表面换热系数，$W/(m^2 \cdot K)$
E	黑体和灰体的全辐射能力，W/m^2，	α_e	外表面换热系数，$W/(m^2 \cdot K)$
C	物体的辐射系数，$W/(m^2 \cdot K^4)$	v	总衰减倍数，无因次量
r	对辐射热的反射系数，无因次量	ξ	延迟时间，h
ρ	对辐射热的吸收系数，无因次量	ξ_0	总延迟时间，h
α_r	辐射换热系数，$W/(m^2 \cdot K)$	ρ_s	对太阳辐射的吸收系数，无因次量
A	温度、热流等的波动振幅	τ	时间，h
B	地面的吸热指数，$W/(m^2 \cdot h^{-\frac{1}{2}} \cdot K)$	Φ	相位角，deg
c	比热容，$kJ/(kg \cdot K)$	Q	传热量，W
D	热惰性指标，无因次量	P	水蒸气分压力，Pa
K	传热系数，$W/(m^2 \cdot K)$	P_s	饱和水蒸气分压力，Pa
K_0	总传热系数，$W/(m^2 \cdot K)$	f	绝对湿度，g/m^3
R	传热阻，$(m^2 \cdot K)/W$	f_{max}	饱和水蒸气量，g/m^3
R_i	内表面热转移阻，$(m^2 \cdot K)/W$	φ	相对湿度，%
R_e	外表面热转移阻，$(m^2 \cdot K)/W$	t_d	露点温度，$°C$
$R_{min \times x}$	满足允许温差要求的非透光围护结构热阻最小值，脚注 x 用 w、r、g、b 表示墙体、屋面、地面、地下室墙，$(m^2 \cdot K)/W$	H	水蒸气渗透阻，$(m^2 \cdot h \cdot Pa)/g$
		H_0	总水蒸气渗透阻，$(m^2 \cdot h \cdot Pa)/g$
		μ_m	水蒸气渗透系数，$g/(m \cdot h \cdot Pa)$
R_0	总热阻，$(m^2 \cdot K)/W$	P_i	围护结构内表面水蒸气分压力，Pa
S	材料的蓄热系数，$W/(m^2 \cdot K)$	P_e	围护结构外表面水蒸气分压力，Pa

建筑光学

A	面积，m²	L_z	天顶亮度，cd/m²
C	彩度；采光系数，%；亮度对比系数	H	色调
C_{av}	顶部采光系数平均值，%	V	明度
C_{min}	侧面采光系数最低值，%	N	中性色
C_d	天窗窗洞口的采光系数，%	R_a	一般显色指数
C'_d	侧窗窗洞口的采光系数，%	R_i	特殊显色指数
C_u	照明装置的利用系数	ΔE	色差
d	识别物体细节尺寸，mm	RCR	室空间比
E	照度，lx	CCR	顶棚空间比
E_n	室内照度，lx	$V(\lambda)$	光谱光视效率
E_w	室外照度，lx	α	光吸收比；视角，分
Φ	光通量，lm	τ	光透射比
I_a	发光强度，cd	ρ	光反射比
K_f	晴天方向系数	$\overline{\rho}$	室内各表面光反射比的加权平均值
K	光气候系数；维护系数	η	灯具效率，%
K_c	窗宽修正系数	λ	波长，nm
K_q	高跨比系数	λ_m	在明视觉条件下视感觉最大值对应的波长
K_ρ	顶部采光的室内反射光增量系数	γ	遮光角
K'_ρ	侧面采光的室内反射光增量系数	RI	室形指数
K_τ	天窗总透光系数	T_c	色温，K
K'_τ	侧窗总透光系数	T_{cp}	相关色温，K
K_w	侧窗采光的室外遮挡物挡光折减系数	Ω	立体角，sr
L_a	亮度，cd/m²	U_0	照度均匀度
L_t	目标亮度，cd/m²	UGR	统一眩光值
L_b	背景亮度，cd/m²	CRF	对比显现因数
L_θ	仰角为 θ 的天空亮度，cd/m²	LPD	照明功率密度，W/m²

建筑声学

A	振幅，m 或 cm	NII	噪声冲击指数
T	周期，s	L_I	声强级，dB
T_{60}	混响时间，s	L_W	声功率级，dB
λ	波长，m	L_n、L_{pn}	规范化撞击声压级，dB
c	声速，m/s	$L_{n,w}$、$L_{pn,w}$	计权规范化撞击声压级，dB
E_0	总入射声能量，J	L'_{nT}、L'_{pnT}	标准化撞击声压级，dB
E_r	反射声能量，J	$L'_{nT,w}$、$L'_{pnT,w}$	计权标准化撞击声压级，dB
E_τ	透射声能量，J	$\Delta L_{pn,w}$	计权规范化撞击声压级改善量，dB
E_α	吸收声能量，J	D	声能密度，(W·s)/m³ 或 J/m³；板的
γ	反射系数，%		弯曲刚度；语言清晰度指标
τ	透射系数，%	D_0	稳态声能密度，W·s/m² 或 J/m³
α	吸声系数，%	d	声音在室内的衰减率，dB/s
α_0	垂直入射（或正入射）吸声系数，%	Q	声源指向性因数，无因次量
α_T	无规入射吸声系数／扩散入射吸声系	R	房间常数，m²
	数，%	R	构件隔声量，dB
A	吸声量，m²	V_s	每座容积，m³
f	声音的频率，Hz	R_w	空气声计权隔声量，dB
f_0	共振／固有频率，Hz	$D_{nT,w}$	计权标准化声压级差，dB
f_c	频带中心频率，Hz	C	粉红噪声频谱修正量
p	声压，N/m²	C_{tr}	交通噪声频谱修正量
P	材料穿孔率，%	K	结构的刚度因素，kg/(m²·s²)
P_0	参考声压，2×10^{-5} N/m²	E	板材料的动态弹性模量，N/m²
I	声强，W/m²	σ	泊松比
I_0	参考声强，10^{-12} N/m²	f_c	吻合临界频率，Hz
W	声源声功率，W	$C(C_{80})$	音乐明晰度指标，dB
W_0	参考声功率，10^{-12} W	D	语言清晰度指标，%
L_p	声压级，dB	RR	(Room Response)，房间响应
L_A, A	声级，dB(A)	$IACC$	两耳互相关函数
L_{eq}	等效连续 A 声级，dB(A)	EDT	早期衰减时间，s
L_{dn}	昼夜等效声级，dB(A)	IL	构件插入损失，dB
L_N	累积分布声级，dB(A)	s	无规入射散射系数

目 录　　　　　Contents

A+U

第 1 篇　建筑热工学

建筑物的外围护结构将人们的生活与工作空间分为室内和室外两部分，因而，建筑热环境也就分为室内热湿环境和室外热湿环境。建筑物常年经受室内外各种热湿环境因子的作用，其中，由室外的因素如太阳辐射、空气的温度和湿度、风、雨雪等产生的作用，一般统称为"室外热湿作用"；由室内的因素如空气温度和湿度、生产和生活散发的热量与水分等产生的作用，则称为"室内热湿作用"。

　　建筑热工学的任务是阐述建筑热工原理，论述如何通过建筑、规划设计的相应措施，有效地防护或利用室内外热湿作用，合理地解决房屋的保温、隔热、防潮、节能等问题，以创造良好和舒适的室内热环境，提高围护结构的耐久性，降低建筑在使用过程中的供暖或空调能耗。当然，在大多数情况下，单靠建筑措施是不能完全满足对室内热环境的要求的。为了获得合乎标准的室内热湿环境，往往需要配备适当的设备，进行人工调节。如在寒冷的地区设置供暖设备，在炎热地区采用空调设备等。采用空调设备，当然能创造理想的室内热环境；但应注意，只有在充分发挥各种建筑措施的作用的基础上，再配备一些必不可少的设备，才能做出技术上和经济上都合理的设计，这也是建筑节能设计的基本策略。

　　建筑围护结构传热、传湿的基本原理和计算方法是建筑热工学的基础内容。同时还必须了解材料的热物理性能，重视构造处理的方法，才能正确解决实际工程设计中遇到的热湿环境控制和节能问题。对于一些良好的被动式措施：保温、隔热、蓄热、通风、被动式太阳能利用等，一方面可以改善建筑内的热环境，另一方面当不得不采用主动式技术时，可以减少能源的消耗。研究建筑及其围护结构的热工性能是建筑热环境学科的传统范畴，而建筑节能和绿色建筑则是建筑热环境学科需要扩展的方向。

　　本篇内容着重介绍一般民用与工业建筑的热工设计，包括建筑保温设计、防潮设计、防热设计、太阳能利用与建筑节能设计等。希望通过本篇的学习，除了掌握必需的基础知识和理论外，还应在建筑设计中能够灵活掌握和运用相关国家标准和规范，如《民用建筑设计统一标准》GB 50352—2019、《建筑气候区划标准》GB 50178—93、《民用建筑热工设计规范》GB 50176—2016、《严寒和寒冷地区居住建筑节能设计标准》JGJ 26—2018、《夏热冬冷地区居住建筑节能设计标准》JGJ 134—2010、《夏热冬暖地区居住建筑节能设计标准》JGJ 75—2012、《公共建筑节能设计标准》GB 50189—2015 等。

　　对于某些特殊用途的房间（如高湿、恒温恒湿房间、被动式太阳房等）的热工设计，除需应用本篇所述的内容以外，还应参阅有关的专著和文献。

第1章 Chapter 1 Basic Knowledge of Building Thermal Engineering
建筑热工学基础知识

建筑热工学需要处理人的热舒适需求、室外气候和建筑之间的关系，即如何在特定的室外气候条件下，通过设计手段提高室内热湿环境的舒适度，尽可能地满足使用者的热舒适需求。为达到此目的，室内热湿环境要素及人体的热舒适要求，是首先需要明确的问题；此外，室外热湿环境的各气象要素及其变化规律是影响室内热湿环境的外因、建筑中的传热现象关系到室外环境影响室内热湿环境的途径，本章将对这些建筑热工学基础知识进行介绍。

1.1 室内热湿环境

对使用者而言，建筑物内部环境可简单分为室内物理环境和室内心理环境两部分。其中，室内物理环境属于建筑物理学的范畴。

室内物理环境是指室内那些通过人体感觉器官对人的生理发生作用和影响的物理因素，由室内热湿环境、室内光环境、室内声环境以及室内空气质量环境等组成。其中，室内热湿环境是建筑热工学研究的内容。

建筑师在设计每幢房屋时，都应考虑到室内热湿环境对使用者的作用和可能产生的影响，以便为使用者创造舒适的热湿环境。舒适的热湿环境是维护人体健康的重要条件，也是人们得以正常工作、学习、生活的基本保证。在舒适的热湿环境中，人的知觉、智力、手工操作的能力可以得到最好的发挥；偏离舒适条件，效率就随之下降；严重偏离时，就会感到过冷或过热甚至使人无法进行正常的工作和生活。在创造舒适热环境的同时，还应考虑建筑在使用过程中的节能与降耗，控制建筑的能耗，从而达到国家或地区对相关建筑能耗的限定指标。

1.1.1 人体热舒适与室内热湿环境构成要素

建筑室内热湿环境的设计目标是满足人体的热舒适与健康需求，而人体要达到热舒适状态是需要满足一定条件的。人体与其周围环境之间保持热平衡，对人的健康与舒适来说是首要的条件。

人体的热平衡，就是体内的产热量与失热量相等。人体的得热和失热可用图 1-1 和式（1-1）表示。

$$\Delta q = q_{\mathrm{m}} \pm q_{\mathrm{c}} \pm q_{\mathrm{r}} - q_{\mathrm{e}} - q_{\mathrm{w}} \qquad (1\text{-}1)$$

式中　Δq——人体得失的热量，W；

　　　q_{m}——人体产热量，W；

　　　q_{c}——人体对流换热量，W；

　　　q_{r}——人体辐射换热量，W；

　　　q_{e}——人体蒸发散热量，W；

　　　q_{w}——人体做功消耗的能量，W。

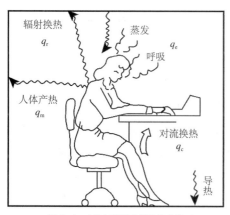

图 1-1 人体与环境之间的热交换

人体热平衡，即 $\Delta q = 0$，这时人体能够保持体温恒定不变；当 $\Delta q \neq 0$ 时，人体不能达到热平衡。如果 $\Delta q > 0$ 时，人体体温会上升；当 $\Delta q < 0$ 时，体温会下降。

人体产热量 q_m 主要取决于机体活动的剧烈程度。在常温下，处于安静状态的成年人，每小时的产热量约 95~115 W，从事重体力劳动时，每小时的产热量可达 580~700 W。

人体新陈代谢产生的能量，除了一部分用于人体做功，即 q_w，其余大部分是以热量的形式散失到周围环境中的。

人体蒸发散热量 q_e 是由呼吸、皮肤无感觉蒸发和皮肤有感觉汗液蒸发散热量组成的。在人体尚未出汗时，蒸发散热量 q_e 是通过呼吸和无感觉的皮肤蒸发进行，呼吸引起的散热量与新陈代谢率成正比；皮肤无感觉蒸发散热量取决于皮肤表面和周围空气中的水蒸气压力差；当劳动强度变大或环境较热时，人体大量出汗，q_e 绝大部分是通过汗液蒸发的形式进行的。皮肤有感觉汗液蒸发散热量与空气的流速、从皮肤经衣服到周围空气的水蒸气压力分布、衣服对水蒸气的渗透阻力等因素有关。

辐射换热量 q_r 主要是人体表面与周围墙壁、顶棚、地面以及窗玻璃之间通过长波辐射热交换实现的。如果室内有火墙、壁炉、辐射供暖板之类的供暖装置，当然 q_r 就包括与这些装置的辐射换热。当人体表面温度高于周围表面温度时，辐射换热的结果是人体失热，q_r 为负值；反之，则人体得热，q_r 为正值。

对流换热量 q_c 是周围空气在人体表面流动时产生的热交换。对流换热量 q_c 取决于体表温度和空气温度的差值以及空气的气流速度等因素。当体表温度高于空气温度时，人体散热，人体会感到凉爽（夏季）或寒冷（冬季），q_c 为负值。反之，则人体得热，q_c 为正值。

当式（1-1）中 $\Delta q = 0$ 时，人体处于热平衡状态，如图 1-2 所示，这时人体体温维持正常不变（约为 37 ℃），在这种情况下，人的健康不会受到损害。但必须指出，$\Delta q = 0$ 并不一定表示人体处于舒适状态，因为各种热量之间可能有许多不同的组合都可

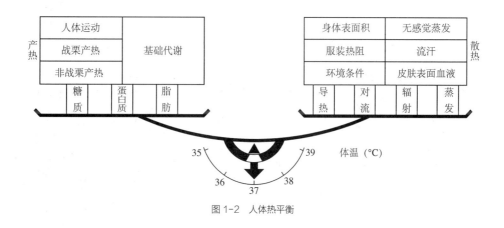

图 1-2 人体热平衡

使 Δq=0，也就是说，人们会遇到各种不同的热平衡，然而，只有能使人体按正常比例散热的热平衡才是舒适的。

所谓按正常比例散热，指的是对流换热约占总散热量的 25%~30%，辐射散热约占 45%~50%，呼吸和无感觉蒸发散热约占 25%~30%（图 1-3）。当劳动强度或室内热环境要素发生变化时，本来是正常的热平衡就可能被破坏，但并不至于立即使体温发生变化。这是因为人体有一定的生理调节能力。当环境过冷时，皮肤毛细血管收缩，血流减少，皮肤温度下降以减少散热量；当环境过热时，皮肤血管扩张，血流增多，皮肤温度升高，以增加散热量，甚至大量出汗使 q_e 变大，以争取新的热平衡。这时的热平衡称为"负荷热平衡"。

在负荷热平衡下，虽然 Δq 仍等于零，但人体却已不在舒适状态。不过只要分泌的汗液量仍在生理允许的范围之内，则负荷热平衡是可以忍受的。

但是人体生理调节能力是有一定限度的，它不可能无限制地通过减少输往体表血量的方式来抵抗冷环境，也不可能无限制地借助蒸发汗液来适应过热环境。当室内热环境恶化到一定程度之后，终将出现 $\Delta q \neq 0$ 的情况，于是体温开始发生升降现象。虽然当体温变化不大，持续时间不长时，改变环境后仍然可以恢复到正常体温，但从生理卫生方面来看，这已是不能允许的。

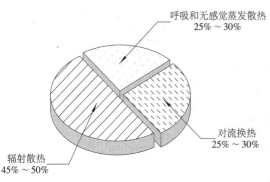

图 1-3 正常比例散热

（左上）呼吸和无感觉蒸发散热 25%~30%

（右下）对流换热 25%~30%

（左下）辐射散热 45%~50%

1.1.2　热舒适的影响因素

综合所述可知，人体热舒适受诸多因素的影响。例如人体的蒸发散热量主要受空气温度、空气湿度以及气流速度（风速）的影响；对流换热量与空气温度和气流速度有关；而辐射换热量则受周围壁面温度的影响。也就是说，室内热湿环境中的空气温度、相对湿度、气流速度及环境的平均辐射温度对人体热舒适有直接的影响，这四个要素也被称为影响人体热舒适的四个环境要素。另一些属于个人的因素，如活动量、适应力以及衣着情况等也会影响人体的热感觉和热舒适。

1）空气温度

空气温度的高低在很大程度上直接决定着人体的冷热舒适感。温度是分子动能的宏观度量。为了度量温度的高低，用"温标"作为公认的标尺。目前国际上常用的温标是"摄氏"温标，符号为 t，单位为摄氏度（℃）。另一种温标是表示热力学温度的温标，也叫"开尔文"温标，符号为 T，单位为开尔文（K）。它是以气体分子热运动平均动能趋于零时的温度为起点，定为 0 K；以水和冰的固液混合温度为 273 K。摄氏温标和开尔文温标的关系为：

$$t = T - 273 \qquad (1-2)$$

室内空气温度对人体热舒适起着很重要的作用。供暖室内设计温度应符合：严寒和寒冷地区主要房间应采用 18~24 ℃，夏热冬冷地区主要房间宜采用 16~22 ℃。

2）空气湿度

空气湿度影响着人体的舒适与健康，如冬季的阴冷潮湿和夏季的湿热都不是理想的居住环境。人体对空气湿度的感觉与空气的"相对湿度"密切相关。相对湿度是表示空气接近饱和的程度（参阅本书第 4.1 节）。相对湿度越小，说明空气的饱和程度越低，感觉越干燥；相对湿度越大，表示空气越接近饱和，感觉越湿润。一般来说，相对湿度在 60%~70% 时人体感觉比较舒适。根据《民用建筑热工设计规范》GB 50176—2016，冬季室内热工计算参数相对湿度一般房间应取 30%~60%，夏季应取 60%。

3）风速

室内空气的流动速度是影响人体对流散热和水分蒸发散热的主要因素之一。气流速度越大，人体的对流散热以及蒸发散热量越大。 对于非空调环境，可以通过提高空气流动速度来提高可接受的温度上限值，补偿空气温度和平均辐射温度的升高。

4）平均辐射温度

室内平均辐射温度近似等于室内各表面温度的平均值，它描述的是空间中指定点所处的辐射环境，决定了人体辐射散热的强度。在同样的室内空气温湿条件下，如果室内表面辐射温度高，人体会增加热感；内表面辐射温度低，则会增加冷感。当人面对高温物体时（如火炉或暖气片），接收到的辐射较强因此会感觉温暖；当人面对温度很低的窗户时，人体通过辐射失去热量因此会感觉较冷。冬季在窗户附近感受到的"冷气流"实际上是由于平均辐射温度造成的（图 1-4）。

为避免冷（热）辐射及结露影响，我国《民用建筑热工设计规范》GB 50176—2016 对冬季墙体内表面温度与室内空气温度差的限值及夏季外墙内表面最高温度的限值进行了规定。

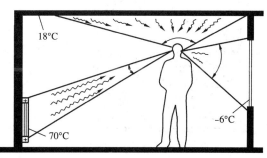

图 1-4　平均辐射温度对人体的作用

5）人体活动量（代谢率）

人体本身是一个生物有机体，无时无刻不在制造热能与散发热能。人体产生的热量亦随着活动、人种、性别及年龄而有差异，成年男子的代谢产热量参考见表 1-1。

表 1-1　成年男子代谢产热量表

活动类型	新陈代谢率	
	met	W/m^2
基础代谢（睡眠中）	0.8	46.4
静坐	1.0	58.2
一般办公室工作或驾驶汽车	1.6	92.8
站着从事轻型工作	2.0	116.0
步行，速率 4 km/h	3.0	174.0
步行，速率 5.6 km/h	4.0	232.0

人体安静状态下产生的热量称为"基础代谢率"。身高 177.4 cm、体重 77.1 kg、表面积为 1.8 m^2 的成年男子静坐时，其代谢率为 58.2 W/m^2，我们定义为 1 met（Metabolic rate），作为人体代谢产热量的标准单位。

6）衣着

人的衣着多少，也在相当程度上影响着人对热环境的感觉。例如在冬季人们穿上厚重的衣物以隔绝冷空气保持身体温暖；而在夏天则穿短袖等少量衣物，以加速人体散热，达到舒适程度。热阻单位 clo 量化了衣物的隔热作用。所谓 1 clo 是指静坐或轻度脑力劳动状态下的人在室温 21 ℃ 时，相对湿度不超过 50%，空气流速不超过 0.1 m/s 的环境中保持舒适状态时所穿服装的隔热值。若以衣物隔热程度来表示，则 1 clo 相当于 0.155 (m^2·℃)/W 。几种着衣状况下的 clo 值如图 1-5 所示。

这些热湿环境要素和个体要素的不同组合使得室内热环境大致可以分为舒适的、可以忍受的和不能忍

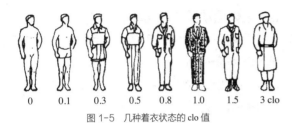

图 1-5　几种着衣状态的 clo 值

受的三种情况。只有采用充分空调设备的房间，才能实现全年舒适的室内热环境。但是如果都采用完善的空调设备，不仅在经济上不太现实，而且从生理上说，也会降低人体对环境变化的适应能力，不利于健康。

1.1.3　室内热湿环境的评价方法和标准

　　人体热舒适受室内热环境多个要素的影响，任何一个单一因素都不足说明人体对热环境的反应。在热工学领域，科学家们长期以来试图用一个单一的指标来描述多要素与人体热舒适之间的关系。用以评价室内热环境的指标有多种，其中有的较为简单、有的较为复杂，使用起来各有利弊。最简单最方便且应用最为广泛的指标是室内空气温度。目前，我国很多建筑设计规范和标准中，仍以室内空气温度作为设计控制指标，例如供暖建筑热工计算参数应取 18 ℃，夏季空调建筑室内计算参数应取 26 ℃等。日常生活中，人们也往往以温度作为估计室内热环境的简单标准。

　　仅用室内空气温度作为评价室内热环境，虽然方便而且简单易行，但却很不完善。因为人体热感觉的程度依赖于室内热环境四要素的共同作用。例如，当不考虑气流速度，空气湿度和平均辐射温度时，室温为 30 ℃比 28 ℃感觉要热；但当室温为 30 ℃，气流速度为 3 m/s 时，组合起来要比室温为 28 ℃，气流速度为 0.1 m/s 时，人的热感觉要舒适。也就是说，热湿环境的评价是涉及多因素共同作用。对于这类问题，人们往往希望能够找到考虑多因素共同作用的单一指标，下面对一些学者提出的评价指标进行介绍。

1）有效温度 ET 与新有效温度 ET*

　　有效温度是 1923—1925 年由美国 Yaglou 等人提出的一种热指标，该指标以受试者的主观反应为评价依据，评价空气温度、空气湿度与空气流动速度对人们在休息或坐着工作时的主观热感觉的综合影响。在决定此项指标的实验中，受试者在环境因素组合不相同的两个房间中来回走动，调节其中一个房间的各项参数值。使得受试者由一个房间进入另一个房间时具有相同的热感觉，如图 1-6 所示。

　　图 1-6 中 φ_i 为室内空气相对湿度，v_i 为空气流动速度，t_i 为室内空气温度。房间 A 为制定有效温度的参考房间，房间 B 的环境要素可以任意组合，用以模拟可能遇到的实际环境条件。当受试者在两

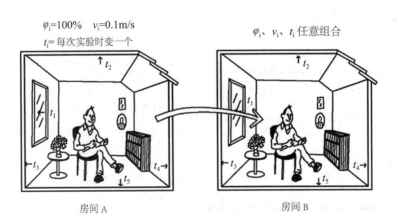

图 1-6　有效温度的定标实验

个房间内获得同样的热感觉时，我们就把房间 A 的温度作房间 B 的"有效温度"。例如 B 室 t_i=25 ℃，φ_i=50%，v_i=1.5 m/s 与 A 室 t_i=20 ℃ 时的主观热感觉相同，则 B 室的有效温度 ET=20 ℃。

在早先的有效温度指标中，没有包括辐射热的作用，不适合于局部有热（冷）表面的房间，后来做了修正，用能够反映空气温度和环境辐射状况的黑球温度代替空气温度。这一修正后的有效温度指标被称为"新有效温度"。新有效温度与热感觉之间的关系如表 1-2 所示。

表 1-2　新有效温度和主观热感觉的对应关系

新有效温度 ET^*（℃）	43	40	35	34 ~ 31	30	25	20	19 ~ 16	15	10
主观热感觉	允许上限	酷热	炎热	热	稍热	适中	稍冷	冷	寒冷	严寒

2）操作温度 t_{op}

此外，热舒适评价指标还有操作温度 t_{op}。操作温度 t_{op} 是考虑了空气温度和平均辐射温度对人体热感觉的影响而得出的合成温度，它综合考虑了环境与人体的对流换热与辐射换热。操作温度通常采用式（1-3）来计算：

$$t_{op}=A \cdot t_a+(1-A) \cdot t_{mrt} \qquad (1-3)$$

式中　t_{op}——操作温度，℃；

　　　t_a——空气温度，℃；

　　　t_{mrt}——平均辐射温度，℃；

　　　A——常数，与室内空气流速有关。

当室内空气流速 < 0.2 m/s 时，A=0.5；当室内空气流速在 0.2~0.6 m/s 时，A=0.6，当室内空气流速在 0.6~1.0 m/s 时，A=0.7。

式（1-3）说明当空气流速较小（< 0.2 m/s）时，辐射换热对人体的影响等于对流换热对人体的影响，当空气流速较大（≥ 0.2 m/s）时，对流换热系数大于辐射换热系数，此时对流换热对人体热感觉的影响要大于辐射换热对人体的影响。

3）预测平均热感觉指标 PMV

PMV（Predicted Mean Vote）意为预测平均热感觉指标，这一指标是由丹麦学者房格尔（Fanger）在 20 世纪 70 年代提出的。房格尔在大量实验数据的统计分析基础上，结合人体的热舒适方程提出了该指标。该指标综合考虑了人体活动水平、服装热阻、空气温度、平均辐射温度、空气湿度和空气流动速度六个因素，是迄今为止考虑人体热舒适影响因素最全面的评价指标。PMV 的计算公式如式（1-4）所示。

$$PMV=[0.303e^{-0.036M}+0.028]L \qquad (1-4)$$

式中　L 为人体热负荷。

$L=(M-W)-3.05 \times 10^{-3}[573\,3-6.99(M-W)-P_a]-0.42[(M-W)-58.15]-1.7 \times 10^{-5}M(5\,867-P_a)-0.001\,4M(34-t_a)-3.96 \times 10^{-8}f_{cl}[(t_{cl}+273)^4-(t_{mrt}+273)^4]-f_{cl}h_c(t_{cl}-t_a)$

式中　M——人体的新陈代谢率，W/m²；

　　　W——人体对外所做的机械功，W/m²；

　　　P_a——人体周围水蒸气分压力，Pa；

　　　t_a——人体周围空气温度，℃；

　　　f_{cl}——服装表面积系数（即着装时人体的体表面积与裸露时人的体表面积之比）；

　　　t_{cl}——服装外表面的平均温度，℃；

　　　t_{mrt}——环境的平均辐射温度，℃；

　　　h_c——对流换热系数，W/(m²·℃)。

运用实验及统计的方法，房格尔得出人体主观热感觉与 PMV 指标之间的关系。当人体主观感觉处于从冷到热的七个等级时，相应的 PMV 值从 -3 变化到 3，如表 1-3 所示。

表 1-3　PMV 值与人体热感觉

PMV 值	-3	-2	-1	0	1	2	3
人体热感觉	很冷	冷	稍冷	舒适	稍热	热	很热

PMV 指标代表了同一环境下绝大多数人的感觉，但是人与人之间存在生理差异，因此 PMV 指

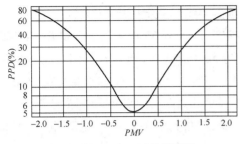

图 1-7　PMV—PPD 关系曲线图

标并不一定能够代表所有个人的感觉。房格尔提出了预测平均不满意率 PPD（Predicted Percentage Dissatisfied）指标来表示人群对热环境不满意的百分数，并给出它与 PMV 指标之间的定量关系，如图 1-7 所示。

使用 PMV—PPD 曲线，可以获得人对环境的评价。例如，夏季，当人们静坐时，室内温度为 30 ℃，相对湿度为 60%，风速 0.1 m/s，房间的平均辐射温度是 29 ℃，人的衣服热阻为 0.4 clo。根据 PMV 计算式可求得 PMV 等于 1.38。从图 1-7 可知，这种状态下，人的热感觉为比稍暖还要热一点，对该环境不满意的人数为 43%。

需要注意的是，PMV 指标提出的实验环境主要是空调建筑，自然通风状况下人体热感觉可能和空调状况下不完全一致。另外，热舒适指标的研究都是以人体对热舒适的主观感觉为基础的，这难免带有一些局限性，尤其是处于不同气候区的人，对环境的舒适感觉可能存在一定的差异。近年来，关于不同地区人体热舒适的差异及自然通风环境下的人体热舒适问题受到了广泛的关注。

1.2　室外热湿环境

室外热湿环境是指作用在建筑外围护结构上的一切热湿物理量的总称。建筑外围护结构的功能之一是抵抗或利用室外热湿作用，以便在房间内创造易于控制或舒适的热湿环境。因此，在设计建筑外围护结构时，必须熟悉作用在其上的各种热湿作用，才能创造性地去利用已有的科学技术，使建筑外围护结构具有必须的安全性、适用性、经济性、生态节能性和耐久性。

1.2.1　地区性气候及其特征

我国幅员辽阔，地形复杂，各地区气候差异悬殊，北方的大陆性气候、沿海的海洋性气候、南方的湿热气候、云南的高原气候、四川的盆地气候、吐鲁番的沙漠性气候等，是其中较为典型的例子。为了适应各地不同的气候条件，建筑上反映出不同的特点和要求，在寒冷的北方，建筑需防寒、保温和节能，建筑布局紧凑、体形封闭、厚重；在炎热多雨的南方，建筑应通风、遮阳、隔热，内外通透，以利降温除湿；沿海地区的建筑需防止强风和暴雨；在高原之上的建筑应注意利用太阳能等。因此，做好建筑设计，必须掌握建筑气候学的基本知识，熟悉建筑与气候的关系。

空气温度、湿度、太阳辐射、风、降水、积雪、日照以及冻土等都是组成室外气候的要素。从建筑热工与节能设计角度，主要关心的是对室内热环境、建筑物耐久性和建筑整体能耗起主要作用的几项因素。

1）空气温度

在进行建筑热工设计和计算时，室外空气温度是一个重要指标，因为室外空气温度常常是评价不同地区气候冷暖的根据。研究建筑外围护结构的保温、隔热，也是要根据室外空气温度的变化规律，尽可能采取能有效利用自然气候特点的、适用的、经济有效的技术措施。

空气温度的年变化、日变化都是周期性的，这是因为引起空气温度变化的太阳辐射是周期性的。可以根据气象台站的观测资料，按变化周期进行谐量分析，将气温表示成傅立叶（Fourier）级数形式（数学函数的一种表示）：

$$t_e = \bar{t} + \sum_{k=1}^{\infty} \Theta_k \cos [k\omega(\tau - \tau_k)] \qquad (1-5)$$

式中 $\bar{t}$——周期中的温度平均值 ℃；

Θ_k——第 k 级谐量振幅 ℃；

τ_k——第 k 级谐量的初相时间；

ω——圆频率，可由下式确定：

$$\omega = \frac{2\pi}{T} \qquad (1-6)$$

式中 T 为周期，对于日变化，以日为周期，$T=24$ h；对于年变化，以年为周期，$T=365$ d。此时，研究日变化是按定时观察值，而研究年变化则是以一年里每天的平均值。图1-8、图1-9分别为气温的日变化图及年变化图。

气温的日变化规律是因时因地而异的。首先是日平均温度因时因地而不同，这可用日变化规律来定其值。其次是日温度振幅（包括各级谐量振幅）也因时因地而异。一般而言，日照强烈，气候干旱地区，温度日振幅较大；日照温和，气候潮湿的地区，温度日振幅较小；其他情况处于两者之间。这种变化规律，是由太阳辐射热与长波辐射的日夜平衡所引起的。

2）太阳辐射

太阳辐射热是地表大气热过程的主要能源，也是室外热湿环境各参数中对建筑物影响较大的一个。日照和遮阳是建筑设计必须关心的事情，这都是针对太阳辐射热的。越来越严重的能源危机迫使人们设计和建造被动式太阳能建筑。

太阳的表面温度约为 6 000 K，向外辐射的能量并不恒定，地球大气层外的太阳辐射能随太阳与地球的距离及太阳活动状况而变化，太阳辐射在穿过地球大气层过程中衰减，受到大气层厚度和大气透明度的影响，光谱分布也因大气层吸收、反射和散射而改变，通常将地球大气层外，太阳与地球平均距离处，太阳辐射垂直表面上，单位面积、单位时间接受到的太阳辐射能（测量的平均值）称为太阳常数，通常取 1 367 W/m^2。

到达地面的太阳辐射由两部分组成，一部分是太阳直接射达地面，称为直接辐射，它的射线是平行的；另一部分是经大气散射后到达地面的，它的射线来自各个方向，称为散射辐射。直接辐射与散射辐射之和就是到达地面的太阳辐射总量，称为总辐量量。图1-10为地球表面接收到的太阳辐射示意图。

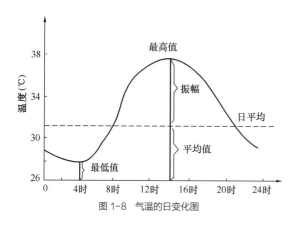

图1-8 气温的日变化图

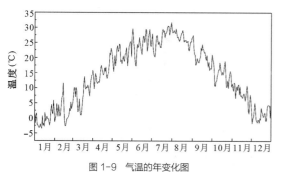

图1-9 气温的年变化图

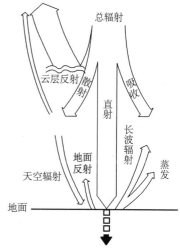

图1-10 地球表面接收到的太阳辐射示意图

3）空气湿度

空气湿度是指空气中水蒸气的含量，它是某地气候特征的一个主要因子。

空气中的水蒸气来自地表水分的蒸发，包括江河湖海、森林草原、田野耕地等。在水分蒸发过程中，需要吸收汽化潜热，这些热量直接或间接来自太阳辐射热。因此，在热流和湿流充足的地区，即气温高水面较大的地区，空气的湿度高；相反，在气温低水面少的地区，湿度就小。

空气湿度的高低可以用绝对湿度和相对湿度两个物理量来描述。一般来说，某一地区在一定时间区间内，空气的绝对湿度值变化不大，而相对湿度值则变化剧烈，这是因为空气的饱和水蒸气分压力是随温度变化而变化的。

当水蒸气进入大气后，水蒸气被冷却进入过饱和状态从空气中析出而悬浮于空气中，形成云雾、冰晶，下降而成为雨、露、霜、雪、雾、雹之类的降水现象。

4）风

气候学把水平方向的气流叫作风，因此，风是在水平面上的一个向量，包括方向及大小。风的方向，叫作风向，是以风吹来的方向定名的，这恰恰与一般表示向量的方向相反。例如风由南方吹来叫南风，而向量方向指向北。

为表示风向，粗则采取东（E）、南（S）、西（W）、北（N）4 个方位，细则采取 8 个方位，即在前述 4 个方位之间再加入东南（SE）、东北（NE）、西南（SW）和西北（NW）。若要更细，则再加入 8 个方位共 16 个方位即可，如图 1-11 所示。

气象台站测得的，在一定时间里风向在各方位次数统计图，叫作风向频率图（又名风向玫瑰图），风向频率图既可以表示风向的频率，还可以表示风速的分布，如图 1-11 所示。在风向频率图上，一个地方各方位风向情况可一目了然，特别是频度最高方位能明显区别出来。在热工计算时，根据风向频率图可考虑风对房屋热特性的影响，例如穿堂风等。

按风的形成机理，风可分为大气环流与地方风两大类。由于太阳辐射热在地球上照射不均匀，引起赤道和两极间出现温差，从而引起大气从赤道到两极和从两极到赤道的经常性活动，叫作大气环流。而局部地方增温或冷却不均所产生的气流，叫作地方风。地方风主要有水陆风、山谷风和林原风等，如图 1-12 中（a~c）所示。

通过建筑设计的手法，可在建筑中组织、产生风，例如穿堂风、后园风、里巷风、井厅风、靠岩风、地洞风等。

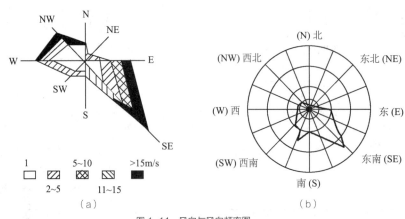

图 1-11　风向与风向频率图

（a）某地风向频率、风速分布图；（b）某地七月风向频率分布图

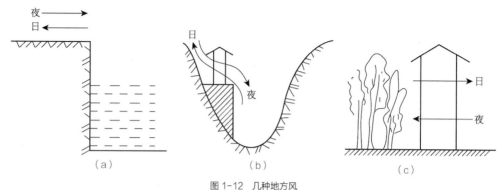

图 1-12　几种地方风
（a）水陆风；（b）山谷风；（c）林原风

1.2.2　建筑热工分区以及对建筑设计的基本要求

　　我国幅员辽阔，地形复杂。由于地理纬度、地势等条件的不同，各地气候相差悬殊。因此针对不同的气候条件，各地建筑的节能设计都有对应不同的做法。炎热地区的建筑需要遮阳、隔热和通风，以防室内过热；寒冷地区的建筑则要防寒和保温，让更多的阳光进入室内。各类建筑应充分地利用和适应气候条件，做到因地制宜。在《民用建筑热工设计规范》GB 50176—2016 中，建筑热工设计区划分为两级。一级分区中，将全国划分成了严寒地区、寒冷地区、夏热冬冷地区、夏热冬暖地区、温和地区 5 个地区。建筑热工设计一级区划指标及设计要求如表 1-4 所示的规定。

　　考虑到一级区划的每个分区跨度较大，规范中进行了更为细致的二级分区。二级分区采用"供暖度日数"和"空调度日数"作为分区的标准。供暖（空调）度日数是指：每年中，当室外日平均温度低（高）于冬季供暖（夏季空调）室内计算温度 18 ℃（26 ℃）时，将日平均温度与冬季供暖（夏季空调）室内计算温度 18 ℃（26 ℃）的差值累加，得到该年的年供暖（空调）度日数。然后，计算以往连续多年（通常为 10 年以上）中每一年的供暖（空调）度日数的平均值，即为供暖（空调）度日数。建筑热工设计二级区划指标及热工设计要求应符合表 1-5 的规定，全国主要城市的二级区属应符合《民用建筑热工设计规范》GB 50176—2016 附录 A 表 A.0.1 的规定。

表 1-4　建筑热工设计一级区划指标及设计原则

一级区划名称	分区指标		设计要求	典型城市（县）
	主要指标	辅助指标		
严寒地区（1）	$t_{\min \cdot m} \leqslant -10$ ℃	$145 \leqslant d_{\leqslant 5}$	必须充分满足冬季保温要求，一般可不考虑夏季防热	哈尔滨、齐齐哈尔、长春、吉林、沈阳、辽阳、西宁、海东、乌鲁木齐
寒冷地区（2）	-10 ℃ $< t_{\min \cdot m} \leqslant 0$ ℃	$90 \leqslant d_{\leqslant 5} < 145$	应满足冬季保温要求，部分地区兼顾夏季防热	鄂尔多斯、北京、天津、济南、太原、石家庄、郑州、徐州、西安、银川、拉萨、吐鲁番
夏热冬冷地区（3）	0 ℃ $< t_{\min \cdot m} \leqslant 10$ ℃ 25 ℃ $< t_{\max \cdot m} \leqslant 30$ ℃	$0 \leqslant d_{\leqslant 5} < 90$ $40 \leqslant d_{\geqslant 25} < 110$	必须满足夏季防热要求，适当兼顾冬季保温	南京、上海、合肥、杭州、南昌、荆门、长沙、陇南、汉中、重庆、成都、桂林

续表

一级区划名称	分区指标		设计要求	典型城市（县）
	主要指标	辅助指标		
夏热冬暖地区（4）	$10\ ℃ < t_{\min·m}$ $25\ ℃ < t_{\max·m} \leqslant 29℃$	$100 \leqslant d_{\geqslant 25} < 200$	必须充分满足夏季防热要求，一般可不考虑冬季保温	泉州、厦门、广州、汕头、海口、南宁、北海、梧州
温和地区（5）	$0\ ℃ < t_{\min·m} \leqslant 13\ ℃$ $18\ ℃ < t_{\max·m} \leqslant 25\ ℃$	$0 \leqslant d_{\geqslant 25} < 90$	部分地区应考虑冬季保温，一般可不考虑夏季防热	昆明、大理、西昌、丽江、察隅（县）

注：$t_{\min·m}$ 表示最冷月平均温度；$t_{\max·m}$ 表示最热月平均温度；$d_{\leqslant 5}$ 表示日平均温度 $\leqslant 5℃$ 的天数；$d_{\geqslant 25}$ 表示日平均温度 $\geqslant 25℃$ 的天数。

表1-5　建筑热工设计二级区划指标及设计原则

二级区划名称	区划指标		设计要求
严寒A区（1A）	$6\ 000 \leqslant HDD18$		冬季保温要求极高，必须满足保温设计要求，不考虑防热设计
严寒B区（1B）	$5\ 000 \leqslant HDD18 < 6\ 000$		冬季保温要求非常高，必须满足保温设计要求，不考虑防热设计
严寒C区（1C）	$3\ 800 \leqslant HDD18 < 5\ 000$		必须满足保温设计要求，可不考虑防热设计
寒冷A区（2A）	$2\ 000 \leqslant HDD18$ $< 3\ 800$	$CDD26 \leqslant 90$	应满足保温设计要求，可不考虑防热设计
寒冷B区（2B）		$CDD26 > 90$	应满足保温设计要求，宜满足隔热设计要求，兼顾自然通风、遮阳设计
夏热冬冷A区（3A）	$1\ 200 \leqslant HDD18 < 2\ 000$		应满足保温、隔热设计要求，重视自然通风、遮阳设计
夏热冬冷B区（3B）	$700 \leqslant HDD18 < 1\ 200$		应满足保温、隔热设计要求，强调自然通风、遮阳设计
夏热冬暖A区（4A）	$500 \leqslant HDD18 < 700$		应满足隔热设计要求，宜满足保温设计要求，强调自然通风、遮阳设计
夏热冬暖B区（4B）	$HDD18 < 500$		应满足隔热设计要求，可不考虑保温设计，强调自然通风、遮阳设计
温和A区（5A）	$CDD26 < 10$	$700 \leqslant HDD18 <$ $2\ 000$	应满足冬季保温设计要求，可不考虑防热设计
温和B区（5B）		$HDD18 < 700$	宜满足冬季保温设计要求，可不考虑防热设计

注：CDD26 表示以 26 ℃ 为基准的空调度日数；HDD18 表示以 18 ℃ 为基准的供暖度日数。

1.3　建筑围护结构传热基础知识

在自然界，只要存在着温差，就会出现传热现象，而且热量是由温度较高的物体传至温度较低的物体。例如，当室内外空气之间存在温度差时，就会产生通过房屋外围护结构的传热现象。冬天，在供暖房屋中，由于室内气温高于室外气温，热量就从室内经由外围护结构向外传出；夏天，在空调建筑中，因室外气温高，加之太阳辐射的热作用，热量则从室外经由外围护结构传到室内。

热量传递有三种基本方式，即导热、对流和辐射，实际的传热过程无论多么复杂，都可以看作是这三种方式的不同组合。因此，传热学总是先分别研究这三种方式的传热机理和规律，再考虑它们的一些典型组合过程。

1.3.1 导热

导热是指物体中有温差时，由于直接接触的物质质点作热运动而引起的热能传递过程。在固体、液体和气体中都存在导热现象，但是在不同的物质中导热的机理是有区别的。在气体中是通过分子做无规则运动时互相碰撞而导热，在液体中是通过平衡位置间歇移动着的分子振动引起的；在固体中，除金属外，都是由平衡位置不变的质点振动引起的，在金属中，主要是通过自由电子的转移而导热。

纯粹的导热现象仅发生在理想的密实固体中，但绝大多数的建筑材料或多或少总是有孔隙的，并非是密实的固体。在固体的孔隙内将会同时产生其他方式的传热，但因对流和辐射方式传递的热能，在这种情况下所占比例甚微，故在建筑热工计算中，可以认为在固体建筑材料中的热传递仅仅是导热过程。

1）温度场、温度梯度和热流密度

在物体中，热传递与物体内温度的分布情况密切相关。物体中任何一点都有一个温度值，一般情况下，温度 t 是空间坐标 x, y, z 和时间 τ 的函数，即：

$$t=f(x, y, z, \tau) \qquad (1-7)$$

在某一时刻物体内各点的温度分布，称为温度场，上式就是温度场的数学表达式。上述的温度分布是随时间而变的，故称为不稳定温度场。如果温度分布不随时间而变化，就称为稳定温度场，用 $t=f(x, y, z)$ 表示。当温度只沿 x 一个坐标轴发生变化时，称为一维稳定温度场，用 $t=f(x)$ 表示；当温度沿 x 和 y 两个坐标轴发生变化时，称为二维稳定温度场，用 $t=f(x, y)$ 表示。

温度场中同一时刻由相同温度各点相连成的面叫作"等温面"。等温面示意图就是温度场的形象表示。因为同一点上不可能同时具有多于一个的温度值，所以不同温度的等温面绝不会相交，参看图1-13。沿与等温面相交的任何方向上温度都有变化，但只有在等温面的法线方向上变化最显著。温度差

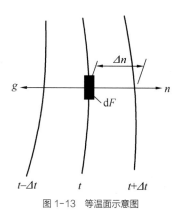

图 1-13　等温面示意图

Δt 与沿法线方向两等温面之间距离 Δn 的比值的极限，叫作温度梯度，表示为：

$$\lim_{\Delta n \to 0} \frac{\Delta t}{\Delta n} = \frac{\partial t}{\partial n} \qquad (1-8)$$

显然，导热不能沿等温面进行，而必须穿过等温面。在单位时间内，通过等温面上单位面积的热量称为热流密度。设单位时间内通过等温面上微元面积 $\mathrm{d}F$ 的热量为 $\mathrm{d}Q$，则热流密度可表示为：

$$q = \frac{\mathrm{d}Q}{\mathrm{d}F} \quad \mathrm{W/m^2} \qquad (1-9)$$

由式（1-9）得：

$$\mathrm{d}Q = q\mathrm{d}F \text{ 或 } Q = \int_F q\mathrm{d}F \quad \mathrm{W} \qquad (1-10)$$

因此，如果已知物体内的热流密度的分布，就可按式（1-10）计算出单位时间内通过导热面积 F 传导的热量 Q（称为热流量）。如果热流密度在面积 F 上均匀分布，则热流量为：

$$Q = q \cdot F \quad \mathrm{W} \qquad (1-11)$$

2）傅立叶定律

由导热的机理可知，导热是一种微观运动现象。但在宏观上它将表现出一定的规律性来，人们把这一规律称为傅立叶定律，因为它是由法国数学物理学家傅立叶（Fourier）于1822年最先发现并提出的。

物体内导热的热流密度的分布与温度分布有密切的关系。傅立叶定律指出：均质物体内各点的热流密度与温度梯度的大小成正比，即：

$$q=-\lambda\frac{\partial t}{\partial n}\quad \mathrm{W/m^2}\qquad(1\text{-}12)$$

式中 λ 是比例常数，恒为正值，叫作导热系数。负号是为了表示热量传递只能沿着温度降低的方向而引进的。沿着 n 的方向温度增加，$\frac{\partial t}{\partial n}$ 为正，则 q 为负值，表示热流沿 n 的反方向。

3）导热系数

由式（1-12）得：

$$\lambda=\frac{|q|}{\left|\dfrac{\partial t}{\partial n}\right|}\quad \mathrm{W/(m\cdot K)}\qquad(1\text{-}13)$$

导热系数是在稳定条件下，1 m 厚的物体，两侧表面温差为 1 K 时，在单位时间内通过单位面积所传导的热量。导热系数越大，表明材料的导热能力越强。

各种物质的导热系数，均由实验确定。影响导热系数数值的因素很多，如物质的种类、结构成分、密度、湿度、压力、温度等。所以，即使是同一种物质，其导热系数差别可能很大。一般来说，导热系数 λ 值以金属的最大，非金属和液体次之，而气体的最小。工程上通常把导热系数小于 0.25 的材料，作为保温材料（绝热材料），如石棉制品、泡沫混凝土、泡沫塑料、膨胀珍珠岩制品等。各种材料的 λ 值大致范围是：气体为 0.006~0.6；液体为 0.07~0.7；建筑材料和绝热材料为 0.025~3；金属为 2.2~420。

值得说明的是，空气的导热系数很小，因此不流动的空气就是一种很好的绝热材料。也正是这个原因，如果材料中含有气隙或气孔，就会大大降低其 λ 值。所以绝热材料都制成多孔性的或松散性的。应当指出，若材料含水性大（即湿度大），材料导热系数会显著增大，保温性能将明显降低（如湿砖的 λ 值要比干砖的高 1 倍到几倍）。

物质的导热系数还与温度有关，实验证明，大多数材料的 λ 值与温度的关系近似为直线关系，即：

$$\lambda=\lambda_0+bt\quad \mathrm{W/(m\cdot K)}\qquad(1\text{-}14)$$

式中　λ_0——材料在 0℃ 条件下的导热系数；

　　　b——经实验测定的常数。

在工程计算中，导热系数常取使用温度范围内的算术平均值，并把它作为常数看待。

1.3.2　对流

对流传热只发生在流体之中，它是因温度不同的各部分流体之间发生相对运动，互相掺合而传递热能的。促使流体产生对流的原因有二：一是本来温度相同的流体，因其中某一部分受热（或冷却）而产生温度差，形成对流运动，这种对流叫作"自然对流"；二是因为受外力作用（如风吹、泵压等），迫使流体产生对流，这叫作"受迫对流"。自然对流的程度主要决定于流体各部分之间的温度差，温差越大则对流越强，受迫对流取决于外力的大小，外力越大，则对流越强，见图 1-14、图 1-15。

在建筑热工中所涉及的主要是空气沿围护结构表面流动时，与壁面之间所产生的热交换过程。这

图 1-14　自然对流示意图　　　　　　　　　　　　图 1-15　受迫对流示意图

种过程，既包括由空气流动所引起的对流传热过程，同时也包括空气分子间和空气分子与壁面分子之间的导热过程。这种对流与导热的综合过程，称为表面的"对流换热"，以便与单纯的对流传热相区别。

由流体实验得知，当流体沿壁流动时一般情况下在壁面附近也就是在边界层内，存在着层流区、过渡区和紊流区三种流动情况，如图1-16所示。

为确定表面对流换热量，可利用牛顿冷却定律：

$$q_c=\alpha_c(\theta-t) \qquad (1-15)$$

式中　q_c——对流换热强度，W/m^2；

　　　α_c——对流换热系数，$W/(m^2 \cdot K)$；

　　　t——流体的温度，℃；

　　　θ——固体表面的温度，℃。

α_c值的大小取决于很多因素，是一个十分复杂的物理量。为简化起见，在建筑热工学中，根据空气流动状况（自然对流或受迫对流），结构所在的位置（是垂直的，水平的还是倾斜的），壁面状况（是有利于空气流动还是不利于流动）以及热流方向等因素，采用一定的实用计算公式。

1）自然对流（指围护结构内表面）

垂直表面 $\alpha_c=2.0\sqrt[4]{\Delta t}$ 　　　　　（1-16）

水平表面（热流由下而上）$\alpha_c=2.5\sqrt[4]{\Delta t}$ 　（1-17）

水平表面（热流由上而下）$\alpha_c=1.3\sqrt[4]{\Delta t}$ 　（1-18）

式中　Δt——壁面与室内空气的温度差，℃。

2）受迫对流

内表面 $\alpha_c=2+3.6v$ 　　　　　　（1-19）

外表面 $\alpha_c=2+3.6v$（冬）；

　　　　$\alpha_c=5+3.6v$（夏）　　　（1-20）

式中　v——气流速度，m/s。

1.3.3　辐射

辐射传热与导热和对流在机理上有本质的区别，它是以电磁波传递热能的。凡温度高于绝对零度（0 K）的物体，都能发射辐射热。辐射传热的特点是发射体的热能变为电磁波辐射能，被辐射体又将所接收的辐射能转换成热能。温度越高，热辐射越强烈。由于电磁波能在真空中传播，所以，物体依靠辐射传递热量时，不需要和其他物体直接接触，也不需要任何中间媒介。

1）物体的辐射特性

按物体的辐射光谱特性，可分为黑体、灰体和选择辐射体（或称非灰体）三大类，如图1-17所示。

黑体：能发射全波段的热辐射，在相同的温度条件下，辐射能力最大。

灰体：其辐射光谱具有与黑体光谱相似的形状，且对应每一波长下的单色辐射力 E_λ 与同温同波长的黑体的 $E_{\lambda, b}$ 的比值 ε 为一常数，即：

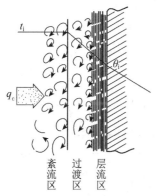

图1-16　壁面边界层的热流情况

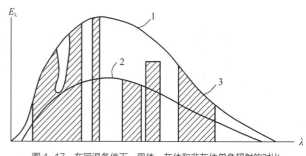

图1-17　在同温条件下，黑体、灰体和非灰体单色辐射的对比
1—黑体；2—灰体；3—非灰体

$$\frac{E_\lambda}{E_{\lambda,b}}=\varepsilon= \text{常数} \qquad (1\text{-}21)$$

比值 ε 称为"发射率"或"黑度"。

非灰体（或选择性辐射体）：其辐射光谱与黑体光谱毫不相似，甚至有的只能发射某些波长的辐射线。

一般建筑材料都可看作灰体。

根据斯蒂芬—波尔兹曼定律，黑体和灰体的全辐射能力与其表面的绝对温度的四次幂成正比，即：

$$E=C\left(\frac{T}{100}\right)^4 \qquad (1\text{-}22)$$

式中　C——物体的辐射系数，$W/(m^2 \cdot K^4)$；

　　　T——物体表面的绝对温度，K。

由实验和理论计算得黑体的辐射系数 C_b=5.68，根据式（1-21）和式（1-22）可知，灰体的辐射系数 C 与黑体辐射系数 C_b 之比值即是发射率或黑度 ε，即：

$$\frac{C}{C_b}=\varepsilon \quad \text{或} \quad C=\varepsilon C_b \qquad (1\text{-}23)$$

同一物体，当其温度不同时，其光谱中的波长特性也不同，随着温度的增加，短波成分增强，如图 1-18（a）所示。黑体表面在不同温度下的辐射波谱中，最大单色辐射力对应的波长 λ^* 可由维恩（Wien）位移定律确定，即：

$$\lambda^*=\frac{2\,897.6}{T} \quad \mu m \qquad (1\text{-}24)$$

式中　T 为黑体表面的绝对温度，K。

在一定温度下，物体表面发射的辐射能绝大部分集中在 $\lambda=(0.4\sim7)\ \lambda^*$ 的波段范围内。建筑热工中把 $\lambda>3\ \mu m$ 的辐射线称为长波辐射，$\lambda<3\ \mu m$ 的辐射线称为短波辐射。太阳表面温度约为 6 000 K，按式（1-24）可得 λ^*=0.483 μm，辐射能量主要集中在 $\lambda=0.2\sim3.0\ \mu m$ 的波段内，故属于短波辐射；一般围护结构表面温度约在 300 K 左右，按式（1-24）近似计算可得 $\lambda^*\approx10\ \mu m$，属于长波辐射，如图 1-18（b）所示。

建筑的窗户部位与实体围护结构不同，太阳辐射热的绝大部分都能透过窗户玻璃，透过玻璃的太阳辐射加热了室内的物体，而物体表面发出的长波辐射则很少能透过窗户玻璃，随着热量的累积，太阳辐射能够在室内不断聚集从而形成"温室效应"。

2）物体表面对外来辐射的吸收与反射特性

任何物体不仅具有本身向外发射热辐射的能力，而且对外来的辐射具有吸收性、反射性，某些材料（玻璃、塑料膜等）还具有透射性。绝大多数建筑材料对热射线是不透明的，如图 1-19 所示。投射至不透明材料表面的辐射能，一部分被物体吸收，一部分则被表面反射。被吸收的辐射能 I_ρ 与入射能 I 的比值称为吸收系数 ρ；被反射的辐射 I_r 与入射能 I 之比称为反射系数 r，显然：

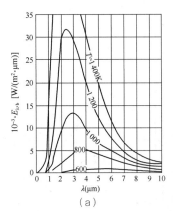

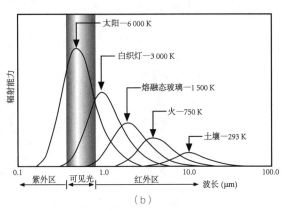

图 1-18　物体在不同温度下的辐射光谱

（a）黑体物体在不同温度下的辐射光谱；（b）不同物体在不同温度下的辐射光谱

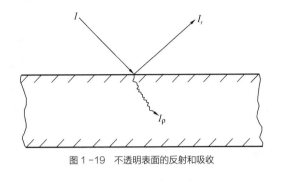

图 1-19 不透明表面的反射和吸收

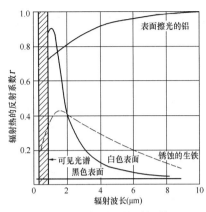

图 1-20 常见表面的反射系数

$$r+\rho=1 \qquad (1\text{-}25)$$

对于任一特定的波长，材料表面对外来辐射的吸收系数与其自身的发射率或黑度在数值上是相等的，即 $\rho=\varepsilon$，故材料的辐射能力越大，它对外来辐射的吸收能力也越大。反之，若辐射能力越小，则吸收能力也越小。如果入射辐射的波长与反射辐射的波长不同，则两者在数值上可能不等，因吸收系数或反射系数与入射辐射的波长有关。白色表面对可见光的反射能力最强，对于长波辐射，其反射能力则与黑色表面相差极小。而抛光的金属表面，不论对于短波辐射或是长波辐射，反射能力都很高，亦即吸收率很低。

材料对热辐射的吸收和反射性能，主要取决于表面的颜色、材性和光滑平整程度。对于短波辐射，颜色起主导作用；对于长波辐射，则是材性起主导作用。所谓材性是指物体是导电体还是非导体。因此，围护结构外表面刷白在夏季反射太阳辐射热是非常有效的，但在墙体或屋顶中的空气间层内，刷白则不起作用。如图 1-20 所示为几种表面的反射系数。

3）物体之间的辐射换热

由于任何物体都具有发射辐射和对外来辐射吸收反射的能力，所以在空间任意两个相互分离的物体，彼此间就会产生辐射换热，如图 1-21 所示。如果两物体的温度不同，则较热的物体因向外辐射而失去的热量比吸收外来辐射而得到的热量多，较冷的物体则相反，这样，在两个物体之间就形成了辐射换热。应注意的是，即使两个物体温度相同，它们也在进行着辐射换热，只是处于动态平衡状态。

两表面间的辐射量主要取决于表面的温度，表面发射和吸收辐射的能力，以及它们之间的相互位置。任意相对位置的两个表面，若不计两表面之间的多次反射，仅考虑第一次吸收，则表面辐射换热量的公式为：

$$q_{1,2}=\alpha_{r}(\theta_1-\theta_2) \qquad (1\text{-}26)$$

式中 α_{r}——辐射换热系数，$W/(m^2 \cdot K)$；

θ_1、θ_2——两辐射换热物体的表面温度，K。

在建筑中有时需要了解某一围护结构的表面与所处环境中的其他表面，如壁面、家具表面之间的辐射换热，这些表面中往往包含了多种不同的不固定的物体表面，很难具体做详细计算，在工程实践中可采用式（1-26）进行简化计算。

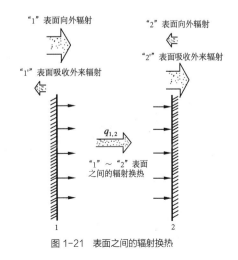

图 1-21 表面之间的辐射换热

1.3.4　围护结构的传热过程

房屋围护结构时刻受到室内外的热作用，不断有热量通过围护结构传进或传出，见图 1-22（a）。在冬季，室内温度高于室外温度，热量由室内传向室外；在夏季则正好相反，热量主要由室外传向室内，这一过程类似于当上游下游有水位差时，就会产生水流一样，见图 1-22（b）。通过围护结构的传热要经过三个过程参见图 1-23。

表面吸热——内表面从室内吸热（冬季），或外表面从室外空间吸热（夏季）；

结构本身传热——热量由高温表面传向低温表面；

表面放热——外表面向室外空间散发热量（冬季），或内表面向室内散热（夏季）。

严格地说，每一传热过程都是三种基本传热方式的综合过程。吸热和放热的机理是相同的。故一般总称为"表面热转移"。在表面热转移过程中，既有表面与附近空气之间的对流与导热，又有表面与周围其他表面间的辐射传热。

在结构本身的传热过程中，实体材料层以导热为主，空气层一般以辐射传热为主。当然，即使是实体结构，也因大多数建筑材料都含有或多或少的孔隙，而孔隙中的传热则又包括三种基本传热方式，特别是那些孔隙很多的轻质材料，孔隙对传热的影响是很大的。

1）表面换热

表面热转移过程中的对流与导热是很难分开研究的，一般都只能将二者的综合效果放在一起来考虑。为了与单纯的对流传热相区别，本书中将这种同时考虑对流与导热综合效果的传热，叫作"对流换热"。按前述式（1-15）和式（1-26），表面换热量则是对流换热量与辐射换热量之和，即：

$$q=q_c+q_r=\alpha_c(\theta-t)+\alpha_r(\theta-t)$$
$$=\alpha(\theta-t) \qquad (1-27)$$

式中　q——表面换热量，W/m²；

　　　α——表面换热系数，$\alpha=\alpha_c+\alpha_r$；

　　　θ——壁表面温度，℃；

　　　t——室内或室外空气温度，℃。

在实际设计当中，除某些特殊情况（如超高层建筑顶部外表面）外，一般热工计算中应用的 α 值，均按《民用建筑热工设计规范》GB 50176—2016 的规定取值，而不必由设计人员去逐一计算。

2）结构传热

严格地说，结构本身的传热过程并非单纯是导热，其详细情况将在以后有关部分介绍，作为传热基础知识，这里仅就平壁导热作简要叙述。

在建筑热工学中，"平壁"不仅包括平直的墙壁、屋盖、地板，也包括曲率半径较大的墙、穹顶等结构。虽然实际上这些结构很少是由单一材料制成的匀质

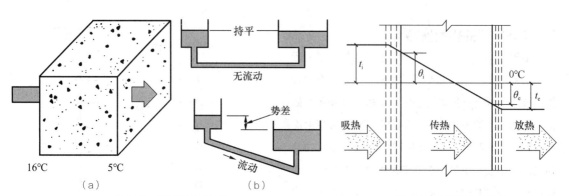

16℃　　　5℃
（a）　　　　　　　　　（b）

图 1-22　围护结构传热过程
（a）热流；（b）水流

图 1-23　围护结构传热过程

体，但为便于说明传热规律，这里仅对"单层匀质平壁"做简单介绍。

如图 1-24 所示为单层匀质平壁，仅在 x 方向有热流传递，即一维传热或单向传热，认为平壁内仅以导热方式传热。壁内外表面温度分别为 θ_i 和 θ_e，且 $\theta_i > \theta_e$，由式（1-12）可知，在单位时间内，通过单位截面积的热流——热流强度 q_x 为：

$$q_x = -\lambda \frac{\partial \theta_x}{\partial x} \qquad (1\text{-}28)$$

式中 λ——材料的导热系数，W/(m·K)；

$\dfrac{\partial \theta_x}{\partial x}$——温度梯度，K/m。

当平壁各点温度均不随时间而变时，则通过各截面的热流强度亦不随时间而变，且都相等，此种传热称为"稳定传热"。稳定传热的特点是除温度和热流保持恒定不变之外，同一层材料内部的温度分布呈一直线，故各点的温度梯度相等。

就图 1-24 而言，各点的温度梯度均为：

$$\frac{d\theta}{dx} = -\frac{\theta_i - \theta_e}{d} \qquad (1\text{-}29)$$

将式（1-29）代入式（1-28），可得单层匀质平

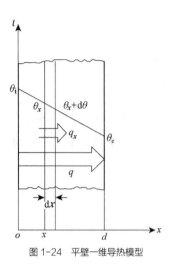

图 1-24　平壁一维导热模型

壁在一维稳定传热时的热流强度 q 为：

$$q = \frac{\lambda}{d}(\theta_i - \theta_e) \qquad (1\text{-}30)$$

式（1-30）表明，在稳定传热过程中，通过平壁任一截面的热流强度与导热系数、内外表面温差成正比，而与壁厚成反比。

以上简要介绍了建筑围护结构传热的过程和机理，详细的围护结构传热计算见下章。

思考题与习题

1. 构成室内热湿环境的四项要素是什么？简述各个要素在冬（或夏）季，在居室内是怎样影响人体热舒适感的。

2. 为什么只用温度来评价环境的舒适状况是不准确的？你知道的室内热湿环境的评价方法有哪几种，分别是怎样进行评价的？

3. 热工设计分区中哪个地区一般可不考虑夏季防热？哪个地区可不考虑冬季保温？

4. 结合维恩定律，说说为何封闭阳台、阳光下的汽车、蔬菜大棚内部会产生很明显的温室效应？

5. 描述热量通过围护结构传入室内的过程，解

释每个过程所涉及的基本传热方式。

6. 从人体健康卫生与节能环保的角度说明，在一年四季中宜人的室内环境不应是完全用设备调控下的恒温恒湿环境。

7. 思考自然环境、建筑与人和谐共存的前提条件，以及建筑师能够发挥的作用。

8. 思考气候（室外热环境）对人居方式、地域文化以及传统建筑风格的影响。

9. 分析几例我国的传统民居，说明在不同的气候分区中，建筑对气候的适应性表现。

10. 举例说明建筑材料表面的颜色、光滑程度，对围护结构的外表面和结构内空气层的表面，在传热方面各有什么影响？

第2章 Chapter 2 Heat Transfer Calculation and Application of Building Envelope
建筑围护结构的传热计算与应用

围护结构是围合建筑空间的各个构件的总称，按照是否能够透光，分为透明部分和不透明部分。不透明围护结构有墙、屋顶和楼板等；透明围护结构有窗户、玻璃幕墙、阳台门上部等。按是否与室外空气接触，又可分为外围护结构和内围护结构，外墙、屋顶、外门、外窗和外立面的玻璃幕墙等部位与室外空气有接触，属于建筑的外围护结构；隔墙、楼板和内门窗等属于内围护结构。

外围护结构和内围护结构承受着完全不同的热作用。内围护结构两侧都是室内空间，而同一建筑内部热状况往往差异很小，因此通过内围护结构传递的热量是很少的，很多时候都可以忽略不计，因此一般不考虑通过内围护结构的传热。

外围护结构的外侧暴露于室外环境中，承受着室外环境中空气温度、太阳辐射、风速与风向的作用，其表面及内部温度以及通过围护结构的热流强度处于时刻不停的变化中。

室外环境热作用通过建筑物的外围护结构影响着室内的热环境，为保证冬、夏室内热湿环境的基本热舒适性，并达到建筑节能设计标准的要求，必须采取相应的保温和防热措施。建筑设计人员需要掌握基本的传热原理与计算，了解材料的相关热物理特性，才能掌握围护结构保温、防热、节能性能的设计与控制方法。

室内外温度的变化规律影响着建筑保温与隔热设计，根据建筑保温与隔热设计中所考虑的室内外热作用的特点，可将室内外温度的计算模型归纳为如下两种：

（1）恒定的热作用。如图 2-1 所示，室内温度和室外温度在计算期间不随时间而变，这种计算模型通常用于供暖房间冬季条件下的保温与节能设计。

（2）周期热作用。如图 2-2 所示，根据室内外温度波动的情况，又分单向周期热作用（图 2-2a）和双向周期热作用（图 2-2b）两类，前者通常用于

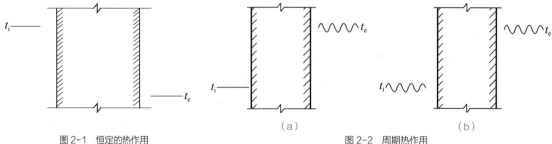

图 2-1　恒定的热作用

（a）　　　　　　　　　　　　　　　　　（b）

图 2-2　周期热作用
（a）单向周期热作用；（b）双向周期热作用

空调房间的隔热与节能设计，后者用于自然通风房间的夏季隔热设计。

按照建筑热工设计中所取的室内外温度计算模型，本章仅限于讨论通过围护结构主体部分一维的稳定传热和周期性不稳定传热问题。

2.1 稳定传热

当围护结构受到如图 2-1 所示恒定热作用时，围护结构内部的温度分布和通过围护结构的传热量，即处于不随时间而变的稳定传热状态。稳定传热是一种最简单、最基本的传热过程。

2.1.1 一维稳定传热特征

在建筑热工学中，"平壁"不仅是指平直的墙体，还包括地板、平屋顶及曲率半径较大的穹顶、拱顶等结构。显然，除了一些特殊结构外，建筑工程中大多数围护结构都属于这个范畴。

对于一个厚度为 d 的单层匀质材料，当其宽度与高度的尺寸远远大于厚度时，则通过平壁的热流可视为只沿厚度一个方向传递，即一维传热。当平壁的内、外表面温度保持稳定时，则通过平壁的传热情况亦不会随时间变化，这种传热称为一维稳定传热，其传热特征可归纳如下：

1）通过平壁的热流强度 q 处处相等。只有平壁内无蓄热现象，才能保证温度稳定，因此就平壁内任一截面而言，流进与流出的热量必须相等。

2）同一材质的平壁内部各界面温度分布呈直线关系。由式（1-28）$q_x = -\lambda \dfrac{\mathrm{d}\theta}{\mathrm{d}x}$ 可知，当 $q_x =$ 常数时，若视 λ 不随温度而变，则有 $\dfrac{\mathrm{d}\theta}{\mathrm{d}x} =$ 常数，各点温度梯度相等，即温度随距离的变化为直线。

2.1.2 平壁的导热和热阻

严格地讲，只有密实的固体中才存在单纯的导热现象。而一般的建筑材料内部或多或少地总有一些孔隙。在孔隙内除导热外，还有对流和辐射换热方式存在，但由于对流及辐射换热量所占比例很小，故在热工计算中，通过围护结构材料层的传热过程，均按导热过程考虑。

1）单层匀质平壁的导热

由一维稳定传热特征可知：

$$\frac{\mathrm{d}\theta}{\mathrm{d}x} = \frac{\theta_e - \theta_i}{d}$$

利用式（1-28）$q_x = -\lambda \dfrac{\mathrm{d}\theta}{\mathrm{d}x}$ 得：

$$q = \frac{\theta_i - \theta_e}{d} \cdot \lambda \qquad q = \frac{\theta_i - \theta_e}{\dfrac{d}{\lambda}} \qquad （2\text{-}1）$$

式（2-1）为单层匀质平整的稳定导热方程。式中 $\dfrac{d}{\lambda}$ 定义为热量由平壁内表面（θ_i）传至平整外表面（θ_e）过程中的阻力，称为热阻，即：

$$R = \frac{d}{\lambda} \qquad （2\text{-}2）$$

式中 R——材料层的热阻，$(\mathrm{m}^2 \cdot \mathrm{K}) / \mathrm{W}$；

d——材料层的厚度，m；

λ——材料层的导热系数，$\mathrm{W}/(\mathrm{m} \cdot \mathrm{K})$。

热阻是表征围护结构本身或其中某层材料阻抗传热能力的物理量。在同样的温差条件下，热阻越大，通过材料的热量越小，围护结构的保温性能越好。要想增加热阻，可以加大平壁的厚度，或选用导热系数 λ 值较小的材料。

2）多层平壁的导热与热阻

凡是由几层不同材料组成的平壁都叫多层平壁，如图 2-3 所示。

设有三层材料组成的多层平壁，各材料层之间紧密粘结，壁面很大，每层厚度各为 d_1、d_2 及 d_3 导

热系数依次为 λ_1、λ_2 及 λ_3，且均为常数。壁的内、外表面温度为 θ_i 及 θ_e（$\theta_i > \theta_e$），假定均不随时间而变。由于层与层之间粘结得很好，我们可用 θ_2 及 θ_3 来表示层间接触面的温度，如图 2-3 所示。

把整个平壁看作由三个单层平壁组成，应用式（2-1）分别算出通过每层的热流强度 q_1、q_2 及 q_3，即

$$q_1 = \frac{\lambda_1}{d_1}(\theta_i - \theta_2) \tag{a}$$

$$q_2 = \frac{\lambda_2}{d_2}(\theta_2 - \theta_3) \tag{b}$$

$$q_3 = \frac{\lambda_3}{d_3}(\theta_3 - \theta_e) \tag{c}$$

根据稳定传热特征：

$$q = q_1 = q_2 = q_3 \tag{d}$$

联立式（a）、（b）、（c）及式（d），可解得：

$$q = \frac{\theta_i - \theta_e}{\dfrac{d_1}{\lambda_1} + \dfrac{d_2}{\lambda_2} + \dfrac{d_3}{\lambda_3}} = \frac{\theta_i - \theta_e}{R_1 + R_2 + R_3} \tag{2-3}$$

式中 R_1、R_2 及 R_3 分别为第一、二、三层的热阻。对 n 层多层平壁的导热计算公式可以此类推：

$$q = \frac{\theta_i - \theta_{n+1}}{\displaystyle\sum_{j=1}^{n} R_j} \tag{2-4}$$

式（2-4）中，分母的每一项 R_j 代表第 j 层的热阻，θ_{n+1} 为第 n 层外表面的温度。从这个方程式可以得出结论：多层平壁的总热阻等于各层热阻的总和，即 $R = R_1 + R_2 + \cdots + R_n$。

3）非均质复合围护结构的热阻

前面所讨论的单层平壁、多层平壁中的每一层都是由单一材料组成的。在建筑工程中，围护结构内部个别材料层常出现由两种及两种以上材料组成的、两向非匀质围护结构（包括各种形式的空心砌块、填充保温的墙体等，但不包括多孔黏土空心砖），如图 2-4 所示。其平均热阻可按下述方法加以确定。

平行于热流方向沿着组合材料层中的不同材料的界面，将其分为若干部分，该组合壁的平均热阻应按下式计算：

$$\bar{R} = \left[\frac{F_0}{\dfrac{F_1}{R_{0,1}} + \dfrac{F_2}{R_{0,2}} + \cdots + \dfrac{F_n}{R_{0,n}}} - (R_i + R_e) \right] \varphi \tag{2-5}$$

式中　$\bar{R}$——平均热阻，$(m^2 \cdot K)/W$；

F_0——与热流方向垂直的总传热面积，m^2；

F_1、F_2、$\cdots$、F_n——按平行于热流方向划分的各个传热面积（$n=1$，2，3，$\cdots$），m^2；

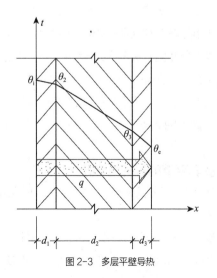

图 2-3　多层平壁导热

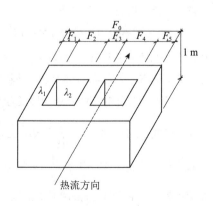

图 2-4　非均质复合围护结构

$R_{0,1}$、$R_{0,2}$、$R_{0,n}$——各个传热面部位的传热阻

（$n=1$，2，3，…），(m²·K)/W；

R_i——内表面换热阻，取 0.11，(m²·K)/W；

R_e——外表面换热阻，取 0.04，(m²·K)/W；

φ——修正系数，按表 2-1 取值。

表 2-1　修正系数 φ 值

λ_2/λ_1 或 $(\lambda_2+\lambda_1)/2\lambda_1$	φ
0.09~0.10	0.86
0.20~0.39	0.93
0.40~0.69	0.96
0.70~0.99	0.98

注：1. 表中 λ 为材料的导热系数。当围护结构由两种材料组成时，λ_2 应取较小值，λ_1 应取较大值，然后求两者的比值。
2. 当围护结构由三种材料组成，或有两种不同厚度的空气间层时，φ 值应按 $(\lambda_2+\lambda_1)/2\lambda_1$ 确定。空气间层的 λ 值按表 2-4 空气间层的厚度及热阻求得。
3. 当围护结构中存在圆孔时，应先按圆孔折算成相同面积的方孔，然后按上述规定计算。

以上针对非均质复合围护结构的计算方法事实上是假设热流在截面上均匀通过，各界面上温度处处相等，该方法适用于围护结构各界面上温度变化不大，或者非匀质材料间导热系数相差不大的情况。为了提高计算精度，现有规范对该算法进行了更新，具体见《民用建筑热工设计规范》GB 50176—2016。

2.1.3　平壁的稳定传热过程

由 1.3.4 节可知，通过围护结构的传热要经历表面吸热、结构本身传热和表面放热过程。这其中的结构本身传热就属于上述的单层或多层平壁的导热问题，在稳定传热状况下，可以按照单层或多层平壁的导热方程式（2-1）或式（2-4）来计算。表面吸热和表面放热过程可以按下面的方法来计算。

1）内表面吸热

冬季室内气温 t_i 高于内表面温度 θ_i，内表面在对流换热与辐射换热的共同作用下得热，热流强度

q_i 为：
$$q_i=q_{ic}+q_{ir}=(\alpha_{ic}+\alpha_{ir})(t_i-\theta_i) \quad (a)$$

令：
$$\alpha_i=\alpha_{ic}+\alpha_{ir}$$

则：
$$q_i=\alpha_i(t_i-\theta_i) \quad (b)$$

式中　q_i——平壁内表面吸热热流强度，W/m²；

q_{ic}——室内空气以对流换热形式传给平壁内表面的热量，W/m²；

q_{ir}——室内其他表面以辐射换热形式传给平壁内表面的热量，W/m²；

α_i——内表面换热系数，是围护结构内表面温度与室内空气温度之差为 1 K，单位时间内通过单位表面积传递的热量，W/(m²·K)，它是内表面的对流换热系数 α_{ic} 及辐射换热系数 α_{ir} 之和。内表面换热系数的取值大小与表面材质、室内气流速度和室内平均辐射温度等因素有关。热工设计中，典型工况围护结构内表面换热系数的取值，见表 2-2；

t_i——室内空气温度，℃；

θ_i——围护结构内表面的温度，℃。

表 2-2　内表面换热系数 α_i 及换热阻 R_i

表面特性	α_i [W/(m²·K)]	R_i [(m²·K)/W]
墙面、地面、表面平整或有肋状突出物的顶棚（$h/s \leqslant 0.3$）	8.7	0.11
有肋状突出物的顶棚（$h/s>0.3$）	7.6	0.13

注：表中的 h 为肋高，s 为肋间净距。

2）外表面的散热

外表面散热与平壁内表面的吸热相似，只不过是平壁把热量以对流及辐射的方式传给室外空气及环境。因此有：

$$q_e=\alpha_e(\theta_e-t_e) \quad (c)$$

式中　q_e——外表面的散热热流强度，W/m²；

α_e——外表面的换热系数，它是外表面的对流换热系数 α_{ec} 及辐射换热系数 α_{er} 之和，是围护结构外表面温度与室外空气温度

之差为 1 K 时，单位时间内通过单位表面积传递的热量，W/(m²·K)。外表面换热系数的取值大小与围护结构外表面材质、室外风速和环境辐射温度等因素有关。典型工况围护结构外表面换热系数和外表面换热阻，见表 2-3；

t_e——室外空气温度，℃

表 2-3　外表面换热系数 α_e 及表面换热阻 R_e 值

适用季节	表面特征	α_e [W/(m²·K)]	R_e [(m²·K)/W]
冬季	外墙、屋顶与室外空气直接接触的表面	23.0	0.04
	与室外空气相通的不供暖地下室上面的楼板	17.0	0.06
	闷顶、外墙上有窗的不供暖地下室上面的楼板	12.0	0.08
	外墙上无窗的不供暖地下室上面的楼板	6.0	0.17
夏季	外墙和屋顶	19.0	0.05

以上内外表面换热系数只适用于一般海拔地区，对于 3 000 m 以上的高海拔地区，围护结构内外表面换热系数可参照《民用建筑热工设计规范》GB 50176—2016。

3）平壁材料层的导热

根据多层平壁导热的计算公式（2-3）可直接写出：

$$q_\lambda = \frac{\theta_i - \theta_e}{\dfrac{d_1}{\lambda_1} + \dfrac{d_2}{\lambda_2} + \dfrac{d_3}{\lambda_3}} \qquad （d）$$

式中　q_λ——通过平壁的导热热流强度，W/m²；

θ_e——平壁外表面的温度，℃。

由于所讨论的问题属于一维稳定传热过程，则应满足：

$$q = q_i = q_\lambda = q_e \qquad （e）$$

联立式（a）、（b）、（c）、（d）及式（e），可得：

$$q = \frac{t_i - t_e}{\dfrac{1}{\alpha_i} + \sum \dfrac{d}{\lambda} + \dfrac{1}{\alpha_e}} = K_0(t_i - t_e) \qquad （2\text{-}6）$$

式中　q——通过平壁的传热热流强度，W/m²；

$$K_0 = \frac{1}{\dfrac{1}{\alpha_i} + \sum \dfrac{d}{\lambda} + \dfrac{1}{\alpha_e}}$$ 叫作平壁的传热系数，它的物理意义是：在稳定条件下，围护结构两侧空气温差为 1K，单位时间内通过单位面积传递的热量，W/(m²·K)。

假如把式（2-6）写成热阻形式，则有：

$$q = \frac{t_i - t_e}{R_0} \qquad （2\text{-}7）$$

式中　R_0——平壁的传热阻，是传热系数 K_0 的倒数，它表征围护结构（包括两侧表面空气边界层）阻抗传热能力的物理量。

从式（2-7）可知，在相同的室内、外温差条件下，热阻 R_0 越大，通过平壁所传递的热量就越少。所以，总热阻 R_0 是衡量平壁在稳定传热条件下的一个重要的热工性能指标。比较式（2-6）及式（2-7），可得：

$$R_0 = \frac{1}{\alpha_i} + \sum \frac{d}{\lambda} + \frac{1}{\alpha_e} \qquad （2\text{-}8a）$$

或

$$R_0 = R_i + \sum \frac{d}{\lambda} + R_e \qquad （2\text{-}8b）$$

式中　R_i——平壁内表面换热阻，内表面换热系数的倒数，(m²·K)/W；

R_e——平壁外表面换热阻，外表面换热系数的倒数，(m²·K)/W。

2.1.4　封闭空气间层的热阻

静止的空气介质导热性甚小，因此在建筑设计中常利用封闭空气间层作为围护结构的保温层。

在空气间层中的传热过程，与固体材料层不同。

固体材料内是以导热方式传递热量的。而在空气间层中，导热、对流和辐射三种传热方式都存在着，其传热过程实际上是一个有限厚度的空气层内两个表面之间的热转移过程，如图 2-5 所示。

因此，空气间层不像实体材料层那样，当材料导热系数一定后，材料层的热阻与厚度成正比关系。在空气间层中，其热阻主要取决于间层两个界面上的空气边界层厚度和界面之间的辐射换热强度。所以，空气间层的热阻与厚度之间不存在成比例增长的关系。现就空气间层中的对流换热和辐射换热分述如下：

有限空间内的对流换热强度，与间层的厚度，间层的位置、形状和间层的密闭性等因素有关。图 2-6 是空气在不同封闭间层中的自然对流情况。

在垂直空气间层中，当间层两界面存在温差（$\theta_1 > \theta_2$）时，热表面附近的空气将上升，冷表面附近的空气则下沉，形成一股上升和一股下沉的气流，见图 2-6（a）。当间层厚度较薄时，上升和下沉的气流相互干扰，此时气流速度虽小，但形成局部环流而使边界层减薄（相对于开敞空间的壁面边界层而言），见图 2-6（b）。当间层厚度增大时，上升气流与下沉气流相互干扰的程度越来越小，气流速度也随着增大，当厚度达到一定程度时，就与开敞空间中沿垂直壁面所产生的自然对流状况相似。

在水平空气间层中，当热面在上方时，间层内可视为不存在对流，见图 2-6（c）。当热面在下方时，热气流的上升和冷气流的下沉相互交替形成自然对流，见图 2-6（d），这时自然对流换热最强。

通过间层的辐射换热量，与间层表面材料的辐射性能（黑度或辐射系数）和间层的平均温度有关。

图 2-7 是说明垂直空气间层内在单位温差下通过不同传热方式所传递的各部分热量的分配情况。图中"1"线与横坐标之间是表示间层空气处于静止状态的纯导热方式传递的热量；"2"线与横坐标之间表示的是对流换热量；"3"线与"2"线之间表示的是当间层用一般建筑材料（$\varepsilon \approx 0.9$）做成时的辐射换热量；"3"线与横坐标间表示通过间层的总传热量。由图中可看出，对于普通空气间层，在总的传热量中，辐射换热占的比例最大，通常都在总传热量的 70% 以上。因此，要提高空气间层的热阻，首先要设法减少辐射换热量。

将空气间层布置在围护结构的冷侧，降低间层的平均温度，可减少辐射换热量，但效果不显著。最有效的是在间层壁面上涂贴辐射系数小的反射材料，目前在建筑中采用的主要是铝箔。根据铝箔的成分和加工质量的不同，它的辐射系数介于 0.29~1.12 W/（$m^2 \cdot K^4$），而一般建筑材料的辐射系数是 4.65~5.23 W/（$m^2 \cdot K^4$）。如图 2-7 所示中"4"线和"2"线之间表示间层内有一个表面贴上铝箔后的辐射换热量，从图中可看出，辐射换热量大大降低了。"5"线和

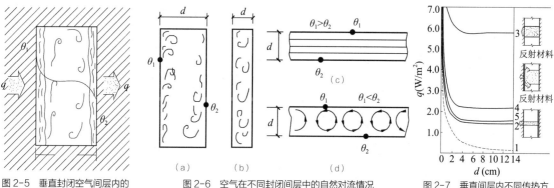

图 2-5　垂直封闭空气间层内的　　　　　图 2-6　空气在不同封闭间层中的自然对流情况　　　　图 2-7　垂直间层内不同传热方　
　　　　传热过程　　　　　　　　　　　　　　　　　　　　　　　　　　　　　　　　　　　　　　　式的传热量的比较

"2"线之间表示两个表面都贴上铝箔后的情况，与单面贴铝箔相比，增效并不显著，从节约材料考虑，以一个表面贴反射材料为宜。

在实际设计计算中，空气间层的热阻 R_{ag} 一般都采用表 2-4 所载的数据，该表只列举了 40 mm 空气间层和 90 mm 空气间层在水平和垂直情况下的典型数据，其他情况具体可参照《民用建筑热工设计规范》GB 50176—2016。

表 2-4   空气间层热阻 R_{ag} [(m² · K)/W]

空气间层				辐射率									
位置	热流方向	平均温度（℃）	温差（K）	40 mm 空气间层					90 mm 空气间层				
				0.03	0.05	0.2	0.5	0.82	0.03	0.05	0.2	0.5	0.82
水平	向上（热面在下）	32.2	5.6	0.45	0.42	0.30	0.19	0.14	0.50	0.47	0.32	0.20	0.14
		−17.8	11.1	0.35	0.34	0.29	0.22	0.17	0.40	0.38	0.32	0.23	0.18
水平	向下（热面在上）	32.2	5.6	1.07	0.94	0.49	0.25	0.17	1.77	1.44	0.60	0.28	0.18
		−17.8	11.1	1.24	1.13	0.76	0.39	0.26	1.92	1.68	0.86	0.43	0.29
垂直	水平	32.2	5.6	0.70	0.64	0.40	0.22	0.15	0.65	0.60	0.38	0.22	0.15
		−17.8	11.1	0.49	0.47	0.37	0.26	0.20	0.51	0.49	0.38	0.27	0.20

【例题 2-1】 试求钢筋混凝土圆孔板冬季的热阻（设热流为自下而上）。

【解】（1）将圆孔折算成等面积正方孔，设正方形边长为 b，则：

$$b^2 = \frac{\pi}{4} d^2 = \frac{\pi}{4} \times 0.102^2 \approx 0.008\ 17\ \text{m}^2$$

$$b \approx 0.09\ \text{m}$$

其各部分尺寸见图 2-8。

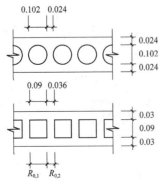

图 2-8   钢筋混凝土圆孔板各部分尺寸

（2）分别计算各部分的传热阻

第一部分 $R_{0,1}$（有空气间层部分）：

$$R_{0,1} = \frac{0.03}{1.74} + 0.23 + \frac{0.03}{1.74} + 0.11 + 0.04 \approx 0.414\ (\text{m}^2 \cdot \text{K})/\text{W}$$

（其中 0.23 取空气间层厚度为 90 mm 时，辐射率为 0.5、平均温度为 −17.8 ℃ 时空气间层的热阻，由表 2-4 查出；0.11 和 0.04 分别为内外表面换热阻，由表 2-2 和表 2-3 查出）。

第二部分 $R_{0,2}$（没有空气间层部分）：

$$R_{0,2} = \frac{0.15}{1.74} + 0.11 + 0.04 = 0.236\ (\text{m}^2 \cdot \text{K})/\text{W}$$

（3）计算两种不同材料的导热系数比，求修正系数 φ

钢筋混凝土的导热系数 $\lambda_1 = 1.74\ \text{W}/(\text{m} \cdot \text{K})$

空气间层的当量导热系数

$$\lambda_2 = \frac{d}{R} = \frac{0.09}{0.23} \approx 0.39\ \text{W}/(\text{m} \cdot \text{K}),$$

$$\frac{\lambda_2}{\lambda_1} \approx 0.224$$

查表 2-1 得修正系数 $\varphi=0.93$。

（4）计算圆孔板的平均热阻 R

用公式

$$\bar{R}=\left[\frac{F_0}{\dfrac{F_1}{R_{0,1}}+\dfrac{F_2}{R_{0,2}}+\cdots+\dfrac{F_n}{R_{0,n}}}-(R_i+R_e)\right]\varphi$$

代入

$$\bar{R}=\left[\frac{0.09+0.036}{\dfrac{0.09}{0.414}+\dfrac{0.036}{0.236}}-0.15\right]\times 0.93$$

$$\bar{R}\approx 0.177(\text{m}^2\cdot\text{K})/\text{W}$$

得：平均热阻为 0.177 $(\text{m}^2\cdot\text{K})/\text{W}$。

2.1.5 围护结构内部温度的计算

围护结构的内部温度和表面温度是衡量和分析围护结构热工性能的重要依据，主要用于判别围护结构内部是否会产生冷凝水，或判断表面温度是否低于室内露点温度。故需要对所设计的围护结构进行逐层温度核算。

现仍以图 2-3 所示的三层平壁结构为例。在稳定传热条件下，通过平壁的热流量与通过平壁各部分的热流量都相等。

根据 $q=q_i$ 得：

$$\frac{1}{R_0}(t_i-t_e)=\frac{1}{R_i}(t_i-\theta_i)$$

可得出壁体的内表面温度：

$$\theta_i=t_i-\frac{R_i}{R_0}(t_i-t_e) \qquad (2\text{-}9)$$

根据 $q=q_1=q_2$ 得：

$$\left.\begin{array}{l}\dfrac{1}{R_0}(t_i-t_e)=\dfrac{1}{R_1}(\theta_i-\theta_2)\\[3mm]\dfrac{1}{R_0}(t_i-t_e)=\dfrac{1}{R_2}(\theta_2-\theta_3)\end{array}\right\} \qquad (\text{a})$$

由此可得出：

$$\left.\begin{array}{l}\theta_2=\theta_i-\dfrac{R_1}{R_0}(t_i-t_e)\\[3mm]\theta_3=\theta_i-\dfrac{R_1+R_2}{R_0}(t_i-t_e)\end{array}\right\} \qquad (\text{b})$$

将式（2-9）代入式（b）即得：

$$\left.\begin{array}{l}\theta_2=t_i-\dfrac{R_i+R_1}{R_0}(t_i-t_e)\\[3mm]\theta_3=t_i-\dfrac{R_i+R_1+R_2}{R_0}(t_i-t_e)\end{array}\right\} \qquad (\text{c})$$

由此可推知，对于多层平壁内任一层的内表面温度 θ_m，可写成：

$$\theta_m=t_i-\frac{R_i+\sum\limits_{j=1}^{m-1}R_j}{R_0}(t_i-t_e) \qquad (2\text{-}10)$$

式中 $\sum\limits_{j=1}^{m-1}R_j=R_1+R_2+\cdots+R_{m-1}$，即是从第 1 层到第 $m-1$ 层的热阻之和，层次编号是看热流的方向。

根据 $q=q_e$ 得：

$$\frac{1}{R_0}(t_i-t_e)=\frac{1}{R_e}(\theta_e-t_e)$$

由此可得出外表面的温度 θ_e

或

$$\left.\begin{array}{l}\theta_e=t_e+\dfrac{R_e}{R_0}(t_i-t_e)\\[3mm]\theta_e=t_i-\dfrac{R_0-R_e}{R_0}(t_i-t_e)\end{array}\right\} \qquad (2\text{-}11)$$

应指出，在稳定传热条件下，当各层材料的导热系数为定值时，每一材料层内的温度分布是一直线，在多层平壁中成一条连续的折线。材料层内的温度降落程度与各层的热阻成正比，材料层的热阻越大，在该层内的温度降落也越大。材料导热系数越小，层内温度分布线的斜度越大（陡），反之，导热系数越大，层内温度分布线的斜度越小（平缓）。

【例题 2-2】 已知室内气温为 15 ℃，室外气温为 −10 ℃，试计算通过如图 2-9 所示的外墙和钢筋混凝土屋顶的热流量和内部温度分布。构造层次 1 为 10 mm 水泥砂浆，构造层次 2 为 30 mm 厚聚苯板，构造层次 3 为 200 mm 厚加气混凝土砌块

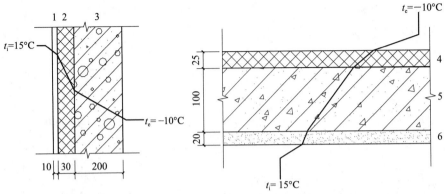

图 2-9　加气混凝土外墙和钢筋混凝土屋顶

（$\rho=500$ kg/m^3），构造层次 4 为 25 mm 厚挤塑板，构造层次 5 为 100 mm 厚的钢筋混凝土楼板，构造层次 6 为 20 mm 厚水泥砂浆。$R_i=0.11$ (m$^2\cdot$K)/W；$R_e=0.04$ (m$^2\cdot$K)/W。

【解】 已知 $t_i=15$℃，$t_e=-10$℃，$R_i=0.11$ (m$^2\cdot$K)/W，$R_e=0.04$ (m$^2\cdot$K)/W

由本篇附录 1 查得：挤塑板导热系数 $\lambda=0.030$ W/(m·K)，钢筋混凝土导热系数 $\lambda=1.74$ W/(m·K)，加气混凝土导热系数 $\lambda=0.14$ W/(m·K)，水泥砂浆导热系数 $\lambda=0.93$ W/(m·K)，聚苯板导热系数 $\lambda=0.042$ W/(m·K)。

由式（2-8）得外墙的传热阻：

$$R_{0,w}=0.11+\frac{0.01}{0.93}+\frac{0.03}{0.042}+\frac{0.2}{0.14}+0.04$$
$$\approx 2.304 \ \ (m^2\cdot K)/W$$

钢筋混凝土屋顶的传热阻：

$$R_{0,r}=0.11+\frac{0.025}{0.03}+\frac{0.10}{1.74}+\frac{0.02}{0.93}+0.04$$
$$\approx 1.062 \ \ (m^2\cdot K)/W$$

（1）求热流量

由式（2-7）得出通过加气混凝土墙的热流强度：

$$q_w=\frac{1}{2.304}(15+10)\approx 10.85 \ W/m^2$$

通过钢筋混凝土屋顶的热流强度：

$$q_r=\frac{1}{1.062}(15+10)\approx 23.54 \ W/m^2$$

（2）求表面及内部温度

加气混凝土墙结构，按式（2-9）得：

$$\theta_i=15-\frac{0.11}{2.304}(15+10)\approx 13.81 \ ℃$$

按式（2-10）得：

$$\theta_2=15-\frac{0.11+0.01}{2.304}(15+10)\approx 13.70 \ ℃$$

$$\theta_3=15-\frac{0.11+0.01+0.71}{2.304}(15+10)\approx 5.99 \ ℃$$

$$\theta_e=-10+\frac{0.04}{2.304}(15+10)\approx -9.57 \ ℃$$

钢筋混凝土屋顶：

$$\theta_i=15-\frac{0.11}{1.062}(15+10)\approx 12.41 \ ℃$$

$$\theta_2=15-\frac{0.11+0.02}{1.062}(15+10)\approx 11.94 \ ℃$$

$$\theta_3=15-\frac{0.11+0.02+0.06}{1.062}(15+10)\approx 10.53 \ ℃$$

$$\theta_e=-10+\frac{0.04}{1.062}(15+10)\approx -9.06 \ ℃$$

由上面的计算可知：在同样的室内外气温条件下，R_0 越大，通过围护结构的热流强度越小，内表面温度则越高；R_0 越小，通过围护结构的热流强度越大，增大了建筑的耗热量，所以建筑采取保温措施是必要的。

2.1.6　稳定传热及其相关指标的应用

在我国建筑节能相关标准中，建筑围护结构的保温性能及供暖能耗确定，主要是采用本节所述的指标和计算方法。根据建筑物所处城市的气候分区区属不同，标准规定建筑围护结构的传热系数、周边地面和地下室外墙的保温材料层热阻不应大于规定的限值。表 2-5 为部分地区外围护结构热工性能

参数限值，表 2-6 为内围护结构热工性能参数限值。当建筑外围护结构的热工性能参数不满足限值规定时，必须采用对比评定法进行围护结构热工性能的权衡判断。只有当设计建筑的供暖能耗不大于参照建筑时，才能判定围护结构的热工性能符合本标准的要求。否则应调整围护结构热工性能并重新计算，直至设计建筑的供暖能耗不大于参照建筑。

表 2-5　寒冷 B 区（2B）区外围护结构热工性能参数限值

围护结构部位		传热系数 K [W/(m²·K)]	
		≤ 3 层	≥ 4 层
屋面		0.30	0.30
外墙		0.35	0.45
架空或外挑楼板		0.35	0.45
外窗	窗墙面积比 ≤ 0.30	1.8	2.2
	0.30< 窗墙面积比 ≤ 0.50	1.5	2.0
屋面天窗		1.8	
围护结构部位		保温材料层热阻 R [(m²·K)/W]	
周边地面		1.50	1.50
地下室外墙（与土壤接触的外墙）		1.60	1.60

表 2-6　内围护结构热工性能参数限值

围护结构部位	传热系数 K [W/(m²·K)]			
	严寒 A 区 （1A 区）	严寒 B 区 （1B 区）	严寒 C 区 （1C 区）	寒冷 A、B 区 （2A、2B 区）
阳台门下部门芯板	1.2	1.2	1.2	1.7
非供暖地下室顶板 （上部为供暖房间时）	0.35	0.40	0.45	0.50
分隔供暖与非供暖空间的隔墙、楼板	1.2	1.2	1.5	1.5
分隔供暖与非供暖空间的户门	1.5	1.5	1.5	2.0
分隔供暖设计温度温差大于 5K 的隔墙、楼板	1.5	1.5	1.5	1.5

2.2　周期性不稳定传热

前面所讨论的稳定传热，前提是围护结构两侧的外部热作用不随时间而变。但在实际上，真正的稳定传热情况是不存在的，围护结构所受到的环境热作用（不论室内或室外），或多或少总是随着时间变化的，尤其是室外热作用因不能进行人工调节，所以逐日逐时都在变化。当外界热作用随时间而变时，围护结构内部的温度和通过围护结构的热流量亦将发生变化，这种传热过程，称为不稳定传热。若外界热作用随着时间呈现周期性的变化，则叫作周期性不稳定传热。

在夏季条件下，室外气温和太阳辐射的综合作用昼夜之间变化甚剧，这时若将围护结构的传热过程简化为稳定传热，则不能反映客观的传热基本特性，所以必须按不稳定传热考虑。此外，随着建筑工业化程度的提高，轻型装配式围护结构日益推广，这类结构因热稳定性差，当室内外温度波动时，表面和内部温度很容易引起显著的变化，所以即使在冬季热工计算中，也要考虑到不稳定传热的条件。

2.2.1　谐波热作用

在建筑热工中所研究的不稳定热作用，都带有一定的周期波动性，如室外气温和太阳辐射的昼夜小时变化，在一段时间内可近似地看作每天出现重复性的周期变化；冬天当采用间歇供暖时，室内气温也会引起周期性的波动。所以，在建筑热工中着重讨论周期性不稳定传热。这是不稳定传热中的一个特例，其他形式的不稳定传热过程是传热学讨论的范畴。

在周期性波动的热作用中，最简单的是谐波热作用，即温度随时间的正弦或余弦函数作规则变化（图2-10）。一般都用余弦函数表示：

$$t_\tau = \bar{t} + A_\mathrm{t} \cos\left(\frac{360\tau}{Z} - \Phi\right) \qquad (2\text{-}12)$$

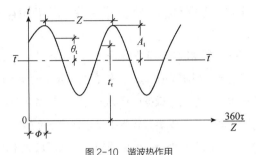

图2-10　谐波热作用

式中　t_τ——在 τ 时刻的介质温度，℃；

　　　$\bar{t}$——在一个周期内的平均温度，℃；

　　　A_t——温度波的振幅，即最高温度与平均温度之差，℃；

　　　Z——温度波的波动周期，h；

　　　τ——以某一指定时刻（例如昼夜时间内的零点）起算的计算时间，h；

　　　Φ——温度波的初相位，°；若坐标原点取在温度出现最大值处，则 $\Phi=0$。

式（2-12）也可表达成：

$$t_\mathrm{t} = \bar{t} + \Theta_\mathrm{t} \qquad (2\text{-}13)$$

式中　Θ_t——是以平均温度为基准的相对温度，它是一个谐量。

$$\Theta_\mathrm{t} = A_\mathrm{t} \cos(\omega\tau - \Phi) \qquad (2\text{-}14)$$

式中　ω——角速，$\omega = \dfrac{360}{Z}$ deg/h；

　　　Z——温度波的周期，若 $Z=24\,\mathrm{h}$，则 $\omega=15\,\mathrm{deg/h}$。

事实上，围护结构所受到的周期热作用，并不是随时间的余弦（或正弦）函数规则地变化。在分析计算精度要求不高的情况下，可近似按谐波热作用考虑，取实际温度的最高值与平均值之差作为振幅，并根据实际温度出现最高值的时间确定其初相位角。若计算精度要求较高时，可用傅立叶级数展开，通过谐波分析把周期性的热作用变换成若干阶谐量的组合。由于各种周期性变化热作用均可变换成谐波热作用的组合，所以通过研究谐波热作用下的传热过程，即能反映围护结构和房屋在周期热作用下的传热特性。

2.2.2　谐波热作用下的传热特征

如图 2-11 所示，平壁在谐波热作用下具有以下几个基本传热特征：

1）室外温度和平壁表面温度、内部任一截面处的温度都是同一周期的谐波动，亦即均可用谐量表示。

室外温度：

$$\Theta_e = A_e\cos(\omega\tau - \Phi_e)$$

$$\Phi_e = \omega \cdot \tau_{e,\,max}$$

式中　Θ_e——室外的相对温度，℃；

　　　　A_e——室外温度波的振幅，℃；

　　　　Φ_e——室外温度波的初相位，°；

　　　　$\tau_{e,\,max}$——室外温度出现最高值的时刻，h。

平壁外表面温度：

$$\Theta_{ef} = A_{ef}\cos(\omega\tau - \Phi_{ef})$$

$$\Phi_{ef} = \omega \cdot \tau_{ef,\,max}$$

式中　Θ_{ef}——平壁外表面的相对温度，℃；

　　　　A_{ef}——外表面温度波的振幅，℃；

　　　　Φ_{ef}——外表面温度波的初相位，°；

　　　　$\tau_{ef,\,max}$——外表面温度出现最高值的时刻，h。

平壁内表面温度：

$$\Theta_{if} = A_{if}\cos(\omega\tau - \Phi_{if})$$

$$\Phi_{if} = \omega \cdot \tau_{if,\,max}$$

式中　Θ_{if}——平壁内表面的相对温度，℃；

　　　　A_{if}——内表面温度波的振幅，℃；

　　　　Φ_{if}——内表面温度波的初相位，°；

$\tau_{if,\,max}$——内表面温度出现最高值的时刻，h。

2）从室外空间到平壁内部，温度波动振幅逐渐减小，即 $A_e > A_{ef} > A_{if}$，这种现象叫作温度波动的衰减。

在建筑热工中，把室外温度振幅 A_e 与由外侧温度谐波热作用引起的平壁内表面温度振幅 A_{if} 之比称为温度波的穿透衰减倍数，今后简称为平壁的总衰减倍数，用 v 表示，即

$$v = \frac{A_e}{A_{if}} \qquad (2\text{-}15)$$

3）从室外空间到平壁内部，温度波动的相位逐渐向后推延，这种现象叫作温度波动的相位延迟，亦即出现最高温度的时刻向后推迟。若外部温度最大值 $t_{e,\,max}$ 出现的时刻为 ξ_e，平壁内表面最高温度 $\theta_{i,\,max}$ 出现的时刻为 ξ_i，我们把两者之差值称为温度波穿过平壁时的总延迟时间，用 ξ_0 表示，即：

$$\xi_0 = \xi_i - \xi_e$$

总的相位延迟为：

$$\Phi_0 = \Phi_{if} - \Phi_e \qquad (2\text{-}16)$$

ξ_0 与 ϕ_0 之间有如下的关系：

$$\xi_0 = \frac{Z}{360}\,\Phi_0 \qquad (2\text{-}17)$$

式中　Z——温度波动的周期，h；

　　　　Φ_0——总的相位延迟角，°。

温度波在传递过程中产生衰减和延迟现象，是由于在升温和降温过程中材料的热容作用和热量传递中材料层的热阻作用造成的。设想把一匀质实体

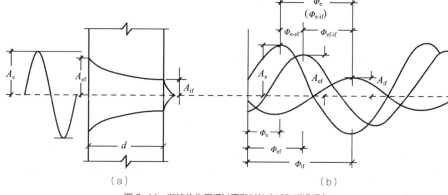

（a）　　　　　　　　　　　　　　　　　　（b）

图 2-11　谐波热作用通过平壁时的衰减和延迟现象

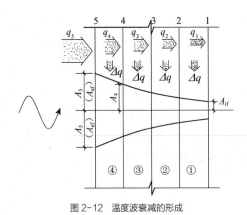

图 2-12　温度波衰减的形成

平壁结构划分成四个厚度相同的薄层，如图 2-12 所示，即可看清热流是怎样从温度已升高的外表面通过整个壁体传递的过程。进入每一层的热流使该层的温度有所提高，为此所用的热量均贮存于该层内，多余的热量便依次转移至相邻较冷的层内。因此，每一层只受到少量的热作用而其温度的提高值便比相邻的外层低。由于壁体内部贮热的原因，到达最内层的热量要比通过最外层的热量少得多，其温度提高值也就最小。当外表面的温度达到其最高值开始冷却时，上述的过程便相反，即出现各层依次冷却的过程。由此可见，壁体的任一截面均经历着加热及冷却的周期变化过程，内表面温度的波动振幅要低于外表面的波动振幅，内表面出现最高温度的时间比外表面出现最高温度的时间要晚。内表面与外表面的温度振幅比，取决于壁体的热物理性能及厚度，当壁体的厚度及热容量增大而材料的导热系数降低时，内表面的波动振幅就减小，出现最高值的延迟时间就越长。

2.2.3　谐波热作用下材料和围护结构的热特性指标

　　在稳定传热中，传热量的多少和表面、内部温度的高低与材料的导热系数和结构的传热阻密切有关。在谐波热作用下的周期性传热过程中，则与材料和材料层的蓄热系数及围护结构的热惰性有关。

现将周期传热中涉及的几个主要热特性指标概述如下。

1）材料的蓄热系数

　　在建筑热工中，把某一匀质半无限大壁体（即足够厚度的单一材料层）一侧受到谐波热作用时，迎波面（即直接受到外界热作用的一侧表面）上接受的热流波幅 A_q，与该表面的温度波幅之比称为材料的蓄热系数。其值越大，材料的热稳定性越好。材料蓄热系数符号用 S 表示，单位 $W/(m^2 \cdot K)$。按传热学理论，材料蓄热系数 S 的计算式为：

$$S = \sqrt{\frac{2\pi\lambda c\rho}{3.6 Z}} \qquad (2\text{-}18)$$

式中　λ——材料的导热系数（即在稳定条件下，1 m 厚的物体，两侧表面温差为 1 K，在 1 h 内 1 m² 面积内传递的热量），$W/(m \cdot K)$；

　　　c——材料的比热容（即质量 1 kg 的物质，温度升高或降低 1 K 所吸收或放出的热量），$kJ/(kg \cdot K)$；

　　　ρ——材料的密度（即 1 m³ 物体所具有的质量），kg/m^3；

　　　Z——温度波动周期，h。

　　当波动周期为 24 h，则：

$$S_{24} = 0.27\sqrt{\lambda c\rho} \qquad (2\text{-}19)$$

　　当围护结构中某层是由几种材料组合时，该层的平均蓄热系数应按下式计算：

$$\bar{S} = \frac{S_1 F_1 + S_2 F_2 + \cdots + S_n F_n}{F_1 + F_2 + \cdots + F_n} \qquad (2\text{-}20)$$

式中　F_1、F_2、F_3、$\cdots$、F_n——在该层中按平行于热流划分的各个传热面积，m^2；

　　　S_1、S_2、S_3、$\cdots$、S_n——各个传热面积上材料的蓄热系数，$W/(m^2 \cdot K)$。

　　材料的蓄热系数是说明直接受到热作用的一侧表面，对谐波热作用反应的敏感程度的一个特性指标。也就是说，如果在同样的谐波热作用下，蓄热系数 S 越大，表面温度波动越小。由式（2-18）可知，S 不仅与材料热物理性能（λ、c 和 ρ）有关，还取决于外界热作用的波动周期。对同一种材料来说，热作用的波动周期越长，材料的蓄热系数越小，因此引起壁体表面温度的波动也越大。

围护结构内表面材料的蓄热系数还决定着室内气温与内表面温度的关系，特别是在通风的情况下，值越大，室温与表面温度就有着明显的差别，这是因为在通风的建筑内，室内气温接近于室外气温，而来自墙体内部的热流可使内表面保持较高的温度水平。如 S 值小，来自墙体内的热流少，材料的蓄热量也小，因此内表面温度便紧随室内气温而变动；此外，当间歇供暖或间歇供冷时，S 值也决定着室内气温的变化特性。供暖系统运转时，材料 S 值高的建筑其室温上升较慢，但系统关闭时，室温下降也较慢。反之，如 S 值小，上述情况正相反。

2）材料层的热惰性指标

热惰性指标是表征材料层或围护结构受到波动热作用后，背波面（若波动热作用在外侧，则指其内表面）上对温度波衰减快慢程度的无量纲指标，也就是说明材料层抵抗温度波动能力的一个特性指标，用"D"表示。它显然取决于材料层迎波面的抗波能力和波动作用传至背波向时所受到的阻力。热惰性指标 D 的值为：

$$D=R \cdot S \qquad (2-21)$$

式中　R——材料层的热阻，$(m^2 \cdot K)/W$；

　　　S——材料的蓄热系数，$W/(m^2 \cdot K)$。

对多层材料的围护结构，热惰性指标为各材料层热惰性指标之和：

$$\sum D = R_1 \cdot S_1 + R_2 \cdot S_2 + \cdots + R_n \cdot S_n = D_1 + D_2 + \cdots + D_n$$

R、S 分别为各材料层的热阻和蓄热系数。

如围护结构中有空气间层，由于空气的蓄热系数 S 为 0，该层热惰性指标 D 值也为 0。

如围护结构中某层是由几种材料组合时，应用

式（2-5）和式（2-21）得：

$$D = \bar{R} \cdot \bar{S} \qquad (2-22)$$

组成围护结构的材料层热惰性指标越大，说明温度波在其间的衰减越快，围护结构的热稳定性越好。温度波的衰减与材料层的热惰性指标是呈指数函数关系。即：

$$v_x = \frac{A_\theta}{A_x} = e^{\frac{D}{\sqrt{2}}}$$

式中　v_x——温度波在 x 层处的衰减度（衰减倍数）。

3）材料层表面的蓄热系数

在前面提出了材料蓄热系数 S 的概念，但在工程实践中遇到的大多是有限厚度的单层平壁或多层平壁，在这种情况下，材料层受到周期波动的温度作用时，其表面温度的波动，不仅与材料本身的热物理性能有关，而且与边界条件有关，即在顺着温度波前进的方向，与该材料层相接触的介质（另一种材料或空气）的热物理性能和散热条件，对其表面温度的波动也有影响。所以，对于有限厚度的材料层应采用表面蓄热系数，表面蓄热系数是在周期热作用下，物体表面温度升高或降低 1 K 时，在 1 h 内 1 m^2 表面积贮存或释放的能量，用"Y"表示，单位 $W/(m^2 \cdot K)$。

其计算方法为：依照围护结构的材料分层，逐层计算。例如，图 2-13 为由四层薄结构（$D < 1.0$）组成的墙，在室内一侧有波动热作用，则其内表面蓄热。

系数 Y_i 的计算式应由近及远依次为：（注意各层编号）

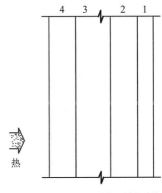

图 2-13　材料层表面蓄热系数的计算

$$Y_i = Y_4 = \frac{R_4 S_4^{\,2} + Y_3}{1 + R_4 Y_3}$$

$$Y_3 = \frac{R_3 S_3^{\,2} + Y_2}{1 + R_3 Y_2}$$

$$Y_2 = \frac{R_2 S_2^{\,2} + Y_1}{1 + R_2 Y_1}$$

$$Y_1 = \frac{R_1 S_1^{\,2} + \alpha_e}{1 + R_1 \alpha_e}$$

式中 R，S，Y 分别为各层的热阻、材料蓄热系数和内表面蓄热系数。α_e 为外表面换热系数。

由上式可得由多层"薄"结构组成的围护结构内表面蓄热系数计算方法。各层内表面蓄热系数计算式也可以写成以下通用形式：

$$Y_n = \frac{R_n S_n^{\,2} + Y_{n-1}}{1 + R_n Y_{n-1}} \qquad （2\text{-}23）$$

式中 n 为各结构层的编号。

距周期性热作用最远的一层，在此例中为外表面，其 Y_{n-1} 值用表面换热系数 α 代替。以上计算式中各层的编号是从波动热作用方向的反向编起的。即当波动热作用于内表面时，如需计算内表面的蓄热系数，则其编号次序应从最外层材料的内表面编起。另外，如构造层中某一层为厚层时，即 $D \geqslant 1.0$ 时，该层的 $Y=S$，内表面蓄热系数可从该层算起，后面各层就可不再计算。

2.2.4　谐波热作用下平壁的传热计算

正如前面图 2-2 所示的计算模型，围护结构可能一侧或两侧同时受到周期波动的热作用。解决这类问题，可将综合过程分解成几个单一过程，分别进行计算后利用叠加原理，把各个单过程的计算结果叠加起来，即得最终结果。若平壁两侧受到的谐波作用分别为：

外侧：

$$t_e = \bar{t}_e + A_e \cdot \cos\left(\frac{360\tau}{Z} - \varPhi_e\right)$$

内侧：

$$t_i = \bar{t}_i + A_i \cdot \cos\left(\frac{360\tau}{Z} - \varPhi_i\right)$$

两侧热作用的平均值 $\bar{t}_e$ 和 $\bar{t}_i$ 都是定值，则其综合过程可分解成三个分过程，如图 2-14 所示：

①在室内平均温度 t_i 和室外平均温度 t_e 作用下的稳定传热过程；

②在室外谐波热作用（即相对温度 $\varTheta_e$）下的周期性传热过程，此时室内一侧气温不变动，由此在平壁内表面引起的温度波动振幅为 $A_{if,e}$；

③在室内谐波热作用（即相对温度 $\varTheta_i$）下的周期性传热过程，此时室外一侧气温不变动。由此在平壁内表面引起的温度波动振幅为 $A_{if,i}$。

稳定传热的计算方法已在第 2.1 节中阐明。②、③

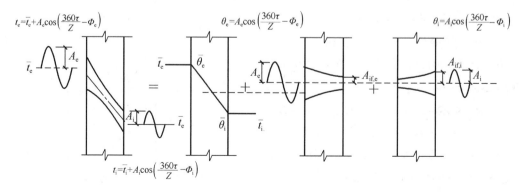

图 2-14　双向谐波热作用传热过程的分解

两个过程同属一类，只是热作用方向和振幅大小、波动相位不同。

在后面讨论围护结构的热工设计问题中，关心的主要是围护结构的内表面温度。按上述的分解过程，在双向谐波热作用下，围护结构的内表面温度可按下述步骤进行计算。

1）已知室外平均温度 $\overline{t}_e$，和室内平均温度 $\overline{t}_i$，确定围护结构内表面的平均温度 $\overline{\theta}_i$。此时可应用公式（2-9），即：

$$\overline{\theta}_i = t_i - \frac{R_i}{R_0}(\overline{t}_i - \overline{t}_e) \qquad （2-24）$$

2）已知室外温度波的振幅 A_e 和初相位 Φ_e，确定在外侧谐波热作用下所引起的内表面温度波的振幅 $A_{if,e}$ 初相位 $\Phi_{if,i}$。

按衰减倍数的定义可知：

$$A_{if,e} = \frac{A_e}{v_o} \qquad （2-25）$$

式中　A_e——室外温度谐波的振幅，℃；

　　　v_o——温度波动过程由室外空间传至平整内表面时的振幅总衰减度。

按相位延迟的定义可知：

$$\Phi_{if,e} = \Phi_e + \Phi_{e\text{-}if} \qquad （2-26）$$

式中　Φ_e——室外温度谐波的初相位，°；

　　　$\Phi_{e\text{-}if}$——温度波动过程从室外传至内表面时的相位延迟角，°；

在外侧谐波热作用下所引起的内表面温度谐波为

$$\Theta_{if,e} = A_{if,e} \cdot \cos(\omega\tau - \Phi_{if,e})$$

3）已知室内温度波的振幅 A_i 和初相位 Φ_i，确定在内侧谐波热作用下所引起的内表面温度波的振幅和初相位 $\Phi_{if,i}$。

按衰减倍数的定义可知：

$$A_{if,i} = \frac{A_i}{v_{if}} \qquad （2-27）$$

式中　A_i——室内温度谐波的振幅，℃；

　　　v_{if}——温度波动过程从室内传至内表面时的振幅衰减度。

按相位延迟的定义可知：

$$\Phi_{if,i} = \Phi_i + \Phi_{i\text{-}if} \qquad （2-28）$$

式中　Φ_i——室内温度谐波的初相位角，°；

　　　$\Phi_{i\text{-}if}$——温度波动过程从室内传至内表面时的相位延迟角，°。

在内侧谐波热作用下所引起的内表面温度谐波为：

$$\Theta_{if,e} = A_{if,i} \cdot \cos(\omega\tau - \Phi_{if,i})$$

4）确定内表面温度合成波的振幅 A_{if} 和初相位 Φ_{if}。

在内外谐波热作用下实际的内表面温度谐波，乃是上述两个分谐波的合成。由于在通常情况下，相位角 $\Phi_{if,e}$ 与 $\Phi_{if,i}$ 是不等的，亦即两个温度波出现最高值的时间不一致，所以合成波的振幅 A_{if} 不能直接将 $A_{if,e}$ 与 $A_{if,i}$ 相加而得。合成波的振幅和初相位角可按下列公式确定：

为书写简便起见，令：

$$A_1 = A_{if,e}, A_2 = A_{if,i}$$

$$\Phi_1 = \Phi_{if,e}, \Phi_2 = \Phi_{if,i}$$

$$N = A_1 \sin\Phi_1 + A_2 \sin\Phi_2$$

$$M = A_1 \cos\Phi_1 + A_2 \cos\Phi_2$$

则合成波的振幅为：

$$A_{if} = \sqrt{A_1^2 + A_2^2 + 2A_1A_2\cos(\Phi_1 - \Phi_2)} \qquad （2-29）$$

合成波的初相位为：

$$\Phi_{if} = \alpha + \tan^{-1}\left(\frac{N}{M}\right) \qquad （2-30）$$

其中 α 角视 $\Phi_{if} = \alpha + \tan^{-1}\left(\dfrac{N}{M}\right)$ 所在的象限而定，当：

M 为（＋），N 为（＋），属第一象限，$\alpha = 0°$；

M 为（－），N 为（＋），属第二象限，$\alpha = 90°$；

M 为（－），N 为（－），属第三象限，$\alpha = 180°$；

M 为（＋），N 为（－），属第四象限，$\alpha = 270°$。

5）最后计算围护结构的内表面温度。

任一时刻的内表面温度按下式确定：

$$\theta_i = \overline{\theta}_i + A_{if}\cos(\omega\tau - \Phi_{if}) \qquad （2-31）$$

内表面的最高温度为：

$$\theta_{i,max} = \overline{\theta}_i + A_{if} \qquad （2-32）$$

综上所述，欲得出在谐波热作用下平壁内表面的温度，问题在于如何计算衰减度 ν 和 ν_{if}，以及相位延迟 $\Phi_{e\text{-}if}$ 和 $\Phi_{i\text{-}if}$。

倘若热作用是非谐性的周期热作用，则根据计算精度的要求，可将非谐性的室内外周期热作用，分成若干阶谐量，针对各阶谐分别进行计算，最后叠加起来即得综合结果。

2.2.5 温度波在平壁内的衰减和延迟计算

衰减和延迟的精确计算是很复杂的，本教程不做具体介绍，下面只引用什克洛维尔提出的近似计算法。

1）室外温度谐波传至平壁内表面时的衰减倍数和延迟时间的计算

衰减倍数是指室外介质温度谐波的振幅与平壁内表面温度谐波的振幅之比值，其值按下式计算：

$$\nu_0 = 0.9e^{\frac{\Sigma D}{\sqrt{2}}} \cdot \frac{S_1 + \alpha_i}{S_1 + Y_{1,e}} \cdot \frac{S_2 + Y_{1,e}}{S_2 + Y_{2,e}} \cdots \frac{S_n + Y_{n-1,e}}{S_n + Y_{n,e}} \cdot \frac{\alpha_e + Y_{n,e}}{\alpha_e}$$

（2-33）

式中 ΣD——平壁总的热惰性指标，等于各材料层的热惰性指标之和；

S_1、S_2——各层材料的蓄热系数，W/（m²·K）；

$Y_{1,e}$、$Y_{2,e}$——各材料层外表面的蓄热系数，W/（m²·K）；

α_i——平壁内表面的换热系数，W/（m²·K）；

α_e——平壁外表面的换热系数，W/（m²·K）；

e——自然数对数的底 $e \approx 2.718$。

ν_0 越大，则表示围护结构抵抗谐波热作用的能力越大。

应注意，用公式（2-33）的计算时，材料层的编号是由内向外（与温度波的前进方向相反）。

总的相位延迟是指室外介质温度谐波出现最高值的相位与平壁内表面温度谐波出现最高值的相位之差，其值按下式计算：

$$\Phi_0 = \Phi_{e\text{-}if} = 40.5\Sigma D + \arctan\frac{Y_{ef}}{Y_{ef} + \alpha_e\sqrt{2}} - \arctan\frac{\alpha_i}{\alpha_i + Y_{if}\sqrt{2}}$$

（2-34）

式中 Φ_0——总的相位延迟角，°；

Y_{ef}——平壁外表面的蓄热系数，W/（m²·K）；

Y_{if}——平壁内表面的蓄热系数，W/（m²·K）。

在建筑热工设计中，习惯用延迟时间 ξ_0 来评价围护结构的热稳定性，根据时间与相位角的变换关系即可得延迟时间：

$$\xi_0 = \frac{Z}{360}\Phi_0$$

当周期 $Z = 24$ h，则：

$$\xi_0 = \frac{1}{15}\left(40.5\Sigma D + \arctan\frac{Y_{ef}}{Y_{ef} + \alpha_e\sqrt{2}}\right) - \arctan\frac{\alpha_i}{\alpha_i + Y_{if}\sqrt{2}}$$

（2-35）

2）室内温度谐波传至平壁内表面时衰减和延迟计算

室内温度谐波传至平壁内表面时，只经过一个边界层的振幅衰减和相位延迟过程，到达内表面时的衰减倍数 ν_{if} 和相位延迟 $\Phi_{i\text{-}if}$ 按下列公式计算：

$$\nu_{if} = 0.95\frac{\alpha_i + Y_{if}}{\alpha_i}$$

（2-36）

$$\Phi_{i\text{-}if} = \arctan\frac{Y_{if}}{Y_{if} + \alpha_i\sqrt{2}}$$

（2-37）

若用时间表示相位延迟，当 $Z = 24$ h，则内表面的延迟时间为

$$\xi_{if} = \frac{1}{15}\arctan\frac{Y_{if}}{Y_{if} + \alpha_i\sqrt{2}}$$

（2-38）

注意，以上诸式中计算时，arctan 项均用角度数计。

【例题 2-3】 某建筑西墙的构造如图 2-15 所示，从内到外依次为钢筋混凝土、岩棉板、钢筋混凝土，试求其衰减度 ν_0，延迟时间 ξ_0。

【解】（1）计算各层热阻 R 和热惰性指标 D 过程

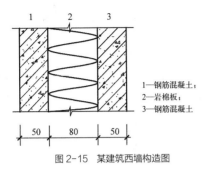

1—钢筋混凝土；
2—岩棉板；
3—钢筋混凝土

图 2-15　某建筑西墙构造图

如下表：

材料层	d	λ	$R=\dfrac{d}{\lambda}$	S	$D=R\cdot S$
钢筋混凝土	0.05	1.74	0.028 7	17.2	0.49
岩棉板	0.08	0.064	1.25	0.93	1.163
钢筋混凝土	0.05	1.74	0.028 7	17.2	0.49

得　　　　　　　$\sum D=2.143$

（2）计算各材料层外表面的蓄热系数 Y

①围护结构各层的外表面蓄热系数（温度波由外向内时）

$$D_1 < 1 \quad Y_{1,\text{e}}=\frac{R_1 S_1^2+\alpha_i}{1+R_1\alpha_i}=\frac{0.028\,7\times 17.2^2+8.7}{1+0.028\,7\times 8.7}$$

$$\approx 13.76 \ \text{W/(m}^2\cdot\text{K)}$$

$$D_2 > 1 \quad Y_{2,\text{e}}=S_2=0.93 \ \text{W/(m}^2\cdot\text{K)}$$

$$D_3 < 1 \quad Y_{3,\text{e}}=\frac{R_3 S_3^2+Y_{2,\text{e}}}{1+R_3 Y_{2,\text{e}}}=\frac{0.028\,7\times 17.2^2+0.93}{1+0.028\,7\times 0.93}$$

$$\approx 9.18 \ \text{W/(m}^2\cdot\text{K)}$$

$$Y_\text{e}=Y_{3,\text{e}}=9.18 \ \text{W/(m}^2\cdot\text{K)}$$

②围护结构内表面蓄热系数（温度波由内向外时）Y_i

因 $D_2 > 1$　$Y_{2,i}=S_2=0.93$　W/(m²·K) 故可以直接计算第一层的 $Y_{1,i}$

$$D_1 < 1 \ \ Y_{1,i}=\frac{R_1 S_1^2+Y_{2,i}}{1+R_1 Y_{2,i}}=\frac{0.028\,7\times 17.2^2+0.93}{1+0.028\,7\times 0.93}$$

$$\approx 9.18 \ \text{W/(m}^2\cdot\text{K)}$$

$$Y_i=Y_{1,i}=9.18 \ \text{W/(m}^2\cdot\text{K)}$$

（3）计算对室外综合温度波的衰减倍数 v_0

（α_i 取 8.7，α_e 取 19）

$$v_0=0.9e^{\frac{\sum D}{\sqrt 2}}\cdot\frac{S_1+\alpha_i}{S_1+Y_{1,\text{e}}}\cdot\frac{S_2+Y_{1,\text{e}}}{S_2+Y_{2,\text{e}}}\cdot\frac{S_3+Y_{2,\text{e}}}{S_3+Y_{3,\text{e}}}\cdot\frac{Y_{3,\text{e}}+\alpha_e}{\alpha_e}$$

$$=0.9e^{\frac{2.143}{\sqrt 2}}\times\frac{17.2+8.7}{17.2+13.76}\times\frac{0.93+13.76}{0.93+0.93}\times\frac{17.2+0.93}{17.2+9.18}$$

$$\times\frac{9.18+19}{19}$$

$$\approx 27.58 \text{ 倍}$$

（4）计算对室外综合温度波的延迟时间 ξ_0

$$\xi_0=\frac{1}{15}\left(40.5\sum D+\arctan\frac{Y_\text{e}}{Y_\text{e}+\alpha_e\sqrt 2}\right.$$

$$\left.-\arctan\frac{\alpha_i}{\alpha_i+Y_i\sqrt 2}\right)$$

$$=\frac{1}{15}\left(40.5\times 2.143+\arctan\frac{9.18}{9.18+19\sqrt 2}\right.$$

$$\left.-\arctan\frac{8.7}{8.7+9.18\sqrt 2}\right)$$

$$\approx 5.28 \text{ h}$$

2.3　周期性不稳定传热与夏季隔热设计

在夏季，由于室内外热作用波动的振幅都比较大，同时太阳辐射对室内环境影响也很大，不适宜作稳定传热的简化，因此建筑夏季隔热设计通常采用不稳定传热模型。在自然通风状况下，应按室内外双向谐波热作用下的不稳定过程考虑，即室外热作用以 24 h 为周期波动，室内气温随室外气温变化而变化，因而也是以 24 h 为周期波动的。

2.3.1　隔热设计标准

隔热设计标准就是围护结构的隔热应当满足的要求和达到的程度。它与地区气候特点，人民的生活习惯和对地区气候的适应能力以及当前的技术经济水平有密切关系。

对于自然通风房屋，外围护结构的隔热设计主要控制其内表面温度 θ_i 值。为此，要求外围护结构具有一定的衰减度和延迟时间，保证内表面温度不致过高，以免向室内和人体辐射过多的热量引起房间过热，恶化室内热环境，影响人们的生活、学习和工作。

《民用建筑热工设计规范》GB 50176—93（旧版）要求，自然通风房屋的外围护结构应当满足如下控制指标：

①通常情况下，屋顶和西（东）外墙内表面最高温度 $\theta_{i,\,max}$ 应满足下式要求：

$$\theta_{i,\,max} \leqslant t_{e,\,max}$$

式中　$\theta_{i,\,max}$——外围护结构内表面最高温度，℃；

　　　$t_{e,\,max}$——夏季室外计算温度最高值，℃。

②对于夏季特别炎热地区（如南京、合肥、芜湖、九江、南昌、武汉、长沙、重庆等）$\theta_{i,\,max}$ 应满足下式要求：

$$\theta_{i,\,max} < t_{e,\,max}$$

③当外墙和屋顶采用轻型结构（如加气混凝土）时，$\theta_{i,\,max}$ 应满足下式要求：

$$\theta_{i,\,max} \leqslant t_{e,\,max} + 0.5\ ℃$$

④当外墙和屋顶内侧采用复合轻质材料（如混凝土墙内侧复合轻混凝土、岩棉、泡沫塑料、石膏板等）时，$\theta_{i,\,max}$ 应满足下式：

$$\theta_{i,\,max} \leqslant t_{e,\,max} + 1\ ℃$$

⑤对于夏季既属炎热地区，冬季又属寒冷地区的区域，其建筑设计既应考虑防寒又应考虑防热，外墙和屋顶设计则应同时满足冬季保温和夏季隔热的要求。

《民用建筑热工设计规范》GB 50176—2016 对自然通风房间和轻质级别不同的空调房间外围护结构内表面温度有新的规定：

1）外墙

在给定两侧空气温度及变化规律的情况下，外墙内表面最高温度应符合表 2-7 的规定。

表 2-7　外墙内表面最高温度限值

房间类型	自然通风房间	空调房间	
		重质围护结构（$D \geqslant 2.5$）	轻质围护结构（$D<2.5$）
内表面最高温度 $\theta_{i\cdot max}$	$\leqslant t_{e,\,max}$	$\leqslant t_i+2$	$\leqslant t_i+3$

2）屋面

在给定两侧空气温度及变化规律的情况下，屋面内表面最高温度应符合表 2-8 的规定。

表 2-8　屋面内表面最高温度限值

房间类型	自然通风房间	空调房间	
		重质围护结构（$D \geqslant 2.5$）	轻质围护结构（$D<2.5$）
内表面最高温度 $\theta_{i\cdot max}$	$\leqslant t_{e,\,max}$	$\leqslant t_i+2.5$	$\leqslant t_i+3.5$

2.3.2　室外综合温度

夏季建筑外围护结构的隔热设计，不仅要同时考虑室外空气的作用，还要考虑太阳短波辐射的加热作用和结构外表面有效长波辐射的自然散热作用。为了计算方便，常将室外空气温度和太阳短波辐射加热外围护结构的共同作用综合成一个单一的室外气象参数，这个假想的参数用"室外综合温度"来表示，符号为 t_{se}，其计算公式为：

$$t_{se}=t_e+\frac{\rho_s I}{\alpha_e} \tag{2-39}$$

式中　t_{se}——室外综合温度，℃；

　　　t_e——室外空气温度，℃；

　　　I——投射到围护结构外表面的太阳辐射照度，W/m²；

　　　ρ_s——外表面的太阳辐射吸收系数，无量纲，参见本篇附录 2；

　　　α_e——外表面换热系数，W/(m²·K)。

式（2-39）中的 $\frac{\rho_s I}{\alpha_e}$ 值又叫作太阳辐射的"等效温度"或"当量温度"。图 2-16 是根据广州某地建筑物的平屋顶的表面状况和实测的气象资料，按式（2-39）计算得到的一天的综合温度变化曲线。从图中可见，太阳辐射的等效温度是相当大的。气温对任何朝向的外墙和屋顶的影响是相同的。但太阳辐射热的影响就不同了，由于这个原因，再加上围护结构外表面的材料和颜色以及室外风速等差异，所以各朝向的室外综合温度大小就不同了。图 2-17 是广州夏季某建筑的平屋顶和东西向外墙的室外综合温度变化曲线实例。由图可见，平屋顶的室外综合温度最大，其次是西墙，这就说明在炎热的南方，除了特别着重考虑屋顶的隔热外还要重视西墙、东墙的隔热。

式（2-39）仅给出了综合温度的一般表达形式，当进行隔热计算时，则必须首先确定综合温度的最大值、昼夜平均值以及其昼夜波动振幅。综合温度最大值按下式计算：

$$t_{se,max} = \bar{t}_{se} + A_{t_{se}} \qquad (2\text{-}40)$$

式中　$t_{se,max}$——综合温度最大值，℃；

　　　$\bar{t}_{se}$——综合温度平均值，℃；

　　　$A_{t_{se}}$——综合温度振幅，℃。

综合温度平均值按下式计算

$$\bar{t}_{se} = \bar{t}_e + \frac{\rho_s I}{\alpha_e} \qquad (2\text{-}41)$$

式中　$\bar{t}_e$——室外平均气温，℃；

　　　$\bar{I}$——平均太阳辐射照度，W/m²。

综合温度的昼夜波动振幅为

$$A_{t_{se}} = (A_{t_e} + A_{t_s})\beta \qquad (2\text{-}42)$$

式中　A_{t_e}——室外气温振幅，℃；

　　　A_{t_s}——太阳辐射等效温度振幅，℃；

$$A_{t_s} = \frac{(I_{max} - \bar{I})\rho_s}{\alpha_e} \qquad (2\text{-}43)$$

　　　β——时差修正系数。

由于 $t_{se,max}$ 与 I_{max} 的出现时间不一致，故二者的振幅不能取简单的代数和，而要用 β 加以修正，这是一种近似的方法，β 按表 2-9 查取。

表 2-9　时差修正系数 β

$\dfrac{A_{t_s}}{A_{t_e}}$	$t_{se,max}$ 与 I_{max} 出现的时差（h）									
	1	2	3	4	5	6	7	8	9	10
1.0	0.98	0.97	0.92	0.87	0.79	0.71	0.60	0.5	0.38	0.26
1.5	0.99	0.97	0.93	0.87	0.80	0.72	0.63	0.53	0.42	0.32
2.0	0.99	0.97	0.93	0.88	0.81	0.74	0.66	0.58	0.49	0.41
2.5	0.99	0.97	0.94	0.89	0.83	0.76	0.69	0.62	0.55	0.49
3.0	0.99	0.97	0.94	0.90	0.85	0.79	0.72	0.65	0.60	0.55
3.5	0.99	0.97	0.94	0.91	0.86	0.81	0.76	0.69	0.64	0.59
4.0	0.99	0.97	0.95	0.91	0.87	0.82	0.77	0.72	0.67	0.63
4.5	0.99	0.97	0.95	0.92	0.88	0.83	0.79	0.74	0.70	0.66
5.0	0.99	0.97	0.95	0.92	0.89	0.85	0.81	0.76	0.72	0.69

注：本表亦可用于求任何二谐波振幅之叠加。

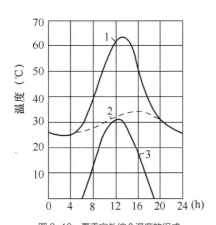

图 2-16　夏季室外综合温度的组成

1—室外综合温度；2—室外空气温度；3—太阳辐射当量温度

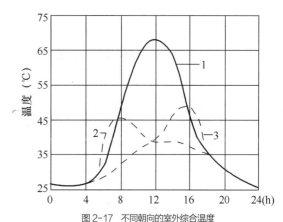

图 2-17　不同朝向的室外综合温度

1—水平面；2—东向垂直面；3—西向垂直面

【例题 2-4】 广州地区某建筑物在自然通风状态下的西墙（图 2-18）为 200 mm 厚加气混凝土墙，内、外抹灰各 20 mm 厚。试求西墙的衰减倍数 v_0，延迟时间 ξ_0；由室内空气到内表面的衰减度 v_{if}、延迟时间 ξ_{if}、内表面平均温度 θ_i、温度波动振幅 A_{if}、最高温度 $\theta_{i,max}$ 及其出现时间 $\tau_{if,max}$。

已知：

西墙面最大太阳辐射照度：$I_{max}=768$ W/m²，出现在 16 时；

西墙平均太阳辐射照度：$\bar{I}=206$ W/m²；

室外平均气温：$\bar{t}_e=30$ °C；

室外最高气温：$t_{e,max}=35$ °C，出现在 15 时；

自然通风情况下室内平均气温（由实测结果统计）：$\bar{t}_i=\bar{t}_e+0.5=30.5$ °C；

室内气温振幅 $A_{t_i}=A_{t_e}-1.5$ °C，$t_{i,max}$ 出现时间比 $t_{e,max}$ 晚 1 h。

【解】（1）室外综合温度 t_{se} 的计算

室外平均综合温度按式（2-41）计算，取 $\rho_s=0.48$，$\alpha_e=19$ W/(m²·K)，解得：

$$\bar{t}_{se}=\bar{t}_e+\frac{\rho_s I}{\alpha_e}=30+\frac{0.48\times206}{19}\approx35.2\ ^\circ\text{C}$$

等效温度振幅 A_{t_s} 按式（2-42）计算：

$$A_{t_s}=\frac{(I_{max}-\bar{I})\rho_s}{\alpha_e}=\frac{(768-206)\times0.48}{19}\approx14.2\ ^\circ\text{C}$$

室外气温振幅 A_{t_e} 为：

$$A_{t_e}=A_{e,max}-\bar{t}_e=35-30=5\ ^\circ\text{C}$$

求出 A_{t_s} 和 A_{t_e} 之后，就可以从表 2-9 中查 β 值。$\frac{A_{t_s}}{A_{t_e}}\approx\frac{14.2}{5}=2.8$，太阳辐射照度和室外气温出现最大

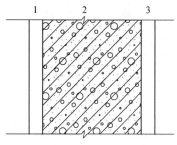

图 2-18 墙体构造

值的时间差为：

$$\Delta\tau=\tau_{i,max}-\tau_{e,max}=16-15=1\ \text{h}$$

所以 $\beta=0.99$。

综合温度振幅 $A_{t_{se}}$ 按式（2-42）计算：

$$A_{t_{se}}=(A_{t_e}+A_{t_s})\beta=(5+14.2)\times0.99\approx19\ ^\circ\text{C}$$

从而综合温度最大值为：

$$t_{se,max}=\bar{t}_{se}+A_{t_{se}}=35.2+19=54.2\ ^\circ\text{C}$$

综合温度最大值出现的时间近似地按振幅的大小由下式计算：

$$\tau_{t_{se,max}}=\tau_{t_{e,max}}+\frac{A_{t_s}}{A_{t_s}+A_{t_e}}\times\Delta\tau=15+\frac{15}{15+5}\times1$$

$$=15.75\ (\text{即出现在 15 时 45 分})$$

（2）衰减倍数、延迟时间的计算

内抹灰（石灰砂浆）：$\lambda_1=0.81$ W/(m·K)，$S_1=10.12$ W/(m²·K)；

加气混凝土块砌体（$\rho=500$ kg/m³）：$\lambda_2=0.19$ W/(m·K)，$S_2=2.76$ W/(m²·K)；

外抹灰（石灰水泥防水复合砂浆）：$\lambda_3=0.87$ W/(m·K)，$S_3=10.79$ W/(m²·K)；

内表面换热系数：$\alpha_i=8.7$ W/(m²·K)；

外表面换热系数：$\alpha_e=19.0$ W/(m²·K)。

①计算各层热阻 R 和热惰性指标 D

$$R_1=\frac{d_1}{\lambda_1}=\frac{0.02}{0.81}=0.025\ (\text{m}^2\cdot\text{K})/\text{W}$$

$$D_1=R_1S_1=0.025\times10.12=0.253$$

$$R_2=\frac{d_2}{\lambda_2}=\frac{0.02}{0.19}=1.053\ (\text{m}^2\cdot\text{K})/\text{W}$$

$$D_2=R_2S_2=1.053\times2.76=2.906$$

$$R_3=\frac{d_3}{\lambda_3}=\frac{0.02}{0.87}=0.023\ (\text{m}^2\cdot\text{K})/\text{W}$$

$$D_3=R_3S_3=0.023\times10.79=0.248$$

墙体传热阻 R_0 和热惰性指标 ΣD 为：

$$R_0=R_i+\Sigma R+R_e=\frac{1}{\alpha_i}+R_1+R_2+R_3+\frac{1}{\alpha_e}$$

$$=\frac{1}{8.7}+0.025+1.053+0.023+\frac{1}{19}$$

$$\approx1.269\ (\text{m}^2\cdot\text{K})/\text{W}$$

$$\Sigma D=D_1+D_2+D_3=0.253+2.906+0.248=3.407$$

②计算材料层表面蓄热系数 Y

a. 各层外表面蓄热系数（谐波由外向内）

因 $D_1=0.253<1$，故：

$$Y_{i,e}=\frac{R_1S_1^2+\alpha_i}{1+R_1\alpha_i}=\frac{0.025\times10.12^2+8.7}{1+0.025\times8.7}$$

$$\approx9.25\ \text{W}/(\text{m}^2\cdot\text{K})$$

因 $D_2=2.906>1$，故：

$$Y_{2,e}=S_2=2.76\ \text{W}/(\text{m}^2\cdot\text{K})$$

因 $D_3=0.248<1$，故：

$$Y_{3,e}=\frac{R_3S_3^2+Y_{2,e}}{1+R_3Y_{2,e}}=\frac{0.023\times10.79^2+2.76}{1+0.023\times2.76}$$

$$\approx5.11\ \text{W}/(\text{m}^2\cdot\text{K})$$

$$Y_e=Y_{3,e}=5.11\ \text{W}/(\text{m}^2\cdot\text{K})$$

b. 墙体内表面蓄热系数（谐波由内向外）

因 $D_2>1$，故可以从第二层算起。

$D_2>1$，$Y_{2,i}=S_2=2.76\ \text{W}/(\text{m}^2\cdot\text{K})$

$D_3<1$，故：

$$Y_{1,i}=\frac{R_1S_1^2+Y_{2,i}}{1+R_1Y_{2,i}}=\frac{0.025\times10.12^2+2.76}{1+0.025\times2.76}$$

$$\approx4.98\ \text{W}/(\text{m}^2\cdot\text{K})$$

$$Y_i=Y_{1,i}=4.98\ \text{W}/(\text{m}^2\cdot\text{K})$$

③计算对室外谐波的衰减倍数 v_0

$$v_0=0.9e^{\frac{\Sigma D}{\sqrt2}}\cdot\frac{S_1+\alpha_i}{S_1+Y_{1,e}}\cdot\frac{S_2+Y_{1,e}}{S_2+Y_{2,e}}\cdot\ldots\cdot\frac{S_n+Y_{n-1,e}}{S_n+Y_{n,e}}\cdot\frac{Y_{n,e}+\alpha_e}{\alpha_e}$$

$$=0.9e^{\frac{3.407}{\sqrt2}}\times\frac{10.12+8.7}{10.12+9.25}\times\frac{2.76+9.25}{2.76+2.76}\times\frac{10.79+2.76}{10.79+5.11}$$

$$\times\frac{5.11+19}{19}\approx22.89$$

④室外谐波延迟时间 ξ_0 的计算

$$\xi_0=\frac{1}{15}\left(40.5\Sigma D+\arctan\frac{Y_e}{Y_e+\alpha_e\sqrt2}\right.$$

$$\left.-\arctan\frac{\alpha_i}{\alpha_i+Y_i\sqrt2}\right)$$

$$=\frac{1}{15}\left(40.5\times3.407+\arctan\frac{5.11}{5.11+19\times\sqrt2}\right.$$

$$\left.-\arctan\frac{8.7}{8.7+4.98\times\sqrt2}\right)$$

$$=\frac{1}{15}(137.98+9.08-28.93)\approx7.88\ \text{h}$$

（3）墙体内表面最高温度 $\theta_{i,max}$ 的计算

由于是自然通风房间的西墙，承受的是室外综合温度和室内气温的双向谐波热作用，其温度由两个谐波分别作用叠加而成。

$$\theta_{i,max}=\overline{\theta}_i+A_{if}$$

$$\overline{\theta}_i=\overline{t}_i+\frac{(\overline{t}_{se}-\overline{t}_i)}{R_0\alpha_i}$$

$$A_{if}=(A_{if,e}-A_{if,i})\beta$$

式中 $\overline{\theta}_i$——内表面昼夜平均温度，℃；

A_{if}——内表面温度振幅，℃；

$A_{if,e}$——室外谐波引起的内表面温度振幅，℃；

$A_{if,i}$——室内谐波引起的内表面温度振幅，℃；

β——时差修正系数，按表 2-9 查取。

①内表面平均温度的计算

由已知条件有室内平均气温为：

$$\overline{t}_i=\overline{t}_e+0.5=30+0.5=30.5\ ℃$$

所以 $\overline{\theta}_i=30.5+\frac{(33.4-30.5)}{(1.296\times8.7)}\approx30.8\ ℃$

② $A_{if,e}$ 的计算

$$A_{if,e}=\frac{A_{t_{se}}}{v_0}=\frac{19}{22.89}\approx0.83\ ℃$$

由室外谐波引起的内表面最高温度出现的时间

$\tau_e=\tau_{t_{se,max}}+\xi_0=15.75+7.88=23.63\ \text{h}$，即出现在 23 时 38 分。

③ $A_{if,i}$ 的计算

$$A_{if,i}=\frac{A_{t_i}}{v_{if}}$$

式中 A_{t_i}——室内气温振幅，℃；

v_{if}——室内谐波传至内表面的衰减倍数。

$$v_{if}=0.95\times\frac{\alpha_i+Y_{if}}{\alpha_i}=0.95\times\frac{8.7+4.98}{8.7}\approx1.49$$

由已知条件可得：$A_{t_i}=A_{t_e}-1.5=5-1.5=3.5\ ℃$

所以 $A_{if,i}=\frac{A_{t_i}}{v_{if}}=\frac{3.5}{1.49}\approx2.35\ ℃$

室内谐波传至内表面的延迟时间 ξ_{if} 为：

$$\xi_{if}=\frac{1}{15}\arctan\frac{Y_{if}}{Y_{if}+\alpha_i\sqrt2}$$

$$=\frac{1}{15}\arctan\frac{4.98}{4.98+8.7\sqrt2}\approx1.07\ \text{h}$$

由已知条件室内气温最高值出现时间比室外气温约晚一小时，室外气温最高值出现在 15 时，因此，室内气温最高值应出现在 16 时。于是，由室内谐波引起的墙体内表面最高温度出现在：

$$\tau_i = 16 + 1.07 = 17.07 \text{ h，即 } 17 \text{ 时 } 4 \text{ 分}$$

④叠加后的内表面温度最高值 $\theta_{i,max}$ 及其出现的时间 $\tau_{if,max}$ 的计算

因已经求得内表面平均温度，只要再求出叠加后的振幅 A_{if}，就可以算出其最高温度。

$$A_{if} = (A_{if,e} + A_{if,i})\beta$$

式中，β 仍然是两个谐波叠加时的时差修正系数，为了从表 2-8 查找相应的 β 值，先要求出二谐波的振幅比例，即：

$$\frac{A_{if,i}}{A_{if,e}} = \frac{2.35}{0.83} \approx 2.83$$

在求振幅比例时，总是以值大者作分子。

其次，还要算出两个谐波最大值出现的时间差，在这里即由室外谐波引起的内表面温度最大值与室内谐波引起的内表面温度最大值出现的时差，在算这个时差时，注意 τ_e 在 23 时 38 分（即 23.63 时），τ_i 在当日的 17 时 4 分（即 17.07 时），两者时差为：

$$\Delta\tau = \tau_e - \tau_i = 23.63 - 17.07 = 6.56 \text{ h}$$

于是用内插法从表 2-8 中查得 $\beta = 0.71$

$$A_{if} = (2.35 + 0.83) \times 0.71 \approx 2.2 \text{ °C}$$

$$\theta_{i,max} = \theta_i + A_{if} = 30.8 + 2.2 = 33 \text{ °C}$$

因此，在国家禁止使用黏土实心砖墙后，广州采用轻质加气混凝土砖外墙能满足《民用建筑热工设计规范》GB 50176—2016 要求的隔热标准，即：

$$\theta_{i,max} \leqslant t_{e,max} \text{ 即（33 °C < 35 °C）}$$

内表面最高温度出现的时间 $\tau_{if,max}$，仍按振幅的大小近似地确定。

$$\tau_{if,max} = \tau_i + \frac{A_{if,e}\Delta\tau}{A_{if,i} + A_{if,e}} = 17.07 + \frac{0.83 \times 6.56}{2.35 + 0.83} \approx 18.78 \text{ h}$$

$$\tau_{if,max} = \tau_e - \frac{A_{if,i}\Delta\tau}{A_{if,i} + A_{if,e}} = 23.63 - \frac{2.35 \times 6.56}{2.35 + 0.83} \approx 18.78 \text{ h}$$

两种算法的结果一致，即内表面最高温度出现的时间在 18 时 47 分左右。

【例题 2-5】 试验算图 2-19 所示屋顶在上海地区夏季计算条件下的内表面最高温度是否满足隔热要求。已知 40 mm 厚聚苯乙烯泡沫塑料保温屋顶的热工性能参数及有关计算如下：

【解】 （1）室外计算参数（已知）

$$\bar{t}_e = 31.2 \text{ °C，} t_{e,max} = 36.1 \text{ °C}$$

$$\Delta t = 4.9 \text{ °C，} \alpha_e = 19 \text{ W/(m}^2 \cdot \text{K)}$$

$$\bar{I} = 315.4 \text{ W/m}^2，I_{max} = 967 \text{ W/m}^2$$

（2）室内计算参数

$$\bar{t}_i = \bar{t}_e + 1.5 = 31.2 + 1.5 = 32.7 \text{ °C，}$$

$$A_{t_i} = A_{t_e} - 1.5 = 4.9 - 1.5 = 3.4 \text{ °C}$$

$$\alpha_i = 8.7 \text{ W/(m}^2 \cdot \text{K)}$$

（3）室外综合温度平均值

$$\rho = 0.85$$

$$\bar{t}_{se} = \bar{t}_e + \frac{\rho\bar{I}}{\alpha_e} = 31.2 + \frac{0.85 \times 315.4}{19} = 45.31 \text{ °C}$$

（4）太阳辐射当量温度波幅值

$$A_{t_s} = \frac{\rho(\bar{I}_{max} - \bar{I})}{\alpha_e} = \frac{0.85 \times (967 - 315.4)}{19} \approx 29.15 \text{ °C}$$

$$\frac{A_{t_s}}{A_{t_e}} = \frac{29.15}{4.9} \approx 5.95，\Delta\Phi = \Phi_{t_e} - \Phi_I = 15 - 12 = 3，\beta = 0.95$$

（5）室外综合温度波幅值

$$A_{t_{se}} = (A_{t_e} + A_{t_e})\beta = (4.9 + 29.15) \times 0.95 \approx 32.35 \text{ °C}$$

$$\frac{A_{t_{se}}}{v_0} = \frac{32.35}{63.02} \approx 0.51，\frac{A_{ti}}{v_i} = \frac{3.4}{2.17} \approx 1.57$$

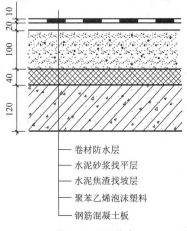

卷材防水层
水泥砂浆找平层
水泥焦渣找坡层
聚苯乙烯泡沫塑料
钢筋混凝土板

图 2-19 屋顶构造

$$\frac{\dfrac{A_{t_i}}{v_i}}{\dfrac{A_{t_{se}}}{v_i}} = \frac{1.57}{0.51} \approx 3.08$$

$$\Delta\Phi = (\Phi_{t_{se}} + \xi_0) - (\Phi_{t_i} + \xi_i)$$
$$= (13 + 8.72) - (16 + 1.70) = 4.02, \beta = 0.90$$

（6）内表面平均温度

已知卷材防水层：$\lambda = 0.17$ W/(m² · K)；水泥砂浆找平层：$\lambda = 0.93$ W/(m² · K)；水泥焦渣找坡层：$\lambda = 0.42$ W/(m² · K)；聚苯乙烯泡沫塑料：$\lambda = 0.33$ W/(m² · K)；钢筋混凝土板：$\lambda = 1.74$ W/(m² · K)。

$$\overline{\theta}_i = \overline{t} + \frac{\overline{t}_{se} - \overline{t}_i}{R_0 \alpha_i} = 32.7 + \frac{45.31 - 32.7}{0.51 \times 8.7} = 32.7 + 2.84 = 35.54\ ^\circ C$$

（7）内表面最高温度

$$\overline{\theta}_{i,\,max} = \overline{\theta}_i + \left(\frac{A_{t_{se}}}{v_0} + \frac{A_{t_i}}{v_i}\right)\beta$$
$$= 35.54 + (0.51 + 1.57) \times 0.90$$
$$\approx 37.41\ ^\circ C$$

高于当地夏季室外计算温度最高值（36.1 ℃），不满足隔热要求。

思考题与习题

1. 建筑围护结构的传热过程包括哪几个基本过程，几种传热方式？分别简述其要点。

2. 稳定传热和非稳定传热分别适用于什么情况的热工设计？

3. 一维稳态传热和谐波作用下的非稳态传热分别具有怎样的传热特征？

4. 为什么空气间层的热阻与其厚度不是成正比关系？怎样提高空气间层的热阻？

5. 根据图 2-20 所示条件，定性地做出稳定传热条件下墙体内部的温度分布线，区别出各层温度线的倾斜度，并说明理由。已知 $\lambda_3 < \lambda_1 < \lambda_2$。

6. 图 2-21 所示的屋顶结构，在保证内表面不结露的情况下，室外气温不得低于多少？并作出结构内部的温度分布线。已知：$t_i = 22$ ℃，$\varphi_i = 60\%$，$\varphi_e = 40\%$。

7. 试确定习题 6 中的屋顶结构在室外单向温度谐波热作用下的衰减倍数和延迟时间。

8. 试计算武汉地区（北纬 30°）某建筑卷材屋顶室外综合温度的平均值与最高值。

已知：$I_{max} = 998$ W/m²（出现于 12 点）；$\overline{I} = 326$ W/m²；$t_{e,\,max} = 37$ ℃（出现于 15 时）；$\overline{t}_e = 32.2$ ℃；$\alpha_e = 19$ W/(m² · K)；$\rho_s = 0.88$。

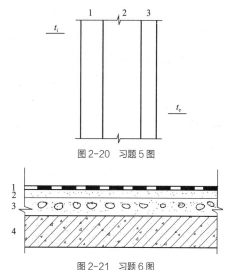

图 2-20　习题 5 图

图 2-21　习题 6 图

1—油毡防水层 10mm；2—水泥砂浆找平层 20mm；
3—加气混凝土 50mm，$\rho = 500$kg/m³；
4—钢筋混凝土板 100mm

第3章 Chapter 3 Building Insulation and Energy Efficiency
建筑保温与节能

我国的东北、华北、西北地区（简称三北地区），地理区划主要涉及黑龙江、吉林、内蒙古、新疆、辽宁、甘肃、西藏全境；陕西、河北、山西大部分，北京、天津、山东、宁夏、青海全境；河南、安徽、江苏北部的部分地区及四川西部等地区，累年日平均温度低于或等于 5 ℃ 的天数，一般都在 90 天以上，最长的满洲里达 211 天。按照我国建筑热工设计分区，这些地区属于严寒和寒冷地区，一般也称为供暖区，面积约占我国国土面积的 70%。

在这些地区，房屋必须有足够的保温性能才能确保冬季室内热环境的舒适度。如果建筑本身的热工性能较差，则不仅难以达到应有的室内热环境标准，还将大幅度增加供暖耗热量。另外，建筑保温性能差还可能引起围护结构表面或内部产生结露、受潮等问题。因此，在这些地区进行建筑设计时，应使建筑具有良好的保温性能。即使在其他气候区，例如夏热冬冷地区，由于冬季同样比较寒冷，也需要适当考虑建筑保温问题。可以说，建筑保温设计是建筑热工设计的一个重要部分。

3.1 建筑保温与节能设计策略

3.1.1 建筑保温设计原则

建筑的保温设计与建筑的得失热量密切相关。冬季建筑得到的热量主要包括太阳辐射得热、室内热源（主要包括人员散热、照明和设备得热）以及供暖系统供热。而失去的热量主要包括通过围护结构（屋顶、墙体和地面等）的传热损失以及通风（渗透）引起的热损失。可以用图 3-1 来表示。

在得热量相同的情况下，如果失热量较小，那么房间可以维持较高的温度。如果能够在失热量较小的同时，尽可能增加房间的得热量，那么房间温度将能够进一步的提高。

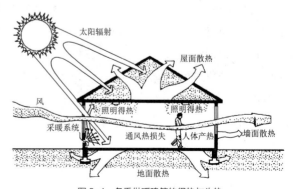

图 3-1　冬季供暖建筑的得热与失热

因此，房间的保温设计应该尽可能减少房间以各种形式散失的热量，同时尽可能增加或利用房间的各种得热量，即"减少失热，增加得热"的原则。在这一总体原则下，根据建筑得失热量的不同形式，可以采取一些具体的措施，主要包括以下方面：

1）充分利用太阳能；

2）防止冷风的不利影响；

3）选择合理的建筑体形及平面形式；

4）提高房屋的整体保温性能以及蓄热性能；

5）合理的节点部位保温设计；

6）选择舒适、高效的供热系统等。

其中，提高房屋的整体保温性能以及蓄热性能将在第 3.2 节和第 3.3 节中详细论述。关于选择舒适高效的供热系统可参阅建筑供暖相关文献，本节主要对上述措施的其他几个方面进行介绍。

3.1.2　充分利用太阳能

对太阳能的充分利用涉及建筑设计的各个环节。在选择建筑基地及进行建筑群体布局规划时，应该考虑在冬季争取更多的日照以获得更多的太阳辐射得热。在这一阶段，"向阳"可以说是最基本的要求，具体来说，可以从以下方面进行考虑：

1）建筑基地应选择在向阳的平地或山坡上，以争取尽量多的日照；

2）拟建建筑向阳的前方应尽量无固定遮挡；

3）建筑应满足最佳朝向范围，并使建筑内的各主要空间有良好朝向的可能；

4）如果有遮挡，一定的日照间距是建筑充分得热的先决条件；

5）建筑群体相对位置的合理布局或科学组合，可取得良好的日照，同时还可以利用建筑的阴影达到夏季遮阳的目的（图 3-2）。

在建筑单体设计阶段，充分利用太阳能的方法将在 3.4 节中详细论述。

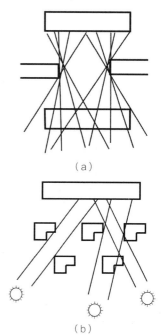

图 3-2　建筑群体布局争取日照
（a）建筑的错列排列争取日照；
（b）建筑的点状与条状有机结合争取日照

3.1.3　防止冷风的不利影响

冷风对室内热环境的影响主要有两方面：一方面是通过门窗缝隙进入室内，形成冷风渗透；另一方面是作用在围护结构外表面，使表面对流换热强度增大，增加了外表面的散热量。在建筑设计过程中，应争取不使大面积外表面朝向冬季主导风向。当受条件限制而不可能避开主导风向时，应在迎风面上尽量少开门窗或其他孔洞。对于由门窗缝隙引起的冷风渗透，可以在保证换气需求的情况下，尽可能增加门窗的气密性。在严寒和寒冷地区还应该设置门斗，以减少冷风的不利影响。

就保温而言，房屋的密闭性越好，则热损失越少，从而可以在节约能源的基础上保持室温。但从卫生要求来看，房间必须有一定的换气量。

基于上述理由，从增强房屋保温能力来说，总的原则是要求房屋有足够的密闭性。对于房间的透气要求可设置换气孔，但是那种由于设计和施工质量不好而造成的围护结构接头、接缝不严而产生的冷风渗透，是必须防止的。

3.1.4 合理的建筑体形和平面布局

建筑体形与平面形式，对保温性能有很大的影响。建筑师在处理体形与平面设计时，当然首先应该考虑的是功能要求、空间布局以及交通流线等，然而若因只考虑体形上的造型艺术要求，致使外表面面积过大，曲折凹凸过多，则对建筑保温与节能是很不利的。外表面面积越大，热损失越多，不规则的外围护结构，往往又是保温的薄弱环节。因此，必须正确处理体形、平面形式与保温的关系，否则不仅增加供暖费用，而且浪费能源。

对于体积相同的建筑物，在各外围护结构的热阻相同时，外围护结构的面积越小，则在保持相同的室内温度时的耗热量越少。为此，特规定了"体形系数"（S）来衡量单位建筑空间具有的表面积大小。体形系数是建筑物与室外大气接触的外表面积 F_0（不包括地面和不供暖楼梯间内墙）与其所包围的体积 V_0 之比，即：

$$S=\frac{F_0}{V_0} \qquad (3-1)$$

在现行的建筑节能设计标准中，建筑物的体形系数是控制建筑供暖能耗的一个重要参数。如：在《公共建筑节能设计标准》GB 50189—2015 中规定严寒、寒冷地区单栋建筑面积大于 800 m² 的公共建筑体形系数不应大于 0.4；《严寒和寒冷地区居住建筑节能设计标准》JGJ 26—2018 规定严寒地区的居住建筑 3 层或 3 层以下的体形系数不应大于

0.55，大于等于 4 层的建筑不应大于 0.30。

建筑面积相同而平面形式或层数不同的建筑，外露面积可能相差悬殊，平面形状越凹凸，其外侧周长必越大，因此外表面积也越大。图 3-3 中两栋建筑尽管体积相同，但松散结构比紧凑结构多 60% 的表面积。除此之外，将建筑集中布置是减少表面积，降低体形系数的有效方式。共用墙体结合在一起的毗连单元房，可以明显地减少外表面的面积，如图 3-4 所示。

3.1.5 房间具有良好的热工特性、建筑具有整体保温和蓄热能力

首先，房间的热特性应适合其使用性质，例如在冬季全天候使用的房间应具有较好的热稳定性，以防止室外温度下降或间断供热时，室温波动过大。对于只是白天使用（如办公室）或只有一段时间使用的房间（如影剧院的观众厅），要求在开始供热后，室温能较快地上升到所需的标准。其次，房间的围护结构具有足够的保温性能，控制房间的热损失。

同时建筑节能要求建筑外围护结构——外墙、屋顶、直接接触室外空气的楼板、不供暖楼梯间的隔墙、外门窗、楼地面等部位的传热系数不应大于相关标准的规定值。当某些围护结构的面积或传热系数大于相关标准的规定值时，调整减少其他围护结构的面积或减小其他围护结构的传热系数，使建筑整体的供暖耗热量指标达到规定的限值，保证建筑具有整体的保温能力。

房间的热稳定性是在室内外周期热作用下，整个房间抵抗温度波动的能力。房间的热稳定性又主

注：尽管两者的体积相同，但松散的结构（右侧）比紧凑结构多 60% 的表面积

图 3-3　不同平面形状下建筑表面积的变化

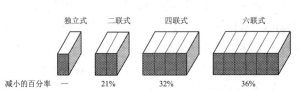

共用墙体结合在一起的毗邻单元房，可以明显地减小外表面的面积

图 3-4　建筑集中布置可有效减小体形系数

要取决于内外围护结构的热稳定性。围护结构的热稳定性是在周期热作用下，围护结构本身抵抗温度波动的能力。围护结构的热惰性是影响其热稳定性的主要因素。对于热稳定性要求较高和持续供暖的房间，围护结构内侧材料应具有较好的蓄热性和较大的热惰性指标值，也就是应优先选择密度较大且蓄热系数较大的材料建造。而对于热稳定性要求一般或采用间歇供暖的房间，其围护结构内侧材料应优先选用密度较小且蓄热系数较小的材料建造。

3.1.6 科学的保温系统与合理的节点构造

在建筑物的外墙、屋顶等外围护结构部分加保温材料时，保温材料与基层的粘结层、保温材料层、抹面层与饰面层等各层材料组成特定的保温系统，如模塑聚苯板（EPS 板）外墙外保温系统、岩棉板外墙保温系统、现场喷涂硬泡沫聚氨酯外墙保温系统等。各种保温系统的适用条件、施工技术、经济性价比各有不同，所以应针对建筑的功能、规模以及所在地区的气候条件确定科学的保温系统。

建筑外围护结构中有很多异常传热部位，即传热在二维或三维温度场中进行的部位，如外墙转角、内外墙交角、楼板或屋顶与外墙的交角、女儿墙、出挑阳台、雨篷等构件。每一个成熟的保温系统，都对这些传热异常部位节点构造有相应的解决方案，在采用某种保温系统的同时，应充分利用合理的系统节点构造，以确保建筑保温与节能设计的科学性。

3.1.7 建筑具有高效、舒适的供热系统

当室外气温昼夜波动，特别是寒潮期间连续降温时，为使室内热环境能维持所需的标准，除了房间（主要是建筑外围护结构）应有一定的热稳定性之外，在供热方式上也必须互相配合，例如供热的间歇时间不宜太长，以防止夜间室温达不到基本的热舒适标准。

建筑保温与节能，一是保证室内环境的热舒适性，尽可能降低建筑物的供暖能耗；二是提高能源的利用效率，在供暖建筑中配置高效率的供热系统，从而实现建筑节能这一根本目标。

3.2 非透明围护结构的保温与节能

建筑外围护结构中的非透明围护结构主要包括外墙、屋顶、底面接触室外空气的架空或外挑楼板、非供暖楼梯间（房间）与供暖房间的隔墙、非透明幕墙、地面等部位。

3.2.1 非透明围护结构的保温设计要求

建筑保温与节能的要求是随着我国建设事业的逐步发展与经济条件的日益改善而逐渐提高的。从经济快速发展初期的建筑基本保温要求，到我国逐步推行的建筑节能 30%、50% 和 65% 的战略目标，在不同时期相关规范标准对建筑围护结构的保温与节能设计提出了不同的要求。

现行国家标准《民用建筑热工设计规范》GB 50176—2016，将非透明围护结构保温设计目标分为防结露和基本热舒适两档。与原规范中采用最小传热阻作为非透明围护结构保温设计的指标不同，目前的规范将围护结构内表面温度与室内空气温度的温差作为设计指标。这样，既明确了不同限值的设计目标，又与隔热设计的控制指标统一起来。

1）墙体的内表面温度与室内空气温度差限值

墙体内表面温度与室内空气温度的温差 Δt_w 应符合表 3-1 的规定。

表 3-1　墙体的内表面温度与室内空气温度差的限值

房间设计要求	防结露	基本热舒适
允许温差 Δt_w(K)	$\leq t_i - t_d$	≤ 3

注：$\Delta t_w = t_i - \theta_{i\cdot w}$；$t_i$——室内空气温度，℃；$\theta_{i\cdot w}$——墙体内表面温度，℃；$t_d$——露点温度，℃。

对于不同地区符合表 3-1 要求的墙体热阻最小值 $R_{min\cdot w}$ 应按下式计算或按规范规定的选用。

$$R_{min\cdot w} = \frac{(t_i - t_e)}{\Delta t_w} R_i - (R_i + R_e) \quad (3-2)$$

式中　$R_{min\cdot w}$——满足 Δt_w 要求的墙体热阻最小值，$(m^2 \cdot K)/W$；

R_e——外表面换热阻，$(m^2 \cdot K)/W$，应按规范的规定取值；

t_i——冬季室内计算温度，℃；

t_e——冬季室外计算温度，℃；

R_i——内表面换热阻，$(m^2 \cdot K)/W$，应按规范的规定取值；

Δt_w——室内气温与外墙（或屋顶）内表面之间的允许温差，℃。

关于屋顶和地面内表面与室内空气的温差限值详见《民用建筑热工设计规范》GB 50176—2016 的相关内容。

2）围护结构传热系数限值

随着我国建设事业的逐步发展和经济条件的日益改善，对围护结构保温性能提出了更高的要求。如果能够进一步地提高围护结构的保温性能，则不仅能够提高室内热环境舒适度，还能够减少建筑供暖能耗。

例如对于居住建筑，依据住建部（现住房和城乡建设部）的节能规划，供暖居住建筑节能的第一阶段是指 1986 年以后新建的供暖居住建筑，需要在 1980—1981 年当地通用集合式住宅设计能耗水平的基础上，普遍降低 30%；第二阶段是 1996 年起在与第一阶段相同的基础上节能 50%；第三阶段则是在达到第二阶段要求的基础上再节能 30%，从而达到节能 65% 的目标。

根据《严寒和寒冷地区居住建筑节能设计标准》JGJ 26—2018，我国的严寒和寒冷地区，主要包括东北、华北和西北地区，累年日平均温度低于或等于 5℃ 的天数，在 90 天以上的地区为供暖区。供暖区的居住建筑包括住宅、集体宿舍、招待所、旅馆、托幼等建筑，居住建筑的节能指标由建筑围护结构和供暖系统共同完成。建筑物所处城市的气候分区区属不同，建筑外围护结构的传热系数也不同。如表 3-2 所示部分地区外围护结构热工性能参数限值。

表 3-2　严寒 A 区外围护结构热工性能参数限值

围护结构部位		传热系数 K [W/($m^2 \cdot K$)]	
		≤ 3 层	≥ 4 层
屋面		0.15	0.15
外墙		0.25	0.35
架空或外挑楼板		0.25	0.35
外窗	窗墙面积比 ≤ 0.30	1.40	1.60
	$0.30 <$ 窗墙面积比 ≤ 0.45	1.40	1.60
屋面天窗		1.40	
围护结构部位		保温材料层热阻 R [($m^2 \cdot K$)/W]	
周边地面		2.00	2.00
地下室地面（与土壤接触的外墙）		2.00	2.00

表中的外墙传热系数限值是指考虑了周边热桥影响后的外墙平均传热系数。当供暖期室外平均温度低于 −6.1 ℃ 时，楼梯间要求为供暖楼梯间，所以对隔墙与户门的热工性能不加以限制。

对于公共建筑，新建公共建筑节能 50% 是第一阶段的要求，在 2010 年以后新建的供暖公共建筑在第一阶段基础上再节能 30%，实现节能 65% 的目标。根据《公共建筑节能设计标准》GB 50189—2015，办公、餐饮、交通、银行等九大类建筑，在集中供暖系统设定的室内设计温度的条件下，建筑实现节能 50% 目标时，建筑非透明围护结构的热工设计要求：

（1）严寒和寒冷地区公共建筑单栋建筑面积在 300~800 m^2 之间的建筑体形系数不大于 0.5；建筑面积大于 800 m^2 的建筑体形系数不大于 0.4。

（2）在一定的气候分区中，围护结构传热系数不应大于限值。

表 3-3 是在《公共建筑节能设计标准》GB 50189—2015 中，严寒地区围护结构传热系数限值。

表 3-3　严寒 A、B 区甲类公共建筑围护结构热工性能限值

围护结构部位		体形系数 ≤ 0.30	0.30< 体形系数 ≤ 0.50
		传热系数 K [W/(m^2·K)]	
屋面		≤ 0.28	≤ 0.25
外墙（包括非透光幕墙）		≤ 0.38	≤ 0.35
底面接触室外空气的架空或外挑楼板		≤ 0.38	≤ 0.35
地下车库与供暖房间之间的楼板		≤ 0.50	≤ 0.50
非供暖楼梯间与供暖房间之间的隔墙		≤ 1.2	≤ 1.2
单一立面外墙 （包括透光幕墙）	窗墙面积比 ≤ 0.20	≤ 2.7	≤ 2.5
	0.20< 窗墙面积比 ≤ 0.30	≤ 2.5	≤ 2.3
	0.30< 窗墙面积比 ≤ 0.40	≤ 2.2	≤ 2.0
	0.40< 窗墙面积比 ≤ 0.50	≤ 1.9	≤ 1.7
	0.50< 窗墙面积比 ≤ 0.60	≤ 1.6	≤ 1.4
	0.60< 窗墙面积比 ≤ 0.70	≤ 1.5	≤ 1.4
	0.70< 窗墙面积比 ≤ 0.80	≤ 1.4	≤ 1.3
	窗墙面积比 >0.80	≤ 1.3	≤ 1.2
屋顶透光部分（屋顶透光部分面积 ≤ 20%）		≤ 2.2	
围护结构部位		保温材料层热阻 R[(m^2·K)/W]	
周边地面		≥ 1.1	
供暖地下室与土壤接触的外墙		≥ 1.1	
变形缝（两侧墙内保温时）		≥ 1.2	

注：严寒地区 A 区与 B 区的区划参见《公共建筑节能设计标准》GB 50189 — 2015。

其中非透明围护结构的传热系数 K 应按下列公式计算：

$$K=\frac{1}{R_0};\ R_0=R_i+\sum R+R_e \qquad （3-3）$$

式中　R_i——内表面换热阻，在一般工程实践中取：

$R_i=0.11(m^2·K)/W$；

R_e——外表面换热阻，在一般工程实践中取：

$R_e=0.04 (m^2·K)/W$；

R——各材料层的热阻，$(m^2·K)/W$。

围护结构单元的平均传热系数应考虑热桥的影响，按下式计算：

$$K_m=K+\frac{\sum \psi_j l_j}{A} \qquad （3-4）$$

式中　K_m——围护结构单元的平均传热系数，W/$(m^2·K)$；

K——围护结构平壁的传热系数，W/$(m^2·K)$；

ψ_j——围护结构上的第 j 个结构热桥的线传热系数，W/$(m^2·K)$，应按《民用建筑热工设计规范》GB 50189 — 2016 C.2 节的规定计算；

l_j——围护结构上的第 j 个结构性热桥的计算长度，m；

A——围护结构的面积，m^2。

如果建筑各部分围护结构都满足传热系数的限值要求固然能够保证建筑的节能性能，但是在实际建筑设计过程中，特别是公共建筑设计中，往往因为着重考虑建筑外形立面和使用功能，有时难以完全满足传热系数限值的规定。这时为了尊重建筑师的创造性工作，同时又使所设计的建筑能够符合节能设计标准的要求，引入了建筑围护结构总体热工性能的权衡判断方法。这种方法不拘泥于要求建筑围护结构各个局部的热工性能，而是着眼于总体热工性能是否满足节能标准的要求。

权衡判断的核心是对设计建筑的耗热量指标及其供暖和空调能耗进行计算判断。判断方法可参见各标准相关内容，如对于公共建筑的围护结构总体热工性能的权衡判断可参见《公共建筑节能设计标准》GB 50198—2015 的相关内容。权衡判断中用动态方法计算建筑的供暖和空调能耗是一个非常复杂

的过程，需要借助于不断开发、鉴定和推广使用的建筑节能计算软件进行计算。

3.2.2 常见保温材料及其性能

围护结构所用的材料很多，其导热系数值变化范围很大，例如聚氨酯泡沫塑料只有 0.03 W/(m·K)，而钢材则大到 370 W/(m·K)，相差一万多倍。从纯物理意义上说，即使是导热系数很大的材料，也具有一定的绝热作用，但却不能称为绝热材料。所谓绝热材料是指那些绝热性能比较高，也就是导热系数比较小的材料。究竟小到什么程度才算是绝热材料，并没有绝对的标准，通常是把导热系数小于 0.25 W/(m·K)，并能用于绝热工程的，叫作绝热材料。习惯上把用于控制室内热量外流的材料叫保温材料，防止室外热量进入室内的叫隔热材料。

导热系数虽不是保温材料唯一的，但却是最重要、最基本的热物理指标。在一定温差下，导热系数越小，则通过一定厚度材料层的热量越少。同样，为控制一定热流强度所需要的材料层厚度也越小。

影响导热系数的因素很多，例如密实性，内部孔隙的大小、数量、形状、材料的湿度、材料的骨架部分（固体部分）的化学性质以及温度等。常温下，影响因素最大的是密度和湿度。

导热系数随孔隙率的增加而减小，随孔隙率的减小而增加。也就是说，密度越小，导热系数也越小，反之亦然。但当密度小到一定程度之后，如果再继续加大其孔隙率，则导热系数不仅不再降低，相反还会变大。这是因为太大的孔隙率不仅意味着孔隙的数量多，而且空隙必然越来越大。其结果，孔壁温差变大，辐射和对流传热显著（图3-5）。

同时，材料受潮后，其导热系数显著增大（图3-6、图3-7）。增大的原因是孔隙中有了水分之后，附加了水蒸气扩散的传热量，此外还增加了液态水分所传导的热量。除密度和湿度外，温度和热流方向对材料导热系数也有一定影响。温度越高，导热系数越大。同时，热流方向的影响主要表现在各方向异性材料，如木材、玻璃纤维等。当热流平行纤维方向时，导热系数较大，当热流方向垂直于纤维时，导热系数较小。

为了正确选择保温材料，除首先要考虑其热物理性能外，还应了解材料的强度、耐久性、耐火及耐侵蚀性等是否满足要求。

保温材料按其材质构造，可分为多孔、板（块）状的和松散状。从化学成分上看，有的是无机材料，例如膨胀矿渣、泡沫混凝土、加气混凝土、膨胀珍珠岩、膨胀蛭石、浮石及浮石混凝土、硅酸盐制品、矿棉、岩棉、玻璃棉等；有的是有机的，如软木、木丝板、甘蔗板、稻壳等。随着化学工业的发展，各种泡沫塑料已成为大有发展前途的新型保温材料，如聚苯乙烯泡沫塑料颗粒、模塑聚苯板（EPS板）、挤塑聚苯板（XPS板）、硬泡聚氨酯等。铝箔等反辐射热性能较好的材料，也是有效的新材料，在一

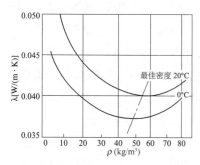

图3-5 玻璃棉导热系数随密度的变化曲线

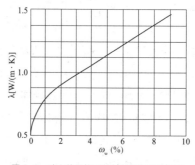

图3-6 砖砌体导热系数与重量湿度的关系

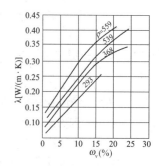

图3-7 泡沫混凝土导热系数与体积湿度的关系

些较为特殊的建筑中（如冷库）已经应用。

一般地说，无机材料的耐久性好，耐化学侵蚀性强，也能耐较高的温、湿度作用，有机材料则相对地差一些。材料的选择要结合建筑物的使用性质、构造方案、施工工艺、材料的来源以及经济指标等因素，按材料的热物理指标及有关的物理、化学性质，进行具体分析。

常见保温材料的热工参数可查阅本篇附录1，图3-8比较了常见建筑材料导热系数的差异。

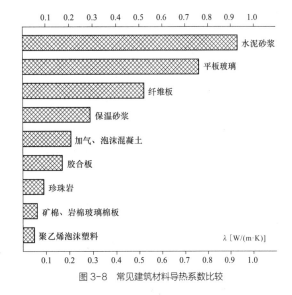

图 3-8　常见建筑材料导热系数比较

3.2.3　屋顶和外墙的保温构造及典型做法

根据地区气候特点及房间使用性质，外墙和屋顶可以采用的构造方案是多种多样的。下面分别对外墙和屋顶的保温构造类型和典型保温构造进行介绍。

1）单设保温层

单设保温层是一种使用普遍的保温形式。这种方案是用导热系数很小的材料做保温层，从而起主要保温作用。由于不要求保温层承重，所以选择灵活性比较大，不论是板块状、纤维状或者松散颗粒材料，均可应用。

图3-9是单设保温层的外墙，这是在砖砌体上贴保温层的做法。

采用单设保温层的复合墙体（或屋顶）时，保温层的位置，对结构及房间的使用质量、造价、施工、维护费用等各方面都有重大影响。保温层在承重层的室内侧，叫作内保温；在室外侧，叫作外保温；有时保温层可设置在两层密实结构层的中间，叫夹芯（或中间）保温（图3-10）。过去，墙体多用内保温，屋顶则用外保温。近年来，在严寒和寒冷地区外墙、屋顶则采用外保温和夹芯保温的做法较为常见。相对而言，外保温的优点多一些，具体包括以下几个方面：

（1）使外墙或屋顶的主要结构部分受到保护，大大降低温度应力的起伏（图3-11），提高结构的耐久性。图3-11（a）是保温层放在内侧，使其外

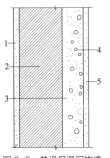

图 3-9　单设保温层构造
1—外粉刷；2—砖砌体；
3—保温层；4—隔汽层；
5—内粉刷

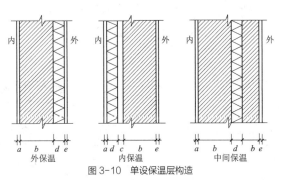

图 3-10　单设保温层构造
a—内粉刷；b—砖砌体；c—空气间层；d—保温层；e—外粉刷

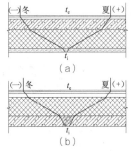

图 3-11　保温层位置不同时屋顶的年间温度变化
（a）内保温；（b）外保温

侧的承重部分，常年经受冬夏季的很大温差（可达80～90℃）的反复作用。如将保温层放在承重层外侧，如图3-11（b），则承重结构所受温差作用大幅度下降，温度变形减小。此外，由于一般保温材料的线膨胀系数比钢筋混凝土小，所以外保温对减少防水层的破坏也是有利的。

（2）由于承重层材料的热容量一般都远大于保温层，所以，外保温对结构及房间的热稳定性有利。当供热不均匀时，承重层因有大量贮存的热量，故可保证围护结构内表面温度不致急剧下降，从而使室温也不致很快下降。同样，在夏季，外保温也能靠位于内侧的热容量很大的承重层来调节温度。从而附在大热容量层外侧的外保温方法，可使房间冬季不太冷，夏季不太热。

（3）外保温对防止或减少保温层内部产生水蒸气凝结是十分有利的，但具体效果则要看环境气候、材料及防水层位置等实际条件（详见第4章）。

（4）外保温法使热桥（Thermal Bridge）处的热损失减少，并能防止热桥内表面局部结露。如图3-12所示，同样构造的热桥，当内外两种不同保温方式时，其热工性能是不同的。

（5）对于旧房的节能改造，外保温处理的效果最好。首先，在基本上不影响住户生活的情况下即可进行施工。其次，采用外保温的墙体，不会占用室内的使用面积。

外保温的许多优点，是以一定条件为前提的。例如，只有在规模不太大的建筑（如住宅）中，才能准确地判断外保温是否能提高房间的热稳定性。

而在大型公共建筑中，则因其内部有大量热容量很大的隔墙、柱、各种设备参与蓄热调节，外围护结构的外保温蓄热作用就不那么显著了。

再如，墙体外保温处理，其构造比内保温复杂。因为保温层不能裸露在室外，必须有保护层。而这种保护层不论在材料还是构造方面的要求，都比内保温时的内饰面层高。

当前，我国不断研发并推广各类保温系统，以适应迅猛发展的建筑节能市场的需求。从目前的工程实践经验来看：在极严寒地区（供暖期度日数≥6 000 ℃·d），建筑外墙采用夹芯保温、屋顶采用外保温较为可行；在严寒和寒冷地区建筑外墙与屋顶均采用外保温系统较为科学；在夏热冬冷地区，居住建筑采用内保温，公共建筑采用外保温较为合理；在夏热冬暖地区，建筑围护结构以保温与承重相结合的保温系统或内保温系统为主；而在温和地区，非透明围护结构的构造对建筑的节能影响较小，应充分重视透明围护结构的遮阳与隔热处理。不论在什么地区，对于特殊或特种建筑如冷藏室、冷冻室等，其围护结构都应采用专门设计的混合型构造。

2）封闭空气间层

封闭空气间层具有良好的绝热作用。围护结构中的空气层厚度，一般以4~5 cm为宜。为提高空气层的保温能力，间层表面应采用强反射材料，例如涂贴铝箔就是一种具体方法。如果用强反射遮热板来分隔两个或多个空气层，当然效果更大。但值得

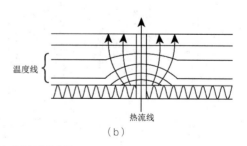

（a）   （b）

图3-12 暖热桥与冷热桥的热性能
（a）外保温暖热桥；（b）内保温冷热桥

注意的是，这类反辐射材料必须有足够的耐久性，然而铝箔不仅极易被碱性物质腐蚀，长期处于潮湿状态也会变质，因而应当采取涂塑处理等保护措施，如图 3-13 所示。

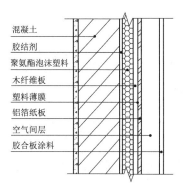

图 3-13　带空气间层的混合型保温构造

3）保温与承重相结合

空心板、多孔砖、空心砌块、轻质实心砌块等，既能承重，又能保温。只要材料导热系数比较小，机械强度满足承重要求，又有足够的耐久性，那么采用保温与承重相结合的方案，在构造上比较简单，施工亦比较方便。

图 3-14 所示为北京地区使用的双排孔混凝土空心砌块砌筑的保温与承重相结合墙体，其保温能力接近于普通实心砖一砖半墙。

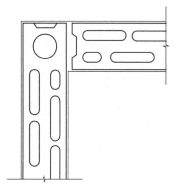

图 3-14　空心砌块保温与承重结构构造

4）混合型构造

当单独用某一种方式不能满足保温要求，或为达到保温要求而造成技术经济上不合理时，往往采用混合型保温构造。例如既有保温层，又有空气层和承重层的外墙或屋顶结构。显然，混合型构造比较复杂，但绝热性能好，在恒温室等热工要求较高的房间，是经常采用的，如图 3-13 所示。

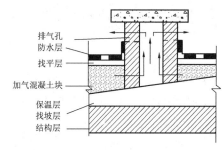

图 3-15　排气孔设置

5）倒铺屋面的做法

屋顶保温设计与外墙保温设计在很多方面都是类似的，但屋顶作为建筑的水平方向的外围护结构，不仅需要承担自身重量，还需要承担着排水、防水的任务。因此，屋顶的保温设计与外墙保温设计在选材和构造做法上有所不同。

首先，屋面保温层不宜选用松散、密度较大、导热系数较高的保温材料，以防止屋面质量、厚度过大。其次，屋面保温层不宜选用吸水率较大的保温材料，以防止屋面受到湿作用时，保温层大量吸水，降低保温效果。如果选用了吸水率较高的保温材料，屋面上应设置排气孔以排除保温层内不易排出的水分。用加气混凝土块做保温层的屋面，每隔一段距离应设置排气孔一个，如图 3-15 所示。

采用外保温的屋顶，传统的做法是在保温层上面做防水层。这种防水层的蒸汽渗透阻很大，使屋面内部很容易产生结露。同时，由于防水层直接暴露在大气中，受日晒、交替冻融等作用，极易老化和破坏。为了改进这种状况，产生了"倒铺"屋面的做法，即防水层不设在保温层上边，而是倒过来设在保温层底下。这种方法，在国外叫作"Upside Down"构造做法，也称倒铺屋面。

这种屋面由于防水层设在保温层的下面，不会

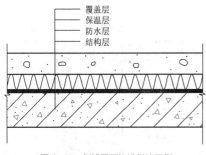

图 3-16　倒铺屋面构造做法示例

受到太阳辐射的直接照射，其表面温度升降幅度大为减小，从而延缓了防水层老化进程，延长其使用年限，其主要构造层次见图 3-16。

6）屋顶和外墙的典型保温构造及热工参数

　　非透明围护结构的构造形式多种多样，屋面和外墙的一些典型构造形式及热工参数可参见本篇附录 3。

3.2.4　地面的保温设计及典型做法

　　在严寒和寒冷地区的供暖建筑中，接触室外空气的地板，以及不供暖地下室上面的地板不加保温，则不仅增加供暖能耗，而且因地面温度过低，也会影响人们的身体健康。因为人体各个部位对冷热的反应是不同的。人体对热的敏感部位是头部和胸部，而对寒冷最敏感的部位则是手部和脚部。其中人的脚部因为直接接触地面而直接带走的热量是身体其余部位的 6 倍左右，脚部的冷暖感觉对人体的热感觉影响很大。因此在建筑地面的热工设计过程中，除了应从保温隔热角度，还应从健康舒适的角度对地面进行保温设计。

1）底层地面和有温差楼面的热工设计

　　底层地面是建筑与土地直接接触的部分。一般根据图 3-17 所示的供暖房屋地面及土地的温度分布图，可将地面划分为周边地面和非周边地面，周边

地面是指距外墙内表面 2 m 以内的地面，其他地面均为非周边地面，如图 3-18 所示。建筑节能设计标准中对地面的热阻做了相应的限值，如在严寒 A、B 区甲类公共建筑的周边地面保温材料层热阻不小于 $1.1 \ (\mathrm{m}^2 \cdot \mathrm{K})/\mathrm{W}$。

　　由于地面下土壤温度的年变化比室外气温小很多，所以接触土壤的室内地面散热量应该比外墙和屋顶等部位少很多。但是在地面的周边靠近外墙的部位（其宽度约在 0.5~2 m），由于传热阻力小，单位面积的热损失比地面非周边部位大很多。根据实测调查结果，在沿外墙内侧周边宽约 1 m 的范围内，地面温度之差可达 5 ℃ 左右（图 3-17）。因此，地板保温常采取的措施是沿底层外墙周边局部做周边保温。至于每栋房屋，每个房间外墙周边温度的具体情况，则因受到房屋大小，当地气候，地板下的水文地质以及室内供暖方式等诸多因素的影响，不可能作出简单的结论。我国国家规范规定，对于严寒地区供暖建筑的底层地面，当建筑物周边无供暖管沟时，在外墙内侧 0.5~1.0 m 范围内应铺设保温层，其热阻不应小于外墙的热阻。具体做法，可参照图 3-19 所示的局部保温措施。

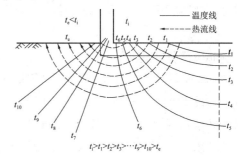

图 3-17　地面及土壤中的温度分布

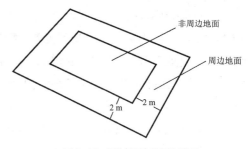

图 3-18　周边地面与非周边地面

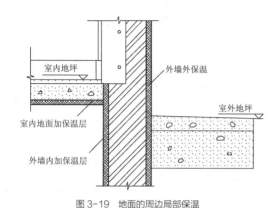

图3-19　地面的周边局部保温

当上下两层空间有温差并需要控制楼板间的热流强度时，层间楼板可采用保温层直接设置在楼板的上表面或楼板底面，也可采用铺设木龙骨（空铺）或无木龙骨的实铺木地板。在楼板上面设置保温层时，宜采用硬质挤塑聚苯板、泡沫玻璃保温板等板材或强度符合地面要求的保温砂浆等材料；在楼板底面设置保温层时，宜采用强度较高的保温砂浆抹灰；当采用铺设木龙骨的空铺木地板时，宜在木龙骨间嵌填板状保温板，且保温层的厚度应满足相关建筑节能设计标准中传热系数限值的要求。楼面的传热系数计算公式为：

$$K=\frac{1}{R_0}$$
$$R_0=R_i+\Sigma R+R_e \qquad (3\text{-}5)$$

式中　当楼板上下为居室时，$R_i=R_e=0.11\ (m^2 \cdot K)/W$；
　　　当楼板接触室外空气时，$R_i=0.11\ (m^2 \cdot K)/W$；
　　　当海拔为3 000 m以下时，$R_e=0.05\ (m^2 \cdot K)/W$；
　　　当楼板是地下室或地下停车库的顶部时，
　　　$R_i=0.11\ (m^2 \cdot K)/W$；$R_e=0.08\ (m^2 \cdot K)/W$。

2）地面表层的热工设计

地面（包括底层地面和楼地面）与人脚直接接触，不同材料的地面，即使其温度完全相同，人站在上面的感觉也会不一样。以木地面和水磨石两种地面为例，后者要使人感觉上凉得多。这是因为地面的热舒适性取决于地面的吸热指数 B。吸热指数 B 与热渗透系数 b_1 密切相关，可由下式确定：

$$B=f(b_1) \qquad (3\text{-}6)$$
$$b_1=\sqrt{\lambda_1 C_1 \gamma_1} \qquad (3\text{-}7)$$

式中　b_1——第一层（面层）材料的热渗透系数，
　　　　　$W/(m^2 \cdot h^{\frac{1}{2}} \cdot K)$；
　　　λ_1——第一层材料的导热系数，$W/(m \cdot K)$；
　　　C_1——第一层材料的比热，$W \cdot h/(kg \cdot K)$；
　　　γ_1——第一层材料的容重，kg/m^3。

在大多数情况下，可以近似地取 $B=b_1$。B 是与热阻 R 不同的另一个热工指标，B 越大，则从人脚吸取的热量越多越快。木地面的 $B=10.5$，而水磨石地面的 $B=26.8$。根据 B 值，我国将地面划分为三类（表3-4）。木地面、塑料地面等属于 I 类；水泥砂浆地面等属于 II 类；水磨石地面则属 III 类。因此，在进行地板面层设计时，应该选用 B 值小的面层材料，这是保证地板热舒适设计的一个重要方法。

对于高级居住建筑、托儿所、幼儿园、医疗建筑等，宜采用 I 类地面。一般居住建筑和公共建筑（包括中小学教室），宜采用不低于 II 类的地面。至于仅供人们短时间逗留的房间，以及室温高于23 ℃的供暖房间，则允许用 III 类地面。

表3-4　地面热工性能分类

类别	吸热指数 B $[W/(m^2 \cdot h^{\frac{1}{2}} \cdot K)]$	适用的建筑类型	代表性地面材料
I	<17	高级居住建筑、托幼、医院建筑等	木地面、塑料、地毯地面、架空地面
II	17~23	一般居住建筑、办公、学校建筑等	水泥砂浆
III	>23	临时逗留以及室温高于23℃的供暖建筑	水磨石

除此之外，楼、地面的表面温度还应该满足内表面温度与室内空气温度差的限值，如表 3-5 所示。

表 3-5　地面的内表面温度与室内空气温度差的限值

房间设计要求	防结露	基本热舒适
允许温差 Δt_g(K)	$\leqslant t_i - t_d$	$\leqslant 2$

注：$\Delta t_g = t_i - \theta_{i \cdot g}$　t_i——室内空气温度，℃；$\theta_{i \cdot g}$——地面内表面温度，℃。

3.3　透明围护结构的保温与节能

建筑物的透明围护结构是指具有采光、通视功能的外窗、外门、阳台门、透明玻璃幕墙和屋顶的透明部分等，这些透明围护结构在外围护结构总面积中占有相当的比例，一般为 30%~60% 之间。门窗等透明围护结构的保温性能与实体围护结构相比是非常薄弱的。如果不对其保温性能进行控制，大量的热量会从这些部位流出，因此从保温节能角度，要减少该部位的失热量。表 3-6 是西安建筑科技大学一栋住宅楼外围护结构各部分耗热量分布，其中外窗和外门的传热失热量的比例之和占围护结构传热损失的 40.8%，连同由门窗缝隙所引起的空气渗透耗热量，占总耗热量的 56.7%。因此，必须充分重视透明围护结构的保温与节能设计。

表 3-6　外围护结构各部分耗热量分布

外围护结构名称	耗热量（kW）	所占围护结构耗热量比例（%）
外墙	25 151.0	26.6
屋面	4 347.0	4.6
外窗	32 573.0	34.4
外门	6 026.0	6.4
楼梯间内隔墙	8 205.0	8.7
地面	2 521.0	2.6
空气渗透耗热量（N=0.5）	15 805.0	16.7

3.3.1　外窗与透明幕墙的保温与节能

在建筑设计中，确定外窗和幕墙的形式、大小和构造时需要考虑很多因素，诸如：采光、通风、隔声、保温、节能、泄爆等，因而就某一方面的需要，做出某种简单的结论是不恰当的。以下仅从建筑保温与节能方面考虑，提出一些基本要求。

外窗与透明幕墙既有引进太阳辐射热的有利方面，又有因传热损失和冷风渗透损失都比较大的不利方面。就其总效果而言，仍是保温能力较低的构件。窗户保温性能低的原因，主要是缝隙空气渗透和玻璃、窗框和窗樘等的热阻太小。表 3-7 是目前我国大量建筑中常用的各类窗户的传热系数 K 值。

表 3-7　常用窗户的传热系数 K 值

玻璃品种		玻璃中部传热系数 K_{gc} [W/(m²·K)]	整窗传热系数 K[W/(m²·K)]		
			不隔热金属型材 K_f=10.8 W/(m²·K) 框面积：15%	隔热金属型材 K_f=5.8 W/(m²·K) 框面积：20%	塑料型材 K_f=2.7 W/(m²·K) 框面积：25%
透明	6mm 透明玻璃	5.7	6.5	5.7	4.9
	12mm 透明玻璃	5.5	6.3	5.6	4.8
吸热	5mm 绿色吸热玻璃	5.7	6.5	5.7	4.9
	5mm 灰色吸热玻璃	5.7	6.5	5.7	4.9
热反射玻璃	6mm 高透光热反射玻璃	5.7	6.5	5.7	4.9
	6mm 低透光热反射玻璃	4.6	5.5	4.8	4.1

续表

玻璃品种		玻璃中部传热系数 K_{gc} [W/(m²·K)]	整窗传热系数 K[W/(m²·K)]		
			不隔热金属型材 K_f=10.8 W/(m²·K) 框面积：15%	隔热金属型材 K_f=5.8 W/(m²·K) 框面积：20%	塑料型材 K_f=2.7 W/(m²·K) 框面积：25%
单片 Low-E	6 mm 高透光 Low-E 玻璃	3.6	4.7	4.0	3.4
	6 mm 中等透光型 Low-E 玻璃	3.5	4.6	4.0	3.3
中空玻璃	6 透明 +12 空气 +6 透明	2.8	4.0	3.4	2.8
	6 高透光 Low-E+12 空气 +6 透明	1.9	3.2	2.7	2.1
	6 中透光 Low-E+12 空气 +6 透明	1.8	3.2	2.6	2.0
	6 低透光 Low-E+12 空气 +6 透明	1.8	3.2	2.6	2.0

由表 3-7 可见，单层窗的 K 值在 3.3~6.5 W/(m²·K) 之间，《严寒和寒冷地区居住建筑节能设计标准》JGJ 26—2018 规定严寒地区外墙传热系数限值为 0.4 W/(m²·K)，单层窗的 K 值约为该限值的 8~16 倍，即单位面积传热损失约为限值的 8~16 倍。即使是单层双玻窗、双层窗，其传热系数也远远大于墙体的传热系数。

为了有效地控制建筑的供暖耗热量，在建筑节能设计规范中，严格要求控制外窗（包括透明幕墙）的面积。其指标是窗墙面积比，即：某一朝向的外窗洞口面积与同一朝向外墙面积之比。如在严寒地区，《公共建筑节能设计标准》GB 50189—2015 中规定严寒地区甲类公共建筑各单一立面窗墙面积比（包括透光幕墙）均不宜大于 0.60；居住建筑各朝向的窗墙面积比规定为北向不应大于 0.25，东西向不应大于 0.30，南向不应大于 0.45。

为了提高外窗的保温性能，《民用建筑热工设计规范》GB 50176—2016 对建筑外门窗、透光幕墙、采光顶的传热系数进行了限值的要求，如表 3-8 所示。

表 3-8　建筑外门窗、透光幕墙、采光顶传热系数的限值

气候区	K[W/(m²·K)]
严寒 A 区	≤ 2.0
严寒 B 区	≤ 2.2
严寒 C 区	≤ 2.5
寒冷 A 区	≤ 3.0
寒冷 B 区	≤ 3.0
夏热冬冷 A 区	≤ 3.5
夏热冬冷 B 区	≤ 4.0
夏热冬暖地区	—
温和 A 区	≤ 3.5
温和 B 区	—

目前各国都注意新材料（包括玻璃、型材、密封材料）、新构造的开发研究。针对我国目前的情况，应从以下几方面来做好外窗的保温设计。

1）提高气密性，减少冷风渗透

外门窗在正常关闭状态时，阻止空气渗透的能力称为气密性能。在风压和热压的作用下，气密性是保证建筑外窗保温性能稳定的重要控制性指标，外窗的气密性能直接关系到外窗的冷风渗透热损失，气密性能等级越高，热损失越小。除少数建筑设固

定密闭窗外，一般外窗均有缝隙。特别是材质不佳，加工和安装质量不高时，缝隙更大。为加强外窗生产的质量管理，我国特制定《建筑外门窗气密、水密、抗风压性能检测方法》GB/T 7106—2019 和《建筑幕墙》GB/T 21086—2007 标准，标准制定了窗两侧空气压差为 10 Pa 的条件下，窗户和幕墙渗透量的分级情况，见表 3-9 和表 3-10。我国建筑节能标准对透明围护结构的气密性进行了要求，例如《公共建筑节能设计标准》GB 50189—2015 要求：10 层及以上建筑外窗的气密性不应低于 7 级，10 层以下建筑外窗的气密性不应低于 6 级，严寒和寒冷地区外门的气密性不应低于 4 级。

表 3-9　外窗气密性能分级

分级	1	2	3	4	5	6	7	8
单位缝长指标值 $q_1[m^3/(m \cdot h)]$	$4.0 \geqslant q_1 > 3.5$	$3.5 \geqslant q_1 > 3.0$	$3.0 \geqslant q_1 > 2.5$	$2.5 \geqslant q_1 > 2.0$	$2.0 \geqslant q_1 > 1.5$	$1.5 \geqslant q_1 > 1.0$	$1.0 \geqslant q_1 > 0.5$	$q_1 \leqslant 0.5$
单位面积指标值 $q_2[m^3/(m^2 \cdot h)]$	$12 \geqslant q_2 > 10.5$	$10.5 \geqslant q_2 > 9.0$	$9.0 \geqslant q_2 > 7.5$	$7.5 \geqslant q_2 > 6.0$	$6.0 \geqslant q_2 > 4.5$	$4.5 \geqslant q_2 > 3.0$	$3.0 \geqslant q_2 > 1.5$	$q_2 \leqslant 1.5$

表 3-10　建筑幕墙开启部分气密性能分级

分级	1	2	3	4
$q_L[m^3/(m \cdot h)]$	$4.0 \geqslant q_L > 2.5$	$2.5 \geqslant q_L > 1.5$	$1.5 \geqslant q_L > 0.5$	$q_L \leqslant 0.5$

为了提高外窗、幕墙的气密性能，外窗与幕墙的面板缝隙应采用良好的密封措施，玻璃或非透明面板四周应采用弹性好、耐久性强的密封条密封，或采用注入密封胶的方式密封。开启扇应采用双道或多道弹性好、耐久性强的密封条密封；推拉窗的开启扇四周应采用中间带胶片毛条或橡胶密封条密封；单元式幕墙的单元板块间应采用双道或多道密封，且在单元板块安装就位后密封条保持压缩状态。

2）提高窗框保温性能

在传统建筑中绝大部分窗框是木制的，保温性能比较好。在现代建筑中由于种种原因，金属窗框越来越多，由于这些窗框传热系很大，故使窗户的整体保温性能下降。随着建筑节能的逐步深入，要求提高外窗保温性能，主要方法包括：

首先，将薄壁实腹型材改为空心型材，内部形成封闭空气层，提高保温能力。其次，开发出塑料构件，已获得良好保温效果。再次，开发了断桥隔热复合型窗框材料，有效提高门窗的保温性能。最后，不论用什么材料做窗框，都将窗框与墙体之间的连接处理成弹性构造，其间的缝隙采用防潮型保温材料填塞，并采用密封胶、密封剂等材料密封。

提高玻璃幕墙的保温性能，可通过采用隔热型材、隔热连接紧固件、隐框结构等措施，避免形成热桥。幕墙的非透明部分，应充分利用其背后的空间设置密闭空气层或用高效、耐久、防水的保温材料进行保温构造处理。目前，可利用的门窗型材有木—金属复合型材、塑料型材、断桥隔热铝合金型材、断桥隔热钢型材、玻璃钢型材和铝包木等。图 3-20 是常见窗框的断热桥截面。

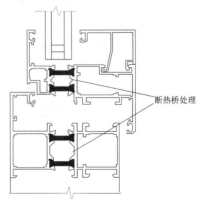

断热桥处理

图 3-20　常见窗框的断热桥截面图

3）改善玻璃的保温能力

单层窗中玻璃的热阻很小，因此仅适用于较温暖地区，在严寒和寒冷地区，应采用双层甚至三层窗。增加窗扇层数是提高窗户保温能力的有效方法之一，因为每两层窗扇之间所形成的空气层，加大了窗的热阻。

此外，近年来国内外多使用单层窗扇上安装双层玻璃的单框双玻中空玻璃窗，中间形成良好密封空气层，此类窗的空气间层厚度以 9~20 mm 为最好，此时传热系数最小。当厚度小于 9 mm 时，传热系数则明显加大；当大于 20 mm 时，则造价提高，而保温能力并没有显著提高。

当需进一步提高窗的保温能力时，可采用 Low-E 中空玻璃、充惰性气体的 Low-E 中空玻璃以及双中空 Low-E 玻璃。在严寒地区的居住建筑、医院、幼儿园、办公楼、学校和门诊部等建筑中，可采用双（或三）层外窗或双层玻璃幕墙提高建筑的整体保温性能。但

是，考虑到使用玻璃时除了应该关注其热工性能外，还应当注意光学性能，如可见光透射比、遮阳系数等，故在玻璃的选用过程中尚需综合考虑。

几种典型玻璃的热工及光学性能参数可参见本篇附录 4。

3.3.2 外门的保温与节能

这里外门包括户门（不供暖楼梯间）、单元门（供暖楼梯间）、阳台门以及与室外空气直接接触的其他各式各样的门。门的热阻一般比窗户的热阻大，而比外墙和屋顶的热阻小，因而也是建筑外围护结构保温的薄弱环节，表 3-11 是几种常见门的热阻和传热系数。从表 3-11 看出，不同种类门的传热系数值相差很大，铝合金门的传热系数要比保温门大 2.5 倍，在建筑设计中，应当尽可能选择保温性能好的保温门。

表 3-11　几种常见门的热阻和传热系数

序号	名称	热阻 [(m²·K)/W]	传热系数 [W/(m²·K)]	备注
1	木夹板门	0.370	2.70	双面三夹板
2	金属阳台门	0.156	6.40	—
3	铝合金玻璃门	0.164~0.156	6.10~6.40	3~7 mm 厚玻璃
4	不锈钢玻璃门	0.161~0.150	6.20~6.50	5~11 mm 厚玻璃
5	保温门	0.590	1.70	内夹 30 厚轻质保温材料
6	加强保温门	0.770	1.30	内夹 40 厚轻质保温材料

外门的另一个重要特征是空气渗透耗热量特别大。与窗户不同的是，门的开启频率要高得多，这使得门缝的空气渗透程度要比窗户缝大得多，特别是容易变形的木制门和钢制门。

3.3.3 透明围护结构的节点构造设计

门窗、幕墙首先应满足热工的基本要求，其次还应满足构造设计要求，以减少门窗、幕墙与墙之间的热损失。全玻璃幕墙与隔墙和梁之间的间隙填充保温材料后，不仅可以降低建筑物的窗墙面积比，

而且可以有效减少建筑的能耗。保温材料应采用岩棉等防火性能好的，以满足防火、隔声的要求。故在严寒地区，外门窗、幕墙的细部构造设计应符合以下要求：

1）门窗、幕墙的面板缝隙应采取良好的密封措施。玻璃或非透明面板四周应采用弹性好、耐久的密封条或密封胶密封。

2）开启扇应采用双道或多道密封，并采用弹性好、耐久的密封条。推拉窗开启扇四周应采用中间带胶片毛条或橡胶密封条密封。

3）门窗、幕墙周边与墙体或其他围护结构连接

处应为弹性构造，采用防潮型保温材料填塞，缝隙应采用密封剂或密封胶密封。

4）外窗、幕墙应进行结露验算，在设计计算条件下，其内表面温度不宜低于室内的露点温度。外窗、玻璃幕墙的结露验算应符合《民用建筑热工设计规范》GB 50176—2016 的规定。

5）玻璃幕墙与隔墙、楼板或梁之间的间隙以及幕墙的非透明部分内侧，应采用高效、耐久、防火性能好的保温材料（如岩棉、超细玻璃棉）进行保温，保温材料所在空间应充分隔气密封，防止冷凝水进入保温材料中。

6）西向外窗、玻璃幕墙仍然需要设置一定的夏季遮阳构件。

3.4　被动式太阳能利用设计

如前所述，房间的保温设计应该从控制房间的得热量与失热量入手。冬季建筑得到的热量主要包括太阳辐射得热、室内热源以及供暖系统供热。其中，太阳能是人们熟知的一种取之不尽、无污染且价廉的能源，但同时它也是一种低能流密度且仅能间歇利用的能源。在建筑中利用太阳能增加室内得热，可以提高和改善冬季室内热环境质量，节约常规能源，保护生态环境，是一项利国利民、促进人类住区可持续发展的"绿色"技术。

建筑利用太阳能的方式，根据运行过程中是否需要机械动力，一般分为"主动式"和"被动式"两种。主动式太阳能系统需要机械动力驱动，才能达到供暖和制冷的目的，主要由集热器、管道、储热装置、循环泵以及散热器组成。如图 3-21 所示为主动式利用太阳能系统示意图，系统的集热器与蓄热器相互分开，太阳能在集热器中转化为热能，随着流体工质（一般为水或空气）的流动而从集热器被送到蓄热器，再从蓄热器通过管道与散热设备输送到室内。

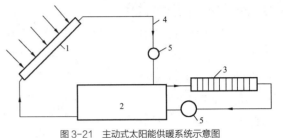

图 3-21　主动式太阳能供暖系统示意图
1—集热器；2—储热装置；3—散热器；4—管道；5—循环泵

工质流动的动力，由泵或风扇提供。

太阳能向室内的传递也可以不借助于机械动力，而是通过建筑朝向和周围环境的合理布置、内部空间和外部形体的巧妙处理，以及结构构造和建筑材料的恰当选择、使建筑物，以完全自然的方式（经由辐射、传导和自然对流），冬季能集取、保持、贮存、分布太阳热能，从而解决供暖问题；同时夏季能遮蔽太阳辐射，散逸室内热量，从而使建筑物降温。换句话说，就是让建筑物本身作为一个太阳能利用系统。为了与主动式系统相区别，我们把这种方式称之为被动式太阳能利用系统。

3.4.1　被动式太阳能供暖形式

被动式太阳能利用是一个古老而又新兴的问题，人类在长期的生活实践中逐步积累了在房屋建筑中利用太阳能的经验，例如，我国北方农村的传统住宅坐北朝南，南立面开大窗户，南屋檐挑出一定长度，以免夏季阳光透过窗户直接射入室内，这些措施与现代被动式利用太阳能的设计原则是一致的。

在大多数情况下，被动系统的集热部件能够与建筑结构融为一体。被动式太阳房与主动式太阳房相比，具有初期造价低、维护方便等优点，同时作为冬季供暖的辅助建筑设计措施，既能够节约常规能源消耗，又具有独特的建筑外观，为广大建筑师所喜爱。我国绝大部分地区（北纬 25°以北）的冬季都可以不同程度的利用被动式太阳能供暖。

按照太阳能的获取途径，被动式太阳能建筑的集热构件分为三种基本类型，分别是直接受益式、集热蓄热墙式、附加阳光间式，如图3-22所示。下面分别对着几种集热方式的特点进行介绍。

1）直接受益式

建筑物利用太阳能供暖最普通、最简单的方法，就是让阳光透过窗户照进来，如图3-23（a）所示，用楼板层、墙体及家具等作为吸热和储热体，当室温低于储热体表面温度时，这些物体就会像一个大的低温辐射器那样向室内供暖，这就是直接受益式的工作原理。

直接受益方式升温快，构造简单，与常规建筑的外貌相似且建筑艺术处理比较灵活。但这种利用方式要保持比较稳定的室内温度，需要布置足够的贮热材料，如砖、土坯、混凝土等。贮热体可以和建筑结构结合为一体（图3-24），也可以在室内单独设置，例如安放若干装满水的容器等。当大量阳光射入建筑物时，贮热体可以吸收过剩的热能，随后用于没有阳光射入建筑物时调节室内温度，减小波动幅度。贮热体应尽量布置在受阳光直接照射

的地方。根据一般经验、要贮存同样数量的热能，非直接照射的贮热体需要比被直接照射的贮热体大4倍。

减少通过玻璃损失的热量是改善直接受益系统特性的有效途径。增加玻璃层数只是可供选择的一种办法，夜间对窗玻璃进行保温，是被广泛采用的较好措施。如图3-23（b）所示，窗户的夜间保温装置如保温帘、保温板等。但是这些夜间保温装置应尽可能放在窗户的外侧，并尽可能地严密。

2）集热墙式

1956年，法国学者特朗勃（Trombe）等提出了一种现已流行的集热方案，这就是在直接受益窗后面筑起一道重型结构墙，如图3-25所示，这种形式的太阳房在供热机理上与直接受益式不同。阳光透过透明盖层后照射在集热墙上，该墙外表面涂有太阳辐射吸收率高的涂层，其顶部和底部分别开有通风孔，并设有可控制的开启阀门。当透过透明盖层的阳光照射在重型集热墙上，墙的外表面温度升高，所吸收的太阳热量，一部分通过透明盖层向室外损失；另一部分加热夹层内的空气，从而导致夹

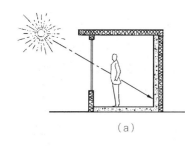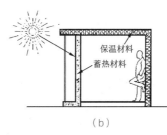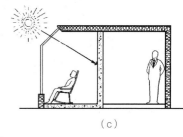

（a）　　　　　　　（b）　　　　　　　（c）

图 3-22　被动式太阳能建筑三种集热方式
（a）直接受益式；（b）集热蓄热墙式；（c）附加阳光间式

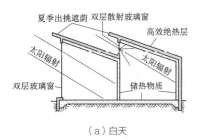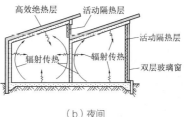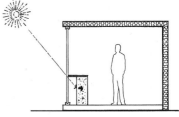

（a）白天　　　　　　　（b）夜间

图 3-23　直接受益式太阳房　　　　　　图 3-24　直接受益式太阳房中蓄热体的布置

层内的空气与室内空气密度不同，密度不同的空气通过上下通风口而形成自然对流，热空气由上通风孔将热空气送进室内；还有一部分则经集热墙体以导热的形式传至室内。这种"集热墙式太阳房"是目前应用最广泛的被动式供暖方式之一。

最早的集热墙是 0.5 m 厚，并在上下两端开孔的混凝土墙，外表面涂黑。近年来，集热墙无论在材料上、结构上，还是在表面涂层上，都有了很大发展。从材料角度来看，大体有三种类型，即建筑材料（砖、石、混凝土、土坯）墙、水墙（图 3-26）和相变蓄热材料墙。按照通风口的有无和分布情况，集热蓄热墙又可分为三类：无通风口、在墙顶端和底部设有通风口以及墙体均布通风口。目前，习惯于将前两种工程材料墙称为"特朗勃墙"，最后一种称为"花格墙"（图 3-27），把花格墙用于居室供暖，是我国清华大学研究人员的一项发明，理论和实践均证明了其具有优越性。

3）附加日光间式

"附加日光间"指那些由于获得太阳热能而使温度产生较大波动的空间。如图 3-23（c）所示，这是使用一个空间来获取太阳热能的利用方式。过热的空气可以用于加热相邻的房间，或者贮存起来留待没有太阳照射时使用。在一天的所有时间内，附加日光间内的温度都比室外高，这一较高的温度使

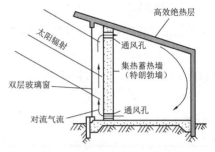

图 3-25　集热蓄热墙工作原理

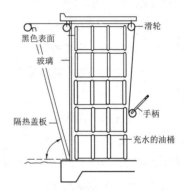

图 3-26　水墙太阳能建筑剖面图

其作为缓冲区减少建筑的热损失。除此之外，附加日光间还可以作为温室（Green House）栽种花卉，以及用于以观赏风景、交通联系、娱乐休息等多种功能。它为人们创造了一个置身大自然之中的室内环境，如图 3-28 所示。

普通的南向缓冲区如南廊、封闭阳台、门厅等，把南面做成透明的玻璃墙，即可成为阳光间（图 3-29）。

大多数阳光间采用双层玻璃建造，且不再附加

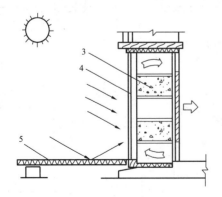

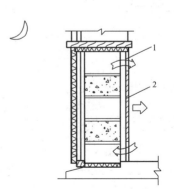

图 3-27　固定后挡板型花格集热蓄热墙

1—通风孔；2—后挡板；3—砌块；4—玻璃；5—保温装置

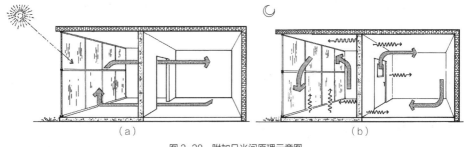

图 3-28　附加日光间原理示意图
（a）白天，隔墙门窗打开；（b）夜晚，隔墙门窗关闭

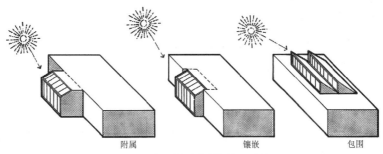

附属　　　　　　　镶嵌　　　　　　　包围

图 3-29　太阳室与主体建筑之间几种关系

其他减少热损失的措施。为了使夜间的热损失最小，也可安装上卷式保温帘。

哪怕是设计得最好的阳光间，在日照强烈，气候炎热期间也需要通风。大多数阳光间每 20~30 m² 玻璃需要 1 m² 的排风口。排风口应尽可能地靠近屋脊，而进风口应尽可能低一些。

阳光间中的地板，是布置贮热体的最容易、最明显的位置。不论是土壤还是混凝土或缸砖，都有很大的贮热容量，可以减小阳光间的温度波动。玻璃外墙的基础，应当向下保温到大放脚。阳光间与房间之间的墙体，也是设置贮热体的好位置。这些墙体冬季可以充分接受太阳照射，并把其热量的一部分传给房间，其余的热量温暖阳光间。

3.4.2　被动式太阳能供暖与建筑设计相结合

在建筑设计中，可以综合运用多种太阳能供暖方式，使建筑本身成为一个利用太阳能的系统，这样的建筑也被称为被动式太阳能建筑。

为防止太阳能建筑的室内气温波动太大，太阳能建筑应具有一定蓄热能力，即布置足够的蓄热体。采用热容量大而导热较小的材料有利于太阳能的蓄积和利用。为保证南向主要房间能够达到较高的太阳能供暖率，房间的进深不宜太大。根据经验，以进深不大于层高的 1.5 倍为宜，这样可保证集热面积与房间面积之比不小于 30%，保证房间具有较高的太阳能供暖率。

在室内阳光能直接照射到的区域设置蓄热体是最有效的，其中地板是最佳位置，但地板面积往往被家具遮挡，所以，蓄热体配置在东、西、北墙或内墙也可以。根据国外实验和经验，建议以砖石材料砌筑的墙和地面至少要有 10 cm 厚，且其室外一侧必须保温，阳光直接照射到的蓄热体室内一侧的面积应不小于玻璃面积的 4 倍。

同一种材料不同厚度的集热墙，在当天日照期间，外表面温度十分接近，通过对流换热对室内的供热量相差不大，但其内表面最高温度及通过导热方式进入室内的热量的数值和出现的时间差别却很大。在一定限度内，墙体越厚蓄热量越大，夜间供热量占总供热量比例越大，热稳定性越好；但墙体过厚会导致太阳房热效率下降，因此存在一个最佳厚度。以双玻璃的特朗勃集热墙为例，从我国在部分地区的一般居住建筑的情况来看，采用 24 cm 厚砌体最佳，而采用 12 cm 厚的砖砌体则会出现室温波动过大的现象。

太阳能一体化设计，使建筑师可以利用太阳能构件为建筑增加美学趣味。通过太阳能构件建筑产生变化，与其他元素形成对比，或仅仅因为许多太阳能构件本身在形状、大小、颜色或表面质感上就具有吸引力，来增加建筑的立面效果。如赫尔辛基设计的 NESTE 新办公楼，PV 光电板不仅覆盖了部分立面，而且被用作太阳能遮阳板，这些太阳能建筑成功的关键在于，建筑师利用了其美学协调性，如将窗间墙作为集热墙的韵律变化、竖向垂直构图、色彩体形变化、细部处理等，使太阳能利用构件和蓄热体成为引人注目的建筑构成元素展示出来。

3.5　太阳能建筑实例

国际太阳能十项全能竞赛（Solar Decathlon，SD）是由美国能源部发起并主办的，以全球高校为参赛单位的太阳能建筑科技竞赛。该竞赛旨在借助世界顶尖研发、设计团队的技术与创意，将太阳能利用、建筑节能与建筑设计以一体化的新方式紧密结合，设计、建造并运行一座功能完善、舒适、宜居、具有可持续性的太阳能住宅。西安建筑科技大学建筑学院代表队参加了 2018 年在山东德州举办的该项竞赛（Solar Decathlon China，简称 SDC），参赛项目通过对太阳能技术的利用，使建筑适应北方大部分地区气候，降低建筑能耗，实现低碳、节能的最终目标。项目经过 23 天室外搭建后完工，如图 3-30 所示。

3.5.1　气候条件

本项目室外搭建场地位于山东省德州市，德州市的气候特点是季风影响显著，四季分明、冷热干湿界限明显，春季干旱多风，夏季炎热多雨，秋季凉爽多晴天，冬季寒冷少雪多干燥。该市年平均气温为 13.2 ℃，热工分区属于寒冷 B 区，需要着重考虑冬季保温，同时也要兼顾夏季防热。德州市年平均日照时间为 2 483.6 h，日照时数长，光照强度大，被誉为中国太阳城，其具有较高的太阳能利用潜力。

3.5.2　项目概况

该项目总建筑面积为 184.97 m²，利用南北房间的高度差，使建筑实现部分 2 层的结构，节约了建筑的占地面积。平面图如图 3-31、图 3-32 所示。

图 3-30　项目实景图
（图片来源：经摄制者授权采用）

建筑的主体结构材料舍弃了传统的钢筋混凝土而采用复合木板，复合木板是用尺寸较小的杂木经过热压后复合而成，避免了使用大尺寸木材造成的森林过度砍伐，同时对废料进行利用，减少了建筑的材料能耗。复合木材作为独立的发泡体，具有不传透、不传导和不连续等物理特性，同时还具备隔间、隔热、防火、耐用等化学特性，十分符合夏热冬冷地区建筑材料的需求。同时，在木材加工、处理过程中，木纤维的相互交错和咬合增强了木材的力学特性，使建筑更加稳定。

该建筑采用太阳能一体化设计，全年自给自足，可实现全年零能耗。建筑的附属功能置于北侧，冬季抵御北向寒流；卧室和阳光房置于南侧，可在冬季吸收光热，增加室内温度；另外建筑主体南边设置大面积玻璃，冬季得热，夏季采用活动遮阳装置降温，实现能耗平衡。

3.5.3　建筑的被动式太阳能利用及节能策略

1）被动式太阳能利用

在冬季，该地区气候寒冷，但太阳辐射资源丰富，建筑南向主卧和次卧的直接受益式窗以及阳光间作为主要得热部件，吸收太阳辐射并储存热量，提高建筑室内环境温度。建筑的南侧中部的阳光间高 4.65 m，作为一个核心来连接起其他房间，这样能更好地利用吸收到的热量。模拟结果显示冬季没有主动供暖的情况下，室内温度可达 18~20 ℃。阳光间内部及冬夏热流，如图 3-33 所示。

2）建筑保温处理——气凝胶玻璃

项目南向玻璃使用气凝胶玻璃在供暖季吸收太阳辐射。气凝胶玻璃中的气凝胶，是一种可变厚度

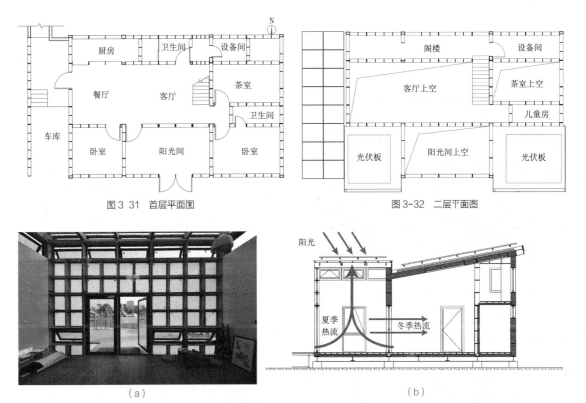

图 3-31　首层平面图

图 3-32　二层平面图

（a）

（b）

图 3-33　阳光间内部及冬夏内部热流
（a）阳光间内部；（b）冬夏内部热流工况图

的固体材料，通过调控气凝胶层厚度获得需要的传热系数 K 值，达到节能效果。

3）建筑防热处理——隔热层与通风屋顶

该地区夏季炎热，需要控制外界热量较少进入室内。在墙体、地板单元盒与梁构件内腔中加入玻璃棉，形成保温隔热层。夏季，阳光间在白天能很好的遮挡太阳光，阻止了室内活动区受到阳光直射，同时起到隔热作用。同时光伏板下方架空，与屋面之间制造气流通道，减少来自光伏板自身高温度对于屋面的影响，降低屋面内表面温度，如图3-34所示。

4）建筑防热处理——自然通风

所有房间合理开窗，建筑室内形成良好的南北向自然通风，阳光间内则进行热压通风，增强通风效果，阳光间的高度要高于其他房间，加速了建筑内的空气流动，从而加快了建筑内外的空气交换，如图3-35所示。

5）建筑防热处理——建筑遮阳

由于该地区夏季炎热，在建筑西侧设置车库并增设遮阳构架；顶部利用阳光板遮阳，西墙设置为绿植墙，对阳光进行反射，起到良好的防西晒作用。对于建筑的阳光房部分，夏季也采用了遮阳措施避免阳光直射引起的过热现象，如图3-36、图3-37所示。

6）微气候调节

建筑四周设有人工湿地、观景平台、喷泉等绿化设施。建筑南侧设有喷泉和水池，改善建筑周围温湿度，在起到调节微气候环境的同时作为雨水收集池使用，屋顶的雨水通过链条落水被收集到水池中，如图3-38所示；紧邻着建筑的区域铺设有白色鹅卵石，美化的同时可以反射太阳光增加墙面亮度，如图3-39所示；建筑北侧为立体绿化墙，利用"木格"构造节省了植物的平面种植空间，增加绿化面积的同时绿色植物还能对建筑起到隔热保暖的作用；建筑西侧设有潜流人工湿地系统，与建筑的水资源循环系统相结合，在提高水资源利用率的同时改善建筑环境。

图 3-34　围护结构保温隔热

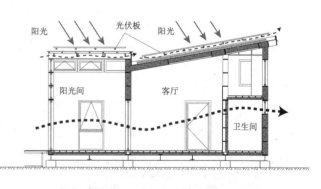

图 3-35　屋顶光伏板和自然通风

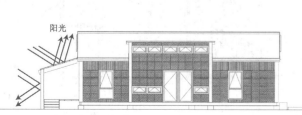

图 3-36　利用车库对西墙进行遮阳

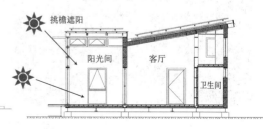

图 3-37　阳光房挑檐遮阳

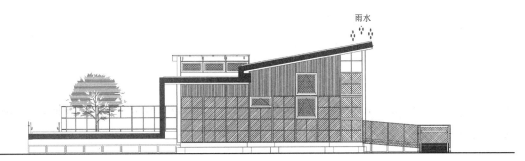

图 3-38　水池收集雨水

图 3-39　人工湿地

3.5.4　建筑热环境状况

德州地区温湿度极高，最高温度可达 40 ℃ 左右，最高相对湿度达到 95% 左右，室外环境不舒适。通过现场实测发现，建筑室内最高温度为 33 ℃，被动式技术起到了很好的降温作用。在少数过热时段需要通过开启空调及除湿器等辅助设施，而太阳能电池板产生的电能可以抵消空调设备所消耗的电能。

思考题与习题

1. 我国在不同时期的建设活动中，对建筑围护结构热工设计的具体要求与控制方法。

2. 供暖居住房间的密闭程度（气密化程度）对卫生保健、经济、能源消费等方面，各有什么影响？

3. 从节能角度分析，在严寒地区设计建筑时应遵循的基本原则？

4. 说明某一地区常用的轻质保温材料的性能及构造做法，并阐述原因？

5. 查阅相关资料，了解优质玻璃幕墙、窗的构造、材料、热工性能及其密闭性。

6. 以西藏、新疆、甘肃、内蒙古（我国太阳能资源丰富地区）中的某一地域为基地，分析在设计小型办公类、医疗类、教学类建筑时，可以采用的被动式太阳集热技术。

第4章 Chapter 4　The Moisture Transfer and Damproofing of Building Envelope
建筑围护结构的传湿与防潮

在设计建筑围护结构时既要考虑到它的保温节能，同时也要考虑它的防潮性能。建筑内部的空气必然携带一定数量的水蒸气，由于室内外温度的变化，在围护结构表面以及内部产生凝结或结露时有发生。舒适的热环境要求空气中有适量的水蒸气，以保持适宜的相对湿度。湿度过大或者过小不仅给人带来不舒适感，还会影响围护结构的性能，甚至对保温构造产生不利影响。所谓冷凝是指当围护结构表面或内部温度低于空气露点温度时，出现冷凝水的现象。表面冷凝是水蒸气含量较多且温度高的空气遇到冷的表面所致。有时，建筑室内通风组织不合理、相对湿度过高，也易在热桥部位产生凝结。内部凝结是当水蒸气通过外围护结构时，遇到结构内部温度达到或低于结露的界面点时，水蒸气形成凝结水的现象。因而阐述建筑围护结构的湿状况以及防潮措施是建筑热工学的组成部分之一。建筑防潮性能与建筑的耐久性、保温性能、室内环境品质等有密切联系。

包括冷凝在内，外围护结构受潮的原因包括：

（1）用于结构中材料的原始湿度高；

（2）施工过程（如浇筑混凝土、在砖砌体上洒水、粉刷等）中水分进入结构材料。施工水分的多少，主要取决于围护结构的构造和施工方法，若采用装配式结构和干法施工，施工水分就可大大减少；

（3）由于毛细管作用，水分从土地渗透到围护结构中。为防止这种水分，可在围护结构中设置防潮层；

（4）由于受雨、雪的作用，水分渗透到围护结构中；

（5）使用管理中的水分渗入。例如：在漂白车间、制革车间、食品制造车间以及某些选矿车间等，在生产过程中使用很多水，使地板和墙的下部受潮；

（6）由于材料的吸湿作用，从空气中吸收的水分；

（7）空气中的水分在围护结构表面和内部发生冷凝。

4.1　湿空气的物理性质

舒适的热环境要求空气中有适量的水蒸气，了解湿空气的物理性质以及人对湿空气的主观感觉，是围护结构传湿与防潮设计的基础。

4.1.1　水蒸气分压力

湿空气是干空气与水蒸气的混合物，建筑室内外的空气均是含有一定水分的湿空气。如图4-1所示，一个容积为 V 的封闭房间，开始时只有干空气，后来掺入了水蒸气，混合成为湿空气。

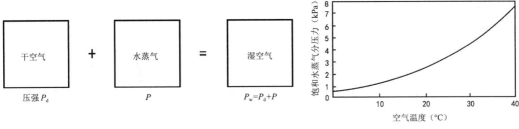

图 4-1　湿空气的组成　　　　　　　　　　　　　　　　图 4-2　饱和水蒸气分压力与空气温度的关系

在温度和压力一定的条件下，一定容积的干空气所能容纳的水蒸气量，是有一定限度的。当水蒸气的含量尚未达到这一限度时，该湿空气为"未饱和"的，当达到限度时就是"饱和"的。

若某房间的湿空气已达到饱和，再继续向其供给水蒸气，也不会再增加水蒸气的含量，超额的水蒸气将凝结成液态而析出。淋浴室内的雾，顶棚和墙面上的水珠，都是饱和之后的"超额"水蒸气凝结而成的。

未饱和的湿空气，可以引用理想气体的有关定律。根据道尔顿分压定律，湿空气的总压力等于干空气的分压力和水蒸气分压力之和，即：

$$P_W = P_d + P \qquad (4\text{-}1)$$

式中　P_W——湿空气的总压力，Pa；

　　　P_d——干空气的分压力，Pa；

　　　P——水蒸气的分压力，Pa。

水蒸气分压力是在一定温度下湿空气中水蒸气部分所产生的压力，用 P 表示，单位 Pa。处于饱和状态的湿空气中的水蒸气所呈现的压力，称为"饱和水蒸气分压力"，用 P_S 表示。

标准大气压力下，不同温度时的 P_S 值参见本篇附录 5。P_S 值随温度升高而变大，这是因为在一定的大气压下，湿空气的温度越高，其一定容积中所能容纳的水蒸气越多，因而水蒸气所呈现的压力越大（图 4-2）。

4.1.2　空气湿度

衡量湿空气中水蒸气含量的物理量是"湿度"。

湿度表示空气的干湿程度，根据不同的用途又分为绝对湿度和相对湿度。

绝对湿度是单位体积空气中所含水蒸气的重量，用 f 表示，单位 g/m³。饱和状态下的绝对湿度则用饱和水蒸气量 f_{max}(g/m³) 表示。

绝对湿度虽然能表征单位体积空气中所含水蒸气的真实数量，但从室内热湿环境的要求来看，这种表示方法并不能恰当地说明问题，这是因为绝对湿度相同而温度不同的空气环境，对人体热湿感觉的影响是不同的。例如，夏季晴天空气中水蒸气分压力比冬季阴雨天高许多倍，但人们感觉却是阴雨天比晴天湿的多；再如冬季室内烤火会感觉干燥，其实室内空气中水蒸气的含量并没有变化，只是温度升高了，感觉皮肤表面水分蒸发的快。可见，人感觉的空气干湿程度取决于空气蒸发水分的快慢，空气对水分的蒸发力越强，人感觉越干燥。空气的蒸发力取决于空气中水蒸气接近饱和的程度，如图 4-3 所示。

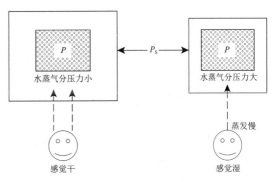

图 4-3　空气中的水蒸气分压力变化

相对湿度是在一定温度、一定大气压力下，湿空气的绝对湿度 f，与同温同压下的饱和水蒸气量 f_{max} 的百分比，以 φ 表示，即：

$$\varphi = \frac{f}{f_{max}} \times 100\% \qquad (4-2)$$

水蒸气的实际分压力 P 主要取决于空气的绝对湿度 f，同时也与空气的温度有关，一般用下列近似式表示：

$$P = 0.461Tf \quad \text{Pa} \qquad (4-3)$$

式中　T——空气温度，K；

　　　f——与 P 对应的绝对湿度，g/m^3。

由上式可见，当空气温度一定时，水蒸气分压力随绝对湿度成正比例变化；当绝对湿度一定时，水蒸气分压力随温度成正比例变化。由于不同状态下的 T 值往往不同，P 与 f 也就不成正比例。

但在同一温度下，建筑热工设计中近似认为 P 与 f 的正比例关系成立，因此，相对湿度又是空气中水蒸气分压力与同一温度下饱和水蒸气分压力的百分比，可用下式表示：

$$\varphi = \frac{P}{P_s} \times 100\% \qquad (4-4)$$

式中　P——空气的实际水蒸气分压力，Pa；

　　　P_s——同温下的饱和水蒸气分压力，Pa。

由于我们有不同温度下的 P_s 值（见本篇附录 5），而且有多种能直接快速测定空气相对湿度 φ 的仪器，所以用式（4-4）就可以方便地计算出某一温度下空气的绝对湿度。

绝对湿度是空气调节工程设计的重要参数，它能清楚地表示单位体积湿空气中所含的水蒸气数量。但在建筑热工设计中则广泛使用相对湿度，这是因为相对湿度能直接说明湿空气对人体热舒适感、房间及围护结构湿状况的影响。表 4-1 所示为绝对湿度相同，而相对湿度不同的两个居室的室内热环境参数的比较。表中 t、f 是设定值，P_s 分别按两室气温从本篇附录 5 查取，P 是按式（4-4）计算的。

表 4-1　f 相同 φ 不同的居室

参数名称	A 室	B 室
室内空气温度 t（℃）	18	10
绝对湿度 f（g/m^3）	9.4	9.4
饱和蒸汽压 P_s（Pa）	2 062.5	1 227.9
实际蒸汽压 P（Pa）	1 261.0	1 226.4
相对湿度 φ（%）	61.1	99.9

由表可见，虽然两室绝对湿度完全相同，但 A 室相对湿度只有 61%，而 B 室则接近 100%。根据研究，对室内热湿环境而言，正常的湿度范围大致是 30%~60%，A 室的湿度是正常的，而 B 室则已达饱和，极为潮湿。

4.1.3　露点温度

在一定温度和压力的条件下，绝对湿度一定的空气中所含的水蒸气量是一定的，其所能容纳的最大水蒸气含量以及与之对应的最大水蒸气分压力 P_s 也都是一定的。

如果有一房间，当不改变室内空气中的水蒸气含量，只是用干法加热空气（如用电炉加热）使其升温，则 P_s 相应变大，亦即所能容纳的最大水蒸气含量变大。这是因为干法加热升温，在加热过程中水蒸气的含量不变，所以房间相对湿度随之变小。相反，如保持室内水蒸气的含量不变，而只是使气温降低，则因 P_s 变小，房间相对湿度则变大。温度下降越多，相对湿度越大。当温度降到某一特定值时，空气的相对湿度 φ 达到 100%，本来不饱和的空气，因室温下降而达到饱和状态（图 4-4 C 点），这一特定温度称为该空气的"露点温度"。如图 4-4 D 点所示。

由上可知，露点温度是在大气压力一定、空气含湿量不变的情况下，未饱和的空气因冷却而达到饱和状态时的温度，用 t_d（℃）表示。

冬天在严寒地区的建筑物中，常常看到窗玻璃内表面上有很多冷凝水，有的则结成较厚的霜，原因就是玻璃保温性能较低，其内表面温度低于室内

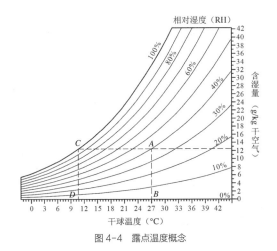

图4-4 露点温度概念

空气的露点温度，当室内较热的空气接触到较冷的玻璃表面时被冷却，就在其表面上凝结成水或霜。

【例题4-1】 用干湿球温度计测得某供暖居室空气温度 t_i=18 ℃，相对湿度 φ=61.1%，试求该居室的空气露点温度 t_d。

【解】 首先要求出该居室的实际水蒸气分压力 P。查本篇附录5，得知当 t_d=18 ℃ 时，饱和水蒸气压 P_s=2062.5 Pa，从式（4-4）可反求出 P：

$$P=P_s\varphi=2\,062.5\times0.611\approx1\,260\,Pa$$

其次，按露点温度的定义，当该室气温降到 P_s=1 260 Pa 时所对应的温度，即为该室空气露点温度。从本篇附录5中，查得 P_s=1 260 Pa 对应温度为 t_d=10.4 ℃。

即该居室的空气露点温度为 10.4 ℃。

4.1.4 湿球温度

另一个描述空气中水分含量的方法是湿球温度，把两个温度计并排放在空气中，其中一个温度计的下端被棉纱包裹，棉纱因为下端浸入水中而保持湿润，这一温度计叫作"湿球温度计"，其读数为"湿球温度"。如果这一对温度计被放在干空气中，则湿球温度计的读数会因水分的蒸发而迅速下降，但如果把它们放在湿空气中，则湿球温度计

的读数会下降很少。如果空气的相对湿度达到了100%，则水分不会再蒸发，干球和湿球温度计的读数也会完全相同，因此，湿球温度也能反映空气的干湿状态。

4.1.5 显热与潜热

物体分子的随机运动本身就是能量的一种形式。如果一个物体的分子随机运动强度更大，即含有更多的热量，这种热可以用温度计来测量，因而我们把这种热量叫作显热，如图4-5所示。

大约 4.2 kJ 的热量可以使 1 kg 的水温升高 1 ℃。但要把 1 kg 冰变成水则需要 336 kJ 的热量，而把 1 kg 水变成蒸汽则需要约 2 256 kJ 的热量，如图4-6所示。也就是说，当物体发生三态变化时，需要大量的热来打断物体分子间的原有联系，固体的熔解需要熔解热，液体的汽化需要蒸发热。在相态转化的过程中，即使加入大量的热，水的温度也不一定比冰高，蒸汽的温度也不一定比水高。这一过程中物质吸收了熔解/蒸发热，但在温度计上并不能反映出来，我们称这部分热为"潜热"，如图4-6所示。

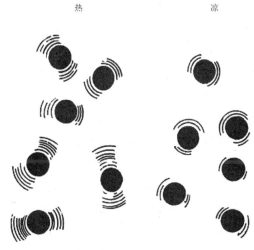

图4-5 温度是分子随机运动强度的量度

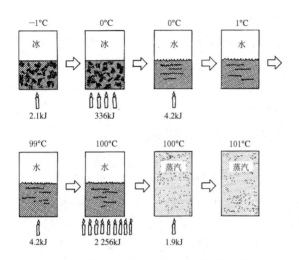

图 4-6　潜热是使物质发生相态变化时所需的大量热

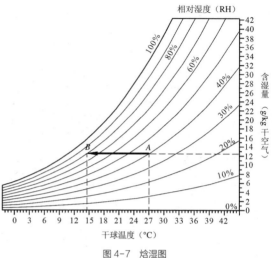

图 4-7　焓湿图

4.1.6　焓湿图

焓湿图是用于表示空气状态的图，在建筑热工及暖通空调领域有广泛的应用。通过焓湿图，可以确定湿空气的状态参数点，并且能够非常直观地表示出湿空气的状态变化过程，从而在建筑设计中方便计算湿空气的处理过程。

焓湿图的横坐标是空气温度，纵坐标是空气中水蒸气的绝对湿度，曲线则是相对湿度。如图 4-7 所示，在点 A 处，空气的温度是 27 ℃，相对湿度为 40%，绝对湿度为每千克干空气含水 12.5 g。图表的底边与曲线其两个边界代表极端的情况，下面的底边代表完全干燥的空气（相对湿度为 0%），上面的曲线边界则代表水蒸气饱和的空气（相对湿度为 100%），边界的弯曲是由于随着气温的上升，空气中能容纳的水蒸气量也增加的缘故。

焓湿图上的每一点都代表了特定空气温度和湿度。在图 4-7 中，向上移动意味着空气样品中的水分增加了，向下则意味着水分减少了（减湿），向右移动则表示空气被加热了，而向左移动则表示空气的冷却。点 A 的空气温度为 27 ℃，相对湿度为 40%，将其温度降到 15.5 ℃，它在图上水平地左移

至点 B，其相对湿度增加至 78%，但实际的水分含量并未增加。

4.2　建筑围护结构的传湿

4.2.1　材料的吸湿特性

把一块干的材料试件置于湿空气之中，材料试件会从空气中逐步吸收水蒸气而受潮，这种现象称为材料的吸湿。

材料的吸湿特性，可用材料的等温吸湿曲线表征，如图 4-8 所示，该曲线是根据不同的空气相对湿度（空气温度固定为某一值）下测得的平衡吸湿湿度绘制而成。当材料试件与某一状态（一定的空气温度和一定的相对湿度）的空气处于热湿平衡时，亦即材料的温度与周围空气温度一致（热平衡），试件的重量不再发生变化（湿平衡），这时的材料湿度称为平衡湿度。图中的 ω_{100}、ω_{80}、ω_{60}……分别表示在相对湿度为 100%、80%、60%……条件下的平衡湿度，$\varphi=100\%$ 条件下的平衡湿度叫作最大吸

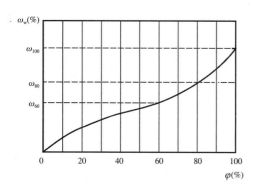

图 4-8　材料的等温吸湿曲线

湿湿度。等温吸湿曲线的形状呈"S"形，显示材料的吸湿机理分三种状态：①在低湿度时为单分子吸湿；②在中等湿度时为多分子吸湿；③在高湿度时为毛细吸湿。可见，在材料中的水分主要以液态形式存在。表 4-2 列举了若干种材料在 0~20 ℃ 时不同相对湿度下的平衡湿度的平均值。材料的吸湿湿度在相对湿度相同的条件下，随温度的降低而增加。

表 4-2　0~20 ℃ 时不同相对湿度下的平衡湿度的平均值

材料名称	密度 (kg/m³)	在不同相对湿度下的平衡湿度的平均值（%）				
		60	70	80	90	100
普通鹅卵石混凝土①	2 250	1.13	1.36	1.75	2.62	2.75
膨胀矿渣混凝土③	1 600	2.0	—	2.2	—	5.5
陶粒混凝土③	1 400	3.0	—	3.8	—	8.8
陶粒混凝土	1 100	3.7	—	5.0	—	11.0
陶粒混凝土	900	4.0	—	5.5	—	12.0
泡沫混凝土②	345	3.6	4.2	5.2	6.5	8.3
泡沫混凝土	660	2.85	3.6	4.75	6.2	10.0
加气混凝土①	500	3.75	4.33	5.05	6.30	18.0
水泥珍珠岩 1：10 ①	400	2.76	3.25	4.5	6.25	13.37

注：表中①②③代表上文中吸湿机理三种状态，工程实践中的具体取值见相关规范。

4.2.2　围护结构中的水分转移

当材料内部存在压力差（分压力或总压力）、湿度差（材料含湿量）和温度差时，均能引起材料内部所含水分的迁移。材料内所包含的水分，一般以三种形态存在：气态（水蒸气）、液态（液态水）和固态（冰）。在材料内部可以迁移的只有两种相态，一种是以气态的扩散方式迁移（又称水蒸气渗透）；一种是以液态水分的毛细渗透方式迁移。

当材料湿度低于最大吸湿湿度时，材料中的水分尚属吸附水，这种吸附水分的迁移，是先经蒸发，后以气态形式沿水蒸气分压力降低的方向或沿热流方向扩散迁移。当材料湿度高于最大吸湿湿度时，材料内部就会出现自由水，这种液态水将从含湿量高的部位向低的部位产生毛细迁移。

当室内外空气的水蒸气含量不等时，在外围护结构的两侧就存在着水蒸气分压力差，水蒸气分子将从压力较高的一侧通过围护结构向低的一侧渗透扩散。

若设计不当，水蒸气通过围护结构时，会在材料的孔隙中凝结成水或冻结成冰，造成内部冷凝受潮。

目前在建筑设计中考虑围护结构的湿状况，通常还是采用粗略的分析方法，即按稳定条件下单纯的水蒸气渗透过程考虑。在计算中，室内外空气的水蒸气分压力都取为定值，不随时间变化；既不考虑围护结构内部液态水分的迁移，也不考虑热湿交换过程之间的相互影响。

稳态下水蒸气渗透过程的计算与稳定传热的计算方法是相似的。如图 4-9 为围护结构的水蒸气渗透过程，在稳定条件下通过围护结构的水蒸气渗透量，与室内外的水蒸气分压力差成正比，与渗透过程中受到的阻力成反比，即：

$$\omega = \frac{1}{H_0}(P_i - P_e) \qquad (4-5)$$

式中 ω——水蒸气渗透强度，g/(m²·h)；

      H_0——围护结构的总水蒸气渗透阻，

         (m²·h·Pa)/g；

      P_i——室内空气的水蒸气分压力，Pa；

      P_e——室外空气的水蒸气分压力，Pa。

围护结构的总水蒸气渗透阻按式 4-6 确定：

$$H_0 = H_1 + H_2 + H_3 + \cdots = \frac{d_1}{\mu_1} + \frac{d_2}{\mu_2} + \frac{d_3}{\mu_3} + \cdots + \frac{d_m}{\mu_m}$$
$$(4-6)$$

式中 d_m——任一分层的厚度，m；

      μ_m——任一分层材料的水蒸气渗透系数 g/(m·h·Pa)，$m=1,2,3,\cdots,n$。

水蒸气渗透系数是 1 m 厚的物体，两侧水蒸气分压力差为 1 Pa，1 h 内通过 1 m² 面积渗透的水蒸气量。用 μ 表示，单位 g/(m·h·Pa)。它表明材料的透气能力，与材料的密实程度有关，材料的孔隙率越大，透气性就越强。例如油毡的 $\mu=1.25 \times 10^{-6}$ g/(m·h·Pa)，玻璃棉的 $\mu=4.88 \times 10^{-4}$ g/(m·h·Pa)，静止空气的 $\mu=6.08 \times 10^{-4}$ g/(m·h·Pa)，垂直空气间层和热流由下而上的水平层的 $\mu=1.01 \times 10^{-3}$ g/(m·h·Pa)，玻璃和金属是不透水蒸气的。应指出，材料的水蒸

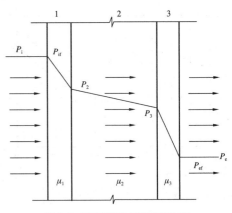

图 4-9   围护结构的水蒸气渗透过程

气渗透系数与温度和相对湿度有关，但在建筑热工计算中采用的是平均值。

水蒸气渗透阻是围护结构或某一材料层，两侧水蒸气分压力差为 1 Pa，通过 1 m² 面积渗透 1 g 水蒸气所需要的时间。用 H 表示，单位 (m²·h·Pa)/g。

由于围护结构内外表面的湿转移阻，与结构材料层的蒸汽渗透阻本身相比是很微小的，所以在计算总蒸汽渗透阻时可忽略不计。这样，围护结构内外表面的水蒸气分压力可近似地取为 P_i 和 P_e。围护结构内任一层内界面上的水蒸气分压力，可按下式计算（与确定内部温度相似）：

$$P_m = P_i - \frac{\sum\limits_{j=1}^{m-1} H_j}{H_0}(P_i - P_e) \qquad (4-7)$$

$m=2,3,4,\cdots,n$。

式中 $\sum\limits_{j=1}^{m-1} H_j$——从室内一侧算起，由第 1 层至第 $m-1$ 层的水蒸气渗透阻之和。

4.2.3   内部冷凝的检验

内部冷凝对围护结构的危害很大，是一种看不见的隐患。所以设计之初，应分析所设计的构造方案是否会产生内部冷凝现象，以便采取措施加以消除，或控制其影响程度。

判别围护结构内部是否会出现冷凝现象，可按以下步骤进行：

1）根据室内外空气的温湿度（t 和 φ），确定水蒸气分压力 P_i 和 P_e，然后按式（4-7）计算围护结构各层的水蒸气分压力，并作出水蒸气分压力"P"分布线。对于供暖房屋，设计中取当地供暖期的室外空气的平均温度和平均相对湿度作为室外计算参数。

2）根据室内外空气温度 t_i 和 t_e，确定各层的温度，并按本篇附录 5 绘制出相应的饱和水蒸气分压力"P_s"的分布线。

3）根据"P"线和"P_s"线相交与否来判定围护结构内部是否会出现冷凝现象。如图 4-10（a）所示，"P_s"线与"P"线不相交，说明内部不会产生冷凝；若相交，则内部有冷凝，如图 4-10（b）所示。

经判别若出现内部冷凝时，可按上述近似方法估算冷凝强度和供暖期保温层材料湿度的增量。

实践经验和理论分析都已证明，在水蒸气渗透的过程中，若材料的水蒸气渗透系数出现由大变小的界面，因水蒸气至此遇到较大的阻力，最易发生冷凝现象，习惯上把这个最易出现冷凝，而且凝结最严重的界面，叫作围护结构内部的"冷凝界面"，如图 4-11 所示。显然，当出现内部冷凝时，冷凝界面处的水蒸气分压力已达到该界面温度下的饱和水蒸气分压力。

供暖期间围护结构中的保温材料，因内部冷凝受潮而增加的湿度，不应超过一定的标准，表 4-3 列出部分保温材料的湿度允许增量 [$\Delta\omega$]%。

表 4-3　供暖期间，围护结构中保温材料因内部冷凝受潮而增加的重量湿度允许增量

保温材料	重量湿度的允许增量 [$\Delta\omega$]%
多孔混凝土（泡沫混凝土、加气混凝土等）（ρ_0=500~700 kg/m³）	4
水泥膨胀珍珠岩和水泥膨胀蛭石等（ρ_0=300~500 kg/m³）	6
沥青膨胀珍珠岩和沥青膨胀蛭石等（ρ_0=300~400 kg/m³）	7
矿渣和炉渣填料	2
水泥纤维板	5
矿棉、岩棉、玻璃棉及制品（板或毡）	5
模型聚苯乙烯泡沫塑料（EPS）	15
挤塑聚苯乙烯泡沫塑料（XPS）	10
硬质聚氨酯泡沫塑料（PUR）	10
酚醛泡沫塑料（PF）	10
玻化微珠保温浆料（自然干燥后）	5
胶粉聚苯颗粒保温浆料（自然干燥后）	5
复合硅酸盐保温板	5

【例题 4-2】　试检验图 4-12 所示的外墙结构是否会产生内部冷凝。已知 t_i=16 ℃，φ_i=60%，供暖期室外平均气温 – 4.01 ℃，平均相对湿度 φ_e=50%。

【解】　（1）计算各分层的热阻和水蒸气渗透阻

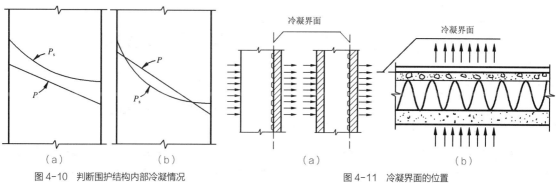

（a）　　　　　　　　（b）

图 4-10　判断围护结构内部冷凝情况
（a）无内部冷凝；（b）有内部冷凝

（a）　　　　　　　　（b）

图 4-11　冷凝界面的位置
（a）墙体；（b）屋顶

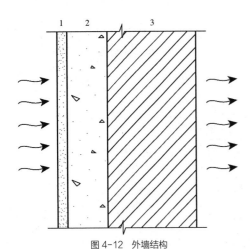

图 4-12　外墙结构
1—石灰砂浆 20；2—泡沫混凝土（ρ=500 kg/m³）50；
3—振动砖板 140

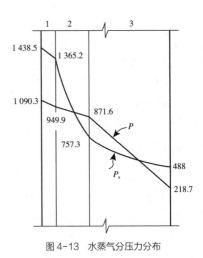

图 4-13　水蒸气分压力分布

表 4-4　各分层的热阻和水蒸气渗透阻

序号	材料层	d	λ	$R=\dfrac{d}{\lambda}$	μ	$H=\dfrac{d}{\mu}$
1	石灰砂浆	0.02	0.81	0.025	0.000 044 3	451.46
2	泡沫混凝土	0.05	0.19	0.263	0.000 199	251.51
3	振动砖板	0.14	0.81	0.173	0.000 066 7	2 098.95

$$\sum R = 0.461 \ (\text{m}^2 \cdot \text{K})/\text{W}$$

$$\sum H = 2\ 801.93 \ (\text{m}^2 \cdot \text{h} \cdot \text{Pa})/\text{g}$$

由此得

$$R_0 = 0.11 + 0.461 + 0.04 = 0.611 \ (\text{m}^2 \cdot \text{K})/\text{W}$$

$$H_0 = 2\ 801.93 \ (\text{m}^2 \cdot \text{h} \cdot \text{Pa})/\text{g}$$

（2）计算室内外水蒸气分压力和围护结构内部各层水蒸气分压力

$$t_i = 16 \ ^\circ\text{C 时，} P_s = 1\ 817.2 \ \text{Pa}$$

$$\therefore P_i = 1\ 817.2 \times 0.60 \approx 1\ 090.3 \ \text{Pa}$$

$$T_e = -4 \ ^\circ\text{C 时，} P_s = 437.3 \ \text{Pa}$$

$$\therefore P_e = 437.3 \times 0.50 \approx 218.7 \ \text{Pa}$$

$$P_2 = 1\ 090.3 - \frac{451.46}{2\ 801.93}(1\ 090.3 - 218.7) \approx 949.9 \ \text{Pa}$$

$$P_3 = 1\ 090.3 - \frac{451.46 + 251.51}{2\ 801.93}(1\ 090.3 - 218.7) \approx 871.6 \ \text{Pa}$$

（3）计算围护结构内部各层实际的温度和水蒸气分压力

$$\theta_i = 16 - \frac{0.11}{0.611}(16+4) \approx 12.4 \ ^\circ\text{C}$$

$$P_{s,i} = 1\ 438.4 \ \text{Pa}$$

$$\theta_2 = 16 - \frac{(0.11+0.025)}{0.611}(16+4) \approx 11.6 \ ^\circ\text{C}$$

$$P_{s,2} = 1\ 365.2 \ \text{Pa}$$

$$\theta_3 = 16 - \frac{(0.11+0.025+0.263)}{0.611}(16+4) \approx 3.0 \ ^\circ\text{C}$$

$$P_{s,3} = 757.3 \ \text{Pa}$$

$$\theta_e = 16 - \frac{(0.11+0.025+0.263+0.173)}{0.611}(16+4) \approx -2.7 \ ^\circ\text{C}$$

$$P_{s,e} = 488.0 \ \text{Pa}$$

做出 P_s 和 P 分布线如图 4-13 所示，两线相交，说明有内部冷凝。

4.3　围护结构的防潮

4.3.1　防止和控制表面冷凝

产生表面冷凝的原因，不外是室内空气湿度过高或是壁面的温度过低。现就不同情况分述如下：

1）正常湿度的房间

对于这类房间，若设计围护结构时已考虑了第3章所谈的保温与节能处理，一般情况下是不会出现表面冷凝现象的。但使用中应注意尽可能使外围护结构内表面附近的气流畅通，所以家具、壁柜等不宜紧靠外墙布置。当供热设备放热不均匀时，会引起围护结构内表面温度的波动，为了减弱这种影响，围护结构内表面层宜采用蓄热特性系数较大的材料，利用它蓄存的热量所起的调节作用，以减少出现周期性冷凝的可能。

2）高湿房间

一般是指冬季室内相对湿度高于75%（相应的室温在18~20 ℃）的房间。对于此类建筑，应尽量防止产生表面冷凝和滴水现象，预防湿气对结构材料的锈蚀和腐蚀。有些高湿房间，室内气温已接近露点温度（如浴室、洗染间等），即使加大围护结构的热阻，也不能防止表面冷凝，这时应力求避免在表面形成水滴掉落下来，影响房间的使用质量，并防止表面冷凝水渗入围护结构的内部，使结构受潮。处理时应根据房间使用性质采取不同的措施。为避免围护结构内部受潮，高湿房间围护结构的内表面应设防水层。对于间歇性处于高湿条件的房间，为避免冷凝水形成水滴，围护结构内表面可增设吸湿能力强且本身又耐潮湿的饰面层或涂层。目前市场上有些吸水性的树脂，其吸湿能力可达 600 g/m²（1 mm 厚涂层）。在凝结期，水分被饰面层所吸收，待房间比较干燥时，水分自行从饰面层中蒸发出去。对于连续地处于高湿条件下，又不允许屋顶内表面的凝水滴落到设备和产品上的房间，可设吊顶（吊顶空间应与室内空气相通），将滴水有组织地引走，或加强屋顶内表面附近的通风，防止水滴的形成。

4.3.2　防止和控制内部冷凝

由于围护结构内部的湿转移和冷凝过程比较复杂，目前在理论研究方面虽有一定进展，但尚不能满足解决实际问题的需要，所以在设计中主要是根据实践中的经验和教训，采取一定的构造措施来改善围护结构内部的湿度状况。

1）合理布置材料层的相对位置

在同一气象条件下，使用相同的材料，由于材料层次布置的不同，一种构造方案可能不会出现内部冷凝，另一种方案则可能出现。如图 4-14 所示（a）方案是将导热系数小、蒸汽渗透系数大的材料层（保温层）布置在水蒸气流入的一侧，导热系数大而水蒸气渗透系数小的密实材料层布置在水蒸气流出的一侧。由于第一层材料热阻大，温度降落多，饱和水蒸气分压力"P_s"曲线相应的降落也快，但该层透气性大，水蒸气分压力"P"降落平缓；在第二层中的情况正相反，这样"P_s"曲线与"P"线很易相交，也就是容易出现内部冷凝。（b）方案是把保温层布置在外侧，就不会出现上述情况。所以材料层次的布置应尽量在水蒸气渗透的通路上做到"进难出易"。

在设计中，也可根据"进难出易"的原则来分析和检测所设计的构造方案的内部冷凝情况。如图 4-15 所示的外墙结构，其内部可能出现冷凝的危险界面是隔汽层内表面和砖砌体内表面。首先检验界面"a"，根据界面 a 的温度 θ_a，得出此温度下的饱和水蒸气分压力 $P_{s,a}$。若在分压力差（$P_i-P_{s,a}$）下

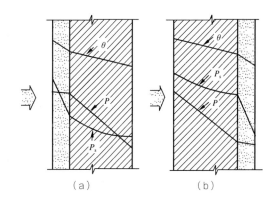

图 4-14　材料层次布置对内部湿状况的影响
（a）有内部冷凝；（b）无内部冷凝

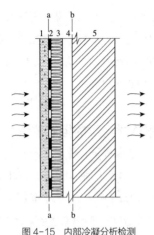

图 4-15　内部冷凝分析检测
1—石膏板条粉刷；2—隔汽层；3—保温层；4—空气间层；
5—砖砌体

进入 a 界面的水蒸气量小于在分压力差（$P_{s,a}-P_e$）下从该界面向外流出的水蒸气量，则在界面 a 处就不会出现冷凝水，反之则会产生冷凝。再检验界面"b"，根据界面 b 的温度 θ_b，得出饱和水蒸气分压力 $P_{s,b}$。若在分压力差（$P_i-P_{s,b}$）下进到该界面的水蒸气量，小于在分压力差（$P_{s,b}-P_e$）下流出的水蒸气量，在界面 b 处就不会出现冷凝。经过检验，若在界面 a 处出现冷凝水，则可增加外侧的保温能力，提高该界面的温度以防止出现冷凝。若在界面 b 处出现冷凝，则可采取两种措施：一是提高隔汽层的隔汽能力，减少进入该界面的水蒸气量；一是在砖墙上设置泄汽口，使水蒸气很易排出，后一种措施比前者有效且可靠。

前述所谓倒铺屋面，就是根据"进难出易"原则提出的，目前国内外都在开展这种构造的测试研究。

2）设置隔汽层

在具体的构造方案中，材料层的布置往往不能完全符合上面所说的"进难出易"的要求。为了消除或减弱围护结构内部的冷凝现象，可在保温层蒸汽流入的一侧设置隔汽层（如沥青或隔汽涂料等）。这样可使水蒸气流抵达低温表面之前，水蒸气分压力已得到急剧的下降，从而避免内部冷凝的产生，如图 4-16 所示。

采用隔汽层防止或控制内部冷凝是目前设计中应用最普遍的一种措施，为达到良好效果，设计中应注意如下几点：

保证围护结构内部正常湿状况所必需的蒸汽渗透阻。一般的供暖房屋，在围护结构内部出现少量的冷凝水是允许的，这些冷凝水在暖季会从结构内部蒸发出去，但为保证结构的耐久性，供暖期间围护结构中的保温材料，因内部冷凝受潮而增加的湿度，不应超过一定的标准。

根据供暖期间保温层内 [$\Delta\omega$] 湿度的允许增量，由式（4-8）可得出冷凝计算界面内侧所需的水蒸气渗透阻为：

$$H_{0,i}=\frac{P_i-P_{s,c}}{\dfrac{10\rho_0\delta_i[\Delta\omega]}{24Z}+\dfrac{P_{s,c}-P_e}{H_{0,e}}} \qquad （4-8）$$

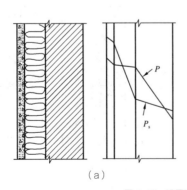

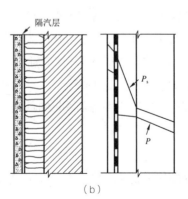

图 4-16　设置隔蒸汽层防止内部冷凝
（a）未设隔汽层；（b）设置隔汽层

式中 $H_{0,i}$——冷凝计算界面内侧所需要的蒸汽渗透阻，$(m^2 \cdot h \cdot Pa)/g$；

$H_{0,e}$——冷凝计算界面至围护结构外表面之间的蒸汽渗透阻，$(m^2 \cdot h \cdot Pa)/g$；

ρ_0——保温材料的干密度，kg/m^3；

δ_i——保温材料的厚度，m；

$[\Delta\omega]$——保温材料重量湿度允许增量（%），应按规定取值；

Z——供暖期天数，应按规定取值，d；

$P_{s,c}$——冷凝计算界面处与界面温度 θ_e 对应的饱和水蒸气分压，Pa。

若内侧部分实有的水蒸气渗透阻小于式（4-8）确定的极小值时，应设置隔汽层，提高已有隔汽层的隔汽能力。某些常用隔汽材料的水蒸气渗透阻见本篇附录 6。

冷库建筑外围护结构的隔汽层的水蒸气渗透阻应满足下式，但不得低于 4 000 $(m^2 \cdot h \cdot Pa)/g$；

$$H_{\gamma\beta}=1.6\Delta P \qquad (4-9)$$

式中 ΔP——室外水蒸气分压力差，Pa，按夏季最热月的气象条件确定。

对于不设通风口的坡屋顶，其顶棚部分的水蒸气渗透阻应符合下式要求

$$H_{0,i}>1.2(P_i-P_e) \qquad (4-10)$$

式中 $H_{0,i}$——顶棚部分的蒸汽渗透阻，$(m^2 \cdot h \cdot Pa)/g$；

P_i、P_e——分别为室内和室外空气水蒸气分压力，Pa。

隔汽层应布置在水蒸气流入的一侧，所以对供暖房屋应布置在保温房内侧，对于冷库建筑应布置

在隔热层外侧。如图 4-17 所示，隔汽层设在常年高湿一侧。若在全年中存在着反向的水蒸气渗透现象，则应根据具体情况决定是否在内外侧都布置隔汽层。必须指出，对于采用双重隔汽层要慎重对待。在这种情况下，施工中保温层不能受潮，隔汽层的施工质量要严格保证。否则在使用中，万一在内部产生冷凝，冷凝水不易蒸发出去，所以一般情况下应尽量不用双重隔汽层。对于虽存在反向蒸汽渗透，但其中一个方向的水蒸气渗透量大，而且持续时间长，另一个方向较小，持续时间又短，则可仅按前者考虑。此时，另一向渗透期间亦可能产生内部冷凝，但冷凝量较小，气候条件转变后即能排除出去，不致造成严重的不良后果。必要时可考虑在保温层的中间设置隔汽层来承受反向的水蒸气渗透。

3）设置通风间层或泄汽沟道

设置隔汽层虽然能改善围护结构内部的湿状况，但并不是最妥善的办法，因为隔汽层的隔汽质量在施工和使用过程中不易保证。此外，采用隔汽层后，会影响房屋建成后结构的干燥速度。对高湿房间围护结构的防冷凝效果不佳。

因此，对于湿度高的房间（如纺织厂）的外围护结构以及卷材防水屋面的平屋顶结构，采用设置通风间层或泄汽沟道的办法最为理想。由于保温层外侧设有一层通风间层，从室内渗入的水蒸气，可借不断与室外空气交换的气流带走，对保温层起风干的作用，如图 4-18 所示。

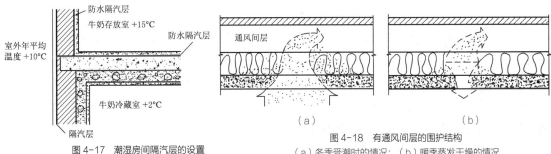

图 4-17 潮湿房间隔汽层的设置

图 4-18 有通风间层的围护结构
（a）冬季受潮时的情况；（b）暖季蒸发干燥的情况

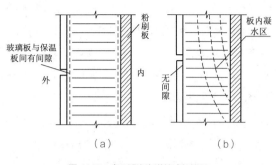

图 4-19　有无泄汽沟道的冷凝情况
（a）改建前无冷凝水；（b）改建后产生冷凝水

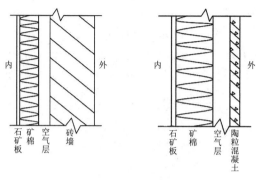

图 4-20　设置密闭空气层

图 4-19 为瑞典一建筑实例，其墙体外表面为玻璃板，原来在玻璃板与其内部保温层之间有小间隙，墙体内部无冷凝；改建后玻璃板紧贴保温层，原起到泄汽沟道作用的小间隙消失，一年后保温材料内冷凝严重，体积含湿量高达 50%。

4）冷侧设置密闭空气层

在冷侧设一空气层，可使处于较高温度侧的保温层经常干燥，这个空气层叫作引湿空气层，这个空气层的作用称作收汗效应，见图 4-20。

4.4　夏季结露与防止措施

4.4.1　夏季结露及其危害

我国南方的广大湿热气候区，在春夏之交的梅雨时节，或在久雨初晴之际，或在台风骤雨来临前夕，一般自然通风房屋内普遍产生夏季结露现象。导致墙面泛潮，地面淌水，衣物发霉，装修变形，闷湿难忍。若采用热惰性较大，表面呼吸性较差的围护结构时，上述结露之危害尤为突出，并且以首层地面最为明显。与冬季结露相比，夏季结露的强度更大，持续的时间更长，受害的区域或人群更多。所以，

建筑师和建筑技术工作者必须对夏季结露给予充分的认识和注意。

4.4.2　夏季结露的成因

研究表明，夏季结露是建筑中的一种大强度的差迟凝结现象。所谓"差迟凝结"就是春末室外空气温度和湿度都骤然增加时，建筑物中的物体表面温度由于热容量的影响而上升缓慢，滞后若干时间而低于室外空气的露点温度，以致高温高湿的室外空气流过室内低温表面时必然发生大强度的表面凝结。不难看出，发生室内夏季结露必要且充分的条件是：

1）室外空气温度高、湿度大，空气饱和或者接近饱和；

2）室内某些表面热惰性大，使其温度低于室外空气的露点温度；

3）室外高温高湿空气与室内物体低温表面发生接触。

这三个条件必须同时存在，不可或缺。假设室外空气低温低湿，室内物体表面温升与室外空气温升同步或超前，即便室外空气大量流经室内各表面，也不可能发生差迟凝结，夏季结露现象也就不会产生了。所以，破坏上述三个必要充分条件的其中之一，就是我们与夏季结露作斗争的出发点。

4.4.3　防止夏季结露的措施

事实上，要完全破坏上述三个条件或者其中之一也并非易事。我们不可能也没有必要因此去降低室外空气的温度和湿度，只能有限地提高室内物体的表面温度，或暂时控制和减弱室外空气和室内表面的接触。但是，我们仍然能够在建筑设计、构造材料、使用管理上采取单一的或综合的措施和方法，减弱夏季结露的强度、危害和影响。具体方法有：

1）架空层防结露。架空地板对防止首层地面、墙面夏季结露有一定的作用。广东地区大多把住宅首层设为车库等公用设施，地板脱离土地，提高了住宅首层地面的温度，降低了居室地面夏季结露的强度，很受城市居民欢迎。

2）空气层防结露。利用空气层防潮技术可以较好地解决首层地板的夏季结露问题。空气层防结露地板构造，如图 4-21 所示。

3）材料层防结露。采用热容量小的材料装饰房间内表面特别是地板表面如木地板、三合土、地毯等地面材料，提高表面温度，减小夏季结露的可能性，效果尚好。

4）呼吸防结露。利用多孔材料的对水分吸附冷凝原理和呼吸作用，不仅可以延缓和减轻夏季结露的强度，而且还可以有限地调节室内空气的湿度。例如，陶土防潮砖和防潮缸砖就有这种呼吸防结露作用。

5）密闭防结露。在雷暴将至和久雨初晴之时，室外空气温湿度骤升，应尽量将门窗紧闭，避免室外高温高湿空气与室内低温表面接触；减少气流将大量水分带进室内，在温度较低的表面上结露。此时开启门窗通风，往往结露更盛，经久不干。

6）通风防结露。梅雨时节，自然通风愈强，室内结露愈烈；但是，有控制的通风，仍不失为防止夏季结露的有效方式之一。白天，夏季结露严重发生之前，应该把门窗紧闭，限制通风。在夜间，室外气温降低以后，门户开放，通风有减湿、干燥、降温、防潮作用。采用恒温双向换气机对房间同时进行送风和排风，不仅能将室内潮浊空气排出，而且送入的新鲜空气接近室温，不致发生夏季结露。这种简易的机械通风不失为南方梅雨季节改善室内热湿环境条件的好方法。

7）空调防结露。近来，居民使用空调越来越多。利用空调器的抽湿降温作用，对防止夏季结露也十分有效。

4.4.4　地面结露的原因

我国华南和东南沿海地区受热带海洋气团和赤道气团的控制。前者形成于热带海洋上，夏威夷群岛附近，该气团低层温度高，湿度大，对我国气候的影响很大，是夏季风的来源。赤道气团形成于赤道地带，它也是气温高，湿度大，水汽量充沛，常侵入我国南方带来降水，且多雷阵雨。因此，在春夏之交，季风多为东南和南风。从海洋吹来的高温高湿的风使大陆上的气温和湿度骤增。其中尤以珠江流域为最。在 3~5 月间的潮霉季节，最湿月的相对湿度常达 87%~95%，我国长江流域在 5 月下旬到 7 月上旬间（夏初）常会连续降水，雨势缓而范围广，梅雨期约为 20~25 天。全国有梅雨期的范围，南北方向上以南岭和淮北为界，往西方向不超过秦巴山脉和贵州高原。

从海洋吹来高温高湿的风时，或久雨初晴之际，

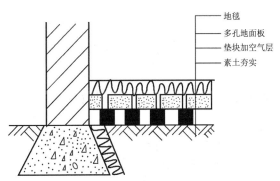

地毯
多孔地面板
垫块加空气层
素土夯实

图 4-21　空气层防结露地板构造

室外气温和湿度骤增。但建筑中的部分结构或部件由于热惰性较大，它们的表面温度不会毫无延迟地紧随室外气温变化，而且在数值上也不可能与之相同。因此，当温度较高且水蒸气近于饱和的室外空气流经这些温度较低的表面时，将会在表面产生冷凝，俗称"泛潮"。

由此可知，建筑结构表面泛潮的形成有气象和结构热工性能两个方面的原因。首先是与结构接触的空气必须是相对湿度很高，且温度骤升。其次是结构物本身的热惰性较大（既厚又重）加之表面蓄热能力高，从而使表面温度不论在数值上或时间上，都不能紧跟气温变化。在房屋结构中，地面常厚且重，故在梅雨期内的泛潮现象常比其他围护结构严重。若地面材料处理欠妥，在梅雨期内就会发生晴天穿雨鞋才能进屋的情况。

虽然地面热惰性大，表面温度变化迟缓。但在程度上各种地面有所不同。因此，在梅雨期内不是所有地面都会出现表面冷凝。众所周知，木板地面很少泛潮，而水磨石地面却可能出现一薄水层。表 4-5 是华南理工大学对广州的十种地面的测定结果，从表中可以看出，地面的表面温度均随气温的变化而变化，只是两者间的差值因面层材料不同而有差异。差值大者当然容易结露，差值小者表面就干燥。10 种地面根据表面泛潮程度大小，大体可分为三类，即：

1）湿地面：这类地面的面层材料密度较大，表面蓄热能力较强。在气温变化下，其表面温度波动较平缓。因此，表面温度与气温间的差值就比较大，这就导致表面容易产生冷凝。表中值表明，这类地面的表面温度要比气温低 2 ℃ 左右。当相对湿度达 80%~90% 就会产生表面凝结（气温为 26~28 ℃）。属此类地面的有：水磨石、水泥、瓷砖、水泥花砖等地面。又由于这些地面的表面材料很密实，不会吸收表面上的凝结水，因此泛潮后，表面显得十分潮湿。

表 4-5　10 种地面冷凝时的表面温度和相对湿度

地面面层材料	表面温度(°C)		空气温度(°C)		产生凝结时的相对湿度(%)		地面类型
水磨石	26	25.5	28	27	90	90	湿地面
水泥	25	24	27	26	80	90	
瓷砖	25	24	27	26	80	90	
水泥花砖	25	23	27	26	80	85	
白色防潮砖	24	22	27	26	90	90	吸湿地面
黄色防潮砖	25	25.5	26	24	90	90	
大阶砖	26	25	27	27	95	95	
素混凝土	29	29	26.5	26	100	100	干地面
三合土	29	28	29	28	100	100	
木地板	29	27	29	27	100	100	

注：表中左右两个数据为两次测定之值。

2）吸湿地面：此类地面的表面温度比气温低 1~1.5 ℃，相对湿度达 90%~95% 时产生冷凝（对应气温为 24~27 ℃），故情况颇有改善。不过，其表面上还是会产生短暂性的冷凝。由于这种地面的面层材料具有微孔，它们会吸收表面上的冷凝水，故表面不出现泛潮现象。因为产生表面结露的时间较短，所以孔隙中吸收的水分可以在其余的时间蒸发出去，不会持续累积而使面层材料潮湿不堪。材料的这种吸湿放湿作用常称为"呼吸"作用。

在梅雨期中，室外空气的相对湿度常有高到十分接近饱和的情况，所以在没有空调的一般建筑中，要保证地面绝对不产生冷凝是比较困难的，即难免出现短暂性的表面结露。因此采用具有"呼吸"功能的面层材料以防止或减少霉季时的地面泛潮是一种较好的方法。

3）干地面：这种地面的表面温度能紧跟气温变化，两者相差较小（约 0.5 ℃ 左右），故相对湿度要十分接近饱和时才有可能产生少量的表面冷凝。

4.4.5　防止地面泛潮的措施

房间的地面或其他结构表面的结露会使人们感到烦恼和不舒适。长期生活在地面潮湿的房间里，会引起风湿性关节炎，同时由于细菌容易繁殖，也会引起其他疾病。在这些表面潮湿的房间里，床上用品、衣服鞋帽、家具、设备等均易受潮发霉。此外也会对房屋结构造成损害，如木地板会霉烂，顶棚、墙体的粉刷易脱落等。因此，在建筑设计中，应尽可能采取一些构造措施，以防止或减轻地面在黄梅期的泛潮现象。

由于国内对黄梅期地面泛潮问题的研究还较少，尚没有成熟的计算公式，因此对于防止地面泛潮，还无法提出一套能够定量的措施。下面介绍一些原则性的定性的措施：

1）地面的面层宜采用蓄热系数（S）小的材料，这样可减小表面温度与空气温度间的差值，从而可大大减少发生表面冷凝的机会。

2）黄梅期内地面发生短暂性的冷凝常属难免，因此表面材料宜采用微孔较多的材料，如陶质防潮砖，以便在冷凝时将水吸入，使表面不显得潮湿，以后再蒸发出去。

3）南方黄梅期内地下水位高的地区，会因毛细管作用加重地面的潮湿程度，故应加强垫层的隔潮能力，如采用粗沙，三合土等垫层，必要时甚至增敷油毡或涂刷沥青以加强防潮。

4）室外空气进入室内时若直接与地面接触，就容易形成地面结露。若室外空气先与室内空气混合后再与地面接触，就会大大减少地面结露的可能。过去南方民居中，外门上常设腰门和较高的门槛对减少地面结露是有好处的。

5）在使用时，当室外空气相对湿度高的时候，关闭门窗以防止室外空气流入，而当室外空气较干燥时，则开窗换气。并争取日晒以提高地面温度并加速水分蒸发，这些措施均可以减少地面的泛潮。

6）使地表面温度 θ_f 始终高于空气的露点温度 t_d。黄梅期内一天各小时的 t_d 可根据空气的温度和相对湿度求出。

思考题与习题

1. 围护结构受潮后为什么会降低其保温性能，试从传热机理上加以阐明。

2. 为什么建筑热工领域通常采用相对湿度衡量空气的干湿程度？湿球温度和相对湿度的关系是怎样的？

3. 采暖房屋与冷库建筑在水蒸气渗透过程和隔汽处理原则上有何差异？

4. 试检验图 4-22 中的屋顶结构是否需要设置隔汽层。已知：$t_i=18\ ℃$，$\varphi_i=65\%$；供暖期室外平均气温 $t_e=-5\ ℃$，平均相对湿度 $\varphi_e=50\%$。

5. 如何采用建筑构造设计方法减弱夏季结露？

6. 试从降温与防止地面泛潮的角度来分析南方地区几种室内地面（木地板、水泥地面、水磨石地面或其他地面）中，在春季和夏季哪一种地面较好？该地面处于底层或楼层时无区别？

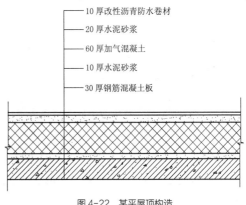

图 4-22　某平顶构造

第5章 Chapter 5 Building Thermal Isolation and Energy Efficiency
建筑防热与节能

我国南方炎热气候区居住着我国半数以上的人口。在这些地区，大量的自然通风房屋和越来越多的空调房屋都必须进行建筑防热或节能设计。否则，不是造成房间过热，热环境恶化，就是建筑物空调负荷过大，空调能耗增加。因此，建筑防热设计具有社会的、经济的和环境的意义。建筑防热就是为了抵挡夏季室外热作用，防止室内过热所采取的建筑设计综合措施。其主要内容有：在城乡规划中，正确地选择建筑物的布局形式和建筑物的朝向；在建筑设计中，选用适宜、有效的围护结构隔热方案；采用合理的窗户遮阳方式；充分利用自然通风；注意建筑环境的绿化等以创造舒适的室内生活、工作环境。

5.1　热气候特征与防热途径

5.1.1　热气候特征与我国炎热地区的范围

热气候有干热和湿热之分。温度高、湿度大的热气候称为湿热气候；温度高而湿度低的热气候称为干热气候，见表5-1。

表 5-1　热气候类型

气候参数	热气候类型		气候参数	热气候类型	
	湿热	干热		湿热	干热
日最高温度（℃）	34~39	≥ 38	年降雨量（mm）	900~1 700	<250
温度日振幅（℃）	5~7	7~10	风	和风	热风
相对湿度（%）	75~95	10~55			

我国炎热地区系指累年最热月平均气温高于或等于 25 ℃的地区。其范围主要包括长江流域的江苏、浙江、安徽、江西、湖南、湖北各省和四川盆地，东南沿海的福建、广东、海南和台湾四省以及广西、云南和贵州的部分地区。

这些地区的热气候特征是：

①气温高而且持续时间长。七月份月平均气温为 26~30 ℃；七月份平均最高气温为 30~38 ℃；日平均气温 ≥ 25 ℃ 的天数，每年约有 100~200 天。气温日较差不大，但内陆比沿海稍大一些。

②太阳辐射照度大，水平辐射照度最高约为
930~1 045 W/m²。

③相对湿度大，年降水量大。最热月的相对湿
度在 80%~90% 左右。沿海湿度比内陆大。

④季风旺盛。风向多为东南和正南。风速不是很
大，平均在 1.5~3.7 m/s 之间，通常白天风速大于夜间。

1）热气候特征与建筑设计原则

　　我国炎热气候主要可分为湿热和干热两种气候
类型。南方地区夏季大多属于湿热气候且以长江流

域和珠江流域为湿热中心，其中华东、华中和西南
地区夏季气温高，湿度大，部分地区丘陵环绕，风
速弱小，从而形成了闷热的气候特点，华南地区夏
季高温期长，昼夜气温变化不大，降雨量较大，滨
海地区风速较大，是典型的湿热气候；西北地区夏
季大多属于干热气候，其中新疆吐鲁番盆地高山环
绕，为世界著名洼地，干旱少雨，夏季酷热，气温
高达 50 ℃，昼夜气温变化极大，是典型的干热气候。
炎热气候的类型、特点和建筑设计原则以及材料选
择见表 5-2。

表 5-2　热气候特征与建筑设计原则

特点要求	气候类型	湿热气候	干热气候
气候特点		温度日差较小，气温最高38 ℃以下，温度日振幅7 ℃以下。湿度大，相对湿度一般在75%以上，雨量大，吹和风，常有暴风雨	温度日差较大，气温常达到38 ℃上，且日振幅常在7 ℃以上。湿度小、干燥，降雨少，常吹热风并带沙
设计原则	规划布局	选择自然通风好的朝向，间距稍大些，布局较自由，房屋要防西晒，环境要有绿化、水域、道路、广场要有透水能力	布局较密形成小巷道，间距较密集，便于相互遮挡；要防止热风，注意绿化
	建筑平面	外部较开敞，亦有设内天井，注意庭园布置。设置阳台；平面形式多条形或竹筒形，多设外廊或底层架空	外封闭、内开敞，多设天井，平面形式有方块式、内廊式，进深较深。防热风，开小窗。防晒隔热
	建筑措施	遮阳、隔热、防潮、防雨、防虫，利用自然通风	防热要求较高，防止热风和风沙的袭击，宜设置地下室或半地下室以避暑
	建筑形式	开敞通透	严密厚重，外闭内敞
	材料选择	现代轻质隔热材料、铝箔、铝板及其复合材料	热容量大、外隔热、白色外表面、混凝土、砖、石、土
	被动技术利用	利用夜间强化通风、被动蒸发冷却、长波辐射冷却	被动蒸发冷却、长波辐射冷却、夜间通风、地冷空调

2）湿热区建筑特色

　　在建筑中从防止日辐射和利用自然通风的角度
出发，合理选择房屋朝向、间距与布局的形式。建
筑设计中采取综合的防热措施，注意周围环境的绿
化，从而减弱室外热作用，以降低环境热辐射，调
节室外的温、湿度和起到冷却热风的作用。窗口要
遮阳，外围护结构要隔热，其目的都在于防止大量
的太阳辐射热对室内热环境的影响。而房间内利用
自然通风主要在于排除室内热量以利散热，以及调

节人体的舒适感。因此利用自然通风十分重要，在
卧室内，使窗台高度接近床高，夜间保证有适当的
气流环绕人体睡眠的位置；客厅、阳台设置落地的
门窗以强化自然通风，为了防止开窗通风时太阳辐
射过多进入室内，设置窗口遮阳更显得重要。同时
在建筑措施中还要注意防止夏季结露，尤其是首层
地面泛潮、窗口防雨以及防雷、防霉、防虫蚀等问题。
湿热地区人们喜欢淋浴和阴凉的环境，爱好户外生
活。总之，湿热地区的建筑，总体布置灵活，平面

较为开敞，设置内庭花园或屋顶花园，有的建筑底层架空。防热措施有阳台、凉台、遮阳板、离雨飘檐及通风屋顶、通风幕墙等处理。

例如我国西双版纳地区的"干阑"建筑，底层架空，设凉台，屋顶坡度较大，多采用"歇山式"，以利屋顶通风，飘檐较远，多采用重檐的形式以利遮阳、防雨。平面呈四方块，中央部分终日处于阴影区内，较为阴凉。又如海南岛地区，汉族民居前有外廊、中有天井、旁有冷巷的布置手法；黎族的"船屋"，底层架空以防潮、防水，屋前屋后都设有带防雨篷的凉台，屋顶是卷棚形以利防雨通风。再如广州的"竹筒屋"，前庭后院，中设天井，进深较大，形成窄长的冷巷，又阴又凉。

3）干热区建筑特色

干热区由于气温高、干燥、温度日差较大，晴朗少云，吹热风并带沙尘。建筑多设内院，墙厚少开窗或开小窗以防日辐射和热风沙，外围护结构隔热要求较高，内庭周围多设走廊，庭院内种植物和设置水池以调节干热的气候。例如我国喀什地区的民居，设内院、柱廊、半地下室、屋顶平台和拱廊等。在干热地区生土建筑对调节室内气温起的作用很大，如一昼夜当室外气温波动在 40 ℃ 和 18 ℃ 之间时，而室内气温的波动，仅在 29 ℃ 与 24 ℃ 之间，房间内部温度较为平稳，具有一定的空调作用。干热地区可利用蒸发降温和利用夜间长波辐射冷却的作用来改善干热环境。例如在庭院中设置水池，在屋顶设置蓄水屋面等措施。非洲和中东地区有的建筑屋顶设置穹隆和透气孔等措施。甚至穹隆设双层圆穹屋顶，底层用生土做成半圆形，同时埋入短柱以支撑上层草帘，上下层间形成了空气层，上层草帘防雨以保护下层土顶，空气层起着良好的隔热作用。透气孔做成风塔形，下通地下室或地道，利用热压、风压差形成室内自然对流，而改善室内热状况。

5.1.2   室内过热的原因和防热措施

1）室内过热的原因

为了改善室内气候条件，我们应当了解室外热量是怎样进入室内的。夏季室内热量的主要来源如图 5-1 所示，归纳为以下四点：

（1）围护结构向室内的传热。在太阳辐射和室外气温共同作用下，外围护结构外表面吸热升温，将热量传入室内，并以传导、辐射和对流方式使围护结构内表面及室内空气温度上升。

（2）透进的太阳辐射热。通过窗口直接进入的太阳辐射热，使部分地面、家具等吸热升温，并以长波辐射和对流换热方式加热室内空气。此外，太阳辐射热投射到房屋周围地面及其他物体，其一部分反射到建筑的墙面或直接通过窗口进入室内；另一部分被地面等吸收后，使其温度升高而向外辐射热量，也可能通过窗口进入室内。

（3）通风带入的热量。自然通风或机械通风过程中带进的热量。

（4）室内产生的余热。室内生产或生活过程中产生的余热，包括人体散热。

建筑防热的主要任务，就是要尽可能地减弱不利的室外热作用的影响，改善室内热环境状况，使室外

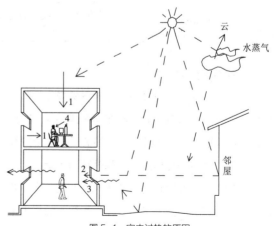

图 5-1　室内过热的原因
1—屋顶、墙传热；2—窗口辐射热；3—热空气进入；
4—室内余热（包括人体散热）

热量更少传入室内，并使室内热量尽快地散发出去，以免室内过热。建筑防热设计应根据地区气候特点，人们的生活习惯和要求，房屋的使用情况，并且尽力开发利用自然能源，采取综合的防热措施，见图 5-2。

2）防热的被动式措施

防热的被动式措施是指不需要或较少使用人工能源，主要依靠建筑围护结构自身的热工性能或可调节功能完成的建筑降温技术做法。

（1）减弱室外的热作用。主要的办法是正确地选择房屋朝向和布局，防止日晒。同时要绿化周围环境，以降低环境辐射和气温，并对热风起冷却的作用。外围护结构表面，应采用浅颜色以减少对太阳辐射的吸收，从而减少结构的传热量。

（2）外围护结构的隔热。对屋面、外墙（特别是西墙）要进行隔热处理，减少传进室内的热量和降低围护结构的内表面温度，因而要合理地选择外围护结构的材料和构造形式。最理想的是白天隔热好而夜间散热快的构造方案。

（3）房间的自然通风和电扇调风。自然通风是排除房间余热，利用电扇吹风加强对流热交换，改善人体舒适感的重要途径。要组织好房屋的自然通风，引风入室，带走室内的部分热量，并造成一定

的风速，当自然通风的风速弱小时，采用电扇吹风帮助人体散热。在长江流域，夜间气温较低，利用间歇的夜间通风，能够降低夏季室内平均温度和温度波幅，是一种值得特别推广的自然通风。

（4）窗口遮阳。遮阳的作用主要是阻挡直射阳光从窗口透入，减少对人体的辐射，防止室内墙面、地面和家具表面被暴晒而导致室温升高。遮阳的方式是多种多样的，或利用绿化（种树或种攀缘植物），或结合建筑构件处理（如出檐、雨篷、外廊等），或采用布篷和活动的铝合金百叶、玻璃贴膜，或采用专门的遮阳板设施等。

（5）利用自然能。自然能用于建筑的防热降温是国内外近些年来的研究成果。其中包括建筑外表面的长波辐射、夜间对流、屋顶和墙体淋水被动蒸发冷却、地冷空调、太阳能降温等结合的防热措施。

3）防热的主动式措施

防热的主动式措施是指需要依靠设备支持才能完成建筑自身降温的技术做法。主要适用于需要和对封闭热环境质量要求高的建筑。

（1）机械通风降温。主要依靠通风机向房间引入足够量的室外凉爽空气，排出室内过多的余热或通过围护结构传入的热量。防止室内温度过高，是一种效果较好用电量也较少的主动式防热方法。

（2）空调设备降温。利用房间空调器或大型中央空调系统的机械制冷作用，排出室内热量降低室温，降温效果十分显著但需要消耗大量的能源。

建筑防热设计要综合处理，但主要是屋面，其次是西墙的隔热，窗口的防太阳直射和房间的自然通风也不可忽略。只强调自然通风而没有必要的隔热措施，则屋面和外墙的内表面温度过高，对人体产生强烈的热辐射，就不能很好地解决过热现象。反之，只注重围护结构的隔热，而忽视组织良好的自然通风特别是间歇的夜间通风，也不能解决因气温高、湿度大而影响人体散热和帮助室内散热的问题。所以在防热设计

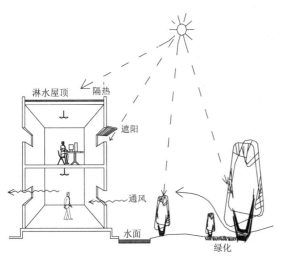

图 5-2　建筑综合防热措施

中，隔热和自然通风是主要的，同时也必须将窗口遮阳、环境绿化一起加以综合考虑。在一些有特殊要求的（例如有空气调节的）房屋中，窗口遮阳是不可缺少的。对于一般建筑，除需要较长时间遮阳的地区可采用专门的遮阳板设施，其他地区应采用简易的措施，较为经济，同时遮阳还可以结合建筑构件设计来处理。对于低层建筑，可用绿化来遮阳。绿化既可防热，又能结合生产和美化、净化、香化小区环境。

5.2　屋顶与外墙的隔热设计

5.2.1　外围护结构隔热设计的原则

夏季房屋在室外综合温度作用下，通过外围护结构向室内大量传热。对空调房间来说，为了保证室内气温的稳定，减少空调设备的初次投资和运行费用，要求外围护结构必须具有良好的隔热性能。对于一般的工业与民用建筑，房间通常是自然通风的，但是，为保证人体最低限度的热舒适要求和一般的生活、学习和工作条件，也不能忽视房屋隔热的问题，并且要考虑双向热波传热的特点来进行围护结构的隔热设计。

外围护结构隔热设计的原则可以概括为：

1）外围护结构外表面受到的日晒时数和太阳辐射强度，以水平面为最大，东、西向其次，东南和西南又次之，南向较小，北向最小。所以，隔热的重点在屋面，其次是西墙与东墙。

2）降低室外综合温度，其方法有：

（1）结构外表面可采用浅色平滑的粉刷和饰面材料，如陶瓷锦砖（马赛克）、小瓷砖等，以减少对太阳辐射热的吸收，但要注意褪色和材料的耐久性问题。

（2）在屋顶或墙面的外侧设置遮阳设施，可有效地降低室外综合温度。因此产生了遮阳墙或遮阳席棚屋顶的特种形式。

（3）结构外表面采用对太阳短波辐射的吸收率

小而长波发射率大的材料，例如，白灰刷白屋面的综合温度低于铝板屋面。

3）在外围护结构内部设置通风间层。这些间层与室外或室内相通，利用风压和热压的作用带走进入空气层内的一部分热量，从而减少传入室内的热量。实践证明，通风屋顶、通风墙不仅隔热好而且散热快。这种结构形式，尤其适合于在自然通风情况下，要求白天隔热好，夜间散热快的房间。

4）合理选择外围护结构的隔热能力，主要根据地区气候特点，房屋的使用性质和结构在房屋中的部位来考虑。

在夏热冬暖地区，主要考虑夏季隔热，要求围护结构白天隔热好，晚上散热快。要从结构的构造上解决隔热同散热的矛盾，例如应用通风围护结构。闷热地区，夏季风速小，隔热要求较高，即衰减倍数宜大，延迟时间亦要求长一些。

在夏热冬冷的地区，外围护结构除考虑隔热外，还应满足冬季保温要求。

对于有空调的房屋，因要求传热量少和室内温度振幅小，故对其外围护结构隔热能力的要求，应高于自然通风房屋。

5）利用水的蒸发和植被对太阳能的转化作用降温。有的建筑采用蓄水屋顶，主要就是利用水蒸发时需要大量的汽化热，从而大量消耗晒到屋面的太阳辐射热，有效地减弱了屋顶的传热量。植被屋顶，一种是覆土植被，在屋顶上盖土种草或种其他绿色植物；一种是无土植被，种攀缘植物，如紫藤、牵牛花、爆竹花等，使它攀爬上架或直接攀于屋面上；利用植被的蒸腾和光合作用，吸收太阳辐射热。因此，这些屋顶具有很好的隔热能力。但这些屋顶增加了结构的荷载，蓄水屋面如果防水处理不当，还可能漏水、渗水。

6）屋顶和东、西墙应当进行隔热计算，要求内表面最高温度满足建筑热工规范的要求，即应低于当地室外计算最高温度，保证满足隔热设计标准，达到室内热环境和人体热舒适可以接受的最低要求。

7）充分利用自然能源。

8）空调建筑围护结构的传热系数应符合现行国家标准《夏热冬冷地区居住建筑节能设计标准》JGJ 134—2010，《夏热冬暖地区居住建筑节能设计标准》JGJ 75—2012，《公共建筑节能设计标准》GB 50189—2015 规定的要求。

5.2.2　屋顶和外墙的隔热设计

1）屋顶隔热

　　南方炎热地区屋顶的隔热构造，基本上分为实体材料层和带有封闭空气层的隔热屋顶、通风间层隔热屋顶和阁楼屋顶三类。

（1）实体材料层和带有封闭空气层的隔热屋顶

　　这类屋顶又分坡屋顶和平屋顶。由于平顶构造简洁，便于利用，故更为常用。

　　为了提高材料隔热的能力，最好选用 λ 和 α 的值都比较小的材料，同时还要注意材料的层次排列，排列次序不同也影响结构衰减的大小，必须加以比较选择。

　　实体屋顶的隔热构造如图 5-3 所示。方案（a）、（b）、（c）为南方地区典型的实体材料层隔热的屋顶，方案（d）、（e）、（f）为典型的带封闭空气间层的隔热屋顶。方案（a）没有设专门的隔热层，热工性能差；方案（b）加了一层 120 mm 厚泡沫混凝土，其隔热效果较为显著，但这种构造方案，对防水层要求较高；方案（c）是为了适应炎热多雨地区的气候条件，在隔热材料的上面再加一层蓄热系数大的黏土方砖（或混凝土板），这样，在波动的热作用下，温度谐波传经这一层，则振幅骤减，增强了热稳定性，特别是雨后，黏土方砖吸水，蓄热性增大，且因水分蒸发，要散发部分热量，从而提高了隔热效果。此时，黏土方砖外表面最高温度，比卷材屋面可降低 20 ℃ 左右，因而可减少隔热层的厚度，达到同样的热工效果。但黏土方砖比卷材重，增加了屋面的自重。

　　为了减轻屋顶自重，可采用空心大板屋面，利

用封闭空气间层隔热。在封闭空气间层中的传热方式主要是辐射传热，不像实体材料结构主要是导热。为了提高间层隔热能力，可在间层内铺设反射系数大、辐射系数小的材料如铝箔，以减少辐射传热量。铝箔质轻且隔热效果好，对发展轻型屋顶很有意义。图 5-3 的方案（d）和（e）对比，间层内铺设铝箔后，结构内表面温度，后者比前者降低了 7℃，效果较显著。图中的方案（f）是在外表面铺白色光滑的无水石膏，结果结构内表面温度比方案（d）降低了 12 ℃，甚至比贴铝箔的方案（e）还低 5℃。这说明选择屋顶的面层材料和颜色的重要性，如处理得当，可以

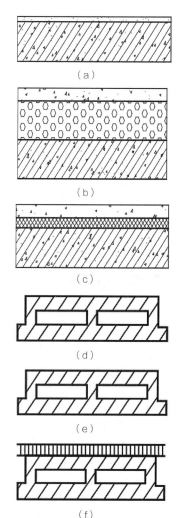

15 厚水泥砂浆

120 厚钢筋混凝土

（a）

40 厚细石混凝土

120 厚泡沫混凝土

120 厚钢筋混凝土

（b）

40 厚细石混凝土

30 厚聚苯乙烯泡沫板

120 厚钢筋混凝土

（c）

25 厚钢筋混凝土

150 厚空气间层

25 厚钢筋混凝土

（d）

25 厚钢筋混凝土
150 厚空气间层
0.016 厚硬铝箔
25 厚钢筋混凝土

（e）

30 厚无水石膏
25 厚钢筋混凝土
150 厚空气间层
25 厚钢筋混凝土

（f）

图 5-3　实体材料层和带封闭空气层的隔热屋顶

减少屋顶外表面太阳辐射的吸收，并且增加了面层的热稳定性，使空心板上壁温度降低，辐射传热量减少，从而使屋顶内表面温度降低。

（2）通风屋顶

①通风屋顶隔热性能及其作用。如前文所述，我国南方地区气候炎热多雨。人们为了隔热防漏，创造了双层瓦通风屋顶和大阶砖通风屋顶，如图5-4所示。

以大阶砖屋顶为例，通风和实砌屋顶相比虽然用料相仿，但通风后隔热效果有很大提高。如图5-5所示为一个对比性实测的结果，由图可见：

实砌屋顶内表面温度为$\bar{\theta}_i$=34.9 ℃，$\theta_{i,\max}$=39.4 ℃；而通风屋顶为$\bar{\theta}_i'$=29.9 ℃，$\theta_{i,\max}'$=31.1 ℃；内表面平均温度相差5 ℃，最高温度相差8.3 ℃。

实砌屋顶的室内气温$\bar{t}_i$=31.3 ℃，$t_{i,\max}$=32.7 ℃；而通风屋顶为$\bar{t}_i'$=29.7 ℃，$t_{i,\max}'$=30.2 ℃；室内平均气温相差1.6 ℃；最高温度相差2.5 ℃。通风屋顶的内表面温度，在一昼夜内都低于实砌屋顶的内表面温度，而且从夜间3时30分到下午1时30分还低

于室内气温。内表面温度出现最高值的时间，通风屋顶比实砌屋顶约延后3 h。显而易见，通风屋顶具有隔热好散热快的特点。

②通风屋顶的传热过程与影响隔热的因素：通风屋顶是当室外空气流经间层时，带走部分从面层传下的热量，从而减少透过基层传入室内的热量。如图5-6表示的是通风屋顶的传热过程和热平衡关系。设屋顶接收的外部热量为$\bar{Q}_0$，通风间层空气带走的热量为$\bar{Q}_5$，传入室内的热量为$\bar{Q}_i$，若不考虑结构层存储热，则有：

$$\bar{Q}_i=\bar{Q}_0-\bar{Q}_5$$

通风屋顶的隔热效果，主要靠通风带走的热量$\bar{Q}_5$。被间层空气带走的热量$\bar{Q}_5$越大，则传入室内的热量$\bar{Q}_i$越小。显然，间层通风量和空气升温越大，则带走的热量越多。通风量G为：

$$G=3\,600v \cdot b \cdot h \cdot \rho \quad \text{kg/h}$$

式中　v——间层内的气流平均速度，m/s；

　　　b——间层宽度，m；

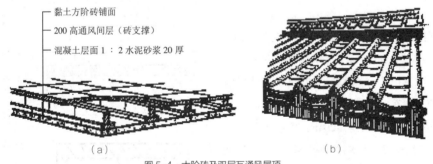

黏土方阶砖铺面

200 高通风间层（砖支撑）

混凝土层面1：2 水泥砂浆 20 厚

（a）　　　　　　　　　　　　　（b）

图5-4　大阶砖及双层瓦通风屋顶

（a）大阶砖通风屋顶；（b）双层瓦通风屋顶

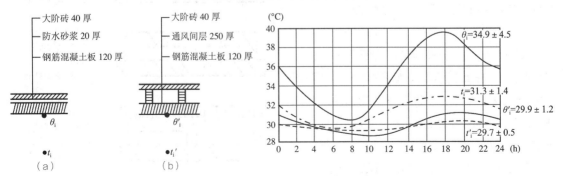

大阶砖 40 厚

防水砂浆 20 厚

钢筋混凝土板 120 厚

θ_i

• t_i

（a）

大阶砖 40 厚

通风间层 250 厚

钢筋混凝土板 120 厚

θ_i'

• t_i'

（b）

$\theta_i=34.9 \pm 4.5$

$t_i=31.3 \pm 1.4$

$\theta_i'=29.9 \pm 1.2$

$t_i'=29.7 \pm 0.5$

图5-5　通风和实砌的大阶砖屋顶温度比较

（a）实砌屋顶；（b）通风屋顶

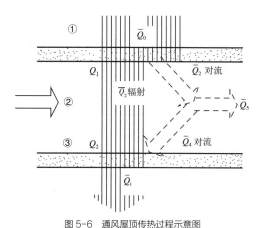

图 5-6　通风屋顶传热过程示意图

h——间层高度，m；

ρ——间层内的空气密度，kg/m³。

通风量与造成空气流动的动力、通风面积和间层的阻力等因素有关。

a. 风压和热压是空气流通的动力

风压：气流受房屋阻挡后流向和流速改变，在房屋各个面上造成了正负大小不同的静压。如图 5-7 所示，无论平屋顶或坡屋顶，在迎风面的通风口处的压强超过大气压，形成正压区。在背风面，空气稀薄，实际压强低于大气压，形成负压区。在平屋顶，迎风面进气，背风面排气。在坡屋顶，当上开口无挡风板时，在风力作用下，迎风面下开口总是进气的。迎风面上开口在多数情况下是进气，但有时因处于负压区而排气。在背风面，上开口总是排气的，而下开口则有时进气有时排气。这是因为当屋面上的气流直接进入迎风面上开口穿过背风面上开口流出时，往往在屋脊开口处形成较强的空气幕，使来自迎风面下开口的气流大部分冲进背风面间层处，造成背风面下开口排气。

试验表明，在同样风力作用下，通风口朝向与风向的偏角（即风的投射角）越小，间层的通风效果越好，故应尽量使通风口面向夏季主导风向。由于风压与风速的平方成正比，所以风速大的地区，利用通风屋顶效果显著。试验还表明，将间层面层在檐口处适当向外挑出一段，能起兜风作用，可提高间层的通风效果，见图 5-7 左下图。

热压：间层空气被加热后温度升高，密度变小。当进气口与排气口之间存在着高差时，热空气自然就会从位于较高处的排气口逸出。同时，从进气口补充温度较低的空气，见图 5-7 上图。热压的大小取决于进排气口的温差和高差，温差与高差越大，热压越大，通风量就越大。

b. 通风间层高度

若通风间层两端完全敞开，且通风口面对夏季主导风向时，通风口的面积越大，通风越好。由于屋顶构造关系，通风口的宽度往往受结构限制常已固定，在同样宽度情况下，通风口面积只能通过调节通风层的高度来控制。试验结果表明，间层高度增高，对加大通风量有利，但增高到一定程度之后，

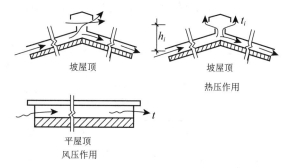

图 5-7　间层空气流通的动力

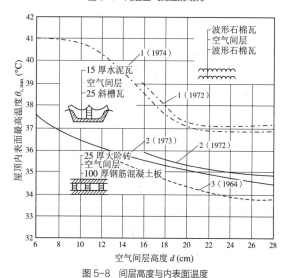

图 5-8　间层高度与内表面温度
（根据原华南工学院亚热带建筑研究室试验报告整理）
1—石棉瓦（1/6）坡度；2—斜槽瓦（1/6）；3—大阶砖（平顶）

其效果渐趋缓慢。如图 5-8 所示为几种通风屋顶，在不同高度的空气间层情况下的热工效果。由图可见，间层高度以 20~24 cm 左右为好。因此，一般情况下，采用矩形截面通风口，房屋进深约为 9~12 m 的双坡屋顶或平屋顶，其间层高度可考虑取 20~24 cm，坡顶可用其下限，平屋顶可用其上限。如为拱形或三角形的截面，其间层高度要酌量增大，平均高度不宜低于 20 cm。

c. 通风间层内的空气阻力

室外空气流过间层的阻力有摩擦阻力和局部阻力。为了降低摩擦阻力，间层内表面不宜过分粗糙。为了降低局部阻力，进、出口的面积与间层横截面的面积比要大。若进、出风口有启闭装置，应尽量加大其开口面积，并注意使装置有利于导风，以减少局部阻力，增大通风量，有利于提高屋顶隔热能力。

d. 通风屋顶气流的组织方式与隔热措施：通风进气的组织，根据自然通风的原理，可采取室外室内同时利用风压、热压作用相结合的方式。组织的方式有：图 5-9（a），从室外进气，同时为了加强风压的作用，近年来有采用兜风檐口的做法；图 5-9（b），从室内进气；图 5-9（c），室内、室外同时进气。有的为了提高热压的作用，在水平的通风层中间，增设排风帽，造成进、出口的高度差，并且在帽顶的外表涂上黑色，加强吸收太阳辐射，以提高帽内的气温，有利于排风。

通风屋顶的隔热构造措施见图 5-10，图中所有坡顶屋面，均设置通风屋脊。它们的隔热效果，以内外表面温度的对比测定来说明，见表 5-3。图 5-11、图 5-12 分别是山形槽板通风屋顶和砖拱隔热通风屋顶的实录照片。

表 5-3　通风屋顶隔热效果

编号	构造	间层高度(cm)	外表面温度		内表面温度			室外气温	
			最高(°C)	平均(°C)	最高(°C)	平均(°C)	最高出现时间	最高(°C)	平均(°C)
1	双层架空黏土瓦	5	48.3	31.6	32.1	28.8	14:30	33.3	26.6
2	山形槽板上铺黏土瓦	15	52 0	32.4	30.0	27.8	15:30	33.7	29.4
3	双层架空水泥瓦	9	54.5	34.1	36.4	30.0	14:00	32.2	27.1
4	钢筋混凝土折板下吊木丝板	63	56.0	—	32.8	—	—	29.1	—
5	钢筋混凝土板上铺大阶砖	24	56.0	36.3	29.8	28.8	20:00	35.5	31.3
6	钢筋混凝土板砌 1/4 砖拱	60（内径）	59.0	38.4	33.8	32.3	18:00	34.9	31.3
7	钢筋混凝土板上砌 1/4 砖拱加设百叶	60（内径）	56.5	38.3	34.0	31.8	19:00	35.5	31.3

（3）阁楼屋顶

阁楼屋顶是建筑上常用的屋顶形式之一。这种屋顶常在檐口、屋脊或山墙等处开通气孔，有助于透气、排湿和散热。因此阁楼屋顶的隔热性能常比平屋顶还好。但如果屋面单薄，顶棚无隔热措施，通风口的面积又小，则顶层房间在夏季炎热时期仍有可能过热。因此，阁楼屋顶的隔热问题仍须给予

应有的注意。在提高阁楼屋顶隔热能力的措施中，加强阁楼空间的通风是一种经济而有效的方法。如加大通风口的面积，合理布置通风口的位置等，都能进一步提高阁楼屋顶的隔热性能。通风口可做成开闭式的，夏季开启，便于通风，冬季关闭，以利保温。组织阁楼的自然通风也应充分利用风压和热压两者的作用。

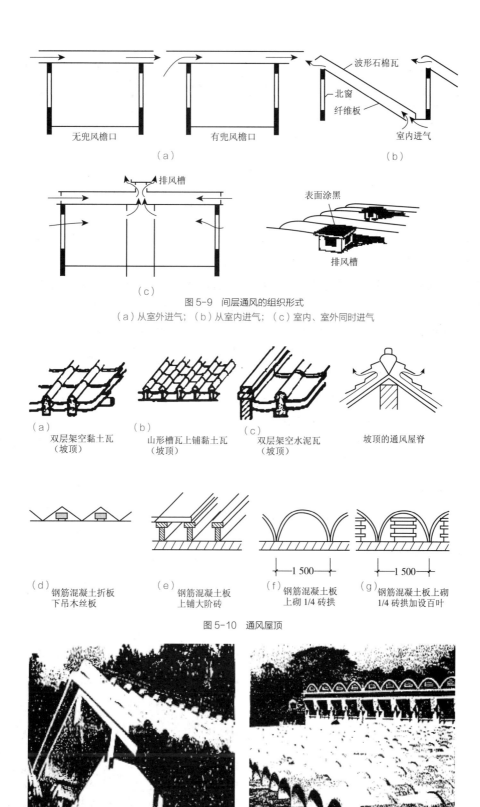

图 5-9　间层通风的组织形式
（a）从室外进气；（b）从室内进气；（c）室内、室外同时进气

图 5-10　通风屋顶

图 5-11　山形槽板通风屋顶　　　　　　　　图 5-12　砖拱隔热通风屋顶

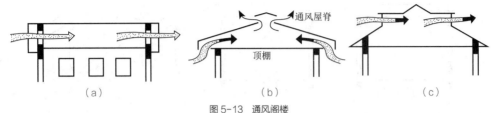

图 5-13　通风阁楼
（a）山墙通风；（b）檐下与屋脊通风；（c）老虎窗通风

通风阁楼的通风形式通常有：在山墙上开口通风、从檐口下进气由屋脊排气、在屋顶设老虎窗通风等，如图 5-13 所示。通风阁楼的隔热效果，见表 5-4。

以上对比结果表明：进气口小的通风阁楼，其隔热效果比没有小孔通风的好。所以加强阁楼通风是提高隔热能力的有效措施。此外，为提高阁楼的隔热性能，尤其在冬天需要考虑屋顶保温的地区，也可根据具体情况在顶棚设隔热层以增大热阻和热稳定性。

表 5-4　通风阁楼屋顶隔热效果

阁楼通风方式	屋顶外表面温度		屋顶内表面温度		内表面出现最高温度时间	室外气温	
	最高（℃）	平均（℃）	最高（℃）	平均（℃）		最高（℃）	平均（℃）
无通风口	65.3	39.2	35.7	31.8	18:00	34.6	28.0
檐下开小孔	65.6	39.2	34.4	31.2	17:00	34.6	28.0
檐下开小孔	66.5	33.9	29.4	27.5	15:00	28.4	24.3
单面开老虎窗	66.5	33.9	27.4	25.7	16:00	28.4	24.3

（4）植被隔热屋顶

植被屋面也是屋面隔热的有效方式。植被屋顶通过在屋顶栽种植物，阻隔太阳辐射对屋面的热作用，利用植物叶片的蒸腾和光合作用，吸收太阳的辐射热，达到隔热降温的目的，而且还美化了环境。植被屋顶的隔热性能和植被的覆盖密度、培养基质的种类和厚度以及基层的构造等因素有关。植被屋面分为覆土植被和无土植被两种。覆土植被屋顶就是在钢筋混凝土的屋顶上覆盖 100 mm 左右的土壤，种草或其他绿色植物，它的吸热性能比通风屋顶还好；无土植被屋顶就是采用蛭石、木屑等代替土壤来种植，具有自重轻、屋面温差小、有利于防水防渗的特点，和覆土种植屋顶相比，重量减轻了反而隔热性能有所提高。高度较低的建筑物，还可以通过攀缘植物，如紫藤、牵牛花、爆竹花等，使它攀爬上架或直接攀于屋面上，同样可以收到隔热降温的效果。

植被屋顶在构造上无特殊的要求，只是在檐口和走道板处须防止蛭石或木屑在雨水外溢时被冲走，在排水口处要堆放粗碎石以过滤培养基质（土壤、蛭石或木屑等）。

佛甲草种植屋面（图 5-14、图 5-15）属于轻

图 5-14　佛甲草隔热屋顶实景照片

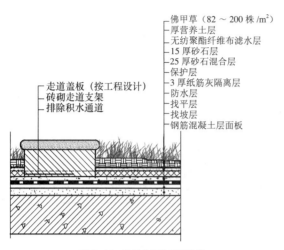

图 5-15 佛甲草隔热屋顶构造

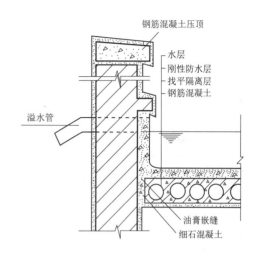

图 5-16 蓄水屋顶檐口泛水构造

质种植屋面，种植植被具有良好的耐旱性，生命力强，蒸发散热大等优点，被广泛应用于夏热冬暖、夏热冬冷及其他地区建筑屋面的保温和隔热。根据在广州地区实验性房屋中实测的结果，佛甲草种植屋面还能满足实用与装饰一体化的多功能要求，起到改善建筑微气候、提高空气质量、降低环境噪声等作用。

（5）蓄水屋顶

蓄水屋顶适用于平屋顶（图 5-16、图 5-17）。在平屋面上修建一个浅水池并储存一薄层水，这就形成了蓄水屋顶。蓄水屋面是屋顶隔热的有效方式。其隔热的主要原理是利用水在太阳光的照射下蒸发时需要大量的汽化热，从而大量消耗到达屋面的太阳辐射热，有效地减弱了经屋顶传入室内的热量，相应地降低了屋顶内表面的温度。在南方的一些地方，人们在每天最热的时候往屋顶上喷水、淋水降温，就是利用了水的蒸发耗热原理。

一般来说，每天 14:00~15:00 时是相对湿度最低的时候，因而水的蒸发作用在一天中这个时候最为强烈，此时又恰好是一天中屋顶室外综合温度最高的时候。蒸发量越大，蓄水屋顶的隔热效果越显著。风速大也有利于水的蒸发，白天多风的地方，使用蓄水屋顶会有较好的隔热效果。

图 5-17 蓄水屋顶实景照片

蓄水屋顶的蓄水深度以 150 mm 左右为宜，水面宜有水浮莲等浮游植物或白色漂浮物。

蓄水屋顶也有一些不足的地方，蓄水后其夜间屋顶的外表面温度始终高于无水屋顶，这时很难利用屋顶散热。同时基层应有一定的隔热层，以减少夜间向室内散热。使用蓄水屋顶要加强管理，防止蓄水池内滋生小虫和蚊子，以及防水处理不当引起的漏水和渗水。此外，蓄水屋顶还增加了结构的荷载。

蓄水屋面的效果评价，如表 5-5 所示。

表 5-5   屋顶蒸发冷却降温效果

温度（°C）	坐砌 30mm 厚加气块屋面 （饱和蓄水后逐日降温效果）			屋面用水状况		刚性屋面
	第 1 天	第 2 天	第 3 天	蓄水（40 mm 厚）	淋水	
外表面最高温度 $\theta_{w, max}$	43.9	55.5	56.4	45.3	40.1	61.8
外表面最低温度 $\theta_{w, min}$	26.0	27.5	28.2	28.5	25.0	29.4
内表面最高温度 $\theta_{i, max}$	33.4	33.0	34.8	34.0	32.9	37.5
内表面最低温度 $\theta_{i, min}$	32.2	31.7	32.1	32.4	31.4	35.5
外表面平均温度 $\bar{\theta}_w$	32.6	35.3	36.8	36.9	32.5	48.6
内表面平均温度 $\bar{\theta}_i$	32.8	32.4	33.4	33.2	32.2	36.5

注：根据重庆 1994 年 7 月 25 日~8 月 11 日测试数据统计。

（6）加气混凝土蒸发屋面

在建筑屋面上铺设一层多孔材料，如松散的砂层或固体的加气混凝土层等，此层材料在人工淋水或天然降水以后蓄水。当受太阳辐射和室外热空气的换热作用时，材料层中的水分会逐渐迁移至材料层的上表面，蒸发带走大量的汽化潜热。这一热过程有效地遏制了太阳辐射和大气高温对屋面的不利作用，达到了蒸发冷却屋顶的目的。

加气混凝土蒸发屋面是一种具有良好隔热效果的上人屋面形式，其运用自然降温原理，通过积蓄雨水并使雨水逐渐蒸发，达到降低建筑屋面温度、缓解环境热岛效应的目的。加气混凝土块密度大于 500~700 kg/m³，完全干燥时导热系数为 0.21~0.30 W/(m·K)；南方夏季降雨后，加气混凝土砌块达到饱和蓄水状态时的导热系数显著增加，一般为 0.85~1.00 W/(m·K)，而加气块在晴天后的日平均蒸发量为 0.4~0.8 kg/(m²·h)。图 5-18 为其构造示意图，图 5-19 是加气混凝土蒸发屋面实景照片，加气混凝土蒸发屋面的效果评价如表 5-5 所示。

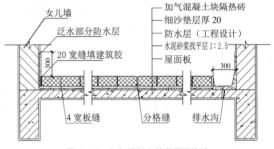

图 5-18   加气混凝土蒸发屋面构造

图 5-19   加气混凝土蒸发屋面实景照片

（7）淋水玻璃屋顶

在建筑屋顶的外表面上淋水，不仅通过水自身的显热变化吸收表面热量，而且通过水本身的蒸发作用及水与表面的综合反射作用使得来自太阳的辐射热被有效地阻隔下来，从而达到隔热降温之目的。同时由于屋顶外表面淋水后，能有效地缓解表面温度日、夜大温差变化引起的热胀冷缩破坏作用，避免屋面开裂漏雨，特别对钢结构、大面积的玻璃屋

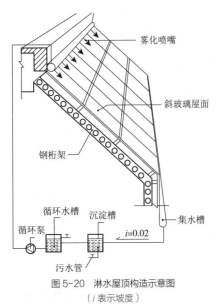

图 5-20　淋水屋顶构造示意图
（i 表示坡度）

图 5-21　淋水屋顶实景照片

顶十分有效。对南方地区玻璃屋顶的夏季实测结果显示，在玻璃采光顶屋面淋水可以使玻璃外表面昼夜温差减小 10 ℃ 左右。图 5-20 为淋水屋顶构造示意图，图 5-21 为淋水屋顶实景照片，淋水玻璃屋面的降温效果如表 5-5 和图 5-22 所示。

（8）成品隔热板屋顶

成品隔热板屋顶是将防水层置于保温层之下，让防水层获得充分的保护，使防水层表面温度变化幅度明显减小，避免防水层由于温度变化造成的破坏，同时使防水层免受紫外线照射，外界或人为撞击的破坏，

给建筑物提供良好的防水保温功能。成品隔热屋顶不需要增设排气孔使施工变得简单，且不受气候的影响，是一种当前最理想的屋面保温系统。成品隔热板自重轻，自防水，隔热效果好，可用于上人屋面。如图 5-23 和图 5-24 所示为成品隔热板屋面。

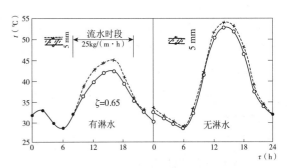

图 5-22　玻璃屋顶表面流动水膜蒸发降温效果
（ζ 表示同一外扰工况下湿材料与干材料表面温度振幅）

图 5-23　成品隔热板屋顶实景图

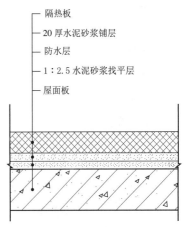

图 5-24　成品隔热板屋顶构造简图

2）外墙隔热

外墙的室外综合温度较屋顶低，因此在一般建筑中外墙隔热与屋顶比较是次要的。但对采用轻质结构的外墙或在空调建筑中，外墙隔热仍须重视。

以往，黏土砖墙为常用的墙体结构之一，其隔热效果较好，对于东、西墙来说，在我国广大南方地区两面抹灰的一砖墙，尚能满足一般建筑的热工要求。空斗墙的隔热效果稍差于同厚度的实砌砖墙，对要求不太高的建筑，尚可采用。目前，黏土实心砖已在我国许多地区被禁止使用。

为了减轻墙体的自重，减少墙体的厚度，便于施工机械化以及利用工业废料，近年来全国各地大量采用了空心砌块、大型板材和轻板结构等墙体。

（1）空心砌块墙

空心砌块多利用工业废料和地方材料，如矿渣、煤渣、粉煤灰、火山灰、石粉等制成多种类型的空心砌块。一般常用的有中型砌块：200 mm×590 mm×500 mm（厚×宽×高），小型砌块：190 mm ×390 mm× 190 mm。可做成单排孔的和双排孔的（图5-25）。

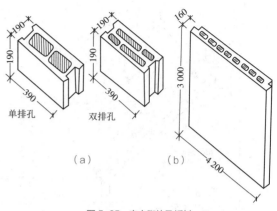

图5-25　空心砌块及板材
（a）小型砌块；（b）大型板材

从热工性能来看，19 cm厚单排孔空心砌块，对于东、西墙不能满足要求。双排孔空心砌块，比同厚度的单排孔空心砌块隔热效果提高较多。两面抹灰各2 cm的19 cm厚双排孔空心砌块，其热工效果相当于两面抹灰各2 cm的24 cm厚黏土实心砖墙的热工性能，是效果较好的一种砌块形式，上述空心砌块的隔热效果如表5-6所示。

表5-6　混凝土空心砌块隔热效果

墙体结构	规格（cm）	热阻 R [(m^2·K)/W]	衰减倍数 v_0	延迟时间 ξ_0（h）	内表面温度（℃）		室外气温（℃）		室内气温（℃）
					平均	最高	平均	最高	
24黏土实心砖墙	24	0.306	7.55	5.7	31.57	33.28			24.6（恒温）
小型的双排孔空心混凝土砌块	19×19×39	0.394	5.20	5.0	31.56	33.34	29.66	34.7	
小型的单排孔空心混凝土砌块	19×19×39	0.179	3.27	3.3	31.86	35.75			

（2）钢筋混凝土空心大板墙

我国南方一些省市采用的钢筋混凝土空心大板，规格是高300 cm，宽420 cm，厚16 cm，圆孔直径为11 cm，如图5-25中（b）所示。这种板材用于西墙不能满足隔热要求，但经改善处理，如加外粉刷层和刷白灰水以及开通风孔等措施，基本上可以应用，其隔热效果如表5-7所示。为加速建筑工业化的发展，进一步减轻墙体重量，提高抗震性能，发展轻型墙板，有着重要的意义。轻型墙板的种类从当前发展的趋势来看有两种，一是用一种材料制成的单一墙板，如加气混凝土或轻骨料混凝土墙板；二是由不同材料或板材组合而成的复合墙板。单一材料墙板生产工艺较简单，但须采用轻质、高强、多孔的材料，以满足强度与隔热的要求。复合墙板构造复杂一些，但它将材料区别使用可采用高效的隔热材料，能充分发挥各种材料的特长，板体较轻，热工性能较好，适用于住宅、医院、办公楼等多层和高层建筑以及一些厂房的外墙。复合轻墙板的构造及其热工性能如图 5-26 及表 5-8 所示。

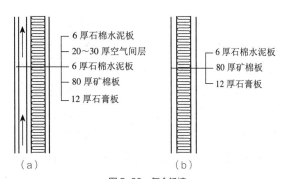

图 5-26　复合轻墙
（a）有通风层；（b）无通风层

6 厚石棉水泥板
20～30 厚空气间层
6 厚石棉水泥板
80 厚矿棉板
12 厚石膏板

6 厚石棉水泥板
80 厚矿棉板
12 厚石膏板

表 5-7　大板墙体隔热效果

墙体结构	外表面温度（℃）		内表面温度（℃）		室外气温（℃）	
	平均	最高	平均	最高	平均	最高
封闭空心大板	34.0	52.0	32.3	39.7	30.2	34.8
封闭空心大板外加刷白	32.0	40.1	31.6	36.3	30.2	34.8
通风空心板	32.9	41.0	31.1	37.7	30.2	34.8
通风空心板外加刷白	31.4	38.0	31.0	35.0	30.2	34.8

表 5-8　大板墙体热工性能

名称		砖墙（内抹灰）	有通风层的复合墙板	无通风层的复合墙板
总厚度（mm）		260	124	98
重量（kg/m²）		464	55	50
内表面温度（℃）	平均	27.80	26.9	27.2
	振幅	1.90	0.9	1.2
	最高	29.70	27.8	28.4
热阻 [(m²·K)/W]		0.468	1.942	1.959
室外气温	最高	28.9		
	平均	23.3		

（3）轻骨料混凝土砌块墙

轻骨料混凝土砌块墙被越来越广泛的在工程中应用，轻骨料混凝土是指密度 ≤ 1 900 kg/m³ 的混凝土。生产轻骨料混凝土砌块，是砌块向轻质、节能、利废方向的又一发展途径。根据目前应用情况，其骨料有人造的，如黏土陶粒；天然的，如火山渣、浮石、煤矸石等；以及利用工业废料，如粉煤灰、炉渣、矿渣等。

加气混凝土砌块墙是轻骨料混凝土砌块墙中非常重要的一种（图 5-27），加气混凝土砌块是以水泥、矿渣、砂、石灰等为原料，加入发气剂，经搅拌成型、

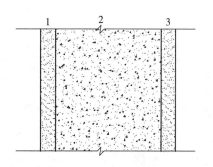

图 5-27　加气混凝土砌块墙
1—内抹灰；2—加气混凝土砌块；3—外抹灰

蒸压养护而成的实心砌块。加气混凝土砌块具有轻质高强、保温隔热、隔声效能好等优良特性，用它砌筑墙体，可减轻墙重量，提高工效；同时具有隔声、抗震等功效。但加气混凝土砌块墙体在建造和使用过程中会出现墙体开裂、饰面空鼓脱落等质量通病。目前工程中经常使用的两种加气混凝土砌块的密度为 500 kg/m³ 和 700 kg/m³。其导热系数分别为 0.19 W/(m·K) 和 0.22 W/(m·K)。另一种重要的轻骨料混凝土砌块墙是陶粒混凝土砌块墙，陶粒混凝土砌块（图 5-28）是由超轻页岩陶粒、水泥、掺合料及外加剂等成分制成的一种轻质、保温墙体材料。测试表明，节能保温效果显著，300 mm 陶粒砌块墙体相当于 1 m 厚的红砖墙体保温效果，是高层建筑围护结构理想的墙体材料。陶粒混凝土砌筑墙主要应用于地下室水、电、通风等机房的隔墙，工程使用量不是很大，隔墙厚度为 200 mm，双面抹灰处理，隔墙砌筑期间需要与其他专业进行配合，留出相应的设备洞口。

（4）复合墙体

近些年来，随着社会经济的增长，建筑的功能要求和标准也有所提高；同时，新型、高效材料的不断出现，也需要采取新的技术措施。为此，当单独用某一种方式不能满足功能要求（其中包含保温要求）时，或为达到这些要求而造成技术经济不合理时，或者施工甚为困难时，往往采用复合墙体。复合墙体是由绝热材料与传统墙体材料复合构成。与单一材料节能墙体相比，复合节能墙体由于采用了高效绝热材料而具有更好的热工性能。这样既能充分利用各种材料的特性，又能经济、有效地满足包括保温性能要求在内的各项功能要求。根据绝热材料在墙体中的位置，这类墙体又可分为内保温、外保温和夹芯保温三种形式，其中内保温和外保温两种保温方式是复合墙体的主流。如混凝土空心砌块与加气混凝土砌块复合墙体，混凝土空心砌块是承重结构位于外侧，加气混凝土砌块是保温结构位于内侧，像这样保温层在承重层内侧称为内保温。其特点是保温材料不受室外气候因素的影响，无须特殊的防护；且在间歇使用的建筑空间如影剧院观众厅、体育馆等，室内供热时温度上升快；但对间歇采暖的居室等连续使用的建筑空间则热稳定性不足。这种保温形式适用于南方，既有利于白天防热，又能夜间散热。而且其传热系数 K、热惰性指标 D 都能满足《夏热冬暖地区居住建筑节能设计标准》JGJ 75—2012。又如灰砂砖与加气混凝土砌块的复合墙体，在南方有很好的保温隔热性能，同时这种墙体又具有很好的抗开裂性能。如图 5-29 所示为灰砂砖与加气混凝土复合墙体，如图 5-30 所示为混凝土空心砖与加气混凝土复合墙体，如图 5-31 所示为灰沙砖与加气混凝土复合墙实例。

特别值得提到的是，在复合墙体中常采用单层或多层封闭空气混凝土空心砌块 + 加气混凝土砌块间层 + 带反射材料的封闭空气间层。这样既可有效地增大热阻、满足保温性能的需要，也可减轻围护结构的自重，使承重结构更经济合理。

图 5-28　陶粒混凝土砌块

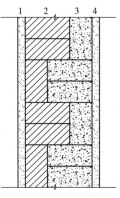

图 5-29　灰砂砖与加气混凝土复合墙体
1—内抹灰；2—灰砂砖；
3—加气混凝土；4—外抹灰

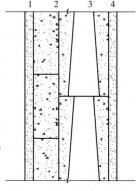

图 5-30　混凝土空心砌块与加气混凝土复合墙体
1—内抹灰；2—加气混凝土；
3—混凝土空心砌块；4—外抹灰

图 5-31　灰沙砖与加气混凝土复合墙体

5.3　窗口遮阳

5.3.1　遮阳的目的与要求

在夏季，阳光透过窗口照射房间，是造成室内过热的重要原因。当室温较高时，如果人体再受到阳光的直接照射，将会感到炎热难受，以致影响工作和学习的正常进行。

在车间、教室、实验室和阅览室等房间中，直射阳光照射到工作面上，会造成较高的亮度而产生眩光，眩光会剧烈地刺激眼睛，妨碍正常工作。

在某些轻工和化工车间以及在陈列室、商店橱窗和书库等房间中，直射阳光中的紫外线照射，往往使物品、书刊褪色、变质以致损坏。

在上述情况下，一般应采取遮阳措施。遮阳是为了防止过多直射阳光直接照射房间的一种建筑构件。设计窗口遮阳时，应满足下列要求：

1）夏天防止日照，冬天不影响必需的房间日照；

2）晴天遮挡直射阳光，阴天保证房间有足够的照度；

3）减少遮阳构造的挡风作用，最好还能起导风入室的作用；

4）能兼作防雨构件，并避免雨天影响通风；

5）不阻挡从窗口向外眺望的视野；

6）构造简单，经济耐久；

7）必须注意与建筑造型处理的协调统一。

5.3.2　遮阳的形式及其效果

1）遮阳的形式

遮阳的基本形式可分为四种：水平式、垂直式、综合式和挡板式，如图 5-32 所示。

（1）水平式遮阳。这种形式的遮阳能够有效地遮挡高度角较大的、从窗口上方投射下来的阳光。故它适用于接近南向的窗口，或北回归线以南低纬度地区的北向附近的窗口（图 5-33）。

（2）垂直式遮阳。垂直式遮阳能够有效地遮挡高度角较小的、从窗侧斜射过来的阳光。但对于高度角较大的、从窗口上方投射下来的阳光，或接近日出、日没时平射窗口的阳光，它不起遮挡作用。故垂直式遮阳主要适用于东北、北和西北向附近的窗口。

（3）综合式遮阳。综合式遮阳能够有效地遮挡高度角中等的、从窗前斜射下来的阳光，遮阳效果比较均匀。故它主要适用于东南或西南向附近的窗口。

（4）挡板式遮阳。这种形式的遮阳能够有效地遮挡高度角较小的、正射窗口的阳光。故它主要适用于东、西向附近的窗口（图 5-34）。

根据地区的气候特点和房间的使用要求，可以把遮阳做成永久性的或临时性的。永久性的即是在窗口设置各种形式的遮阳板；临时性的即是在窗口

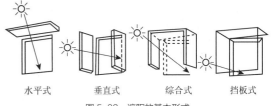

| 水平式 | 垂直式 | 综合式 | 挡板式 |

图 5-32　遮阳的基本形式

图 5-33　水平式遮阳实例　　图 5-34　挡板式遮阳实例

设置轻便的布帘、竹帘、软百叶、帆布篷等。在永久性遮阳设施中，按其构件能否活动或拆卸，又可分为固定式或活动式两种。活动式的遮阳可视一年中季节的变换，一天中时间的变化和天空的阴晴情况，任意调节遮阳板的角度；在寒冷季节，为了避免遮挡阳光，争取日照，还可以拆除。这种遮阳设施灵活性大，使用合理，因此近年来在国内外建筑中应用较广。

窗口的遮阳板可以做成个体式的或连续式的。视窗口大小和窗口组合情况而定。

2）遮阳的效果

窗口设置遮阳之后，对遮挡太阳辐射热量和在闭窗情况下降低室内气温，效果都较为显著。但是对房间的采光和通风，却有不利的影响。

（1）遮阳对太阳辐射热量的阻挡。遮阳对防止太阳辐射的效果是显著的，如图 5-35 所示为广州地区四个主要朝向，在夏季一天内透进的太阳辐射热量及其遮阳后的效果。

由图可见，各主要朝向的窗口经遮阳透进的太阳辐射热量，与无遮阳时透进的太阳辐射热量之比，分别为：西向 17%；西南向 41%；南向 45%；北向 60%。由此可见，西向太阳辐射虽强，但窗口遮阳后效果也较大。

遮阳设施遮挡太阳辐射热量的效果除取决于遮阳形式外，还与遮阳设施的构造处理、安装位置、材料与颜色等因素有关。各种遮阳设施的遮挡太阳辐射热量的效果，一般用遮阳系数来表示。遮阳系数是指在照射时间内，透进有遮阳窗口的太阳辐射量与透进无遮阳窗口的太阳辐射量的比值。遮阳系数愈小，说明透过窗口的太阳辐射热量愈小，防热效果愈好。

（2）外遮阳系数 SD 及计算方法

建筑外遮阳系数的定义为：透过有外遮阳构造

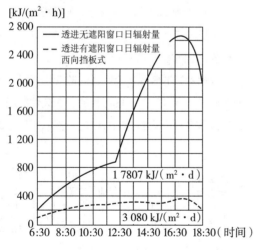

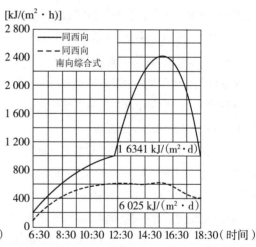

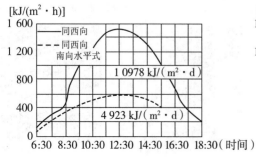

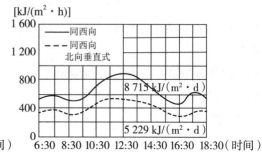

图 5-35　广州地区主要朝向遮阳效果

外窗的太阳辐射得热量与透过没有外遮阳构造的外窗的太阳辐射得热量的比值。式（5-1）所示为通过使用外遮阳系数可以方便地计算外遮阳构造对建筑能耗的影响程度，在我国建筑节能设计和评价中得到广泛应用。

$$SD = \frac{Q_S}{Q_N} \qquad (5\text{-}1)$$

式中　SD——外遮阳系数；

　　　Q_S——有外遮阳构造时，外窗得热量中的太阳辐射得热部分，W；

　　　Q_N——没有外遮阳构造时，外窗得热量中的太阳辐射得热部分，W。

遮阳对窗户太阳辐射的影响计算是一个十分复杂的过程：太阳运行的高度角和方位角在不断变化，室外的气象条件又"风云变幻"，造成太阳辐射随时间不断变化，遮阳在窗面的阴影面积也随时变化；太阳辐射又有直射和散射的分量，各个方向的辐射照度都有所不同。以往计算遮阳影响的方法有计算法、图解法和模型试验等，计算法相当复杂，图解法使用不便（如棒影图法），而试验法难以评价，因此遮阳的影响处于研究分析时用和宏观定性评价用。

通过对不同尺寸遮阳构造外遮阳系数大量的模拟和分析后，研究人员发现外遮阳系数与遮阳构造尺寸比关系密切，对各种遮阳尺寸比及其对应的外遮阳系数进行回归分析后可以看出：用二元线性回归方程得到的相关系数都较高（相关度 > 0.988），因此，可以采用以遮阳构造尺寸比为参数的简化公式来计算外遮阳系数，如式（5-2）所示：

$$SD = a \cdot x^2 + b \cdot x + 1 \qquad (5\text{-}2)$$

式中　SD——外遮阳系数；

　　　a, b——回归系数，按表5-9选取；

　　　x——遮阳构造尺寸比，$x = \frac{A}{B}$，$x \geq 1$ 时，取 $x = 1$；

　　　A, B——外遮阳的构造定性尺寸，按图5-36～图5-40确定。

对于全国不同气候区、不同朝向和不同遮阳类型，回归系数不相同，不同遮阳构造的回归系数如表5-9所示。

图5-36　水平式外遮阳的特征值

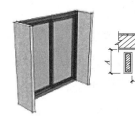

图5-37　垂直式外遮阳的特征值

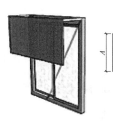

图5-38　遮挡板式外遮阳的特征值

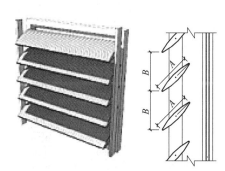

图5-39　横百叶挡板式外遮阳的特征值

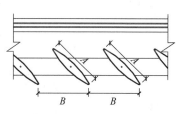

图5-40　竖百叶挡板式外遮阳的特征值

表 5-9 外遮阳系数计算用的回归系数 a, b

气候区	外遮阳基本类型		拟合系数	东	南	西	北
严寒地区	水平式		a	0.31	0.28	0.33	0.25
			b	−0.62	−0.71	−0.65	−0.48
	垂直式		a	0.42	0.31	0.47	0.42
			b	−0.83	−0.65	−0.90	−0.83
寒冷地区	水平式		a	0.34	0.65	0.35	0.26
			b	−0.78	−1.00	−0.81	−0.54
	垂直式		a	0.25	0.40	0.25	0.50
			b	−0.55	−0.76	0.54	−0.93
	挡板式		a	0.00	0.35	0.00	0.13
			b	−0.96	−1.00	−0.96	−0.93
	固定横百叶挡板式		a	0.45	0.54	0.48	0.34
			b	−1.20	−1.20	−1.20	−0.88
	固定竖百叶挡板式		a	0.00	0.19	0.22	0.57
			b	−0.70	−0.91	−0.72	−1.18
	活动横百叶挡板式	冬	a	0.21	0.04	0.19	0.20
			b	−0.65	−0.39	−0.61	−0.62
		夏	a	0.50	1.00	0.54	0.50
			b	−1.20	−1.70	−1.30	−1.20
	活动竖百叶挡板式	冬	a	0.40	0.09	0.38	0.20
			b	−0.99	−0.54	−0.95	−0.62
		夏	a	0.06	0.38	0.13	0.85
			b	−0.70	−1.10	−0.69	−1.49
夏热冬冷地区	水平式		a	0.36	0.50	0.38	0.28
			b	−0.80	−0.80	−0.81	−0.54
	垂直式		a	0.24	0.33	0.24	0.48
			b	−0.54	−0.72	−0.53	−0.89
	挡板式		a	0.00	0.35	0.00	0.13
			b	−0.96	−1.00	−0.96	−0.93
	固定横百叶挡板式		a	0.50	0.50	0.52	0.37
			b	−1.20	−1.20	−1.30	−0.92
	固定竖百叶挡板式		a	0.00	0.16	0.19	0.56
			b	−0.66	−0.92	−0.71	−1.16
	活动横百叶挡板式	冬	a	0.23	0.03	0.23	0.20
			b	−0.66	−0.47	−0.69	−0.62
		夏	a	0.56	0.79	0.57	0.60
			b	−1.30	−1.40	−1.30	−1.30
	活动竖百叶挡板式	冬	a	0.29	0.14	0.31	0.20
			b	−0.87	−0.64	−0.86	−0.62
		夏	a	0.14	0.42	0.12	0.84
			b	−0.75	−1.11	−0.73	−1.47
夏热冬暖地区北区	水平式	冬	a	0.30	0.10	0.20	0.00
			b	−0.75	−0.45	−0.45	0.00
		夏	a	0.35	0.35	0.20	0.20
			b	−0.65	−0.65	−0.40	−0.40
	垂直式	冬	a	0.30	0.25	0.25	0.05
			b	−0.75	−0.60	−0.60	−0.15
		夏	a	0.25	0.40	0.30	0.30
			b	−0.60	−0.75	−0.60	−0.60
	挡板式	冬	a	0.24	0.25	0.24	0.16
			b	−1.01	−1.01	−1.01	−0.95
		夏	a	0.18	0.41	0.18	0.09
			b	−0.63	−0.86	−0.63	−0.92
夏热冬暖地区南区	水平式		a	0.35	0.35	0.20	0.20
			b	−0.65	−0.65	−0.40	−0.40
	垂直式		a	0.25	0.40	0.30	0.30
			b	−0.60	−0.75	−0.60	−0.60
	挡板式		a	0.16	0.35	0.16	0.17
			b	−0.60	−1.01	−0.60	−0.97

组合形式的外遮阳系数为各种参加组合的外遮阳形式的外遮阳系数 [按式（5-2）计算] 的乘积。

例如：水平式 + 垂直式组合的外遮阳系数 = 水平式遮阳系数 × 垂直式遮阳系数

水平式 + 挡板式组合的外遮阳系数 = 水平式遮阳系数 × 挡板式遮阳系数

当外遮阳的遮阳板采用有透光能力的材料制作时，应按式（5-3）修正。

$$SD=1-(1-SD^*)(1-\eta^*) \qquad （5-3）$$

式中　SD^*——外遮阳的遮阳板采用非透明材料制作时的外遮阳系数，按式（5-1）计算。

　　　η^*——遮阳板的透射比，按表5-10选取。

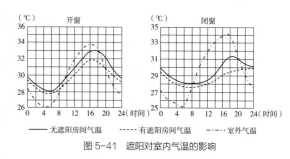

图 5-41　遮阳对室内气温的影响

—— 无遮阳房间气温　····· 有遮阳房间气温　-·-·- 室外气温

表 5-10　遮阳板的透射比

遮阳板使用的材料	规格	η^*
织物面料、玻璃钢类板	——	0.4
玻璃、有机玻璃类板	深色：$0 < Se \leqslant 0.6$	0.6
	浅色：$0.6 < Se \leqslant 0.8$	0.8
金属穿孔板	穿孔率：$0 < \varphi \leqslant 0.2$	0.1
	穿孔率：$0.2 < \varphi \leqslant 0.4$	0.3
	穿孔率：$0.4 < \varphi \leqslant 0.6$	0.5
	穿孔率：$0.6 < \varphi \leqslant 0.8$	0.7
铝合金百叶板	——	0.2
木质百叶板	——	0.25
混凝土花格	——	0.5
木质花格	——	0.45

注：Se——有机玻璃类板的遮阳系数；φ——金属穿孔板的穿孔率。

（3）遮阳对室内气温的影响。根据在广州西向房间的试验观测资料，遮阳对室内气温的影响，如图5-41所示。由图可见，在闭窗情况下，遮阳对防止室温上升的作用较明显。有无遮阳，室温最大差值达2℃，平均差值达1.4℃。而且有遮阳时，房间温度波幅值较小，室温出现高温的时间较晚。因此，遮阳对空调房间减少冷负荷是很有利的，而且室内温度场分布均匀。在开窗情况下，室温最大差值为1.2℃，平均差值为1.0℃，虽然不如闭窗的明显，但在炎热的夏季，能使室温稍降低些，也具有一定的意义。

（4）遮阳对房间采光的影响。从天然采光的观点来看，遮阳设施会阻挡直射阳光，防止眩光，有助于视觉的正常工作。但是，遮阳设施有挡光作用，从而会降低室内照度，在阴天更为不利。据观察，一般室内照度约降低53%~73%，但室内照度的分布则比较均匀。

（5）遮阳对房间通风的影响。遮阳设施对房间的通风有一定的阻挡作用，使室内风速有所降低。实测资料表明，有遮阳的房间，室内的风速约减弱22%~47%，视遮阳的构造而异。因此在构造设计上应加以注意。

5.3.3　遮阳形式的选择与构造设计

1）遮阳形式的选择

遮阳形式的选择，应从地区气候特点和朝向来考虑。夏热冬冷和冬季较长的地区，宜采用竹帘、软百叶、布篷等临时性轻便遮阳。夏热冬冷和冬、夏时间长短相近的地区，宜采用可拆除的活动式遮阳。对夏热冬暖地区，一般以采用固定的遮阳设施为宜，尤以活动式较为优越。活动式遮阳多采用铝板，因其质轻，不易腐蚀，且表面光滑，反射太阳辐射的性能较好。

对需要遮阳的地区，一般都可以利用绿化和结合建筑构件的处理来解决遮阳问题。结合构件处理的手法，常见的有：加宽挑檐、设置百叶挑檐、外廊、凹廊、阳台、旋窗等。利用绿化遮阳是一种经济而有效的措施，特别适用于低层建筑，或在窗外种植蔓藤植物，或在窗外一定距离种树。根据不同朝向的窗口选择适宜的树形很重要，且按照树木的直径和高度，根据窗口需遮阳时的太阳方位角和高度角来正确选择树种和树形及确定树的种植位置。树的位置除满足遮阳的要求外，还要尽量减少对通风、采光和视线的影响。

对于多层民用建筑（特别是在夏热冬暖地区的），以及终年需要遮阳的特殊房间，就需要专门设置各种类型的遮阳设施。根据窗口不同朝向来选择适宜的遮阳形式，这是设计中值得注意的问题。如图5-42所示为不同遮阳构造适用的朝向的图例。

水平遮阳能够有效地遮挡高度角较大的、从窗户上方照射下来的阳光，适用于接近南向的窗口及北回归线以南地区的北向附近的窗口；垂直式遮阳能有效地挡住高度角较小、从窗户侧面照射过来的阳光，主要适用于东北、西北及北向附近的窗户；综合式遮阳对遮挡高度角中等的、从窗前斜射下来的阳光比较有效，遮阳效果较均匀，主要用于东南或西南附近的窗口；挡板式遮阳能够有效地遮挡高度角比较低、正射窗口的阳光，主要适用于东、西向附近的窗口。

2）遮阳的构造设计

如前所述，遮阳的效果除与遮阳形式有关外，还与构造处理、安装位置、材料与颜色等因素有很大关系。现就这些问题，简单介绍如下：

（1）遮阳的板面组合与构造。遮阳板在满足阻挡直射阳光的前提下，设计者可以考虑不同的板面组合，而选择对通风、采光、视野、构造和立面处理等要求更为有利的形式。图5-43表示水平式遮阳的不同板面组合形式。

为了便于热空气的逸散，并减少对通风、采光的影响，通常将板面做成百叶的（图5-44a）；或部分做成百叶的（图5-44b）；或中间层做成百叶的，而顶层做成实体，并在前面加吸热玻璃挡板的（图5-44c）；后一种做法对隔热、通风、采光、防雨都比较有利。

蜂窝形挡板式遮阳也是一种常见的形式，蜂窝形板的间隔宜小，深度宜深，可用铝板、轻金属、玻璃钢、塑料或混凝土制成。

（2）遮阳板的安装位置。遮阳板的安装位置对防热和通风的影响很大。例如将板面紧靠墙布置时，由受热表面上升的热空气将由室外空气导入室内。这种情况对综合式遮阳更为严重，如图5-45(a)所示。为了克服这个缺点，板面应离开墙面一定距离安装，以使大部分热空气沿墙面排走，如图5-45（b）所示，且应使遮阳板尽可能减少挡风，最好还能兼起导风入室作用。装在窗口内侧的布帘、百叶等遮阳设施，其所吸收的太阳辐射热，大部分将散发给室内空气（图5-45c）。如果装在外侧，则所吸收的辐射热，大部分将散发给室外空气，从而减少对室内温度的影响（图5-45d）。

（3）材料与颜色。为了减轻自重，遮阳构件以采用轻质材料为宜。遮阳构件又经常暴露在室外，受日晒雨淋，容易损坏，因此要求材料坚固耐久。

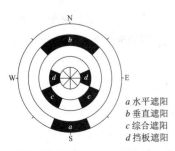

a 水平遮阳
b 垂直遮阳
c 综合遮阳
d 挡板遮阳

图 5-42　不同遮阳构造适用的朝向

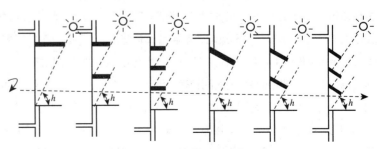

图 5-43　遮阳板面组合形式

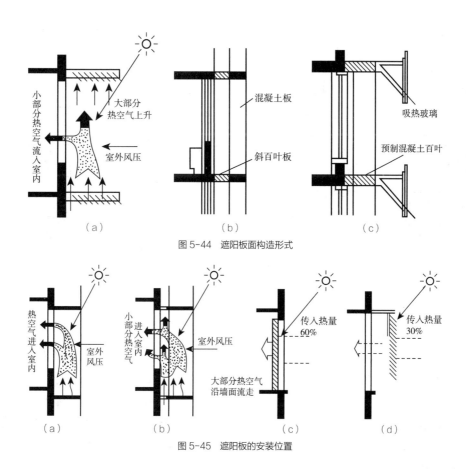

图 5-44 遮阳板面构造形式

图 5-45 遮阳板的安装位置

如果遮阳是活动式的，则要求轻便灵活，以便调节或拆除。材料的外表面对太阳辐射热的吸收系数要小；内表面的辐射系数也要小。设计时可根据上述要求并结合实际情况来选择适宜的遮阳材料。

遮阳构件的颜色对隔热效果也有影响。以安装在窗口内侧的百叶为例，暗色、中间色和白色的对太阳辐射热透过的百分比分别为 86%、74%、62%，白色的比暗色的要减少 24%。为了加强表面的反射，减少吸收，遮阳板朝向阳光的一面，应涂以浅色发亮的油漆，而在背阳光的一面，应涂以较暗的无光泽油漆，以避免产生眩光。

有时，不专门在窗口设置遮阳，也可在转动的窗扇上安装吸热玻璃、磨砂玻璃、有色玻璃、贴遮阳膜等。所有这些做法，在不同程度上减少透过窗口的辐射热量，收到一定的防热效果；但也会减少窗口的透光量，对房间的采光有所影响。

（4）活动遮阳。活动遮阳的材料，过去多采用木百叶转动窗，现在多用铝合金、塑料制品、玻璃钢和吸热玻璃等，如图 5-46 所示。

活动遮阳板的调节方式有手动、机动和遥控等。

5.3.4 遮阳构件尺寸的计算

1）水平式遮阳

任意朝向窗口的水平遮阳板挑出长度，按下式计算（图 5-47）：

$$L_{-}=H \times \cot h_{s} \times \cos \gamma_{s,w} \quad (5-4)$$

式中 L_{-}——水平板挑出长度，m；

H——水平板下沿至窗台高度，m；

h_{s}——太阳高度角，°；

$\gamma_{s,w}$——太阳方位角与墙方位角之差，°；即：

$$\gamma_{s,w}=A_{s}-A_{w};$$

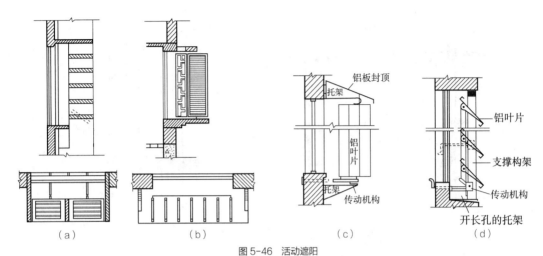

图 5-46　活动遮阳
（a）水平转动木百叶；（b）垂直转动木百叶；（c）垂直式活动铝板；（d）水平式活动铝板

A_s——太阳方位角；

A_w——墙方位角。

水平板两翼挑出长度按下式计算：

$$D = H \cdot \cot h_s \cdot \sin \gamma_{s,w} \qquad (5-5)$$

式中　D——两翼挑出长，m。

2）垂直式遮阳

任意朝向窗口的垂直遮阳板挑出长度，按下式计算：

$$L_\perp = B \cdot \cot \gamma_{s,w} \qquad (5-6)$$

式中　$L_\perp$——垂直板挑出长度，m；

B——板面间净距（或板面至窗口另一边的距离），m；

$\gamma_{s,w}$——太阳方位角与墙方位角之差，°。

3）综合式遮阳

任意朝向窗口的垂直遮阳板挑出长度，可先计算出垂直板和水平板两者的挑出长度，然后根据两者的计算数值按构造的要求来确定综合式遮阳板的挑出长度。

4）挡板式遮阳

任意朝向窗口的挡板式遮阳尺寸，可先按构造

需要确定板面至墙外表面的距离 $L_\perp$ 计算按式（5-4），然后按式（5-7）求出挡板下端窗台的高度 H_0：

$$H_0 = L_\perp / (\cot h_s \cdot \cos \gamma_{s,w}) \qquad (5-7)$$

再据式（5-5）求出挡板两翼至窗口边线的距离 D，最后可确定挡板尺寸即为水平板下缘至窗台高度 H 减去 H_0。以上遮阳尺寸计算的图例如图 5-47 所示。

【例题 5-1】　设广州地区（北纬 23°）某建筑一朝南窗口需要遮挡 10 月中旬 15 点的阳光，求所需的遮阳板挑出长度和合理的形式。已知窗宽 1.5 m，窗高 2 m，墙厚 24 cm。

【解】　先按指定时间计算出广州 10 月中旬 15 点的太阳高度角 $h_s=37°$；方位角 $A_s=63°$。（高度角、方位角的确定方法见第 6 章）。

水平板挑出长度，按式（5-4）：

$L_\perp = 2 \times \cot 37° \times \cos 63° = 2 \times 1.327 \times 0.454 \approx 1.2\text{m}$

水平板两翼挑出长度，按式（5-5）：

$D = 2 \times \cot 37° \times \sin 63° = 2 \times 1.327 \times 0.891 \approx 2.36\text{m}$

由计算结果得知，如果做水平式遮阳，板挑出的长度是 1.2 m。可是要能遮挡上午 9 点或下午 15 点斜射入室的阳光，就需要两边各挑出 2.36 m 的翼板，见图 5-48（a）。如果该建筑是连续的窗口，或者即使有窗间墙也是窗口大而窗间墙小时，把遮阳

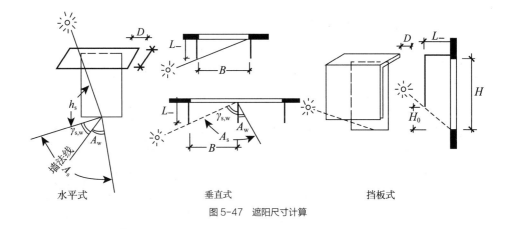

图 5-47　遮阳尺寸计算

板做成连续式的水平板，那是合适的。但如果是单个的窗口，显然两边翼板如挑出 2.3 m，无论在结构和造型上都难以处理。在这种情况下，为了满足遮阳要求可不作翼板，改水平式为综合式遮阳，较为合适，而垂直板挑出长度按式（5-6）计算，即

$$L_⊥=1.5×\cot 63°= 1.5×0.51 ≈ 0.76m$$

由此可知，改为综合式遮阳，用垂直板代替翼板，同样收到遮阳的效果，见图 5-48（b）。

上述遮阳板尺寸，是由外墙线算起。为了节约挑出长度，可将上述遮阳尺寸减去墙厚 24 cm，故实际水平板挑出长度为 1.2-0.24=0.96 m，垂直板挑出长度为 0.76-0.24=0.52 m，如图 5-48（c）所示。

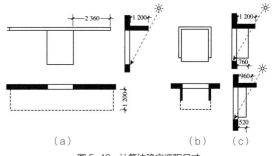

图 5-48　计算法确定遮阳尺寸

善人们的工作和生活条件。

造成空气压力差的原因有二：一是热压作用，一是风压作用。热压取决于室内外空气温差所导致的空气密度差和进出气口的高度差。如图 5-49 所示，当室内气温高于室外气温时，室外空气因较重而通过建筑物下部的开口流入室内，并将较轻的室内空气从上部的开口排出。这样，室内就形成连续不断的换气。

热压的计算公式为：

$$\Delta P=h(\rho_e-\rho_i)　kg/m^2　　（5-8）$$

式中　ΔP——热压，Pa；

5.4　房间的自然通风

5.4.1　自然通风的组织

建筑物中的自然通风，是由于建筑物的开口处（门、窗、过道等）存在着空气压力差而产生的空气流动。利用室内外气流的交换，可以降低室温和排除湿气，保证房间的正常气候条件与新鲜洁净的空气。同时，房间内有一定的空气流动，可以加强人体的对流和蒸发散热，提高人体热舒适感觉，改

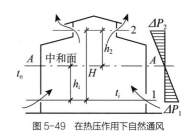

图 5-49　在热压作用下自然通风

h ——进、排风口心线间的垂直距离，m；

ρ_e ——室外空气密度，kg/m^3；

ρ_i ——室内空气密度，kg/m^3。

风压作用是风作用在建筑物上产生的风压差。如图 5-50 所示，当风吹到建筑物上时，在迎风面上流动受阻，速度减少，使风的部分动能变为静压，亦即使建筑物迎风面上的压力大于大气压，在迎风面上形成正压区。在建筑物的背风面、屋顶和两侧，由于在气流曲绕过程中，形成空气稀薄现象，因此该处压力将小于大气压，形成负压区。如果建筑物上设有开口，气流就从正压区流向室内，再从室内向外流至负压区，形成室内的空气交换。

风压的计算公式为：

$$p = K \frac{v^2 \rho_e}{2g} \quad \text{kg/m}^2 \qquad (5-9)$$

式中　p ——风压，Pa；

　　　v ——风速，m/s；

　　　ρ_e —— 室外空气密度，kg/m^3；

　　　g ——重力加速度，m/s^2；

　　　K ——空气动力系数。

上述两种自然通风的动力因素，在一般情况下是同时并存的。从建筑降温的角度来看利用风压对改善室内热环境条件，效果较为显著。

房间要取得良好自然通风，最好是穿堂入室，直吹室内。假设将风向投射线与房屋墙面的法线的交角称为风向投射角，如图 5-51 所示的 α 角。如果是直吹室内，即 α 为零度。从室内的通风来说，风向投射角越小，对房间通风越有利。但实际上在居住街坊中住宅不是单排的，一般都是多排的。如果正吹，即风向投射角为零度，屋后的漩涡区较大。

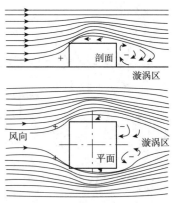

图 5-50　风吹到房屋上的气流状况

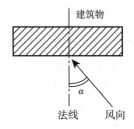

图 5-51　风向投射角

为保证后一排房屋的通风，两排房屋的间距一般要求达到前幢建筑物高度的 4~5 倍。设 L 为间距（m），H 为前幢房屋高度（m），即 $L=(4\sim5)H$。这样大的距离，用地太多，在实际建筑设计中是难以采用的。当风向与建筑物的迎风面构成一个角度时，即有一定的风向投射角，这时风斜吹进室内的流场范围和风速都有影响。根据试验资料（表 5-11）可知，当投射角从 0° 加大到 60° 时，风速降低了50%，这使得室内通风效果有所降低。但是投射角越大，而屋后漩涡区的深度却大为缩短，这有利于缩短间距，节约用地，所以要加以综合考虑。

表 5-11　风向投射角与流场的影响

风向投射角 α	室内风速降低值（%）	屋后漩涡区深度	风向投射角 α	室内风速降低值（%）	屋后漩涡区深度
0°	0	3.75 H	45°	30	1.5 H
30°	13	3 H	60°	50	1.5 H

在民用建筑和一般冷加工车间的设计中，保证房间的穿堂风，必须有进风口及出风口。房间所需要的穿堂风必须满足两个要求：一是气流路线应流过人的活动范围；另一是必须有必要的风速，最好能使室内风速达到 0.3 m/s 以上。对于有大量余热和有害物的生产车间，组织自然通风时，除保证必需的通风量外，还应保证气流的稳定性和气流线路的短捷。

为了更好地组织自然通风，在建筑设计时应着重考虑下列问题：正确选择建筑的朝向和间距，合理地布置建筑群，选择合理建筑平、剖面形式；合理地确定开口的面积与位置、门窗装置的方法及通风的构造措施。

5.4.2　建筑朝向、间距与建筑群的布局

1）建筑朝向选择

为了组织好房间的自然通风，在朝向上应使房屋纵轴尽量垂直于夏季主导风向。夏季，我国大部分地区的主导风向都是南、偏南或东南。因而，在传统建筑中朝向多偏南。从防辐射角度来看，也应将建筑物布置在偏南方向较好。事实上在建筑规划中，不可能把建筑物都安排在一个朝向。因此每一个地区可根据当地的气候和地理因素，选择自己的合理朝向范围，以利于在建筑设计时有一个选择的幅度。

房屋朝向选择的原则是：首先要争取房间自然通风，同时亦综合考虑防止太阳辐射以及防止夏季暴雨的袭击等。图 5-52 是表示广州地区各朝向太阳辐射、风向及出现高温和暴雨袭击方向的范围。由图可见，从防太阳辐射角度来看，当然以正南向为佳，但从通风角度来看，以偏于东南向为佳。因此综合考虑以争取自然通风为主，并兼顾防止太阳辐射以及避免暴风雨袭击等因素，认为广州地区住宅朝向以南偏西 5° 至南偏东 10° 最佳，南偏东 10°～20° 尚可。

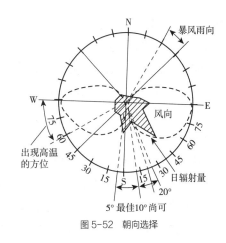

图 5-52　朝向选择

2）房屋的间距与建筑群布局

欲使建筑物中获得良好的自然通风，周围建筑物，尤其是前幢建筑物的阻挡状况是决定的因素。要根据风向投射角对室内风环境的影响程度来选择合理的间距。同时亦可结合建筑群体布局方式的改变以达到缩小间距的目的。综合考虑风向投射角与房间风速、气流场和漩涡区的关系，选定投射角在 45° 左右较为恰当。据此，房屋间距以（0.7～1.1）H 为宜。

一般建筑群的平面布场有行列式、错列式、斜列式、周边式等（图 5-53）。从通风的角度来看，

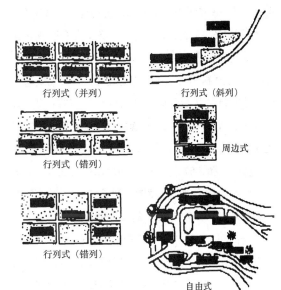

图 5-53　建筑群布置

以错列、斜列较行列、周边为好。

　　当用行列式布置时，建筑群内部流场因风向投射角不同而有很大变化。错列式和斜列式可使风从斜向导入建筑群内部，有时亦可结合地形采用自由排列的方式。周边式很难使风导入，这种布置方式只适于冬季寒冷地区。

　　建筑高度、长度和深度对自然通风也有很大的影响。不仅高层建筑对室内通风有利，高低建筑物交错地排列也有利于自然通风（图5-54）。如图5-55所示不同几何体建筑物在不同风向下背风面的漩涡区。

5.4.3　房间的开口和通风措施

1）房间开口的位置和面积

　　研究房间开门的位置和面积，实际就是解决室内是否能获得一定的空气流速和室内流场是否均匀的问题。

　　一般来说，进、出气口位置设在中央，气流直通，对室内气流分布较为有利。但设计时不易做到。由于平面组合要求，往往把开口偏于一侧或设在侧墙上，这样就使气流导向一侧，室内部分区域产生涡流现象，风速减少，有的地方甚至无风，在竖向上，也有类似现象。图5-56说明开口位置与气流路线的关系，图5-56（a、b）为开口在中央和偏一边时的气流情况，图5-56（c）为设导板情况。在建筑剖面上，开口高低与气流路线亦有密切关系，图5-57说明了这一关系，图5-57（a、b）为进气口中心在房屋中线以上的单层房屋剖面示意图，图5-57（a）为进气口顶上无挑檐，气流向上倾斜。图5-57（c、d）为进气口中心在房屋中线以下的单层房屋剖面示意图，图5-57（c）做法气流贴地面通过，图5-57（d）做法则气流向上倾斜。

　　开口部分入口位置相同而出口位置不同时，室内气流速度亦有所变化，如图5-57所示。出口在上部时，其出、入口及房间内部的风速均相应地较出口在下部时减少一些，如图5-58所示。

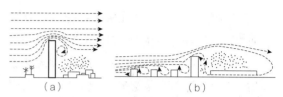

图5-54　高层建筑的流动状况
（a）在高层建筑背后的风影区；（b）气流经过同等高度的房屋后再遇到高层建筑的情况，在高层建筑背后出现了与原有的风向相反方向的气流和风影区

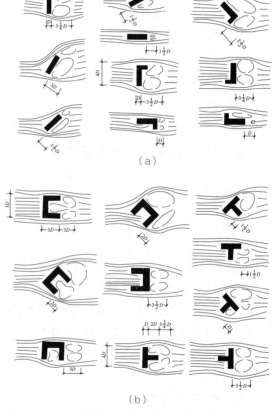

图5-55　不同几何体形的建筑物在不同风向下背风面的漩涡区

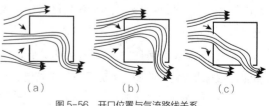

图5-56　开口位置与气流路线关系

　　在房间内纵墙的上、下部位做漏空隔断，或在纵墙上设置中轴旋转窗，可以调节室内气流，有利于房间较低部位的通风（图5-59）。上述情况说明，

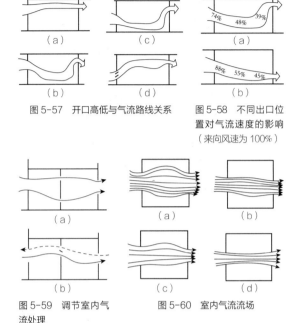

图 5-57　开口高低与气流路线关系

图 5-58　不同出口位置对气流速度的影响（来向风速为 100%）

图 5-59　调节室内气流处理

图 5-60　室内气流流场

要使室内通风满足使用要求，必须结合房间使用情况布置开口位置。

建筑物的开口面积是指对外敞开部分而言，对一个房间来说，只有门窗是开口部分。开口大，则流场较大；缩小开口面积，流速虽相对增加，但流场缩小，如图 5-60 中的（a）、（b）所示。而（c）、（d）说明流入与流出空气量相当，当入口大于出口时，在出口处空气流速最大；相反，则在入口处流速最大。因此，为了加大室内流速，应加大排气口面积。就单个房间而言，当进、出气口面积相等时，开口面积越大，进入室内的空气量愈多。出风口比进风口面积大，对室内自然通风更有利。

据有关试验资料表明：当进、出口面积相同，室内平均风速随着进、出风口的宽度增加而有显著增加，但当窗面积足够大时，例如已达室内宽度 2/3 时，如再增加窗宽好处就不明显了。窗宽超过 1.1 m 之后，对人们活动区范围内的空气流通所起的作用就较小。室内空气流场与进、出风口面积关系极大。当窗面积与地板面积之比较大时，则室内气流场愈均匀，但当比值超过 25% 后，空气流动基本上不受进、出风口

面积的影响。

必须指出，房间对外的开口面积对自然通风有利，但亦增加了夏季进入室内的太阳辐射热，增加了冬季的热损失。一般居住建筑的窗户面积，据湖北、广东等省的调查统计，以窗墙面积比作为控制指标，允许范围建议在 19%~27% 之间，平均在 23% 左右为宜。

当扩大面积有一定限度时，可在进气口采用调节百叶窗，以调节开口比，使室内增加流速或气流分布均匀。

2）门窗装置和通风构造

门窗装置方法对室内自然通风的影响很大，窗扇的开启有挡风或导风作用，装置得宜，则能增加通风效果。图 5-56 中的（c）为进气口设置挡板后气流示意图。当风向投射角较小时，挡板使气流有轻微的减少，而当投射角增大时，挡板不但能改变气流流向，将气流导入室内，气流量也有一定的增加。

檐口挑出过小而窗的位置很高时风很难进入室内，如图 5-61（a）所示；加大挑檐宽度能导风入室，但室内流场靠近上方，如图 5-61（b）所示；如果再用内开悬窗导流，使气流向下通过，有利于工作面的通风，如图 5-61（c）所示；它接近于窗位较低时的通风效果，如图 5-61（d）所示。

一般建筑设计中，窗扇常向外开启呈 90° 角，这种开启方法，当风向入射角较大时，使风受到很大的阻挡，如图 5-62（a）所示；如增大开启角度，

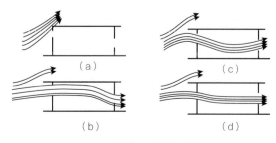

图 5-61　挑檐、悬窗的导风作用

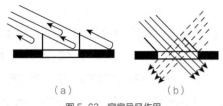

图 5-62　窗扇导风作用

可改善室内的通风效果，如图 5-62（b）所示。

中轴旋转窗扇开启角度可以任意调节，必要时还可以拿掉，导风效果好，可以使进气量增加。

此外，如落地窗、漏空窗和折门等，用在内隔断或外廊等处都是有利于通风的构造措施。

3）利用绿化改变气流状况

建筑物周围的绿化，不仅对降低周围空气温度和日辐射的影响有显著的作用，当安排合理时，也能改变房屋的通风状况。成片绿化起阻挡或导流作用，可改变房屋周围和内部的气流流场。图 5-63（a）是利用绿化布置导引气流进入室内的情况，图 5-63（b）是利用高低树木的配置从垂直方向导引气流流入室内的情况。

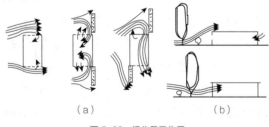

图 5-63　绿化导风作用

5.4.4　建筑平面布置与剖面处理基本原则

建筑平面与剖面设计，除满足使用要求外，应尽量做到有较好的自然通风，基本原则如下：

（1）建筑布局采用交错排列或前低后高，或前后逐层加高的布置。

（2）正确选择平面的组合形式，主要使用漏空隔断、屏门、推窗、格窗、旋窗等；在屋顶上设置撑开式或拉动式天窗扇，水平或垂直翻转的老虎窗等，都可以起风、透风的作用。

（3）利用天井、楼梯间等增加建筑内部的开口面积，并利用这些开口引导气流，组织自然通风。

（4）开口位置的布置应使室内流场分布均匀。

（5）改进门窗及其他构造，使其有利于导风、排风和调节风量、风速等。

5.5　自然能源利用与防热降温

凡不是由化石类或核燃料产生的能源，都可以称为自然能源。由于不需要燃烧，自然能源又可以称为无污染能源或绿色能源、可再生能源。在建筑防热设计中可资利用的自然能源大致有以下几种：

1）太阳辐射能；

2）有效长波辐射能；

3）夜间对流；

4）水的蒸发能；

5）地冷能。

5.5.1　太阳能降温

虽说太阳能是地球上取之不尽、可以再生而又无污染的能源，用于建筑降温的太阳能制冷、太阳能空调的研究成果也多有面世，但是，由于技术和经济的原因，真正的"太阳能时代"尚未到来。被动式太阳能降温远不如被动式太阳能采暖那样容易和普遍。

最经济有效的"太阳能降温"方法，就是把夏天的太阳热能阻止在建筑物之外。除了前述建筑防热的一切方法之外，屋顶、外墙和窗口的遮阳是问题的关键。作为例子，在炎热地区，我们可以把用于太阳能热水供应和采暖的集热器放于屋顶和阳台护栏上，使尽可能多的屋面和外墙面处于阴影区内，把太阳辐射热变害为利，从而达到太阳能降温的目的。

5.5.2 夜间通风——对流降温

长期以来，人们一直把全天持续自然通风作为夏季住宅降温的主要手段之一。实测证明，在夏季连晴天气过程中，全天持续自然通风的住宅，室内气温白天与室外气温基本相同，日平均气温比室外高 1~2 ℃，多在 31~34 ℃ 之间；而夜间和凌晨反比室外高 3 ℃ 左右，也就是说，持续的自然通风，没有真正达到通风降温的目的，室内热环境条件也没有得到实质性的改善。

最近的研究表明，夜间通风可以明显地改变通风房屋的热环境状况。这是因为，在白天特别是午后室外气温高于室内时，门窗紧闭，限制通风，减弱了太阳辐射，避免了热气侵入，从而遏制了室内气温上升，减少室内蓄热；在夜间，把室外相对干、冷的空气，开窗自然或机械强制地穿越室内，直接降低室内空气的温度和湿度，排除室内蓄热，解决夜间闷热问题。表 5-12、表 5-13，是各种住宅夜间通风的降温效果。

表 5-12　各种住宅夜间通风的降温效果

通风方式	住宅类型	室外气温日较差（℃）	室内外气温差（℃）		
			日平均	日最大	日最小
间歇自然通风	240 砖墙	7.1±0.8	−0.6±0.3	−3.1±0.6	2.0±0.8
	370 砖墙	8.9±0.7	−1.2±0.4	−4.8±0.8	1.8±0.3
	200 厚加气混凝土墙	8.2±0.8	−0.3±0.2	−3.2±0.5	2.9±0.3
间歇机械通风	240 砖墙	7.1±0.8	−1.4±0.4	−3.3±0.4	<1.0
	370 砖墙	8.3±1.0	−1.9±0.5	−4.9±1.1	<1.0

表 5-13　各种住宅夜间通风降温的效果预测[①]

住宅类型	温度	重庆	武汉	长沙	南京
	t_{wf}（℃）	32.5	31.9	32.0	31.4
	Δt_w（℃）	7.7	6.3	7.3	6.9
240 砖墙住宅	t_{if}（℃）	31.1	30.7	30.6	30.1
	$t_{i,\,max}$（℃）	32.9	32.1	32.3	31.7
370 砖墙住宅	t_{if}（℃）	30.8	30.7	30.5	30.0
	$t_{i,\,max}$（℃）	32.0	31.7	31.6	31.1

注：t_{wf}——历年平均不保证 5 天的夏季室外日平均温度，℃；Δt_w——室外气温日较差，℃；
t_{if}——室内日平均温度，℃；$t_{i,\,max}$——室内最高温度差，℃。

---

① 历年平均不保证 5 天：夜间机械通风量 30~40 h^{-1}。

从表 5-12 和表 5-13 可以看出：间歇通风能够降低房间的平均气温和温度振幅，而且，夜间机械通风优于夜间自然通风。这是因为闷热地区一般夜间风小且多阵性，而耗资不多的通风扇可以保证需要的风速和风量。如果选用一台能够自动地时强时弱、时开时停并且发生负离子的通风扇，那就是更接近天然风了，不仅感觉舒适而且有利健康。

研究表明，夜间机械通风为改善重庆、武汉、长沙、南京等长江流域地区的人居环境提供了一条新的途径。这种"节俭的通风装置"值得推广使用。

5.5.3　地冷空调

在炎热的夏季，大地内部的温度总是低于大气温度，而且一座建筑物很多部分与大地接触，因而利用大地降温是可行的。远古时代的穴居，流传至今的窑洞，近年日渐开发的地下城市、地下街道、地下仓储和地下住宅，都是利用这一原理来节省能源和改善人居环境。建筑师利用和开发大地能源，大有可为。

地冷空调就是利用夏季地温低于室外气温这一原理，把室外高温空气流经地下埋管散热后直接由风机送入室内的冷风降温系统（图 5-64）。

实测结果表明，地冷空调房屋具有自然通风房屋不可比拟的室内热环境质量和人体热舒适感觉。

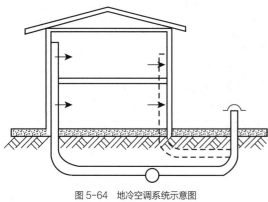

图 5-64　地冷空调系统示意图

首先，地冷空调房屋中平均气温 $t_{i, mean}$≈27 ℃，夏季室内外温差可达 5~7 ℃。室内平均辐射温度 $MRT_{i, mean}$≈27.5 ℃。两者十分接近，这种低温的、稳定的和均匀的室内热环境条件不仅为人体的热舒适提供了重要保证，而且也避免了自然通风房屋各个表面因不对称辐射或不稳定的热环境参数引起的热不舒适。其次，夏季着薄衣服（I_{clo}=0.2 clo）在广州地冷空调房间中睡眠（met=41 W/m²）平均有 35% 以上的人嫌冷（PMV=-1.4）。其余如躺、坐、站着或从事轻微家务、办公、绘图、计算机工作（met=47，58，70 W/m²）时都感到非常舒适，都已经接近或者达到国际热舒适标准 ISO 7730，PMV=+0.5，PPD ≤ 10% 的规定。这样的室内热环境质量在我国南方炎热地区住宅中是没有先例的。再次，地冷空调房屋与自然通风房屋的对比观测结果显示了两者热环境质量的悬殊差异。当人体着轻型夏装（I_{clo}=0.2 clo）静坐（met=58 W/m²）时，地冷空调房间热环境质量完全达到了 ISO 7730 的标准（PMV=+0.14，PPD=6%）。而自然通风房间连我国的小康住宅的热环境质量要求（PMV=+1.5）都达不到（PMV=+1.62，PPD=52%）。当人体着普通夏装（I_{clo}=0.3 clo）静坐（met=58 W/m²）时，地冷空调房间 PMV=+0.59，PPD=13.7%，十分接近 ISO 7730，PMV=0.5，PPD ≤ 10% 的热环境水平，而自然通风房屋 PMV=+2.03、PPD=68%，离我国的小康住宅热环境水平亦相去甚远。两者之差是不言而喻的。总而言之，地冷空调房屋的室内热环境质量是十分显著的。尽管还需要不断完善系统的设计，降低室内空气相对湿度，以及空气质量等问题需要进一步观测研究解决；但是，无论如何，从低投资、低能耗、高热环境质量方面看，当条件许可时，值得和应当在我国炎热地区推广应用。

5.5.4　被动蒸发降温

蒸发降温就是直接利用水的汽化潜热（2 428 kJ/

kg）来降低建筑外表面的温度，改善室内热环境的一种热工手段。

建筑外表面直接利用太阳能使水蒸发而获得自然冷却的方法，自古有之。如前所述，喷水屋顶、淋水屋顶和蓄水屋顶的理论研究和隔热效果都已经取得满意的成果。另外，在建筑外表面涂刷吸湿材料（如氯化钙等）直接从空气中夺取水分使外表面经常处于潮湿状态，在日照下，水分蒸发降低外表面温度，也可以达到被动蒸发冷却降温的目的。

最近研究的被动蒸发冷却是在屋面上铺设一层多孔含湿材料，利用含湿层中水分的蒸发大量消耗太阳辐射热能，控制屋顶内外表面温升，达到降温节能，改善室内热环境的目的。理论计算和实测证明，多孔含湿材料被动蒸发冷却降温效果卓著，外表面能降低 2~5 ℃，内表面降低 5 ℃，优于传统的蓄水屋面，是一种很有开发前途的蒸发降温系统。

5.5.5　长波辐射降温

夜间房屋外表面通过长波辐射向天空散热，加强这种夜间辐射散热可达到使房间降温的目的。白天采用反射系数较大的材料覆盖屋面，可抵御来自太阳的短波辐射；夜间将覆盖层收起，利于屋面的长波辐射散热。另外也可在屋面涂刷选择性辐射涂料，使屋面具有对短波辐射吸收能力小而长波辐射本领强的特性，建筑物外表面刷白等浅色处理即是长波辐射降温的应用之一。这种长波辐射降温法对于日夜温差较大的地区其降温效果较为显著。

5.6　空调建筑节能设计

创造可持续发展的人居环境必须坚持走低能耗的健康建筑之路。也就是说，既不能盲目地追求过高的室内热环境质量和人体热舒适标准而忽视空调

能源消耗，也不能为了节约能源而肆意降低人们必须的热舒适要求。

目前，我国的城市化水平已经接近或超过 30%，而且还在以惊人的速度飞快发展。近五年来我国房间空调器持续以 40% 的年增长率上升，尚未包括大量发展的中央空调建筑。北方地区供暖能耗已占全国总煤耗的 11%；长江中下游地区空调器及热泵的发展已经使该地区出现大于 30% 以上的电力紧缺。显而易见，空调建筑节能已经迫在眉睫。

节能建筑的设计思想系指充分利用自然能源的被动式供热空调建筑，它既能提供人们生活和生产必需的建筑环境，保证人体的卫生、健康、舒适和长寿，同时具有节能建筑低能耗的特点。例如，世界各国都极力提倡"Free Cooling Building"等利用自然冷却的非空调建筑，以及通过合理设计和使用管理，在某些气候区可以不使用常规能源而维持建筑环境满足舒适和健康要求的零能耗建筑（Zero Energy Building）。

建筑节能必须从城市规划抓起。城市的规模、人口、能耗及污染对城市热气候影响甚大。工业、人口和建筑的密集往往形成城市热岛效应。城市中心环境温度比郊区气温可能会高出 3 ℃ 以上。热岛对节省供暖能耗有利，但它对空调能耗显然是不利的。南方炎热地区，城市规划应采用大区大间距、小区小间距的原则以及合理的绿化、水域布局，千方百计地减少和降低城市热岛强度。

对于单体建筑的节能，建筑师应当注意以下几个方面：

5.6.1　合理确定空调建筑的室内热环境标准

除有特殊要求外，一般的民用舒适空调在满足使用功能的前提下，适当降低冬季室内设计温度和提高夏季室内设计温度。供暖时，每降低 1 ℃ 可节省能源 10%~15%；制冷时，每提高 1 ℃ 可节省能

源 10% 左右。夏季室内温度从 26 ℃ 提高至 28 ℃，空调冷负荷减少约 21%~23%；冬季室内温度从 22 ℃ 降至 20 ℃，供暖热负荷减少约 26%~31%。那种冬天穿衬衫，夏天着毛衣的空调建筑，既不舒适又浪费能源，是不可取的。

5.6.2　合理设计建筑平面与体形

加强空调建筑周围的绿化和水面，广植乔木、花草，减少太阳辐射影响，调节小环境的温湿度，能够减少空调冷负荷。

空调建筑尽可采用外表面小的圆形或方形，避免狭长、细高和过多凹凸；优先采用南北向，尽力避免东西朝向。图 5-65 是朝向、体形与能耗的关系。

尽可能将高精度空调房间布置在一般空调房间之中，将空调房间布置在非空调房间之中，避免在顶层布置空调房间。空调机房宜靠近空调房间，以减少输送能耗。

空调建筑的外门通常需设计空气隔断措施，例如采用门斗、转门、光电控制自动门以及空气幕等。据估计，一台 900 mm 长的空气幕一年可以节能 $2\,160 \times 10^5\,kJ$ 的空调负荷（相当于 6 000 度电）。

5.6.3　改善和强化围护结构的热工性能

目前，我国已经制定出了一系列建筑节能设计标准，热工设计规范以及相应的建筑围护结构的热工要求，如《民用建筑热工设计规范》GB 50176—2016、《严寒和寒冷地区居住建筑节能设计标准》JGJ 26—2018、《夏热冬暖地区居住建筑节能设计

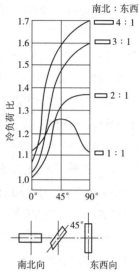

图 5-65　建筑体系和朝向对空调冷负荷的影响

标准》JGJ 75—2012、《夏热冬冷地区居住建筑节能设计标准》JGJ 134—2010、《公共建筑节能设计标准》GB 50189—2015 等。建筑师应根据建筑的类型和建筑物所处的建筑气候分区，按照相应的建筑节能标准中的要求，确定建筑围护结构的热工性能参数。表 5-14 和表 5-15 列出了夏热冬暖地区和夏热冬冷地区公共建筑围护结构的热工性能要求。表 5-16 ~ 表 5-18 列出了夏热冬暖地区居住建筑围护结构的热工性能要求。表 5-19 和表 5-20 列出了夏热冬冷地区居住建筑围护结构的热工性能要求。

当建筑的外围护结构不能满足标准规定指标要求时，为了尊重建筑师的创造性工作，同时又使所设计的建筑能够符合节能设计标准的要求，居住建筑可以采用"对比评定法"进行节能综合评价，公共建筑可以采用"权衡判断法"进行节能综合评价。

表 5-14　夏热冬冷地区和夏热冬暖地区公共建筑屋面，外墙热工性能限值

围护结构名称	夏热冬冷地区传热系数 K [W/(m² · K)]	夏热冬暖地区传热系数 K [W/(m² · K)]
屋面	≤ 0.7	≤ 0.9
外墙	≤ 1.0	≤ 1.5

表 5-15　夏热冬冷地区和夏热冬暖地区公共建筑外窗热工性能限值

外窗（包括透明幕墙）		夏热冬冷地区		夏热冬暖地区	
		传热系数 K [W/(m²·K)]	遮阳系数 SC（东，南，西向／北向）	传热系数 K [W/(m²·K)]	遮阳系数 SC（东，南，西向／北向）
单一朝向外窗（包括透明幕墙）	窗墙面积比 ≤ 0.2	≤ 4.7	—	≤ 6.5	—
	0.2 ＜窗墙面积比 ≤ 0.3	≤ 3.5	≤ 0.55/—	≤ 4.7	≤ 0.50/0.60
	0.3 ＜窗墙面积比 ≤ 0.4	≤ 3.0	≤ 0.50/0.60	≤ 3.5	≤ 0.45/0.55
	0.4 ＜窗墙面积比 ≤ 0.5	≤ 2.8	≤ 0.45/0.55	≤ 3.0	≤ 0.40/0.50
	0.5 ＜窗墙面积比 ≤ 0.7	≤ 2.5	≤ 0.40/0.50	≤ 3.0	≤ 0.35/0.45

表 5-16　夏热冬暖南区居住建筑外窗综合遮阳系数限值

外墙（ρ ≤ 0.8）	外窗的综合遮阳系数 S_w				
	平均窗墙比 Cm ≤ 0.25	平均窗墙比 0.25 ≤ Cm ＜ 0.3	平均窗墙比 0.3 ≤ Cm ＜ 0.35	平均窗墙比 0.35 ≤ Cm ＜ 0.4	平均窗墙比 0.4 ≤ Cm ≤ 0.45
K ≤ 20，D ≥ 3.0	≤ 0.6	≤ 0.5	≤ 0.4	≤ 0.4	≤ 0.3
K ≤ 1.5，D ≥ 3.0	≤ 0.8	≤ 0.7	≤ 0.6	≤ 0.5	≤ 0.4
K ≤ 1.0，D ≥ 2.5 或 K ≤ 0.7	≤ 0.9	≤ 0.8	≤ 0.7	≤ 0.6	≤ 0.5
南区居住建筑对外窗的传热系数不作规定					

表 5-17　夏热冬暖地区居住建筑屋顶，外墙热工性能限值

屋顶	外墙
K ≤ 1.0，D ≥ 2.5	K ≤ 2.0，D ≥ 3.0 或 K ≤ 1.5，D ≥ 3.0 或 K ≤ 1.0，D ≥ 2.5
K ≤ 0.5	K ≤ 0.7
D ＜ 2.5 的轻质屋顶和外墙，还应满足《民用建筑热工设计规范》GB 50176—2016 规定的隔热要求	

表 5-18　夏热冬暖地区居住建筑外窗的传热系数和综合遮阳系数限值

外墙	外窗的综合遮阳系数 S_w	外窗的传热系数 K [W/(m²·K)]				
		平均窗墙比 Cm ≤ 0.25	平均窗墙比 0.25 ≤ Cm ＜ 0.3	平均窗墙比 0.3 ≤ Cm ＜ 0.35	平均窗墙比 0.35 ≤ Cm ＜ 0.4	平均窗墙比 0.4 ≤ Cm ≤ 0.45
K ≤ 2.0 D ≥ 3.0	0.9	≤ 2.0	—	—	—	—
	0.8	≤ 2.5	—	—	—	—
	0.7	≤ 3.0	≤ 2.0	≤ 2.0	—	—
	0.6	≤ 3.0	≤ 2.5	≤ 2.5	≤ 2.0	—
	0.5	≤ 3.5	≤ 2.5	≤ 2.5	≤ 2.0	≤ 2.0
	0.4	≤ 3.5	≤ 3.0	≤ 3.0	≤ 2.5	≤ 2.5
	0.3	≤ 4.0	≤ 3.0	≤ 3.0	≤ 2.5	≤ 2.5
	0.2	≤ 4.0	≤ 3.5	≤ 3.0	≤ 3.0	≤ 3.0

续表

外墙	外窗的综合遮阳系数 S_w	外窗的传热系数 K [W/(m²·K)]				
		平均窗墙比 $Cm \leqslant 0.25$	平均窗墙比 $0.25 \leqslant Cm \leqslant 0.3$	平均窗墙比 $0.3 \leqslant Cm \leqslant 0.35$	平均窗墙比 $0.35 \leqslant Cm \leqslant 0.4$	平均窗墙比 $0.4 \leqslant Cm \leqslant 0.45$
$K \leqslant 1.5$ $D \geqslant 3.0$	0.9	≤ 5.0	≤ 3.5	≤ 2.5	—	—
	0.8	≤ 5.5	≤ 4.0	≤ 3.0	≤ 2.0	—
	0.7	≤ 6.0	≤ 4.5	≤ 3.5	≤ 2.5	≤ 2.0
	0.6	≤ 6.5	≤ 5.0	≤ 4.0	≤ 3.0	≤ 3.0
	0.5	≤ 6.5	≤ 5.0	≤ 4.5	≤ 3.5	≤ 3.5
	0.4	≤ 6.5	≤ 5.5	≤ 4.5	≤ 4.0	≤ 3.5
	0.3	≤ 6.5	≤ 5.5	≤ 5.0	≤ 4.0	≤ 4.0
	0.2	≤ 6.5	≤ 6.0	≤ 5.0	≤ 4.0	≤ 4.0
$K \leqslant 1.0$ $D \geqslant 2.5$ 或 $K \leqslant 0.7$	0.9	≤ 6.5	≤ 6.5	≤ 4.0	≤ 2.5	—
	0.8	≤ 6.5	≤ 6.5	≤ 5.0	≤ 3.5	≤ 2.5
	0.7	≤ 6.5	≤ 6.5	≤ 5.5	≤ 4.5	≤ 3.5
	0.6	≤ 6.5	≤ 6.5	≤ 6.0	≤ 5.0	≤ 4.0
	0.5	≤ 6.5	≤ 6.5	≤ 6.5	≤ 5.0	≤ 4.5
	0.4	≤ 6.5	≤ 6.5	≤ 6.5	≤ 5.5	≤ 5.0
	0.3	≤ 6.5	≤ 6.5	≤ 6.5	≤ 5.5	≤ 5.0
	0.2	≤ 6.5	≤ 6.5	≤ 6.5	≤ 6.0	≤ 5.5

表 5-19　夏热冬冷地区居住建筑围护结构各部分的热工性能限值

屋顶	外墙	分户墙和楼板	底部自然通风的架空楼板	户门
$K \leqslant 1.0$, $D \geqslant 3.0$	$K \leqslant 1.5$, $D \geqslant 3.0$	$K \leqslant 2.0$	$K \leqslant 1.5$	$K \leqslant 3.0$
$K \leqslant 0.8$, $D \geqslant 2.5$	$K \leqslant 1.0$, $D \geqslant 2.5$			

$D < 2.5$ 的轻质屋顶和外墙，还应满足《民用建筑热工设计规范》GB 50176 — 2016 规定的隔热要求

表 5-20　夏热冬冷地区居住建筑外窗的传热系数限值

朝向	窗外环境条件	外窗的传热系数 K				
		平均窗墙比 $Cm \leqslant 0.25$	平均窗墙比 $0.25 \leqslant Cm \leqslant 0.3$	平均窗墙比 $0.3 \leqslant Cm \leqslant 0.35$	平均窗墙比 $0.35 \leqslant Cm \leqslant 0.4$	平均窗墙比 $0.4 \leqslant Cm \leqslant 0.45$
北（偏东60°到偏西60°范围）	冬季最冷月室外平均气温 >5℃	4.7	4.7	3.2	2.5	—
	冬季最冷月室外平均气温 ≤ 5℃	4.7	3.2	3.2	2.5	—

续表

朝向	窗外环境条件	外窗的传热系数 K				
		平均窗墙比 $Cm \leqslant 0.25$	平均窗墙比 $0.25 \leqslant Cm < 0.3$	平均窗墙比 $0.3 \leqslant Cm < 0.35$	平均窗墙比 $0.35 \leqslant Cm < 0.4$	平均窗墙比 $0.4 \leqslant Cm \leqslant 0.45$
东，西（东或西偏北 30° 到偏南 60° 范围）	无外遮阳措施	4.7	3.2	—	—	—
	有外遮阳（其太阳辐射透过率 ≤ 20%）	4.7	3.2	3.2	2.5	2.5
南（偏东 30° 到偏西 30° 范围）	—	4.7	4.7	3.2	2.5	2.5

5.6.4 窗户隔热和遮阳

通常，单位面积外窗引起的空调冷负荷是外墙的 5~20 倍。夏季通过窗户的日射得热约占制冷机最大负荷的 20%~30%。因而窗户隔热和遮阳是空调建筑节能设计的最有效的方法之一。

1）减少窗面积

显而易见，空调房间的外窗面积不宜过大。通常的窗墙比可保持在下列数值：单层外窗不宜超过30%，双层窗不宜超过 40%。日本节能建筑的窗墙比已经降低到 16% 以下。

2）窗户隔热

为了提高窗户的隔热性能，可以采用吸热玻璃、镀膜玻璃和贴膜玻璃，设置密封条，装设隔热窗帘，采用双层玻璃等措施，以减少日射得热，降低空调冷负荷。例如，5 mm 厚的吸热玻璃可以吸收30%~40% 的太阳辐射热，镀膜玻璃和贴膜玻璃可分别反射 30% 和 70% 的太阳辐射热，其隔热节能效果是很可观的。

3）窗户遮阳

如前所述，窗户遮阳是炎热地区的一种有效的防晒措施，在空调建筑中合理地设计建筑遮阳，可以减少日射得热的 50%~80%。

5.6.5 空调房间热环境的联动控制（自然通风 + 电扇调风 + 空调器降温）

传统空调系统的作用点是室内空气的温度，认为只要空气温度合适，人体就会觉得舒适。而"自然通风 + 电扇调风 + 空调器降温"的联动控制系统的作用点是人体本身，在这个控制系统中以人体热舒适指标 PMV 值为控制参数。影响人体热舒适的因素主要有 6 个，其中与环境有关的有 4 个因素：空气温度，空气流速，相对湿度和平均辐射温度；与人体有关的因素有 2 个：人体新陈代谢率（活动量）和服装热阻。在这 6 个因素中，人体新陈代谢率和服装热阻是和人体本身有关的变量，属于不可控制的因素。平均辐射温度受到室内外各种干扰量的影响，在现有空调方式下，也属于不可调控的因素。相对湿度对人体的热舒适的影响相对于其他因素来说要小得多，通常把相对湿度控制在 40%~65% 的人体热舒适与健康范围内。而空气温度和空气流速两个因素则对人体热舒适影响较大，并且可以较精确的加以控制。二者的关系为：风速的变化引起的 PMV 值的变化会随着温度的升高而逐渐减小，当空气温度约大于 32 ℃ 时，即约等于人体表面的平均温度，此时风速的变化对人体的热感觉没有影响，温度继续升高到大于人体表面平均温度时，风速越大，人体会觉得越热。

　　"自然通风＋电扇调风＋空调器降温"的联动控制系统是通过同时控制空调房间的室内温度和风速两大因素来实现舒适与节能的和谐统一。其工作原理如图 5-66 和图 5-67 所示：当室外空气温度低于室内空气温度时，打开门窗，利用自然通风将室外的低温空气大量引入室内，使室内温度达到人体热舒适的状况；当室外空气温度增加，室内空气温度和风速不能满足热舒适时，打开电扇增大房间内的风速以补偿室内温度的提高；当室内空气温度进一步增大到约等于人体表面平均温度时，此时风速对人体的热感觉没有任何影响，关闭门窗打开空调进行降温。由于风扇提高了室内的风速，此时空调的室内设定温度可以比传统的空调室内设定温度高，ASHRAE 55—2004 标准指出，如果室内风速从 0.25 m/s 提高到 0.8 m/s，那么夏季室内热舒适的上限温度可以提高到 28 ℃（相对湿度为 50%）。图示简单地表达了该控制方式的工作流程。

　　目前，大部分的空调房间的室内设定温度为 24~26 ℃，而一些公共建筑中空调温度控制得更低，甚至低于 22 ℃，不但浪费能源，而且室内的舒适性也很差，且是导致"空调病"的主要原因，研究表明，空调温度调高 1 ℃，可以节约用电 5%~8%。在保证人体热舒适的前提下，采用热环境联动控制方式（自然通风＋电扇调风＋空调器降温）后，可以将空调房间的设定温度调高到 26~28 ℃，从而取得显著的节能效果，如图 5-68 所示。

　　应当指出，空调建筑节能是一个系统工程。除建筑设计之外，还必须注意空调系统和空调设备及其运行管理的节能。不过，只有建筑师首先注意节能才是积极的和主动的节能。

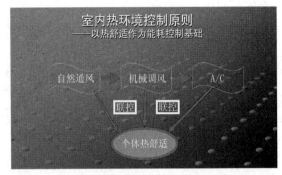

图 5-66 　热环境联动控制原理 1

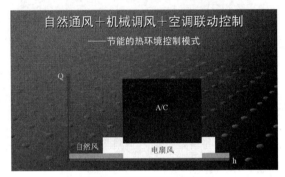

图 5-67 　热环境联动控制原理 2

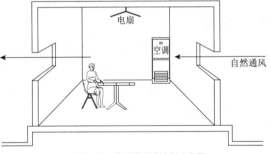

图 5-68 　热环境联动控制示意图

思考题与习题

1. 设北纬 30°地区某住宅朝南窗口需设遮阳板，求遮挡 7 月中旬 9 点到 15 点所需遮阳板挑出长度及其合理的形式。

已知窗口高 1.8 m，宽 2.4 m；窗间墙宽 1.6 m，厚 0.18 m。

2. 试从隔热的观点来分析:（1）多层实体结构;（2）有封闭空气间层结构;（3）带有通风间层的结构;它们的传热原理及隔热的处理原则。

3. 为提高封闭间层的隔热能力应采取什么措施? 外围护结构中设置封闭间层其热阻值在冬季和夏季是否一样? 试从外墙及屋顶的不同位置加以分析。

第6章　建筑日照
Chapter 6　Sunshine Analysis of Building

6.1　日照的基本原理

6.1.1　日照的作用与建筑对日照的要求

日照就是物体表面被太阳光直接照射的现象。

建筑首先应该争取适宜的日照。因为，日光能够促进生物机体的新陈代谢，其中的紫外线能预防和治疗一些疾病。冬季，含有大量红外线的阳光照射入室，所产生的辐射热，能提高室内温度，有良好的取暖和干燥作用。有的地方还可用太阳能作为能源（如太阳能建筑），此外，日照对建筑物的造型艺术也有一定的影响，能增强建筑物的立体感，不同角度的阴影给人们的艺术感觉也有所不同。

但是，过量的日照，特别是在我国南方炎热地区的夏季，容易造成室内过热，因此对人体来说是不利的，并且阳光直射工作面上会产生眩光，损害视力。尤其在工业厂房中，工人会因室内过热与眩光而易于疲劳，降低工作效率，增加废品率，甚至造成伤亡事故。此外，直射阳光对物品会产生褪色、变质等损坏作用。有些化学药品一旦被晒，还有发生爆炸的危险。因此，如何利用日照的有利一面，控制与防止日照不利的影响，是建筑日照设计时应当考虑的问题。

建筑对日照的要求是根据建筑的使用性质决定的。医院病房、幼儿园活动室和农业用的日光室等是需要争取日照的。病房和幼儿活动室主要要求中午前后的阳光，因这时的阳光含有较多的紫外线，而日光室则需整天的阳光。对居住建筑来说，则要求一定的日照，目的是使室内有良好的卫生条件，起消灭细菌与干燥潮湿房间的作用，以及在冬季能使房间获得太阳辐射热而提高室温。我国建筑设计相关规范对这类建筑的日照时间进行了规定，称为日照标准。例如我国住宅日照标准应符合《城市居住区规划设计标准》GB 50180—2018 的规定（表 6-1）。

表 6-1　住宅日照标准

建筑气候区划	I、II、III、VII 气候区		IV 气候区		V、VI 气候区
地区常住人口	≥ 50	< 50	≥ 50	< 50	无限定
日照标准日	大寒日				冬至日
日照时数	≥ 2		≥ 3		≥ 1
有效日照时间带（当地真太阳时）	8时—16时				9时—15时
计算起点	底层窗台面				

注：底层窗台面是指距室内地坪 0.9 m 高外墙位置。

除了日照标准，日照间距也是影响生活质量的重要因素，对日照间距的要求最终目的是保证居民生活充足的日照时间。住宅建筑日照间距分正面间距和侧面间距两个方面。表 6-2 为我国严寒和寒冷地区一些主要城市的日照间距要求。

日照间距系数计算公式：

$$D = H_o \cdot L_o \quad (6\text{-}1)$$

$$L_o = \cot h \cdot \cos r \quad (6\text{-}2)$$

式中　D——日照间距，m；

　　　L_o——日照间距系数；

　　　H_o——计算高度，m；

　　　r——后栋建筑方位与太阳方位所夹的角，°。

表 6-2　我国一些城市不同日照标准的间距系数

城市	正午影长率	南偏西（东）					
		10°	20°	30°	40°	50°	60°
漠河	4.14	4.08	3.89	3.59	3.17	2.66	2.07
齐齐哈尔	2.86	2.82	2.69	2.48	2.19	1.84	1.43
哈尔滨	2.63	2.59	2.47	2.28	2.01	1.69	1.32
乌鲁木齐	2.38	2.34	2.24	2.06	1.82	1.83	1.19
沈阳	2.16	2.13	2.03	1.87	1.65	1.39	1.08
呼和浩特	2.07	2.04	1.95	1.79	1.59	1.33	1.04
北京	1.99	1.96	1.87	1.72	1.52	1.28	1.00
银川	1.87	1.84	1.76	1.62	1.43	1.20	0.94
石家庄	1.84	1.81	1.73	1.59	1.41	1.18	0.92
济南	1.74	1.71	1.64	1.51	1.33	1.12	0.87
兰州	1.70	1.67	1.60	1.47	1.30	1.09	0.85
西安	1.58	1.56	1.48	1.37	1.21	1.02	0.79

注：本表是根据式（6-2）求得。计算条件为南向、南偏东或南偏西 10°~60°建筑，计算时间为冬至日上午 11 时 30 分或 12 时 30 分。

需要避免日照的建筑大致有两类：一类是炎热地区的建筑，为防止屋内过热，其在夏季一般都需要避免过量的直射阳光进入室内，特别是恒温恒湿的纺织车间，高温的冶炼车间等更要注意；另一类是需要避免眩光和防止起化学作用的建筑，如展览室、博物馆、画廊、阅览室、精密仪器车间，以及某些化工厂、实验室、药品车间等，都需要限制阳光直射在工作面和物体上，以免发生危害。因此，建筑日照设计的主要目的是根据建筑的不同使用要求，采取措施使房间内部获得适当的而防止过量的太阳直射光，某些有特殊要求的房间甚至终年要求限制阳光直射。

因此，在建筑日照设计时，应充分考虑日照时间、面积及其变化范围，以保证必需的日照或避免阳光过量射入以防室内过热。同时，也要相应地采取建筑设计措施，正确地选择房屋的朝向、间距和布局形式，做好窗口的遮阳处理，且要综合考虑地区气候特点、房间的自然通风及节约用地等因素而防止片面性。

6.1.2　地球绕太阳运行的规律

地球按一定的轨道绕太阳的运动，称为公转。公转一周的时间为一年。地球公转轨道平面叫黄道面。由于地轴是倾斜的，它与黄道面约成 66°33′ 的交角。在公转的运行中，这个交角和地轴的倾斜方向，是固定不变的。这样，就使太阳光线直射的范围，在南北纬 23°27′ 之间做周期性的变动，从而形成了春夏秋冬四季的更替。图 6-1 表示地球绕太阳运行一周的行程。

通过地心并和地轴垂直的平面与地球表面相交而成的圆，即是地球赤道。为了说明地球在公转中阳光直射地球的变动范围，用太阳赤纬角 δ，即太阳光线垂直照射的地面某点与地球赤道面所夹的圆心角来表示。它是表征不同季节或日期的一个数值，亦可看作是阳光直射的地理纬度。

赤纬角从赤道面算起，向北为正，向南为负。在一年中，春分时，阳光直射赤道，赤纬角为 0°，阳光正好切过两极，此时，南北半球昼夜等长。之后，太阳向北移动，到夏至日，阳光直射北纬 23°27′，且切过北极圈，即北纬 66°33′ 线，这时的赤纬角为 +23°27′。夏至以后，太阳不继续向北移动，而是逐日向南返回赤道移动，所以北纬 23°27′ 线称为北回归线。当阳光回到赤道，其赤纬角为 0°，是为秋分。这时南北半球昼夜又是等长。当阳光继续向南半球移动到冬至日，太阳直射南回归线，即南纬 23°27′，其赤纬角为 -23°27′，同时切过南极圈，即南纬 60°33′ 线。

在北半球从夏至到秋分为夏季，北极圈内面向太阳的一侧是"永昼"，南极圈内背向太阳的一侧是"长夜"，北半球昼长夜短，南半球夜长昼短；

而冬至到春分为冬季，南极圈内"永昼"，北极圈内"长夜"，南半球昼长夜短，北半球昼短夜长。在北半球从冬至以后，阳光又向北移动返回赤道，当回到赤道时又是春分，如此周而复始，年复一年。如图 6-2、图 6-3 是表示夏至日、冬至日太阳照射情况。

地球绕太阳公转在一年的行程中，不同季节有不同的太阳赤纬角。全年主要季节的太阳赤纬角 δ 值，见表 6-3。

表 6-3　主要季节的太阳赤纬角 δ 值

节气	日期	赤纬角 δ	日期	节气
夏至	6 月 22 日	+ 23°27′		
芒种	6 月 6 日	+ 22°35′	7 月 7 日	小暑
小满	5 月 21 日	+ 20°04′	7 月 23 日	大暑
立夏	5 月 6 日	+ 16°22′	8 月 8 日	立秋
谷雨	4 月 20 日	+ 11°19′	8 月 23 日	处暑
清明	4 月 5 日	+ 5°51′	9 月 8 日	白露
春分	3 月 21 日	± 0°00′	9 月 23 日	秋分
惊蛰	3 月 6 日	- 5°53′	10 月 8 日	寒露
雨水	2 月 19 日	- 11°29′	10 月 24 日	霜降
立春	2 月 4 日	- 16°23′	11 月 8 日	立冬
大寒	1 月 20 日	- 20°14′	11 月 23 日	小雪
小寒	1 月 6 日	- 22°34′	12 月 7 日	大雪
		- 23°27′	12 月 22 日	冬至

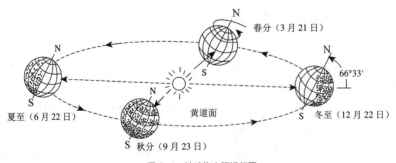

图 6-1　地球绕太阳运行图

图 6-2　夏至日太阳直射北回归线　　　　　　　　　图 6-3　冬至日太阳直射南回归线

6.1.3　太阳高度角和方位角的确定

从地面上观察太阳在天空的位置通常以太阳高度角和方位角来表示。太阳光线与地平面的夹角 h_s 称为太阳高度角，太阳光入射方向与地平正南线所夹的角 A_s 称为太阳方位角，如图 6-4 所示。

任何一个地区，在日出、日落时，太阳高度角为零。中午时间，即当地太阳时 12 点的时候，太阳高度角最大，此时太阳位于正南（或正北）。太阳方位角，以正南点为零，顺时针方向的角度为正值，表示太阳位于下午的范围；逆时针方向的角度为负值，表示太阳位于上午的范围。任何一天内，上、下午太阳的位置对称于正午，例如下午 3 时 15 分对称于上午 8 时 45 分，二者太阳的高度角相同；方位角的数值也相同，只是方位角有正负之分。

确定太阳高度角和方位角的目的是进行日照时数、日照面积、房屋朝向和间距以及房屋周围阴影区范围等问题的设计计算。

影响太阳高度角 h_s 和方位角 A_s 的因素有三：赤纬角 δ，它表明季节（即日期）的变化；时角 Ω，它表明一天中时间的变化；地理纬度 φ，它表明观察点所在地方的差异。

太阳高度角和太阳方位可以由以下公式进行计算：

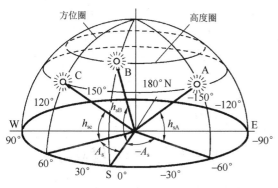

图 6-4　一天中太阳高度角和方位角的变化

1）太阳高度角 h_s

$$\sin h_s = \sin\varphi \cdot \sin\delta + \cos\varphi \cdot \cos\delta \cdot \cos\Omega \qquad（6-3）$$

式中　h_s——太阳高度角，°；

　　　φ——地理纬度，°；

　　　δ——赤纬角，°；

　　　Ω——时角[①]，°。

2）太阳方位角 A_s

$$\cos A_s = \frac{\sin h_s \cdot \sin\varphi - \sin\delta}{\cos h_s \cdot \cos\varphi} \qquad（6-4）$$

式中　A_s——太阳方位角，°。

3）日出、日没时的方位角

因日出日没时 $h_s=0$，代入式（6-3）和式（6-4）得：

$$\cos\Omega = -\tan\varphi \cdot \tan\delta \qquad（6-5）$$

$$\cos A_s = -\frac{\sin\delta}{\cos\varphi} \qquad（6-6）$$

4）中午的太阳高度角

以 $\Omega=0$ 代入式（6-3）得

$$h_s = 90 - (\varphi - \delta)（当 \varphi > \delta 时）\qquad（6-7）$$

$$h_s = 90 - (\delta - \varphi)（当 \varphi < \delta 时）\qquad（6-8）$$

【例题 6-1】　求北纬 35° 地区在立夏日午后 3 点的太阳高度角和方位角。

【解】　已知 $\varphi=+35°$，$\delta=16°22'$；则时角 $\Omega=15t=15×3=45°$。将已知值代入式（6-3）可得：

$$\sin h_s = 0.717$$

$$h_s = 45°48'$$

将已知值代入式（6-2）可得：

$$\cos A_s = 0.228$$

$$A_s = 76°49'$$

【例题 6-2】　求北纬 35° 地区夏至日出、日没时刻及方位角。

【解】　已知 $\varphi=35°$；夏至日 $\delta=+23°27'$

[①]　时角：地球自转一周 360°，每小时转 15°，以正午 12 点为 0°，上午为负，下午为正，计算式为 $\Omega=15t$，t 为时间。

将已知值代入式（6-4）可得：

$$A_s=\pm119°04'$$

将已知值代入式（6-3）可得：

$$\Omega=\pm107°45'\ 即\ \pm7\ 时\ 11\ 分$$

故日出、日没的方位角为 ±119°04′；

日出时刻为 −7 时 11 分 +12=4 时 49 分；

日没时刻为 +7 时 11 分 +12=19 时 11 分。

【例题 6-3】 求广州地区（φ=23°8′）和北京地区（φ=40°）夏至日中午的太阳高度角。

【解】 已知夏至日的 δ=23°27′

广州地区 φ=23°8′

广州的太阳高度角可按式（6-6）得：

$$h_s=90-(\delta-\varphi)$$
$$=90-(23°27'-23°8')$$
$$=89°41'\ （太阳位置在观察点的北面）$$

北京地区 φ=40°，北京的太阳高度角可按式（6-5）得：

$$h_s=90-(\varphi-\delta)$$
$$=90-(40°-23°27')$$
$$=73°27'\ （太阳位置在观察点的南面）$$

6.1.4　地方时与标准时

日照分析所用的时间，均为地方平均太阳时，它与日常钟表所指示的标准时之间，往往有一定的差值，故需加以换算。所谓标准时，是各个国家按所处地理位置的某一范围，划定所有地区的时间以某一中心子午线的时间为标准时。我国标准时间是以东经 120° 为依据作为北京时间的标准。1884 年经过国际协议，以穿过伦敦当时的格林尼治天文台的经线为初经线，或称本初子午线。本初经线是经度的零度线，由此向东和向西，各分为 180°，称为东经和西经。

根据天文学公式，精确的地方太阳时与标准时之间的转换关系为：

$$T_0=T_m+4(L_0-L_m)+E_p \qquad （6-9）$$

式中　T_0——标准时间，h/min；

　　　T_m——地方平均太阳时，h/min；

　　　L_0——标准时间子午圈所处的经度，°；

　　　L_m——当地时间子午圈所处的经度，°；

　　　E_p——均时差，min；

　　$4(L_0-L_m)$——时差，min。

E_p 是基于下述原因的一个修正系数。地球绕太阳公转的轨道不是一个圆，而是一个椭圆，并且地轴是倾斜于黄道面运行，致使一年中太阳时的量值不断变化，故需加以修正。E_p 值变化的范围是从 −16 分~+14 分之间。考虑到日照设计中所用的时间不需要那样精确，为简化起见，修正值 E_p 一般可忽略不计，而近似地按下列关系式换算地方时与标准时：

$$T_0=T_m+4(L_0-L_m) \qquad （6-10）$$

经度差前面的系数 4 是这样确定的：地球绕其轴自转一周为 24 h，地球的经度分为 360°，所以，每转过经度 1° 为 4 min。地方位置在中心经度线以西时，经度每差 1° 要减去 4 min；位置在中心线以东时，经度每差 1° 要加上 4 min。

【例题 6-4】 求广州地区地方平均太阳时 12 点钟相当于北京标准时几点几分？

【解】 已知北京标准时间子午圈所处的经度为东经 120°，广州所处的经度为东经 113°19′，按式（6-10）：

$$T_0=T_m+4(L_0-L_m)$$
$$=12+4\times(120°0'-113°19')$$
$$=12\ 时\ 27\ 分$$

因此，广州地区地方平均太阳时 12 点钟相当于北京标准时间 12 时 27 分，两地时差为 27 分。

6.2　棒影图的原理及其应用

求解日照问题的方法，有计算法、图解法和模型试验等。现介绍一种作图法——棒影图法。

6.2.1 棒影日照图的基本原理及制作

设在地面上 O 点立任意高度 H 的垂直棒，在已知某时刻的太阳方位角和高度角的情况下，太阳照射棒的顶端 α 在地面上的投影为 α'，则棒影 $O\alpha'$ 的长度 $H'=H \cdot \coth_s$，这是棒与影的基本关系（图6-5a）。

由于建筑物高度有所不同，根据上述棒与影的关系可知，当 $\coth_s$ 不变时，H' 与 H 成正比例变化。若把 H 作为一个单位高度，则可求出其单位影长 H'。若棒高由 H 增加到 $2H$，则影长亦增加到 $2H'$（图6-5b）。

利用上述原理，可求出一天的棒影变化范围（图6-6）。例如，已知春、秋分日的太阳高度角和方位角，可绘出棒影轨迹图（图6-7）。图中棒的顶点 α 在每一时刻如10、12、14点的落影 α'_{10}、α'_{12}、α'_{14}，将这些点连成一条一条的轨迹线，即表示所截取的不同高度的棒端落影的轨迹图，放射线表示棒在某时刻的落影方位角线。$O\alpha'_{10}$、$O\alpha'_{12}$、$O\alpha'_{14}$ 则是相应时刻棒影长度，也表示其相应的时间线。上述的内容就构成了棒影日照图。

所以棒影日照图实际上表示了下列两个内容：

（1）位于观察点的直棒在某一时刻的影的长度 H'（即 $O\alpha$）及方位角（A_s'）。

（2）某一时刻太阳的高度角 h_s 及方位角 A_s，即根据同一时刻影的长度和方位角的数据由下式确定：

$$A_s = A_s' - 180° \qquad (6\text{-}11)$$

$$\coth_s = O\alpha'/H \qquad (6\text{-}12)$$

棒影日照图的制作步骤，以广州地区（北纬23°8′）冬至日举例来说明，其步骤如下：

（1）由计算法或图解法求出广州冬至日时刻的方位角和高度角，并据此求出影长及方位角。假定棒高 1 cm，其计算结果如表6-4所示。

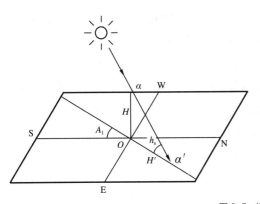

图6-5　棒与影的关系

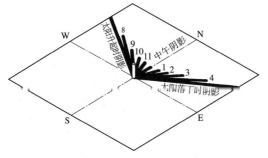

图6-6　影子在一天中的变化规律

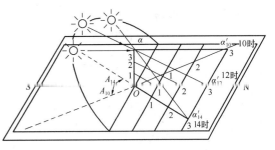

图6-7　春分、秋分的棒影轨迹

表6-4　广州冬至棒影长度计算

项目 \ 时间	日出 日没	7 17	8 16	9 15	10 14	11 13	12
方位角 A_s	±66°22′	±62°38′	±55°31′	±45°17′	±34°6′	±18°30′	0°
高度角 h_s	0°	3°24′	15°24′	26.8′	35°4′	41°12′	43°27′
影长 $H\coth_s$	∞	18.67	3.65	2.03	1.42	1.14	1.06
影长方位角 A_s'				$A_s' = A_s + 180°$			

（2）如图6-8所示，在图上作水平线和垂直线交于 O，在水平线上按1：100比例（以1 cm代表1 m的高度）截取若干段（也可以其他比例表示棒高的实长）。由 O 点按各时刻方位角作射线（用量角器量出），并标明射线的钟点数。再按 $H\coth_s$ 值在相应的方位角线上截取若干段影长，即有1 cm棒高的日照图后，也可根据棒长加倍，影长随之加倍的关系，将影长沿方位射线截取而获得棒高为2 cm、3 cm等的影长，以此类推，并在图上标明1、2、3等标记。然后把各射线同一棒高的影长各点连结，即成棒影日照图。

（3）棒影日照图上应注明纬度、季节日、比例及指北方向等。

按上述制作方法，可制作不同纬度地区在不同季节的棒影日照图。北纬40°和北纬23°地区的夏至、冬至、春分、秋分的棒影日照图。

6.2.2　用棒影日照图求解日照问题

1）建筑物阴影区和日照区的确定

这一类问题都可以直接利用棒影日照图来解决。

（1）建筑阴影区的确定

试求北纬40°地区一幢20 m高，平面呈U形，开口部分朝北的平屋顶建筑物（图6-9），在夏至日上午10点周围地面上的阴影区。首先将绘于透明纸上的平屋顶房屋的平面图覆盖于棒影图上，使平面上欲求之 A 点与棒图上的 O 点重合，并使两图的指针方向一致。平面图的比例最好与棒影比例一致，这样计算较为简单。但亦可以随意，当比例不同时，要注意在棒影图上影长的折算。例如选用1：100时，棒高1 cm代表1 m；选用1：500时，棒高1 cm代表5 m，以此类推。建筑可视为由一系列木棒组成（图6-10），这样只需要求出端点处木棒的影子就可以确

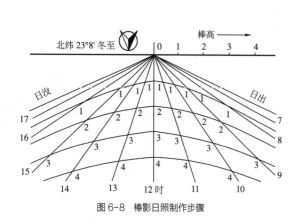

图6-8　棒影日照制作步骤

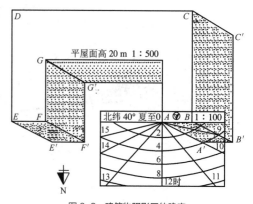

图6-9　建筑物阴影区的确定

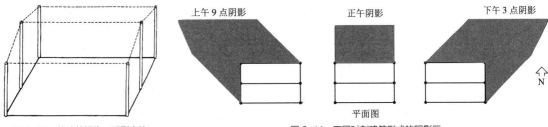

图 6-10　将建筑视为一系列木棒

图 6-11　不同时刻建筑形成的阴影区

定建筑的影子形状。如平面图上 A 为房屋右翼北向
屋檐的一端，高度为 20 m，则它在这一时刻之影就
应该落在 10 点这根射线的 4 cm 点 A′ 处（建筑图比
例为 1：500，故棒高 4 cm 代表 20 m），连接 AA′
线即为建筑物过 A 处外墙角的影。

运用以上方法将 B、C、E、F、G 诸点依次放在
O 点上，可求出它们的阴影 B′、C′、E′、F′、G′，
根据房屋的形状依次连接 A、A′、B′、C′、C 和 E、
E′、F′、G′ 所得的连线并从 G′ 作与房屋东西向边平
行的平行线，即求得房屋影区的边界，如图 6-9 所示。
用同样的方法可以确定一天中不同时刻建筑阴影的
边界，如图 6-11 所示。

（2）室内日照区的确定

利用棒影日照图也可以求出采光口在室内地面
或墙面上的投影即室内日照。了解室内日照面积
与变化范围，对室内地面、墙面等接受太阳辐射所
得的热量计算，窗口的形式与尺寸及对室内的日照
深度等，均有很大的帮助。

例如，求广州冬至日 14 时，正南朝向的室内日
照面积，设窗台高 1 m，窗高 1.5 m，墙厚 16 cm，
见图 6-12。

首先使房间平面的比例及朝向与棒影图相一致。
再将棒影图 O 点置于窗边的墙外线 A 点及 B 点。从
图 6-12 的 14 时射线上找出 1 个单位影长的点 A1 及
B1，连 A1B1 虚线代表窗台外边的投影轨迹，再考虑
墙厚 16 cm 得 A1′B1′ 线，即为实际的窗台的落影线。
再由此射线上找出 2.5 单位的影长占 A2.5 及 B2.5，则
连接 A1′、A2.5、B1′、B2.5 四点所构成的平面，则是

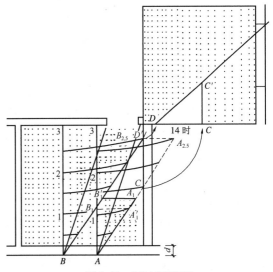

图 6-12　求室内日照面积

窗的日影全部落于地面上的日照面积。

当窗的日影分别落于地面和墙面上时，如图 6-7
所示时，地面上的日影因在 A2.5 点处被截去一部分形
成多边形，其面积可以作图计算；落于墙面上的日
影可由其展开图作图计算，二者相加就是该时间的
日影面积。

同理，可求出其他时刻的投影，将各个时间的日
照面积连接起来，即为一天内在室内的日照面积范围。

日照深度可在房间平面上直接量出，窗越高则
日照深度越大。

2）确定建筑物日照时间和遮阳尺寸

在确定建筑物日照时间和遮阳尺寸时，不能直
接利用上述求解阴影区所用的棒影图，需要把它的
指北向改为指南向，然后才能应用。如图 6-13 表

示旋转 180° 后的棒影图。旋转 180° 就意味着将某一高度的棒放在相应的棒影轨迹 O' 上，则其棒的端点 A' 的影恰好落在 O 点上。如果将棒立于连线 OO' 之上任一位置，则 O' 点受到阳光，即 O 有日照；如果将棒立于连线 OO' 以外时，棒端点 A' 的影就达不到 O 点，则 O 点受到阳光，即 O 点有日照。

据此原理，便可利用朝向改变后的棒影图。当已知房屋的朝向和间距时，就可确定前面有遮挡下的该房屋的日照时间；也可以根据所要求的日照时间，来确定房屋的朝向和间距。同时亦可以用来确定窗口遮阳构件的挑出尺寸等。

（1）日照时间的计算

例如求广州冬至日正南向底层房间窗口 P 点的日照时间，窗台高 1 m，房间外围房屋如图 6-14 所示。

图中 B_1 幢房屋高 9 m，B_2 高 3 m，B_3 高 6 m。由于减去 1 m 窗台高，故 B_1 相对高 8 m，B_2 相对高 2 m，B_3 相对高 5 m。

将棒影图 O 与 P 点重合，使图的 SN 旋转 180°，并与建筑朝向相重合。由于窗口有一定厚度，故 P 点只在 $\angle QPR$ 的采光角范围内才能受到照射。由图内找出 5 个单位影长的轨迹线，则 B_3 平面图上的 $C'D'$ 与轨相交，这是有无照射的分界点。而平面上的 $ABC'D'$ 均在轨迹线范围内，故这些点均对 P 点有遮挡，由时间线查出 10 时 10 分之前遮挡 P 点。对于 B_2 幢来说，因它在 2 个单位影端轨迹之外，故对 P 点无遮挡。同理，对于 B_1 幢来说，因它在 8 个单位影端轨迹之内，故对 P 点有遮挡，时间由 13 时 30 分至日落。因此 P 点实际受到日照的时间是从 10 时 10 分到 13 时 30 分，共 3 小时 20 分。

（2）建筑朝向与间距的选择

从日照角度确定适宜的建筑间距和朝向，主要目的在于能获得必要的阳光，达到增加冬季的室温和利用紫外线杀菌的卫生效果。对一些疗养院、托儿所和居住建筑来说，都应保证一定的室内日照时间，但具体标准涉及卫生保健的需要以及经济条件等问题，应由卫生部协同有关人员共同研究制定。根据国外研究

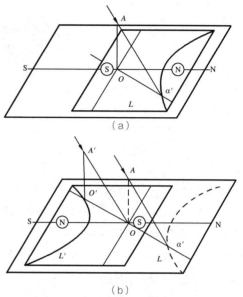

图 6-13　旋转 180° 后的棒影图

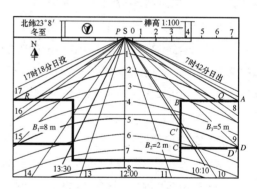

图 6-14　求日照时间

资料：美国公共卫生协会推荐至少应有一半居住用房在冬至日中午有 1~2 小时日照；德国柏林建筑法规规定，所有居住面积每年须有 250 天每天有 2 小时的日照。必须指出，根据相关研究在中午左右时间紫外线杀菌能力较强，而接近早晨和傍晚太阳高度角很低，紫外线的能量很少。同时对日照时间的规定，尚未反映出室内日照的深度、面积等关系，这些都有待我们进一步研究。我国相关标准及规范如《民用建筑设计统一标准》GB 50352—2019、《城市居住区规划设计标准》GB 50180—2018，以及相关节能设计标准等，均对不同气候区、不同建筑的日照要求作出了规定。如老年人居住建筑日照标准不应低于冬至日照时数

2 小时，旧区改建项目内新建住宅建筑日照标准不应低于大寒日照数 1 小时。

建筑设计方案阶段，就应该充分考虑不同房间和使用功能的要求，对房屋朝向和间距进行合理地组织与布局。

以图 6-15 为例，图中前幢房屋（相对）高度为 15 m，位于北纬 40° 地区，已知冬至日后幢房屋所需日照时数为正午前后 3 小时，则前后房屋的间距和朝向可按下述方法确定。

若两幢房屋朝向正南，如图中 A（实线）布置。假设 1 个单位棒高代表 10 m，即 H =10 m，则前幢房屋相当于 1.5 个单位棒高，因而讨论这一问题时，必须利用棒影图中的 1.5 个单位影长曲线。根图 6-8 原理，为保证后幢房屋正前有 3 小时日照，即从 10 时 30 分到 13 点 30 分，前幢不得遮挡后幢；则前幢房屋北墙外皮必须位于 1.5 个单位影长曲线与 10 时 30 分、13 时 30 分两条射线（虚线）的两个交点的连接线上。确定了北墙皮的位置以后，即可从图中 12 点钟时间线上量出前后房屋之间距 D 为 1.7 单位影长。由于北纬 40° 地区冬至正午时，单位影长等于单位棒高的 2 倍，即：

$$H'=H \cdot \coth_s=2H$$

故间距：

$$D=1.7H'=1.7×2×10=34 \text{ m}$$

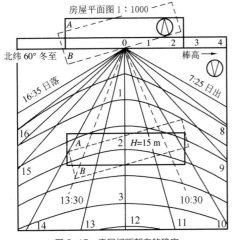

图 6-15　房屋间距朝向的确定

若改用 B（虚线）的布置方法，即将朝向转到南偏东 15°，虽间距未变，而日照时间却可达 4 小时以上。由此可见，合理选择间距和朝向，对日照状况有重大影响。因此，在建筑设计中如能合理布局，既可节约用地，又能减少投资。

当然，房间的实际朝向和间距，还取决于许多因素，如城市总体规划的要求，太阳辐射，城市主导风向，采光要求，以及考虑防沙、防暴雨袭击等，因此要综合有关因素后做最后选择。

（3）遮阳尺寸的确定

要确定建筑遮阳的形式和尺寸之前，首先应明确建筑物的朝向要求和遮阳时间。

试用日照棒影图，求广州地区一个朝南偏东 10° 的窗口（窗 1.5 m，窗高 2 m 墙厚 0.18 m）在秋分日上午 9 时到下午 1 时室内不进阳光的遮阳构件尺寸。

如图 6-16 所示，先将窗的平、剖面按一比例（如 1 : 50）绘在透明纸上，并准备好广州地区秋分的棒影图，设比例为 1 : 100。

然后将已制好的北纬 23° 08′ 秋分日的棒影图的 O 点置于窗台内线上任一点 a（因考虑阳光只要不从内窗台线上之 a 点进入室内）如图 6-16（a）所示。应注意将棒影图的指北方向改为朝南方向应用。由于遮阳窗口的高度为 2 m，故在棒高 4 cm 轨迹线上的 KM 一段若立有 2 m 高之棒，其端点之影皆终于 a 点而不入室内，故遮阳的平面尺寸应为 OKM 范围，如图 6-16（a）中之阴影区，也就是遮阳的方位角应为 $\angle KOM$，可将 OKM 面积沿着内窗台线上各点，例如图 6-16（b）所示 a_1、a_2 点而平行移动，它们的包络图即为所述窗口遮阳的尺寸，即虚线表示的矩形范围。相应要求遮阳的高度角范围，可从剖面图来求，从图 6-16（b）中之 K、M 向图 6-16（c）引投影线，交于 K'、M' 两点，从而得到遮阳高度角的范围及构件挑出长度 L（已减墙厚），两翼挑出长度各为由窗边到矩形包络图的端线边的长度。据此就可设计各种遮阳板的构造形式如图 6-16 的（c~e）所示。

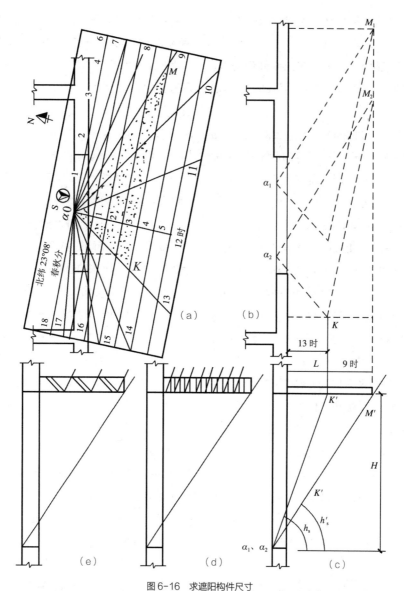

图6-16　求遮阳构件尺寸

（a）窗口遮阳在棒影图上的范围（图中阴影部分）；（b）窗口遮阳尺寸的包络线；（c）遮阳的高度
角范围及构件的挑出长度；（d）按照遮阳尺寸设计的格栅式遮阳板；（e）改变格栅尺寸的遮阳板

6.2.3　建筑日照软件及其应用

本节所述的棒影图方法原理清晰过程明确，是城乡规划管理中解决日照问题的传统方法，但是这类方法存在计算规则相对复杂、现状数据资料难以收集、数据精度无法保证以及操作性差等问题，需要投入大量人力、物力，成本较高。随着计算机的普及，近年来建筑日照问题主要采用日照分析软件来验证是否满足日照标准。

这些日照分析软件通过科学的计算，能够充分考虑建筑规划设计与日照之间的关系，提高了日照设计的准确性，能为规划设计及建筑设计提供有效的设计依据。

思考题与习题

1. 调查一下你生活的环境中有没有哪些建筑的日照时间不满足要求。

2. 利于棒影日照图可以处理哪些日照问题？

3. 计算北纬40°地区4月下旬某一天下午3时的太阳高度角和方位角；该日的日出、日没时刻和方位角。

4. 试求学校所在地区或任选一地区的地方平均太阳的12时，相当于北京标准时间多少？两地时差多少？

5. 试绘制学校所在地区或任选一纬度地区（如北纬30°，35°，45°等）春（秋）分的棒影日照图。

6. 有正南北朝向的一群房屋，要求冬至日中午能充分保证利用阳光，试求在天津（北纬39°06′）和上海（北纬31°12′）两地，其房屋最小间距各为多少？

（提示：先求出两地冬至中午的太阳高度角，再按棒与影的关系式求得间距）。

7. 北纬40°地区有一双坡顶房屋，朝向正南北，东西长8 m，南北宽6 m，地面至屋檐高4 m，檐口至屋脊高2 m，试用日照棒影图求该幢房屋于春（秋）分上午10时投于地面上的日照阴影。

8. 第5章思考题1中用计算法求遮阳板挑出长度和合理形式，改用棒影图方法解之，并与第5章用计算法所得的结果加以比较。若朝向改为南偏东10°，则遮阳板如何设计。

建筑热工学附录 1
常用建筑材料热物理性能计算参数

材料名称	干密度 ρ_0 (kg/m³)	计算参数			
		导热系数 λ [W/(m·K)]	蓄热系数 S（周期 24 h）[W/(m²·K)]	比热容 C [kJ/(kg·K)]	蒸汽渗透系数 $\mu \times 10^{-4}$ [g/(m·h·Pa)]
一、普通混凝土					
钢筋混凝土	2 500	1.74	17.20	0.92	0.158
碎石、卵石混凝土	2 300	1.51	15.36	0.92	0.173
	2 100	1.28	13.57	0.92	0.173
二、轻骨料混凝土					
膨胀矿渣珠混凝土	2 000	0.77	10.49	0.96	
	1 800	0.63	9.05	0.96	
	1 600	0.53	7.87	0.96	
自燃煤矸石、炉渣混凝土	1 700	1.00	11.68	1.05	0.548
	1 500	0.76	9.54	1.05	0.900
	1 300	0.56	7.63	1.05	1.050
粉煤灰陶粒混凝土	1 700	0.95	11.4	1.05	0.188
	1 500	0.70	9.16	1.05	0.975
	1 300	0.57	7.78	1.05	1.050
	1 100	0.44	6.30	1.05	1.350
黏土陶粒混凝土	1 600	0.84	10.36	1.05	0.315
	1 400	0.70	8.93	1.05	0.390
	1 200	0.53	7.25	1.05	0.405
页岩渣、石灰、水泥混凝土	1 300	0.52	7.39	0.98	0.855
页岩陶粒混凝土	1 500	0.77	9.65	1.05	0.315
	1 300	0.63	8.16	1.05	0.390
	1 100	0.50	6.70	1.05	0.435
火山灰渣、砂、水泥混凝土	1 700	0.57	6.30	0.57	0.395
浮石混凝土	1 500	0.67	9.09	1.05	
	1 300	0.53	7.54	1.05	0.188
	1 100	0.42	6.13	1.05	0.353
三、轻混凝土					
加气混凝土	700	0.18	3.10	1.05	0.998
	500	0.14	2.31	1.05	1.110
	300	0.10			
四、砂浆					
水泥砂浆	1 800	0.93	11.37	1.05	0.210
石灰水泥砂浆	1 700	0.87	10.75	1.05	0.975
石灰砂浆	1 600	0.81	10.07	1.05	0.443
石灰石膏砂浆	1 500	0.76	9.44	1.05	
无机保温砂浆	600	0.18	2.87	1.05	
	400	0.14			
玻化微珠保温材料	≤ 350	0.080			

材料名称	干密度 ρ_0 (kg/m³)	计算参数			
		导热系数 λ [W/(m·K)]	蓄热系数 S（周期 24 h）[W/(m²·K)]	比热容 C [kJ/(kg·K)]	蒸汽渗透系数 $\mu \times 10^{-4}$ [g/(m·h·Pa)]
胶粉聚苯颗粒保温砂浆	400	0.090	0.95		
	300	0.070			
五、砌体					
重砂浆砌筑黏土砖砌体	1 800	0.81	10.63	1.05	1.050
轻砂浆砌筑黏土砖砌体	1 700	0.76	9.96	1.05	1.200
灰砂砖砌体	1 900	1.10	12.72	1.05	1.050
硅酸盐砖砌体	1 800	0.87	11.11	1.05	1.050
炉渣砖砌体	1 700	0.81	10.43	1.05	1.050
蒸压粉煤灰砖砌体	1 520	0.74			
重砂浆砌筑 26、33 及 36 孔黏土空心砖砌体	1 400	0.58	7.92	1.05	0.158
模数空心砖砌体 240mm×115mm×53mm（13 排孔）	1 230	0.46			
KP1 黏土空心砖砌体 240mm×115mm×90mm	1 180	0.44			
页岩粉煤灰烧结承重多孔砖砌体 240mm×115mm×90mm	1 440	0.51			
煤矸石页岩多孔砖砌体 240mm×115mm×90mm	1 200	0.39			
六、纤维材料					
矿棉板	80~180	0.050	0.60~0.89	1.22	4.880
岩棉板	60~160	0.041	0.47~0.76	1.22	4.880
岩棉带	80~120	0.045			
玻璃棉板、毡	< 40	0.040	0.38	1.22	4.880
	≥ 40	0.035	0.35	1.22	4.880
麻刀	150	0.070	1.34	2.10	
七、膨胀珍珠岩、蛭石制品					
水泥膨胀珍珠岩	800	0.26	4.37	1.17	0.420
	600	0.21	3.44	1.17	0.900
	400	0.16	2.49	1.17	1.910
沥青、乳化沥青膨胀珍珠岩	400	0.120	2.28	1.55	0.293
	300	0.093	1.77	1.55	0.675
水泥膨胀蛭石	350	0.14	1.99	1.05	
八、泡沫材料及多孔聚合物					
聚乙烯泡沫塑料	100	0.047	1.38		
聚苯乙烯泡沫塑料挤塑	20	0.039（白板）0.033（灰板）	0.28	1.38	0.162
挤塑聚苯乙烯泡沫塑料	35	0.300（带表皮）0.032（不带表皮）	0.34	1.38	
聚氨酯硬泡沫塑料	35	0.024	0.29	1.38	0.234

材料名称	干密度 ρ_0 (kg/m³)	计算参数			
		导热系数 λ [W/(m·K)]	蓄热系数 S（周期24 h）[W/(m²·K)]	比热容 C [kJ/(kg·K)]	蒸汽渗透系数 $\mu \times 10^{-4}$ [g/(m·h·Pa)]
酚醛板	60	0.034（用于墙体）0.040（用于地面）			
聚氯乙烯硬泡沫塑料	130	0.048	0.79	1.38	
钙塑	120	0.049	0.83	1.59	
发泡水泥	150~300	0.070			
泡沫玻璃	140	0.050	0.65	0.84	0.225
泡沫石灰	300	0.116	1.70	1.05	
碳化泡沫石灰	400	0.14	2.33	1.05	
泡沫石膏	500	0.19	2.78	1.05	0.375
九、木材					
橡木、枫树（热流方向垂直木纹）	700	0.17	4.90	2.51	0.562
橡木、枫树（热流方向顺木纹）	700	0.35	6.93	2.51	3.000
松木、云杉（热流方向垂直木纹）	500	0.14	3.85	2.51	0.345
松木、云杉（热流方向顺木纹）	500	0.29	5.55	2.51	1.680
十、建筑板材					
胶合板	600	0.17	4.57	2.51	0.225
软木板	300	0.093	1.95	1.89	0.255
	150	0.058	1.09	1.89	0.285
纤维板	1 000	0.34	8.13	2.51	1.200
	600	0.23	5.28	2.51	1.130
石膏板	1 050	0.33	5.28	1.05	0.790
水泥刨花板	1 000	0.34	7.27	2.01	0.240
	700	0.19	4.56	2.01	1.050
稻草板	300	0.13	2.33	1.68	3.000
木屑板	200	0.065	1.54	2.10	2.630
十一、松散无机材料					
锅炉渣	1 000	0.29	4.40	0.92	1.930
粉煤灰	1 000	0.23	3.93	0.92	
高炉炉渣	900	0.26	3.92	0.92	2.030
浮石、凝灰石	600	0.23	3.05	0.92	2.630
膨胀蛭石	300	0.14	1.79	1.05	
膨胀蛭石	200	0.10	1.24	1.05	
硅藻土	200	0.076	1.00	0.92	

材料名称	干密度 ρ_0 (kg/m³)	计算参数			
		导热系数 λ [W/(m·K)]	蓄热系数 S（周期 24 h）[W/(m²·K)]	比热容 C [kJ/(kg·K)]	蒸汽渗透系数 $\mu \times 10^{-4}$ [g/(m·h·Pa)]
膨胀珍珠岩	120	0.070	0.84	1.17	
	80	0.058	0.63	1.17	
十二、松散有机材料					
木屑	250	0.093	1.84	2.01	2.630
稻壳	120	0.06	1.02	2.01	
干草	100	0.047	0.83	2.01	
十三、土壤					
夯实黏土	2 000	1.16	12.99	1.01	
	1 800	0.93	11.03	1.01	
加草黏土	1 600	0.76	9.37	1.01	
	1 400	0.58	7.69	1.01	
轻质黏土	1 200	0.47	6.36	1.01	
建筑用砂	1 600	0.58	8.26	1.01	
十四、石材					
花岗岩、玄武岩	2 800	3.49	25.49	0.92	0.113
大理石	2 800	2.91	23.27	0.92	0.113
砾石、石灰岩	2 400	2.04	18.03	0.92	0.375
石灰岩	2 000	1.16	12.56	0.92	0.600
十五、卷材、沥青材料					
沥青油毡、油毡纸	600	0.17	3.33	1.47	
沥青混凝土	2 100	1.05	16.39	1.68	0.075
石油沥青	1 400	0.27	6.73	1.68	
	1 050	0.17	4.71	1.68	0.075
十六、玻璃					
平板玻璃	2 500	0.76	10.69	0.84	
玻璃钢	1 800	0.52	9.25	1.26	
十七、金属					
紫铜	8 500	407	324	0.42	
青铜	8 000	64.0	118	0.38	
建筑钢材	7 850	58.2	126	0.48	
铝	2 700	203	191	0.92	
铸铁	7 250	49.9	112	0.48	

建筑热工学附录 2
常用围护结构表面太阳辐射吸收系数 ρ_s 值

面层类型	表面性质	表面颜色	太阳辐射吸收系数 ρ_s 值
石灰粉刷墙面	光滑、新	白色	0.48
抛光铝反射体片	—	浅色	0.12
水泥拉毛墙	粗糙、旧	米黄色	0.65
白水泥粉刷墙面	光滑、新	白色	0.48
水刷石墙面	粗糙、旧	浅色	0.68
水泥粉刷墙面	光滑、新	浅灰	0.56
砂石粉砂面	—	深色	0.57
浅色饰面砖	—	浅黄、浅白	0.50
红砖墙	旧	红色	0.70~0.78
硅酸盐砖墙	不光滑	黄灰色	0.45~0.50
硅酸盐砖墙	不光滑	灰白色	0.50
混凝土砌块	—	灰色	0.65
混凝土墙	平滑	深灰	0.73
红褐陶瓦屋面	旧	红褐	0.65~0.74
灰瓦屋面	旧	浅灰	0.52
水泥屋面	旧	素灰	0.74
水泥瓦屋面	—	深灰	0.69
石棉水泥瓦屋面	—	浅灰色	0.75
绿豆砂保护屋面	—	浅黑色	0.65
白石子屋面	粗糙	灰白色	0.62
浅色油毡屋面	不光滑、新	浅黑色	0.72
黑色油毡屋面	不光滑、新	深黑色	0.86
绿色草地	—	—	0.78~0.80
水（开阔湖、海面）	—	—	0.96
棕色、绿色喷泉漆	光亮	中棕、中绿色	0.79
红涂料、油漆	光平	大红	0.74
浅色涂料	光亮	浅黄、浅红	0.50

建筑热工学附录 3
外墙屋顶保温构造及热工参数

表 1　典型外墙保温构造及其热工参数

分类	简图	构造层次	保温层材料厚度（mm）	传热系数 $K_p[W/(m^2 \cdot K)]$	热惰性指标 D
外墙外保温 A		1—15 mm 内墙抹灰 2—190 mm 混凝土空心砌块 3—聚苯板（保温层） 4—玻纤网格布，聚合物砂浆 5—外涂料饰面层	70	0.58	1.98
			80	0.48	2.07
			90	0.43	2.15
			100	0.39	2.24
			110	0.36	2.33
外墙外保温 B		1—内墙刮腻子 2—180 mm 钢筋混凝土墙 3—装饰面砖聚氨酯复合板	45	0.54	2.42
			50	0.49	2.49
			55	0.45	2.56
			60	0.42	2.63
			65	0.39	2.70
			70	0.36	2.77
外墙外保温 C		1—15 mm 内墙抹灰 2—加气混凝土砌块（保温层） 3—砂浆抹灰 4—外涂料饰面层	300	0.58	4.74
			350	0.52	5.47
			400	0.47	6.20
			450	0.43	6.93
外墙内保温 A		1—10 mm 混合砂浆 2—泡沫玻璃，胶粘剂（保温层） 3—10 mm 水泥砂浆 4—240 mm 混凝土多孔砖 5—20 mm 水泥砂浆	20	1.32	3.00
			25	1.21	3.10
			30	1.10	3.20
外墙内保温 B		1—12 mm 纸面石膏板 2—矿（岩）棉或玻璃棉板，50×δ 防腐木砖双向 3—20 mm 水泥砂浆 4—240 mm 混凝土多孔砖 5—20 mm 水泥砂浆	20	1.18	3.30
			25	1.08	3.38
			30	0.99	3.45
外墙自保温		1—8 mm 聚合物水泥砂浆，界面剂 2—加气混凝土砌块（B05），界面剂 3—25 mm 聚合物水泥砂石灰砂浆，防水腻子，乳胶漆或涂料	200	0.84	3.69
			250	0.69	4.51
			300	0.59	5.33
			350	0.52	6.15
			400	0.44	6.97

表2 典型屋顶保温构造及其热工参数

分类	简图	构造层次	保温层材料厚度 (mm)	传热系数 $K_p[\mathrm{W/(m^2 \cdot K)}]$	热惰性指标 D
间层楼板		1—20 mm 水泥砂浆找平层 2—100 mm 现浇钢筋混凝土楼板 3—聚苯颗粒保温砂浆 4—5 mm 抗裂石膏（网格布）	20	1.79	
			25	1.61	
			30	1.46	
架空楼板		1—20 mm 水泥砂浆找平层 2—100 mm 现浇钢筋混凝土楼板 3—胶粘剂，挤塑聚苯板（胶粘剂） 4—3 mm 聚合物砂浆（网格布）	15	1.32	
			20	1.13	
			25	0.98	
平屋面		1—25～50 mm 地砖水泥砂浆 2—防水层 3—20 mm 厚 1：3 水泥砂浆 4—最薄 30 mm 轻骨料混凝土找坡 5—挤塑聚苯板 6—钢筋混凝土屋面板	60	0.51	2.86
			70	0.45	2.96
			80	0.40	3.06
			90	0.36	3.16
			100	0.33	3.26
			110	0.30	3.36
坡屋面		1—块瓦 2—挂瓦条，顺水条 3—40 mm 细石混凝土（双向配筋） 4—挤塑聚苯板，防水层 5—15 mm 水泥砂浆找平层 6—钢筋混凝土屋面板 7—15 mm 水泥砂浆找平层 8—120 mm 现浇钢筋混凝土屋面板 坡度≤30°	35	0.67	2.45
			40	0.61	2.50
			45	0.57	2.55
			50	0.52	2.60
			60	0.46	2.70
			70	0.41	2.80

注：表中各材料的导热系数为实验室测定值，考虑到建筑所处的自然条件以及自然条件以及材料在使用过程中所处的位置、构造、施工等影响因素，加以修正。以下修正系数取自《全国民用建筑工程设计技术措施——节能专篇：建筑》（2007 年版）：
聚苯板的导热系数为 0.042 W/(m·K)，修正系数 $\alpha=1.20$，计算导热系数 $\lambda_c=0.042 \times 1.2=0.05$ W/(m·K)；
聚氨酯的导热系数为 0.025 W/(m·K)，修正系数 $\alpha=1.10$；
加气混凝土的导热系数为 0.19 W/(m·K)，修正系数 $\alpha=1.25$；
190 mm 混凝土空心砌块的热阻 $R=0.16$ (m²·K)/W；
泡沫玻璃的导热系数为 0.07 W/(m·K)，修正系数 $\alpha=1.20$；
矿（岩）棉或玻璃棉板的导热系数为 0.05 W/(m·K)，修正系数 $\alpha=1.30$；
聚苯板保温浆料的导热系数为 0.06 W/(m·K)，修正系数 $\alpha=1.30$；
架空楼板处挤塑聚苯板的导热系数为 0.03 W/(m·K)，修正系数 $\alpha=1.15$；
屋顶用挤塑聚苯板的导热系数为 0.03 W/(m·K)，修正系数 $\alpha=1.20$。

建筑热工学附录 4
典型玻璃的热工及光学性能参数

玻璃品种		可见光透射比 τ_v	太阳光总透射比 g_g	传热系数 $K_g[W/(m^2 \cdot K)]$
透明玻璃	3 mm 透明玻璃	0.91	0.87	5.26
	6 mm 透明玻璃	0.90	0.85	5.15
	12 mm 透明玻璃	0.87	0.78	5.00
吸热玻璃	6 mm 绿色吸热玻璃	0.75	0.59	5.15
	6 mm 蓝色吸热玻璃	0.65	0.63	5.18
	6 mm 浅灰色吸热玻璃	0.66	0.67	5.15
	6 mm 深灰色吸热玻璃	0.44	0.58	5.15
热反射玻璃	6 mm 高透光热反射玻璃	0.66	0.69	5.13
	6 mm 中等透光热反射玻璃	0.47	0.51	4.79
	6 mm 低透光热反射玻璃	0.32	0.42	4.74
	6 mm 特低透光热反射玻璃	0.07	0.18	4.08
单片 Low-E 玻璃	6 mm 在线型 Low-E 玻璃 1	0.80	0.69	3.54
	6 mm 在线型 Low-E 玻璃 2	0.73	0.63	3.72
双玻中空玻璃	6 绿色吸热 +12 空气 +6 透明	0.681	0.49	2.60
	6 浅灰色吸热 +12 空气 +6 透明	0.39	0.48	2.59
	6 高透光热反射 +12 空气 +6 透明	0.61	0.61	2.58
三玻中空玻璃	6 透明 +12 空气 +6 透明 +12 空气 +6 透明	0.74	0.67	1.71
	6 高透光 Low-E+12 空气 +6 透明 +12 空气 +6 透明	0.62	0.42	1.23
	6 中透光 Low-E+12 空气 +6 透明 +12 空气 +6 透明	0.56	0.42	1.27
	6 低透光 Low-E+12 空气 +6 透明 +12 空气 +6 透明	0.32	0.27	1.35

建筑热工学附录5
标准大气压时不同温度下的饱和水蒸气分压力 P_s 值 (Pa)

t (°C)	0.0	0.1	0.2	0.3	0.4	0.5	0.6	0.7	0.8	0.9
−10	260.0	257.3	254.6	253.3	250.6	248.0	246.6	244.0	241.3	240.0
−9	284.0	281.3	278.6	276.0	273.3	272.0	269.3	266.6	264.0	262.6
−8	309.3	306.6	304.0	301.3	298.6	296.0	293.3	292.0	289.3	286.6
−7	337.3	334.6	332.0	329.3	326.6	324.0	321.3	318.6	314.7	312.0
−6	368.0	365.3	362.6	358.6	356.0	353.3	349.3	346.6	344.0	341.3
−5	401.3	398.6	394.6	392.0	388.0	385.3	381.3	378.6	374.6	372.0
−4	437.3	433.3	429.3	426.6	422.6	418.6	416.0	412.0	408.0	405.3
−3	476.0	472.0	468.0	464.0	460.0	456.0	452.0	448.0	445.3	441.3
−2	517.3	513.3	509.3	504.0	500.0	496.0	492.0	488.0	484.0	480.0
−1	562.6	557.3	553.3	548.0	544.0	540.0	534.6	530.6	526.6	521.3
−0	610.6	605.3	601.3	595.9	590.6	586.6	581.3	576.0	572.0	566.6
0	610.6	615.9	619.9	623.9	629.3	633.3	638.6	642.6	647.9	651.9
1	657.3	661.3	666.6	670.6	675.9	681.3	685.3	690.6	695.9	699.9
2	705.3	710.6	715.9	721.3	726.6	730.6	735.9	741.3	746.6	751.9
3	757.3	762.6	767.9	773.3	779.9	785.3	790.6	795.9	801.3	807.9
4	813.3	818.6	823.9	830.6	835.9	842.6	847.9	853.3	859.9	866.6
5	874.9	878.6	883.9	890.6	897.3	902.6	909.3	915.9	921.3	927.9
6	934.6	941.3	947.9	954.6	961.3	967.9	974.6	981.2	987.9	994.6
7	1 001.2	1 007.9	1 014.6	1 022.6	1 029.2	1 035.9	1 043.9	1 050.6	1 057.2	1 065.2
8	1 071.9	1 079.9	1 086.6	1 094.6	1 101.2	1 109.2	1 117.2	1 123.9	1 131.9	1 139.9
9	1 147.9	1 155.9	1 162.6	1 170.6	1 178.6	1 186.6	1 194.6	1 202.6	1 210.6	1 218.6
10	1 227.9	1 235.9	1 243.2	1 251.9	1 259.9	1 269.2	1 277.2	1 286.6	1 294.6	1 303.9
11	1 341.9	1 321.2	1 329.2	1 338.6	1 347.9	1 355.9	1 365.2	1 374.5	1 383.9	1 393.2
12	1 401.2	1 410.5	1 419.9	1 429.2	1 438.5	1 449.2	1 458.5	1 467.9	1 477.2	1 486.5
13	1 497.2	1 506.5	1 517.2	1 526.5	1 537.2	1 546.5	1 557.2	1 566.5	1 577.2	1 587.9
14	1 597.2	1 607.9	1 618.5	1 629.2	1 639.9	1 650.5	1 661.2	1 671.9	1 682.5	1 693.2
15	1 703.9	1 715.9	1 726.5	1 737.2	1 749.2	1 759.9	1 771.8	1 782.5	1 794.5	1 805.2
16	1 817.2	1 829.2	1 841.2	1 851.8	1 863.8	1 875.8	1 887.8	1 899.8	1 911.8	1 925.2
17	1 937.2	1 949.2	1 961.2	1 974.5	1 986.5	1 998.5	2 011.8	2 023.8	2 037.2	2 050.5
18	2 062.5	2 075.8	2 089.2	2 102.5	2 115.8	2 129.2	2 142.5	2 155.8	2 169.1	2 182.5
19	2 195.8	2 210.5	2 223.8	2 238.5	2 251.8	2 266.5	2 279.8	2 294.5	2 309.1	2 322.5
20	2 337.1	2 351.8	2 366.5	2 381.1	2 395.8	2 410.5	2 425.1	2 441.1	2 455.8	2 470.5
21	2 486.5	2 501.1	2 517.1	2 531.8	2 547.8	2 563.8	2 579.8	2 594.4	2 610.4	2 626.4
22	2 642.4	2 659.8	2 675.8	2 691.8	2 707.8	2 725.1	2 741.1	2 758.8	2 774.4	2 791.8
23	2 809.1	2 825.1	2 842.4	2 859.8	2 877.1	2 894.4	2 911.8	2 930.4	2 947.7	2 965.1
24	2 983.7	3 001.1	3 019.7	3 037.1	3 055.7	3 074.4	3 091.7	3 110.4	3 129.1	3 147.1
25	3 167.7	3 186.4	3 205.1	3 223.7	3 243.7	3 262.4	3 282.4	3 301.1	3 321.1	3 341.0
26	3 361.0	3 381.0	3 401.0	3 421.0	3 411.0	3 461.0	3 482.4	3 502.3	3 523.7	3 543.7
27	3 565.0	3 586.4	3 607.7	3 627.7	3 649.0	3 670.4	3 693.0	3 714.4	3 735.7	3 757.0
28	3 779.0	3 802.3	3 823.7	3 846.2	3 869.0	3 891.7	3 914.3	3 937.0	3 959.7	3 982.3
29	4 005.0	4 029.0	4 051.7	4 075.7	4 099.7	4 122.3	4 146.3	4 170.3	4 194.3	4 218.3
30	4 243.6	4 267.6	4 291.6	4 317.0	4 341.0	4 366.3	4 391.6	4 417.0	4 442.3	4 467.6
31	4 493.0	4 518.3	4 543.6	4 570.3	4 595.6	4 622.3	4 648.9	4 675.6	4 702.3	4 728.9
32	4 755.6	4 782.3	4 808.9	4 836.9	4 863.6	4 891.6	4 918.2	4 946.2	4 974.2	5 002.2
33	5 030.2	5 059.6	5 087.6	5 115.6	5 144.9	5 174.2	5 202.2	5 231.6	5 260.9	5 290.2
34	5 319.5	5 350.2	5 379.5	5 410.2	5 439.5	5 470.2	5 500.9	5 531.5	5 562.2	5 592.9
35	5 623.5	5 655.5	5 686.2	5 718.2	5 748.8	5 780.8	5 812.8	5 844.8	5 876.8	5 910.2
36	5 942.2	5 978.2	6 007.5	6 040.8	6 074.2	6 107.5	6 140.8	6 174.1	6 208.8	6 242.1
37	6 276.8	6 310.1	6 344.8	6 379.5	6 414.1	6 448.8	6 484.8	6 519.4	6 555.4	6 590.1
38	6 626.1	6 662.1	6 698.1	6 734.1	6 771.4	6 807.4	6 844.8	6 882.1	6 918.1	6 955.4
39	6 994.1	7 031.4	7 068.7	7 107.4	7 144.7	7 183.4	7 222.1	7 260.7	7 298.0	7 338.0
40	7 379.0	7 416.7	7 456.7	7 496.7	7 536.7	7 576.7	7 616.7	7 658.0	7 698.0	7 739.3

建筑热工学附录6
常用薄片材料和涂层的蒸汽渗透阻 H 值

材料及涂层名称	厚度（mm）	$H [(\text{m}^2 \cdot \text{h} \cdot \text{Pa})/\text{g}]$
普通纸板	1	16.0
石膏板	8	120.0
硬质木纤维板	8	106.7
软质木纤维板	10	53.3
三层胶合板	3	226.6
纤维水泥板	6	266.6
热沥青一道	2	266.6
热沥青二道	4	480.0
乳化沥青二道	—	520.0
偏氯乙烯二道	—	1 239.0
环氧煤焦油二道	—	3 733.0
油漆二道（先做抹灰嵌缝、上底漆）	—	639.9
聚氯乙烯涂层二道	—	3 866.3
氯丁橡胶涂层二道	—	3 466.3
玛琋脂涂层一道	—	599.9
沥青玛琋脂涂层一道	—	639.9
沥青玛琋脂涂层二道	—	1 079.9
石油沥青油毡	1.5	1 106.6
石油沥青油脂	0.4	293.3
聚乙烯薄膜	0.16	733.3

第 2 篇　建筑光学

光是一种电磁辐射能，人类的生活离不开光。人们依靠不同的感觉器官从外界获得各种信息，其中约有 80% 来自视觉器官。良好的光环境是保证人们进行正常工作、学习和生活的必要条件，它对人的劳动生产率、生理和心理健康都有直接影响，故在建筑设计中应对采光和照明问题予以足够重视。

　　本篇着重介绍与建筑有关的光度学基本知识、色度学基本知识、各种采光窗的采光特征、采光设计及计算方法、电光源和灯具的光学特性，对室内照明、城市夜景照明的设计方法、处理原则和新趋势也进行了初步介绍和分析，在本篇的最后部分，还介绍了光污染控制的一些原则。在这些知识的基础上，才有可能提出一个较为合理的采光照明设计方案，创造一个优良的室内/外光环境，节约能源，保护环境。

第7章 Chapter 7 Elementary Knowledge of Architectural Lighting
建筑光学基本知识

本章研究的光是一种能直接引起视感觉的光谱辐射，其波长范围为 380~780 nm。波长大于 780 nm 的红外线、无线电波等，以及小于 380 nm 的紫外线、X 射线等，人眼均是感觉不到的（图 7-1）。光是客观存在的一种能量，与人的主观感觉有密切的联系。因此光的度量必须和人的主观感觉结合起来。为了做好照明设计，应该首先对人眼的视觉特性、光的度量、材料的光学性能等有必要的了解。

7.1 视觉

视觉是由进入人眼的辐射所产生的光感觉而获得的对外界的认识。图 7-2 是人的右眼剖面图。

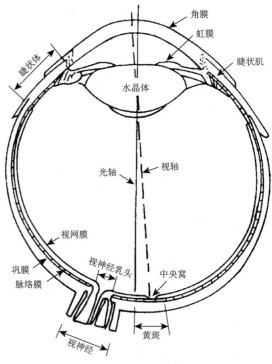

图 7-2 人的右眼剖面图

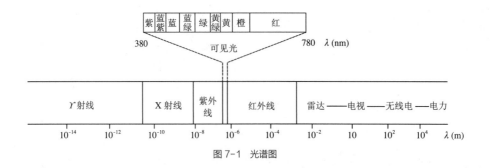

图 7-1 光谱图

7.1.1　人眼结构与功能

1）瞳孔。虹膜中央的圆形孔，它可根据环境的明暗程度，自动调节其孔径，以控制进入眼球的光能数量，起照相机中光圈的作用。

2）水晶体。为一扁球形的弹性透明体，它受睫状肌收缩或放松的影响，使其形状改变，从而改变其屈光度，使远近不同的外界景物都能在视网膜上形成清晰的影像。它起照相机的透镜作用，而且水晶体具有自动聚焦功能。

3）视网膜。光线经过瞳孔、水晶体在视网膜上聚焦成清晰的影像。它是眼睛的视觉感受部分，类似数码相机的感光器件。视网膜上有三种感光细胞——锥体感光细胞、杆体感光细胞和视网膜特化感光神经节细胞（intrinsically photosensitive retinal ganglion cells, ipRGCs）。

其中，锥体和杆体感光细胞处在视网膜最外层上，光线照射到他们上面就产生光刺激，并把光信息传输至视神经，再传至大脑，产生视觉感觉。他们在视网膜上的分布是不均匀的：锥体细胞主要集中在视网膜的中央部位，称为"黄斑"的黄色区域；黄斑区的中心有一小凹，称"中央窝"；在这里，锥体细胞达到最大密度，在黄斑区以外，锥体细胞的密度急剧下降。与此相反，在中央窝处几乎没有杆体细胞，自中央窝向外，其密度迅速增加，在离中央窝20°附近达到最大密度，然后又逐渐减少（图7-3）。

视网膜特化感光神经节细胞（ipRGCs）具有特有的神经连接，连接至大脑中的视交叉上核（supachiasmatic nucleus, SCN）中，而视交叉上核是大脑的生物钟，和松果体腺一起负责激素皮质醇（压力激素）和褪黑素（睡眠激素）的调整。

7.1.2　视看范围（视野）

根据感光细胞在视网膜上的分布，以及眼眉、

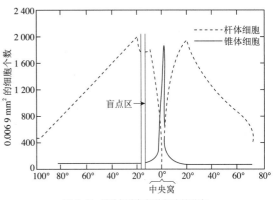

图7-3　锥体细胞与杆体细胞的分布

脸颊的影响，人眼的视看范围有一定的局限。双眼不动的视野范围为：水平面180°；垂直面130°，上方为60°，下方为70°（图7-4），白色区域为双眼共同视看范围，斜线区域为单眼最大视看范围，黑色为被遮挡区域。黄斑区所对应的角度约为2°，它具有最高的视觉敏锐度，能分辨最微小的细部，称"中心视野"。由于这里几乎没有杆体细胞，故在黑暗环境中这部分几乎不产生视觉。从中心视野往外直到30°范围内是视觉清楚区域（图7-5），这是观看物件总体时的有利位置。通常站在离展品高度的2~1.5倍的距离观赏展品，就是使展品处于上述视觉清楚区域内。

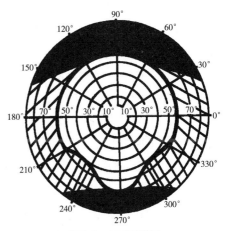

图7-4　人眼视野范围

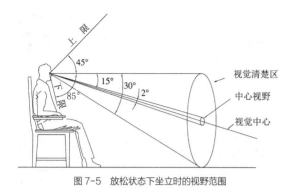

图 7-5　放松状态下坐立时的视野范围

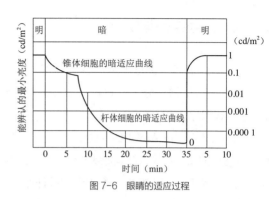

图 7-6　眼睛的适应过程

7.1.3　光的视觉效应

1）明视觉、暗视觉和中间视觉。由于锥体、杆体感光细胞分别在不同的明、暗环境中起主要作用，故形成明、暗视觉。明视觉是指在明亮环境中，主要由视网膜的锥体细胞起作用的视觉（即正常人眼适应高于几个 cd/m² 的亮度时的视觉）。明视觉能够辨认很小的细节，同时具有颜色感觉，而且对外界亮度变化的适应能力强。暗视觉是指在暗环境中，主要由视网膜的杆体细胞起作用的视觉（即正常人眼适应约低于 0.001 cd/m² 的亮度时的视觉）。暗视觉只有明暗感觉而无颜色感觉，无法分辨物件的细节，对外部变化的适应能力低。

中间视觉是介于明视觉和暗视觉之间的视觉，其亮度范围的下限值约为 0.001 cd/m²，上限值受视场中视觉对象的色度、尺寸和位置等因素的影响难以精确定义。在中间视觉时，视网膜的锥体感光细胞和杆体感光细胞同时起作用，而且他们随着正常人眼的适应水平变化而发挥的作用大小不同：中间视觉状态在偏向明视觉时较为依赖锥体细胞，在偏向暗视觉时则依赖杆体细胞的程度变大。

2）明适应、暗适应和色适应。人眼对环境明暗的适应有两种：一种称为明适应，是指人从黑暗环境到明亮环境时的视觉适应；另一种是暗适应，是指人从明亮环境到黑暗环境时眼睛的视觉适应。如

图 7-6 所示，明适应的时间较短，通常仅 10^{-3} s 至数秒，2 min 已完全适应；暗适应的时间较长，完全适应的时间长达 20 min 至 1 h，具体由明暗环境的亮度差异而决定。

在暗适应过程中，正常人最初 5 min 暗适应能力提高很快，之后逐渐缓慢，在 8~10 min 时曲线有一个转折点，为锥体细胞暗适应过程结束，此后是杆体细胞的暗适应功能。

人眼除了对环境明暗有适应过程外，对颜色也有适应过程。人眼对某一色光适应后，当再观察另一物体颜色时，则不能立即获得客观的颜色印象，而是带有原适应色光的补色成分，经过一段时间适应后才会获得客观颜色感觉，这个过程称为"色适应"过程。

3）光谱光视效率。人眼观看同样功率的光（辐射），在不同波长时感觉到的明亮程度不一样。人眼的这种特性常用光谱光视效率 $V(\lambda)$ 曲线来表示（图 7-7）。它表示在特定光度条件下产生相同视觉感觉时，波长 λ_m 和波长 λ 的单色光辐射通量[①]的比。λ_m 选在视感最大值处（明视觉时为 555 nm，暗视觉为 507 nm）。明视觉的光谱光视效率以 $V(\lambda)$ 表示，暗视觉的光谱光视效率用 $V'(\lambda)$ 表示。

明视觉曲线 $V(\lambda)$ 的最大值在波长 555 nm 处，即在黄绿光部位最亮，越趋向光谱两端的光显得愈暗。$V'(\lambda)$ 曲线表示暗视觉时的光谱光视效率，它与 $V(\lambda)$

---

① 辐射通量——辐射源在单位时间内发出的能量，一般用 Φ_e 表示，单位为瓦（W）。

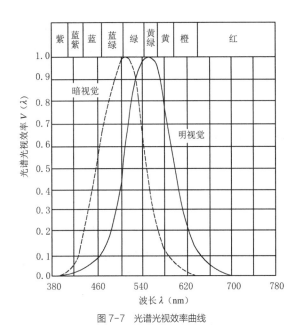

图 7-7　光谱光视效率曲线

相比，整个曲线向短波方向推移，长波端的能见范围缩小，短波端的能见范围略有扩大。在不同光亮条件下人眼感受性不同的现象称为"普尔金耶效应（Purkinje Effect）"。

7.1.4　光的非视觉生物效应

可见光除了刺激视觉形成以外，还有第二类作用：调节人体的生理节律、警觉度和代谢过程，保持人体健康。可见光中的蓝光成分在这一作用中的影响尤其明显，其作用机制是通过抑制松果体分泌褪黑激素，刺激肾上腺分泌皮质激素（可的松）等，起到改变生理节律、调节人体生物钟的作用，这称为非视觉生物效应。

视网膜特化感光神经节细胞（ipRGCs）能参与调节许多人体非视觉生物效应，包括人体生命体征的变化，激素的分泌和兴奋程度，瞳孔的扩张和缩小。其最大灵敏度在波长为 460 nm 的蓝光附近。光线通过这种感光细胞和单独的神经系统将信号传递至人体的生物钟，生物钟再据此调整人体生理进程中的周期节律，包括每天的昼夜节律和季节节律。

7.2　基本光度单位及应用

基本光度单位包括光通量、发光强度、照度、亮度，其相互关系，如图 7-8 所示。

7.2.1　光通量

由于人眼对不同波长的电磁波具有不同的灵敏度，我们就不能直接用光源的辐射功率或辐射通量来衡量光能量，所以必须采用以标准光度观察者对光的感觉量为基准的单位——光通量来衡量，即根据辐射对标准光度观察者的作用导出的光通量。对于明视觉，光通量 Φ 有：

$$\Phi=K_{m}\int_{0}^{\infty}\frac{\mathrm{d}\Phi_{e}(\lambda)}{\mathrm{d}\lambda}V(\lambda)\mathrm{d}\lambda \qquad （7-1）$$

式中　　Φ——光通量，单位为流明，lm；

$\mathrm{d}\Phi_{e}(\lambda)/\mathrm{d}\lambda$——辐射通量的光谱分布，W；

　　$V(\lambda)$——光谱光视效率，可由图 7-7 查出，或由附录 1 的 $\bar{y}(\lambda)$[等于 $V(\lambda)$] 中查得；

　　K_{m}——最大光谱光视效能，在明视觉时 K_{m} 为 683 lm/W。

在计算时，光通量常采用下式算得：

$$\Phi=K_{m}\sum\Phi_{e,\lambda}V(\lambda) \qquad （7-2）$$

式中　　$\Phi_{e,\lambda}$——波长为 λ 的辐射通量，W。

建筑光学中，常用光通量表示一光源发出的光能量，它成为光源的一个基本参数。例如 40 W 普通白炽灯约发出 450 lm 的光通量，40 W 日光色荧

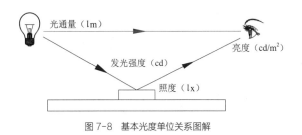

图 7-8　基本光度单位关系图解

光灯约发出 2 400 lm 的光通量，40 WLED 灯约发出 4 800 lm 的光通量。

7.2.2 发光强度

不同光源发出的光通量在空间的分布是不同的。例如悬吊在桌面上空的一盏 100 W 白炽灯，它发出 1 179 lm 光通量。加了灯罩后，灯罩将往上的光向下反射，使向下的光通量增加，因此我们就感到桌面上亮一些。这例子说明只知道光源发出的光通量还不够，还需要了解它在空间中的分布状况，即光通量的空间密度分布。

图 7-9 表示一空心球体，球心 O 处放一光源，它向由 $A_1B_1C_1D_1$ 所包的面积 A 上发出 Φ1 lm 的光通量。而面积 A 对球心形成的角称为立体角，它是以 A 的面积和球的半径 r 平方之比来度量，即：

$$d\Omega = \frac{dA\cos\alpha}{r^2}$$

式中 α——面积 A 上微元 dA 和 O 点连线与微元法线之间的夹角。对于本例有：

$$\Omega = \frac{A}{r^2} \tag{7-3}$$

立体角的单位为球面度（sr），即当 $A=r^2$ 时，它对球心形成的立体角为 1 sr（球面度）。

光源在给定方向上的发光强度是该光源在该方向的立体角元 $d\Omega$ 内传输的光通量 $d\Phi$ 除以该立体角

之商，发光强度的符号为 I。例如，点光源在某方向上的立体角元 $d\Omega$ 内发出的光通量为 $d\Phi$ 时，则该方向上的发光强度为：

$$I = \frac{d\Phi}{d\Omega}$$

当角 α 方向上的光通量 Φ 均匀分布在立体角 Ω 内时，则该方向的发光强度为：

$$I_\alpha = \frac{\Phi}{\Omega} \tag{7-4}$$

发光强度的单位为坎德拉，符号为 cd，它表示光源在 1 球面度立体角内均匀发射出 1 lm 的光通量。

$$1\text{cd} = \frac{1\,\text{lm}}{1\,\text{sr}}$$

40 W 白炽灯泡正下方具有约 30 cd 的发光强度。而在它的正上方，由于有灯头和灯座的遮挡，在这方向上没有光射出，故此方向的发光强度为零。如加上一个不透明的搪瓷伞形罩，向上的光通量除少量被吸收外，都被灯罩朝下面反射，因此向下的光通量增加，而灯罩下方立体角未变，故光通量的空间密度加大，发光强度由 30 cd 增加到 73 cd 左右。

7.2.3 照度

对于被照面而言，常用落在其单位面积上的光通量多少来衡量它被照射的程度，这就是常用的照度，符号为 E，它表示被照面上的光通量密度。表面上一点的照度是入射在包含该点面元上的光通量 $d\Phi$ 除以该面元面积 dA 之商，即：

$$E = \frac{d\Phi}{dA}$$

当光通量 Φ 均匀分布在被照表面 A 上时，则此被照面各店的照度均为：

$$E = \frac{\Phi}{A} \tag{7-5}$$

照度的常用单位为勒克斯，符号为 lx，它等于 1 lm（流明）的光通量均匀分布在 1 m² 的被照面上，

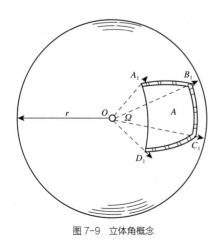

图 7-9 立体角概念

$$1 \text{ lx} = \frac{1 \text{ lm}}{1 \text{ m}^2}$$

为了对照度有一个实际概念，下面举一些常见的例子。在 40 W 白炽灯下 1 m 处的照度约为 30 lx；加一搪瓷伞形罩后照度就增加到 73 lx；阴天中午室外照度为 8 000~20 000 lx；晴天中午在阳光下的室外照度可高达 80 000~120 000 lx。

7.2.4　发光强度和照度的关系

一个点光源在被照面上形成的照度，可从发光强度和照度这两个基本量之间的关系求出。

图 7-10（a）表示球表面 A_1、A_2、A_3 距点光源 O 分别为 r、$2r$、$3r$，在光源处形成的立体角相同，则球表面 A_1、A_2、A_3 的面积比为他们距光源的距离平方比，即 1：4：9。设光源 O 在这三个表面方向的发光强度不变，即单位立体角的光通量不变，则落在这三个表面的光通量相同，由于他们的面积不同，故落在其上的光通量密度也不同，即照度是随他们的面积而变，由此可推出发光强度和照度的一般关系。从式（7-5）知道，表面的照度为：

$$E = \frac{\Phi}{A}$$

由式（7-4）可知 $\Phi = I_\alpha \Omega$（其中 $\Omega = \frac{A}{r^2}$），将其代入式（7-5），则得：

$$E = \frac{I_\alpha}{r^2} \qquad （7\text{-}6）$$

式（7-6）表明，某表面的照度 E 与点光源在这方向的发光强度 I_α 成正比，与距光源的距离 r 的平方成反比。这就是计算点光源产生照度的基本公式，称为距离平方反比定律。

以上所讲的是指光线垂直入射到被照表面即入射角 i 为零时的情况。当入射角不等于零时，如图 7-10（b）的表面 A_2，它与 A_1 成 i 角，A_1 的法线与光线重合，则 A_2 的法线与光源射线成 i 角，由于：

$$\Phi = A_1 E_1 = A_2 E_2$$

且　　　　　　$A_1 = A_2 \cos i$

故　　　　　　$E_2 = E_1 \cos i$

由式（7-6）可知，$E_1 = \dfrac{I_\alpha}{r^2}$

故　　　　　　$E_2 = \dfrac{I_\alpha}{r^2} \cos i$ 　　　　（7-7）

式（7-7）表示：表面法线与入射光线成 i 角处的照度，与它至点光源的距离平方成反比，而与光源在 i 方向的发光强度和入射角 i 的余弦成正比。

式（7-7）适用于点光源。一般当光源尺寸小于至被照面距离的 1/5 时，即将该光源视为点光源。

【例题 7-1】　如图 7-11 所示，在桌子上方 2 m 处挂一 40 W 白炽灯，求灯下桌面上点 1 处照度 E_1，及点 2 处照度 E_2 值（设辐射角 α 在 0°~45° 内该白炽灯的发光强度均为 30 cd）。

【解】　因为 $I_{0\sim45} = 30$ cd，所以按式（7-7）算得：

$$E_1 = \frac{I_\alpha}{r^2} \cos i = \frac{30}{2^2} \cos 0° = 7.5 \text{ lx}$$

$$E_2 = \frac{I_\alpha}{r^2} \cos i = \frac{30}{2^2 + 1^2} \cos 26°34' \approx 5.4 \text{ lx}$$

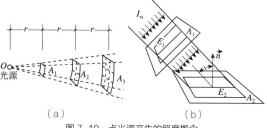

（a）　　　　　　　　　（b）

图 7-10　点光源产生的照度概念

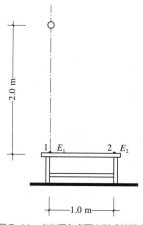

图 7-11　点光源在桌面上形成的照度

7.2.5 亮度

在房间内同一位置，放置了黑色和白色的两个物体，虽然他们的照度相同，但在人眼中引起不同的视觉感觉，看起来白色物体亮得多，这说明物体表面的照度并不能直接表明人眼对物体的视觉感觉。下面我们就从视觉过程来考察这一现象。

一个发光（或反光）物体，在眼睛的视网膜上成像，视觉感觉与视网膜上物像的照度成正比，物像的照度越大，我们觉得被看的发光（或反光）物体越亮。视网膜上物像的照度是由物像的面积（它与发光物体的面积有关）和落在这面积上的光通量（它与发光物体朝视网膜上物像方向的发光强度有关）所决定。它表明：视网膜上物像的照度是和发光体在视线方向的投影面积 $A\cos\alpha$ 成反比，与发光体朝视线方向的发光强度 I_α 成正比，即亮度就是单位投影面积上的发光强度，亮度的符号为 L，其计算公式为：

$$L=\frac{\mathrm{d}^2\Phi}{\mathrm{d}\Omega\mathrm{d}A\cos\alpha}$$

式中　$\mathrm{d}^2\Phi$——由给定点处的束元 $\mathrm{d}A$ 传输的并包含给定方向的立体角元 $\mathrm{d}\Omega$ 内传播的光通量；

　　　　$\mathrm{d}A$——包含给定点处的射束截面积；

　　　　α——射束截面法线与射束方向间的夹角。

当角 α 方向上射束截面 A 的发光强度 I_α 均相等时，角 α 方向的亮度为：

$$L_\alpha=\frac{I_\alpha}{A\cos\alpha} \qquad （7-8）$$

由于物体表面亮度在各个方向不一定相同，因此常在亮度符号的右下角注明角度，它表示与表面法线成 α 角方向上的亮度。亮度的常用单位为坎德拉每平方米（cd/m^2），它等于 $1\ m^2$ 表面上，沿法线方向（$\alpha=0°$）发出 $1\ cd$ 的发光强度，即：

$$1\ cd/m^2=\frac{1\ cd}{1\ m^2}$$

① fL——英尺朗伯，英制中的亮度单位，$1\ fL=3.462\ cd/m^2$。

有时用另一较大单位熙提（符号为 sb），它表示 $1\ cm^2$ 面积上发出 $1\ cd$ 时的亮度单位。很明显 $1\ sb=10^4\ cd/m^2$。常见的一些物体亮度值如下：

白炽灯灯丝　300~500 sb

荧光灯灯管表面　0.8~0.9 sb

太阳　200 000 sb

无云蓝天（视点距太阳位置的角距离不同，其亮度也不同）0.2~2.0 sb

亮度反映了物体表面的物理特性；而我们主观所感受到的物体明亮程度，除了与物体表面亮度有关外，还与我们所处环境的明暗程度有关。例如同一亮度的表面，分别放在明亮和黑暗环境中，我们就会感到放在黑暗中的表面比放在明亮环境中的亮。为了区别这两种不同的亮度概念，常将前者称为"物理亮度（或称亮度）"，后者称为"表观亮度（或称明亮度）"。图 7-12 是通过大量主观评价获得的实验数据整理出来的亮度感觉曲线。从图中可看出，相同的物体表面亮度（横坐标），在不同的环境亮度时（曲线），产生不同的亮度感觉（纵坐标）。从图中还可看出，要想在不同适应亮度条件下（如同一房间晚上和白天时的环境明亮程度不一样，适应亮度也就不一样），获得相同的亮度感觉，就需要根据以上关系，确定不同的表面亮度。在本篇中，仅研究物理亮度（亮度）。

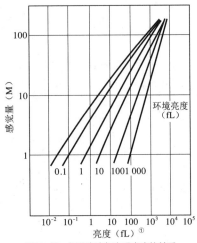

图 7-12　物理亮度与表观亮度的关系

7.2.6　照度和亮度的关系

所谓照度和亮度的关系，指的是光源亮度和它所形成的照度间的关系。如图 7-13 所示，设 A_1 为各方向亮度都相同的发光面，A_2 为被照面。在 A_1 上取一微元面积 dA_1，由于它的尺寸和它距被照面间的距离 r 相比，显得很小，故可视为点光源。微元发光面积 dA_1 射向 O 点发光强度为 dI_α，这样它在 A_2 上的 O 点处形成的照度为：

$$dE = \frac{dI_\alpha}{r^2} \cos i \qquad （1）$$

对于微元发光面积 dA_1 而言，由亮度与光强的关系式（7-8）可得：

$$dI_\alpha = L_\alpha dA_1 \cos\alpha \qquad （2）$$

将式（2）代入式（1）则得：

$$dE = L_\alpha \frac{dA_1 \cos\alpha}{r^2} \cos i \qquad （3）$$

式中 $\frac{dA_1 \cos\alpha}{r^2}$ 是微元面 dA_1 对 O 点所张开的立体角 $d\Omega$，故式（3）可写成：

$$dE = L_\alpha d\Omega \cos i$$

整个发光表面在 O 点形成的照度为：

$$E = \int_\Omega L_\alpha \cos i\, d\Omega$$

因光源在各方向的亮度相同，则：

$$E = L_\alpha \Omega \cos i \qquad （7-9）$$

这就是常用的立体角投影定律，它表示某一亮度为 L_α 的发光表面在被照面上形成的照度值的大小，等于这一发光表面的亮度 L_α 与该发光表面在被照面上形成的立体角 Ω 的投影（$\Omega\cos i$）的乘积。这一定律表明：某一发光表面在被照面上形成的照度，仅和发光表面的亮度及其在被照面上形成的立体角投影有关。在图 7-13 中 A_1 和 $A_1\cos\alpha$ 的面积不同，但由于它对被照面形成的立体角投影相同，故只要他们的亮度相同，他们在 A_2 面上形成的照度就一样。立体角投影定律适用于光源尺寸相对于它和被照点距离较大时。

【**例题 7-2**】　在侧墙和屋顶上各有一个 1 m² 的窗洞，他们与室内桌子的相对位置见图 7-14，设通过窗洞看见的天空亮度均为 1 sb，试分别求出各个窗洞在桌面形成的照度（桌面与侧窗窗台等高）。

【**解**】　窗洞可视为一发光表面，其亮度等于透过窗洞看见的天空亮度，在本例题中天空亮度均为 1 sb，即 10^4 cd/m²。

按公式（7-9）$E = L_\alpha \Omega \cos i$ 计算。

侧窗时：

$$\cos\alpha = \frac{2}{\sqrt{2^2 + 0.5^2}} \approx 0.970$$

$$\Omega = \frac{1 \times \cos\alpha}{2^2 + 0.5^2} \approx 0.228 \text{ sr}$$

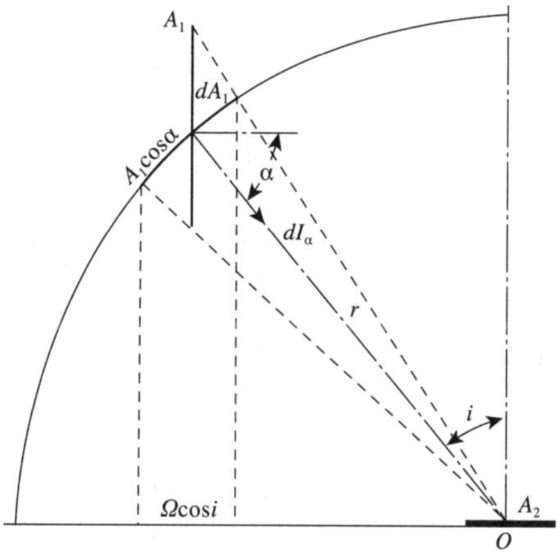

图 7-13　照度和亮度的关系

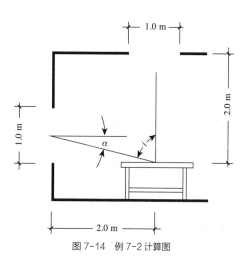

图 7-14　例 7-2 计算图

$$\cos i=\frac{0.5}{\sqrt{4.25}}\approx0.243$$

$$E_{\mathrm{w}}=10\ 000\times0.228\times0.243\approx554\ \mathrm{lx}$$

天窗时：

$$\Omega=\frac{1}{4}\mathrm{sr},\ \cos i=1$$

$$E_{\mathrm{m}}=10\ 000\times\frac{1}{4}\times1=2\ 500\ \mathrm{lx}$$

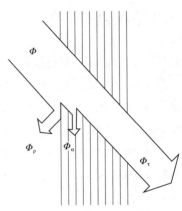

图 7-15　光的反射、吸收和透射

7.3　材料的光学性质

光在传播过程中遇到介质（如玻璃、空气、墙……）时，入射光通量（Φ）中的一部分被反射（Φ_ρ），一部分被吸收（Φ_α），一部分透过介质进入另一侧的空间（Φ_τ），见图 7-15。

根据能量守恒定律，这三部分之和应等于入射光通量，即：

$$\Phi=\Phi_\rho+\Phi_\alpha+\Phi_\tau \tag{7-10}$$

反射、吸收和透射光通量与入射光通量之比，分别称为光反射比（曾称为反光系数）ρ、光吸收比（曾称为吸收系数）α 和光透射比（曾称为透光系数）τ，即：

$$\rho=\frac{\Phi_\rho}{\Phi} \tag{7-11a}$$

$$\alpha=\frac{\Phi_\alpha}{\Phi} \tag{7-11b}$$

$$\tau=\frac{\Phi_\tau}{\Phi} \tag{7-11c}$$

由式（7-10）得出：

$$\frac{\Phi_\rho}{\Phi}+\frac{\Phi_\alpha}{\Phi}+\frac{\Phi_\tau}{\Phi}=\rho+\alpha+\tau=1 \tag{7-12}$$

表 7-1、表 7-2 分别列出了常用建筑材料的光反射比和光透射比。

表 7-1　饰面材料的光反射比 ρ 值

材料名称	ρ 值	材料名称	ρ 值	材料名称	ρ 值
石膏	0.91	陶瓷锦砖		塑料贴面板	
大白粉刷	0.75	白色	0.59	浅黄色木纹	0.36
水泥砂浆抹面	0.32	浅蓝色	0.42	中黄色木纹	0.30
白水泥	0.75	浅咖啡色	0.31	深棕色木纹	0.12
白色乳胶漆	0.84	绿色	0.25	塑料墙纸	
调合漆		深咖啡色	0.20	黄白色	0.72
白色和米黄色	0.70			蓝白色	0.61
中黄色	0.57	铝板		浅粉白色	0.65
红砖	0.33	白色抛光	0.83~0.87	广漆地板	0.10
灰砖	0.23	白色镜面	0.89~0.93	菱苦土地面	0.15
磁釉面砖		金色	0.45	混凝土面	0.20
白色	0.80			沥青地面	0.20
黄绿色	0.62	大理石		铸铁、钢板地面	0.15
粉色	0.65	白色	0.60	镀膜玻璃	
天蓝色	0.55	乳色间绿色	0.39	金色	0.23
黑色	0.08	红色	0.32	银色	0.30
无釉陶土地砖		黑色	0.08	宝石蓝	0.17
土黄色	0.53	水磨石		宝石绿	0.37
朱砂	0.19	白色	0.70	茶色	0.21
浅色彩色涂料	0.75~0.82	白色间灰黑色	0.52	彩色钢板	
不锈钢板	0.72	白色间绿色	0.66	红色	0.25
		黑灰色	0.10	深咖啡色	0.20
胶合板	0.58	普通玻璃	0.08		

表 7-2　采光材料的光透射比 τ 值

材料名称	颜色	厚度 (mm)	τ 值	材料名称	颜色	厚度 (mm)	τ 值
普通玻璃	无	3~6	0.78~0.82	聚碳酸酯板	无	3	0.74
钢化玻璃	无	5~6	0.78	聚酯玻璃钢板	本色	3~4 层布	0.73~0.77
磨砂玻璃（花纹深密）	无	3~6	0.55~0.60		绿	3~4 层布	0.62~0.67
压花玻璃（花纹深密）	无	3	0.57	小波玻璃钢板	绿	—	0.38
（花纹浅疏）	无	3	0.71	大波玻璃钢板	绿	—	0.48
夹丝玻璃	无	6	0.76	玻璃钢罩	本色	3~4 层布	0.72~0.74
压花夹丝玻璃（花纹浅疏）	无	6	0.66	钢窗纱	绿	—	0.70
				镀锌铁丝网（孔 20×20 mm²）	—	—	0.89
夹层安全玻璃	无	3+3	0.78				
双层隔热玻璃（空气层 5 mm）	无	3+5+3	0.64	茶色玻璃	茶色	3~6	0.08~0.50
				中空玻璃	无	3+3	0.81
吸热玻璃	蓝	3~5	0.52~0.64	安全玻璃	无	3+3	0.84
乳白玻璃	乳白	1	0.60	镀膜玻璃	金色	5	0.10
有机玻璃	无	2~6	0.85		银色	5	0.14
乳白有机玻璃	乳白	3	0.20		宝石蓝	5	0.20
聚苯乙烯板	无	3	0.78		宝石绿	5	0.08
聚氯乙烯板	本色	2	0.60		茶色	5	0.14

注：τ 值应为漫射光条件下测定值。

7.3.1　反射

反射光的强弱与分布形式取决于材料表面的性质，也同光的入射方向相关。例如，垂直入射到透明玻璃板上的光线约有 8% 的反射比；加大入射角度，反射比也随之增大，最后会产生全反射。由于反射面性质的不同，反射可分为以下 4 种（图 7-16）。

1）规则反射

规则反射（又称为镜面反射）就是在无漫射的情形下，按照几何光学的定律进行的反射。它的特点：①光线入射角等于反射角；②入射光线、反射光线以及反射表面的法线处于同一平面，如图 7-16（a）所示。

玻璃镜、抛光的金属表面都属于规则反射，在反射方向可以清楚地看到光源的像，但眼睛（或光滑表面）稍微移动到另一位置，不处于反射方向，就看不见光源的像。利用这一特性，将这种表面放在合适位置，就可以将光线反射到需要的地方，或避免光源在视线中出现。如图 7-17 所示，人在 A 的位置时，就能清晰地看到自己的形象，看不见灯的

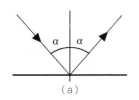
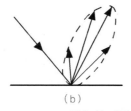
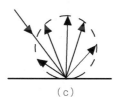
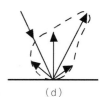

图 7-16　光的反射类型
（a）规则反射；（b）定向扩散反射；（c）漫反射；（d）混合反射

反射形象。而人在 B 处时，就会在镜中看到灯的明亮反射，影响观看效果。

2）定向扩散反射

又称半镜面反射。扩散反射保留了规则反射的某些特性，即在产生规则反射的方向上，反射光最强，但是反射光束被"扩散"到较宽的范围（图 7-16b）。产生这类反射的典型材料如喷砂、粗磨的表面或金属的毛丝面等。

3）漫反射

光线入射到粗糙表面或无光泽涂层时，反射光不规则地分布在所有方向上。如果反射光服从余弦定律，则从不同方向去观察反射面时，其亮度均相同，这种反射称为完全漫反射（图 7-16c）。粗糙的白纸、粉刷的墙面和天棚，都是典型的漫反射材料。

4）混合反射

混合反射就是规则反射和漫反射兼有的反射（图 7-16d）。具有这种性质的反光材料有光滑的纸、较粗糙的金属表面、油漆表面等。这时在反射方向可以看到光源的大致形象，但轮廓不像规则反射那样清晰，而在其他方向又类似漫反射材料具有一定亮度，但不像规则反射材料那样亮度为零。

7.3.2　透射

透射是当光入射到透明或半透明材料表面时，入射光经过折射穿过物体后的出射现象。被透射的物体为透明体或半透明体，如玻璃，滤色片等。由于透射材料的特性不同，透射光在空间的分布方式也不同，可分为以下 4 种（图 7-18）。

1）规则透射

光线照射到完全透明的材料上，会产生规则透射。在入射光的背侧，光源与物象清晰可见（图 7-18a）。

2）定向扩散透射

当光穿过诸如磨砂玻璃等材料时，在背光的一侧仅能看见光源模糊的影像，这时沿入射方向的透射光强度最大，而在其他方向上也有透射光，但强度小（图 7-18b）。

3）漫透射

光线穿过粗糙表面的透射材料时，透射光弥散开，在宏观上不存在规则透射，称之为漫透射。当光线透过乳白玻璃和塑料等半透明材料时，光线被完全散开，均匀分布于半个空间内。当透射光强分布服从余弦定律时，则为完全漫透射（图 7-18c）。

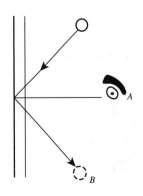

图 7-17　避免受规则反射影响的办法

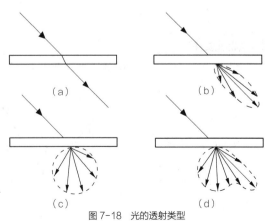

图 7-18　光的透射类型
（a）规则透射；（b）定向扩散透射；（c）漫透射；（d）混合透射

漫射材料表面的亮度可用下列公式计算。

对于漫反射材料：

$$L = \frac{E \cdot \rho}{\pi} \quad cd/m^2 \qquad (7\text{-}13)$$

对于漫透射材料：

$$L = \frac{E \cdot \tau}{\pi} \quad cd/m^2 \qquad (7\text{-}14)$$

上两式中照度单位是勒克斯（lx）。

如果用另一亮度单位阿熙提（asb），则：

$$L = E \cdot \rho \quad asb \qquad (7\text{-}15)$$

$$L = E \cdot \tau \quad asb \qquad (7\text{-}16)$$

上两式中照度单位也是勒克斯（lx）；

显然有 $\quad 1asb = \frac{1}{\pi} (cd/m^2)$

漫射材料的最大发光强度在表面的法线方向，其他方向的发光强度和法线方向的值有如下关系：

$$I_i = I_0 cosi \qquad (7\text{-}17)$$

i 是表面法线和某一方向间的夹角，这一关系式称为"朗伯余弦定律"。

4）混合透射

混合透射就是规则透射和漫透射兼有的透射（图7-18d）。如在透明玻璃上均匀地喷一层薄的白漆，其透光性能则近于混合透射，将白炽灯放在这种玻璃的一侧，由另一侧看去，漫透射形成的表面亮度相当均匀，同时灯丝的象也历历在目。

7.4 可见度及其影响因素

可见度就是人眼辨认物体存在或形状的难易程度。在室内应用时，以标准观察条件下恰可感知的标准视标的对比或大小定义。在室外应用时，以人眼恰可看到标准目标的距离定义，故常称为能见度。可见度概念是用来定量表示人眼看物体的清楚程度（故以前又把它称为视度）。一个物

体之所以能够被看见，它要有一定的亮度、大小和亮度对比，并且识别时间和眩光也会影响这种看清楚程度。

1）亮度

只有当物体发光（或反光）时，才能被人眼察觉到。人眼能看见的最低亮度（称"最低亮度阈"），仅约 3.2×10^{-6} cd/m²，随着亮度的增大，我们看得越清楚，即可见度增大。图7-19是在工作场所中的不同照度条件下，感到"满意"的人所占的百分数。从图中可以看出：随着照度的增加，感到"满意"的人数百分比也增加，最大百分比约在1500~3000 lx之间。照度超过此数值，对照明"满意"的人反而越高越少，这说明照度（亮度）要适量。若亮度过大，超出眼睛的适应范围，眼睛的灵敏度反而会下降，易引起眼疲劳。如夏日在室外看书，感到刺眼，不能长久地坚持下去。一般认为，当物体亮度超过16 sb时，人们就感到刺眼，不能坚持工作。

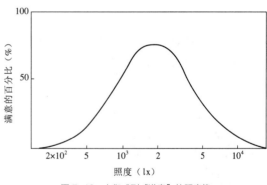

图7-19 人们感到"满意"的照度值

2）视角

视角就是识别对象对人眼所形成的张角，通常以弧度单位来衡量。视角越大看得越清楚，反之则可见度下降。物件尺寸 d、眼睛至物件的距离 l 形成视角 α，其关系如下：

$$\alpha = 3\,440\frac{d}{l} \qquad (7\text{-}18)$$

物件尺寸 d 是指需要辨别的尺寸，在图 7-20 中需要指明开口方向时，物件尺寸就是开口尺寸。

3）亮度对比

亮度对比即观看对象和其背景之间的亮度差异，差异越大，可见度越高（图 7-21）。常用 C 来表示亮度对比，它等于视野中目标和背景的亮度差与背景亮度之比，即：

$$C = \frac{L_t - L_b}{L_b} = \frac{\Delta L}{L_b} \qquad (7\text{-}19)$$

式中　L_t——目标亮度；

　　　　L_b——背景亮度；

　　　　ΔL——目标与背景的亮度差。

对于均匀照明的无光泽的背景和目标，亮度对比可用光反射比表示：

$$C = \frac{\rho_t - \rho_b}{\rho_b} \qquad (7\text{-}20)$$

式中　ρ_t——目标光反射比；

　　　　ρ_b——背景光反射比。

视觉功效实验表明：物体亮度（与照度成正比）、视角大小和亮度对比三个因素对可见度的影响是相互关联的。如图 7-22 所示为辨别概率为 95%（即正

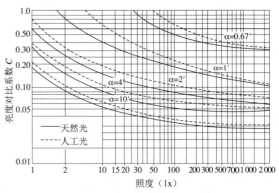

图 7-22　视觉功效曲线

确辨别视看对象的次数为总辨别次数的 95%）时，三个因素之间的关系。

从图 7-22 中的曲线可看出：①从同一根曲线来看，它表明观看对象在眼睛处形成的视角不变时，如对比下降，则需要增加照度才能保持相同可见度。也就是说，对比的不足，可用增加照度来弥补。反之，也可用增加对比来补偿照度的不足。②比较不同的曲线（表示在不同视角时）后看出：目标越小（视角越小），需要的照度越高。③天然光（实线）比人工光（虚线）更有利于可见度的提高。但在视看大的目标时，这种差别不明显。

4）识别时间

眼睛观看物体时，只有当该物体发出足够的光能，形成一定刺激，才能产生视觉感觉。在一定条件下，亮度 × 时间 = 常数（邦森一罗斯科定律），也就是说，呈现时间越少，越需要更高的亮度才能引起视感觉；图 7-23 表明他们的关系。它表明，物体越亮，察觉它的时间就越短。因此，在照明标准中规定，识别移动对象，识别时间短促而辨认困难，则要求可按照度标准值分级提高一级。

在设计中还应考虑人们流动过程中可能出现的视觉适应问题。暗适应时间的长短随此前的背景亮度及其辐射光谱分布等不同而变化，当出现环境亮度变化过大的情况，应考虑在其间设置必要的过渡

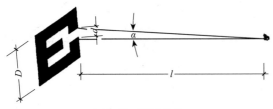

图 7-20　视角的定义

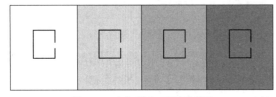

图 7-21　亮度对比和可见度的关系

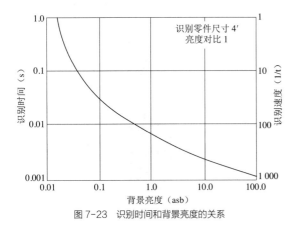

图 7-23　识别时间和背景亮度的关系

空间，使人眼有足够的视觉适应时间。在需要人眼变动注视方向的工作场所中，视线所及的各部分的亮度差别不宜过大，这可减少视疲劳。

5）避免眩光

眩光就是在视野中由于亮度的分布或亮度范围不适宜，或存在着极端的对比，以致引起不舒适感觉或降低观察细部或目标能力的视觉现象。

（1）失能眩光和不舒适眩光。根据眩光对视觉的影响程度，可分为失能眩光和不舒适眩光。降低视觉对象的可见度，但并不一定产生不舒适感觉的眩光称为失能眩光。出现失能眩光后，就会降低目标和背景间的亮度对比，使可见度下降，甚至丧失

视力。产生不舒适感觉，但并不一定降低视觉对象的可见度的眩光称为不舒适眩光。不舒适眩光会影响人们的注意力，长时间就会增加视疲劳。如常在办公桌上玻璃板里出现灯具的明亮反射形象就是这样，这是一种常见的、又容易被人们忽视的一种眩光。对于室内光环境来说，只要将不舒适眩光限制在允许的限度内，失能眩光也就消除了。

（2）直接眩光和反射眩光。从形成眩光过程来看，可把眩光分为直接眩光和反射眩光。直接眩光是由视野中，特别是在靠近视线方向存在的发光体所产生的眩光；而反射眩光是由视野中的反射所引起的眩光，特别是在靠近视线方向看见反射像所产生的眩光。

（3）光幕反射。光幕反射是在视觉作业上镜面反射与漫反射重叠出现的现象。光幕反射降低作业固有的亮度对比，致使部分或全部地看不清作业的细节。例如在有光纸上的黑色印刷符号，如光源、纸、观察人三者之间位置不当，就会产生光幕反射，使可见度下降。如图 7-24（a）所示为当投光灯放在照相机（眼睛位置）后面，这位置使有光纸上的光幕反射效应最小；如图 7-24（b）为当暗槽灯处于上前方干扰区内，这时在同一纸上的印刷符号的亮度对比减弱，但不明显；如图 7-24（c）所示为同一有光纸，但聚光灯位于干扰区内，这时光幕反射最厉害，可见度下降。

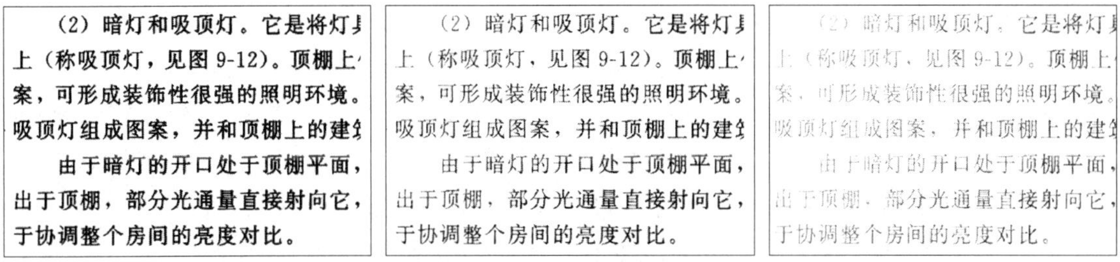

　　（2）暗灯和吸顶灯。它是将灯具上（称吸顶灯，见图 9-12）。顶棚上案，可形成装饰性很强的照明环境。吸顶灯组成图案，并和顶棚上的建筑

　　由于暗灯的开口处于顶棚平面，出于顶棚，部分光通量直接射向它，于协调整个房间的亮度对比。

（a）

　　（2）暗灯和吸顶灯。它是将灯具上（称吸顶灯，见图 9-12）。顶棚上案，可形成装饰性很强的照明环境。吸顶灯组成图案，并和顶棚上的建筑

　　由于暗灯的开口处于顶棚平面，出于顶棚，部分光通量直接射向它，于协调整个房间的亮度对比。

（b）

　　（2）暗灯和吸顶灯。它是将灯具上（称吸顶灯，见图 9-12）。顶棚上案，可形成装饰性很强的照明环境。吸顶灯组成图案，并和顶棚上的建筑

　　由于暗灯的开口处于顶棚平面，出于顶棚，部分光通量直接射向它，于协调整个房间的亮度对比。

（c）

图 7-24　光幕反射对可见度的影响

7.5 颜色

7.5.1 颜色的基本特性

1）颜色形成

颜色来源于光。从颜色的显现方式看，可分为光源色和物体色。

光源色就是由光源发出的色刺激。通常一个光源发出的光包含有很多单色光，如果单色光对应的辐射能量不相同，那么就会引起不同的颜色感觉。辐射能量分布集中于光短波部分的色光会引起蓝色的视觉；辐射能量分布集中于光长波部分的色光会引起红色的视觉；白光则是由于光辐射能量分布均匀而形成的。

物体色是物体对光源的光谱辐射有选择地反射或透射对人眼所产生的感觉。因此，物体色不仅与光源的光谱能量分布有关，而且还与物体的光谱反射比或光谱透射比分布有关。例如一张红色纸，用白光照射时，反射红色光，相对吸收白光中的其他色光，故这一张纸仍呈现红色；若仅用绿光去照射该红色纸时，它将呈现出黑色，因为光源辐射中没有红光成分。

2）颜色分类和属性

颜色分为无彩色和有彩色两大类。任何一种有彩色的表观颜色，均可以按照三个独立的主观属性分类描述，这就是色调（也称色相）、明度、彩度（也称饱和度）。无彩色只有明度的变化，而没有色调和彩度的区别，它由从白到黑的一系列中性灰色组成，如图 7-25 所示。

色调是各彩色彼此相互区分的视感觉的特性。可见光谱不同波长的辐射，在视觉上表现为各种色调，如红、橙、黄、绿、蓝等。各种单色光在白色背景上呈现的颜色，就是光源色的色调。

明度是颜色相对明暗的视感觉特性。彩色光的

白

黑

图 7-25　无彩色系列

亮度越高，人眼感觉越明亮，它的明度就越高；物体色的明度则反映光反射比（或光透射比）的变化，光反射比（或光透射比）大的物体色明度高；反之则明度低。

彩度指的是彩色的饱满性。可见光谱的各种单色光彩度最高。当单色光掺入白光成分越多，就越不饱和，当掺入的白光成分比例很大时，看起来有彩色就变成无彩色了。物体色的彩度决定于该物体反射（或透射）光谱辐射的选择性程度，如果选择性很高，则该物体色的彩度就高。

3）颜色混合

人眼能够感知和辨认的每一种颜色都能用红、绿、蓝三种颜色匹配出来，而这三种颜色中无论哪一种都不能由其他两种颜色混合产生。因此，在色度学中将红（700 nm）、绿（546.1 nm）、蓝（435.8 nm）三色称为加色法的三原色。

颜色混合分为颜色光的相加混合（加色法）和染料、涂料的物体色的相减混合（减色法）。

颜色光的相加混合具有下述规律：

（1）每一种颜色都有一个相应的补色。某一颜色与其补色以适当比例混合能产生白色或灰色，通常把这两种颜色称为互补色。如红色和青色，绿色和品红色，蓝色和黄色都是互补色。

（2）任何两个非互补色相混合可以产生中间色。中间色的色调决定于两种颜色的比例大小，并偏向

比例大的颜色；中间色的彩度决定于两者在红、橙、黄、绿、蓝、紫色等色调顺序上的远近，两者相距越近彩度越大，反之则彩度越小。

（3）表观颜色相同的色光，不管他们的光谱组成是否一样，颜色相加混合中具有相同的效果。如果颜色 A＝颜色 B，颜色 C＝颜色 D，那么只要在颜色光不耀眼的很大范围内有

颜色 A＋颜色 C＝颜色 B＋颜色 D

上式称为颜色混合的加法定律，常称为格拉斯曼定律（代替律），这是 2° 视场色度学的基础。

（4）混合色的总亮度等于组成混合色的各颜色光亮度的总和。

颜色的相加混合应用于不同光色的光源的混光照明和舞台照明等方面。

染料和彩色涂料的颜色混合以及不同颜色滤光片的组合，与上述颜色的相加混合规律不同，他们均属于颜色的减法混合。

在颜色的减法混合中，为了获得较多的混合色，应控制红、绿、蓝三色，为此，采用红、绿、蓝三色的补色，即青色、品红色、黄色三个减法原色。青色吸收光谱中红色部分，反射或透射其他波长的光辐射，称为"减红"原色，是控制红色用的，如图7-26（a）所示；品红色吸收光谱中绿色部分，是控制绿色的，称为"减绿"原色，如图7-26（b）所示；黄色吸收光谱中蓝色部分，是控制蓝色的，称为"减蓝"原色，如图7-26（c）所示。

当两个滤光片重叠或两种颜料混合时，相减混

合得到的颜色总要比原有的颜色暗一些。如将黄色滤光片与青色滤光片重叠时，由黄色滤光片"减蓝"和青色滤光片"减红"共同作用后，即两者相减只透过绿色光；又如品红色和黄色颜料混合，因品红色"减绿"和黄色"减蓝"而呈红色；如果将品红、青、黄三种减法原色按适当比例混在一起，则可使有彩色全被减掉而呈现黑色。

我们要掌握颜色混合的规律，一定要注意颜色相加混合（图7-27a）与颜色减法混合（图7-27b）的区别，切忌将减法原色的品红色误称为红色，将青色误称为蓝色，以为红色、黄色、蓝色是减法混合中的三原色，造成与相加混合中的三原色红色、绿色、蓝色混淆不清。

7.5.2 色度系统

随着科学技术的进步，颜色在工程技术方面得到广泛应用，为了精确地规定颜色，就必须建立定

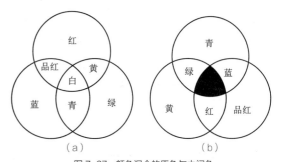

图7-27 颜色混合的原色与中间色
（a）相加混合（光源色）；（b）相减混合（物体色）

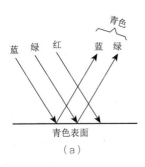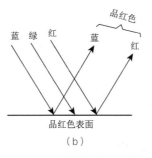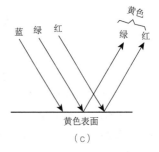

（a）　　　　　（b）　　　　　（c）

图7-26 颜料的减色混合原理

量的表色系统。所谓表色系统，就是使用规定的符号，按一系列规定和定义表示颜色的系统，亦称为色度系统。表色系统有两大类：一是用以光的等色实验结果为依据的，由进入人眼能引起有彩色或无彩色感觉的可见辐射表示的体系，国际照明委员会（CIE）1931 标准色度系统就是这种体系的代表；二是建立在对表面颜色直接评价基础上，用构成等感觉指标的颜色图册表示的体系，如孟塞尔表色系统等。

1）CIE 1931 标准色度系统

这一系统的特点是用严格的数学方法来计算和规定颜色。使用这一系统，任何一种颜色都能用两个色坐标在色度图上表示出来。该系统奠定了现代色度学的基础，目前在照明行业中仍然被广泛应用。

国际照明委员会（CIE）1931 年推荐的"CIE 标准色度系统"选用三个设想的原刺激 [X]、[Y]、[Z]，有效避免色品坐标出现负值和便于测量颜色。它是以两个事实为依据：第一，任何一种光的颜色都能用红、绿、蓝三原色的光匹配出来；第二，大多数人具有非常相似的颜色视觉。基于上述事实，CIE 根据 2° 视场观察条件下等色实验结果，规定了标准色度观测者的三条相对光谱灵敏度曲线（图 7-28），或以表格形式给出光谱三刺激值（本篇附录 1）。

要想得到某一波长的光谱颜色，可在图 7-28 上或表中（本篇附录 1）查出相应的光谱三刺激值，并按 $\bar{x}(\lambda)$、$\bar{y}(\lambda)$、$\bar{z}(\lambda)$ 数量的红、绿、蓝设想的原色相加，便能得到该光谱色。

根据 CIE 1931 标准色度观察者光谱三刺激值，就可以按下列三式求出匹配任何一种颜色的三刺激值 X、Y、Z：

$$X=k\sum \phi(\lambda)\bar{x}(\lambda)\Delta\lambda \qquad (7\text{-}21a)$$
$$Y=k\sum \phi(\lambda)\bar{y}(\lambda)\Delta\lambda \qquad (7\text{-}21b)$$
$$Z=k\sum \phi(\lambda)\bar{z}(\lambda)\Delta\lambda \qquad (7\text{-}21c)$$

式中　$\phi(\lambda)$——颜色刺激函数，在计算光源色时，有 $\phi(\lambda)=s(\lambda)$；

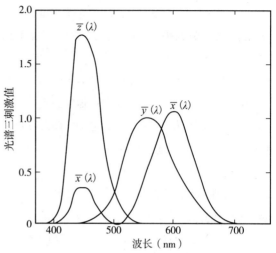

图 7-28　CIE1931 标准色度观察者光谱三刺激值

$s(\lambda)$——光源的相对光谱功率分布；

k——归一化系数（又称为调整因数），它是将 Y 值调整为 100 时得出的，即

$$k=\frac{100}{\sum \phi(\lambda)\bar{y}\Delta(\lambda)}；$$

$\Delta(\lambda)$——波长间隔，单位 nm。

式（7-21）各式中；$\bar{x}(\lambda)$、$\bar{y}(\lambda)$、$\bar{z}(\lambda)$ 是 CIE 1931 标准色度观察者光谱三刺激值，可从图 7-28 上或相应的表（附录 1）查得。

在 CIE 1931 标准色度系统中，颜色的色品坐标（色度坐标）就是每一刺激值与三刺激值之和的比值，并分别以 x、y、z 表示。于是有：

$$x=\frac{X}{X+Y+Z} \qquad (7\text{-}22a)$$
$$y=\frac{Y}{X+Y+Z} \qquad (7\text{-}22b)$$
$$z=\frac{Z}{X+Y+Z} \qquad (7\text{-}22c)$$

因为 $x+y+z=1$，所以一般只用两个色品坐标，通常是 x、y。

大体上讲，x 是 [X] 刺激的分量，与红色有关，相当于红原色比例；y 是 [Y] 刺激的分量，与绿色有关，相当于绿原色比例；z 是 [Z] 刺激的分量，与蓝色有关，相当于蓝原色的比例。图 7-29 是根据

CIE 1931 标准色度系统绘制出来的。按照颜色混合原理，它用匹配某一颜色的三原色比例来规定这一颜色，并在图上标注了相应颜色名称。图中马蹄形曲线表示单一波长的光谱轨迹，并标注了相应的波长（单位 nm）。把光谱轨迹的紫、红两端连起来的直线称为紫红轨迹，它表示了光谱轨迹上没有的由紫到红的颜色。所有真实的颜色都包含在光谱轨迹和紫红轨迹为边界的面积之内。

需要说明的是，X 和 Z 只表示色度，Y 可以表示色度和光量。所谓光量是指光通量、光透射比、光反射比、亮度和亮度因数等。

在色品图 7-29 上，光谱轨迹上光谱色的彩度最高；一种颜色的坐标点距光谱轨迹越近，它的彩度越高，颜色越纯；C 和 E 代表 CIE 标准照明体 C 和等能白光 E，E 点位于 XYZ 颜色三角形的中心处，越靠近 C 或 E 点的颜色饱和度越低。CIE 1931 色品图准确地表示了颜色视觉的基本规律和颜色混合的一般规律，故也可以称为混色图。

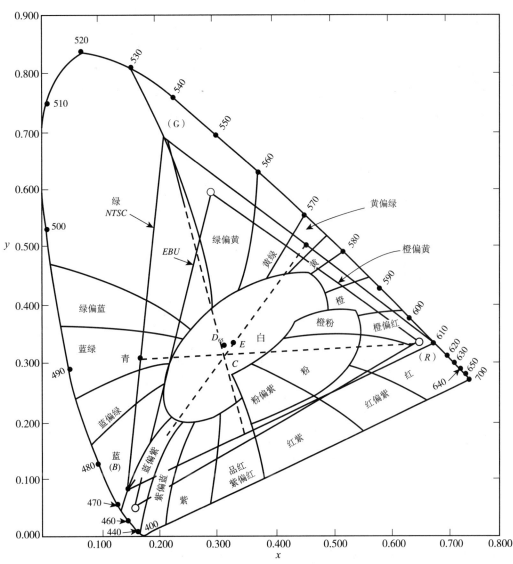

图 7-29　CIE1931 色品图上的颜色区域

计算物体色的色品坐标时，应尽量采用 CIE 标准照明体。它是由 CIE 规定的入射在物体上的一个特定的相对光谱功率分布，但不一定有实现这一光谱功率分布的真实光源。CIE 标准照明体 A、B、C、D_{65} 的相对光谱功率分布均以相应表格的形式给出。在色度学计算中，最常用到的是标准照明体 A 和 D_{65}。目前 CIE 已规定了标准光源 A（分布温度[①] 2 856 K 的透明玻壳充气钨丝灯）和 C（由标准光源 A 和戴维斯—吉伯逊溶液滤光器组合而成的，分布温度为 6 774 K 的光源）。

当观测或匹配颜色样品的视场角度在 4°~10° 时，需要采用"CIE 1964 补充标准色度系统"进行计算。

2）孟塞尔表色系统

孟塞尔于 1905 年创立了采用颜色图册的表色系统，它就是用孟塞尔颜色立体模型（图 7-30）所规定的色调、明度和彩度来表示物体色的表色系统。在孟塞尔颜色立体模型中，每一部位均代表一个特定颜色，并给予一定的标号，称为孟塞尔标号。这是用表示色的三个独立的主观属性，即色调（符号 H）、明度（符号 V）和彩度（符号 C）按照视知觉上的等距指标排列起来进行颜色分类和标定的。它是目前国际上通用的物体色的表色系统。

在孟塞尔颜色立体模型里，中央轴代表无彩色（中性色）的明度等级，理想白色为 10，理想黑色为 0，共有视知觉上等距离的 11 个等级。在实际应用中只用明度值 1 至 9。

颜色样品离开中央轴的水平距离表示彩度变化。彩度也分成许多视知觉上相等的等级，中央轴上中性色的彩度为 0，离开中央轴越远彩度越大。各种颜色的最大彩度是不一样的，个别最饱和颜色的彩度可达到 20。

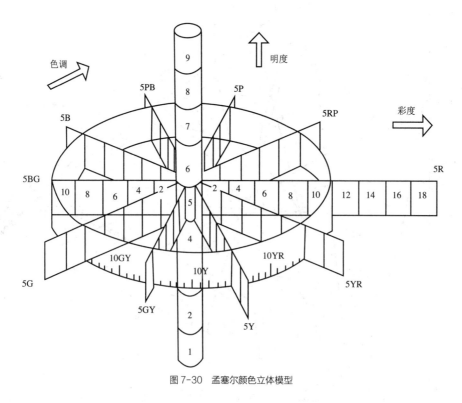

图 7-30　孟塞尔颜色立体模型

[①]　所谓分布温度就是当某一种光源的相对光谱功率分布与完全辐射体（黑体）的相对光谱功率分布相同或最近似时，完全辐射体（黑体）的温度。

孟塞尔颜色立体模型水平剖面上的各个方向代表 10 种孟塞尔色调，包括红（R）、黄（Y）、绿（G）、蓝（B）、紫（P）5 种主色调，以及黄红（YR）、绿黄（GY）、蓝绿（BG）、紫蓝（PB）和红紫（RP）5 种中间色调。为了对色调作更细的划分，10 种色调又各分成 10 个等级，每种主色调和中间色调的等级都定为 5。

任何一种物体色都可以用孟塞尔表色系统来标定，即先写出色调 H，然后写明度值 V，再在斜线后面写出彩度 C，即：

$HV/C=$ 色调 明度／彩度

例如孟塞尔标号为 10Y8/12 的颜色，就表示它的色调是黄（Y）与绿黄（GY）的中间色；明度值为 8，该颜色是比较明亮；彩度是 12，它是比较饱和的颜色。

无彩色用 N 符号表示，且在 N 后面给出明度值 V，斜线后空白，即：

$NV/=$ 中性色 明度值／

例如明度值等于 5 的中性灰色写成 $N5/$。

1943 年美国光学学会对孟塞尔颜色样品进行重新编排和增补，制定出孟塞尔新表色系统，修正后的色样编排在视觉上更接近等距，而且对每一色样给出了相应的 CIE 1931 表色系统的色品坐标。

7.5.3　色差与色貌

每一种颜色在 CIE 1931 色品图上虽然是一个点，但对于视觉来说，当这种颜色的坐标位置变化很小，人眼仍认为它是原来的颜色，而感觉不出它的变化。现把人眼感觉不出颜色变化的范围称为颜色的宽容量。

由于色品图上光谱轨迹的波长不是等距的，所以麦克亚当在色品图上不同位置选择了 25 个颜色点，并以此为中心，测定 5 到 9 个对侧方向上的颜色匹配范围，并用各方向上颜色匹配的标准差定出颜色的宽容量，按实验结果的标准差的 10 倍绘制了麦克亚当的颜色椭圆形宽容量范围，见图 7-31。

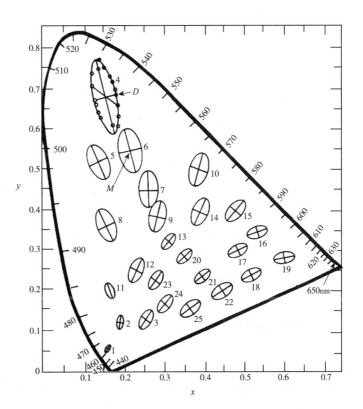

图 7-31　麦克亚当的颜色椭圆形宽容量范围

从图 7-31 上看出，在 CIE 1931 色品图的不同位置上，颜色的宽容量是不一样的。例如蓝色部分宽容量最小，绿色部分最大，也就是说，在 CIE 1931 色品图上的蓝色部分，人眼能看出更多数量的各种蓝色，而在绿色部分的同样空间内，人眼只能看出较少数量的各种绿色。

为解决颜色空间的感知均匀性问题，CIE 一直在不断改进和统一颜色评价的方法。其中，CIE 1976L*a*b*（也称为 CIE LAB）和 CIE 1976L*u*v*（也称为 CIE LUV）均匀颜色空间已成为世界各国正式采纳、作为国际通用的测色标准，它适用于一切的光源色（CIE LUV，加色混合）或物体色（CIE LAB，减色混合）的表示和计算。这两个颜色空间与颜色的感知更均匀，并且给了人们估评两种颜色近似程度的一种方法，允许使用数字量 ΔE 表示两种颜色之差。色差 ΔE 就是以定量表示的色知觉差异，它表示色空间中两个颜色点之间的距离，并可用相应的色差公式算得。

当两个颜色的 CIE 三刺激值（XYZ）相同时，人的视网膜的视觉感知这两个颜色是相同的，但两个相同的颜色，只有在周围环境、背景、样本尺寸、样本形状、样本表面特性和照明条件等相同的观察条件下，视觉感知才是一样的（匹配的），一旦将两个相同的颜色置于不同的观察条件下，虽然三刺激值仍然相同，但人的视觉感知会产生变化，这就是所谓的色貌现象。早期的色彩研究中并没有考虑到色貌现象，如此建立的色度学对很多特殊情况是不适用的，而解决这一问题的关键是建立合适的色貌模型，在一个确定的环境下重现原观察条件下的色貌属性，使得不同媒体的彩色图像在不同的观察条件下，在人的视觉感知中是相同的。其中，CIE 在 2002 年公布的 CIECAM02 确定为工业应用的推荐色貌模型。

7.5.4　光源的色温和显色性

1）光源的色温和相关色温

在辐射作用下既不反射也不透射，而能把落在它

上面的辐射全部吸收的物体称为黑体或称为完全辐射体。一个黑体被加热，其表面按单位面积辐射的光谱功率大小及其分布完全取决于它的温度。当黑体连续加热时，它的相对光谱功率分布的最大值将向短波方向移动，相应的光色将按顺序红→黄→白→蓝的方向变化。黑体温度在 800 K~900 K 时，光色为红色；3 000K 时为黄白色；5 000K 左右时呈白色，在 8 000K 到 10 000K 之间为淡蓝色。在不同温度下，对应的光色变化在 CIE 1931 色品图上形成弧形轨迹，叫作黑体轨迹或称为普朗克轨迹，如图 7-32 所示。

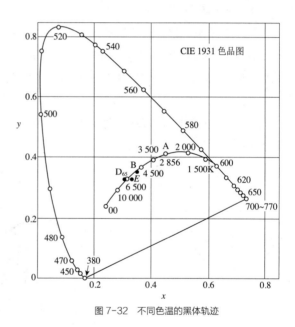

图 7-32　不同色温的黑体轨迹

由于不同温度的黑体辐射对应着一定的光色，所以人们就用黑体加热到不同温度时所发出的不同光色来表示光源的颜色。通常把某一种光源的色品与某一温度下的黑体的色品完全相同时黑体的温度称为光源的色温，并用符号 T_c 表示，单位是绝对温度 K。例如，某一光源的颜色与黑体加热到绝对温度 3 000 K 时发出的光色完全相同，那么该光源的色温就是 3 000 K，它在 CIE 1931 色品图上的色品坐标为 $x=0.437$，$y=0.404$，这一点正好落在黑体轨迹上。CIE 标准照明体 A 是代表 1968 年国际实用温标而规定的绝对温度为 2 856 K 的完全辐射体，

它的色品坐标为 $x=0.447\ 6$，$y=0.407\ 4$，正好落在 CIE 1931 色品图黑体轨迹上，如图 7-32 所示。

白炽灯等热辐射光源的光谱功率分布与黑体辐射分布近似，而且他们的色品坐标点也正好落在黑体轨迹上，因此，色温的概念能恰当地描述白炽灯等光源的光色。

气体放电光源（如荧光灯、高压钠灯等）、固体发光光源（如 LED）的光谱功率分布与黑体辐射相差甚大，他们的色品坐标点常常落在黑体轨迹附近，因此严格地说，不应当用色温来表示这类光源的光色，但是往往用与某一温度下的黑体辐射的光色来近似地确定这类光源的颜色。通常把某一种光源的色品与某一温度下的黑体的色品最接近时的黑体温度称为相关色温，以符号 T_{cp} 表示。在图 7-33 中，绘出了确定相关色温用的等温线和黑体轨迹。凡某光源的色品坐标点位于黑体轨迹附近，都可以自该色品坐标点起，沿着与最接近的等温线相平行的方向作一直线，此直线与黑体轨迹相交点指示的温度就是该光源的相关色温。如图 7-33 所示，CIE 标准照明体 D_{65}[1] 是代表相关色温约为 6 504 K 的平均昼光，它的色品坐标为 $x=0.312\ 7$，$y=0.329\ 0$，该坐标点落在黑体轨迹的上方（图 7-32）。

2）光源的显色性

物体色在不同照明条件下的颜色感觉有可能要发生变化，这种变化可用光源的显色性来评价。光源的显色性就是照明光源对物体色表[2]的影响（该影响是由于观察者有意识或无意识地将它与标准光源下的色表相比较而产生的），它表示了与参考标准光源相比较时，光源显现物体颜色的特性。CIE 及我国制订的光源显色性评价方法中，都规定把 CIE 标准照明体 A 作为相关色温低于 5 000 K 的低色温光源的参照标准，它与早晨或傍晚时日光的色温相近；相关色温高于 5 000 K 的光源用 CIE 标准照明体 D_{65} 作为参照标准，它相当于中午的日光。

光源的显色性主要取决于光源的光谱功率分布。日光和白炽灯都是连续光谱，所以他们的显色性均较好。据研究表明，除了连续光谱的光源有较好的显色性外，由几个特定波长的色光组成的光源辐射也会有很好的显色效果。如波长为 450 nm（浅紫蓝光）、540 nm（绿偏黄光）、610 nm（浅红橙光）的辐射对提高光源的显色性具有特殊效果。如用这三种波长的辐射以适当比例混合后，所产生的白光（高度不连续光谱）也具有良好的显色性。但是波长为 500 nm（绿光）和 580 nm（橙偏黄光）的辐射对显色性有不利的影响。

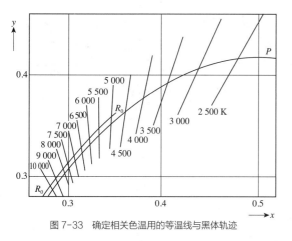

图 7-33　确定相关色温用的等温线与黑体轨迹

表 7-3　CIE 颜色样品

号数	孟塞尔标号	日光下的颜色	号数	孟塞尔标号	日光下的颜色
1	7.5R6/4	淡灰红色	9	4.5R4/13	饱和红色
2	5Y6/4	暗灰黄色	10	5Y8/10	饱和黄色
3	5GY6/8	饱和黄绿色	11	4.5G5/8	饱和绿色
4	2.5G6/6	中等黄绿色	12	3PB3/11	饱和蓝色
5	10BG6/4	淡蓝绿色	13	5YR8/4	淡黄粉色（人的肤色）
6	5PB6/8	淡蓝色			
7	2.5P6/8	淡紫蓝色	14	5GY4/4	中等绿色（树叶）
8	10P6/8	淡红紫色	15	1YR6/4	中国女性肤色

① CIE 标准照明体 D_{65} 是根据大量自然昼光的光谱分布实测值经统计处理而得，考虑到它是由代表着任意色温的昼光的光谱分布，故把它称为 CIE 平均昼光或称为 CIE 合成昼光，它相当于中午的日光。

② 色表——与色刺激和材料质地有关的颜色的主观表现。

　　光源的显色性采用显色指数来度量，并用一般显色指数（符号 R_a）和特殊显色指数（符号 R_i）表示。在被测光源和标准光源照明下，在适当考虑色适应状态下，物体的心理物理色符合程度的度量称为显色指数；而与 CIE 色试样的心理物理色的符合程度的度量称为特殊显色指数；光源对特定的 8 个一组的色试样的 CIE 1974 特殊显色指数的平均值则称为一般显色指数。由 CIE 规定的这 8 种颜色样品如表 7-3 所示的第 1 号至第 8 号，他们是从孟塞尔颜色图册中选出来的明度为 6、并具有中等彩度的颜色样品。如要确定一般显色指数，可根据光源和 CIE 标准照明体的光谱功率分布以及 CIE 第 1 号至第 8 号颜色样品的光谱辐射亮度因数，采用色差公式（一般指的是 CIE 1964W*U*V* 表色系统中的色差计算公式）分别计算这 8 种颜色样品的色差 ΔE_i，然后按下式计算每一种颜色样品的显色指数。

$$R_i = 100 - 4.6\Delta E_i \qquad (7-23)$$

式中的系数 4.6 是用来改变标度的，为的是使暖白色荧光灯的一般显色指数 R_a 为 50。

　　一般显色指数就是第 1 号～第 8 号 CIE 颜色样品显色指数的算术平均值，即：

$$R_a = \frac{1}{8}\sum_{i=1}^{8} R_i \qquad (7-24)$$

　　显色指数的最大值定为 100。一般认为光源的一般显色指数在 100~80 范围内时，显色性优良；在 79~50 范围内时，显色性一般；如小于 50 则显色性较差。

　　常用的电光源只用一般显色指数 R_a 作为评价光源的显色性的指标就够了。如需要考察光源对特定颜色的显色性时，应采用表 7-3 中第 9 号至第 15 号颜色样品中的一种或数种计算相应的色差 ΔE_i，然后按式（7-23）就可以求得特殊显色指数 R_i。表 7-3 中第 13 号颜色样品是欧美妇女的面部肤色，第 15 号是 CIE 追加的中国和日本女性肤色，第 14 号是树叶绿色，这 3 种颜色是最经常出现的颜色，人眼对肤色尤为敏感，稍有失真便能察觉出来，而使人物的形象受到歪曲。因此，这 3 种颜色样品的特殊显色指数在光源显色性评价中占有重要地位。

　　因为一般显色指数是一个平均值，所以即使一般显色指数相等，也不能说这两个被测光源有完全相同的显色性。这是因为光源的显色指数是基于色空间上对被测光源下和标准照明体下颜色样品色差矢量长度的比较，即基于颜色样品的色位移量的比较，所以应承认色位移的方向也是重要的。但是在上述的一般显色指数和特殊显色指数中均不包括色位移方向度量。因此，即使两个具有相同特殊显色指数的光源，如果颜色样品的色位移方向不同，那么在这两个光源下，该颜色样品在视觉上也不会相同。当要求精确辨别颜色时，应注意到不同的光源可能具有相同的一般显色指数和特殊显色指数，但是不一定可以相互替代。

　　这种基于标准颜色试样的显色性评价方法，目前在全世界范围内仍广泛使用。然而相关研究表明该方法仅能反映光源色保真性，而并不能完全反映光源的显色性。近年来伴随 LED 技术的快速发展，特别是在多芯片混光 LED 的应用中，该问题日益凸显。北美照明学会在 2015 年发布的新的技术备忘录 TM—30《光源显色性评估方法》中，增加了色域指数等光源显色性评价指标。在国家标准《光源显色性评价方法》GB /T 5702—2019 中，也以资料性附录形式补充了色域指数、彩度指数等光源对于物体色貌的彩度影响的评价参数，以便更加准确地反映光源对于物体视看效果的影响。

思考题与习题

1. 波长为 540 nm 的单色光源，其辐射功率为 5 W，试求：

（1）这单色光源发出的光通量；

（2）如它向四周均匀发射光通量，求其发光强度；

（3）离它 2 m 处的照度。

2. 一个直径为 250 mm 的乳白玻璃球形灯罩，内装一个光通量为 1 179 lm 的白炽灯，设灯罩的光透射比为 0.60，求灯罩外表面亮度（不考虑灯罩的内反射）。

3. 一房间平面尺寸为 7 m×15 m，净空高 3.6 m。在顶棚正中布置一亮度为 500 cd/m² 的均匀扩散光源，其尺寸为 5 m×13 m，求房间正中和四角处的地面照度（不考虑室内反射光）。

4. 有一物件尺寸为 0.22 mm，视距为 750 mm，设它与背景的亮度对比为 0.25。求达到辨别概率为 95% 时所需的照度。如对比下降为 0.2，需要增加照

度若干才能达到相同可见度？

5. 有一白纸的光反射比为 0.8，最低照度是多少时我们才能看见它？达到刺眼时的照度又是多少？

6. 试说明光通量与发光强度，照度与亮度间的区别和联系？

7. 看电视时，房间完全黑暗好，还是有一定亮度好？为什么？

8. 为什么有的商店大玻璃橱窗能够像镜子似地照出人像，却看不清里面陈列的展品？

9. 写出下列颜色的色调、明度、彩度：

① 2.5PB5.5/6；　② 5.0G6.5/8；　③ 7.5R4.5/4；
④ N9.0/；⑤ N1.5/。

10. 已知一光源的色品坐标为 $x=0.348\ 4$，$y=0.351\ 6$，求它的相关色温是多少？

11. 已知 CIE 标准照明体 A 的三刺激值为 $X=109.847\ 2$，$Y=100.000\ 0$，$Z=35.582\ 4$，求色品坐标。

第8章 Chapter 8 Daylight
天然采光

人眼只有在良好的光照条件下才能有效地进行视觉工作。现在大多数工作都是在室内进行，故必须在室内创造良好的光环境。

从视觉功效试验来看，参考图 7-22，人眼在天然光下比在人工光下具有更高的视觉功效，并感到舒适和有益身心健康，这表明人类在长期进化过程中，眼睛已习惯于天然光。太阳光是一种巨大的安全的清洁光源，室内充分地利用天然光，就可以起到节约资源和保护环境的作用。而我国地处温带，气候温和，天然光很丰富，也为充分利用天然光提供了有利的条件。

充分利用天然光，节约照明用电，对我国实现可持续发展战略具有重要意义，同时具有巨大的经济效益、环境效益和社会效益。

8.1 光气候和采光系数

8.1.1 光气候

在天然采光的房间里，室内的光线是随着室外天气的变化而变化。因此，要设计好室内采光，必须对当地的室外照度状况以及影响它变化的气象因素有所了解，以便在设计中采取相应的措施，保证采光需要。所谓光气候就是由太阳直射光、天空漫射光和地面反射光形成的天然光平均状况。下面简要地介绍一些光气候知识。

1) 天然光的组成和影响因素

由于地球与太阳相距很远，故可认为太阳光是平行地射到地球上。太阳光穿过大气层时，一部分透过它射到地面，称为太阳直射光，它形成的照度大，并且具有一定方向，在被照射物体背后出现明显的阴影；另一部分碰到大气层中的空气分子、灰尘、水蒸气等微粒，产生多次反射，形成天空漫射光，使天空具有一定亮度，它在地面上形成的照度较小，没有一定方向，不能形成阴影；太阳直射光和天空漫射光射到地球表面上后产生反射光，并在地球表面与天空之间产生多次反射，使地球表面和天空的亮度有所增加。在进行采光计算时，除地表面被白雪或白沙覆盖的情况外，一般可不考虑地面反射光影响。因此，全阴天时只有天空漫射光；晴天时室外天然光由太阳直射光和天空漫射光两部分组成。这两部分光的比例随天空中云量[①]和云是否将太阳遮住而变化；太阳直射光在总照度中的比例由

---

① 云量划分为 0~10 级，它表示天空总面积分为 10 份，其中被云遮住的份数，即覆盖云彩的天空部分所占的立体角总和与整个天空立体角 2π 之比。

全晴天时的 90% 到全阴天时的零；天空漫射光则相反，在总照度中所占比例由全晴天的 10% 到全阴天的 100%。随着两种光线所占比例的不同，地面上阴影的明显程度也改变、总照度大小也不一样。现在分别按不同天气来看室外光气候变化情况。

（1）晴天

它是指天空无云或很少云（云量为 0~3 级）。这时地面照度是由太阳直射光和天空漫射光两部分组成。其照度值都是随太阳的升高而增大，只是漫射光在太阳高度角较小时（日出、日落前后）变化快，到太阳高度角较大时变化较小。而太阳直射光照度在总照度中所占比例是随太阳高度角的增加而较快变大（图 8-1），阴影也随之而更明显。

从立体角投影定律知道，室内某点的照度是取决于从这点通过窗口所看到的那一块天空的亮度。

为了在采光设计中应用标准化的光气候数据，国际照明委员会（CIE）根据世界各地对天空亮度观测的结果，提出了 CIE 标准全晴天空亮度分布的数学模型，CIE 标准全晴天相对亮度分布是按下式描述的：

$$L_{\xi\gamma}=\frac{f(\gamma)\varphi(\xi)}{f(Z_0)\varphi(0°)}L_Z \qquad (8\text{-}1)$$

式中　$L_{\xi\gamma}$——天空某处亮度，cd/m^2；

　　　L_Z——天顶亮度，cd/m^2；

　　　$f(\gamma)$——天空 $L_{\xi\gamma}$ 处到太阳的角距离（γ）的函数；

$$f(\gamma)=0.91+10\exp(-3\gamma)+0.45\cos^2\gamma$$

　　　$\varphi(\xi)$——天空 $L_{\xi\gamma}$ 处到天顶[①]的角距离（ξ）的函数；

$$\varphi(\xi)=1-\exp(-0.32\sec\xi)$$

　　　$f(Z_0)$——天顶到太阳的角距离（Z_0）的函数；

$$f(Z_0)=0.91+10\exp(-3Z_0)+0.45\cos^2Z_0$$

　　　$\varphi(0°)$——天空点 $L_{\xi\gamma}$ 处对天顶的角距离为 0° 的函数；

$$\varphi(0°)=1-\exp(-0.32)=0.273\ 85$$

式中角度定义如图 8-2 表示。

当 γ、Z_0 和 ξ 的角度值给定时，这些函数可以计算出来。在一般实际情况中，ξ 和 Z_0 角是很容易看出来的，但球面距离 γ 应使用所考虑天空的角坐标借助于下面的关系来计算：

$$\cos\gamma=\cos Z_0\cos\xi+\sin Z_0\sin\xi\cos\alpha$$

在大城市或工业区污染的大气中，可用下面函数来定义更接近实际的指标：

$$f'(\gamma)=0.856+16\exp(-3\gamma)+0.3\cos^2\gamma$$

$$f'(Z_0)=0.856+16\exp(-3Z_0)+0.3\cos^2Z_0$$

实测表明：晴天空亮度分布是随大气透明度、太阳和计算点在天空中的相对位置而变化的：最亮处在太阳附近；离太阳越远，亮度越低，在太阳子午圈（由太阳经天顶的瞬时位置而定）上、与太阳成 90° 处达到最低。由于太阳在天空中的位置是随时间而改变的，因此天空亮度分布也是变化不定的。如图 8-3（a）所示当太阳高度角为 40° 时的

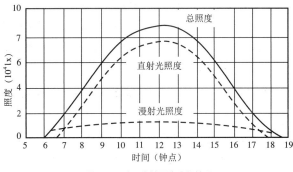

图 8-1　晴天室外照度变化情况

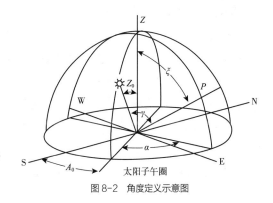

图 8-2　角度定义示意图

---

① 　天顶，即头顶上方的天球点，属铅垂线无限延伸与天球交两点之一。

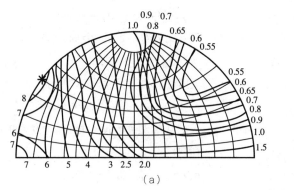 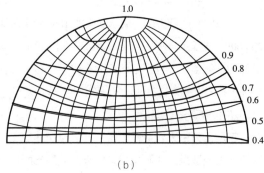

（a）　　　　　　　　　　　　　　　　　　　（b）

图 8-3　天空亮度分布

（a）无云天；（b）全云天；*——太阳位置

无云天空亮度分布，图中所列值是以天顶亮度为 1 的相对值。这时，建筑物的朝向对采光影响很大。朝阳房间（如朝南）面对太阳所处的半边天空，亮度较高，房间内照度也高；而背阳房间（如朝北）面对的是低亮度天空，故这些房间就比朝阳房间的照度低得多。在朝阳房间中，如太阳光射入室内，则在太阳照射处具有很高的照度，而其他地方的照度就低得多，这就产生很大的明暗对比。这种明暗面的位置和比值又不断改变，使室内采光状况很不稳定。

（2）阴天

阴天是指天空云很多或全云（云量为 8~10 级）的情况。全阴天时天空全部为云所遮盖，看不见太阳，因此室外天然光全部为漫射光，物体后面没有阴影。这时地面照度取决于：

①太阳高度角。全阴天中午仍然比早晚的照度高。

②云状。不同的云由于他们的组成成分不同，对光线的影响也不同。低云云层厚，位置靠近地面，它主要由水蒸气组成，故遮挡和吸收大量光线，如下雨时的云，这时天空亮度降低，地面照度也很小。高云是由冰晶组成，反光能力强，此时天空亮度达到最大，地面照度也高。

③地面反射能力。由于光在云层和地面间多次反射，使天空亮度增加，地面上的漫射光照度也显著提高，特别是当地面积雪时，漫射光照度比无雪时提高可达 1 倍以上。

④大气透明度。如工业区烟尘对大气的污染，使大气杂质增加，大气透明度降低，于是室外照度大大降低。

以上四个因素都影响室外照度，而它们本身在一天中也是变化的，必然会使室外照度随之变化，只是其幅度没有晴天那样剧烈。

至于 CIE 标准全阴天的天空亮度，则是相对稳定的，它不受太阳位置的影响，近似地按下式变化：

$$L_\theta = \frac{1+2\sin\theta}{3} L_Z \qquad (8-2)^{[①]}$$

式中　L_θ——仰角为 θ 方向的天空亮度，cd/cm^2；

　　　L_Z——天顶亮度，cd/m^2；

　　　θ——计算天空亮度处的高度角（仰角）。

由式（8-2）可知，CIE 标准全阴天天顶亮度为地平线附近天空亮度的 3 倍。一般阴天的天空亮度分布如图 8-3（b）所示。由于阴天的亮度低，亮度分布相对稳定，因而使室内照度较低，但朝向影响小，室内照度分布稳定。

这时地面照度 $E_{地}$（lx）在数量上等于高度角为 42° 处的天空亮度 L_{42}（asb），即：

---

① 此式由蒙—斯本塞（Moon—Spencer）提出。

$$E_{地} = L_{42} \qquad (8\text{-}3)$$

由式（8-2）和立体角投影定律可以导出天顶亮度 L_Z（cd/m^2）与地面照度 $E_{地}$（lx）的数量关系为：

$$E_{地} = \frac{7}{9}\pi L_Z$$

除了晴天和阴天这两种极端状况外，还有多云天。在多云天时，云的数量和在天空中的位置瞬时变化，太阳时隐时现，因此照度值和天空亮度分布都极不稳定。这说明光气候是错综复杂的，需要从长期的观测中找出其规律。目前较多采用 CIE 标准全阴天空作为设计的依据，这显然不适合于晴天多的地区，所以有人提出按所在地区占优势的天空状况或按"CIE 标准一般天空"[①]来进行采光设计和计算。

2）我国光气候概况

从上述可知，影响室外地面照度的因素主要有：太阳高度、云状、云量、日照率（太阳出现时数和可能出现时数之比）。我国地域辽阔，同一时刻南北方的太阳高度相差很大。在我国缺少照度观测资料的情况下，可以利用各地区多年的辐射观测资料及辐射光当量模型来求得各地的总照度和散射照度。根据我国 273 个站近 30 年的逐时气象数据，并利用辐射光当量模型，可以得到典型气象年的逐时总照度和散射照度。"根据逐时的照度数据，可以得到各地区平均的总照度，从而得到我国总照度分布图（参见国标《建筑采光设计标准》GB 50033—2013 附录图 4，中国光气候资源分布图），并根据总照度的范围进行光气候分区。"从气候特点分析，它与我国气候分布状况特别是太阳资源分布状况也是吻合的。天然光照度随着海拔高度和日照时数的增加而增加，如拉萨、西宁地区照度较高；随着湿度的增加而减少，如宜宾、重庆地区。

从图 8-4 中可以看出：重庆地区由于多云，且多为低云，故总照度中漫射光照度所占比重很大（表 8-1）。它表明室外天然光产生的阴影很淡，不利于形成三维物体的立体感。在设计三维物体和建

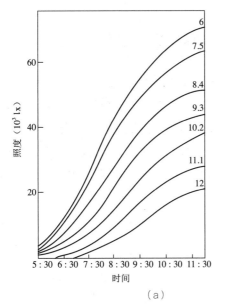
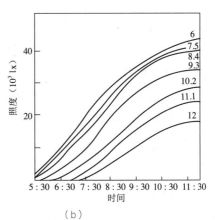

（a）　　　　　　　　　　（b）

图 8-4　重庆室外地面照度实测值
（a）总照度；（b）天空漫射光照度

---

① 国际标准化组织（ISO）和国际照明委员会提出了 15 种不同的一般天空（ISO 15469—2004/CIE S 011—2003: Spatical distribution of daylight—CIE standard general sky）。CIE 一般标准参考天空类型分为晴天空、阴天空和中间天空三大类，其中每个大类天空各包含 5 小类不同的天空类型，他们涵盖了大多数实际天空。

筑造型时,应考虑这一特点,才能获得好的外观效果。

我们还可以利用图 8-4 得出当地某月某时的室外照度值(如 6 月份上午 8 点半时的总照度约 43 000 lx,漫射光照度为 28 000 lx)。也可获得全年(或某月)的天然光在某一照度水平的延续总

时数(如 6 月份一天中漫射光照度高于 5 000 lx 的时间约为上午 6 点半到下午 5 点半,即 11 个小时。而 12 月份是从上午 9 点半到下午 2 点半,仅 5 个小时)。这些数据对采光、照明设计和经济分析都具有重要价值。

表 8-1　重庆室外扩散光照度与总照度之比

月份	时间							
	5:30 18:30	6:30 17:30	7:30 16:30	8:30 15:30	9:30 14:30	10:30 13:30	11:30 13:30	12:30
12			1.00	1.00	0.94	0.92	0.89	0.86
1 11			1.00	0.93	0.91	0.88	0.87	0.86
2 10	1.00	0.95	0.88	0.81	0.77	0.76	0.75	0.78
3 9	1.00	0.96	0.93	0.82	0.77	0.80	0.77	0.77
4 8	1.00	0.97	0.89	0.84	0.81	0.78	0.77	0.79
5 7	0.96	0.86	0.77	0.74	0.68	0.63	0.62	0.62
6	0.98	0.84	0.73	0.66	0.64	0.60	0.61	0.59

8.1.2　光气候分区

我国地域辽阔,各地光气候有很大区别,若采用同一标准值是不合理的,故标准根据室外天然光年平均总照度值大小将全国划分为 I～V 类光气候区参见《建筑采光设计标准》GB 50033—2013 国 A0.1 中国光气候分布图。再根据光气候特点,按年平均总照度值确定分区系数,即光气候系数 K 见表 8-2。

表 8-2　光气候系数 K

光气候	I	II	III	IV	V
K 值	0.85	0.90	1.00	1.10	1.20
室外天然光 设计照度值 E(lx)	18 000	16 500	15 000	13 500	12 000

8.1.3　采光系数

室外照度是经常变化的,这必然使室内照度随之而变,不可能是一固定值,因此对采光数量的要求,我国和其他许多国家都用相对值。这一相对值称为采光系数(C),它是指在全阴天空漫射光照射下,在室内参考平面上的一点,由直接或间接地接收来自假定和已知天空亮度分布的天空漫射光而产生的照度(E_n)与同一时刻该天空半球在室外无遮挡水平面上由天空漫射光所产生的照度(E_w)的比值,即

$$C = \frac{E_n}{E_w} \times 100\% \qquad (8\text{-}4)$$

利用采光系数这一概念,就可根据室内要求的照度换算出需要的室外照度,或由室外照度值求出当时的室内照度,而不受照度变化的影响,以适应天然光多变的特点。英国学者 Nail A 以及

Mardaljevic J 于 2006 年提出了动态照明评价指标：有效采光照度 UDI（Useful Daylight Illuminance）的概念。他们认为应根据天然光变化快而剧烈的特点，以一定范围的值来评估天然光。即当室内天然光在这个范围之内，可以满足工作者的正常视觉工作，可以称之为有效。而当在这个范围之外，无论是太低或太高，都有可能影响工作者的正常视觉工作，或引起视觉不舒适，都称之为无效。与此类似的动态采光指标还包括 DA（Daylight Autonomy）、ALE（Annual Light Exposure）等。

动态采光指标是近几年国际光学界的研究热点，英国、意大利等国已尝试将 UDI，DA 等写入相关采光标准。而目前国内此类研究刚起步，还需要大量的调查研究与进一步完善。

8.2 窗洞口

为了获得天然光，人们在房屋的外围护结构（墙、屋顶）上开了各种形式的洞口，装上各种透光材料，如玻璃、乳白玻璃或磨砂玻璃等，以免遭受自然界的侵袭（如风、雨、雪等），这些装有透光材料的孔洞统称为窗洞口（以前称为采光口）。按照窗洞口所处位置，可分为侧窗（安装在墙上，称侧面采光）和天窗（安装在屋顶上，称顶部采光）两种。有的建筑同时兼有侧窗和天窗，称为混合采光。下面介绍几种常用窗洞口的采光特性，以及影响采光效果的各种因素。

8.2.1 侧窗

它是在房间的一侧或两侧墙上开的窗洞口，是最常见的一种采光形式，如图 8-5 所示。

侧窗由于构造简单、布置方便、造价低廉，光线具有明确的方向性，有利于形成阴影，对观看立体物件特别适宜，并可通过它看到外界景物，扩大

图 8-5　侧窗的几种形式

视野，故使用很普遍。它一般放置在 1 m 左右高度。有时为了争取更多的可用墙面，或提高房间深处的照度，以及其他原因，将窗台提高到 2 m 以上，称高侧窗，如图 8-5 之右侧，高侧窗常用于展览建筑，以争取更多的展出墙面；用于厂房以提高房间深处照度；用于仓库以增加贮存空间。

1）侧窗形状

侧窗通常做成长方形。实验表明，就采光量（由窗洞口进入室内的光通量的时间积分量）来说，在窗洞口面积相等，并且窗台标高一致时，正方形窗口采光量最高，竖长方形次之，横长方形最少。但从照度均匀性来看，竖长方形在房间进深方向均匀性好，横长方形在房间宽度方向较均匀（图 8-6），而方形窗居中。所以窗口形状应结合房间形状来选择，如窄而深房间宜用竖长方形窗，宽而浅房间宜用横长方形窗。

对于沿房间进深方向的采光均匀性而言，最主要的是窗位置的高低，图 8-7 给出侧窗位置对室内照度分布的影响。如图 8-7 所示下面的图是通过窗中心的剖面图。图中的曲线表示工作面上不同点的采光

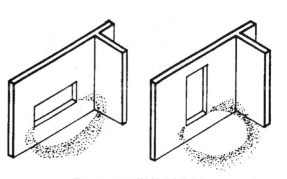

图 8-6　不同形状侧窗的光线分布

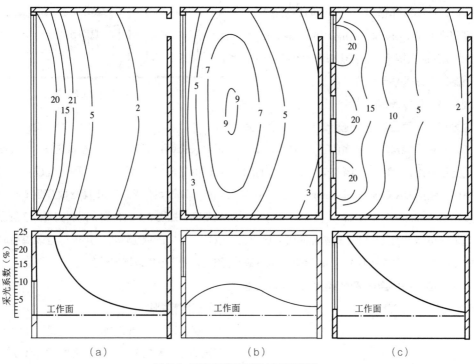

图 8-7　窗的不同位置对室内采光的影响

系数。上面三个图是平面采光系数分布图，同一条曲线的采光系数相同。图 8-7（a）、（b）表明当窗面积相同，仅位置高低不同时，室内采光系数分布的差异。由图中可看出，低窗时（图 8-7a），近窗处照度很高，往里则迅速下降，在内墙处照度已很低。当窗的位置提高后（图 8-7b），虽然靠近窗口处照度下降（低窗时这里最高），但离窗口远的地方照度却提高不少，均匀性得到很大改善。

影响房间横向采光均匀性的主要因素是窗间墙，窗间墙越宽，横向均匀性越差，特别是靠近外墙区域。图 8-7（c）是有窗间墙的侧窗，它的面积和图 8-7 的（a）、（b）相同，由于窗间墙的存在，靠窗区域照度很不均匀，如在这里布置工作台（一般都有），光线就很不均匀。如采用通长窗（图 8-7a、b 两种情况），靠墙区域的采光系数虽然不一定很高，但很均匀。因此沿窗边布置连续的工作台时，应尽可能将窗间墙缩小，以减少不均匀性，或将工作台离窗布置，避开不均匀区域。

2）侧窗的尺寸与位置

下面我们分析侧窗的尺寸、位置对室内采光的影响。

窗面积的减少，肯定会减少室内的采光量，但不同的减少方式，却对室内采光状况带来不同的影响。图 8-8 表示窗上沿高度不变，用提高窗台来减少窗面积。从图中不同曲线可看出，随着窗台的提高，室内深处的照度变化不大，但近窗处的照度明显下降，而且出现拐点（圆圈，它表示这里出现照度变化趋势的改变）往内移。

图 8-9 表明窗台高度不变，窗上沿高度变化给室内采光分布的影响。这时近窗处照度变小，但不似图 8-8 变化大，而且未出现拐点，但离窗远处照度的下降逐渐明显。

图 8-10 表明窗高不变，改变窗的宽度使窗面积减小。这时的变化情况可从平面图上看出：随着窗宽的减小，墙角处的暗角面积增大。从窗中轴剖面来看，窗无限长和窗宽为窗高 4 倍时差别不大，特

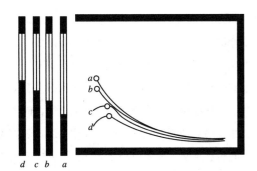
图 8-8　窗台高度变化对室内采光的影响

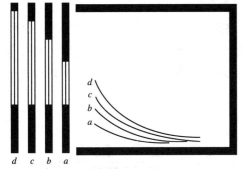
图 8-9　窗上沿高度的变化对室内采光的影响

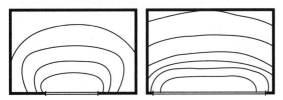
图 8-10　窗长的变化对室内采光的影响

别是近窗处。但当窗宽小于 4 倍窗高时，照度变化加剧，特别是近窗处，拐点往外移。

以上是阴天时的情况，这时窗口朝向对室内采光状况无影响。但在晴天，不仅窗洞尺寸、位置对室内采光状况有影响，而且不同朝向的室内采光状况大不相同。图 8-11 给出同一房间在阴天（见曲线 b）和晴天窗口朝阳（曲线 a）、窗口背阳（曲线 c）时的室内照度分布。可以看出晴、阴天时室内采光状况大不一样，晴天窗口朝阳时高得多；但在晴天窗口背阳时，室内照度反比阴天低。这是由于远离太阳的晴天空亮度低的缘故。

双侧窗在阴天时，可视为两个单侧窗，照度变化按中间对称分布（图 8-12 曲线 b）。但在晴天时，

由于两侧窗口对着亮度不同的天空，因此室内照度不是对称变化（图 8-12 曲线 a），朝阳侧的照度高得多。

高侧窗常用在美术展览馆中，以增加展出墙面，这时，内墙（常在墙面上布置展品）的墙面照度对展出的效果很有影响。随着内墙面与窗口距离的增加，内墙墙面的照度降低，并且照度分布也有改变。离窗口越远，照度越低，照度最高点（圆圈）也往下移，而且照度变化趋于平缓（图 8-13）。我们还可以调整窗洞高低位置，使照度最高值处于画面中心（图 8-14）。

以上情况仅考虑了晴天空对室内采光的影响，由此已可看出窗口相对于太阳的朝向影响很大。如太阳进入室内，则不论照度绝对值的变化，还是它的梯度变化都将大大加剧。所以晴天多的地区，对于窗口朝向应慎重考虑，仔细设计。

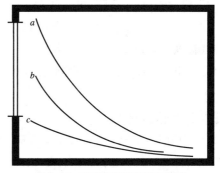
图 8-11　天空状况对室内采光的影响
a—晴天窗朝阳；b—阴天；c—晴天窗背阳

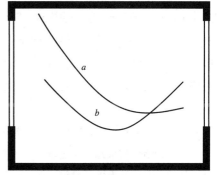
图 8-12　不同天空时双侧窗的室内照度分布
a—晴天；b—阴天

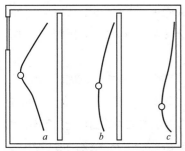
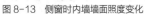

图 8-13 侧窗时内墙墙面照度变化

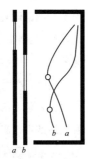

图 8-14 侧窗位置对内墙墙面照度分布的影响

在北方地区，外墙一般都较厚，挡光较大，为了减少遮挡，最好将靠窗的墙作成喇叭口（图 8-15）。这样做，不仅减少遮挡，而且斜面上的亮度较外墙内表面亮度增加，可作为窗和室内墙面的过渡平面，减小了暗的窗间墙和明亮窗口间的亮度对比（常常形成眩光），改善室内的亮度分布，提高采光质量。

由上述可知，侧窗的采光特点是照度沿房间进深下降很快，分布很不均匀，虽可用提高窗位置的办法来解决一些，但这种办法又受到层高的限制，故这种窗只能保证有限进深的采光要求，一般不超过窗高的二倍；更深的地方宜采用电光源照明补充。

3）改善侧窗采光的常用措施

为了克服侧窗采光照度变化剧烈、在房间深处照度不足的缺点，除了提高窗位置外。还可采用乳白玻璃、玻璃砖等扩散透光材料，或采用将光线折射至顶棚的折射玻璃。这些材料在一定程度上能提高房间深处的照度，有利于加大房屋进深，降低造价。图 8-16 表明侧窗上分别装普通玻璃（曲线 1）、扩散玻璃（曲线 2）和定向折光玻璃（曲线 3），在室内获得的不同采光效果，以及达到某一采光系数的进深范围。

为了提高房屋的经济性，目前有加大房屋进深的趋势，但这却给侧窗采光带来困难。为了提高房间深处的照度，在国外常采用倾斜顶棚，以接受更多的天然光，提高顶棚亮度，使之成为照射房间深

处的第二光源。图 8-17 是一大进深办公大楼采用倾斜顶棚的实例。这里，再将顶棚做成倾斜处，除了沿外墙上设置室内水平反光板外，还在朝南外墙上设置室外水平反光板（图 8-17 右图）以获得更多太阳光。反光板表面均涂有高反射比的涂层，使更多的光线反射到顶棚上，这对提高顶棚亮度有明显效果，同时水平反光板还可防止太阳在近窗处产生高温、高亮度的眩光；在反光板上下采用不同的玻璃，上面用透明玻璃，使更多的光进入室内，提高室内深处照度；下面用特种玻璃，以降低近窗处照度，使整个办公室照度更均匀。采取这些措施后，与常用剖面的侧窗采光房屋相比，使室内深处的照度提高 50% 以上。

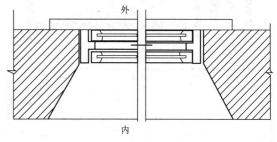

图 8-15 改善窗间墙亮度的措施

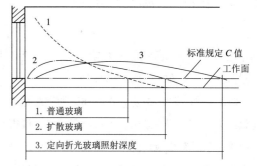

1. 普通玻璃
2. 扩散玻璃
3. 定向折光玻璃照射深度

标准规定 C 值
工作面

图 8-16 不同玻璃的采光效果

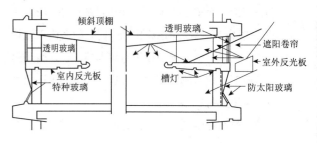

倾斜顶棚
透明玻璃
透明玻璃
遮阳卷帘
室内反光板
特种玻璃
室外反光板
槽灯
防太阳玻璃

图 8-17 某办公室采光方案

由于侧窗的位置一般较低，人眼很易见到明亮的天空，形成眩光，故在医院、教室等场合应给以充分注意；为了减少侧窗的眩光，可采用水平挡板、窗帘、百页、绿化等办法。图8-18是医院病房设计，为了减少靠近侧窗卧床的病人直接看到明亮的天顶，就将窗的上部缩进室内，这样既减少卧床病人看到天顶的可能性，又不致过分地减少室内深处的照度，这是一个较成功的采光设计方案。

上述办法可能受到建筑立面造型的限制。近来，国内一些建筑开始采用一种铝合金或表面镀铝的塑料薄片做成的微型百叶（Venetian Blind）。百叶宽度仅80 mm，可放在双层窗扇间的空隙内。百叶片的倾斜角度可根据需要随意调整，以避免太阳光直接射入室内。在不需要时，还可将整个百叶收叠在一起，让窗洞完全敞开。在冬季夜间不采光时，将百叶片放成垂直状态，使窗洞完全被它遮住，以减少光线和热量的外泄，降低电能和热能的损耗。同时，

它还通过光线的反射，增加射向顶棚的光通量，有利于提高顶棚的亮度和室内深处的照度。图8-19为微型百叶简图。

侧窗采光时，由于窗口位置低，一些外部因素对它的采光影响很大。故在一些多层建筑中，将上面几层往里收，增加一些屋面，这些屋面可成为反射面，当屋面刷白时，对上一层室内采光量增大的效果很明显（图8-20）。

4）侧窗的朝向

小区布置对室内采光也有影响。平行布置房屋，需要留足够的间距，否则挡光严重（图8-21a）。如仅从挡光影响的角度看，将一些建筑转90°布置，这样可减轻挡光影响（图8-21b）。

在晴天多的地区，朝北房间采光不足，若增加窗面积，则热量损失过大，这时如能将对面建筑（南向）立面处理成浅色，由于太阳在南向垂直面形成很高照度，使墙面成为一个亮度相当高的反射光源，就可使北向房间的采光量增加很多。

另一方面，由于侧窗的位置较低，易受周围物体的遮挡（如对面房屋、树木等），有时这种挡光很严重，甚至使窗失去作用，故在设计时应保持适当距离。

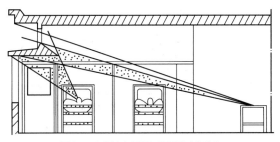

图8-18 侧窗上部增加挡板以减少眩光

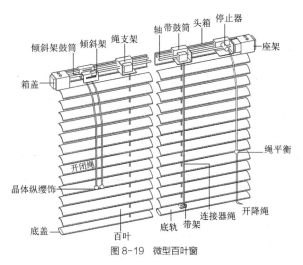

图8-19 微型百叶窗

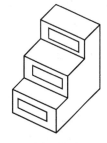

图8-20 特殊房屋外形的采光处理方法

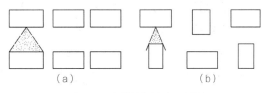

图8-21 房屋布置对室内采光影响

8.2.2　天窗

当建筑进深太深、面积过大时，用单一的侧窗已不能满足工作和生活的需求，故出现了顶部采光形式，通称天窗。天窗是建筑获取天然光的主要方式之一，合理的天窗设计不仅能为室内提供舒适的光环境、降低照明能耗，还能对建筑的内部空间进行二次分割和再创造，丰富建筑造型。因使用要求不同，产生了不同形式的天窗，下面分别介绍他们的采光特性。

1）矩形天窗

矩形天窗相当于提高位置（安装在屋顶上）的高侧窗，它的采光特性与高侧窗相似。矩形天窗种类较多，如纵向矩形天窗、梯形天窗、横向矩形天窗和井式天窗等，其中纵向矩形天窗应用相对最为普遍。

纵向矩形天窗是由装在屋架上的天窗架和天窗架上的窗扇组成，简称为矩形天窗。窗的方向垂直于屋架，窗扇一般可以开启，也可起通风作用。

矩形天窗的光分布如图 8-22 所示。由图可见，采光系数最高值一般在跨中，最低值在柱子处。由于天窗布置在屋顶上，位置较高，如设计适当，可避免照度变化大的缺点，达到照度均匀。而且由于窗口位置高，一般处于视野范围外，不易形成眩光。

图 8-23 为矩形天窗图例，如图所示，天窗宽度（b_{mo}）、天窗位置高度（h_x）、天窗间距（b_d）和相邻天窗玻璃间距（b_g）是影响纵向矩形天窗室内采光效果的重要因素。

天窗宽度（b_{mo}）对于室内照度平均值和均匀度都有影响。加大天窗宽度，平均照度值增加，均匀性改善。一般取建筑跨度（b）的一半左右为宜。

天窗位置高度（h_x）指天窗下沿至工作面的高度，天窗位置高，均匀性较好，但照度平均值下降。如将高度降低，则起相反作用。从采光角度来看，单跨或双跨车间的天窗位置高度最好在建筑跨度的 0.35~0.7 之间。

天窗间距（b_d）指天窗轴线间距离。从照度均匀

性来看，它越小越好，但这样天窗数量增加，构造复杂，故不可能太密。相邻两天窗中线间的距离不宜大于工作面至天窗下沿高度的 2 倍。

相邻天窗玻璃间距（b_g）若太近，则互相挡光，影响室内照度，故一般取相邻天窗高度和的 1.5 倍。天窗高度是指天窗上沿至天窗下沿的高度。

为避免直射阳光透过矩形天窗进入室内，天窗的玻璃面最好朝向南北，若为其他朝向，应采取相应的遮阳措施。

有时为了增加室内采光量，将矩形天窗的玻璃作成倾斜的，则称为梯形天窗。图 8-24 表示矩形天窗和梯形天窗（其玻璃倾角为 60°）的比较，采用梯形天窗时，室内采光量明显提高（约 60%），但是均匀度却明显变差。

虽然梯形天窗在采光量上明显优于矩形天窗，但由于玻璃处于倾斜面，容易积尘，污染严重，加上构造复杂，阳光易射入室内，故选用时应慎重。

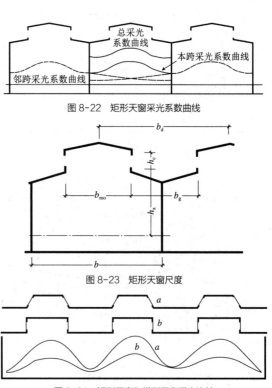

图 8-22　矩形天窗采光系数曲线

图 8-23　矩形天窗尺度

图 8-24　矩形天窗和梯形天窗采光比较
a—梯形天窗；b—矩形天窗

2）锯齿形天窗

锯齿形天窗是将屋顶建成锯齿状，再将窗户安装于垂直面上，属于单面顶部采光。这种天窗由于倾斜顶棚的反光，采光效率比纵向矩形天窗高，当采光系数相同时，锯齿形天窗的玻璃面积比纵向矩形天窗少15%~20%。锯齿形天窗的窗口朝向北面天空时，室内光线完全由北向天空漫射而成，无直射光进入，室内照度稳定、光线柔和，也能在一定程度上减少光线带来的热辐射，防止室内温度过高，故常用于一些需要调节温湿度的车间，如纺织厂的纺纱、织布、印染等车间。图8-25为锯齿形天窗的室内天然光分布，可以看出它的采光均匀性较好。由于它是单面采光形式，故朝向对室内天然光分布的影响大，图中曲线a为晴天窗口朝向太阳时，曲线c为晴天背向太阳时的室内天然光分布，曲线b表示阴天时的情况。

锯齿形天窗可保证7%的平均采光系数，能满足特别精密工作车间的采光要求。

纵向矩形天窗、锯齿形天窗都需增加天窗架，构造复杂，建筑造价高，而且不能保证高的采光系数。为了满足不同的采光需求，产生了其他类型的天窗，如平天窗等。

3）平天窗

这种天窗是在屋面直接开洞，铺上透光材料（如钢化玻璃、夹丝平板玻璃、玻璃钢、塑料等）。由于不需特殊的天窗架，降低了建筑高度，简化结构，施工方便，造价较矩形天窗低。因平天窗的玻璃面接近水平，故它在水平面的投影面积（S_b）较同样面积的垂直窗的投影面积（S_a）大，见图8-26。根据立体角投影定律，如天空亮度相同，则平天窗在水平面形成的照度比矩形天窗大，它的采光效率比矩形天窗高2~3倍。

平天窗不但采光效率高，而且布置灵活。图8-27表示平天窗在屋面的不同位置对室内采光的影响，图中三条曲线代表三种窗口布置方案时的采光系数曲

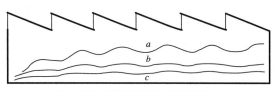
图8-25 锯齿形天窗朝向对采光的影响

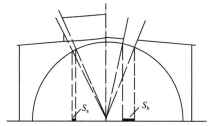
图8-26 矩形天窗和平天窗采光效率比较

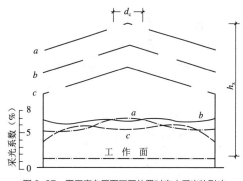
图8-27 平天窗在屋面不同位置对室内采光的影响

线，这说明：①平天窗在屋面的位置影响均匀度和采光系数平均值。当它布置在屋面中部偏屋脊处（布置方式b），均匀性和采光系数平均值均较好。②它的间距（d_c）对采光均匀性影响较大，最好保持在窗位置高度（h_x）的2.5倍范围内，以保证必要的均匀性。

平天窗可用于坡屋面，如槽瓦屋面，见图8-28（c）；也可用于坡度较小的屋面上，如大型屋面板，见图8-28（a、b）。可做成采光罩，见图8-28（b）；采光板，见图8-28（a）；采光带，见图8-28（c）。构造上比较灵活，可以适应不同材料和屋面构造。

由于防水和安装采光罩的需要，在平天窗开口周围都需设置一定高度的肋，称为井壁。井壁高度和井口面积的比例影响窗洞口的采光效率。井口面积相对于井壁高度越大，则进光越多，表8-3为推荐的采光罩距高比。

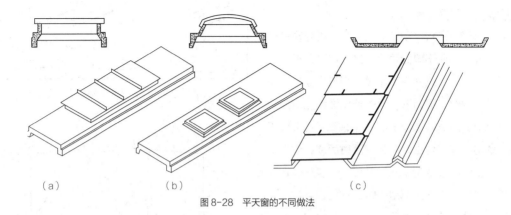

图 8-28　平天窗的不同做法

表 8-3　推荐的采光罩距高比

矩形采光罩：$W \cdot I = 0.5\left(\dfrac{W+L}{W \cdot L}\right)$ 圆形采光罩：$W \cdot I = \dfrac{H}{D}$	$\dfrac{d_c}{h_x}$
0	1.25
0.25	1.00
0.50	1.00
1.00	0.75
2.00	0.5

注：$W \cdot I$—光井指数；W—采光口宽度，m；L—采光口长度，m；H—采光口井壁的高度，m；D—圆形采光口直径，m。

为了增加采光量，可采取将井壁做成倾斜的办法，如图 8-29 是将井壁做成不同倾斜度（图中 $a \sim c$）与井壁为垂直（图中 d）时的比较。可以看出，倾斜的井壁，不仅能增加采光量，还能改善采光均匀度。

平天窗的面积受制约的条件较少，故室内的采光系数可达到很高的值，以满足各种视觉工作要求。正因如此，直射阳光很容易通过平天窗进入室内，在室内形成很不均匀的照度分布。图 8-30 为平天窗采光时的室内天然光分布：a 曲线为阴天时，它的最高点在窗下；b 曲线为晴天状况，可见这里有两个高值点，1 点是直射阳光经井壁反射所致，2 点是直射阳光直接照射区，它的照度很高，极易形成眩光，并导致过热。故在晴天多的地区，应考虑采取一定措施，在保证室内采光量的同时避免带入过多热辐射。

另外，在北方寒冷地区，冬季在玻璃内表面可能出现凝结水，此时应将玻璃倾斜成一定角度，使

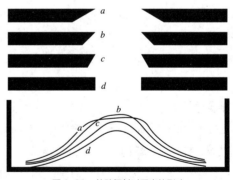

图 8-29　井壁倾斜对采光的影响

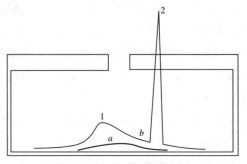

图 8-30　平天窗时室内天然光分布

水滴沿着玻璃面流到边沿，滴到特制的水沟中，避免水滴直接落入室内。也可采用双层玻璃中夹空气间层的作法，以提高玻璃内表面温度，既可避免冷凝水，又可减少热损耗。这种双层玻璃的结构应特别注意嵌缝严密，否则灰尘一旦进入空气间层，就很难清除，严重影响采光。

平天窗污染较垂直窗严重，特别是西北多沙尘地区更为突出。但在多雨地区，雨水起到冲刷作用，积尘反而比其他天窗少。

图 8-31 列出几种常用天窗在平、剖面相同且天然采光系数最低值均为 5% 时所需的窗地比和采光系数分布。从图中可看出：分散布置的平天窗（b）所需的窗面积最小。其次为梯形天窗（e）和锯齿形天窗（c），最大为矩形天窗（d）。但从均匀度来看，集中在一处的平天窗（a）最差；但如将平天窗分散布置，如图 8-31（b）所示，则均匀度得到改善。

上述三种类型的天窗常用于传统工业建筑中。随着技术的进步，产生了新型的电动采光排烟天窗、玻璃采光顶、导光管等，被广泛运用到办公建筑、大型商业建筑、展览馆和博物馆等公共建筑中。

4）电动采光排烟天窗

电动采光排烟天窗的启闭控制方式主要有普通控制方式、智能控制方式和智能网络控制方式三种，常见的类型有三角型、一字型、圆拱型、避风型和侧开型五种，如表 8-4、图 8-32 所示。

表 8-4　电动采光排烟天窗窗型

序号	窗型	构成或开启方式	使用条件
1	三角型	单体式	适用于平时以采光为主，必要时才开启的屋面天窗
		连体式	
2	一字型	单体式	适用于平时以采光为主，必要时才开启的屋面天窗
		连体式	
3	圆拱型	侧开式	适用于以采光为主，需要经常开启通风的屋面天窗
		滑动式	适用于平时以采光为主，必要时才开启的屋面天窗
		上开式	
4	避风型	下开式	适用于任何天气情况下都需要通风排烟的屋面天窗
5	侧开型	侧开式	适用于工业厂房纵向天窗，与 6 m 柱距的钢天窗架配合使用

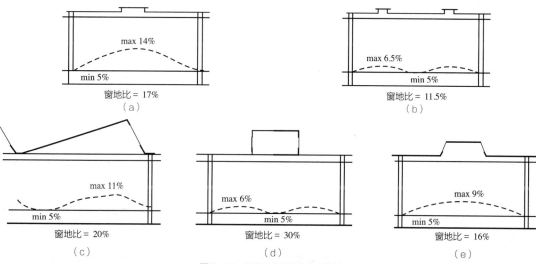

图 8-31　几种天窗的采光效率比较
（a）集中布置的平天窗；（b）分散布置的天窗；（c）锯齿形天窗；（d）矩形天窗；（e）梯形天窗

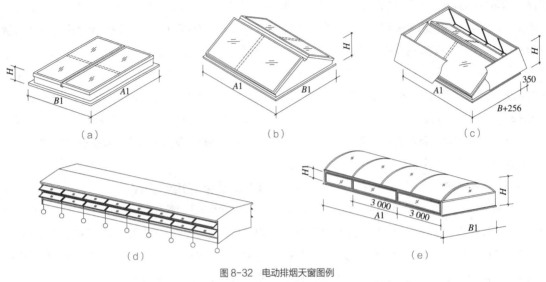

图 8-32　电动排烟天窗图例
（a）一字型；（b）三角型；（c）避风型；（d）侧开型；（e）圆拱形

5）玻璃采光顶

随着建筑技术的进步和材料的发展，玻璃采光顶被广泛用于机场候机厅、火车站、展览馆、体育馆、购物中心等大型公共建筑中。玻璃采光顶将天然光引入室内，构成了一个不受气候影响的中心采光空间，增加了建筑与环境的亲和力。这个空间起着组织、协调周边建筑的作用，具有良好的导向性，还可创造特有的空间序列。

玻璃采光顶造型丰富，常见的有水平、单坡、双坡、锥体、圆穹等形式（图 8-33）。安全、防水、节能、美观是玻璃采光顶应用的关键。玻璃采光顶主要由玻璃采光面板和支承骨架组成。玻璃面板应采用安全玻璃，宜采用夹层玻璃或夹层中空玻璃。采光顶支承结构所选用的钢材应符合国家现行有关规范的要求，并做有效的防腐处理。

6）导光管采光系统

导光管采光系统是指采集天然光，并经管道传输到室内，进行天然光照明的采光系统。通常由集光器、导光管和漫射器组成（图 8-34）。

天然采光对于改善室内光环境和实现节能具有重要的意义。导光管采光系统作为一种新型的采光装置，除了各类建筑的一般场所外，还可用于无窗及地下空间这些传统采光方式无法应用的场合。随着技术的发展，该系统已较为成熟，并逐步应用于实际工程，对改善室内光环境和最大限度地实现照明节能起到了积极的作用。

8.3　采光设计

采光设计的任务在于根据视觉工作特点所提出的各项要求，正确地选择窗洞口形式，确定必需的窗洞口面积，以及他们的位置，使室内获得良好的光环境，保证视觉工作顺利进行。

窗洞口不仅起采光作用，有时还需起泄爆、通风等作用。这些作用与采光要求有时是一致的，有

图 8-33   常见玻璃采光顶

（a）法国国家自然历史博物馆：水平玻璃采光顶；（b）美国布拉德伯里大楼：双坡玻璃采光顶；

（c）德国国会大厦：圆穹玻璃采光顶；（d）法国卢浮宫：锥形玻璃采光顶

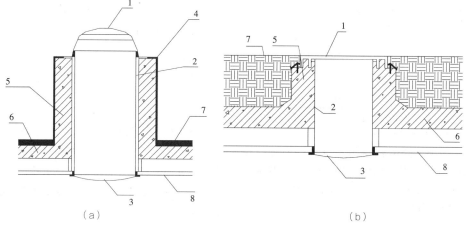

图 8-34   导光管采光系统构造示意图

（a）半球形集光器；（b）平板形集光器

1—集光器；2—导光管；3—漫射器；4—防雨装置；5—安装基座；6—结构层；7—屋（地）面完成层；8—顶棚

时可能是矛盾的。这就需要我们在考虑采光的同时，综合地考虑其他问题，妥善地加以解决。

为了在建筑采光设计中，充分利用天然光，创造良好的光环境和节约能源，就必须使采光设计符合建筑采光设计标准要求。

8.3.1 采光标准

我国于 2013 年 5 月 1 日起施行的《建筑采光设计标准》GB 50033—2013 是采光设计的依据。下面介绍该标准的主要内容：

1) 采光系数标准值

第 7 章已谈到，不同情况的视看对象要求不同的照度，而照度在一定范围内是越高越好，照度越高，工作效率越高。但高照度意味着投资大，故它的确定必须既考虑到视觉工作的需要，又照顾到经济上的可能性和技术上的合理性。现行标准规定的采光系数标准值和室内天然光照度标准值为参考平面上的平均值，如表 8-5 所示。

表 8-5 各采光等级参考平面上的采光标准

采光等级	侧面采光		顶部采光	
	采光系数标准值（%）	室内天然光照度标准值（lx）	采光系数标准值（%）	室内天然光照度标准值（lx）
I	5	750	5	750
II	4	600	3	450
III	3	450	2	300
IV	2	300	1	150
V	1	150	0.5	75

注：1. 工业建筑参考平面取距地面 1 m，民用建筑取距地面 0.75 m，公共场所取地面。

2. 表中所列采光系数标准值适用于我国 III 类光气候区，采光系数标准值是按室外设计照度值 15 000 lx 制定的。

3. 采光标准的上限值不宜高于上一采光等级的级差，采光系数值不宜高于 7%。

2013 年实行的《建筑采光设计标准》GB 50033—2013 中，统一采用采光系数平均值作为标准值。采用采光系数平均值不仅能反映出采光的平均水平，也更方便理解和使用。从国内外的研究成果也证明了采用采光系数平均值和照度平均值更加合理。

2) 采光质量

（1）采光均匀度

视野内照度分布不均匀，易使人眼疲乏，视觉功效下降，影响工作效率。因此，要求房间内照度分布应有一定的均匀度（工业建筑取距地面 1 m，民用建筑取距地面 0.8 m 的假定水平面上，即在假定工作面上的采光系数的最低值与平均值之比；也可认为是室内照度最低值与室内照度平均值之比），故标准提出顶部采光时，I~IV 级采光等级的采光均匀度不宜小于 0.7。侧面采光时，室内照度不可能做到均匀；以及顶部采光时，V 级视觉工作需要的开窗面积小，较难照顾均匀度，故对均匀度均未作规定。

（2）窗眩光

窗的不舒适眩光指数 DGI 特指由窗引起的不舒适眩光，适用于窗户一类的大面积自然采光眩光源。具体计算公式参见国家标准《建筑采光设计标准》GB 50033—2013 的相关规定。侧窗位置较低，对于工作视线处于水平的场所极易形成不舒适眩光，故应采取措施减小窗眩光：作业区应减少或避免直射阳光照射，不宜以明亮的窗口作为视看背景，可采用室内外遮挡设施降低窗亮度或减小对天空的视看立体角，宜将窗结构的内表面或窗周围的内墙面做成浅色饰面。

（3）光反射比

为了使室内各表面的亮度比较均匀，必须使室内各表面具有适当的光反射比。例如，对于办公、图书馆、学校等建筑的房间，其室内各表面的光反射比宜符合表 8-6 的规定。

表8-6　室内各表面的光反射比

表面名称	反射比
顶棚	0.6~0.9
墙面	0.3~0.8
地面	0.1~0.5
作业面	0.2~0.6

在进行采光设计时，为了提高采光质量，还要注意光的方向性，并避免对工作产生遮挡和不利的阴影；如果在白天时天然光不足，应采用接近天然光色温的高色温光源作为补充照明光源。

8.3.2　采光设计步骤

1）搜集资料

（1）了解设计对象对采光的要求

①在采光标准中，为了方便设计，提供了各类建筑的采光系数：工业建筑的采光系数标准值见表8-7，学校建筑的采光系数标准值见表8-8，博物馆和美术馆的采光系数标准见表8-9。

表8-7　工业建筑的采光标准

采光等级	车间名称	侧面采光		顶部采光	
		采光系数标准值（%）	室内天然光照度标准值（lx）	采光系数标准值（%）	室内天然光照度标准值（lx）
I	特精密机电产品加工、装配、检验、工艺品雕刻、克绣、绘画	5.0	750	5.0	750
II	特精密机电产品加工、装配、检验、通信、网络、视听设备、电子元器件、电子零部件加工、抛光、复材加工、纺织品精纺、织造、印染、服装裁剪、缝纫及检验、精密理化实验室、计算室、测量室、主控制室、印刷品的排版、印刷、药品制剂	4.0	600	3.0	450
III	机电产品加工、装配、检修、机库、一般控制室、木工、电镀、油漆、铸工、理化试验室、造纸、石化产品后处理、冶金产品冷轧、热轧、拉丝、粗炼	3.0	450	2.0	300
IV	焊接、钣金、冲压剪切、锻工、热处理、食品、研究加工和包装、饮料、日用化工产品、炼铁、炼钢、金属冶炼、水泥加工与包装、配变电所、橡胶加工、皮革加工、粗细库房（及库房作业区）	2.0	300	1.0	150
V	发电厂主厂房、压缩机房、风机房、锅炉房、泵房、动力站房、（电石库、乙炔库、氧气瓶库、汽车库、大中件贮存库）一般库房、煤的加工、运输、选煤配料间、原料间、玻璃退火、溶制	1.0	150	0.5	75

表8-8　教育建筑的采光标准值

采光等级	场所名称	侧面采光	
		采光系数标准值（%）	室内天然光照度标准值（lx）
I	专用教室、实验室、阶梯教室、教室办公室	3.0	450
II	走道、楼梯间、卫生间	1.0	150

表 8-9　博物馆建筑的采光标准值

采光等级	场所名称	侧面采光		顶部采光	
		采光系数标准值（%）	室内天然光照度标准值（lx）	采光系数标准值（%）	室内天然光照度标准值（lx）
III	文物修复*、标本制作室*、书画装裱室	3.0	450	2.0	300
IV	展厅、陈列厅、门厅	2.0	300	1.0	150
V	库房、走道、楼梯间、卫生间	1.0	150	0.5	75

注：1. * 表示采光不足部分应补充人工照明，照度标准值为 750 lx。

　　2. 表中的陈列室、展厅是指对光不敏感的陈列室、展厅，如无特殊要求应根据展品的特征和使用要求优先采用天然采光。

　　3. 书画装裱室设置在建筑北侧，工作时一般仅用天然光照明。

②工作面位置。工作面指测量或规定照度的平面。一般工业建筑参考平面取距地面 1 m，民用建筑取距地面 0.75 m，公用场所取地面。工作面有垂直、水平或倾斜的，它与选择窗的形式和位置有关。例如侧窗在垂直工作面上形成的照度高，这时窗至工作面的距离对采光的影响较小，但正对光线的垂直面光线好，背面就差得多。对水平工作面而言，它与侧窗距离的远近对采光影响就很大，不如平天窗效果好。

③工作对象的表面状况。工作表面是平面或是立体，是光滑的（规则反射）或粗糙的，对于确定窗的位置有一定影响。例如对平面对象（如看书）而言，光的方向性无多大关系；但对于立体零件，一定角度的光线，能形成阴影，可加大亮度对比，提高可见度。而光滑的零件表面，由于规则反射，若窗的位置安设不当，可能使明亮的窗口形象恰好反射到工作者的眼中，严重影响可见度，需采取相应措施来防止。

④工作中是否容许直射阳光进入房间。直射阳光进入房间，可能会引起眩光和过热，应在窗口的选型、朝向、材料等方面加以考虑。

⑤工作区域。了解各工作区域对采光的要求。照度要求高的布置在窗口附近，要求不高的区域（如仓库、通道等）可远离窗口。

（2）了解设计对象其他要求

①保温。在北方供暖地区，窗的大小影响到冬季热量的损耗，因此在采光设计中应严格控制窗面积大小，特别是北窗影响很大，更应特别注意。

②通风。了解在生产中发出大量余热的地点和热量大小，以便就近设置通风孔洞。

若有大量灰尘伴随余热排出，则应将通风孔和采光天窗分开处理并留适当距离，以免排出的烟尘污染窗洞口。

③泄爆。某些车间有爆炸危险，如粉尘很多的铝、银粉加工车间，贮存易燃、易爆物的仓库等，为了降低爆炸压力，保存承重结构，可设置大面积泄爆窗，从窗的面积和构造处理上解决减压问题。在面积上，泄爆要求往往超过采光要求，从而会引起眩光和过热，要注意处理。

还有一些其他要求。在设计中，应首先考虑解决主要矛盾，然后按其他要求进行复核和修改，使之尽量满足各种不同的要求。

（3）房间及其周围环境概况

了解房间平、剖面尺寸和布置；影响开窗的构件，如吊车梁的位置、大小；房间的朝向；周围建筑物、构筑物和影响采光的物体（如树木、山丘等）的高度，以及他们和房间的间距等。这些都与选择窗洞口形式，确定影响采光的一些系数值有关。

2）选择窗洞口形式

根据房间的朝向、尺度、生产状况、周围环境，结合上一节介绍的各种窗洞口的采光特性来选择适合的窗洞口形式。在一幢建筑物内可能采取几种不同的窗洞口形式，以满足不同的要求。例如在进深大的车间，往往边跨用侧窗，中间几跨用天窗来解决中间跨采光不足。又如车间长轴为南北向时，则宜采用横向天窗或锯齿形天窗，以避免阳光射入车间。

3）确定窗洞口位置及可能开设窗口的面积

（1）侧窗。常设在朝向南北的侧墙上，由于它建造方便，造价低廉，维护使用方便，故应尽可能多开侧窗，采光不足部分再用天窗补充。

（2）天窗。侧窗采光不足之处可设天窗。根据车间的剖面形式，它与相邻车间的关系，确定天窗的位置及大致尺寸（天窗宽度、玻璃面积、天窗间距等）。

4）估算窗洞口尺寸

在建筑方案设计时，由于光气候差异，不同气候分区的采光设计标准值也不相同。对 III 类光气候区的采光，窗地面积比和采光有效进深可按表 8-10 进行估算，其他光气候区的窗地面积比应乘以相应的光气候系数 K。

表 8-10　窗地面积比和采光有效进深

采光等级	侧面采光		顶部采光
	窗地面积比 (A_c/A_d)	采光有效进深 (b/h_s)	窗地面积比 (A_c/A_d)
I	1/3	1.8	1/6
II	1/4	2.0	1/8
III	1/5	2.5	1/10
IV	1/6	3.0	1/13
V	1/10	4.0	1/23

注：1. 窗地面积比计算条件：窗的总透射比 r 取 0.6；室内各表面材料反射比的加权平均值：I～III 级取 ρ_j=0.5；IV 级取 ρ_j=0.4；V 级取 ρ_j=0.3；

2. 顶部采光指平天窗采光，锯齿形天窗和矩形天窗可分别按平天窗的 1.5 倍和 2 倍窗地面积比进行估算。

5）布置窗洞口

估算出需要的窗洞口面积，确定了窗的高、宽尺寸后，就可进一步确定窗的位置。这里不仅考虑采光需要，而且还应考虑通风、日照、美观等要求，拟出几个方案进行比较，选出最佳方案。

经过以上五个步骤，确定了窗洞口形式、面积和位置，基本上达到初步设计的要求。由于它的面积是估算的，位置也不一定确定不变，故在进行技术设计之后，还应进行采光验算，以便最后确定它是否满足采光标准的各项要求。

8.3.3　采光设计举例

1）教室采光设计

（1）教室光环境要求

学生在学校的大部分时间都在教室里进行学习，因此要求教室里的光环境应保证学生们能看得清楚、迅速、舒适，而且能在较长时间阅读情况下，不易产生疲劳，这就需要满足以下条件：

①在整个教室内应保持足够的照度，而且在照度分布上要求比较均匀，使坐在各个位置上的学生具有相近的光照条件。同时，由于学生随时需要集中注意力于黑板，因此要求在黑板上也有较高的照度。

②合理地安排教室环境的亮度分布，消除眩光，使能保证正常的可见度，减少疲劳，提高学习效率。虽然过大的亮度差别在视觉上会形成眩光，影响视觉功效；但在教室内各处保持亮度完全一致，不仅在实践上很难办到，而且也无此必要。在某些情况下，适当的不均匀亮度分布还有助于集中注意力，如在教师讲课的讲台和黑板附近适当提高照度，可使学生注意力自然地集中在那里。

（2）教室采光设计

①设计条件

a. 满足采光标准要求，保证必要的采光系数。根据《建筑采光设计标准》GB 50033—2013 规定（表 8-6）：教室内的采光系数最低值不得低于 3%。从目前的教室建筑设计来看，教室平面尺寸多为：进深6.6 m，长9.0 m，层高3.6 m。窗宽约1.5 m；窗台高1.0 m；窗高2.1 m左右，为了提高单侧窗采光时靠近内墙处的采光系数值，必须尽量压缩窗间墙至1.0 m或更小；抬高窗的高度与顶棚齐；尽量采用断面小的窗框材料，如钢窗，使玻璃净面积与地板面积比不小于1：5，才有可能达到要求的采光系数规定值。

b．均匀的照度分布。由于学生是分散在整个教室内，要求保证照度分布均匀，希望在工作区域内照度差别限制在1：3之内；在整个房间内不超过1：10。这样可避免眼睛移动时，为了适应不同亮度而引起视觉疲劳。由于目前学校建筑多采用单侧采光，很难把照度分布限制在上述范围之内。为此可把窗台提高到1.2 m，将窗上沿提到顶棚处，这样可稍降低近窗处照度，提高靠近内墙处照度，减少照度不均匀性，而且还使靠窗坐着的学生看不见室外（中学生坐着时，视线平均高度约为113~116 cm），以减少学生分散注意力的可能性。在条件允许时，可采用双侧采光来控制照度分布。

c．对光线方向和阴影的要求。光线方向最好从左侧上方射来。这在单侧采光时，只要黑板位置正确，是不会有问题的。如是双侧采光，则应分主次，将主要采光窗放在左边，以免在书写时手挡光线，产生阴影，影响书写作业。开窗分清主次，还可避免在立体物件上产生两个相近浓度的阴影，歪曲立体形象，导致视觉误差。

d．避免眩光。教室内最易产生的眩光是窗口。当我们通过窗口观看室外时，较暗的窗间墙衬上明亮的天空，感到很刺眼，视力迅速下降。特别当看到的天空是靠近天顶附近区域（靠近窗的人看到的天空往往是这一区域），这里亮度更大，更刺眼。故在有条件时应加以遮挡，使不能直视天空。以上是指阴天而言，如在晴天，明亮的太阳光直接射入室内，在照射处产生极高的亮度。当它处于视野内时，就形成眩光。如果阳光直接射在黑板和课桌上，则情况更严重，应尽量设法避免。因此，学校教室

应设窗帘以防止直射阳光射入教室内，还可从建筑朝向的选择和设置遮阳等来解决。后者花钱较多，在阴天遮挡光线严重，故只能作为补救措施和结合隔热降温来考虑。

从采光稳定和避免直射阳光的角度来看，窗口最好朝北，这样在上课时间内可保证无直射阳光进入教室，光线稳定。但在寒冷地区，却与采暖要求有矛盾。为了与采暖协调，在北方可将窗口向南。这朝向的窗口射入室内的太阳高度角较大，因而日光射入进深较小，日照面积局限在较小范围内，如果要做遮阳亦较易实现。其他朝向如东、西向，阳光能照射全室，对采光影响大，尽可能不采用。

②教室采光设计中的几个重要问题

a．室内装修。室内装修对采光有很大影响，特别是侧窗采光，这时室内深处的光主要来自顶棚和内墙的反射光，因而他们的光反射比对室内采光影响很大，应选择最高值。另外，从创造一个舒适的光环境来看，室内表面亮度应尽可能接近，特别是邻近的表面亮度相差不能太悬殊。

此外，表面装修宜采用扩散性无光泽材料，它可以在室内反射出没有眩光的柔和光线。

b．黑板。它是教室内眼睛经常注视的地方。上课时，学生的眼睛经常在黑板与笔记本之间移动，所以在二者之间不应有过大的亮度差别。目前，教室中广泛采用的黑色油漆黑板，它的光反射比很低，与白色粉笔形成明显的黑白对比，有利于提高可见度，但它的亮度太低，不利于整个环境亮度分布。同时，黑色油漆形成的光滑表面，极易产生规则反射，在视野内可能出现窗口的明亮反射形象，降低了可见度。采用毛玻璃背面涂刷黑色或暗绿色油漆的做法，提高了光反射比，同时避免了反射眩光，是一种较好的解决办法。但各种无光泽表面在光线入射角大于70°时，也可能产生混合反射，在入射角对称方向上，就会出现明显的规则反射，故应注意避免光线以大角度入射。在采用侧窗时，最易产生反射眩光的地方是离黑板端墙 $d=1.0~1.5$ m 范围内的一

段窗（图 8-35）。在这范围内最好不开窗，或采取措施（或用窗帘、百叶等）降低窗的亮度，使之不出现或只出现轻微的反射形象。也可将黑板做成微曲面或折面，使入射角改变，因而反射光不致射入学生眼中。但这种办法使黑板制作困难。据有关单位经验，如将黑板倾斜放置，与墙面呈 10°～20° 夹角，不仅可将反射眩光减少到最低程度，而且使书写黑板方便，制作比曲折面黑板方便，不失为一种较为可行的办法。也可用增加黑板照度（利用天窗或电光源照明），减轻明亮窗口在黑板上的反射影像的明显程度。

c. 梁和柱的影响。在侧窗采光时，梁的布置方向对采光有相当影响。当梁的方向与外墙垂直，则问题不大。如梁的方向与外墙平行，则在梁的背窗侧形成较黑的阴影，在顶棚上造成明显的亮度对比，而且减弱了整个房间的反射光，对靠近内墙光线微弱处影响很大，故不宜采用。如因结构关系必须这样布置，最好做吊顶，使其平整。

d. 窗间墙。窗间墙和窗之间存在着较大的亮度对比，在靠墙区域形成暗区，参见图 8-36（c），特别是窗间墙很宽时影响很大。在学校教室中，窗间墙的宽度宜尽量缩小。

③教室剖面形式

a. 侧窗采光及其改善措施。从前面介绍的侧窗采光来看，它具有造价低，建造、使用维护方便等

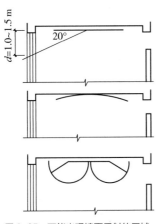

图 8-35 可能出现镜面反射的区域
及防治措施

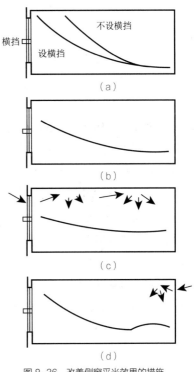

图 8-36 改善侧窗采光效果的措施

优点，但采光不均匀是其严重缺点。为了弥补这一缺点，除前面提到的措施外，可采取下列办法：

a）将窗的横挡加宽，将它放在窗的中间偏低处。这样的措施可将靠窗处的照度高的区域加以适当遮挡，使照度下降，有利于增加整个房间的照度均匀性，见图 8-36（a）。

b）在横挡以上使用扩散光玻璃，如压花玻璃、磨砂玻璃等，这样使射向顶棚的光线增加，可提高房间深处的照度，见图 8-36（b）。

c）在横挡以上安设指向性玻璃（如折光玻璃、玻璃砖），使光线折向顶棚，对提高房间深处的照度，效果更好，见图 8-36（c）。

d）在另一侧开窗，左边为主要采光窗，右边增开设一排高窗，最好采用指向性玻璃或扩散光玻璃，以求最大限度地提高窗下的照度，见图 8-36（d）。

b. 天窗采光。单独使用侧窗，虽然可采取措施改善其采光效果，但仍受其采光特性的限制，不能做到很均匀，采光系数不易达到 2%，故有的地方采

用天窗采光。

最简单的天窗是将部分屋面做成透光的，它的效率最高，但有强烈眩光。夏季，由于太阳光直接射入，室内热环境恶化，影响学习，还应在透光屋面下面做扩散光顶棚，见图8-37（a），以防止阳光直接射入，并使室内光线均匀，采光系数可以达到很高。

为了彻底解决直射阳光问题，可做成北向的单侧天窗，见图8-37（b）。

图8-38是CIE推荐的学校教室采光方案。图8-38（a）是将开窗一侧的层高加大，使侧窗的窗高增大，保证室内深处有充足的采光，但应注意朝向，一般以北向为宜，以防阳光直射入教室深处。

图8-38（b）是将主要采光窗（左侧）直接对外，走廊一侧增开补充窗，以弥补这一侧采光不足。但应注意此处窗的隔声性能，以防嘈杂的走廊噪声影

响教学秩序，而且宜采用压花玻璃或乳白玻璃，使走廊活动不致分散学生的注意力。

图8-38（c）、（e）、（h）为天窗，都考虑用遮光格片来防止阳光直接射入教室。值得注意的是，（h）方案是用一个采光天窗同时解决两个教室补充采光。这时应注意遮光格片与采光天窗之间空间的处理，还要避免它成为传播噪声的通道。

图8-38（f）具有两个不同朝向的天窗，一般用在南、北向，南向天窗应注意采取防止直射阳光的措施。

不同剖面形式的采光效果比较。图8-39给出了两种采光设计方案。图8-39（a）为旧教室，它的左侧为连续玻璃窗，右侧有一补充采光的高侧窗，由于它的外面有挑檐，这就影响到高侧窗的采光效率，减弱了近墙处的照度。实测结果表明，室内采光不足，左侧采光系数最低值仅0.4%～0.6%。图8-39（b）为新教室，它除了在左侧保持连续带状玻璃窗外，右侧还开了天窗。为防止阳光直接射入，天窗下做了遮阳处理。这样，使室内工作区域内各点采光系数一般在2%以上，而且均匀性也获得很大改善。

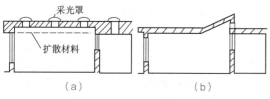

图8-37　教室中利用天窗采光

2）美术馆采光设计
（1）采光要求

为了获得满意的展出效果，在采光方面要解决以下几个问题：

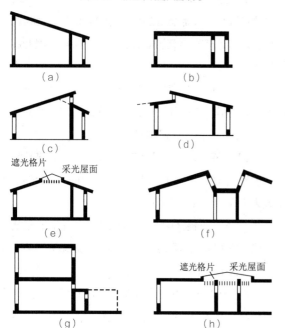

图8-38　学校教室的不同剖面形式

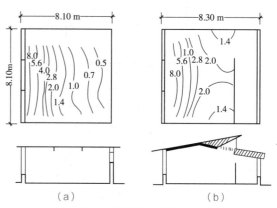

图8-39　两种采光设计效果比较

①适宜的照度。在展品表面上具有适当的照度是保证观众正确地识别展品颜色和辨别它的细部的基本条件。但美术展品中不乏光敏物质，如水彩、彩色印刷品、纸张等在光的长期照射下，特别是在含有紫外线成分的光线作用下，很易褪色、变脆。故为了长期保存展品，照度还需适当控制。

②合理的照度分布。在美术馆里，除了要保证悬挂美术品的墙面上有足够的垂直照度外，还要求在一幅画上不出现明显的明暗差别，一般认为全幅画上的照度最大值和最小值之比应保持在 3∶1 之内。还希望在整个展出墙面上照度分布均匀，照度最大值和最小值之比应保持在 10∶1 之内。

就整幢美术馆的布局而言，应按展览路线来控制各房间的照度水平，使观众的眼睛得以适应。例如观众从室外进入陈列室之前，最好先经过一些照度逐渐降低的过厅，使眼睛从室外明亮环境逐渐适应室内照度较低的环境。这样，观众进入陈列室就会感到明亮、舒适，而不致和室外明亮环境相比，产生昏暗的感觉。

③避免在观看展品时明亮的窗口处于视看范围内。明亮的窗口和较暗的展品间亮度差别很大，易形成眩光，影响观赏展品。当眩光源处于视线 30° 以外时，眩光影响就迅速减弱到可以忍受的程度。一般是当眼睛和窗口、画面边沿所形成的角度超过 14°，就能满足这一要求，见图 8-40。

④避免一、二次反射眩光。这是一般展览馆中普遍存在而又较难解决的问题。由于画面本身或它的保护装置具有规则反射特性，光源（灯或明亮的窗口）经过他们反射到观众眼中，这时，在较暗的展品上出现一个明亮的窗口（或灯）的反射形象，称它为一次反射，它的出现很影响观看展品。

按照规则反射法则，只要光源处于观众视线与画面法线夹角对称位置以外，观众就不会看到窗口的反射形象。将窗口提高或将画面稍加倾斜，就可避免出现一次反射（图 8-41）。

二次反射是当观众本身或室内其他物件的亮度高于展品表面亮度，而他们的反射形象又刚好进入观众视线内，这时观众就会在画面上看到本人或物件的反射形象，干扰看清展品。这可从控制反射形象进入视线（如像防止一次反射那样，调整人或物件与画面的相互位置），或减弱二次反射形象的亮度，使他们的反射形象不至影响到观赏展品。后一措施就要求将展品表面亮度（照度）高于室内一般照度。

⑤环境亮度和色彩。陈列室内的墙壁是展品的背景，如果它的彩度和亮度都高，不仅会喧宾夺主，而且它的反射光还会歪曲展品的本来色彩。因此，墙的色调宜选用中性，其亮度应略低于展品本身，光反射比一般取 0.3 左右为宜。

⑥避免阳光直射展品，导致展品变质。阳光直接进入室内，不仅会形成强烈的亮度对比，而且阳

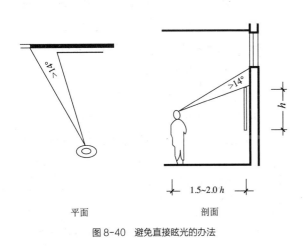

图 8-40 避免直接眩光的办法

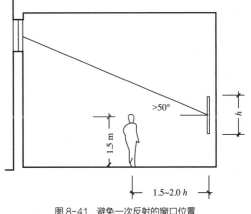

图 8-41 避免一次反射的窗口位置

光中的紫外线和红外线对展品的保存非常不利。有
色展品在阳光下会产生严重褪色，故应尽可能防止
阳光直接射入室内。

⑦窗洞口不占或少占供展出用的墙面，因为展
品一般都是悬挂在墙面上供观众欣赏，故窗洞口应
尽量避开展出墙面。

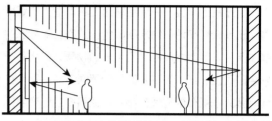

图 8-42　侧窗展室的一、二次反射

（2）采光形式

为了保证上述要求的实现，在很大程度上取决
于建筑剖面选型和采光形式的选择。常用的采光形
式有下列几种：

①侧窗采光。它是最常用、最简单的采光形式，
能获得充足的光线，光线具有方向性，但用于展览
馆中则有下列严重缺点：

a. 室内照度分布很不均匀，特别是沿房间进深
方向照度下降严重；

b. 展出墙面被窗口占据一部分，限制了展品布
置的灵活性；

c. 一、二次反射很难避免。由于室内照度分布
不均，在内墙处照度很低，明亮的窗口极易形成一
次反射。而且展室的窗口面积一般都较大，因而要
避开它很困难。其次，观众所处位置的照度常较墙
面照度高，这样就有可能产生二次反射（图 8-42）。

为了增加展出面积，往往在房间中设横墙。根
据经验，以窗中心为顶点，与外墙轴线呈 30°～60°
引线的横墙范围是采光效果较好的区域。为了增加
横墙上的照度及其均匀性，可将横墙稍向内倾斜（图
8-43）。

侧窗由于上述缺点，仅适用于房间进深不大的
小型展室和展出雕塑为主的展室。

②高侧窗。这种侧窗下面的墙可供展出用，增
加了展出面积。照度分布的均匀性和一次反射现象
都较低侧窗有所改善。从避免一次反射的要求来看，
希望窗口开在如图 8-41 所示范围之外。为此，就要
求跨度小于高度，因而在空间利用上是不经济的。
另外，高侧窗仍然避免不了光线分布不均的缺点，
特别是在单侧高窗时，窗下展出区光线很暗，观众

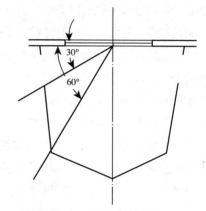

图 8-43　设置横墙的良好范围

所占区域光线则强得多（图 8-42 左侧），导致十分
明显的二次反射。

③顶部采光。即在顶棚上开设窗洞口，它具有
以下优点：采光效率高；室内照度均匀；房间内整
个墙面都可布置展品，不受窗口限制；光线从斜上
方射入室内，对立体展品特别合适；易于防止直接
眩光。故广泛地被采用于各种展览馆中。

根据表 8-9，美术馆展厅采用顶部采光，其照度
不应高于 150 lx。在确定天窗位置时，要注意避免形
成反射眩光，并使整个展出墙面的照度均匀，这可从
控制窗口到墙面各点的立体角大致相等来达到（图
8-44 中的 Ω 角）。作图时，可将展室的宽定为基数，
顶窗宽为室宽的 $\frac{1}{3}$，室高为室宽的 $\frac{5}{7}$，就可满足照度
均匀的要求。通常将室宽取 11 m 较为合适。

在满足防止一次反射的要求下，顶部采光比高
侧窗可降低层高。由图 8-45 可看出，顶部采光比高
侧窗采光降低房间高度达 30%，这有利于降低建筑
造价。

由前面所述，顶部采光的照度分布是水平面比

墙面照度高。水平面照度在房间中间（天窗下）比两旁要高。这样，在观众区（一般在展室的中间部分）的照度高，因而在画面上可能出现二次反射现象。

从以上介绍的各种采光形式来看，用到展览馆中都有各自的缺点。故在实践中都是将上述一般形式的窗洞口加以改造，使他们的照度分布按人们的愿望，达到最好的展出效果。

④天窗采光的改善措施。主要是采取措施使展室中央部分的照度降低，并增加墙面照度。一般在天窗下设一顶棚，它可以是不透明的或半透明的，这样使观众区的照度下降。图8-46即是将如图8-44所示剖面的天窗下加一挡板，可使展室中部的观众

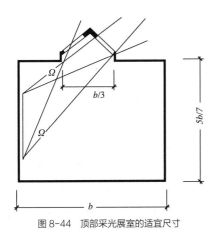

图8-44　顶部采光展室的适宜尺寸

区照度下降很多。

上面谈到的改善措施中，天窗与挡板间的空间没有起作用，故在一些展览馆中，将中间部分屋面降低，形成垂直或倾斜的窗洞口（图8-47）。这样减少了房间高度，与高侧窗相比，高度减少了54%（图8-45），它的采光系数分布更合理。但是这种天窗剖面形式比较复杂，应处理好排水、积雪等方面问题。

在国外，顶部采光的展览馆中，常采用活动百叶来控制天然光。图8-48是英国泰特美术馆新馆剖面，它在顶窗上面布置了相互垂直的两层铝制百叶窗（图8-48中1，2）。这两层百叶的倾斜角是由安置在室内的感光元件（14）控制，它可根据室外照度大小，使百叶从垂直调到水平位置，以保证室内照度稳定在一定水平上。在夜间或闭馆期间，则将百叶调到关闭（水平）状态，不但使展室处于黑暗，有利于展品的保存，而且减少热量的逸出，有利于减少冬季热耗和降低使用中的花费。

建筑师路易斯·康在美国金贝尔美术馆的设计中，采用了由条形采光天窗、人字形反光板、摆线形漫射拱顶组成的采光系统，以获得更加柔和的反射光线。图8-49为金贝尔美术馆的剖面采光示意图。由图可见自然光由天窗进入室内，经人字形反光板

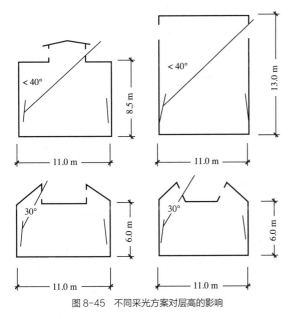

图8-45　不同采光方案对层高的影响

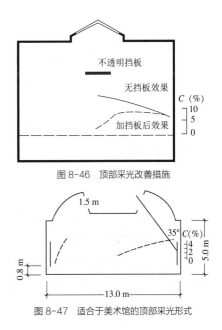

图8-46　顶部采光改善措施

图8-47　适合于美术馆的顶部采光形式

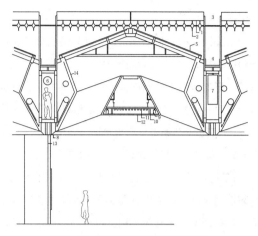

图 8-48　英国泰特展览馆新馆采光方案
1—上层百叶；2—下层百叶；3—人行通道；4—检修通道；
5—有紫外滤波器的双层玻璃；6—送风管道；7—排风管道；
8—送风和排风口；9—重点照明导轨灯具；10—展品（绘画）照
明灯具导轨；11—建筑照明；12—双层扩散透光板；
13—可拆装的隔断；14—感光元件

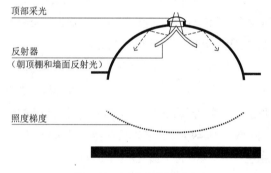

图 8-49　金贝尔美术馆采光方案

反射回顶棚，再由拱顶二次反射，光强得以削减，为室内空间提供均匀的自然光照明。

8.4　采光计算

采光计算的目的在于验证所做的设计是否符合采光标准中规定的各项指标。采光计算方法很多，如利用公式或是利用特别制定的图表计算，也可以利用计算机进行计算。下面介绍我国《建筑采光设计标准》GB 50033—2013 推荐的方法。

1. 侧面采光计算

侧面采光（图 8-50）可按下列公式进行计算。典型条件下的采光系数平均值可参考《建筑采光设计标准》GB 50033—2013 附录 C 中表 C.0.1 取值。

$$C_{av} = \frac{A_c \tau \theta}{A_z (1-\rho_j^2)} \qquad (8-5)$$

$$\tau = \tau_0 \cdot \tau_c \cdot \tau_w \qquad (8-6)$$

$$\rho_j = \frac{\sum \rho_i A_i}{\sum A_i} = \frac{\sum \rho_i A_i}{A_z} \qquad (8-7)$$

$$\theta = \arctan\left(\frac{D_d}{H_d}\right) \qquad (8-8)$$

$$A_c = \frac{C_{av} A_z (1-\rho_j^2)}{\tau \theta} \qquad (8-9)$$

式中　τ——窗的总投射比；

A_c——窗洞口面积，m^2；

A_z——室内表面总面积，m^2；

ρ_j——室内各表面反射比的加权平均值；

θ——从窗中心点计算的垂直可见天空的角度值，无室外遮挡 θ 为 90°；

τ_0——采光材料的投射比，建筑玻璃的光热参数值与透明（透光）材料的光热参数值可参考《建筑采光设计标准》GB 50033—2013 附录 D 附表 D.0.1 和附表 D.0.2 取值；

τ_c——窗结构的挡光折减系数，可按表 8-11 取值；

τ_w——窗玻璃的污染折减系数，可按表 8-12

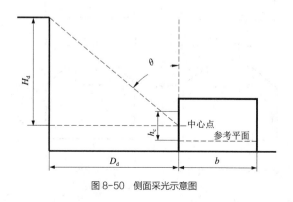

图 8-50　侧面采光示意图

取值；

ρ_i——顶棚、墙面、地面饰面材料和普通玻璃窗的反射比；饰面材料的反射比 ρ 值可参考《建筑采光设计标准》GB 50033—2013 附录 D 附表 D.0.5 取值；

A_i——与 ρ_i 对应的各表面面积；

D_d——窗对面遮挡物与窗的距离，m；

H_d——窗对面遮挡物距离窗中心的平均高度，m。

表 8-11　窗结构的挡光折减系数 τ_c 值

窗种类		τ_c 值
单层窗	木窗	0.70
	钢窗	0.80
	铝窗	0.75
	塑料窗	0.70
双层窗	木窗	0.55
	钢窗	0.65
	铝窗	0.60
	塑料窗	0.55

注：表中塑料窗含塑钢窗、塑木窗和塑铝窗。

表 8-12　窗玻璃的污染折减系数 τ_w 值表

房间污染程度	玻璃安装角度		
	垂直	倾斜	水平
清洁	0.90	0.75	0.60
一般	0.75	0.60	0.45
污染严重	0.60	0.45	0.30

注：1. τ_w 值是按 6 个月擦洗一次窗确定；

2. 在南方多雨地区，水平天窗的污染系数可按倾斜窗的 τ_w 值选取。

2. 顶部采光计算

顶部采光（图 8-51）计算可按下列方法进行。

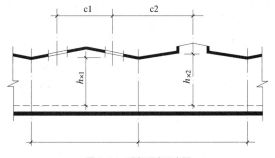

图 8-51　顶部采光示意图

1）采光系数平均值可按下式计算：

$$C_{av} = \tau \cdot CU \cdot \frac{A_c}{A_d} \qquad (8-10)$$

C_{av}——采光系数平均值，%；

τ——窗的总投射比，可按式（8-6）计算；

CU——利用系数，可按表 8-13 取值；

$\frac{A_c}{A_d}$——窗地面积比。

2）顶部采光的利用系数可按表 8-13 确定：

表 8-13　利用系数（CU）表

顶棚反射比（%）	室空间比 RCR	墙面反射比（%）		
		50	30	10
80	0	1.19	1.19	1.19
	1	1.05	1.00	0.97
	2	0.93	0.86	0.81
	3	0.83	0.76	0.70
	4	0.76	0.67	0.60
	5	0.67	0.59	0.53
	6	0.62	0.53	0.47
	7	0.57	0.49	0.43
	8	0.54	0.47	0.41
	9	0.53	0.46	0.41
	10	0.52	0.45	0.40
50	0	1.11	1.11	1.11
	1	0.98	0.95	0.92
	2	0.87	0.83	0.78
	3	0.79	0.73	0.68
	4	0.71	0.64	0.59
	5	0.64	0.57	0.52
	6	0.59	0.52	0.47
	7	0.55	0.48	0.43
	8	0.52	0.46	0.41
	9	0.51	0.45	0.40
	10	0.50	0.44	0.40
20	0	1.04	1.04	1.04
	1	0.92	0.90	0.88
	2	0.83	0.79	0.75
	3	0.75	0.70	0.66
	4	0.68	0.62	0.58
	5	0.61	0.56	0.51
	6	0.57	0.51	0.46
	7	0.53	0.47	0.43
	8	0.51	0.45	0.41
	9	0.50	0.44	0.40
	10	0.49	0.44	0.40
地面反射比为 20%				

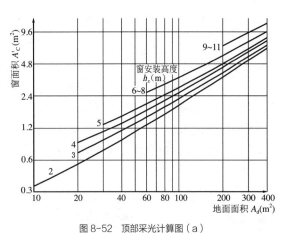

图 8-52　顶部采光计算图（a）

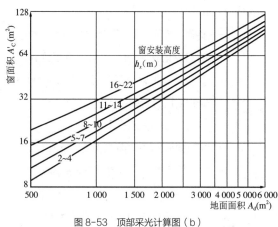

图 8-53　顶部采光计算图（b）

注：计算条件：采光系数 C'=1%；总透射比 τ=0.6；反射比：顶棚 ρ_p=0.80，墙面 ρ_q=0.50，地面 ρ_d=0.20。

3）室空间比 RCR 可按下列式计算：

$$RCR=\frac{5h_x(l+b)}{lb} \qquad (8\text{-}11)$$

式中　h_x——窗下沿距参考平面的高度，m；

　　　l——房间长度，m；

　　　b——房间进深，m；

4）当求窗洞口面积 A_c 时可按下式计算：

$$A_c=C_{av}\cdot\frac{A'_c}{C'}\cdot\frac{0.6}{\tau} \qquad (8\text{-}12)$$

式中　C'——典型条件下的平均采光系数，取值
　　　　　为 1%；

　　　A'_c——典型条件下的开窗面积，可按图 8-52
　　　　　和图 8-53 取值。

注：①当需要考虑室内构件遮挡时，室内构件
的挡光折减系数可按表 8-14 取值；

②当采用采光罩采光时，应考虑采光罩井壁的
挡光折减系数（K_j），可按图 8-54 和表 8-3 取值。

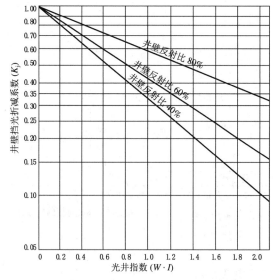

图 8-54　井壁挡光折减系数

表 8-14　室内构件的挡光折减系数 τ_j 值

构件名称	构件材料	
	钢筋混凝土	钢
实体墙	0.75	0.75
屋架	0.80	0.90
吊车梁	0.85	0.85
网架	—	0.65

思考题与习题

1. 从图 8-4 中查出重庆 7 月份上午 8:30 时天空漫射光照度和总照度。

2. 根据图 8-4 查出重庆 7 月份室外天空漫射光照度高于 4 000 lx 的延续时间。

3. 按【例题 7-2】（图 7-14）所给房间剖面，在 CIE 标准阴天时，求水平窗洞在桌面上形成的采光系数；若窗洞上装有 τ=0.8 的透明玻璃时的采光系数；若窗上装有 τ=0.5 的乳白玻璃时的采光系数。

4. 重庆地区某会议室平面尺寸为 5 m×7 m，净空高 3.6 m，估算需要的侧窗面积并绘出其平、剖面图。

5. 一单跨机械加工车间，跨度为 30 m，长 72 m，屋架下弦高 10 m，室内表面浅色粉刷，室外无遮挡，估算需要的单层钢侧窗面积，并验算其采光系数。

第9章 Chapter 9 Artificial Light'
人工照明

天然光的利用，易受时间、气候和地点的限制。当天然光无法满足人们视觉作业需求时，就需要使用人工照明进行补充。人工照明即利用各种发光的灯具，根据人的需要来调节、安排和实现预期照明效果的照明方式。

9.1 电光源

将电能转换为光能的器件或装置称为电光源。根据发光机理不同，电光源主要分为热辐射光源、气体放电光源和固态光源三类。

9.1.1 热辐射光源

任何物体的温度高于绝对温度零度，就向四周空间发射辐射能。当金属加热到 500 ℃ 时，就发出暗红色的可见光。温度越高，可见光在总辐射中所占比例越大。人们利用这一原理制造的照明光源称为热辐射光源。

1）白炽灯

白炽灯是用通电的方法加热玻璃壳内的钨丝，导致钨丝产生热辐射而发光的光源。普通照明白炽

灯常见功率为 15~100 W，色温约 2 800 K，一般显色指数 R_a=100，平均寿命为 1 000 h；它具有成本低、显色性好、光谱连续、调光方便等优点。但它的能耗大，寿命短，性能远低于新一代的绿色光源，为提高能效、保护环境、应对全球气候变化，我国从 2012 年 10 月 1 日起，按功率大小分阶段逐步禁止进口和销售普通照明白炽灯。

受材料、工艺等的限制，白炽灯的灯丝温度不能太高，故它发出的可见光以长波辐射为主，与天然光相比，白炽灯光色偏红，其光谱特性如图 9-1 所示。

2）卤钨灯

卤钨灯是填充气体内含有部分卤族元素或卤化物的充气白炽灯。卤族元素的作用是在高温条件

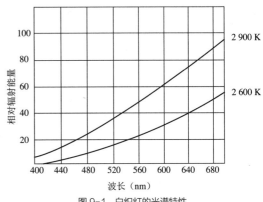

图 9-1 白炽灯的光谱特性

下，将钨丝蒸发出来的钨元素带回到钨丝附近的空间，甚至送返钨丝上（即卤素循环）。这就减慢了钨丝在高温下的挥发速度，为提高灯丝温度创造了条件，而且减轻了钨蒸发对泡壳的污染，提高了光的透过率，故其发光效率和光色都较白炽灯有所改善。卤钨灯的种类较多，设计电压为 6~250 V，功率 12~10 000 W，最常见的是 12 V、功率 20~50 W 的低压卤钨灯，色温 3 000~3 200 K，平均寿命 3 000~5 000 h。与普通白炽灯相比，它具有体积小、寿命长、光效高、光色好和光输出稳定等优点，常用在商店重点照明中。

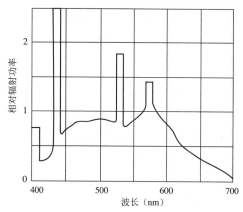

图9-2 荧光灯光谱（日光色）能量分布

9.1.2 气体放电光源

气体放电光源是由气体、金属蒸气或几种气体与金属蒸气的混合放电而发光的光源。

1）荧光灯

这是一种在发光原理和外形上都有别于白炽灯的气体放电光源，它的内壁涂有荧光物质，管内充有稀薄的氩气和少量的汞蒸气。灯管两端各有两个电极，通电后加热灯丝，达到一定温度就发射电子，电子在电场作用下逐渐达到高速，轰击汞原子，使其电离而产生紫外线。紫外线射到管壁上的荧光物质，激发出可见光。荧光灯主要是由放电产生的紫外辐射激发荧光粉层而发光的放电灯。根据不同的荧光物质成分，可产生不同的光色，故可制成接近天然光光色的荧光灯，如图9-2所示。

因发光原理不同，相较白炽灯而言，荧光灯具有结构简单、发光效率高、光线柔和、寿命长、光色好且品种多等优点。荧光灯的发光效率约为白炽灯的 4~5 倍，寿命约为白炽灯的 10~15 倍，是较节能的光源。

荧光灯按其阴极工作形式、外形、灯管直径等可分为不同的类型，常见的有：

（1）双端荧光灯。又称直管形荧光灯，有多种规格，常见功率为14~80 W，光效约 75~100 lm/W，色温 2 700~6 500 K，一般显色指数 $R_a \geqslant 80$，高显色性双端荧光灯 $R_a \geqslant 90$，平均寿命为 13 000~24 000h；适合商场、超市、宾馆、办公室、商店、医院、图书馆等场合使用。

（2）环形荧光灯。除形状外，环形荧光灯性能与直管形荧光灯无太大区别，主要作为吸顶灯、吊灯的配套光源，供家庭、商场等照明使用。

（3）紧凑型荧光灯。即将放电管弯曲或拼接成一定形状，以缩小放电管线形长度的荧光灯。常见功率范围 10~57 W，光效 60~80 lm/W，色温 2 700~6 500 K，显色指数 $R_a \geqslant 80$。结构紧凑，灯管、镇流器、启辉器组成一体，故具有体积小、使用方便、光效高、寿命长、启动快等优点，可直接替代白炽灯。

（4）冷阴极荧光灯。冷阴极荧光灯的工作原理与普通的（热阴极）荧光灯相似，但冷阴极荧光灯是辉光放电[1]，热阴极荧光灯是弧光放电[2]，而且阴极的电子发射不是对阴极进行预热，而是靠灯管两端施加的高压脉冲电压，激发金属阴极产生电子发射，它可以瞬时启动。冷阴极荧光灯管径细、体积小、耐震动、能耗低、光效高、亮度高

---

[1] 辉光放电是小电流高电压的放电现象，阴极发射电子主要是靠正离子轰击产生的。
[2] 弧光放电是大电流低电压的放电现象，阴极发射电子主要是靠热电子发射产生的。

（15 000 ~ 40 000 cd/m²）、光色好（色温 2 700 ~ 6 500 K），寿命长（20 000 h 以上），可频繁启动。将冷阴极灯管装入各种颜色的外壳内，可作为装饰用的护栏灯、轮廓灯、组图灯等。与上述三种荧光灯相比，冷阴极荧光灯的应用相对较少。

双端荧光灯、环形荧光灯、紧凑型荧光灯的外形，如图 9-3 所示。

2）金属卤化物灯

金属卤化物灯是由金属蒸气与金属卤化物分解物的混合物放电而发光的放电灯，它是在荧光高压汞灯的基础上发展起来的一种高效光源，它也是一种高强度气体放电灯，它的构造和发光原理均与荧光高压汞灯相似，但区别是在荧光高压汞灯泡内添加了某些金属卤化物。从而起到了提高光效、改善光色的作用。金卤灯常见功率为 35~1 000 W，光效 65~140 lm/W，色温 3 000~4 200 K，一般显色指数 R_a=65~80，平均寿命 12 000~20 000 h。它具有发光效率高、显色性能好、寿命长等特点，是一种接近日光色的节能光源，适用于体育场馆、展览中心、

大型商场、工业厂房、街道广场、车站、码头等场所的照明。

陶瓷金属卤化物灯是在金属卤化物灯的发光原理和高压钠灯放电管的材料与工艺基础上，开发成功的一种高强度气体放电灯。陶瓷金属卤化物灯的放电管采用多晶氧化铝陶瓷管制成，它的化学性能稳定，更耐腐蚀，制作精度高，灯与灯之间的光色一致性更好；它的发光效率比普通金属卤化物灯提高约 20%，光色更好，一般显色指数 R_a 可达 90 以上，寿命可达 30 000 h，是一种较为理想的照明光源（图 9-4）。

3）高压钠灯

钠灯是由钠蒸气放电而发光的光源，它也是一种高强度气体放电灯。根据钠灯泡中钠蒸气放电时压力的高低，把钠灯分为高压钠灯和低压钠灯两类，低压钠灯由于显色性极差，现已被淘汰。

高压钠灯是利用高压钠蒸气放电时，辐射出可见光的特性制成的。其辐射光的波长主要集中在人眼最灵敏的黄绿色光范围内。高压钠灯的光效高、寿命长、透雾能力强，常见功率范围在 50~1 000 W，光效 70~140 lm/W，色温 2 000~2 150 K，R_a=20~25，平均寿命 24 000~32 000 h；中显色性和高显色性高压钠灯 R_a 分别可达 60 和 85，但光效和寿命降低。高压钠灯常用在户外照明和道路照明中。

高压钠灯的光谱能量分布见图 9-5。

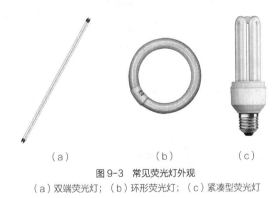

（a）   （b）   （c）

图 9-3 常见荧光灯外观
（a）双端荧光灯；（b）环形荧光灯；（c）紧凑型荧光灯

图 9-4 陶瓷金卤灯外观

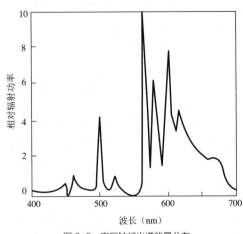

图 9-5 高压钠灯光谱能量分布

4）氙灯

氙灯是由氙气放电而发光的光源，是利用在氙气中高电压放电时，发出强烈的连续光谱这一特性制成的，光谱和太阳光极相似。由于它功率大、光通量大，又放出紫外线，故安装高度不宜低于 20 m，常用在广场等大面积照明场所。部分氙灯的光谱特性见图 9-6。

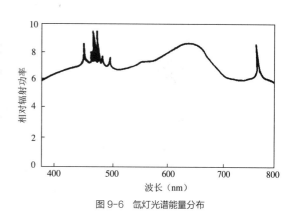

图 9-6　氙灯光谱能量分布

9.1.3　固态光源

1）LED

半导体发光二极管（Light Emitting Diode，LED），是一种半导体电子元件，其自发性的发光是由于电子和空穴的复合产生。利用固体半导体芯片作为发光材料，当两端加上正向电压时，半导体中的载流子发生复合放出过剩的能量，从而引起光子发射产生光。图 9-7 为 LED 光源构造示意，图 9-8 为 LED 埋地灯的外观及室外照明效果。

作为新一代的照明光源，LED 光源具有以下优势：

（1）节能环保：在同样的照明效果下，LED 的耗电量约为白炽灯的 1/10，荧光灯的 1/2，且 LED 灯具制作材料不含有害元素，废弃物可回收利用；

（2）工作寿命长：LED 光源寿命达 25 000 ～ 50 000 h；

（3）发光效率高：LED 的光效可达 120 lm/w；

（4）功率范围广：LED 功率从 1~2 000 W，应用范围极广，几乎可替代任何传统光源；

（5）发光可控性高：可通过流过电流的变化控制发光亮度，也可通过不同波长 LED 的配置实现色彩的变化和调节；

（6）安全可靠：使用冷发光技术，产品驱动电压低、工作电流小，发热量比传统光源低，可安全触摸，有效防止因过热导致火灾。

目前 LED 产品主要有以下三种方式获得白光：

（1）芯片白光 LED：如图 9-9（a）所示，将红、绿、蓝三色 LED 芯片（或更多种颜色的 LED 芯片）

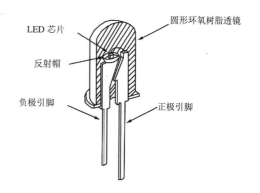

图 9-7　LED 光源构造

（a）　　　　　　　　　　（b）

图 9-8　LED 埋地灯外观及其照明效果
（a）LED 埋地灯外观；（b）LED 埋地灯照明效果

封装在一起，将他们发出的光混合成白光。该方法避免了荧光粉在光转化过程中的能量损耗，光效较高，还可分别控制不同光色的 LED 光强，达到全彩效果，通过光谱的控制得到较高的显色性。但不同光色 LED 芯片的材质差异较大，为保持光色的稳定性，灯具电路较复杂，且存在散热问题；

（2）三基色荧光粉转换 LED：如图 9-9（b）所示，

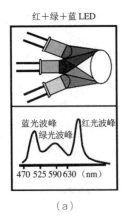
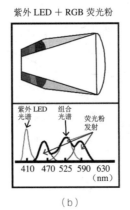
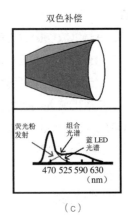

图9-9 LED产生白光原理及光谱示意
（a）RGB荧光粉；（b）紫外LED+RGB荧光粉；（c）蓝LED+黄荧光粉

利用紫外光LED激发一组三基色荧光粉，更易于获得颜色一致的白光，且光源发光效率、显色性较高，光色可调，但荧光粉在转换紫外辐射时效率较低，封装材料在紫外光照下易老化，寿命较短；

（3）二基色荧光粉转换白光LED：如图9-9（c）所示，利用蓝光LED芯片和钇铝石榴石（YAG）荧光粉制成，其结构简单、成本较低，但白光效率较低、色温漂移、寿命较短。

目前，LED照明产品已成为照明行业的主流，朝着智能照明、健康照明的方向发展。在"物联网+""智能家居""大数据""云技术"等新趋势的推动下，智能照明应运而生。智能照明采用LED光源，利用现代通信技术、计算机智能化信息处理及节能型电器控制等技术，组成分布式遥测、遥控、遥信控制系统，实现对灯光亮度调节、灯光软启动（开灯时，灯光由暗渐亮；关灯时，灯光由亮渐暗）、定时控制、场景设置等功能，以达到按需照明和精准配光的目的。如近年推出的新型多功能路灯杆，除保证照明的基本功能外，还能集合交通监控、安全监控、污染物监控、WIFI、气象、医疗救助、广播、信息屏、充电装置等功能，有助于城市管理与居民生活的智能化。并且，随着光健康理念的不断深入，照明已经不仅仅局限于满足视觉功能的需求，还逐渐拓展到情绪、

睡眠质量、环境认知、生理节律等多方面的调节功能。通过光与健康的研究、设计与应用，来提高生存质量与生活品质，是未来照明领域发展的新方向。

2）OLED

有机发光二极管（Organic Light Emitting Diode, OLED），又称为有机发光半导体，是一种由有机光电功能材料制备成的薄膜器件在电场的激发作用下发光的光源，由美籍华裔教授邓青云于1979年在实验室中发现。OLED具有自重轻、厚度小、亮度高、光效高、响应速度快、发光材料丰富、易实现彩色显示、动态画面质量高等优点。近年OLED照明增长迅速，尤其在建筑、室内、车灯、医疗等领域，展现出惊人的应用潜力，被称为未来的理想显示光源，发展前景广阔。

9.2 灯具

根据CIE的定义，灯具是能透光、分配和改变光源分布的器具，包括除光源外所有用于固定和保护光源所必需的全部零、部件，以及与电源连接所

必须的线路附件，因此可以认为灯具是光源所需的灯罩及其附件的总称。

9.2.1 灯具的光学特性

1）配光曲线

任何灯具一旦处于工作状态，就会向四周空间投射光通量，投射角度不同，空间各方向上的发光强度也不同。我们把灯具各方向的发光强度在三维空间里用矢量表示出来，把矢量的终端连接起来，则构成一封闭的光强体。当光强体被通过 z 轴线的平面截割时，在平面上获得一封闭的交线。此交线以极坐标的形式绘制在平面图上，这就是灯具的配光曲线。光强分布就是用曲线或表格表示光源或灯具在空间各方向的发光强度值，通常把某一平面上的光强分布曲线称为配光曲线（图9-10）。

配光曲线上的每一点，表示灯具在该方向上的发光强度。因此，知道灯具对计算点的投光角 α，就可查到相应的发光强度 I_α，利用式（7-7）就可求出点光源在计算点上形成的照度。

为了使用方便，配光曲线通常按光源发出的光通量为 1 000 lm 来绘制。故实际光源发出的光通量不是 1 000 lm 时，对查出的发光强度，应乘以修正系数，即实际光源发出的光通量与 1 000 lm 之比值。图9-11是扁圆吸顶灯的配光曲线。

对于非对称配光的灯具，则用一组曲线来表示不同剖面的配光情况。荧光灯灯具常用两根曲线分别给出平行于灯管（"//"符号）和垂直于灯管（"⊥"符号）剖面光强分布。

【例题9-1】 有两个扁圆吸顶灯，距工作面4.0 m，两灯相距5.0 m。工作面布置在灯下和两灯之间（图9-12）。如光源为100 W白炽灯，求 P_1、P_2 点的照度（不计反射光影响）。

【解】 （1）P_1 点照度

灯 I 在 P_1 点形成的照度：

点光源形成的照度计算式见式（7-7），当 $i=\alpha=0$ 时，从图9-11查出 $I_0=130$ cd。

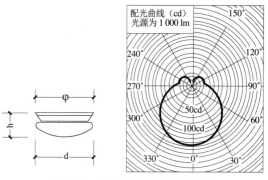

图9-11 扁圆吸顶灯外形及其配光曲线

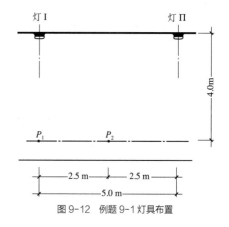

图9-12 例题9-1灯具布置

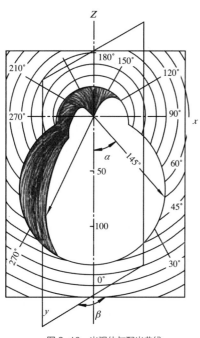

图9-10 光强体与配光曲线

灯至工作面距离为 4.0 m。则：

$$E_1 = \frac{130}{4^2} \cos 0° = 8.125 \text{ lx}$$

灯 II 在 P_1 点形成的照度：

$$\tan \alpha = \frac{5}{4}, \; i = \alpha \approx 51°, \; I_{51} = 90 \text{ cd}$$

灯 II 到 P_1 点的距离为 $\sqrt{41}$ m，

$$E_{II} = \frac{90}{41} \cos 51° \approx 1.381 \text{ lx}$$

P_1 点照度为两灯形成的照度和，并考虑灯泡光通量修正 1 179/1 000，则：

$$E_1 = (8.125 + 1.381) \times \frac{1\,179}{1\,000} \approx 11.2 \text{ lx}$$

（2）P_2 点照度

灯 I、II 与 P_2 的相对位置相同，故两灯在 P_2 点形成的照度相同。$\tan \alpha = \frac{2.5}{4}$，$i = \alpha \approx 32°$，$I_{32} = 110$ cd，灯至 P_2 的距离为 $\sqrt{22.25}$ m，

则 P_2 点的照度为：

$$E_2 = \frac{110}{22.5} \cos 32° \times 2 \times \frac{1\,179}{1\,000} \approx 9.9 \text{ lx}$$

2）亮度分布与遮光角

灯具的亮度分布和遮光角是评价视觉舒适度所必需的参数。当光源亮度超过 16 sb 时，人眼就不能忍受，为降低或消除这种高亮度表面对眼睛造成的眩光，给光源罩上一个不透光材料做的开口灯罩（图 9-13），可获得十分显著的效果。

为了说明某一灯具的防止眩光范围，就用遮光角 γ 来衡量。灯具遮光角是指光源最边缘的一点和灯具出光口的连线与水平线之间的夹角（图 9-13）。图 9-13（a）的灯具遮光角用下式表示：

$$\tan \gamma = \frac{2h}{D+d} \tag{9-1}$$

遮光角的余角是截光角，它是在灯具垂直轴与刚好看不见高亮度的发光体的视线之间的夹角。

当人眼平视时，如果灯具与眼睛的连线和水平线的夹角小于遮光角，则看不见高亮度的光源。当灯具位置提高，与视线形成的夹角大于遮光角，虽可看见高亮度的光源，但夹角较大，眩光程度已大大减弱。

当灯罩采用半透明材料做成时，即使有一定遮光角，但由于它本身具有一定亮度，仍可能成为眩光光源，故应限制其表面亮度值。

3）灯具效率或灯具效能

任何材料制成的灯罩，对于投射在其表面的光通量都要被它吸收一部分，光源本身也要吸收少量的反射光（灯罩内表面的反射光），余下的才是灯具向周围空间投射的光通量。在相同的使用条件下，灯具发出的总光通量 Φ 与灯具内所有光源发出的总光通量 Φ_Q 之比，称为灯具效率 η，也称为灯具光输出比，即：

$$\eta = \frac{\Phi}{\Phi_Q} \tag{9-2}$$

灯具效率说明灯具对光源光通量的利用程度，其值总是小于 1。对于 LED 灯，通常以灯具效能表示，指在规定条件下，灯具发出的总光通量与所输入的功率之比，即含光源在内的整体效能，单位为 lm/w。灯具的效率或效能在满足使用要求的前提下，越高越好。

9.2.2 灯具分类

灯具按照安装方式、使用光源、使用环境和使用功能等不同，可分为不同的类型。国际照明委员会按光通量在上、下半球的分布将室内灯具划分为六类：直接型、半直接型、直接—间接型、一般漫射型、半间接型、间接型。灯具的实际效果见图 9-14。

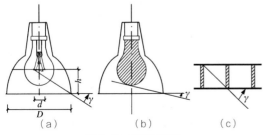

图 9-13 灯具的遮光角
（a）普通灯泡；（b）乳白灯泡；（c）挡光格片

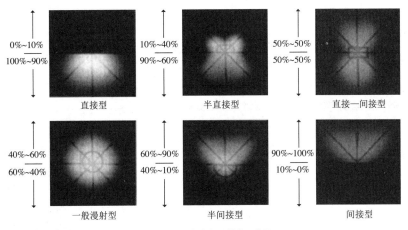

图 9-14 各类灯具的实际效果

1）直接型灯具

直接型灯具是能向灯具下部发射 90%~100% 直接光通量的灯具。灯罩常用反光性能良好的不透光材料做成（如搪瓷、铝、镜面等）。直接型灯具的光分布可以从广泛型到高度集中型，这取决于反射材料、光洁度、灯具外形以及所用的屏蔽或光学控制介质。

直接型灯具虽然效率较高，但也存在两个主要缺点：①由于灯具的上半部几乎没有光线，顶棚很暗，它和明亮的灯具开口形成严重的亮度对比；②光线方向性强，阴影浓重。当工作物受几个光源同时照射时，如果处理不当就会造成阴影重叠，影响视看效果。

2）半直接型灯具

为了改善室内的空间亮度分布，使部分光通量射向上半球，减小灯具与顶棚间强烈的亮度对比，常用半透明材料作灯罩或在不透明灯罩上部开透光缝，这就形成半直接型灯具。半直接型灯具就是能向灯具下部发射 60%~90% 直接光通量的灯具。这一类灯具下面的开口能把较多的光线集中照射到工作面，具有直接型灯具的优点；又有部分光通量射向顶棚，使空间环境得到适当照明，改善了房间的亮度对比。

3）直接—间接型灯具

直接—间接型灯具的光分布具有相等的向下或向上的光通量，在接近水平的角度上光通量很小，向上的光分布通常是中等配光角蝙蝠翼，这是一般漫射型灯具中的一种特殊类型。

4）一般漫射型灯具

当灯具向上和向下的光通量分布大致相等，即上、下半球的光通量各占灯具总输出光通量的 40%~60% 时，属于一般漫射型灯具。此类灯具的灯罩，多用扩散透光材料制成，上、下半球分配的光通量相差不大，因而室内得到优良的亮度分布。最典型的漫射型灯具是乳白球形灯。

5）半间接型灯具

半间接型灯具就是能向灯具下部发射 10%~40% 直接光通量的灯具。这种灯具的上半部多为透明或敞开的，下半部使用扩散透光材料。上半部的光通量占总光通量的 60% 以上，由于增加了反射光的比例，房间的光线更均匀、柔和。这种灯具在使用过程中，透明部分很容易积尘，使灯具的效率降低。

6）间接型灯具

间接型灯具是指将 90%~100% 的光线射向上半球的灯具。由于光线是经顶棚反射到工作面，因此扩散性很好，光线柔和而均匀，并且完全避免了灯具的眩光作用。但因有用的光线全部来自反射光，故利用率很低，在要求高照度时，使用这种灯具很不经济。故一般用于对照度要求不高，希望全室均匀照明、光线柔和宜人的场所。

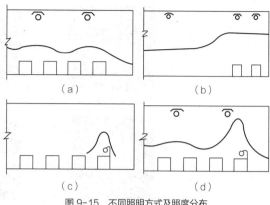

图 9-15　不同照明方式及照度分布
（a）一般照明；（b）分区一般照明；（c）局部照明；
（d）混合照明

9.3　室内工作照明

通过在室内营造人工光环境，来满足建筑的功能性需求，有利于人们的工作、学习、生活和身心健康。工作照明设计，可分下列几个步骤进行。

9.3.1　选择照明方式

照明方式一般分为：一般照明、分区一般照明、局部照明、混合照明、重点照明。其特点如下：

1）一般照明。如图 9-15（a）所示，在工作场所内不考虑特殊的局部需要，为照亮整个场所而设置的均匀照明，灯具均匀分布在被照场所上空，在工作面上形成均匀的照度分布。但当房间高度大、照度要求高时，若仅采用一般照明，会造成灯具数量过多，能耗过大，导致耗费更多成本和运行费用，经济效益不足。

2）分区一般照明。如图 9-15（b）所示，对某一特定区域，针对不同功能在空间中的分布情况，设计不同的照度来照亮该区域的一般照明。例如在开敞式办公室中有办公区、休息区等，要求不同的一般照明的照度，需采用此照明方式。

3）局部照明。如图 9-15（c）所示，为特定视觉工作照亮某个局部（通常限定在很小范围，如工作台面）的特殊需要而设置的照明。但在一个工作场所内不应只采用局部照明，否则造成工作点与周围环境间极大的亮度对比，不利于视觉工作。

4）混合照明。如图 9-15（d）所示，由一般照明与局部照明组成，在需要高照度的视觉环境时，这种照明方式较经济，是目前工业建筑和照度要求较高的民用建筑（如图书馆）中大量采用的照明方式。

5）除以上四种照明方式以外，还有重点照明。它是指提高指定区域或目标的照度，使其比周围区域突出的照明方式。重点照明能引人注意视野中某一部分，通常被用于强调空间的特定部件或陈设，例如建筑要素、构架、橱窗、展品等。

9.3.2　照明标准

室内工作照明应根据工作对象的视觉特征、工作面在房间的分布密度等条件选择照明方式，并考虑识别对象最小尺寸、识别对象与背景亮度对比等特征来决定房间照明的数量和质量。为在建筑照明设计中贯彻国家的法律、法规和技术经济政策，满足建筑功能需要，做到技术先进、经济合理、使用安全、节能环保、维护方便，并促进绿色照明应用，保证人们的生产、工作、学习和身心健康，我国制定了《建筑照明设计标准》GB 50034—2013。本节以该标准为依据，介绍在室内工作照明设计过程中应如何确定照明数量和质量。

故标准规定的是作业面或参考平面（作业面——①在其表面上进行工作的平面②参考平面——测试或规定照度的平面）的照度值（国际上也是如此），如表 9-1~表 9-3 所示。

1）照明数量

照明标准正是根据识别物件的大小、物件与背景的亮度对比、国民经济的发展情况等因素规定必需的物件亮度。由于亮度的现场测量和计算较复杂，

以机、电工业加工为例，工业建筑照明标准值如表 9-1 所示，设计者应严格遵照不同生产条件的相关规范进行照明设计。

表 9-1　工业建筑一般照明标准值（以机电工业为例）

房间或场所		参考平面及其高度	照度标准值（lx）	UGR	U_0	R_a	备注
机械加工	粗加工	0.75 m 水平面	200	22	0.40	60	可另加局部照明
	一般加工公差≥ 0.1 mm	0.75 m 水平面	300	22	0.60	60	应另加局部照明
	精密加工公差<0.1 mm	0.75 m 水平面	500	19	0.70	60	应另加局部照明
机电仪表装配	大件	0.75 m 水平面	200	25	0.60	80	可另加局部照明
	一般件	0.75 m 水平面	300	25	0.60	80	可另加局部照明
机电仪表装配	精密	0.75 m 水平面	500	22	0.7	80	应另加局部照明
	特精密	0.75 m 水平面	750	19	0.70	80	应另加局部照明
线圈绕制	电线电缆制造	0.75 m 水平面	300	25	0.60	60	——
	大线圈	0.75 m 水平面	300	25	0.60	80	——
	中等线圈	0.75 m 水平面	500	22	0.70	80	可另加局部照明
	精细线圈	0.75 m 水平面	750	19	0.70	80	应另加局部照明
线圈浇筑		0.75 m 水平面	300	25	0.60	80	——
焊接	一般	0.75 m 水平面	200	—	0.60	60	
	精密	0.75 m 水平面	300	—	0.70	60	
钣金		0.75 m 水平面	300	—	0.60	60	
冲压、剪切		0.75 m 水平面	300	—	0.60	60	
热处理		地面至 0.5 m 水平面	200	—	0.60	20	
铸造	熔化、浇铸	地面至 0.5 m 水平面	200	—	0.60	20	
	造型	地面至 0.5 m 水平面	300	25	0.60	60	
精密铸造的制模、脱壳		地面至 0.5 m 水平面	500	25	0.60	60	
锻工		地面至 0.5 m 水平面	200	—	0.60	20	
电镀		0.75 m 水平面	300	—	0.60	80	
喷漆	一般	0.75 m 水平面	300	—	0.60	80	
	精细	0.75 m 水平面	500	22	0.70	80	
酸洗、腐蚀、清洗		0.75 m 水平面	300	—	0.60	80	
抛光	一般装饰性	0.75 m 水平面	300	22	0.60	80	应防频闪
	精细	0.75 m 水平面	500	22	0.70	80	应防频闪
复合材料加工、铺叠、装饰		0.75 m 水平面	500	22	0.60	80	——
机电修理	一般	0.75 m 水平面	200	—	0.60	60	可另加局部照明
	精密	0.75 m 水平面	300	22	0.70	60	可另加局部照明

居住建筑照明设计需要考虑多样化的人群（从婴儿到老人）和多样化的功能需求，其照明标准值，如表9-2所示。

表9-2　居住建筑照明标准值

房间或场所		参考平面及其高度	照度标准值（lx）	R_a
起居室	一般活动	0.75 m 水平面	100	80
	书写、阅读		300*	
卧室	一般活动	0.75 m 水平面	75	80
	床头、阅读		150*	
餐厅		0.75 m 餐桌面	150	80
厨房	一般活动	0.75 m 水平面	100	80
	操作台	台面	150*	
卫生间		0.75 m 水平面	100	80
电梯前厅		地面	75	60
走道、楼梯间		地面	50	60
车库		地面	30	60

注：* 指混合照明照度。

以教育建筑为例，展示公共建筑照明标准值的参考方式，如表9-3所示。设计者应遵照公共建筑类型、空间功能的相关规范进行照明设计。

表9-3　教育建筑照明标准值

房间或场所	参考平面及其高度	照度标准值（lx）	UGR	U_0	R_a
教室、阅览室	课桌面	300	19	0.60	80
实验室	实验桌面	300	19	0.60	80
美术教室	桌面	500	19	0.60	90
多媒体教室	0.75 m 水平面	300	19	0.60	80
电子信息机房	0.75 m 水平面	500	19	0.60	80
计算机教室、电子阅览室	0.75 m 水平面	500	19	0.60	80
楼梯间	地面	100	22	0.40	80
教室黑板	黑板面	500*	—	0.70	80
学生宿舍	地面	150	22	0.40	80

注：* 指混合照明照度。

凡符合下列条件之一及以上时，作业面或参考平面的照度，可按照度标准值分级提高一级：

（1）视觉要求高的精细作业场所，眼睛至识别对象的距离大于500 mm时；

（2）连续长时间紧张的视觉作业，对视觉器官有不良影响时；

（3）识别移动对象，要求识别时间短促而辨认困难时；

（4）视觉作业对操作安全有重要影响时；

（5）识别对象亮度对比小于0.3时；

（6）作业精度要求较高，且产生差错会造成很大损失时；

（7）视觉能力低于正常能力时；

（8）建筑等级和功能要求高时。

凡符合下列条件之一及以上时，作业面或参考平面的照度，可按照度标准值分级降低一级：

（1）进行很短时间的作业时；

（2）作业精度或速度无关紧要时；

（3）建筑等级和功能要求较低时。

在一般情况下，设计照度值与照度标准值相比较，可有-10%~+10%的偏差。

2）照明质量

优良的室内照明质量应在适当的照明数量的基础上，具备舒适的亮度分布，优良的灯光颜色品质，无眩光干扰，并且照射物体的投光方向正确，营造出立体感。不同的场合对照明质量要求的重点可能不同。现将影响照明质量的因素分述如下：

（1）眩光

如图9-16所示，当直接或通过反射看到灯具、窗户等亮度极高的光源，或视野中出现强烈的亮度对比（先后对比或同时对比），我们就会感受到眩光，眩光可能损坏视觉（失能眩光），或造成视觉不适感（不舒适眩光）。对于室内光环境，若能控制不舒适眩光，失能眩光也就自然消除了。

①直接眩光的控制措施

a. 限制光源亮度，可考虑采用半透明的漫射材料（如乳白玻璃灯罩）或不透明材料遮挡高亮度光源；

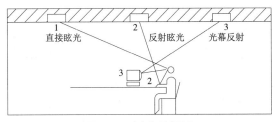

图 9-16 眩光的形成原理

b. 增大光源仰角。光源仰角是指水平的视线方向与注视光源时的视线方向的夹角，当眩光源仰角小于 27°时，眩光影响显著；当眩光仰角大于 45°时，眩光影响可大大减少。

c. 检验灯具遮光角是否符合规定，详见本章 9.2.1 灯具的光学特性"2）亮度分布与遮光角"一节。表 9-4 为直接型灯具的最小遮光角。

表 9-4 直接型灯具的遮光角

光源平均亮度（kcd/m²）	遮光角（°）	光源平均亮度（kcd/m²）	遮光角（°）
1~20	10	50~500	20
20~50	15	≥500	30

d. 增加眩光源背景亮度，或减少眩光源与背景的亮度对比。如书和桌面的亮度对比，深色的桌面与白纸形成亮度对比大于 10，就会形成不舒适的视觉环境。若将桌面漆为浅色，减小桌面与白纸之间的亮度对比，就会有利于视觉工作，减少视觉疲劳。

e. 减少眩光源视看面积，即减小眩光源对观测者眼睛形成的立体角。

在公共建筑和工业建筑常用房间或场所中通常采用统一眩光值（UGR）评价不舒适眩光，UGR 是国际照明委员会（CIE）用于度量处于室内视觉环境中的照明装置发出的光对人眼引起不舒适感主观反应的心理参量。最大允许值（UGR 计算值）应符合表 9-1 至表 9-3 的规定。

照明场所的统一眩光值应按下式计算：

$$UGR = 8\lg \frac{0.25}{L_b} \sum \frac{L_{ti}^2 \cdot \Omega_i}{P_i^2} \qquad (9-3)$$

式中 L_b——背景亮度，cd/m²；

　　　L_{ti}——观察者方向第 i 个灯具的亮度，cd/m²；

　　　Ω_i——第 i 个灯具发光部分对观察者眼睛所形成的立体角，sr；

　　　P_i——第 i 个灯具的位置指数，且由本篇附录 2 确定。

统一眩光值应用于下列情况：

a. 适用于简单的立方体形房间的一般照明装置设计，不适用于采用间接照明和发光天棚的房间；

b. 适用于灯具发光部分对眼睛所形成的立体角为 0.1sr > Ω > 0.000 3 sr 的情况，坐姿观测者眼睛的高度通常取 1.2 m，站姿观测者眼睛的高度通常取 1.5 m；

c. 同一类灯具为均匀等间距布置，且灯具为双对称配光；

d. 观测位置一般在纵向和横向两面墙的中点，视线水平朝前观测（在利用灯具亮度限制曲线方法中，规定眩光计算位置取室内端墙中心点距墙 1.0 m 处）；

e. 房间表面为大约高出地面 0.75 m 的工作面、灯具安装表面以及此两个表面之间的墙面。

实际 UGR 的计算值范围是 10~30，值越大，则眩光越严重。UGR 为 10 或以下的照明系统无眩光，对于办公室照明，要求 UGR 值小于 19。

②反射眩光的控制措施

a. 顶棚、墙面和工作面尽量选用无光泽浅色饰面；

b. 正确安排照明光源与空间使用者的相对位置，避免人眼与光源通过室内表面形成镜面反射角；

c. 选用发光面大、亮度低、宽配光，但在临界方向亮度锐减的灯具（如蝙蝠翼型配光的灯具）。

③光幕反射的控制措施

a. 尽可能使用无光纸和不闪光墨水，使作业面为无反射表面；

b. 提高环境照度，弥补亮度对比的损失，但此做法的经济效益不足；或减少来自干扰区的光或增加来自干扰区外的光，增加有效照度；

c. 采用合理的灯具配光。如图 9-17（a）所示为直接型灯具，向下的发光强度较大，易形成严重的

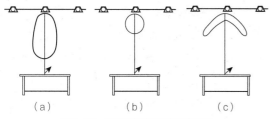

图 9-17   灯具配光对光幕反射的影响

光幕反射；图 9-17（b）为余弦配光直接型灯具，向下的发光强度相应减小，故光幕反射减轻；图 9-17（c）为蝙蝠翼形配光灯具，它向下投射的发光强度较小，故光幕反射最小。

光幕反射可用对比显现因数 CRF 来衡量，它是评价照明系统所产生的光幕反射对作业可见度影响的一个因数。该系数是一项作业在给定的照明系统下的可见度与该作业在参考照明条件下的可见度之比。对比显现因数通常可用亮度对比代替可见度求得：

$$CRF = \frac{C}{C_r} \qquad (9-4)$$

式中   CRF——对比显现因数；

C——实际照明条件下的亮度对比；

C_r——参考照明条件下的亮度对比。

参考照明是一种理想的漫射照明，如内表面亮度均匀的球面照明，将作业置于球心就形成这种参考照明条件，在该条件下测得的亮度对比即为 C_r。

（2）光源颜色

人们对不同光源的相关色温的主观感受不同。当光源的相关色温大于 5 300 K 时，人们会产生清冷的感觉；当光源的相关色温小于 3 300 K 时，人们会产生温暖的感觉。如表 9-5 为光源色标特征与适用场合。

表 9-5   光源色表特征及适用场合

相关色温（K）	色表特征	适用场所
< 3 300	暖	客房、卧室、病房、酒吧
3 300～5 300	中间	办公室、教室、阅览室、商场、诊室、检验室、实验室、控制室、机加工车间、仪表装配
> 5 300	冷	热加工车间、高照度场所

光源的颜色主观感觉效果还与照明水平有关。荷兰物理学家科鲁伊索夫通过心理物理学实验得到了人体舒适度较高的光环境照度和色温的参数组合范围——科鲁伊索夫曲线（Kruithof Curve）。如图 9-18 所示，中部白色区域为令人感觉自然、舒适的照度与色温组合；当光环境参数位于图左上部分的灰色区域时，人们认为光色偏红，环境呈现出暖色调，而当光环境参数位于图右下部分的灰色区域，人体认为光色偏蓝，环境呈现出冷色调。

根据科鲁伊索夫曲线可知，若光环境照度较低，采用低色温光源为佳；随着照明水平的提高，光源的相关色温也应相应提高。表 9-6 进一步说明了观察者在不同照度下，光源的相关色温与感觉的关系。

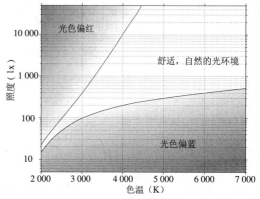

图 9-18   科鲁伊索夫曲线（Kruithof Curve）

表 9-6   不同照度下光源的相关色温与感觉的关系

照度（lx）	光源色的感觉		
	低色温	中等色温	高色温
≤ 500	舒适	中等	冷
500～1 000	—	—	—
1 000～2 000	刺激	舒适	中等
2 000～3 000	—	—	—
≥ 3 000	不自然	刺激	舒适

然而，不少学者的后续研究表明，人体所适应的光环境照度与色温组合并不完全符合科鲁伊索夫

曲线。这是由于人体的生理心理机制十分复杂，在不同的地理位置、文化背景下，人们所适应的环境光强度、色彩呈现出多样性。因此，在进行室内照明设计时，应根据空间氛围、作业特征、用户偏好、空间照度范围等因素，合理搭配光源颜色。

（3）频闪

频闪效应是指光源发出的光通量在电流周期性变化的影响下也随之做周期性变化，使人眼产生闪烁的感觉。光源性质和电流均能影响频闪效应，如，热辐射光源（如白炽灯）的热惰性大，人眼产生闪烁感不明显。对于荧光灯，若将电感整流器用于 50 Hz 的交流电，产生 100 Hz 的频闪可被人眼觉察，若采用电子镇流器，其频率达到上千赫兹，频闪周期比人眼视觉暂留时间阈值短，人眼无法察觉。LED 随电流变化的相应速度非常快，虽然采用直流电源供电，但其驱动电源的输入供电仍为交流电，若驱动电源选择不当，频闪问题则更加严重。随着 LED 照明的普及，应更加重视频闪问题。

（4）照度均匀度

照度均匀度是规定表面上的最小照度与平均照度之比。公共建筑的工作房间和工业建筑作业区域内的一般照明照度均匀度不应小于 0.7；作业面邻近周围的照度均匀度不应小于 0.5；房间或场所内的通道和其他非作业区域的一般照明的照度值不宜低于作业区域一般照明照度值的 1/3；直接连通的两个相邻的工作房间的平均照度差别也不应大于 5:1。

作业面邻近周围的照度可低于作业面照度，但不宜低于表 9-7 的数值。

表 9-7　作业面邻近周围照度

作业面照度（lx）	作业面临近周围照度（lx）
≥ 750	500
500	300
300	200
≤ 200	与作业面照度相同

注：作业面临近周围指作业面外宽度不小于 0.5 m 的区域。

（5）亮度分布

室内的亮度分布是由照度分布和房间表面反射比决定的。因此规定，与作业区相邻的环境亮度可低于作业亮度，但不应小于作业区亮度的 2/3。

为实现合适的亮度比应考虑照度与室内表面的光反射率。表 8-6 推荐的工作房间表面的光反射比适用于长时间连续作业的房间。

（6）功率密度值（LPD）

功率密度值是单位面积的被照面上一般照明的安装功率（包括光源、镇流器或变压器等附属用电器件），单位为瓦特每平方米（W/m^2）。《建筑照明设计标准》GB 50034—2013 等设计规范规定的 LPD 值为最高限值，而不是节能优化值，实际设计中计算的 LPD 值应尽可能小于限值，故不应利用标准规定的 LPD 值作为计算照度的依据。

（7）空间照明相关指标

在交通区、休息区等公共建筑，以及居室等生活用房，照明效果往往用人的容貌清晰、自然程度来评价。在这些场所，适当的垂直照明比水平面照度更重要。目前已有平均球面照度、平均柱面照度、矢量照度作为常用的空间照明水平的物理指标。

平均球面照度是指位于空间某一点的一个假想小球表面的平均照度。如图 9-19（a）所示，该指标表示该点的受照量，与入射光的方向无关。因此，也称为标量照度，用 E_S 表示。

平均柱面照度是指位于空间某一点的一个假想小圆柱表面的平均照度。如图 9-19（b）所示，该圆柱体轴线与水平面垂直，且不计圆柱量端平面接受的光量，实际上它代表空间一点的垂直面平均照度，用 E_C 表示。

定向照明效果可以使用矢量照度表示。如图 9-19（c）所示，在某一点的照度矢量 E 的数值为在该点的小圆盘两对面上的照度差的最大值，方向为由高照度方向指向低照度方向。该指标可量化室内空间照明的产生物体阴影的深度。

近年来有学者提出，空间明亮感对于视觉任务

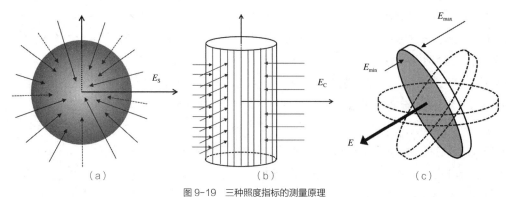

图 9-19 三种照度指标的测量原理
（a）平均球面照度；（b）平均柱面照度；（c）矢量照度

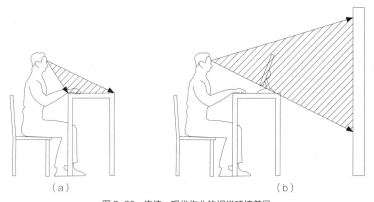

图 9-20 传统、现代作业的视觉环境差异
（a）传统作业的视觉环境；（b）现代作业的视觉环境

十分重要。如图 9-20 所示，垂直发光的显示屏作业逐渐取代了依赖水平面照度的纸质材料作业，较低的水平面照度即可满足视觉环境的需求，因此当下工作场所照明的设计关键需从水平面照度转化为整个视野环境的光分布。

Cuttle 提出的室内表面平均出射度（MRSE：Mean Room Surface Exitance）是国际上对空间照明设计讨论的新方法之一。室内表面平均出射度是指室内各表面（墙面、地面、顶棚）对光进行多次反射后，单位面积出射光通量的平均值，它表示了空间明亮感的概念。需注意的是，该指标所述的表面出射度不包括空间内的直射光，仅用于量化经过各表面反射后的光。

9.3.3 光源和灯具的选择

1）光源的选择

不同光源在光谱特性、发光效率、使用条件和价格上都有各自的特点，所以在选择光源时应在满足显色性、启动时间等要求条件下，根据光源、灯具及镇流器等的效率、寿命和价格，在进行综合技术经济分析比较后确定。

在进行照明设计时可按表 9-8 选择光源。

表 9-8　常用光源的应用场所

光源种类	应用场所
白炽灯	除严格要求防止电磁波干扰的场所外，一切场所不得使用
卤钨灯	电视播放，绘画，摄影照明；反光杯卤素灯用于贵重商品的重点照明、模特照射灯
直管荧光灯	家庭、学校、研究所、工业、商业、办公室、控制室、设计室、医院、图书馆照明
紧凑型荧光灯	家庭、宾馆照明
金属卤化物灯	体育场馆、展览中心、游乐场所、商业街、广场、机场、停车场、车站、码头、工厂、电影外景、演播室
普通高压钠灯	道路、机场、码头、港口、车站、广场、无显色要求的工矿企业照明等
中显色高压钠灯	高大厂房、商业区、游泳池、体育馆、娱乐场所等的室内照明
LED	博物馆、美术馆、宾馆、电子显示屏、交通信号灯、疏散标志灯、庭院、建筑夜景、装饰性照明、不易检修和更换灯具的场所等

2）灯具的选择

照明设计过程中应选择满足功能使用和照明质量要求，便于安装维护、长期运行费用低的灯具，充分考虑灯具的光学性质，如配光、眩光控制，以及灯具的经济性，如灯具效率、初始投资和长期运行费用等，灯具外形还须与建构筑物相协调。选择不同类型的灯具、不同的空间表面进行投射可形成不同的空间亮度分布。不同类型的灯具适用场所参考表 9-9。

表 9-9　不同类型灯具的使用建议

灯具类型	适用场所	不适用场所／位置
直接型	直接型宽配光灯具可提供均匀照明，多用于只考虑水平面照明的工作或非工作场所，如室形指数（RI）[1]大的工业及民用场所	室形指数（RI）小的场所
	直接型中配光灯具可广泛用于工业、民用及体育馆等建筑的室内照明，可提高垂直面照度	高度过低的室内场所的墙面照明等（极低功率灯具除外）
	直接型窄配光灯具适用于家庭、餐厅、博物馆、高级商店，细长光束只照亮指定的目标、节约能源，也适用于室形指数（RI）很小的工业厂房	低矮场所的均匀照明
半直接型	大部分光用于提供作业照明，同时上射少量光，从而减轻眩光，是最实用的均匀作业照明灯具，广泛用于高级会议室、办公室等场所	——
直接间接型	用于要求高照度的工作场所，能使空间显得宽敞明亮，适用于餐厅和购物等场所	需要显示空间处理有主次的场所
一般漫射型	常用于非工作场所非均匀的环境照明，灯具安装在工作区附近，照亮墙的最上部，适合同局部作业照明结合使用	因漫射光降低了光的方向性，因而不适合要求高照度的作业照明（VDT作业除外）
间接型	目的在于营造更好的空间氛围，常用于高度为 2.8～5 m 非工作场所的照明，或者用于高度为 2.8～3.6 m、视觉作业涉及反光纸张、反光墨水的精细作业场所	顶棚无装修、管道外露的空间；视觉作业是以地面设施为观察目标的空间；一般工业生产厂房
半间接型	增强对手工作业的照明	在非作业区和走动区内，安装高度不应低于人眼位置；不宜用于一般工业生产厂房等场所

[1]　室形指数（RI）：表示房间或场所几何形状的数值，其数值为 2 倍的房间或场所面积与该房间或场所水平面周长及灯具安装高度与工作面高度的差之商。

照明灯具的选择还要考虑照明场所的特殊环境条件：

（1）在潮湿的场所，应采用相应防护等级的防水灯具或带防水灯头的开敞式灯具；

（2）在有腐蚀性气体或蒸汽的场所，宜采用防腐蚀密闭式灯具。若采用开敞式灯具，各部分应有防腐蚀或防水措施；

（3）在高温场所，宜采用散热性能好、耐高温的灯具；

（4）在有尘埃的场所，应按防尘的相应防护等级选择适宜的灯具；

（5）在装有锻锤、大型桥式吊车等振动、摆动较大场所使用的灯具，应有防振和防脱落措施；

（6）在易受机械损伤、光源自行脱落可能造成人员伤害或财物损失的场所使用的灯具，应有防护措施；

（7）在有爆炸或火灾危险场所使用的灯具，应符合国家现行相关标准和规范的有关规定；

（8）在有洁净要求的场所，应采用不易积尘、易于擦拭的洁净灯具；

（9）在需防止紫外线照射的场所，应采用隔紫灯具或无紫外线光源；

（10）直接安装在可燃材料表面的灯具，应采用标有标志的灯具。

在使用条件或使用方法恶劣的场所应使用灯具的防触电等 Ⅳ 级达到 Ⅲ 类的灯具，一般情况下可采用 I 类或 II 类灯具。

通常情况下，室内使用具有防触电保护的灯具防护等级能力应不低于 IP20；具有防触电保护、防水蒸气凝露的灯具防护能力应不低于 IP21；多尘埃的场所，应采用防护等级不低于 IP5X 的灯具；在室外的场所，应采用防护等级不低于 IP54 的灯具；有防尘、防溅水功能的荧光灯具防护能力应不低于 IP54；具有尘密、防喷水功能的投光灯具的防护能力应不低于 IP65；船用信号灯具的防护能力应不低于 IP66；具有尘密、防浸水功能的埋地灯具的防护

能力应同时满足不低于 IP65 和 IP67；在水下工作的灯具的防护能力应为 IP68。

9.3.4　灯具的布置

这里是指一般照明的灯具布置，要求均匀照亮整个工作场地，且工作面上照度均匀。这主要从灯具的计算高度（h_{rc}）和间距（l）的适当比例来获得，即通常所谓距高比 l/h_{rc}。为使房间四边的照度不至于太低，应将靠墙灯具到墙的距离减少到灯具间距的 0.2~0.3 倍（$0.2l$~$0.3l$）。当采用半间接和间接型灯具时，要求反射面照度均匀，因而需控制灯具至反光表面（如顶棚或墙面）的距离。在具体布灯时，还应考虑照明场所的建筑结构形式、工艺设备、动力管道以及安全维修等技术要求。

9.3.5　照明设计举例

1）教室照明设计

教室照明的基本目标是满足学生的作业行为，保证视觉目标水平和垂直照度要求，满足学生交流需求，引导学生注意力集中于教学区。照明控制应当适应不同教学方式的多种情境，同时考虑天然光影响，满足显色性要求、控制眩光，保护学生视力。

（1）教室照明的数量

为了保证在工作面上形成可见度所需的亮度和亮度对比，教育建筑照明标准规定（见本章表 9-3）：教室课桌面上的平均照度值不应低于 300 lx，照度均匀度（照度最低值 / 照度平均值）不应低于 0.6。教室黑板应设局部照明灯，其平均垂直面照度不应低于 500 lx，照度均匀度应当高于 0.7。

（2）教室照明的质量

它决定视觉舒适程度，并在很大程度上影响可见度。应当考虑下列因素：

①亮度分布。为了视觉舒适和减少视疲劳，要

求大面积表面之间的亮度比不超过下列值：视看对象和其邻近表面之间3：1（如书本和课桌表面）；视看对象和远处较暗表面之间3：1（如书本和地面）；视看对象和远处较亮表面之间1：5（如书本和窗口之间）。

②直接眩光。当学生视野内出现高亮度区域（明亮的窗、裸露光源），会造成学生视觉的不舒适感，甚至降低目标物的可见度。荧光灯管表面亮度虽不过高，但光源面积大，故应安装遮光罩。

③反射眩光。主要来自黑漆黑板和某些深色油漆课桌表面，可通过改变饰面材料解决。如黑板改用磨砂玻璃，或改变灯和窗口位置。

④光幕反射。通过改进纸张材质、选用配光合适的光源避免此问题。

⑤照度均匀度。主要对课桌面和黑板面照度均匀度提出要求，课桌面要求均匀度不低于0.6。

⑥阴影。学生作业时手部、身体易在桌面产生阴影，影响作业图像的可见度。可采用多个光源，减弱阴影。

（3）照明设计

①光源。目前常使用的光源为荧光灯、LED灯具。两种光源具有发光效率高、寿命长、表面亮度低、光色合理等优点，虽然一次投资费用较高，但可用较低的运行费来补偿一部分投资费用。

②灯具。灯具形式可采用图9-21所示的几种简易可行的灯具，他们不仅具有足够的遮光角，且灯具表面亮度低，能防止直接眩光。还可采用蝙翼型配光的灯具用于教室照明，灯具的最大发光强度将位于与垂线成30°的方向上，并具有相当大的遮光角，能大幅降低阅读时出现的光幕反射现象。

目前教室内多采用LED或T5型的直管荧光灯，这些光源的显色性较好、光效较高、寿命较长。当采用LED灯具时，应满足色温不大于4 000 K，特殊显示指数R_9大于零，色容差不大于5SDCM。还需注意的是，直管荧光灯与LED灯具在使用一段时间后，光源会一定程度衰减，所以设计照度应适度提高，保证灯具长期使用的效果。

此外还应考虑灯具的布置方式。灯具的间距、悬挂高度应按采用的灯具类型而定，它影响到室内照度、均匀度、眩光程度。如，悬挂高度的增加可使照度更均匀，主要是增加了墙角处的低照度，降低了灯下的高照度。

灯具方向是影响照明质量的重要因素。标准建议将灯管长轴垂直于黑板布置，从而减少直接眩光，且光线方向与窗口一致，避免书写时手部产生阴影，但有较多的光通量将射向玻璃窗，光损失较大。故从降低眩光、控制配光的要求来看，灯具应安装遮光罩。如条件不允许纵向布灯，则可采用横向布置的不对称配光灯具，如图9-22所示，可完全防止直接眩光。但要注意学生身体对光线的遮挡和灯具对教师引起的眩光。

③黑板照明。由于一般照明不能使黑板平面满足学生的视看要求，应设置局部照明。为让黑板具

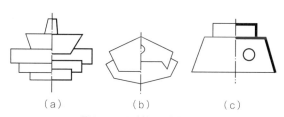

图9-21 几种简易可行的灯具
（a）环形漫射罩；（b）格栅漫射罩；（c）筒式荧光灯具（YG2-2）

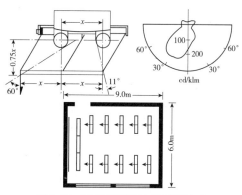

图9-22 不对称配光灯具与教室照明方式

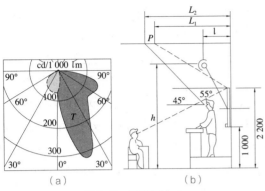

图 9-23　黑板照明方式
(a) 黑板照明灯具非对称光强分布图;
(b) 黑板照明灯具安装位置示意图

有充足的垂直照度,照度分布均匀,灯具反射形象不出现或不射入学生视野范围,且不对教师形成直接眩光,宜选用有非对称光强分布特性的专用灯具,灯具在学生侧的保护角应大于 40°,如图 9-23所示。

2) 商店照明

商店空间照明是营造商店气氛、突出商品特有气质和魅力不可或缺的手段和措施。成功的商店照明能吸引顾客注意、引导顾客视线,是一个有力而灵活的营销、展示手段。因此,商店照明设计是一个技术和艺术综合性很强的工作。

(1) 商店照明设计需要考虑的几个问题

① 照明效果。商店照明需要突出空间特色与商品的表现力,从而吸引顾客。照明在显示商品的效果上占主导地位,它应按商店不同部位,给以恰当的照明,产生需要的效果。表 9-10 列出商店各部位要求的照明效果。

表 9-10　商店各部分对照明要求的效果

部位＼效果	引人注目	展品鲜明	看得清楚	整体效果
外立面、外观	◎			◎
铺面	○	◎	○	○

续表

部位＼效果	引人注目	展品鲜明	看得清楚	整体效果
橱窗	○	◎		○
店内核心部位		◎	○	
店内一般部位	○		◎	○
综合	○			◎

② 店内照度分布。店内照度应根据视觉需求变化进行安排,如加强对商品的照明,突出展示效果,见表 9-10。

根据商店类型,照度分布可分为三种形式:a. 单向型,展柜特别亮,适用于钟表店、首饰店;b. 双向型,店内深处及其正面特别亮,适于服装店;c. 中央型,店侧特别明亮,适于食品店。另外为了提高商品的展示效果,应特别注意陈列柜、货架等垂直面照度应高于水平面照度。

③ 照明方式。

a. 一般照明。一般是将灯具均匀地分布在顶棚,使店内整体或各部位获得基本亮度的照明,且照度均匀度较高,光源的色温适当并具较高显色性。

b. 分区一般照明。在一个完整的商店空间中,不同商品的售卖区域可通过装修和分区一般照明进行区别,突出各商品特征并增加空间层次感。

c. 局部照明。商店建筑中的收银台、服务台、维修处等需要特定的视看条件,需要专门设置局部照明。

d. 重点照明。商店照明常常需要突出、美化商品的立体感、颜色和质地,不同的照明方式与环境对比可营造出不同的氛围和效果。现常用导轨式小型投光灯,根据商品布置情况,选择适当位置将光线投射到重点展品上。

重点照明系数表示重点照明的程度和效果,是聚光的亮度与基础照明(环境照明)的亮度比率,如表 9-11 所示,不同的重点照明系数产生不同的视觉效果。

表9-11 重点照明系数及照明效果参考

重点照明系数	效果
1：1	非重点照明
2：1	引人注目
5：1	低戏剧化效果
15：1	有较强的戏剧化效果
30：1	生动
>50：1	非常生动

e. 装饰照明。相比其他室内照明，商业照明可采用更多的装饰照明，以营造艺术化的光环境，使顾客心情更加愉快。然而装饰照明不能喧宾夺主，影响顾客对商品的兴趣。

④顾客与照明。顾客的年龄和性别的不同，购物时关注不同类型商品，并且具有各自的视觉偏好。如妇女偏好柔和的间接照明与闪烁光结合；男士偏好方向性强的投光灯作重点照明；老年人视力衰退，因此偏好更高的照度、更明亮的环境。总之，根据商店的主要服务对象进行照明设计。

⑤照明的表现效果。可从以下几方面来考虑照明的表现效果：

a. 光色。我国商业照明标准中的照度标准值均小于或等于500 lx，色温由被照空间整体风格、被照物体表面颜色决定，一般在3 000 K以上。采用低色温光源，产生安静的气氛；采用中等色温光源可获得明朗开阔的气氛；采用高色温光源则形成凉爽活泼的气氛；也可通过不同光源混合达到理想效果。

b. 显色性。由于不同光源发射的光谱组成不同，使商品颜色产生不同效果。如采用高显色指数的光源，可如实地表现商品原有颜色，同时可考虑利用光源强烈发出某一波长的光，鲜明地强调商品特定颜色，产生特殊效果，例如用红光成分较大的光源照射肉类、蔬菜、水果和花卉等商品，具有增强色彩的效果，达到吸引顾客、促进销售的目的。

c. 立体感。不少商品往往具有三维性质，照明应以一定的投射角营造适当的阴影分布，使之轮廓清晰，立体感强。关键光线可从顶部向下或斜向下照射，可得完整的自然感觉；光线从底部照射，则

产生轻盈、漂浮感，创造出戏剧性效果；光线横向照射，则强调立体感和表面光泽；从背面照射，可强调透明度和轮廓美，但表面颜色和底部显得不够明亮。另外，设置补充照明可冲淡阴影，从而获得理想的亮度对比度。

（2）商店各部分的照明方法

①橱窗照明。如图9-24所示，可通过强光突出商品，使商品显得十分显眼。橱窗照度一般是店内的2~4倍，橱窗内展品是变化的，故照明应适应这一情况。一般是把照明功能分由四部分完成：基本照明、投光照明、辅助照明、彩色照明等。将他们有机地组合起来，达到理想的展出效果，和节能目的。

a. 基本照明。常采用荧光灯或LED灯格栅顶棚作橱窗的整体均匀照明。每平方米放置2.5~3支40 W荧光灯或最大功率26 W的LED灯具，大致可形成1 000~1 500 lx的基本照明。

b. 投光照明。用投光灯的强光束提高商品的亮度来强调它，并能有效地表现商品的光泽感和立体感，以突出其层次。

当橱窗中陈列许多单个的不同展品时，也可只

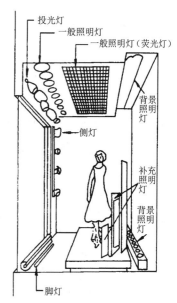

图9-24 橱窗灯具布置

使用投光灯，分别照亮各个展品；而利用投光灯的外泄光来形成一般照明，也可获得动人的效果。

c.辅助照明。是为了创造更富于戏剧性的展出效果，增加橱窗的吸引力。利用灯的位置（靠近展品或靠近背景），就会产生突出展品质感。或利用背景照明，在亮背景上清晰地突出暗色商品轮廓。

d.彩色照明。它是用来达到特定的展出效果。例如利用适当的颜色照射背景，可使展品得到更显眼的色对比。

对经常更换陈列品的橱窗最好能同时设定多种照明模式，根据陈列需求，开启不同模式。此外，由于橱窗内要求达到相当高的照度，可能热量较大，所以应注意加强通风，设置排风扇。

图 9-24 是一种较为典型的橱窗灯具布置方式，由一般照明灯、背景照明灯、补充照明灯、投光灯和脚灯组成。其中投光照明可通过强光突出商品，使商品在橱窗中十分显眼。

昼间与夜间的橱窗照明须分别考虑。在昼间自然光下，二次反射的物件图像，如行人、车辆等，掩盖了需展示的商品形象。因此，昼间展品的被照面需有更高的亮度，需要增加橱窗照度。或可将橱窗玻璃做成如图 9-25 所示倾斜或弯曲的形态，有助于消除橱窗玻璃上的反射眩光。橱窗照明的关键在正确处理展品亮度和反射形象，以及展品设计和反射形象间的协调。

②店内整体照明。在商店内，平面设有货架，故顶棚面占据视野较大范围。顶棚宜做成浅色，并使灯具发出的光线有一部分射到顶棚上，使其明亮，因而整个空间显得明亮，且地面光反射比大小对增加顶棚亮度起重要作用。天然光的采用能增强环境照明效果、减小能耗、降低商店运营成本。一般来说，顾客接待区域相对较暗，商品销售区域较明亮。

③陈列架照明。应比店内基本照明更明亮，为顾客购物提供视觉引导。图 9-26 是陈列架灯具布置示例，这里以陈列架上端的荧光灯作陈列架的一般照明，投光灯作重点部位照明。

灯具配光的选择应与使用目的相适应。当灯具作陈列架基本照明时，应选用宽配光投光灯具，灯具中轴处于陈列架离地 1.2 m 处，并与陈列架成 35°角，这样易获得高照度和适当的均匀度。作重点部位照明时，选用窄配光灯具，且光轴应对准照射对象。

④柜台照明。钟表、宝石、照相机等高档商品是以柜台销售为主。原则上灯具应设在柜内，避免顾客看到灯具，且柜内照度应比店内一般照明的照度高。

为了加强商品的光泽感，也可利用顶棚上的投光灯和吊灯，但应注意灯具位置，避免反射光正好射向顾客眼睛。一般将灯具放在柜台上方靠外侧，可防止在顾客位置形成反射眩光。

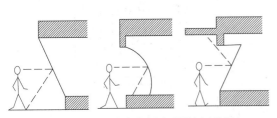

图 9-25　消除白天橱窗玻璃上出现反射眩光的办法

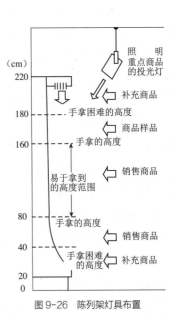

图 9-26　陈列架灯具布置

9.3.6 照明计算

明确了设计对象的视看特点，选择了合适的照明方式，确定了需要的照度和各种质量指标，以及相应的光源和灯具之后，就可以进行照明计算，求出需要的光源功率，或按预定功率核算照度是否达到要求。照明计算方法多样，这里仅介绍常用的利用系数法。

利用系数法是从平均照度的概念出发，利用系数 C_u 就等于光源实际投射到工作面上的有效光通量（Φ_u）和全部灯的额定光通量（N_Φ）之比，这里 N 为灯的个数。

基本原理如图 9-27 所示。图中表示光源光通量分布情况。从某一个光源发出的光通量中，在灯罩内损失了一部分，当射入室内空间时，一部分直达工作面（Φ_d），形成直射光照度；另一部分射到室内其他表面上，经过一次或多次反射才射到工作面上（Φ_ρ），形成反射光照度。光源实际投射到工作面上的有效光通量（Φ_u）为：

$$\Phi_u = \Phi_d + \Phi_\rho$$

很明显，Φ_u 越大，表示光源发出的光通量被利用的越多，利用系数 C_u 值越大，即：

$$C_u = \frac{\Phi_u}{N_\Phi} \tag{9-5}$$

根据上面分析可见，C_u 值的大小与下列因素有关：

1）灯具类型和照明方式。射到工作面上的光通量中，Φ_d 是无损耗的到达，故 Φ_d 越大，C_u 值越高。单纯从光的利用率讲，直接型灯具较其他型灯具有利。

2）灯具效率 η。光源发出的光通量，只有一部分射出灯具，灯具效率越高，工作面上获得的光通量越多。

3）房间尺寸。工作面与房间其他表面相比的比值越大，接受直接光通量的机会就越多，利用系数就大，这里用室空间比（RCR）来表征这一特性：

$$RCR = \frac{5h_{rc}(l+b)}{lb} \tag{9-6}$$

式中 h_{rc}——灯具至工作面高度，m；

     l、b——房间的长和宽，m。

从图 9-28 可看出：同一灯具，放在不同尺度的房间内，Φ_d 就不同。在宽而矮的房间中，Φ_d 就大。

4）室内顶棚、墙、地板、设备的光反射比。光反射比越高，反射光照度增得越多。

只要知道灯具的利用系数和光源发出的光通量，我们就可以通过下式算出房间内工作面上的平均照度：

$$E = \frac{\Phi_u}{lb} = \frac{NC_u\Phi}{lb} = \frac{NC_u\Phi}{A}$$

换言之，如需要知道达到某一照度要求安装多大功率的灯泡（即发出光通量）时，则可将上式改写为：

$$\Phi = \frac{AE}{NC_u}$$

照明设施在使用过程中要遭受污染，光源要衰减等，因此照度下降，故在照明设计时，应将初始照度提高，即将照度标准值除以表 9-12 所列维护系数 K。

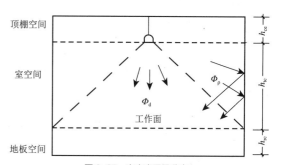

图 9-27 室内光通量分布

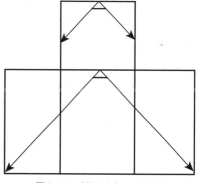

图 9-28 房间尺度与 Φ_d 的关系

因此利用系数法的照明计算式为：

$$\Phi = \frac{AE}{NC_uK} \qquad (9\text{-}7)$$

式中　Φ—— 一个灯具内灯的总额定光通量，lm；

E——照明标准规定的平均照度值，lx；

A——工作面面积，m^2；

N——灯具个数；

C_u——利用系数（查表）；

K——维护系数（表9-12）。

表9-12　维护系数

环境污染特征		房间或场所举例	灯具最少擦拭次数（次／年）	维护系数值
室内	清洁	卧室、办公室、餐厅、阅览室、教室、病房、客房、仪器仪表装配间、电子元器件装配间、检验室等	2	0.80
	一般	商店营业厅、候车室、影剧院、机械加工车间、机械装配车间、体育馆等	2	0.70
	污染严重	厨房、锻工车间、铸工车间、水泥车间等	3	0.60
室外		雨篷、站台	2	0.65

灯具的利用系数值参见附录3，利用系数表中的 ρ_w 系指室空间内的墙表面平均光反射比。计算方法与采光计算中求平均光反射比的加权平均法相同，只是这里不考虑顶棚和地面。

ρ_{cc} 是指灯具开口以上空间（即顶棚空间）的总反射能力，它与顶棚空间的几何尺寸（用顶棚空间比 CCR 来表示）以及顶棚空间中的墙、顶棚光反射比有关，CCR 可按下式计算：

$$CCR = \frac{5h_{cc}(l+b)}{lb} \qquad (9\text{-}8)$$

式中　h_{cc}——灯具开口至顶棚的高度，m。

根据算出的 CCR 值和顶棚空间内顶棚和墙面光反射比（分别为 ρ_c，ρ_w），可从图9-29中查出顶棚的有效光反射比（ρ_{cc}）。如果采用吸顶灯，由于灯具的发光面几乎与顶棚表面平齐，故有效顶棚光反射比值就等于顶棚的光反射比值或顶棚的平均光反射比值（当顶棚由几种材料组成时）。

【例题9-2】　设一教室尺寸为 9.6 m×6.6 m×3.6 m（净空），一侧墙开有三扇尺寸为 3.0 m×2.4 m 的窗，

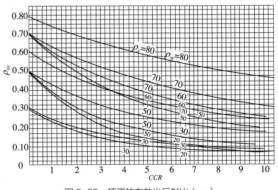

图9-29　顶棚的有效光反射比（ρ_{cc}）

窗台高 0.8 m，试求出照明所需的照明功率密度值，并绘出灯具布置图。

【解】　（1）确定照度。从表9-3查出教室课桌面上的照度平均值为 300 lx。

（2）确定光源。如，选用 33 W 冷白色（RL）光色荧光灯。

（3）确定灯具。选用效率高，具有一定遮光角，光幕反射较少的蝙蝠翼形配光的直接型灯具 BYGG4-1（见本篇附录3），额定光通量为 2 650 lm。吊在离

顶棚 0.5 m 处，由附录 3 查出其距高比应小于 1.6（垂直灯管）或小于 1.2（顺灯管）。

（4）确定室内表面光反射比。根据《建筑照明设计标准》GB 50034—2013，相关规定取：顶棚——0.7，墙——0.5，地面——0.2。

（5）求 RCR 值。已知灯具开口离顶棚 0.5 m，桌面离地 0.8 m。按式（9-5）计算得：

$$RCR = \frac{5 \times 2.3 \times (9.6 + 6.6)}{9.6 \times 6.6} \approx 2.94 \approx 3$$

（6）求室空间和有效顶棚空间的平均光反射比。

①室空间的光反射比：设窗口的光反射比为 0.15，根据式（8-9）计算：

$$\bar{\rho} = \frac{[2 \times (9.6 + 6.6) \times 2.3 - (3 \times 3 \times 2.3)] \times 0.5 + (3 \times 3 \times 2.3) \times 0.15}{2 \times (9.6 + 6.6) \times 2.3}$$

$$\approx 0.40$$

②有效顶棚光反射比：已知顶棚和墙的光反射比分别为 0.7 和 0.5。

$$CCR = \frac{5 \times 0.5 \times (9.6 + 6.6)}{9.6 \times 6.6} \approx 0.64$$

（7）查 C_u。根据 RCR，$\rho_w = \rho = 0.40$，$\rho_{cc} = 0.62$，从附录 3 用插入法得出 $C_u = 0.604$。

（8）确定 K 值。由表 9-13 查出 K=0.8。

（9）求需要的灯具数。从式（9-6）可得：

$$N = \frac{300 \times 9.6 \times 6.6}{2650 \times 0.604 \times 0.8} \approx 14.8 \approx 15 \ \text{盏}$$

（10）布置灯。根据附录 3 中查出 BYGG4-1 型灯具的距高比得出允许的最大灯距为 1.6 × 2.3=3.68 m（垂直灯管）；1.2 × 2.3=2.76 m（顺灯管中——中），参考上述灯距，布置如图 9-34 所示。

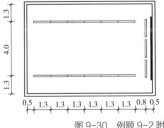 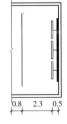

图 9-30　例题 9-2 附图

按图 9-30 布置的距高比基本符合要求，由于靠黑板处没有课桌，不需照明；而黑板需加强黑板照明，故用三盏灯放在黑板前，并向黑板倾斜，以便使黑板上照度均匀，如有可能，最好能采用专门的黑板照明灯具，则效果更佳。

当荧光灯配套的电子镇流器功耗为 4 W 时，该教室的照明功率密度（单位面积上光源、镇流器或变压器的照明安装功率）为：

$$LPD = \frac{(33 + 4) \times 15}{9.6 \times 6.6} = 8.76 < 9 \ \ \text{W/m}^2$$

LPD 值的计算结果小于《建筑照标设计标准》GB 50034—2013 中教育建筑中教室照明功率密度现行值 9 W/m² 的规定，因此该教室照明设计是可行的。

9.4　环境照明设计

上一节讲到照明设计如何满足生产、生活需求，主要是介绍功能方面的问题。但在建筑物内外，灯具不仅是一种技术装备，它还起一定的装饰作用。这种作用不仅通过灯具本身的造型和装饰表现出来，还可与建筑物的装修和构造有机结合，利用不同的光分布和构图，形成特有的艺术氛围，以满足建筑物的美学要求。这种与建筑本身有密切联系并突出艺术效果的照明设计，称为"环境照明设计"，主要包括室内环境照明设计和夜景照明设计两部分。

9.4.1　室内环境照明设计

处理室内环境照明时，必须充分估计到光的表现能力。要结合建筑物的使用要求、建筑空间尺度及结构形式等实际条件，对光的分布、光的明暗构图、装修的颜色和质量作出统一的规划，使之达到预期的艺术效果，并形成舒适宜人的光环境。

1）室内照明灯具的种类

室内照明灯具按功能分类，可分为吸顶灯、吊灯、筒灯、投光灯（射灯）、壁灯、台灯、落地灯等，其空间分布及照明方式，如图 9-31 所示。

（1）吸顶灯：是安装在顶棚上的一种固定式灯具，能将灯光大部分投射或扩散于地面和空间，多用于整体照明。

（2）吊灯：由顶棚直接垂吊，其灯罩对光线的发散有很大影响。家具中常见的有固定式和伸缩式两种。

（3）筒灯：将灯具全嵌或半嵌于假顶棚内。全嵌式完全隐藏于顶棚内，不影响整体设计效果，并能有效消除眩光，可减少高度较低的顶棚所产生的压抑感；半嵌式仅嵌入顶棚一部分，适用于顶棚下拉深度不够或有特殊要求的空间。

（4）投光灯（射灯）：一般安装在顶棚或墙壁上，投光灯的安装方式有直接式、滑轨式、软轨式、夹接式等。

（5）壁灯：是安装在墙壁上的灯具，有托架式和嵌入式两种。

（6）台灯与落地灯：均属于独立式灯具，向上照射的落地灯其光线经顶棚反射后可作为环境照明，而向下照射的落地灯和台灯光线比较集中，多用作任务照明。

2）"建筑化"照明设计方式

这是将光源隐蔽在建筑构件之中，并和建筑构件（顶棚、墙、梁、柱等）或家具合成一体的一种照明形式。它可分为两大类：一类是透光的发光顶棚、光梁、光带等；另一类是反光的光檐、光龛、反光假梁等。他们的共同特点是：

第一，发光体不再是分散的点光源，而扩大为发光带或发光面，因此能在保持发光表面亮度较低的条件下，在室内获得较高的照度；

第二，光线扩散性极好，整个空间照度十分均匀，光线柔和，阴影浅淡，甚至完全没有阴影；

第三，消除了直接眩光，大大减弱了反射眩光。

（1）透光照明设计

①发光顶棚。为了保持稳定的照明条件，模仿天然采光的效果，在平整的楼板下表面安装荧光灯

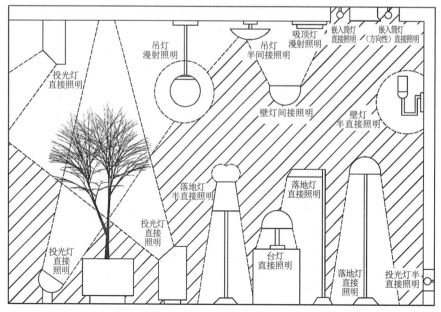

图 9-31 室内照明灯具类型与照明方式

管或 LED 等光源，然后用钢框架做成吊顶棚的骨架，再铺上均匀透光材料，如图 9-32（a）所示。为了提高光效率，可使用反光罩，使光线更集中地投到发光顶棚的透光面上，如图 9-32（b）。也可把顶棚上面分为若干小空间，既是反光罩，又兼做空调设备的送风或回风口。发光表面的亮度应均匀，标准人眼能觉察出不均的亮度比大于 1：1.4，为了不超过此界限，应使灯的间距 l 和它至顶棚表面的距离 h 之比（l/h）保持在一定范围内。适宜的 l/h 比值见表 9-13。

发光顶棚的优点：光线柔和、照度均匀，照度值可达 200~500 lx。为避免直接眩光，顶棚表面亮度要控制在 500 cd/m² 以下，因使用大量灯具，发热量较大，所以要特别注意热量的处理。

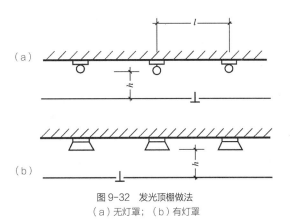

图 9-32　发光顶棚做法
（a）无灯罩；（b）有灯罩

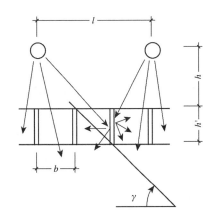

图 9-33　格片式发光顶棚构造简图

表 9-13　各种情况下适宜的 l/h 比

灯具类型	$\frac{L_{max}}{L_{min}}=1.4$	$\frac{L_{max}}{L_{min}}\approx1.0$
窄配光的镜面灯	0.9	0.7
点光源余弦配光灯具	1.5	1.0
点光源均匀配光和线光源余弦配光灯具	1.8	1.2
线光源均匀配光灯具（荧光灯管）	2.4	1.4

②格片式发光顶棚。将发光顶棚的透光材料改为由金属薄板或塑料板组成的网状结构的格片，则成为格片式发光顶棚，其构造见图 9-33。格片式发光顶棚的光效率取决于遮光角 γ 和格片所用材料的光学性能。遮光角 γ 由格片的高（h'）和宽（b）形成，不仅影响透光效率（γ 越小，透光越多），而且影响它的配光。随着遮光角的增大，配光也由宽变窄，格片的遮光角常做成 30°~45°。格片上方的光源，把一部分光直射到工作面上，另一部分则经过格片反射（不透光材料）或反射兼透射（扩散透光材料）后进入室内。格片式发光顶棚表面亮度的均匀性由它上表面照度的均匀性决定，随光源的间距 l 和离格片的高度 h 而变。

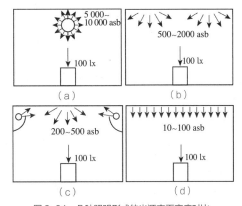

图 9-34　几种照明形式的光源表面亮度对比
（a）乳白玻璃球形灯具；（b）扩散透光顶棚；（c）反光顶棚；（d）格片式发光顶棚

格片式发光顶棚的优点：表面亮度较低，不易眩光（图 9-34）；亮度对比小；可根据不同材料和剖面形式来控制表面亮度；可调节格片与水平面的倾角，得到指向性的照度分布；通风散热好，减少了灯的热量积聚；比平置的透光材料积灰尘机会少；外观生动，能取得丰富的装饰效果。

③梁和光带。将发光顶棚的宽度缩小为带状发光面，就成为光梁和光带。光带的发光表面与顶棚表面平齐，见图9-35（a）、（b），光梁则凸出于顶棚表面，见图9-35（c）、（d）。它们的光学特性与发光顶棚相似。发光效率见表9-14。

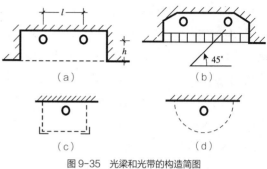

图 9-35　光梁和光带的构造简图
（a）、（b）光带；（c）、（d）光梁

表 9-14　光梁、光带的光效率

序号（见图9-35）	光效率 (%)
a	54
b	63
c	50
d	62

光带的轴线最好与外墙平行布置，并且使第一排光带尽量靠近窗子，这样人工光和天然光线方向一致，减少出现不利的阴影和不舒适眩光的机会。光带之间的间距应不超过发光表面到工作面距离的1.3倍为宜，以保持照度均匀。发光面的亮度均匀度，同发光顶棚一样，是由灯的间距 l 和灯至发光面的高度 h 的比值来决定的。由于空间小，一般不加灯罩。

由于光带的发光面和顶棚处于同一平面，无直射光射到顶棚上，使二者的亮度相差较大。为了改善这种状况，把发光面降低，使之突出于顶棚，这就形成光梁。光梁有部分直射光射到顶棚上，降低了顶棚和灯具间的亮度对比。

④多功能综合顶棚。把建筑装修、照明、通风、声学、防火等功能都综合在统一的顶棚结构中，这样的体系不仅满足环境舒适、美观的需要，而且节省空间，减少构件数量，缩短建造时间，降低造价和运转费用，故已被广泛地应用于实际。

图9-36是多功能发光综合顶棚的处理实例，这里主要是将回风管与灯具联系起来，回风经灯具进入回风管，带走光源发出的热量，有利于室温控制，

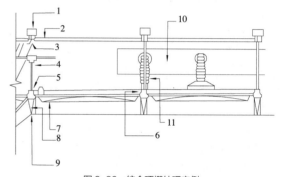

图 9-36　综合顶棚处理实例

1—各种线路综合管道；2—荧光灯管；3—灯座；4—喷水水管；5—支承管槽；6—铰链；7—刚性弧形扩散器；8—装有吸声材料的隔板；9—喷水头；10—供热通风管道；11—软管

还可以利用回收的照明热量作其他用途。顶棚内还贴有吸声材料作吸声减噪用，并设置防火的探测系统和喷水器。

（2）反光照明设计

反光照明是将光源隐藏在灯槽内，利用顶棚或别的表面（如墙面）做成反光表面的一种照明方式。它具有间接型灯具的特点，又是大面积光源，所以光的扩散性极好，可以使室内完全消除阴影和眩光，光效率比单个间接型灯具高一些。反光顶棚的构造及位置处理原则见图9-37，图9-38为几种常见灯槽照明构造。

设计反光照明设施时，必须注意灯槽的位置及其断面的选择，反光面应具有很高的光反射比。以上因素，不仅影响反光顶棚的光效率，而且还影响它的外观。影响外观的一个主要因素是反光面的亮度均匀性，因为同一个物体表面亮度不同，给人们

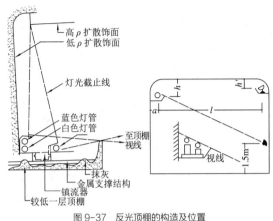

图9-37　反光顶棚的构造及位置

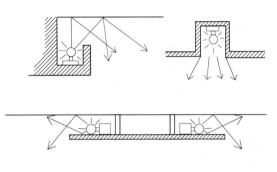

图9-38　灯槽照明构造

的感觉也就不同。而亮度均匀性是由照度均匀性决定的，后者又与光源的配光情况和光源与反光面的距离有关，它是由灯槽和反光面的相对位置所决定。因此灯槽至反光面的高度（h）不能太小，应与反光面的宽（l）成一定比例。比例见表9-15。此外，还应注意光源在灯槽内的位置，应保证站在房间另一端的人看不见光源。

表9-15　反光顶棚的 l/h 值

光檐形式	灯具类型		
	无反光罩	扩散反光罩	投光灯
单边光檐	1.7~2.5	2.5~4.0	4.0~6.0
双边光檐	4.0~6.0	6.0~9.0	9.0~15.0
四边光檐	6.0~9.0	9.0~12.0	15.0~20.0

3）室内照明技术

在室内某些局部需要突出造型、轮廓、艺术性时，就要利用照明技术进行局部强调照明。

（1）直射光照明。由窄光束的投光灯或反射型灯泡将光束投到被照物体上，能确切地显示被照表面的质感和颜色细部。如只用单一光源照射，容易形成浓暗的阴影，使起伏显得很生硬。为了获得最佳效果，宜将被照物体和其邻近表面的亮度控制在2∶1到6∶1之间。如果相差太大，可能出现光幕反射；太小就会使之平淡。

（2）扩散照明。利用宽光束灯具照射物体和周围环境，能产生大面积柔和的均匀照明。特别适用于起伏不大，但颜色丰富的场合。但这种做法不能突出物体的起伏，而且易产生平淡的感觉，使人感到单调乏味，故不宜滥用。

在大多数工作区内为了防止不利的阴影，一般都采用扩散光。但对于立体物件，单纯的扩散光会冲淡立体感，加上一定量的直射光，以形成适当的阴影，加强立体感。充分的扩散光则有助于减轻粗糙感。扩散光与直射光所形成的亮度比保持在6~1限度之内可获得优良效果。

如图9-39所示的人像雕塑，采用不同的方法照明，人像面部展现出不同的效果。图9-39（a），从正面投下的扩散光照明，人像面部被均匀照亮，立体造型未能充分表现出来。图9-39（b），单一集中直射光源从下方射到雕塑上，除面部下方以外其他

（a）

（b）

（c）

（d）

图 9-39　不同光线产生不同观赏效果

部分处于阴影中，看不清起伏，失去其原有的艺术效果。图 9-39（c），低强度扩散光加顶部强烈直射光，立体感有所改善，但阴影浓重，起伏欠圆滑，不细致。图 9-39（d），从右上方投以集中直射光，加上一定强度的顶部扩散光冲淡阴影，立体形态较突出，阴影分布合理，能细致地表现出面部的起伏与细部。

从人们习惯的自然环境看，太阳（直射光源）和天空（扩散光源）都来自上部。故直射光的角度不宜太低，以处于前上方为宜。

根据有关试验得出，人的头部最佳效果的照度分布见表 9-16。

表 9-16　最佳立体效果的照度分布

对 a 面的照度比					
测量面					
	a	b	c	d	e
最小比	1	1.8	0.3	0.8	0.3
最大比		2.5	0.6	1.6	1.1

（3）背景照明。将光源放在物体背后或上面，照亮物体背后的表面，使它成为物体的明亮背景。宜用来显示轮廓丰富、颜色单调、表面平淡的物品。如古陶、铜雕或植物等。背景照明效果见图 9-40。

图 9-40　背景照明效果

（4）墙泛光。用光线将墙面照亮，形成一个明亮的表面，使人感到空间扩大，强调质感，使人们把注意力集中于墙上的美术品。由于照射的方法不同，可以获得不同的效果。

①柔和均匀的墙泛光。将灯具安装在离墙较远的顶棚上，在墙上形成柔和均匀的明亮表面，以扩大空间感，见图 9-41。

图 9-41　柔和均匀的墙泛光

图 9-42　突出墙面质感的墙泛光

图 9-43　投光照明

②突出墙面质感的墙泛光。对一些砖石砌体等粗糙的墙面，为突出其质感，常使光线以大入射角（掠射）投到墙面上，夸大阴影，以突出墙面特点。见图 9-42。

③投光照明。在室内的墙上放置一些尺寸较小的美术品，如绘画、小壁毯等时，常采用投光灯照明，也可和墙面泛光合用，画面的亮度应高于邻近墙面。在选择投光灯灯具时需要考虑投射光斑的大小、亮度、强调程度和光点效果，见图 9-43。

④扇贝形光斑。一般用安装在顶棚上的投光灯在墙面上形成明亮的扇贝形光斑，以增加变化和趣味，见图 9-44。

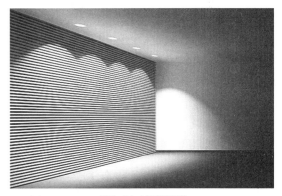

图 9-44　扇贝形光斑

9.4.2　夜景照明设计

夜景照明泛指除体育场的、建筑工地、道路照明和室外安全等功能性照明以外，所有室外活动空间或景物夜间的照明，亦称为景观照明。夜景照明能够丰富人们的夜生活，营造人们夜间和重大活动的气氛，根据照明载体的不同，夜景照明的方式也有所区别。

1）建（构）筑物照明

建（构）筑物立面照明的一般照明方式有轮廓照明、投（泛）光照明、内透光照明，在一幢建筑物上可混合使用不同照明方式。对于某些区域的标志性建（构）筑物，还可采用媒体立面等较新型的立面照明方式。

（1）轮廓照明

轮廓照明是室外照明中经常运用的一种照明方式，它将由线状光源或由点状光源（如 LED）组成的发光带镶嵌在建筑物的边界和轮廓上，以显示其体积和整体形态，用光轮廓突出建筑的主要特征，如古建筑的"飞檐翘角"、桥梁、铁塔的形体结构等（图 9-45、图 9-46）。

使用轮廓照明时应注意：

①若使用点光源排列构成线状勾勒建筑轮廓，应仔细考虑灯具间距；

②若使用线光源，光源形状、线性粗细和亮度应与建（构）筑的外观匹配；

③充分考虑该区域的夜景规划要求，若规划允许，可采用一定的亮度、光色动态变化创造出丰富的照明效果。

（2）泛光照明

它通常是用投（泛）光灯来照亮一个面积较大的景物或场地，使其被照面照度比其周围环境照度明显高的照明方式，如图 9-47 所示。对于一些体形较大，轮廓不突出的建筑物可用灯光将整个建筑物

图 9-45　某建筑外轮廓照明

图 9-46　某桥梁内轮廓照明

或构筑物某些突出部分均匀照亮，以它的不同亮度层次、各种阴影或不同光色变化，在黑暗中获得非常动人的效果。

泛光照明设计应注意选择合适的灯具安装位置和光线投射角度，以在被照表面上形成的适当的亮度。为获得良好的视觉效果，泛光照明灯具的安装建议参照表 9-17。

表 9-17　投（泛）光照明灯具的安装建议表

灯位	适合条件	照明效果
附着于被照建筑物，如阳台、雨篷、立面挑出部分	楼前无灯位或要求局部投光照明	被照面的亮度应有一定层次变化，避免大面积相同亮度所引起的呆板感觉
被照面附近地面安装	楼前有灯位且不引起眩光，可采用绿化或其他物件加以遮挡	形成由下向上洗亮建筑物的效果
立杆安装	适用于商业建筑、交通建筑等，人流量较大的室外场地，以及街道狭窄、建筑物高度有的情况下使用	建筑立面被均匀照亮，周边场地同时被照亮
附着于邻近建筑物	适用于室外空间较狭窄且被照建筑物高度较大的情况	建筑物被均匀照亮

图 9-47　某科技馆和演艺中心泛光照明

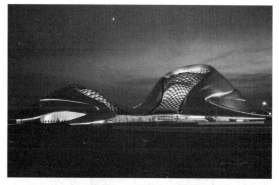

图 9-48　某剧院内透光照明

图 9-49　某公园互动景观媒体立面

图 9-50　某城市广场夜景照明

建（构）筑物泛光照明所需的照度取决于建筑物的重要性，建筑物所处环境（明或暗的程度）和建筑物表面的反光特性。具体可参考《城市夜景照明设计规范》JGJ/T 163—2008 中相关要求。

（3）内透光照明

内透光照明（图 9-48）是利用室内光线向外透射的照明方式，主要分为以下三类：

①随机内透光：为室内一般照明的光线向窗外投射，根据个体空间使用情况而定，图案无明显规律。

②建筑化内透光：照明通过照明设备与建筑构件结合，形成内透光发光面或发光体来表现建筑夜景。

③演示性内透光：照明利用窗户或室内元素的组合关系，组合成不同图案，在电脑程序的控制下，进行灯光艺术表演。

（4）建筑立面照明媒体化

随着 LED 照明的快速发展，灯具趋于小型化，色彩选择丰富且易于控制，照明与建筑的立面趋于更深层次的整合。在白天时，建筑立面显得完整，而在夜晚，整个建筑的立面呈现完整可变的照明效果，并可通过控制，传达出艺术化的灯光画面和文字信息，立面犹如媒体装置。有学者从建筑发展的角度出发，把这种趋势称为媒体建筑。如图 9-49 所示为某公园的互动景观媒体立面。

2）公园和广场照明

城市的公园和广场种类多，形状、面积各异，因此，必须依据其特征、功能考虑照明设计。照明设计时应遵守以下几个基本原则：

（1）首先应满足功能性照明的要求，对公园的道路、广场、指示标识、景观对象（花坛、植物、纪念物、水池）等提供针对性的照明；

（2）明暗适度，避免眩光，如图 9-50 所示的某城市广场夜景，通过对植物、水景、地面的照明烘托出柔和、温暖的空间氛围。不同功能的分区还可采取不同的照明方式来突出景观的特色。

（3）植物照明应考虑灯光对植物生长的影响，不宜对树木和草坪进行长时间、大功率的投光照明，不宜对古树和珍稀树种进行照明。如图9-51所示的某山地公园的夜景，利用低能耗、无侵扰光的"月光"照明投影系统，避免了人工光对动植物的侵扰；

图9-51　某山地公园植物投影照明

（4）公园和广场入口、水景、山石、标志性的景观小品等应重点表现；

（5）大型广场应采取分级和分场景的灵活控制方式，满足大型集会、文化活动、休闲活动等多种活动的照明需求。

3）夜景照明新趋势
（1）城市灯光节

城市灯光节是以灯光为表现主题和特色的节日活动。灯光节大多以城市空间为载体，在每年固定的时间，对城市主要道路界面、公共空间及重要建筑物，通过灯光、投影等艺术照明方式进行展示，以营造节日氛围。为促进城市经济、丰富城市文化、提升城市知名度，世界各国在城市夜景照明的基础上，相继举办了各式各样的城市灯光节活动，图9-52为欧洲某城市灯光节场景。灯光节已逐渐成为一种世界性的、现象级的文化活动而受到公众欢迎。目前，法国里昂灯光节、荷兰阿姆斯特丹灯光节、悉尼灯

图9-52　欧洲某城市灯光节场景

图 9-53　某艺术装置，集建筑设计、天然光控制与照明显示技术于一体

图 9-54　某城市雕塑，内置 LED 光源

图 9-55　某教堂 3D 投影夜景

光节与我国的广州国际灯光节等，均为世界知名的灯光节。

（2）城市雕塑、艺术装置与灯光的结合

近年来，建筑技术和照明科技的进步使城市公共艺术与照明科技产生了新的关联，新的照明手段为城市雕塑、艺术装置、艺术创作提供了新的可能性。与临时展出的灯光艺术装置相比，这种全天候的城市雕塑和装置具有更高的艺术性和思想性，是融合了艺术创作、建筑设计、建筑技术及照明科技等多学科成果，由各学科专家跨界合作的产物。图 9-53、图 9-54 分别为某灯光艺术装置和某城市雕塑。

4）夜景照明新技术

在与地域风情、历史文化结合的基础上，城市夜景照明可结合新技术，形成有创意性的、有艺术性的活动环境，打造具有科技感、未来感的场所。现主要介绍两种常用新技术：

（1）3D 投影技术

随着数字媒体技术的快速发展，3D 投影被广泛应用于城市夜景照明中。3D 投影技术通常以建 / 构筑物外立面作为显示界面，根据建 / 构筑物结构特征制作相应的投射视频，从而形成虚拟与现实相结合的全新视觉空间。图 9-55 为某教堂的 3D 投影夜景。

（2）光纤照明技术

光纤照明是利用光导纤维的全反射原理，把光传送到人们需要的任何部位进行照明。光纤照明的特点之一是明暗、色彩可调；二是安全性强，光纤本身不带电、不怕水、不易破损、体积小、柔软；三是使用寿命长，便于维修管理。光纤材料可塑性极高，适用于室内与室外的艺术化照明，设计者可发挥其才能创造新奇的照明效果。图 9-56 为一种光纤材料制作而成的城市景观装置。

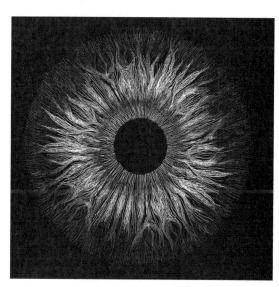

图 9-56　某光纤照明效果

9.5　光污染防治

光污染是指干扰光或过量的光辐射（可见光，紫外线、红外线辐射）对人类、生态环境和天文观测等造成的负面影响的总称。干扰光是指由于光的数量、方向或光谱特性，在特定场合产生而引起人们不舒适、注意力分散或视觉功能下降的光。

1）人工照明造成的光污染危害

人工照明造成的光污染主要体现为人工白昼、光入侵居室、眩光、频闪等。

如图 9-57 所示，当人工照明的溢散光射向天空，经过空气和大气中悬浮颗粒形成的不均匀介质发生散射现象，造成夜空亮度增加，形成人工白昼。人工白昼降低了深空天体的可见度，影响天文观测。射向天空的人工照明溢散光还会影响飞机航行。不仅如此，人工白昼可对动、植物的生理节律产生影响：

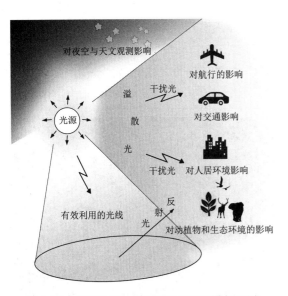

图 9-57　光污染对人类、生态环境和天文观测的负面影响

在夜间受到过量光照时，植物自然生命周期被扰乱，正常生长受阻，导致其茎或叶变色，甚至枯萎。一些趋光性动物的生活习性和新陈代谢也会受到严重影响。

光入侵居室是指街道、广告、体育场、广场等处的照明溢散光直接侵入附近居民的窗户时，从而对居民的睡眠、工作和生活产生负面的影响。

此外，安装不合理的道路或广告照明灯具会对行人产生眩光。若光源的频闪效应严重，将导致行人视觉功能降低或完全丧失，影响行人对周围环境的认知，同时增加了交通事故隐患。

2）昼间天然光造成的光污染危害

天然光造成的光污染主要体现在白亮污染和昼光眩光等。白亮污染是当白天阳光照射强烈时，城市中建筑物外墙表面，如玻璃幕墙、釉面砖墙、磨光大理石和涂料等，形成的反射眩光。昼光眩光是强烈的太阳光透过大面积玻璃进入室内造成的直接眩光。两种天然光造成的光污染均降低了视觉目标物的可见度，会对人们的正常工作和生活造成影响。

3）光污染的防治措施

（1）控制夜景照明设施在居住建筑窗户外表面产生的垂直照度，以及夜景照明灯具朝居室方向的发光强度；

（2）控制城市道路的非道路照明设施对汽车驾驶人员产生的眩光；

（3）居住区和步行区的夜景照明设施，应避免对行人和非机动车上的人造成眩光；

（4）夜景照明在建筑立面和标识面产生的平均亮度不应超过最大允许值范围；

（5）控制室外照明灯具的上射光线。

思考题与习题

1. 扁圆形吸顶灯与工作点的布置见图 9-12，但灯至工作面的距离为 2.0 m，灯具内光源为 60 W 的白炽灯，求 P_1、P_2 点的照度。

2. 条件同上，但工作面为倾斜面，即以每个计算点为准，均向左倾斜，且与水平面成 30° 倾角，求 P_1、P_2 点的照度。

3. 设有一大宴会厅尺寸为 50 m×30 m×6 m，室内表面光反射比：顶棚 0.7，墙 0.5，地面 0.2，求出需要的光源数量和功率，并绘出灯具布置的平、剖面图。

4. 展览馆展厅尺寸为 30 m×12 m×4.2 m，室内表面光反射比：顶棚 0.7，墙 0.5，地面 0.2，两侧设有侧窗（所需面积自行确定）。确定所需光源数量和功率，并绘出灯具布置的平面、剖面图。

建筑光学附录 1
CIE1931 标准色度观察者光谱三刺激值

波长 (nm)	$\bar{x}\,(\lambda)$	$\bar{y}\,(\lambda)$	$\bar{z}\,(\lambda)$	波长 (nm)	$\bar{x}\,(\lambda)$	$\bar{y}\,(\lambda)$	$\bar{z}\,(\lambda)$
380	0.001 4	0.000 0	0.006 5	580	0.916 3	0.870 0	0.001 7
385	0.002 2	0.000 1	0.010 5	585	0.978 6	0.816 3	0.001 4
390	0.004 2	0.000 1	0.020 1	590	1.026 3	0.757 0	0.001 1
395	0.007 6	0.000 2	0.036 2	595	1.056 7	0.694 9	0.001 0
400	0.014 3	0.000 4	0.067 9	600	1.062 2	0.631 0	0.000 8
405	0.023 2	0.000 6	0.110 2	605	1.045 6	0.566 8	0.000 6
410	0.043 5	0.001 2	0.207 4	610	1.002 6	0.503 0	0.000 3
415	0.077 6	0.002 2	0.371 3	615	0.938 4	0.441 2	0.000 2
420	0.134 4	0.004 0	0.845 6	620	0.854 4	0.381 0	0.000 2
425	0.214 8	0.007 3	1.039 1	625	0.751 4	0.321 0	0.000 1
430	0.283 9	0.011 6	1.385 6	630	0.642 4	0.265 0	0.000 0
435	0.328 5	0.016 8	1.623 0	635	0.541 9	0.217 0	0.000 0
440	0.348 3	0.023 0	1.747 1	640	0.447 9	0.175 0	0.000 0
445	0.348 1	0.029 8	1.782 6	645	0.360 8	0.138 2	0.000 0
450	0.336 2	0.038 0	1.772 1	650	0.283 5	0.107 0	0.000 0
455	0.318 7	0.048 0	1.744 1	655	0.218 7	0.081 6	0.000 0
460	0.290 8	0.060 0	1.669 2	660	0.164 9	0.061 0	0.000 0
525	0.109 6	0.793 2	0.057 3	725	0.002 0	0.000 7	0.000 0
530	0.165 5	0.862 0	0.042 2	730	0.001 4	0.000 5	0.000 0
535	0.225 7	0.914 9	0.029 8	735	0.001 0	0.000 4	0.000 0
540	0.290 4	0.954 0	0.020 3	740	0.000 7	0.000 2	0.000 0
545	0.359 7	0.980 3	0.013 4	745	0.000 5	0.000 2	0.000 0
550	0.433 4	0.995 0	0.008 7	750	0.000 3	0.000 1	0.000 0
555	0.512 1	1.000 0	0.005 7	755	0.000 2	0.000 1	0.000 0
560	0.594 5	0.995 0	0.003 9	760	0.000 2	0.000 1	0.000 0
565	0.678 4	0.978 6	0.002 7	765	0.000 1	0.000 0	0.000 0
570	0.762 1	0.952 0	0.002 1	770	0.000 1	0.000 0	0.000 0
575	0.842 5	0.915 4	0.001 8	775	0.000 1	0.000 0	0.000 0
580	0.916 3	0.870 0	0.001 7	780	0.000 0	0.000 0	0.000 0

续表

波长 (nm)	$\bar{x}(\lambda)$	$\bar{y}(\lambda)$	$\bar{z}(\lambda)$	波长 (nm)	$\bar{x}(\lambda)$	$\bar{y}(\lambda)$	$\bar{z}(\lambda)$
465	0.251 1	0.073 9	1.528 1	665	0.121 2	0.044 6	0.000 0
470	0.195 4	0.091 0	1.287 6	670	0.087 1	0.032 0	0.000 0
475	0.142 1	0.112 6	1.041 9	675	0.063 6	0.023 2	0.000 0
480	0.095 6	0.139 0	0.813 0	680	0.046 8	0.017 0	0.000 0
485	0.058 0	0.169 3	0.616 2	685	0.032 9	0.011 9	0.000 0
490	0.032 0	0.208 0	0.465 2	690	0.022 7	0.008 2	0.000 0
495	0.014 7	0.258 6	0.353 3	695	0.015 8	0.005 7	0.000 0
500	0.004 9	0.323 0	0.272 0	700	0.011 4	0.004 1	0.000 0
505	0.002 4	0.407 3	0.212 3	705	0.008 1	0.002 9	0.000 0
510	0.009 3	0.503 0	0.158 2	710	0.005 8	0.002 1	0.000 0
515	0.029 1	0.608 2	0.111 7	715	0.004 1	0.001 5	0.000 0
520	0.063 3	0.710 0	0.078 2	720	0.002 9	0.001 0	0.000 0
				总和	21.371 4	21.371 1	21.371 5

建筑光学附录2
位置指数

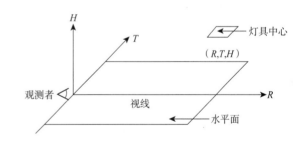

以观察者位置为原点的位置指数坐标

H/R T/R	0.00	0.10	0.20	0.30	0.40	0.50	0.60	0.70	0.80	0.90	1.00	1.10	1.20	1.30	1.40	1.50	1.60	1.70	1.80	1.90
0.00	1.00	1.26	1.53	1.90	2.35	2.86	3.50	4.20	5.00	6.00	7.00	8.10	9.25	10.35	11.70	13.15	14.70	16.20	—	—
0.10	1.05	1.22	1.45	1.80	2.20	2.75	3.40	4.10	4.80	5.80	6.80	8.00	9.10	10.30	11.60	13.00	14.60	16.10	—	—
0.20	1.12	1.30	1.50	1.80	2.20	2.66	3.18	3.88	4.60	5.50	6.50	7.60	8.75	9.85	11.20	12.70	14.00	15.70	—	—
0.30	1.22	1.38	1.60	1.87	2.25	2.70	3.25	3.90	4.60	5.45	6.45	7.40	8.40	9.50	10.85	12.10	13.70	15.00	—	—

T/R \ H/R	0.00	0.10	0.20	0.30	0.40	0.50	0.60	0.70	0.80	0.90	1.00	1.10	1.20	1.30	1.40	1.50	1.60	1.70	1.80	1.90
0.40	1.32	1.47	1.70	1.96	2.35	2.80	3.30	3.90	4.60	5.40	6.40	7.30	8.30	9.40	10.60	11.90	13.20	14.60	16.00	—
0.50	1.43	1.60	1.82	2.10	2.48	2.91	3.40	3.98	4.70	5.50	6.40	7.30	8.30	9.40	10.50	11.75	13.00	14.40	15.70	—
0.60	1.55	1.72	1.98	2.30	2.65	3.10	3.60	4.10	4.80	5.50	6.40	7.35	8.40	9.40	10.50	11.70	13.00	14.10	15.40	—
0.70	1.70	1.88	2.12	2.48	2.87	3.30	3.78	4.30	4.88	5.60	6.50	7.40	8.50	9.50	10.50	11.70	12.85	14.00	15.20	—
0.80	1.82	2.00	2.32	2.70	3.08	3.50	3.92	4.50	5.10	5.75	6.60	7.50	8.60	9.50	10.60	11.75	12.80	14.00	15.10	—
0.90	1.95	2.20	2.54	2.90	3.30	3.70	4.20	4.75	5.30	6.00	6.75	7.70	8.70	9.65	10.75	11.80	12.90	14.00	15.00	16.00
1.00	2.11	2.40	2.75	3.10	3.50	3.91	4.40	5.00	5.60	6.20	7.00	7.90	8.80	9.75	10.80	11.90	12.95	14.00	15.00	16.00
1.10	2.30	2.55	2.92	3.30	3.72	4.20	4.70	5.25	5.80	6.55	7.20	8.15	9.00	9.90	1095	12.00	13.00	14.00	15.00	16.00
1.20	2.40	2.75	3.12	3.50	3.90	4.35	4.85	5.50	6.05	6.70	7.50	8.30	9.20	10.00	11.02	12.10	13.10	14.00	15.00	16.00
1.30	2.55	2.90	3.30	3.70	4.20	4.65	5.20	5.70	6.30	7.00	7.70	8.55	9.35	10.20	11.20	12.25	13.20	14.00	15.00	16.00
1.40	2.70	3.10	3.50	3.90	4.35	4.85	5.35	5.85	6.50	7.25	8.00	8.70	9.50	10.40	11.40	12.40	13.25	14.05	15.00	16.00
1.50	2.85	3.15	3.65	4.10	4.55	5.00	5.50	6.20	6.80	7.50	8.20	8.85	9.70	10.55	11.50	12.50	13.30	14.05	15.02	16.00
1.60	2.95	3.40	3.80	4.25	4.75	5.20	5.57	6.30	7.00	7.65	8.40	9.00	9.80	10.80	11.75	12.60	13.40	14.20	15.10	16.00
1.70	3.10	3.55	4.00	4.50	4.90	5.40	5.95	6.50	7.20	7.80	8.50	9.20	10.00	10.85	11.85	12.75	13.45	14.20	15.10	16.00
1.80	3.25	3.70	4.20	4.65	5.10	5.60	6.10	6.75	7.40	8.00	8.65	9.35	10.10	11.00	11.90	12.80	13.50	14.20	15.10	16.00
1.90	3.43	3.86	4.30	4.75	5.20	5.70	6.30	6.90	7.50	8.17	8.80	9.50	10.20	11.00	12.00	12.82	13.55	14.20	15.10	16.00
2.00	3.50	4.00	4.50	4.90	5.35	5.80	6.40	7.10	7.70	8.30	8.90	9.60	10.40	11.10	12.00	12.85	13.60	14.30	15.10	16.00
2.10	3.60	4.17	4.65	5.05	5.50	6.00	6.60	7.20	7.82	8.45	9.00	9.75	10.50	11.20	12.10	12.90	13.70	14.35	15.10	16.00
2.20	3.75	4.25	4.72	5.20	5.60	6.10	6.70	7.35	8.00	8.55	9.15	9.85	10.60	11.30	12.10	12.90	13.70	14.40	15.15	16.00
2.30	3.85	4.35	4.80	5.25	5.70	6.22	6.80	7.40	8.10	8.65	9.30	9.90	10.70	11.40	12.20	12.95	13.70	14.40	15.20	16.00
2.40	3.95	4.40	4.90	5.35	5.80	6.30	6.90	7.50	8.20	8.80	9.40	10.00	10.80	11.50	12.25	13.00	13.75	14.45	15.20	16.00
2.50	4.00	4.50	4.95	5.40	5.85	6.40	6.95	7.55	8.25	8.85	9.50	10.05	10.85	11.55	12.30	13.00	13.80	14.50	15.25	16.00
2.20	4.07	4.55	5.05	5.47	5.95	6.45	7.00	7.65	8.35	8.95	9.55	10.10	10.90	11.60	12.32	13.00	13.80	14.50	15.25	16.00
2.70	4.10	4.60	5.10	5.53	6.00	6.50	7.05	7.70	8.40	9.00	9.60	10.16	10.92	11.63	12.35	13.00	13.80	14.50	15.25	16.00
2.80	4.15	4.62	5.15	5.56	6.05	6.55	7.08	7.73	8.45	9.05	9.65	10.20	10.95	11.65	12.35	13.00	13.80	14.50	15.25	16.00
2.90	4.20	4.65	5.17	5.60	6.07	6.57	7.12	7.75	8.50	9.10	9.70	10.23	10.95	11.65	12.35	13.00	13.80	14.50	15.25	16.00
3.00	4.22	4.67	5.20	5.65	6.12	6.60	7.15	7.80	8.55	9.12	9.70	10.23	10.95	11.65	12.35	13.00	13.80	14.50	15.25	16.00

建筑光学附录 3
灯具光度数据示例

灯具	型号	BYGG4—1								
	名称	玻璃钢教室照明灯								

家具尺寸	l：1 320 B：170 H：160	CIE 分类				直接				
		上射光通量比				0				
光源	RL—33	下射光通量比				75.8%				
灯具重量	2.7 kg	灯具效率				75.8%				
遮光角	A—A：20°	最大允许距高比（l/h_{cc}）		A—A		1.2				
	B—B：22°			B—B		1.6				

简图

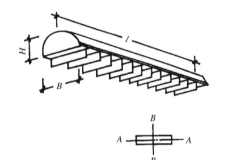

配光曲线（cd/1 000 lm）

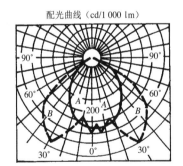

光强值 (cd/1 000 lm)		θ	0°	2.5°	7.5°	12.5°	17.5°	22.5°	27.5°	32.5°	37.5°	42.5°
	A—A	I_θ	262.5	257.4	251.6	248.8	238.7	230.1	212.8	195.6	178.3	153.3
		θ	47.5°	52.5°	57.5°	62.5°	67.5°	72.5°	77.5°	82.5°	87.5°	
		I_θ	132.3	109.3	89.2	67.6	46.0	31.6	23.0	10	4.3	
	B—B	θ	0°	2.5°	7.5°	12.5°	17.5°	22.5°	27.5°	32.5°	37.5°	42.5°
		I_θ	262.5	263.1	248.8	232.9	250.2	303.4	349.4	333.6	317.8	300.5
		θ	47.5°	52.5°	57.5°	62.5°	67.5°	72.5°	77.5°	82.5°	87.5°	
		I_θ	267.5	161.0	71.9	40.3	14.4	5.73	2.88	2.9	0	

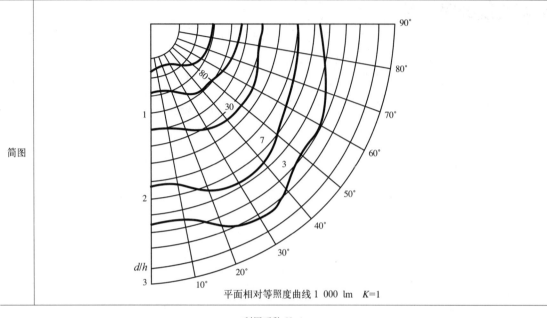

平面相对等照度曲线 1 000 lm $K=1$

简图

利用系数 $K=1$

ρ 值	顶棚	$\rho_{cc}0.7$			0.5			0.3			0.1			0
	墙 ρ_w	0.5	0.3	0.1	0.5	0.3	0.1	0.5	0.3	0.1	0.5	0.3	0.1	0
	地面	0.2			0.2			0.2			0.2			0
室空间比		利用系数												
1		0.79	0.77	0.75	0.76	0.74	0.72	0.73	0.71	0.70	0.70	0.69	0.68	0.66
2		0.71	0.67	0.63	0.68	0.65	0.62	0.66	0.63	0.61	0.64	0.61	0.60	0.58
3		0.63	0.59	0.55	0.62	0.57	0.54	0.59	0.56	0.53	0.58	0.54	0.53	0.50
4		0.57	0.51	0.47	0.55	0.50	0.46	0.52	0.49	0.46	0.52	0.48	0.45	0.44
5		0.51	0.45	0.40	0.49	0.44	0.40	0.48	0.43	0.40	0.46	0.42	0.39	0.38
6		0.45	0.39	0.34	0.44	0.39	0.35	0.43	0.38	0.34	0.42	0.37	0.34	0.33
7		0.41	0.34	0.31	0.40	0.34	0.30	0.38	0.34	0.30	0.38	0.33	0.30	0.28
8		0.36	0.30	0.26	0.35	0.30	0.26	0.34	0.29	0.26	0.33	0.30	0.26	0.24
9		0.32	0.26	0.22	0.32	0.26	0.22	0.31	0.26	0.22	0.30	0.25	0.22	0.21
10		0.29	0.24	0.20	0.29	0.23	0.19	0.28	0.23	0.19	0.27	0.22	0.19	0.18

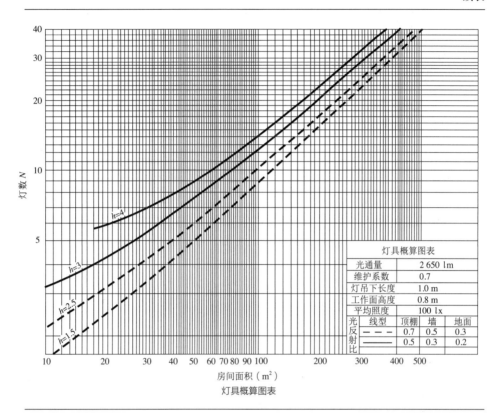

灯具概算图表

灯具亮度值（cd/m²）

γ 值	不同平面	
	0°～180°	90°～270°
85°	1 166	153
75°	1 493	148
65°	1 905	578
55°	2 446	1 810
45°	2 873	3 580

第 3 篇　建筑声学

建筑声学是研究建筑中声音问题的科学，是围绕建筑中听音问题和噪声问题而展开的认识世界、理解世界进而改造世界的学问。眼、耳、鼻、舌、身无时无刻地向人们传递着视觉、听觉、嗅觉、味觉、皮肤等感觉，受想行识全在其内，喜怒哀乐尽在其中。人们置身于建筑之中，对耳所关联的物质世界的需求和精神世界的感受，是建筑声学研究的对象。对任何事物的理解，主观上都有喜恶之分。作为物理现象的声音带给人的不同主观感受，从而定义了音乐与噪声的差异，同时也暗示了人与声音沟通的空间的品质。由于个人品味千差万别，在建筑声学领域的许多方面，尤其对于音乐，尚存在较多争议。然而，就建筑学的边缘学科之一而言，建筑声学遵循一些公认的科学原理。

建筑中存在大量建筑声学的需求。专业声学建筑的音质效果需要考虑建筑声学，如音乐厅，剧场、影院、礼堂、演播室、录音室、听音室、排练厅等；大众集会场所的语言清晰度需要考虑建筑声学，如报告厅、体育馆、多功能厅、教室、会议室、审判庭等；人群密集场所的声环境控制需要建筑声学，如博物馆、展览馆、办公室、营业厅、接待室、候车（机）室、餐厅、图书馆、画廊、健身中心、购物中心、酒店大堂等；安静场所隔声降噪需要建筑声学，如住宅、学校、医院、办公建筑等；工业场所的噪声控制需要建筑声学，如电厂、水泥厂、化工厂、制造厂、锅炉房、泵站等；还有一些娱乐场所也需要建筑声学，如 DISCO、酒吧、卡拉 OK、表演秀场等。

建筑声学首先是一门严谨的科学。建筑声学用科学的语言描述和解释客观现象。建筑声学的基础理论来源于物理声学，同时又与材料学、心理学、建筑学等相交融，形成具有独特研究领域的、人和环境为核心的、侧重于解决厅堂音质和噪声控制的科学分支。虽然，建筑声学尚有众多不能完备解决的问题，但是她已具有完整的知识体系，是严谨的科学。

建筑声学还是一门技术。我们可以利用已经掌握的科学原理，去改造人们的生存环境，去满足人们声环境方面不断发展的需求，并运用实用方法和理论工具研究解决声学问题。技术对建筑声学来讲，是它的竞争力所在。如果失去了技术的应用，建筑声学无法立足和发展。这些实用的技术包括：厅堂音质设计、建筑隔声材料及构造、建筑吸声材料及构造、消声减振、环境噪声评价与控制、建筑声学测量等。

建筑声学更是一门艺术。建筑声学的魅力，一方面在于解决建筑实际问题，另一方面，也是更重要的方面，她还是艺术。她不全是冷冰冰的公式和计算，还与人的悟性和感觉息息相关。她所解决的不仅仅是单纯的物理问题，更多的是在处理人与人、人与群体之间那种因人而异、因时而异的相互作用的问题。技术，并非一成不变、定会推陈出新，但是，艺术，却是人们永恒的追求，历久不竭。

建筑声学涉及多个方面，它与建筑设计、物理学、电声学、环境保护、法规规范等有着密切的联系，并且又综合地体现在建筑工程实践之中。学习建筑声学，基本目的在于防范建筑设计中可能出现的潜在声学问题，中级目的在于运用建筑声学为建筑的使用者创造舒适的声环境，高级目的在于为建筑世界增添如维也纳金色音乐厅、波士顿音乐厅、巴士底歌剧院那样有口皆碑的艺术精品。

作为普通高等院校建筑学、城乡规划及相关专业的专业课教材，本篇着重着眼于建筑声学的基本物理概念和设计原则，复杂公式推导从略。

第10章 Chapter 10 Acoustic Problems in Buildings
建筑中的声学问题

声音与人如影随形。在建筑中，人们听到的声音不仅与声源有关，还与建筑布局、空间形体、材料设置、安装构造等因素所形成的环境有关。建筑声学研究如何在建筑设计与营建过程中创建良好声音环境，是研究建筑中声音环境的科学。

建筑中的声学问题主要包括三个方面，分别是听音问题、安静问题和私密性问题。

10.1   听音问题

听音是指人听到的声音效果。在建筑中，一方面需要听清楚讲话的语音，即清晰度问题；另一方面，需要良好的听音质量感受，即音质问题。

10.1.1   清晰度

清楚地听到声音，是诸多建筑空间的最基本功能，例如，报告厅、教室、礼堂、影院、会议室、审判庭、演播室、录音室等听音空间，以及体育场馆、候机（车、船）室等需要播放语音信息的空间。如果建筑空间设计不合理、界面材料控制不良，常常会造成声音（尤其是语言声）清晰度下降，使听音信息受到损失，甚至无法理解语音的内容。例如，

20 世纪 00 年代美国哈佛大学弗格艺术博物馆 400 座报告厅，建成后人们听不清校长的演讲。物理系教师赛宾进行了研究，发现报告厅容积大和硬质石材多，因此造成了声音传播的混叠，并第一次提出了混响时间的概念，科学地解释了听音困难的原因，由此创立的建筑声学这门学科。

清晰度不良会损失语言信息，不但听众耳感极不舒适，甚至还会造成事故。例如，候车候机厅、体育场馆等人群密集场所，听清广播至关重要；再如，法院讯问必须言辞清楚，某法院大审判庭清晰度很差，书记员听错 4 年还是 10 年而造成误记。

房间混响时间是影响室内清晰度的首要原因，长混响会造成前一个音节的信号混叠到后续的音节上，造成听不清楚。混响时间指标反映了声音在房间内来回反射至逐渐消失的延时情况，不但与房间的容积有关，还与房间各个界面上的吸声材料有关，理论上，房间混响时间与容积成正比，与吸声量成反比。因此，室内设计时，为了达到满足清晰度的混响时间，室内需要进行合理的吸声处理，也就是布置所需数量的吸声材料（如吸声吊顶、吸声墙面等），保证人们讲话的声音清晰可闻。

清晰度除了受到房间影响以外，还与室内安静程度有关。噪声过大，遮蔽了声源信号，信噪比过低时，也会听不清。例如，某临近交通干线的学校教室中，传入的车辆噪声使学生难于听清教师的讲课。

10.1.2 音质问题

人们听到声音的主观感觉与室内的声环境密切相关。良好的建筑条件，包括合理的空间尺寸、体型角度、材料特性、排布位置等，能够使声音更优美、更动听，反之，则会破坏声音的美感。例如，被誉为世界三大顶级音乐厅，奥地利维也纳金色大厅、美国波士顿交响音乐厅、荷兰阿姆斯特丹皇家音乐厅，就是以音质著称的。

观演建筑，如音乐厅、剧场、剧院、礼堂、影院等，或专业声学空间，如演播室、录音室等，在进行建筑设计时，无论是使用者还是建筑师都希望能够获得理想而完美的声音效果，即优秀的音质。忽视声学设计，不但难于获得良好的音质，甚至可能造成回声、声聚焦、声共振等缺陷。遵循基本的建筑声学设计原则，是保证音质效果的基础。

音质与美相通，应该说，它不仅是技术问题，还存在艺术成分。严格按照已知的声学原则设计的厅堂建筑，可以做到没有任何声音缺陷，也可以做到在音质上"无任何抱怨"，但是，不一定保证达到"顶级音乐厅音质"的美。影响"美"的因素太多了，技术尚不能完全覆盖。

10.2 安静问题

建筑大师路易斯·康曾说过，安静和光共同谱写了"环境的灵魂"。安静令人舒适、健康，有助人们集中精力，而噪声和嘈杂声令人心烦意乱，使人烦恼。人类数百万年的进化过程中，自然环境基本都是安静的，只有近100多年来工业化出现以后，噪声才逐渐蔓延开来，不断污染着人们周围的环境。

合理的建筑设计，能够有效降低噪声干扰，创造安静的建筑空间。

10.2.1 住宅噪声问题

目前住宅设计及建设中，对声环境的重视程度仍有待提高，不能满足人民群众对居住环境日益增长的需求，甚至不断出现新建住宅因噪声扰民而引起的纠纷。

住宅噪声主要表现有：

1）城市交通噪声日趋严重。城市干线、高速公路、轻轨线路越建越密，交通要道附近因出行方便，成为房地产开发的热点。随城市的发展，机场、铁路、航运等噪声干扰日益显著，不断出现因机场扩建、新建高速、铁路提速、码头航运等噪声扰民问题。

2）住宅配套设备噪声有增多趋势。电梯运行的隆隆声，地下室水泵的嗡嗡声，空调室外机的转动声，楼内供暖机组的振动声，通风机的呜呜声，变压器的蜂鸣声，PVC下水管道的冲水声，发电机的轰鸣声，地下污水泵排水声，水龙头用水的水管湍振声，关门时的咣当声等，使人们的安居环境受到极大的干扰和破坏。

3）居住区内环境噪声问题，如附近工地的施工声，楼下底商营业的喧嚣声，居民区内深夜还在灯红酒绿的歌舞厅声、酒吧声、迪斯科舞厅声、广场舞声等。

噪声不仅影响生活品质，医学证明，长期噪声影响睡眠和健康，容易引发神经衰弱、失眠等精神障碍，甚至诱发血压、心脏、胃肠等慢性疾病，尤其对怀孕期间胎儿的健康、婴幼儿听力的发育、儿童专注力的培养、脑力工作者的安眠休整、疾病患者的康复静养等，都将造成极大的潜在危害。因此，不良的住宅声环境容易引发住户的强烈不满，若再与土地开发、动迁补偿、建筑质量、房价过高等城市发展问题交织在一起，甚至会升级为利益冲突，发生群体事件。北京、上海出现过因机场扩建后航空噪声问题引发的居民集体投诉等社会事件，有些城市也出现过因快速路交通噪声问题状告交通部门要求治理补偿的事件，还有些居住区出现过因供暖水泵噪声拒交物业费而对簿公堂的事件。这类问题一旦发生，受到结构条件、荷载约束、施工难度、成本造价等诸多技术因素限制，往往很难根治。

项目选址对于区域声环境质量而言是决定性的。为了避免噪声干扰，住宅选址宜远离机场车站、铁路轻轨、公路干线、工业区等噪声环境较差的区域。交通噪声的影响对于临街住宅非常普遍，尤其是临近高速公路、铁路沿线、城市轨道时，噪声影响就更加显著了。为了降低噪声干扰，一方面，可采用声屏障、绿化隔离带等措施；另一方面，地形条件（如堆坡、高堤等）以及建筑物之间的相互遮挡关系也可进行合理利用。由于种种原因，无法避免交通噪声影响时，可采用隔声窗保护住户室内声环境，但是，因限制了开窗通风，隔声窗方法非常被动。

住区内规划，很大程度上会严重影响住宅声环境。应通过合理布局，利用公用缓冲地带，降低区内机动车噪声影响；应集中布置机房、锅炉房等噪声源，集中进行降噪处理；对住区内社会生活（如底商）噪声应合理控制隔离，有效地使用规划手段营造良好的住区内声环境。

住宅平面设计不良引起的噪声常常令人遗憾。卧室、起居室等噪声敏感房间应尽量避免临街，若无法避免临街，可设置封闭外阳台形成缓冲隔声空间，且宜尽量避免设计透声面积很大的全景窗、落地窗、飘窗等。住户单元平面设计时，分户墙两侧应布置功能用途近似的房间，卧室、起居室、书房等应与厨卫、餐厅等噪声不敏感房间有效分区。电梯井平面布置应禁止与卧室、起居室紧邻，这是因为，电梯上下运行时，振动会通过井壁上的轨道传递给隔墙，进而直接将噪声辐射到住户室内。在国内，因电梯噪声扰民问题所引发的纠纷不胜枚举，究其原因几乎全部是因为平面上的紧邻关系。如果设计中出现卧室、起居室与电梯紧邻的特殊情况时，电梯井必须进行有效的吸、隔声处理，顶层机房也需要对曳引机等做隔振处理。

需注意防止住区内机房、水泵、风机、变压器等设备设施的噪声干扰，设备设施不应与卧室、起居室紧邻布置。时常，出于容积率等因素的考虑，水泵、变压器等噪声设备被设置在负一层。设备运行时，上层住户会受到固体传声所形成的二次噪声影响，这种结构噪声的传递可能不仅止于一层。为了防止这种情况，必须根据设备噪声的振动状况，合理采用吸声、隔声、减振等综合有效手段，特别是处理好隔振问题（例如采用浮筑隔离基础、更换高效减振器、软连接处理等），切实有效地降低设备设施噪声对住户的干扰。

室内设备有增多趋势，如卫生器具、给排水管道、排风排气装置，以及高档住宅的空调风机盘管末端等，其噪声干扰不容忽视。应注意选用低噪声设备（如铸铁排水管、静音水管、静音风机、静音风机盘管等）或低噪声系统（如同层排水技术、全新风空调系统）来降低室内噪声。室内设备选型时，应将噪声参数作为重要考核指标，防止破坏住宅的安静。

10.2.2　其他民用建筑噪声问题

除了最量大面广的住宅以外，其他民用建筑，如学校、旅馆、医院、办公建筑、商业建筑等均需要考虑噪声问题，营造安静环境。

学校、旅馆、医院等具有与住宅相同的住宿功能，存在诸多类似的噪声问题。学校中还有教室、阅览室、办公室、会议室、食堂餐厅等空间，旅馆中可能还有办公室、会议室、多用途厅、宴会厅等空间，医院中有挂号厅、候诊厅、诊室、手术室、化验室等空间，这些空间不仅需要远离、隔绝外界噪声源的干扰，还应考虑降低室内噪声，尤其是空调设备噪声和人员交谈、活动声的干扰。良好的消声处理能够有效地降低空调噪声，吸声顶棚或墙面能够有效降低人员噪声，合理运用建筑声学的处理方法，能够更好地提高安静水平，提高建筑环境的品质。

在办公建筑中，主要空间是办公室和会议室，均需要保持安静，以使人集中精力，专心致志地工作。

空调设备噪声、人员交谈、活动声是办公建筑室内的主要声源，应重视吸声、隔声、消声等处理方法，为办公营造安静环境。

商业建筑主要包括商场、商店、购物中心、会展中心、餐厅等，除了与办公建筑类似的设备噪声以外，这些空间往往人员密集，人们之间的谈话如同鸡尾酒会一般，无序且嘈杂。在这类空间中，顶棚或墙面采用足够面积的吸声处理，能够降低嘈杂声，维护安静舒适的声环境。

10.2.3　工业建筑噪声问题

工业厂房内往往有大量运转、冲压、切割等设备，常常发出很大的噪声。工业噪声的影响主要分为两类问题，一类是劳动保护问题，一类是环境保护问题。

劳动保护问题牵扯对象主要是工厂的职工，长期接触高噪声会形成噪声病，如噪声性耳聋、内分泌失调等。通过吸声、隔声、消声、减振等建筑声学处理方法，能够有效地降低厂房内或厂区内的噪声，从而切切实实地保护劳动者。

环境保护问题牵扯的对象主要是工厂场界附近噪声敏感建筑中的人群，噪声敏感建筑多为住宅、医院、学校、旅馆等。由于被噪声干扰者往往与工厂并无关联，对立情绪比较严重，甚至出现噪声引发的矛盾冲突。可采用缓冲隔离带、隔声屏障、封闭式厂房等技术手段降低工厂噪声对敏感区域的干扰。

10.3　私密性问题

人们生活在各自的空间，互相之间需要私密性。例如，两户邻居家庭生活，既不应相互看到，也不应相互听到，否则不仅尴尬，还容易产生矛盾。建筑师对视线私密性相对比较重视，一般在平面图纸上就可以清楚分辨，但是，对于听觉私密性往往不

那么一目了然，必须具有一定建筑声学专业基础。

建筑隔声是私密性的根本保障。因传递机理的不同，隔声分为两大类：一类是空气声隔声。所谓空气声，指的是声源发出声音后，先是经过空气传播，再撞击结构构件引起构件振动，之后再向另一空间辐射声音的传递过程，例如说话声、电视声等即属于空气声。另一类是撞击声隔声。撞击声是指，声源直接撞击结构构件引起振动，振动再向另一空间辐射形成声音传递过程，例如楼上的脚步声、孩子跑跳声、拖拽家具滑动声等。

10.3.1　住宅私密性问题

住宅墙体、楼板隔声不良问题较为普遍。居住在单元房的人们，很多人有过听到楼上活动声音的经历，甚至有的造成邻里之间矛盾冲突。若干年前曾有一个相声说，楼下住一个老人，楼上住一个年轻人，年轻人每天晚上床睡觉前"咣咣"扔两下皮鞋，害得楼下老人总睡不好觉。有一天，年轻人扔完一只皮鞋后，良心发现，将另一只皮鞋轻轻地放下，结果，老人为了等他第二下扔皮鞋的声音，一夜未眠。相声谴责了年轻人缺乏邻里公德意识，同时也反映了楼板撞击声隔声不良的实情。如果楼板隔声好，年轻人扔皮鞋也就无所谓了。

目前，为了保护耕地，已经禁止使用黏土砖（俗称红机砖），转而较多采用新型的轻质隔墙。墙体越轻，空气声隔声性能越差，轻质砌块、轻质条板等，常常造成隔声不良问题。根据隔声的质量定律，单层匀质构件，材料面密度越大，空气声隔声性能越好。因此，建筑设计中最好采用承重墙作为分户墙，有利于保证户与户之间具有较高的隔声效果。楼板的撞击声隔声问题更为普遍，混凝土楼板隔绝脚步声、跑跳声、拖拽家具等撞击声的能力差，加之房间面积变大，也就是楼板面积大，楼板更容易振动，楼板隔声问题相当突出。提高楼板撞击声隔绝的常见方法有楼板面层做法和浮筑楼板做法两种。在卧室

或起居室内铺设木地板（实木地板或复合地板均可），减缓了冲击强度，能够提高楼板撞击声隔声的效果。另一种是浮筑楼板做法，在原光裸楼板上铺设一层弹性减振垫，再在减振垫上浇筑混凝土层，形成了浮筑结构。由于弹性垫层与其上压负的厚重混凝土板形成了减振系统，弹性垫层弹性越好，楼板撞击声隔声效果也越好。

10.3.2　旅馆客房私密性问题

旅馆客房不隔声是一件很令人烦恼的事，无论是听到隔壁的声音或被隔壁听到声音，旅客们大都会提出抗议。

为了降低荷载并争取使用面积，旅馆客房隔墙多采用既轻又薄的轻质隔断墙，如轻钢龙骨纸面石膏板墙等。采用合理的声学构造，轻质隔断墙能够达到满足要求的隔声性能。但是，空气声隔声不仅取决于隔墙的隔声量，还受到缝隙漏声的严重影响。客房隔墙上对穿的电源插座、内嵌的衣帽柜等不当设计，虽不透光但会透声，造成墙体隔声效果不良。尤其是采用玻璃幕墙的旅馆，由于幕墙与楼板尽端，或幕墙与隔墙尽端不可能紧密贴合，存在空隙，形成漏声，造成相邻两室隔声不良，这时必须对缝隙进行合理的密封处理。

旅馆客房大多采用地毯，减轻了上层对楼板形成的冲击，因此，撞击声问题相对不明显。近年来，为了方便清扫打理，一些快捷酒店、宜家型酒店采用了瓷砖地面，撞击声问题要比采用地毯的客房大。

10.3.3　办公室私密性问题

对于独立办公室，分隔墙的隔声性决定了两室之间的私密性。除了墙体直接传声途径外，有时会存在由侧向绕射传递过来的侧向传声。例如，送回风管道干管同时连接了若干办公室，粗大的管道形成的串声，打电话隔壁可以听到一清二楚，常常令

人烦恼；还有，办公室隔墙未砌筑到结构顶棚，仅是砌到装修吊顶，上面留有暖通空调和电器设备的空间，视觉上相邻办公室是分立的，但是在声学上吊顶空间却是联通的，声音会从一个房间通过吊顶的上空传递到另一个房间。

开敞式办公室较为流行，这种设计既能够节省空间，又能促进雇员间的相互沟通合作，同时提高了调整工位布局的灵活性。职工们在开敞式办公室各自的小方格里，普遍的抱怨是缺乏声音的私密性。人们专心工作需要安静，需要免于被打扰，另外还需要正常的语言私密性，即交谈（如打电话）既不要干扰到别人，最好也不要被别人听到讲话内容。通过合理的声学设计，能够保证开敞办公室具有较好的语言私密性。吸声吊顶是最常采用的声学手段，这样可以防止声音经顶棚反射传到房间的远处，从而导致远处的人们分散注意力。

10.4　三境界

建筑声学同时具有很强的理论性和实践性。声学的理论深、广度大，而且牵扯的建筑因素繁多而复杂。就建筑类的学习者而言，建筑声学知识的掌握可分为三个层次，或者说是三种境界，分别是：防范问题、主动营造和精品创作。

10.4.1　防范问题

建筑声学问题隐含在建筑设计、材料运用、施工控制等全建筑营建周期内，如果毫无控制，难免会出现各种不尽人意之处。而且，一旦建成后暴露出声学问题，受到建筑美观、施工条件、成本造价等制约，改造起来绝非易事。

建筑设计人员是防范出现声学问题的关键，只有掌握了建筑声学基础知识，才能在建筑设计阶段

合理地运用声学原理，将问题消除于无形。许多设计师忽视了建筑声学的学习，往往建成完工过后出现了严重的声学问题，才被倒逼去了解一些声学知识，这样就太被动了。

10.4.2 主动营造

除了防范潜在的问题以外，设计师还可以进一步运用声学原理，提升建筑声学环境的品质，甚至艺术性。以饮食作比喻，无毒害是对食物的最基本要求，再进一步应是食物有更多的营养。就像一日三餐一样，声环境与我们朝夕相处，高品质的声环境会潜移默化地影响着人们的层次。

例如，清华大学 2014 年营建了 600 座的清芬园教师餐厅，为了降低用餐期间的嘈杂声，设计师在顶面和墙面上布置了白色砂岩吸声材料，利用砂粒间无数微小孔隙吸收声能。不但装饰典雅美观，而且用餐嘈杂声从将近 80 dB 降低到 55 dB 左右，语言交流毫无困难。不同背景的教授们在餐厅偶遇，同座畅聊，可能会迸发出更多的思想火花。

主动营造更高品质的声环境应成为设计师的追求之一。我国的民用建筑建设量很大，而建筑声环境重视多有不足，品质普遍不高，尚有很大的提升空间，如：影院、礼堂、报告厅、多功能厅、教室、会议室、博物馆、展览馆、办公室、营业厅、接待室、拍卖厅、候车（机）室、审判庭、餐厅、图书馆、画廊、健身中心、购物中心、酒店大堂、病房、等等。建筑设计师有必要掌握更多的建筑声学知识，

在这些民用建筑的营建工程中，更多地结合和运用声学原理，提升空间的声环境品质。

10.4.3 精品创作

音乐厅、大剧院等观演建筑往往成为当地的地标式建筑，是建筑中的精品。精品创作不仅体现在建筑视觉和空间感觉上，还体现在声学效果上，尤其是音乐厅、剧院、甚至影院，听觉效果在某种程度上占据着更大的分量。建筑师不可能像复制乐器那样一模一样地复制维也纳金色大厅或波士顿交响音乐厅的建筑，但是建筑声学技术可以在不同的建筑形式下再现出世界顶级厅堂的声音效果，这就需要在建筑营造过程中，严格地遵循建筑声学原理，同时也对建筑设计师也提出了更高的建筑声学知识掌握程度的要求。

建筑声学进入"美"的范畴后，既是技术，也是艺术。如果不遵循建筑声学的原理，如体量、体型、比例、材料等，不可能获得声学效果上的精品。这就要求精品建筑设计师必须较深入地、全面地掌握建筑声学知识。但是，在艺术层面，影响美的因素太多了，现代声学原理尚不能完全覆盖。也就是说即便完全按照声学原理建造的音乐厅或剧院也不见得能够达到世界顶级厅堂的声学效果。美的创造，需要悟性，需要经验，需要众多因素的正向机缘。只有深谙建筑声学原理，并具有丰富实践经验的建筑师，再加上些许好运，才能创造出声学精品，流芳百世。

第11章 Chapter 11 Acoustic Principle
声学的基本原理

11.1 声音与传播

11.1.1 声音的产生

物理上讲，物体的振动产生了"声"，声的传播形成"音"。辐射声音的振动物体称之为"声源"。

从人的角度来讲，物体振动扰动空气，空气的气压波动传递到人耳，声音的感觉产生。例如，有人敲门，门的振动通过空气传播开来，我们就听到敲门声了。同理，脚步声的产生是脚和地面振动引起的，说话是声带振动引起的，音乐是乐器振动引起的，除了耳鸣这类纯感觉引起的声音以外，自然界的声音全部源于振动及其传播。

大部分声音都是物体机械运动产生的，但也有例外。当空气流动速度突然改变时，也会产生声音，例如刮风，因风速不均匀而形成噪声，或是空调出风口，不平顺的气流产生噪声。

11.1.2 传播

声音在空气中的传播是一种波动现象，波动传播与其他运动传播不同，介质不传动，只有介质中的波在动。想象一湾平静的水面，一粒石投入当中，可见圆圈状的涟漪不断扩散，如果仔细去看这圈扩散的波纹，水并未流动，仅是水波在动。

空气中的声波是对空气质点的扰动引起的。由于物体振动或气流变化使附近的空气质点受迫扰动，原本处于安静平衡态的空气质点就会沿着振动激发的方向，挤压临近的空气，空气有弹性，会反弹，质点就像弹簧振子一样在平衡位置来回运动，从而在空气中产生了疏密变化，空气质点间相互接近而挤压时，就出现正压，相互远离而张拉时，就产生负压，空气质点本身不传播，但是由于分子之间的碰撞作用，压力变化传播开来，就像水波纹，形成传播的声波。需要说明的是，所谓平衡态的空气质点，并不是绝对静止的，而是存在无规热运动，即温度现象，或存在有序的流动，即气流现象，声音所引起的空气质点振动是叠加在其热运动或流动上的，因此声音的传播或多或少受到温度和气流速度的影响。

与固体不同，空气分子之间是非刚性的，黏滞性很小，分子之间碰撞引起的运动基本上是对心的，同轴的，因此只存在压缩作用，而没有剪切作用，声波中质点的振动方向与声传播方向是平行的，这种波被称作纵波。理论上，空气中只存在纵波。在水中，或固体物中，除了有纵波外，还有质点振动方向垂直于传播方向的波动，称之为横波，例如水面的涟漪，传播沿水面展开，而上下起伏的振动则是与水面垂直的。在地震中，同时存在横波和纵波，且纵波速度快于横波。在震中附近，震源在地面下方，上下颠簸的纵波先到，所以首先感到房屋会上下振动，之后横波再到达，紧接着就感到左右的晃动了；在远离震中的地区，震源相对位于地平面方向而非地下，纵波是沿地面传来的，纵波先到，因此会首先感到左右晃动，之后才感到横波的上下颠簸。

11.1.3 频率、波长与声速

1）声速

在空气中，声速随温度增高而增大，关系为：

$$c=331.4\sqrt{1+\dfrac{\theta}{273}}\quad \text{m/s}\qquad（11\text{-}1）$$

式中 θ——空气温度，℃。

可得：空气：0℃，331 m/s；空气：15℃，340 m/s；空气：25℃，346 m/s。

固体和液体中的声速要比空气中快，0℃时如下。

松木：3 320 m/s；软木：300 m/s；钢：5 000 m/s；水：1 450 m/s；

铜：3 750 m/s；铝：5 000 m/s；大理石：3 800 m/s；玻璃：5 440 m/s。

2）频率

声音传播过程中，空气质点在平衡位置来回振动，一个往复称作一个周期，记作 T。一个周期中，空气质点从平衡位置运动到正向极大位置，之后返回平衡位置，再运动到负向极大位置，最终回到平衡位置，完成一次循环，再之后，又越过平衡位置，进行另一个周期的循环，周而复始。从质点运动速度考察，在通过平衡位置时，运动速度达到最大，而在离开平衡位置的极限处，运动速度为零。这一过程与钟摆是一样的。最大的振动速度称作速度振幅，而离开平衡位置的最大偏移量称作位移振幅。一秒钟内空气质点来回振动的周期次数，称作频率，记作 f，单位是赫兹（Hz），是以伟大的德国物理学

家赫兹（Heinrich Hertz 1857—1894）来命名的，他是世界上第一个发出并接收到电磁波的人。

频率是周期的倒数，有：

$$f=\dfrac{1}{T}\quad \text{Hz}\qquad（11\text{-}2）$$

频率是建筑声学中至关重要的概念之一，无论建筑材料，还是房间，其声学特性和频率有很大关系，频率不同时，特性也不同。

人们对声波频率的感知定义了音调的概念。说一个人唱歌"跑调了"，其内在的物理涵义是，唱者声音的频率偏离了歌曲的正确频率。频率低的声音形成低音的感觉，频率高的声音形成高音的感觉。通常情况下，男声比女声的频率低，音调低。

正常青年人听力频率范围是 20 Hz~20k Hz（1 k=1 000）。一般认为，500 Hz 以下为低频，500 Hz~2 kHz 为中频，2k Hz 以上为高频。语言的频率范围主要集中在中频。人耳听觉敏感度由于频率的不同有所不同，频率越低或越高时敏感度变差，也就是说，强度同样大小的声音，中频听起来要比低频和高频的声音响。

表示声音频率与能量关系的图谱称为频谱。自然界中几乎任何的声音都包含了不止一个或若干个单频率的纯音，而是包含了连续频率的声音。例如，人的讲话声包含了从差不多 100 Hz 到 5k Hz 的连续频率的声音。男人讲话的频谱能量峰值在 400 Hz 左右，而女人在 500 Hz 左右。

3）波长

声速 c 是介质的自身属性，只与介质的弹性（即受到扰动后恢复原状的能力）、密度（即单位体积质量）、温度（即分子无规热运动的剧烈程度）等三个量有关。空气中，温度恒定情况下，声速不变。不同频率的声音，也就是质点振动周期不同的声音，一个周期内，声音传播的距离也是不一样的。我们定义，一个周期 T 内，声音传播的距离被称作波长，记作 λ（m）。在一个振动周期内，声音所传播的距

离即是其波长。声速 c、波长 λ 和频率 f 有如下关系:

$$\lambda = c \cdot T$$

或
$$\lambda = \frac{c}{f} \quad \mathrm{m} \qquad (11\text{-}3)$$

例如,钢琴上,中音 C 的频率是 261.63 Hz,在空气中,其波长大约为 1.3 m。假如在水中传播,水的声速是 1 450 m/s;其波长将是 5.5 m,如果在混凝土中(声速约 3 000 m/s),波长约 11.5 m。

同一介质中,频率越高,波长就越短。通常室温下空气中的声速为 340 m/s($\theta = 15 \,^{\circ}\mathrm{C}$),100 Hz~4k Hz 的声音波长范围在 3.4 m 至 8.5 cm 之间。

在通常的声学测量中,不是逐个测量声音的频率,这样做工作量太大,有时也没有必要如此精细,而是将声音的频率范围划分成若干个区段,称为"频带"。每个频带有一个下界频率 f_1 和上界频率 f_2,而 $\Delta f = f_2 - f_1$(Hz)称为"频带宽度",简称"带宽";f_1 和 f_2 的几何平均称为频带中心频率 f_c,$f_c = \sqrt{f_1 \cdot f_2}$。

11.1.4 声波的绕射、反射、散射与折射

声波从声源出发,在同一个介质中按一定方向传播,在某一时刻,波动所到达的各点包络面称为波阵面。波阵面为平面的称为平面波,波阵面为球面的称为球面波。由一点声源辐射的声波就是球面波,但在离声源足够远的局部范围内也可以近似地把它看作平面波。矩阵排列的点声源,若发出的声波具有相同的相位,也可以近似看作是平面波。例如,一个人讲话,或飞机在天上飞过,都差不多可以看成是球面波。而体育场馆中由多只同相位发声的喇叭组成的"线阵列"扬声器,则可看作是平面波。

人们常用"声线"表示声波传播的途径。在各向同性的介质中,声线是直线且与波阵面相垂直。

1)声波的绕射

当声波在传播过程中遇到一块有小孔的无限大障板时,如孔的尺度(直径 d)与波长 λ 相比为很

小(即 $d \ll \lambda$),见图 11-1(a),孔处的质点可近似地看作一个集中的新声源,产生新的球面波。它与原来的波形无关。当孔的尺度比波长大得多时(即 $d \gg \lambda$),见图 11-1(b),则新的波形较复杂。

从图 11-2(a、b)的两个例子可以看出,当传播途径中遇到单边障板,或小障板时,声波因阻挡而无法直线传播,而是从板边缘绕到障板的背后,改变了原来的传播方向,在它的背后继续传播,这种现象称为绕射。绕射也可称为衍射,是波动特有的物理现象。如果不存在绕射,声音将像光线一样被障碍物切断,而在其后留下阴影。实际上,光也是波动,依然存在绕射,只不过光的波长极短,只有几十到几百纳米,绕射现象在宏观大尺度上表达的不显现而已。如果把声音看成虚拟光,障碍物背后出现的阴影区,称为声影区。绕射现象使声波可以传播到声影区。声源的频率越低,波长越长,绕射现象越明显。

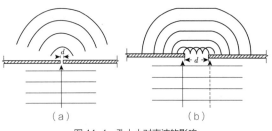

图 11-1 孔大小对声波的影响
(a)小孔对声波的影响;(b)大孔对声波的影响

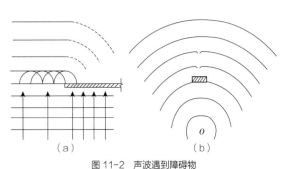

图 11-2 声波遇到障碍物
(a)声波的绕射;(b)小障板对声波的影响

2）声波的定向反射

当声波在传播过程中遇到一块尺寸比波长大得多的平面障板时，声波将出现定向反射，如图11-3所示。定向反射遵循镜面反射定律，在反射法线（界面的反射点处，与界面垂直的虚拟线）两侧，反射角等于入射角。这种现象很像镜子对光线的反射。反射发生时，反射的声音好像是从声源在反射面对称点发出的，这一对称点成为虚声源。在剧场、音乐厅等声学设计中，常常采用虚声源方法分析顶棚或侧墙的反射声分布情况。

北京天坛的回音壁现象，即是声音反射产生的。当一个人站在墙边讲话是，声音会沿着弧形墙面不断反射，因此远处墙边的人可以听到更多的声音，感觉就像在旁边讲话一样。如果站在位于回音壁圆心的三音石位置上击掌，可听到三声回音，其原因也是墙面反射声音多次经过圆心点的缘故。另外，山西运城普救寺的莺莺塔，当面对塔击打石块时，就会听到一连串的回声，类似蛙鸣，称为蛙鸣现象。其原理就是各层塔沿反射声音的缘故。内蒙古赤峰巴林右旗的辽庆州白塔、河南白马寺东南角的齐云塔也有类似的现象。

音乐厅厅中，为了更好地将演奏的声音反射到观众席，或回馈给演奏者以获得更好的演出效果，常常在演奏台上方悬挂反射板。反射板的尺寸必须足够大，要至少比被反射声音的波长大5倍。如果需要反射500 Hz以上频率的声音，反射板的尺寸应至少要3 m×3 m。

定向反射，即设计的反射面能使一定方向来的入射声波反射到指定的方向上，这通常是设计成一定几何形状的反射面，一般是平面。只要反射面的尺度比声波波长大得多，就可以按几何反射定律来设计反射面。

图11-4和图11-5是使用反射板的工程示例，反射板的形状有方块形的也有圆形的，在实际设计中的大小及材料、吸声系数、角度和弧度都是需要计算机进行模拟的，只有科学的设计才能够达到声学的效果。

图11-4 中央电视台1号演播大厅顶部的反射板（兼做遮阳）

图11-5 利用大面积装饰板提供声音反射的美国迈阿密海岸新世界音乐厅

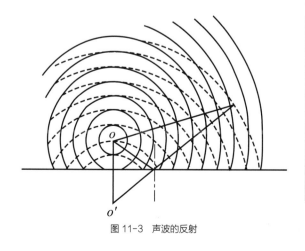

图11-3 声波的反射

3）声波的散射和扩散

当声波传播过程中遇到障碍物的起伏尺寸与波长大小接近或更小时，将不会形成定向反射，而是声能散播在空间中，这种现象称为散射，或扩散，如图 11-6 所示。类似于光线照射到一大块玻璃板上，如果玻璃非常光滑，会像一面镜子一样反射光线，但是，如果用砂纸打磨玻璃，使玻璃表面形成不规则的细小起伏，就成了乌玻璃，光线不再有确定的反射方向，而是四面八方的散射开来（图 11-6）。

扩散反射，即无论声波从哪一个方向入射到界面上，反射声波均向各个方向反射。如果反射面表面是无规则随机起伏的，并且起伏的尺度和入射声波波长相当，就可以起到扩散反射的作用。在古典剧院中墙面上起伏的雕像、柱饰、包厢，就起到了这种作用（图 11-7）。如果表面不规则起伏的尺度和声波波长相比很小时（小于波长的 1/5，一般就认为很小），声波的反射仍然满足几何反射定律，而不会形成扩散。

有时因为建筑造型或美观的考虑，不能把扩散面设计成无规则的起伏，但是，为了散射声音，可以设计成有一定规则的起伏，或者平面的墙上安装起伏的扩散体，如图 11-8 所示。

4) 声波的折射

像光通过棱镜会弯曲，介质条件发生某些改变时，虽不足以引起反射，但声速发生了变化，声波传播方向会改变。除了声速因材料或介质不同而改变，在同样介质中温度改变也会引起声速改变。这种由声速引起的声传播方向改变称之为折射。

室外温度改变会产生声音折射。因为声音在温暖的空气中传播速度较快，声波向温度低的一面弯曲（图 11-9）。例如，在炎热夏天的下午，地面被晒热，大气温度随着海拔的增加而降低。这种情况下，靠近地面的声源产生的声波向上弯曲并远离地面上的听者，降低了所听到声音的声压级。大气温度的作用在与声源的距离一般超过 60 m 以后才会变得明

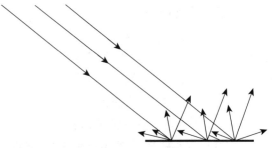

图 11-6　声波的散射

图 11-7　法国巴黎歌剧院中巴洛克式的浮雕墙面起到扩散作用

图 11-8　中国国家大剧院演播录音室扩散体墙面

显。在夜里或清晨，地面迅速冷却下来，大气温度梯度是相反的，接近地面的气温比高空中的冷。这种情况下，声波向地面弯曲。如果地面为反射表面，声波沿传播方向跳跃式传播，比想象传得远。这种情况下，在平静的湖边，对着水面说话，湖对面的人能听得很清楚。

声波也会随风产生类似的弯曲，顺风传播时，可以传的比期望的远，逆风传播时，会产生阴影区。

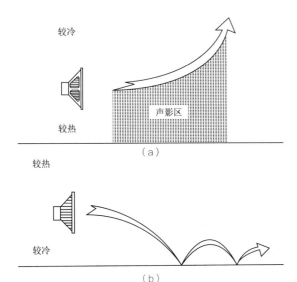

图 11-9 室外温度改变声音折射
（a）随高度的增加而气温降低时的折射；
（b）随高度的增加而气温上升时的折射

11.1.5 干涉与驻波

在同一媒质中传播的两列波，在某个区域内相交后，仍保持各自原有的特性（频率、传播方向等），继续传播，不受另一波的影响。但在相交区域的质点同时参加两个波的振动，质点的振动是两个波振动的合振动，这就是波的叠加原理。

当具有相同频率且相位差固定的两个波源所发出的波相遇叠加时，在波重叠的区域内某些点处，振动始终彼此加强，而在另一些位置，振动始终互相削弱或抵消，这种现象叫作波的干涉。

当两列相同的波在同一直线上相向传播时，叠加后产生的波称之为驻波。

例如，没有任何陈设的空房间中，击掌发声，会产生一种嗡嗡的声音，这是平行墙面之间驻波所引起的。在山东曲阜孔庙中，有一口孔家水井，南北向拍水井的栏杆，就会有嗡嗡的颤动声，这是两个平行的围栏柱子引起的。这种有趣的声音，吸引了很多游人拍打水井栏杆，柱头被大家拍得十分光滑。

下面以平面波垂直入射到全反射的壁面时，入射波与反射波的叠加来说明驻波现象。

当疏密波向前传播时，周期变化的压力波（瞬时声压）也向前传播，见图 11-10（a）。遇到全反射的壁面，在壁面处，入射波与反射波的声压是相等的。反射波可以看作是从虚声源同时发出的波，它与入射波的波形总是关于反射面的对称图形。因此，不论哪一时刻，距离反射表面 L 处，入射波与反射波声压的叠加等于同一列波相距 $2L$ 的两点声压的叠加。图 11-10（b）、（c）表示两个不同时刻的波形叠加。

同一列波，相距总为半波长奇数倍的两点的瞬时声压，大小相等，符号相反，叠加结果声压振幅总为零，因此当 L 符合如下条件时声压最小：

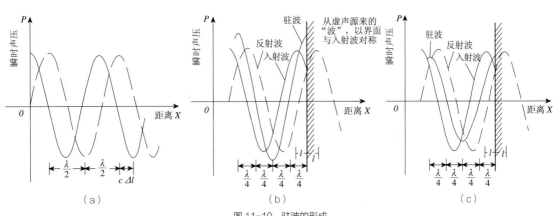

图 11-10 驻波的形成

$$2L=(2n+1)\frac{\lambda}{2}$$

式中 $n=0$，1，2，3，…

这些声压最小的地方称为"波节"。

同一列波中相距为半波长的偶数倍的两点瞬时声压大小相等、符号相同，叠加结果声压最大，等于每一单独波的两倍，L 符合如下条件：

$$2L=2n\left(\frac{\lambda}{2}\right)$$

即 $2L=n\cdot\lambda$

式中 $n=0$，1，2，3，…

这些声压最大的地方称为"波腹"。从图 11-10（b、c）可见，发生驻波时，波形没有传播，波腹和波节的位置总是不变的。在反射表面即是波腹，波节挨着波腹，相距 $\lambda/4$。相邻两波腹的间距为 $\lambda/2$，所以若在两个相距 L 的平行墙面之间产生驻波，两墙表面都是波腹，须符合以下条件：

$$L=n\cdot\frac{\lambda}{2}\qquad(n\text{ 为正整数})$$

若以频率表示，即

$$f=\frac{c}{\lambda}=\frac{nc}{2L}\qquad(n\text{ 为正整数})$$

也就是说，只有满足上述关系的频率才形成驻波。

11.2 声音的计量

声波具有能量，其大小可用物理量计量。

11.2.1 声功率、声强和声压

1）声功率 W

声源辐射声波时对外做功。声功率是指声源在单位时间内向外辐射的声能，记为 W，单位为瓦（W）或微瓦（μW，10^{-6}W）。声源声功率有时是指在某

个有限频率范围所辐射的声功率（通常称为频带声功率），此时需注明所指的频率范围。

声功率不应与声源的其他功率相混淆。例如扩声系统中所用的放大器的电功率通常是几百瓦以至上千瓦，但扬声器的效率很低，它辐射的声功率可能只有零点几瓦。电功率是声源的输入功率，而声功率是声源的输出功率。

在声环境设计中，声源辐射的声功率大都认为不因环境条件的不同而改变，把它看作是属于声源本身的一种特性。表 11-1 中列出了几种声源的声功率。一般人讲话的声功率是很小的，稍微提高嗓音时约 50 μW；即使 100 万人同时讲话，也只是相当于一个 50 W 电灯泡的功率。歌唱演员的声功率一般约为 300 μW，但水平高的艺术家则达 5 000 ～ 10 000 μW。由于声功率的限制，在面积较大的厅堂内，往往需要用扩声系统来放大声音。如何合理地充分利用有限的声功率，这是室内声学的主要内容，将在后续章节中着重讨论。

表 11-1   几种不同声源的声功率

声源种类	声功率
喷气飞机	10 000 W
气锤	1 W
汽车	0.1 W
钢琴	2 000 μW
女高音	1 000~7 200 μW
普通对话	20 μW

2）声强 I

声强是衡量声波在传播过程中声音强弱的物理量。声场中某一点的声强，是指在单位时间内，该点处垂直于声波传播方向的单位面积上所通过的声能，记为 I，单位是 W/m^2。

$$I=\frac{\mathrm{d}W}{\mathrm{d}S}\quad\text{W/m}^2\qquad(11\text{-}4)$$

式中　dS——声能所通过的面积，m²；

　　　dW——单位时间内通过 dS 的声能，W。

在无反射声波的自由场中，点声源发出的球面波，均匀地向四周辐射声能。因此，距声源中心为 r 的球面上的声强为：

$$I=\frac{W}{4\pi \cdot r^2} \quad W/m^2 \qquad (11-5)$$

因此，对于球面波，声强与点声源的声功率成正比，而与到声源的距离平方成反比，见图 11-11（a）。

对于平面波，声线互相平行，同一束声能通过与声源距离不同的表面时，声能没有聚集或离散，即与距离无关，所以声强不变，见图 11-11（b）。例如指向性极强的大型扬声器就是利用这一原理进行设计的，其声音可传播十几千米远。

以上现象均指声音在无损耗、无衰减的介质中传播的。实际上，声波在一般介质中传播时，声能总是有损耗的。声音的频率越高，损耗也越大。

实际工作中，指定方向的声强难以测量，通常是测出声压，通过计算求出声强和声功率。

3）声压 p

所谓声压，是指介质中有声波传播时，介质中的压强相对于无声波时介质静压强的改变量，所以

声压的单位就是压强的单位，即牛 / 米²（N/m²），或帕（Pa）。任一点的声压都是随时间而不断变化的，每一瞬间的声压称瞬时声压，某段时间内瞬时声压的均方根值称为有效声压。对于简谐波，有效声压等于瞬时声压的最大值除以 $\sqrt{2}$，即：

$$p=\frac{p_{max}}{\sqrt{2}} \quad N/m^2 \qquad (11-6)$$

如未说明，通常所指的声压即为有效声压。

声压与声强有着密切的关系。在自由声场中，某处的声强与该处声压的平方成正比，而与介质密度与声速的乘积成反比，即：

$$I=\frac{p^2}{\rho_0 c} \qquad (11-7)$$

式中　p——有效声压，N/m²；

　　　ρ_0——空气密度，kg/m³；

　　　c——空气中的声速，m/s。

　　　$\rho_0 c$——空气的介质特性阻抗，在 20℃ 时，其值为 415（N·s)/m³。

因此，在自由声场中测得声压和已知距声源的距离，就不难算出声强以及声源声功率。

4）声能密度 E

声强为 I 的平面波，在单位面积上每秒传播的距离为 c，则在这一空间中声能密度为：

$$D=\frac{I}{c} \qquad (11-8)$$

式中　D——声能密度，(W·s)/m³ 或 J/m³；

　　　c——声速，m/s。

声能密度只描述单位体积内声能的强度，与声波的传播方向无关，应用于反射声来自各个方向的室内声场时，最为方便。

11.2.2　声压级、声强级、声功率级及其叠加

如前所述，在有足够的声强与声压的条件下，

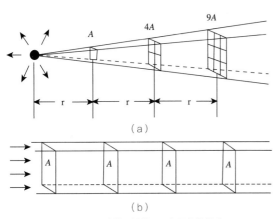

图 11-11　声能通过的面积与距离的关系
（a）球面波；（b）平面波

能引起正常人耳听觉的频率范围约为 20~20 000 Hz。对频率 1 000 Hz 的声音，人耳刚能听见的下限声强为 10^{-12} W/m²，相应的声压为 $2×10^{-5}$ N/m²；使人感到疼痛的上限声强为 1 W/m²，相应的声压为 20 N/m²。可以看出，人耳的容许声强范围为 1 万亿倍，声压相差也达 100 万倍。同时，声强与声压的变化范围与人耳感觉的变化也不是成正比的，而是近似的与它们的对数值成正比，这时人们引入了"级"的概念。

1）级的概念与声压级

所谓级是做相对比较的无量纲量。如声压以 10 倍为一级划分，从闻阈到痛阈可划分为 10^0，10^1，10^2，10^3，10^4，10^5，10^6，共 7 级。声压比值写成 10^n 形式时，级值就是 n 的数值。但又嫌过少，所以以 20 倍之，这时声压级的变化为 0~120。即：

$$L_p = 20\lg\frac{p}{p_0} \quad \text{dB} \qquad (11\text{-}9)$$

式中　L_p——声压级，dB；

　　　　p——某点的声压，N/m²；

　　　　p_0——参考声压，以 $2×10^{-5}$ N/m² 为参考值。

从上式可以看出：声压变化 10 倍，相当于声压级变化 20 dB；声压变化 100 倍，相当于声压级变化 40 dB；声压变化 1 000 倍，则相当于声压级变化 60 dB。

2）声强级

声强级则是以 10^{-12} W/m² 为参考值，任一声强与其比值的对数乘以 10 记为声强级 L_I，即：

$$L_I = 10\lg\frac{I}{I_0} \quad \text{dB} \qquad (11\text{-}10)$$

式中　L_I——声强级，dB；

　　　　I——某点的声强，W/m²；

　　　　I_0——参考声强，10^{-12} W/m²。

在自由声场中，当空气的介质特性阻抗 $\rho_0 c$ 等于 400 (N·s)/m³ 时，声强级与声压级在数值上相等。

因在常温下，空气的 $\rho_0 c$ 近似为 400，通常可认为二者的数值相等。

表 11-2 中列举了声强值、声压值和它们所对应的声强级、声压级以及与其相应的声环境。

表 11-2　声强、声压与对应的声强级（或声压级）以及相应的环境

声强 (W/m²)	声压 (N/m²)	声强级或声压级 (dB)	相应的环境
10^2	200	140	离喷气机口 3 m 处
1	20	120	疼痛阈
10^{-1}	$2×\sqrt{10}$	110	风动铆钉机旁
10^{-2}	2	100	织布机旁
10^{-4}	$2×10^{-1}$	80	距离高速公路 20 m
10^{-6}	$2×10^{-2}$	60	相距 1 m 处交谈
10^{-8}	$2×10^{-3}$	40	安静的室内
10^{-10}	$2×10^{-4}$	20	极为安静的乡村夜晚
10^{-12}	$2×10^{-5}$	0	人耳最低可闻阈

3）声功率级

声功率以"级"表示便是声功率级，单位也是分贝（dB）。即：

$$L_W = 10\lg\frac{W}{W_0} \quad \text{dB} \qquad (11\text{-}11)$$

式中　L_W——声功率级，dB；

　　　　W——某声源的声功率，W；

　　　　W_0——参考声功率，10^{-12} W。

声强级、声压级、声功率级是无量纲的量，只是相对比较的值，其数值的大小与所规定的参考值有关。

4）声级的叠加

当几个不同的声源同时作用于某一点时，若不考虑干涉效应，该点的总声能密度是各个声能密度的代数和，即：

$$E = E_1 + E_2 + \cdots + E_n \quad \text{W/m}^2 \qquad (11\text{-}12)$$

而它们的总声压（有效声压）是各声压的方根值，即：

$$p=\sqrt{p_1{}^2+p_2{}^2+\cdots+p_n{}^2} \quad \text{N/m}^2 \qquad （11\text{-}13）$$

声压级叠加时，不能进行简单的算术相加，而要求按对数运算规律进行。例如，n 个声压相等的声音，每个声压级为 $20\lg\dfrac{p}{p_0}$，它的总声压级并不是

$$n20\lg\dfrac{p}{p_0}$$

而应为：

$$L_p= 20\lg\dfrac{\sqrt{n}p}{p_0} =20\lg\dfrac{p}{p_0}+10\lg n \quad \text{dB}（11\text{-}14）$$

从上式可以看出，两个数值相等的声压级叠加时，只比原来增加 3 dB，而不是增加 1 倍，如 100 dB 加 100 dB 只是 103 dB，而不是 200 dB。这一结论同样适用于声能密度与声功率级的叠加。

多个声压级 L_{p1}、L_{p2}、$\cdots$、L_{pn} 叠加的总声压级为：

$$L_p= 10\lg(10^{\frac{L_{p1}}{10}}+10^{\frac{L_{p2}}{10}}+\cdots+10^{\frac{L_{pn}}{10}}) \quad \text{dB} \qquad （11\text{-}15）$$

由于对数运算的原因，如果两个声压级差超过 10 dB，则附加值将不超过大的声压级 1 dB，小的声压级基本可以略去不计。

【例题 11-1】 测得某机器的噪声频带声压级如下：

倍频程的中心频率（Hz）	63	125	250	500	1 000	2 000	4 000	8 000
声压级（dB）	90	95	100	93	82	75	70	70

试求上述 8 个倍频程的总声压级。

【解】

$$L_p= 10\lg(10^{\frac{90}{10}}+10^{\frac{95}{10}}+10^{\frac{100}{10}}+10^{\frac{93}{10}}$$
$$+10^{\frac{82}{10}}+10^{\frac{75}{10}}+10^{\frac{70}{10}}+10^{\frac{70}{10}}) \approx102 \quad \text{dB}$$

【例题 11-2】 10 个同样的声压级叠加后，其总声压级为多少？

【解】

$$L_p= 10\lg(10^{\frac{L_{p1}}{10}}+10^{\frac{L_{p2}}{10}}+\cdots+10^{\frac{L_{p10}}{10}})$$
$$= 10\lg\left(10 \cdot 10^{\frac{L_{p1}}{10}}\right)=L_{p1}+10\lg10=L_{p1}+10 \quad \text{dB}$$

即 10 个同样声压级叠加后，其总声压级为单个值再加 10 dB。

11.2.3　频谱

表征声音的物理量除声压级与频率外，还有各个频率的声压级的综合量，即声音的频谱。频谱通常用以频率为横坐标、声压级为纵坐标的频谱图表示。一个单一频率的简谐声信号，又称纯音，其频谱图是一根在其频率标度处的竖线，竖线的高度表示其强度的声压级值。由频率离散的若干个简谐分量复合而成的声音称为复音，如管弦乐器发出的声音。其频谱图中，每个简谐分量对应着一条竖线，构成线状谱（图 11-12）。复音音调的高低取决于频率最低的那个分量，称为"基音"，其频率称为"基频"。机器设备发出的噪声，一般不能用离散的简谐分量的叠加来表示，而是包含着连续的频率成分，表示为连续谱（图 11-13）。

在通常的声学测量中将声音的频率范围分成若干个频带，以便于工作。精度要求高时，频带带宽可以窄；允许简单测量时，可以将频带带宽放宽。

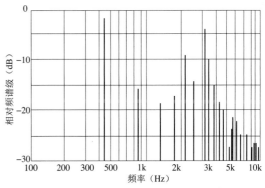

图 11-12　基频为 440 Hz 的小提琴频谱图

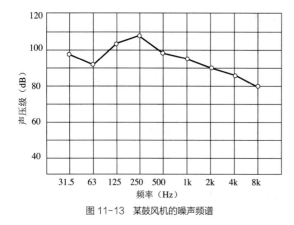

图 11-13 某鼓风机的噪声频谱

式中 n 为正整数或分数。$n=1$，称为一个倍频程；$n=1/3$，称为 1/3 倍频程。一个倍频程相当于音乐上一个"八度音"。某个频带的宽度若为一个倍频程，则此频带上界频率 f_2 是其下界频率 f_1 的 2 倍，即 $f_2=f_1$；若频带宽度是 1/3 倍频程，则 $f_2=2^{1/3} \cdot f_1$。

例如，琴键的低音 A 的频率是 220 Hz，中音 A 是 440 Hz，而高音 A 是 880 Hz，从低音到高音是两个八度音，而其频率比则为 $\frac{880}{220}=2^2$。我们称这两个频率相差两个倍频程。

以频程数都相等划分频带，就是在频率坐标轴用对数标度时作等距离的划分。以间距为一个倍频程将声频频率划分成若干频带，称为倍频带；若间距为 1/3 倍频程，则称为 1/3 倍频带。这两种频带划分是建筑声学中最常用的。前者用于一般工程性测量，后者用于较高精度的实验室测量。在指明了频带的划分方式后，各个频带通常用其中心频率 f_c 来表示。国际标准化组织 ISO 和我国国家标准，在声频范围内对倍频带和 1/3 倍频带的划分已作了标准化的规定，见表 11-3。

在建筑声学中，频带划分的方式通常不是在线性标度的频率轴上等距离地划分频带，而是以各频带的频程数 n 都相等来划分。频程 n 用下式表示：

$$n=10\log_2\left(\frac{f_2}{f_1}\right) \tag{11-16a}$$

即：
$$\frac{f_2}{f_1}=2^n \tag{11-16b}$$

表 11-3 倍频带和 1/3 倍频带的划分（Hz）

倍频带		1/3 倍频带		倍频带		1/3 倍频带	
中心频率	截至频率	中心频率	截至频率	中心频率	截至频率	中心频率	截至频率
16	11.2~22.4	12.5	11.2~14.1	1 000	710~1 400	800	710~900
		16	14.1~17.8			1 000	900~1 120
		20	17.8~22.4			1 250	1 120~1 400
31.5	22.4~45	25	22.4~28	2 000	1 400~2 800	1 600	1 400~1 800
		31.5	28~35.5			2 000	1 800~2 240
		40	35.5~45			2 600	2 240~2 800
63	45~90	50	45~56	4 000	2 800~5 600	3 150	2 800~3 550
		63	56~71			4 000	3 550~4 500
		80	71~90			5 000	4 500~5 600
125	90~180	100	90~112	8 000	5 600~11 200	6 300	5 600~7 100
		125	112~140			8 000	7 100~9 000
		160	140~180			10 000	9 000~11 200
250	180~355	200	180~224	16 000	11 200~22 400	12 500	11 200~14 100
		250	224~280			16 000	14 100~17 800
		315	280~355			20 000	17 800~22 400
500	355~710	400	355~450				
		500	450~560				
		630	560~710				

对于连续谱的噪声，在某个频带范围内，其强度用频带声压级表示。将各个频带的频带声压级用直方图或用中心频率与频带声压级值的坐标点的连线（折线）表示，得到频带声压级谱。若频带是倍频带，得到倍频带谱；频带是 1/3 倍频带，得到 1/3 倍频带谱。前面图 11-13 是一个倍频带谱的示例。

11.3　声源的指向性

声源在自由场中辐射声音时，声音强度分布情况的一个重要特性为指向性。

当声源的尺度比波长小得多时，可以看作无方向性的"点声源"，在距声源中心等距离处的声压级相等。当声源的尺度与波长相差不多或更大时，它就不是点声源，可看成由许多点声源组成，叠加后各方向的辐射就不一样，因而具有指向性，在距声源中心等距离的不同方向的空间位置处的声压级不相等。声源尺寸比波长大得越多，指向性就越强。实际上，人头部和扬声器与低频波长相比是小的，这种情况下可以看作是点声源，但对高频声就不能视为点声源，而具有较明显的指向性。通常用极坐标图来表示声源的指向性。在极坐标图中，同一曲线上的各点，具有相等的声压级。图 11-14 是人说话时的指向性图，从图中可知，频率越高指向性越强。指向性越强，则直达声声能越集中于声源辐射轴线附近。因此，厅堂形状的设计，扬声器的布置，都要考虑声源的指向性。

11.4　听觉机构

在噪声控制和厅堂音质设计中，人耳是声波最终的接收者。人耳可以分成 3 个主要部分：外耳、中耳与内耳。声波通过人耳转化成听觉神经纤维中

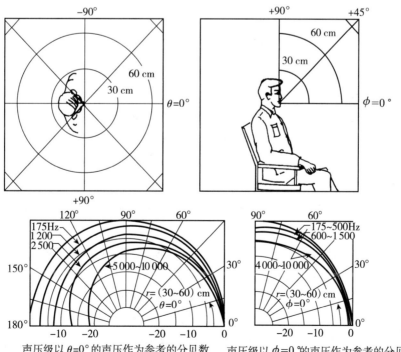

图 11-14　人说话时的指向性图案

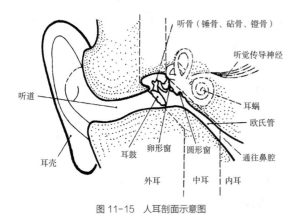

图 11-15 人耳剖面示意图

的神经脉冲信号,传到人脑中的听觉中枢,引起听觉。图 11-15 是人耳剖面示意图。

11.4.1 外耳

由耳壳与听道构成,到耳鼓为止。外耳像个倒置传声的喇叭口,有聚拢声音的作用,如果我们头上没有外耳,我们周围多数的声音会听不到。耳壳的作用是使听道和声音之间阻抗匹配,从而让更多的声能进入耳道,这种匹配作用在 800 Hz 左右最佳,在高频也有效,在低于 400 Hz 时匹配作用就差了。

耳道大约 25~30 mm 长,直径 5~7 mm,共振频率约为 2 000~3 000 Hz。因此,这是我们最敏感的频率范围。实际上,外耳对这一范围的声音有放大作用。这样既有优点又有缺点,优点是 2 000~3 000 Hz 频率范围是人类语言频率的上限,在我们发出的辅音中占主导地位,可以帮助我们彼此交流。缺点是我们在衰老时,这一频率范围存在最先失去听觉敏感性的趋势,使交流更困难。暴露在高声压级中,会使这一频率范围内的听觉敏感性受到损伤,从而失去听觉。声波通过听道作用于耳鼓,耳鼓在声波激发下振动。

11.4.2 中耳

声波继续前行,带动耳鼓膜振动,进入中耳。耳鼓膜振动由中耳室空腔中三块小骨(称为听骨)继续传递。锤骨、砧骨和镫骨(医学界分别称为锤骨、砧骨和镫骨)将耳鼓膜的振动传到卵圆窗,卵圆窗是内耳的入口。关于中耳功能有一点值得说明,这三块骨头的作用是调整音量使其适合内耳器官。也就是说,如果声压级很高,连接这些骨头的肌肉使它们分开,减少进入内耳的声音强度。对于脉冲声,这种反射是无效的,因为这一类型声音发生的速度远大于器官自我保护反应的速度。

中耳室内充满空气,体积约 2 cm^3。中耳室通过欧氏管和鼻腔相连,平常欧氏管封闭。当欧氏管打开时,可以形成一个沟通耳腔和口鼻腔的大气通道,用以宣泄耳腔中压强的剧增。中耳室内侧壁上有内耳的两个开口:卵形窗和圆形窗,圆形窗有膜封闭。卵形窗被镫骨的底板和联系韧带封闭。两个窗口内侧就是充满液体的内耳耳蜗。

中耳的作用就是通过听骨的运动把外耳的空气振动和内耳中的液体运动有效地耦合起来。此外,听骨一方面起了传递声能的作用,另一方面又能限制传至卵形窗过大的运动,起一定的保护作用。

11.4.3 内耳

内耳的主要组成部分是耳蜗。声音经过听小骨传递到达卵圆窗,将引起卵圆窗的振动。充满液体的螺旋形耳蜗随后产生波动,类似于海洋的波动。耳蜗内排列着微小的、毛发似的细胞,在液体中波动。这些毛细胞的波动,将机械能转换成电能,并将这些电信号传送至听觉神经。听觉神经将来自全部毛细胞的电信号传送至大脑,并在大脑中进行处理,进而理解为声音。整个听觉过程仅用毫秒即可完成。

耳蜗的外形有点像蜗牛壳,它围绕着一骨质中轴盘旋了 $2\frac{3}{4}$ 转,展开长度约 35 mm。中轴是中空的,是神经纤维的通道。耳蜗中间有骨质层和基底膜把它隔成两半:前庭阶和耳鼓阶。前庭阶和耳鼓阶内充满淋巴液,听骨的振动通过卵形窗,使淋巴液运动,引起基底膜振动。沿着基底膜附着有柯氏螺旋器管,这个器官上有大量的神经末梢元——毛细胞，它们在液体作用下变形，形成神经脉冲信号，通过听觉传导神经传到大脑听觉中枢。在较强声压的作用下，毛细胞会因为拉伸应力而疲劳以至损坏，这种损坏是不能恢复的。

11.4.4　骨传导

声音除了从外耳和中耳这一途径传到内耳外，还可以通过颅骨的振动使内耳液体运动，这一传导途径叫骨传导。颅骨的振动可以由振动源直接引起，也可以由极强声压的声波引起的，此外也可由身体组织和骨骼结构把身体其他部分受到的振动传到颅骨。通常空气中声波的声压级超过空气传导途径的听阈60 dB 时，就能由骨传导途径听到。所以，骨传导的存在有时就会使外耳防护器的防噪作用受到限制。

另外，自己听到自己讲话的声音与别人听到自己讲话的声音是有差别的，自己口腔发出声音后，有一部分低频成分，直接通过骨传到进入听觉系统，因此，自己听到的声音更加低沉，这就是为什么听录音机里录下自己的声音好像变了一个人似的。

11.5　听觉范围

11.5.1　最高和最低的可听频率极限

不同的人能听到的最高频率范围是变化很大的。人的最高可听极限与所听声音的响度大小有关系。一般青年人可以听到 20 000 Hz 的声音，而中年人只能听到 12 000 Hz 至 16 000 Hz。可听频率的下限通常是 20 Hz，但是随着人的衰老，可听频率的下限也在不断升高，以至于中老年人对低频声音变得不敏感，这也是他们不再像年轻时代那样更加容易陶醉于重低音享受的原因之一。

11.5.2　最小与最大的可听声压级极限

人耳可接收的声音的响度变化范围是极大的。人耳最小的可听极限的测试值与测试方法有关。在建筑声学中通常用最低自由场可听阈 MAF 表示，即在自由场中，以纯音作信号，听者面对声源，双耳听闻，声压值在听者进入前，在听者头部中心位置处测定。不同频率的 MAF 值构成一条可听曲线。一般正常的青年人在中频附近的最小可听极限大致相当于参考压强为 2×10^{-5} N/m^2 的零分贝。一个人最小可听极限的提高意味着听觉灵敏度的降低。

人耳最大的可听极限当然不能通过破坏性试验来确定，但通过因极强的声音事故致聋人员的调查，可以作出统计判断。在强声级的作用下，人耳会有不舒服以致疼痛的感觉，各个人能容忍的声压级上限与其噪声暴露的经历有关。未经过强声级的人，极限为 125 dB；有经常处于强噪声环境中经历的人，可达 135~140 dB；通常，声压级在 120 dB 左右，人就会感到不舒服；130 dB 左右耳内将有痒的感觉；达到 140 dB 时耳内会感到疼痛；当声压级继续升高，会造成耳内出血，甚至听觉机构损坏。图 11-16 中绘出正常青年人最小自由场可听阈、烦恼阈和疼痛阈的一组测试结果。

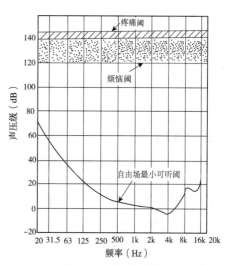

图 11-16　人耳的听觉范围

表 11-4　强度差阈最小可辨别的声压级差（dB）

声压级高于听阈的 dB 数	纯音频率 f（Hz）							白噪声
	35	70	200	1 000	4 000	7 000	10 000	
5			4.75	3.03	2.48	4.05	4.72	1.80
10	7.24	4.22	3.44	2.35	1.70	2.83	3.34	1.20
20	4.31	2.38	1.93	1.46	0.97	1.49	1.70	0.47
30	2.72	1.54	1.24	1.00	0.68	0.90	1.10	0.44
40	1.76	1.04	0.86	0.72	0.49	0.68	0.86	0.42
50		0.75	0.68	0.53	0.41	0.61	0.75	0.41
60		0.61	0.53	0.11	0.29	0.53	0.68	0.41
70		0.67	0.45	0.33	0.25	0.49	0.61	
80			0.41	0.29	0.25	0.45	0.57	
90			0.41	0.29	0.21	0.41		
100				0.29	0.21			
110				0.25				

宇航员为了确保能够承受航天器冲破大气层时高速摩擦导致的高声级噪声，训练科目之一即有在 135 dB（A）以上的高强度噪声环境下的耐受训练。

11.5.3　最小可辨阈（差阈）

对于频率在 50~10 000 Hz 之间的任何纯音，在声压级超过可听阈 50 dB 时，人耳大约可分辨 1 dB 的声压级变化。在理想的隔声室中，用耳机提供声音时，在中频范围，人耳可察觉到 0.3 dB 的声压级变化。表 11-4 给出了一组试验结果。

当频率约为 1 000 Hz 而声压级超过 40 dB 时，人耳能觉察到的频率变化范围约为 0.3%；声压级相同，但频率低于 1 000 Hz 时，人耳能觉察到 3 Hz 的变化。

11.6　哈斯效应

哈斯（Haas）效应反映在人耳听觉特性的两个方面，一是听觉暂留，一是声像定位。

看电影、电视的连续图像所利用的是人眼的视觉暂留现象一样，同样，人耳也有听觉暂留现象。

人对声音的感觉在声音消失后会暂留一小段时间，如果到达人耳的两个声音的时间间隔小于 50 ms，那么就不会觉得声音是断续的。在室内，顶棚、地面、墙壁都会反射来自声源的声音，声源到接收点之间直线最短，人们首先听到的是直达声，然后陆续听到一系列延迟的反射声，直达声到达后 50 ms 以内到达的反射声在听觉上有加强直达声的作用，而直达声到达后 50 ms 后到达的"强"反射声会使人感到声音出现了断续，好像出现了另外的声源，产生"回声"现象。剧场声学设计中回声是一种严重的声缺陷。

在多声源发声内容相同的情况下，人耳对声像定位的判断，即判断声源的方向，并非完全按照声源所产生声音的大小进行感知，而主要是根据"第一次到达"的声音的方向来确定，即声音方向由距离最近的声源决定，即使这个声源所形成的声压级并不一定很大。单声源发声时，房间中的声反射可形成逻辑上的多个虚声源，但是，直达声总是最先到达的，因此人们听到声源的方向总是和发声声源一致。剧场演出时，多扬声器的情况下，需要考虑"声像定位"的问题，一般情况是，主扬声器位于台口上方用于提供主要声能，辅助扬声器位于台口两侧偏下的位置，因辅助扬声器距离观众更近，主要用于"拉声像"作用，使观众感觉声源来自舞台上。

11.7　掩蔽效应

人耳对一个声音的听觉灵敏度因另外一个声音的存在而降低的现象叫作掩蔽效应。身边最明显的现象在安静的环境下，可以听到钟表的"滴答"声，而在吵闹的场合，如餐馆、交通干线旁、轰鸣的机器边等，往往很难听到。同样，类似于人眼也存在掩蔽效应，如部队在崇山峻岭中行进，穿着的绿军装或迷彩服起到了蒙蔽敌人视线的作用。但是，如果是在茫茫的雪原上作战，为了更好地隐蔽，就需要穿着白色的斗篷了。再有一种被称为变色龙的蜥蜴，可以根据所处的环境改变自己身体的颜色，使其在杂乱无章树林中或草地上看起来不那么显眼，以逃避猛禽的猎杀。

一个声音高于另一个声音 10 dB，声压级小的声音对声压级大的声音的掩蔽效应就很小，可以忽略不计。一般说来，掩蔽的特点是频率相近的声音掩蔽较显著，掩蔽声的声压级越大掩蔽效果越强。低频声对高频声的掩蔽作用大，高频声则难于完全掩蔽低频声。例如，在交响乐队中，具有高频特性的小提琴比较容易被低频成分大的管乐器所掩蔽。

可以使用容易令人接受的声音，掩蔽那些令人烦恼的声音。在酒店大堂中，播放的悠扬音乐声可以掩蔽从远处传来的别人之间的交谈声，降低因听到对方讲话的而造成的互相干扰。某居住区紧邻繁忙的交通干线，通过设置一喷泉，利用人们比较习惯的落水声掩蔽交通噪声。

11.8　听觉定位与全景声

人耳的一个重要特性是能够判断声源的方向和远近。人耳确定声源远近的准确度较差，而确定方向相当准确。听觉定位特性是由双耳听闻而得到的，由声源发出的声波到达两耳，可以产生时间差和强度差。

通常情况下，当频率高于 1 400 Hz 时，强度差起主要作用，例如夏季的蚊子在人们头边飞旋，发出的高频声波因距离不同到达两耳的强度差异较大，因此人们非常容易听声定位；而低于 1 400 Hz 时则时间差起主要作用，例如电话铃声，一般在 440 Hz 左右，因到达人耳的时间差没有太大差异，常常使我们听到电视内的电话铃误以为是家里来了电话。

人耳对声源方位的辨别在水平方向比竖直方向要好。在声源处于正前方（即水平方位角 0°），一个正常听觉的人在安静无回声的环境中，可辨别 1°～3°的方位变化；在水平角 0°～60°范围内，人耳有良好的方位辨别能力；超过 60°迅速变差，但可以通过摆动头部而大大改善。双耳定位能力有助于人们在存在背景噪声的情况下倾听所注意的声音。

传统多音轨录制的立体声，利用各音轨声音播放到达人耳双耳不同的时间差和强度差，形成声源定位的听觉效果，故被称为立体声。但是，实践证明，这种录音方式的回放时声音的环绕效果并不能令人满意。第一，越好的立体声效果就需要越多的音轨，而更多音轨的录制既不方便，也不容易。例如录制火车远去或鸟儿飞过，常见为双轨左右声道录音，或四传声器的四轨录音，再加多传声器的数量变得难于实现。

近年，出现一种新型的录音格式，音轨中不但记录了声源的音频数据流，同时还记录了声源相对于听者的位置信息，这样就将声源对象化了。比如，会议室中同时有 4 个人相互交谈，与传统录音方式将 4 个人声混在一起记录不同，对象化录音中，每个人声单独记录在对应的一个音轨上，同时记录这个人的位置信息。回放时，由计算机根据音频数据和位置数据，计算出每一对象音轨到达听者双耳的声音强度和时间延迟，之后再将所有对象的声音合成在一起，那么，听者就听到了如置身于现场的、极为真切的全方位声音了。甚至即便声源在移动，通过这种方式计算合成的声音也可以全图景地再现移动的声音。因此，使用对象音轨录音方式回放的声音被称作全景声。

全景声技术除了对象化音轨录音和计算合成回

放以外，更为重要的，或者说更关键的环节是回放系统。回放系统中主要包括影院的建筑声学环境和电子回放系统（多扬声器系统）。电子回放系统采用多只扬声器进行回放，每只扬声器发出声音不但有直达声，还有房间形成的混响声。到达听者左右耳的声音是全部扬声器直达声及其混响声的和。为了在听者处真实地还原全景声，电子回放系统会根据扬声器的布置位置及房间的建筑声学环境反算出每只扬声器发出声音的强度及相位，由此，多只扬声器同时发声时，人耳处就听到了带有位置信息的立体声音了。

如果建筑声学环境不良，如存在混响过长、强反射声、长延时反射声（回声）、低频共振等，电子回放系统的计算将出现误差，甚至出现错误，全景声的还原效果也将大打折扣。

11.9 等响曲线与 A 声级

强度相等而频率不同的两个纯音（指只具有单一频率的声音）听起来并不一样响；两个频率和声压级都不同的声音，有时听起来可能会一样响；声音的强度加倍，听起来响度并不加倍。可见，主观感受与客观物理量的关系并非简单地成线形关系。为了定量地确定某一声音使人的听觉器官产生多响的感觉，最简单的办法是把它和另一个标准声音比较测定。如果某一声音与已选定的 1 000 Hz 的纯音听起来同样响，这个 1 000 Hz 纯音的声压级值就定义为待测声音的"响度级"。响度级的单位是方（phon）。对一系列的纯音都用标准音来做上述比较，可得到如图 11-17 所示的纯音等响曲线。这是根据对大量健康的人的试验统计结果，由国际标准化组织（ISO）于 1959 年确定的。图中同一条曲线上的各点所表示的不同频率的纯音虽然具有不同的声压级，但人们听起来却一样响，即同一条曲线上的各点，具有相等的响度级。例如：声压级为 50 dB 的 1 000 Hz 纯音，和声压级为 72 dB 的 50 Hz 纯音是等响的，响度级都是 50 方。从等响曲线可知，人耳对 2 000~5 000 Hz 的声音特别敏感，对频率越低的声音越不敏感。图中最下面一条曲线为可闻阈，表示刚能使人听到声音的界限；最上面一条曲线为疼痛阈，表示使人产生疼痛感觉的界限。所以，人耳能感受的声压级几乎全部在这两条曲线所包括的范围内。

对于复合声，不能直接使用纯音等响曲线，其响度级需通过计算求得。目前在测量声音响度级时使用的仪器为"声级计"，读数称为"声级"，单位是分贝（dB）。在声级计中设有 A、B、C 三个计权网络，这三种计权网络是大致参考某几条等响曲线而设计的，它们的频率特性如图 11-18 所示，可以看出，它们与响应的曲线是倒置的关系。A 网络参考 40 方等响曲线，对 500 Hz 以下的声音有较大的衰减，以模拟人

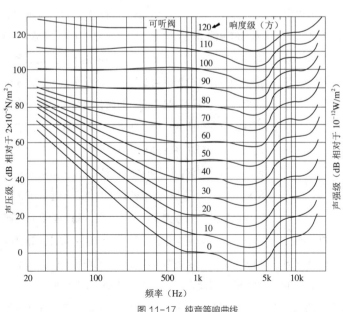

图 11-17 纯音等响曲线

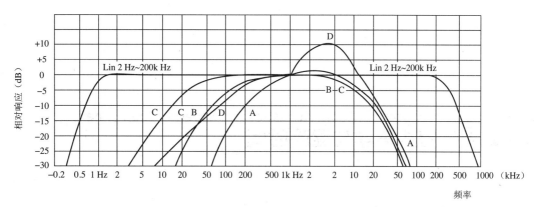

图 11-18　A、B、C、D 计权网络

耳对低频不敏感的特性。C 网络具有接近线形的较平坦的特性，在整个可听范围内几乎不衰减，以模拟人耳对 85 方以上纯音的响应，因此它可代表总声压级。B 网络介于两者之间，对低频有一定的衰减，模拟人耳对 70 方纯音的响应。有些测量仪器上还有 D 声级，它是用来测量航空噪声的。

用声级计的不同网络测得的声级，分别记作 dB（A）、dB（B）、dB（C）和 dB（D）。通常人耳对不太强的声音的感觉特性与 40 方的等响曲线很接近，因此在音频范围内进行测量时，多使用 A 网络。

从计权网络的特性可知，如果分别用声级计的 A、B、C 三档测量某一声音所得的声级相近，可知它的主要频率成分是中高频；如果 dB（A）小于 dB（B），dB（B）又小于 dB（C），则低频成分是主要的；如果 dB（B）等于 dB（C），它们又大于 dB（A），则中频成分是主要的。

思考题与习题

1. 用锤敲击钢轨，假使环境是非常安静的，在沿线上距此 1 km 处收听者耳朵贴近钢轨可听到两个声音。试求这两个声音到达的时间间隔。

2. 如果要求影院最后一排观众听到来自银幕的声音和画面的时间差不大于 100 ms，那么观众厅的最大长度应不超过多少米？

3. 试证明在自由场中，$L_p = L_w - 20\lg r - 11$，式中 L_w 为声源的声功率级，L_p 为距离声源 r 米处的声压级。

4. 验证中心频率为 250 Hz、500 Hz、1 000 Hz、2 000 Hz 倍频带和 1/3 倍频带的上界和下界频率。

5. 已知某次声压级测量结果：315 Hz、400 Hz、500 Hz、630 Hz、800 Hz 的 1/3 倍频带声压级分别为 76 dB、82 dB、86 dB、79 dB、77 dB，请问 500 Hz 倍频带的声压级为多少？

6. 要求距离广场上的扬声器 40 m 远处的直达声声压级不小于 80 dB，若把扬声器看作是点声源，它的声功率至少应为多少？声功率级是多少？

第12章 Chapter 12 Room Acoustics and Reverberation Time
室内声学与混响时间

12.1　室内声学

在建筑声学中，很多情况涉及声波在一个封闭空间内（如剧院观众厅、教室、播音室等）传播的问题，这时，声波传播将受到封闭空间的各个界面（墙壁、顶棚、地面等）的约束，形成一个比在自由空间（如露天）要复杂得多的"声场"。这种声场具有一些特有的声学现象，如在距声源同样远处要比露天响一些；又如，在室内，当声源停止发声后，声音不会像在室外那样立即消失，而要持续一段时间。这些现象对听音有很大影响。

12.1.1　室内声场

先研究一下室外，这相当于室内的声源发出声音未出现首次反射之前的情况。当某一声源发生的声波，以球面波的形式连续向外传播，随着接收点与声源距离的增加，声能迅速衰减。在无反射面的空中，声压级的计算遵循以下公式：

$$L_p = L_w + 10 \lg \frac{1}{4\pi r^2} \quad \text{dB} \qquad （12\text{-}1）$$

式中　L_p——空间某点的声压级，dB；

　　　L_w——声源的声功率级，dB；

　　　r——测点与声源的距离，m。

上式也可改写为

$$L_p = L_w - 20 \lg r - 11 \quad \text{dB} \qquad （12\text{-}2）$$

在这种情况下，声源发出的声能无阻挡地向远处传播，接收点的声能密度与声源距离的平方成反比，即距离每增加1倍衰减6 dB，性质极为单纯。

对于存在地面反射的情况，如图12-1所示，上式也可改写为

$$L_p = L_w - 20 \lg r - 8 \quad \text{dB} \qquad （12\text{-}3）$$

在室内情况下，如剧院的观众厅、体育馆、教室、播音室等封闭空间内，声波在传播时将受到封闭空间各个界面（墙壁、顶棚、地面等）的反射与吸收，声波相互重叠形成复杂声场，即室内声场，并引起一系列特有的声学特性。

室内声场的显著特点是：

1）距声源有一定距离的接收点上，声能密度比在自由声场中要大，常不随距离的平方衰减。

2）声源在停止发声以后，在一定的时间里，声

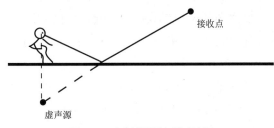

图 12-1　存在地面反射时的虚声源

场中还存在着来自各个界面的迟到的反射声，产生所谓"混响现象"。

此外，由于与房间的共振，引起室内声音某些频率的加强或减弱；由于室的形状和内装修材料的布置，形成回声、颤动回声及其他各种特异现象，产生一系列复杂问题。如何控制室的形状及吸声——反射材料的分布，使室内具有良好的声环境，是室内声学设计的主要目的。

忽略声音的波动性质，以几何学的方法分析声音能量的传播、反射、扩散的叫作"几何声学"。与此相对，着眼于声音波动性的分析方法叫作"波动声学"或"物理声学"。

在实际房间中讨论室内声场波动特性时，四周有墙，上下有顶棚和地面，形状和性质各异，问题则相当复杂。然而，房间尺寸比波长大得多时，即便墙很复杂，用几何声学分析声场也会简单化，且可忽略声音的波动性质。由此，大多室内声学的实际问题可通过几何声学辅助处理。

对于室内声场的分析，用波动声学的方法只能解决体型简单、频率较低的较为单纯的情况。在实际的大厅里，其界面的形状和性质复杂多变，用波动声学的方法分析十分困难。但是在一个比波长大得多的室内空间中，如果忽略声音的波动性，用几何学的方法分析，其结果就会十分简单明了。因此在解决室内声学的多数实际问题中，常常用几何学的方法，就是几何声学的方法。

几何声学的方法就是把与声波的波阵面相垂直的直线作为声音的传播方向和路径，称为"声线"。声线与反射性的平面相遇，产生反射声。反射声的方向遵循入射角等于反射角的原理。用这种方法可以简单和形象地分析出许多室内声学现象，如直达声与反射声的传播路径、反射声的延迟，以及声波的聚焦、发散等。

图 12-2 是声音在室内传播的图形。从图中可以看到，对于一个听者，接收到的不仅有直达声，而且还有陆续到达的来自顶棚、地面以及墙面的反射声，

它们有的是经过一次反射到达听者的，有的则是经过二次甚至多次反射到达的。图 12-3 表示在房间内可能出现的四种声音反射的典型例子。图中 A 与 B 均为平面反射，所不同的是离声源近者 A，由于入射角变化较大，反射声线发散大；离声源远者 B，各入射线近于平行，反射声线的方向也接近一致。C 与 D 是两种反射效果截然不同的曲面，凸曲面 C 使声线束扩散，凹曲面 D 则使声音集中于一个区域，形成声音的聚焦。

直达声以及反射声的分布，即反射声在空间的分布与时间上的分布，对音质有着极大的影响。利用几何作图方法，可以将各个界面对声音反射的情况进行一定程度的分析，但由于经过多次反射以后，声音的反射情况已经相当复杂，甚至接近无规则分布。因此，通常只着重研究一、二次反射声，并控制他们的分布情况，改善室内音质。

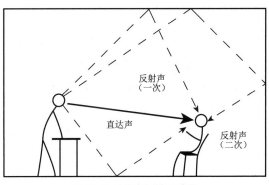

图 12-2　室内声音传播示意图

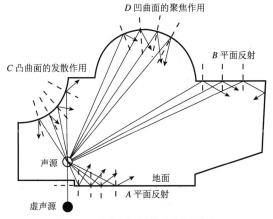

图 12-3　室内声音反射的几种典型情况

12.2　室内声音的增长、稳态与衰减

只有扩散声场，我们才能较方便地对室内声场特性进行求解。

所谓扩散，有两层含义：①声能密度在室内均匀分布，即在室内任一点上，其声能密度都相等。②在室内任一点上，来自各个方向的声能强度都相同。

基于上述假定，室内内表面上不论吸声材料位于何处，效果都不会改变；同样，声源与接收点不论在室内的什么位置，室内各点的声能密度也不会改变。

遗憾的是，自然界中根本没有理想的扩散声场存在。但是，可喜的是，大部分房间室内声场，与扩散声场是很接近的，我们可以利用扩散声场近似地求解一般房间的室内声学特性。扩散声场室内声音的增长、稳态和衰变过程可以用图 12-4 形象地表示出来，这一过程为指数曲线。图中实线表示室内表面反射很强的情况。此时，在声源发声后，很快就达到较高的声能密度并进入稳定状态；当声源停止发声，声音将比较慢的衰变下去。虚线与点虚线则表示室内表面的吸声量增加到不同程度时的情况。

此图的纵坐标是声能密度 D 的直线标度，衰变曲线就负指数曲线；如果纵坐标以分贝 dB 标度，则衰变曲线就呈直线，如图 12-5 所示。

图 12-5 是在室内实测所得的。曲线上有细微的起伏曲折是室内声场不完全扩散造成的。

12.3　混响和混响时间计算公式

12.3.1　赛宾的混响时间计算公式

混响和混响时间是室内声学中最为重要和最基本的概念。所谓混响，是指声源停止发声后，在声场中还存在着来自各个界面的迟到的反射声形成的声音"残留"现象。这种残留现象的长短以混响时间来表征。混响时间公认的定义是声能密度衰变 60 dB 所需的时间。建筑声学创始者，美国物理学家赛宾最早在 20 世纪 00 年代研究发现，混响时间与房间的容积成正比，与房间总吸声量成反比，并给出混响时间的计公式：

$$T=K \cdot \frac{V}{A} \quad \text{s} \qquad （12-4）$$

式中　T——混响时间，s；

　　　V——房间体积，m^3；

　　　A——室内的总吸声量，m^3；

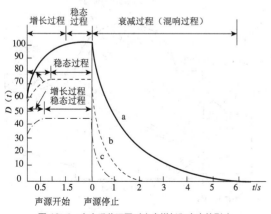

图 12-4　室内吸收不同对声音增长和衰变的影响

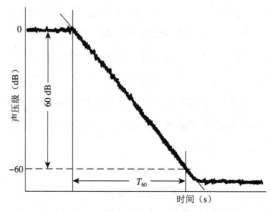

图 12-5　室内声能密度用 dB 标度的混响时间曲线

K——与声速有关的常数。$K=\dfrac{24}{clge}=\dfrac{55.26}{c}$，一般取 0.161。

上式称为赛宾（Sabine）公式。式中，A 是室内的总吸声量，是室内总表面积与其平均吸声系数的乘积。室内表面常是由多种不同材料构成的，如每种材料的吸声系数为 α_i，对应表面积为 S_i，则总吸声量 $A=\sum S_i\alpha_i$。如果室内还有家具（如桌、椅）或人等难于确定表面积的物体，如果每个物体的吸声量为 A_j，则室内的总吸声量为：

$$A=\sum S_i\alpha_i+\sum A_j$$

上式也可写成：

$$A=S\bar{\alpha}+\sum A_j \tag{12-5}$$

式中 S——室内总表面积，m^2；

$$S=S_1+S_2+\cdots+S_n=\sum S_i$$

$\bar{\alpha}$——室内表面的平均吸声系数。

$$\bar{\alpha}=\frac{S_1\alpha_1+S_2\alpha_2+\cdots+S_n\alpha_n}{S_1+S_2+\cdots+S_n}=\frac{\sum S_i\alpha_i}{\sum S_i}=\frac{\sum S_i\alpha_i}{S} \tag{12-6}$$

12.3.2　依林的混响时间计算公式

在室内总吸声量较小、混响时间较长的情况下，根据赛宾的混响时间计算公式算出的数值与实测值相当一致。而在室内总吸声量较大、混响时间较短的情况下，计算值比实测值要长。在 $\bar{\alpha}=1$，即声能几乎被全部吸收的情况下，混响时间应当趋近于 0，而根据赛宾的计算公式，此时 T 并不趋近于 0，显然与实际不符。

依林提出了更为准确的混响时间计算公式：

$$T=\frac{KV}{-S\ln(1-\bar{\alpha})}\quad s \tag{12-7}$$

式中 V——房间的容积，m^3；

K——与声速有关的常数，一般取 0.161；

S——室内总表面积，m^2；

$\bar{\alpha}$——室内表面平均吸声系数。

在室内表面平均吸声系数较小（$\bar{\alpha}\leq 0.2$）时，

用赛宾公式与用依林公式可以得到相近的结果，在室内表面的平均吸声系数较大（$\bar{\alpha}>0.2$）时，用依林公式可以较为准确地计算室内的混响时间。

在计算室内混响时间时，为了求出各个频带的混响时间，需将各种材料在各个频带的无规入射吸声系数（见附录）代入公式。通常取 125，250，500，1 000，2 000，4 000 Hz 六个频带的吸声系数。需指出，在观众厅内，观众和座椅的吸收有两种计算方法：一种是观众或座椅的个数乘其单个的吸声量；另一种是按观众或座椅所占的面积乘以单位面积的相应吸声量。

12.3.3　依林—努特生混响时间计算公式

赛宾公式和依林公式只考虑了室内表面的吸收作用，对于频率较高的声音（一般为 2 000 Hz 以上），当房间较大时，在传播过程中，空气也将产生很大的吸收。这种吸收主要决定于空气的相对湿度，其次是温度的影响。表 12-1 为室温 20 ℃，相对湿度不同时测得的空气吸收系数。当计算中考虑空气吸收时，应将相应的吸收系数 $4m$ 乘以房间容积 V，得到空气吸收量，加到式分母中，最后得到：

$$T=\frac{KV}{-S\ln(1-\bar{\alpha})+4mV}\quad s \tag{12-8}$$

式中 V——房间容积，m^3；

S——室内总表面积，m^2；

$\bar{\alpha}$——室内平均吸声系数；

$4m$——空气吸收系数，为《声学 户外声传播衰减 第 1 部分：大气声吸收的计算》GB/T 17247.1—2000 中大气吸收衰减系数乘以 $\dfrac{4}{1000\cdot lge}$。科学常数 $e=2.71828$。

通常，将上述考虑空气吸收的混响时间计算公式称作"依林—努持生（Eyring-Knudsen）公式"。

表 12-1　空气吸收系数 $4\,m$ 值（室内温度 20 ℃）

频率 (Hz)	室内相对湿度			
	30%	40%	50%	60%
2 000	0.012	0.010	0.010	0.009
4 000	0.038	0.029	0.024	0.022
6 300	0.084	0.062	0.050	0.043

12.3.4　混响时间计算公式的适用范围

上述混响理论以及由此导出的混响时间计算公式，将复杂的室内声场处理得十分简单。其前提条件是：①声场是一个完整的空间；②声场是完全扩散的。由此，衰变曲线可用一个指数曲线描述。用 dB 尺度则衰变曲线是一条直线。但在实际的声场中，经常不能完全满足上述假定，衰变曲线也有不呈直线，混响时间难于以一个单值加以表示的情况。例如在室内的地面和顶棚是强吸声的、侧墙为强反射的情况下，上下方向的声波很快衰变，水平方向的反射声则衰变较慢，混响曲线出现曲折。类似的情况也可以在细长的隧洞、走廊及顶棚很低的大房间中出现。此外，在剧场中，观众厅与舞台成一个互相连通的耦合空间，如果声能在两个空间衰变率不同，也会出现衰变曲线形成曲折的情况。

在剧场、礼堂的观众厅中，观众席上的吸收一般要比墙面、顶棚大得多，有时为了消除回声，常常在后墙上做强吸声处理，使得室内吸声分布很不均匀，所以声场常常不是充分扩散声场。这是混响时间的计算值与实际值产生偏差的原因之一。

再有，代入公式的数值，主要是各种材料的吸声系数，一般选自各种资料或是自己测试所得到的结果，由于实验室与现场条件不同，吸声系数也有误差。最突出的是观众厅的吊顶，在实验室中是无法测定的，因为它的面积很大，后面空腔一般可达 3~5 m，甚至更大，实际上是一种大面积、大空腔的共振吸声结构，在现场也很难测出它的吸声系数。因为观众或座椅以及舞台的影响，存在几个未知数；同样，观众与座椅的吸收值也不是精确的。

综上所述，混响时间的计算与实际测量结果有一定的误差，但并不能以此否定其实用价值，因为这是我们分析声场最为简便、实效的计算方法。

引用参数的不准确性可以使计算产生一定误差，但这些是可以在施工中进行调整的，最终以达到设计目标值和观众是否满意为标准。因此，混响时间计算对"控制性"地指导材料的选择和布置，预测将来的效果和分析现有建筑的音质缺陷等，均有实际意义。

12.4　室内声压级计算与混响半径

通过对室内声压级的计算，可以预计所设计的大厅内能否达到满意的声压级，及声场分布是否均匀。如果采用电声系统，还可计算扬声器所需的功率。

12.4.1　室内声压级计算

当一点声源在室内发声时，假定声场充分扩散，则利用以下的稳态声压级公式计算离开声源不同距离处的声压级，即：

$$L_{\mathrm{p}} = L_{\mathrm{w}} + 10\,\lg\left(\frac{Q}{4\pi r^2} + \frac{4}{R}\right) \quad \mathrm{dB} \qquad (12\text{-}9)$$

式中　L_{w}——声源的声功率级，dB；

　　r——离开声源的距离，m；

　　Q——声源指向性因数；

　　R——房间常数，$R = \dfrac{S \cdot \bar{a}}{1 - \bar{a}}$，m²；

　　S——室内总表面积，m²；

　　$\bar{a}$——平均吸声系数，室内总吸声量除以室内总表面积

Q 是指向因数，当无指向性声源在完整的自由空间时，Q 等于 1；如果无指向性声源是贴在反射性墙面或顶棚（半个自由空间）时，以及在室内两面角（$\dfrac{1}{4}$ 自由空间）或三面角（$\dfrac{1}{8}$ 自由空间）时，Q 的具体数值可见图 12-6。

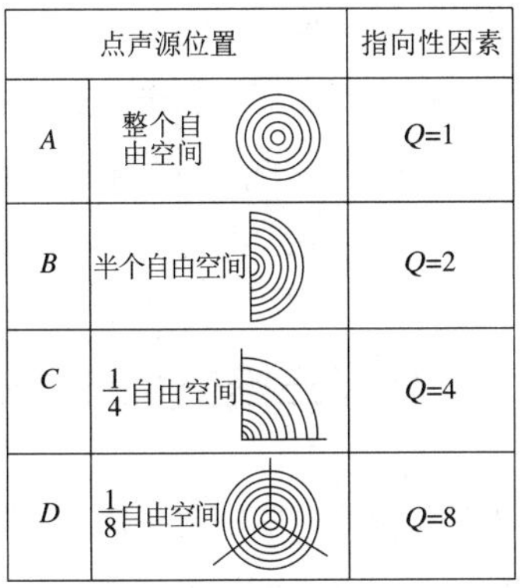

点声源位置		指向性因素
A	整个自由空间	Q=1
B	半个自由空间	Q=2
C	$\frac{1}{4}$自由空间	Q=4
D	$\frac{1}{8}$自由空间	Q=8

图 12-6　声源指向性因数

12.4.2　混响半径

根据室内稳态声压级的计算公式，室内的声能密度由两部分构成：第一部分是直达声，相当于 $\frac{Q}{4\pi r^2}$ 表述的部分；第二部分是扩散声（包括第一次及以后的反射声），即 $\frac{4}{R}$ 表述的部分。可以设想，在离声源较近处 $\frac{Q}{4\pi r^2} > \frac{4}{R}$，离声源较远处 $\frac{Q}{4\pi r^2} < \frac{4}{R}$，前者直达声大于扩散声，后者扩散声大于直达声。在直达声的声能密度与扩散声的声能密度相等处，距声源的距离称作"混响半径"，或称"临界半径"。此处：

$$\frac{Q}{4\pi r_0^2} = \frac{4}{R} \qquad （12-10）$$

式中　Q——声源的指向性因数；

r_0——混响半径，m；

R——房间常数，m^2。

上式可以转换为：

$$r_0 = 0.14\sqrt{QR} \qquad （12-11）$$

房间常数 R 越大，则室内吸声量越大，混响半径就越长；R 越小，则正好相反，混响半径就越短。这是室内声场的一个重要特性。当我们以加大房间的吸声量来降低室内噪声时，接收点若在混响半径 r_0 之内，由于接收的主要是声源的直达声，因而效果不大；如接收点在 r_0 之外，即远离声源时，接收的主要是扩散声，加大房间的吸声量，R 变大，4/R

变小，就有明显的减噪效果。

对于听者而言，要提高清晰度，就要求直达声较强，为此常采用指向性因数 Q 较大（Q=10 左右，有时更大）的电声扬声器。

混响半径由房间和声源指向性决定。在音乐厅中，吸声量少，例如，混响半径 5 m 左右。因此大部分听众处于扩散声的声场中，直达声相对小，音质感觉丰富而饱满。而在电影院中，吸声量大，而且扬声器强指向观众席区域，例如，其混响半径 20~30 m，几乎全部观众处于扬声器直达声的辐照下，混响声很少，这样可以保证听音的清晰度（电影的配音中已经加入需要的混响效果了，电影院混响声反而有害）。在工业厂房降噪中，在顶棚或墙壁上安装吸声材料，其降噪效果主要反映在混响半径以外的区域，在混响半径以内，直达声占主导地位，吸声降噪的效果就不明显，但可以通过加装屏障或隔声罩的方法降低直达声。当厂房内有多个分布声源时，任何一处都处于某个声源混响半径以内，房间内处处都是直达声占主导地位，这时采用吸声降噪的方法效果就微乎其微了。在欧洲一些教堂里，混响时间很长，可能达到 10 s 以上，语言清晰度很差，为了使听众听清演讲，坐席区分散安装了一些小型的辅助扬声器（如安装在柱子上），在其混响半径以内提供清晰度较高的直达声。

12.5　房间共振和共振频率

房间中，声音在各个界面之间往复反射，由于衍射效应，混叠的声波有可能在某些特定的频率上发生畸变，即由于房间对声音频率不同的"响应"，造成室内声能密度因声源发出声波频率不同而有强有弱。房间存在共振频率（也称"固有频率"或"简正频率"），声源的频率与房间的共振频率越接近，越容易引起房间的共振，该频率的声能密度也就越强。

12.5.1　两个平行墙面间的共振

在自由声场中有一面反射性的墙，一定频率的声音入射到此墙面上，产生反射，入射波与反射波形成"干涉"。即在入射波与反射波相位相同的位置上，振幅因相加而增大；在相位相反的位置上，振幅因相减而减小，形成了位置固定的波腹与波节，出现"驻波"。

在自由声场中有两个平行的墙面，在两个墙面之间，也可以维持驻波状态，即第二个墙面产生的驻波的波腹与波节与第一个墙面产生的驻波的波腹与波节在位置上重合，这样，在两墙之间就产生"共振"。

共振是产生在两个墙面之间的，即"轴向共振"。共振的频率取决于 $L=n\dfrac{\lambda}{2}$，L 为两墙的距离，n 为一系列正整数，每一个数对应一个波长为 λ 的"振动方式"，如图 12-7 所示。

轴向共振频率为：

$$f=\frac{c}{\lambda}=\frac{c}{2}\cdot\frac{n}{L}\quad\text{Hz}$$

式中　c——声速，一般为 340 m/s。

例如在露天中的一对墙面，相距 6 m，则在 $n=1$，2，3 三种振动方式的轴向共振频率分别为：

$$f_1=\frac{340}{2\times6}=28\text{ Hz}$$
$$f_2=2\times28=56\text{ Hz}$$
$$f_2=3\times28=84\text{ Hz}$$

可见，L 越大，最低共振频率亦越低。在矩形房间内三对平行表面上下、左右、前后之间，只要其距离为 $\dfrac{\lambda}{2}$ 的整数倍，就可以产生相应方向上的轴向共振，相应的轴向共振频率为 f_{n_x}，f_{n_y}，f_{n_z}。

12.5.2　二维和三维空间的共振

除了上述三个方向的轴向驻波外，声波还可在二维空间内出现驻波，即切向驻波（图 12-8），相应的共振频率为切向共振频率，可按下式计算：

$$f_{n_x,\,n_y}=\frac{c}{2}\sqrt{\left(\frac{n_x}{L_x}\right)^2+\left(\frac{n_y}{L_y}\right)^2}\quad\text{Hz}\quad（12-12）$$

式中　L_x，L_y——两对平行墙面的距离，m；

n_x，n_y——0，1，2，…，∞（$n_x=0$，$n_y=0$ 除外）。

上式中，若 n_x 或 n_y 中有一项为零，即是轴向共振的表达式。

在四个墙面两两平行，地面又与顶棚平行的房间中，除了上述的轴向与切向驻波之外，还会出现斜向的驻波（图 12-9）。这时房间共振的机会增加许多，斜向共振频率的计算公式为：

$$f_{n_x,\,n_y,\,n_z}=\frac{c}{2}\sqrt{\left(\frac{n_x}{L_x}\right)^2+\left(\frac{n_y}{L_y}\right)^2+\left(\frac{n_z}{L_z}\right)^2}\quad\text{Hz}\quad（12-13）$$

式中　L_x，L_y，L_z——分别为房间的长、宽、高，m；

n_x，n_y，n_z——分别为由 0～∞ 之任意正整数（不包括 $n_x=n_y=n_z=0$）。

由式可知，斜向共振频率已包含了切向与轴向共振频率，见图 12-9 三维空间的共振。式中只要 n_x，n_y，n_z 中有一项或两项为零，即与切向或轴向共振公式相同。利用式选择 n_x，n_y，n_z 一组不全为零的非

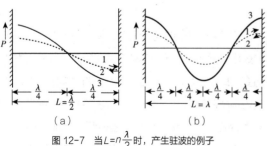

图 12-7　当 $L=n\dfrac{\lambda}{2}$ 时，产生驻波的例子

（a）$n=1$；（b）$n=2$

1—入射波；2—反射波；3—驻波

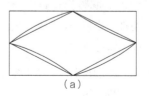 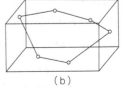

图 12-8　二维空间的共振　　图 12-9　三维空间的斜向共振

（a）切向——二维；（b）斜向——三维

负整数，即为一组振动方式。例如，选择行 $n_x=1$，$n_y=0$，$n_z=0$，即为（1，0，0）振动方式。

由式还可以看到，房间尺寸 L_x，L_y，L_z 的选择，对确定共振频率有很大影响。例如，一个长、宽、高均为 7 m 的房间，在十种振动方式时的最低共振频率为表 12-2。

表 12-2 共振频率表

振动方式	1,0,0	0,1,0	0,1,1	1,1,0	1,0,1	0,1,1	1,1,1	2,0,0	0,2,0	0,0,2
共振频率（Hz）	24	24	24	34	34	34	42	50	50	50

12.5.3 简并及其克服

在某些振动方式的共振频率相同时，就会出现共振频率的重叠现象，或称共振频率的"简并"（图 12-10a 中每条竖线表示一个共振频率，符号 ∧ 表示共振频率相同）。在出现"简并"的共振频率范围内，将使那些与共振频率相当的声音被大大加强，导致室内原有的声音产生失真（亦称"频率畸变"），表现为低频产生嗡声，或产生"声染色"。这对尺寸较小、体型较简单的播音室和录音室的影响尤为重要。

为了克服"简并"现象，使共振频率的分布尽可能均匀，需选择合适的房间尺寸、比例和形状。譬如，将上述 7 m×7 m×7 m 的房间，保持容积不变，而将尺寸改为 6 m×6 m×9 m，即室内只有两个尺度相同，根据计算，其共振频率的分布就要均匀些（图 12-10b）。如尺寸进一步改为 6 m×7 m×8 m，即房间的三个尺度都不相同，则共振频率的分布更为均匀（图 12-10c）。正立方体的房间是最不利的，对

于演播室一类的房间，应设计合理的房间尺寸防止简并。如果将房间的墙面或顶棚作成非平行的或不规则形状，或将吸声材料不规则地分布在室内界面上，也可以在一定程度上克服共振频率分布的不均匀性。

在一容积为 V 的房间内，从最低的共振频率到任一频率 f_c 的范围内，共振频率的总数近似为：

$$N=\frac{4\pi Vf_c^3}{3c^3}+\frac{\pi Sf_c^2}{4c^2}+\frac{Lf_c}{8c} \quad (12-14)$$

式中 c——声速，m/s；

S——室内表面积，m^2；

L——室内各边边长，m。

由上式可以看出，矩形房间的共振频率的数目与给定频率的三次方成正比。给定频率越高，共振频率数目就越多，而且互相接近，因此，高频率的共振频率分布要比低频均匀。

这一点从图 12-11 可以看出，在一个 6 m×7 m×8 m 的房间内，声源频率与室内声压级间关系。测定时，扬声器放在房间一角，发出不同频率的纯音，接收器放在室内另一角上。从图中可以看出，在共振频率上（相当的振动方式标在括号内），声压级增高（表现为出现一峰值），随着声源频率的增高，峰也逐渐靠近，频率响应曲线趋于均匀。

上述情况出现在房间的六个室内表面都是刚性，即全反射性时，但实际上，内表面总有一定的吸声。在室内表面上布置吸声材料或构造时，共振峰会略向低频移动，频率响应曲线也会趋于平坦。在演播室或录音室的设计上，选择与共振频率相应的吸声材料或构造，使室内的频率响应特别在低频避免有

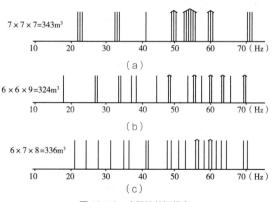

图 12-10 房间的共振频率

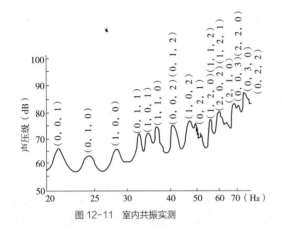

图 12-11 室内共振实测

大的起伏是很重要的。

　　一些研究者给出了矩形房间降低简并影响的尺寸比例。这对于设计矩形的声学实验室或演播室、录音室、听音室等房间是较有价值的。不过，现今，演播室、录音室、听音室等，甚至琴房、排练室，为了防止简并造成的音质畸变，常常采用不规则体型，即房间的六个面两两不平行。不规则房间的共振模式将变得非常复杂，但是简并现象的概率将大大减少，计算不规则房间的共振模式需要采用有限元方法。

12.6　应用实例

　　会议室作为小空间、办公空间，其建筑声学容易忽视。然而，远程视频会议室由于需要信号拾音，建筑声学条件必须清晰、干净。如果建筑声学基础环境不理想，即使使用高端的电声设备也无法发挥良好的效果。

　　国内某知名跨国公司的远程会议室，在设计之初缺乏建筑声学考虑，投入使用后，国外远端会议人员反映，国内端讲话时伴有一种"嗡嗡"声，无法听清发言者的讲话。业主虽多次更换电子设备，改进甚微，最终发现会议室的建筑声学存在问题。

　　改造之前，首先对会议室进行了 63~8 000 Hz 倍频程混响时间测试。测点如图 12-12 所示，在室内对

角线上均匀取 3 个测点。声源位于另一对角线的一端。测试结果如图 12-13 所示。

　　会议室的混响时间在中频长为 0.9 ~ 1.0 s，且频率特性曲线在 125 Hz 有明显突起。测试结果提示，中频混响时间比录音拾音较理想的 0.3~0.4 s 长了一倍，且 125 Hz 混响时间存在异常延长现象，可能存在的严重驻波简并。

　　该远程会议室面积 65 m²，层高 2.75 m，宽 5.7 m，长 11.4 m。原设计顶棚吊顶和墙面均采用了简约大方的乳白色石膏板，两面相对的落地玻璃墙让房间显得明亮通透。长宽高碰巧在 1：2：4 的比例附近，且正好是 125 Hz 附近波长 2.75 m 的整数倍。房间南面玻璃幕墙与北面玻璃隔墙、东面白色玻璃后墙与西面屏幕、石膏板顶棚与地板均形成了光滑的平行墙面。因此，共振频率 125 Hz 出现了简并现象，混响时间明显长于其他频率。

　　声学改造方案将从两方面着手：一是增加房间吸声量，降低混响时间；二是破坏平行墙面，消除 125 Hz 简并现象。为了尽量维持会议室设计原貌，

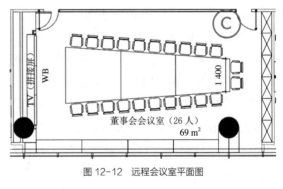

图 12-12　远程会议室平面图

63~2 000 Hz 倍频程房间平均混响时间 T_{20}

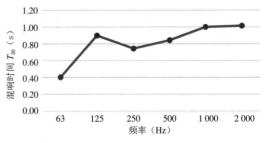

图 12-13　远程会议室混响时间实测图（改造前）

会议室改造前后混响时间对比

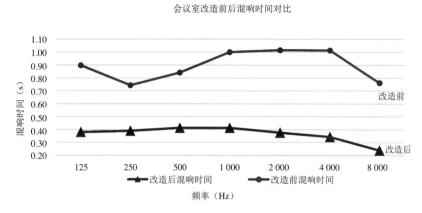

图 12-14　远程会议室改造前后混响时间对比图

改造前

改造后

图 12-15　声学改造前后远程会议室照片

选择使用了新型砂岩环保吸声板作为本次改造项目的主要声学材料。砂岩环保吸声板的原材料为天然沙粒，兼具防火性和环保型，施工完成后即可投入使用，且装饰效果与原石膏板完全相同，无任何建筑声学痕迹，符合该跨国公司简约风格的设计理念。

具体做法为：顶棚、后墙改用砂岩环保吸声板，且长度方向由原来的 11.4 m 调整为 11.2 m；一侧玻璃幕的百叶窗帘更换为厚织物吸声窗帘，远程会议时拉上；木地板地面改为长毛吸声地毯。

完工测试结果如图 12-14 所示。中频混响时间从 0.9~1.0 s 降低到 0.4 s，且 125 Hz 混响时间不再突出。整体混响时间频率曲线光滑平直。

改造后，远程会议远端反馈良好，会议室内的"嗡嗡"声也消失了。本次声学改造既解决了声学问题，同时保持了原有的装饰效果，完工后即投入使用。图 12-15 为该会议室改造前及改造后的室内照片。

思考题与习题

1. 在运用几何声学方法时应注意哪些条件？

2. 混响声与回声有何区别？它们和反射声的关系怎样？

3. 混响时间计算公式应用的局限性何在？

4. 有一车间尺寸为 12 m×40 m×6 m，1 000 Hz 时的平均吸声系数为 0.05，一置于地面机器的噪声功率级为 96 dB，试计算距机器 10 m 处与 30 m 处之声压级。并计算其混响半径为若干？当平均吸声系数改为 0.5 时，再计算上述两点处之声压级与混响半径有何变化？

5. 房间共振对音质有何影响？什么叫共振频率的"简并"？如何避免？

6. 试计算一个 4 m×4 m×4 m 的房间内，63 Hz 以下的固有频率有多少？

7. 一个矩形录音室尺寸为 15 m×11.5 m×8 m，侧墙的吸声系数 α 为 0.30，顶棚的 α 为 0.25，地面全铺地毯，α 为 0.33，室中央有一声功率级为 110 dB 的点声源。求：①距点声源 0.5 m，1 m，2 m，4 m 处的声压级（用曲线表示）；②混响半径；③混响时间；④上述声源移至两墙交角处时，距声源 0.5 m，1 m，2 m，4 m 处的声压级（可画在①图上）。

8. 一间长 15 m，宽 8 m，高 4 m 的教室，关窗时的混响时间是 1.2 s。侧墙上有 8 个 1.5 m×2.0 m 的窗，全部打开时，混响时间变成多少秒？

第13章　Chapter 13 Sound Absorption Materials and Structures
吸声材料和吸声构造

13.1　吸声系数与吸声量

13.1.1　吸声系数

用以表征材料和结构吸声能力的基本参量通常采用吸声系数，以"α"表示，定义为：

$$\alpha = \frac{E_0 - E_r}{E_0} \qquad (13\text{-}1)$$

式中　E_0——入射到材料和结构表面的总声能，单位是焦耳，符号 J；

　　　E_r——被材料反射回去的声能，单位是焦耳，符号 J。

当 $E_0 = E_r$，入射声能全部被反射，$\alpha = 0$；如果 $E_r = 0$，入射声能完全被吸收，$\alpha = 1$。所以，理论上讲，α 值是在 0 到 1 之间。α 越大，界面的吸声能力越大。

材料和结构的吸声特性和声波入射角度有关。声波垂直入射到材料和结构表面的吸声系数，称为"垂直入射（或正入射）吸声系数"，以 α_0 表示。这种入射条件可在驻波管中实现。α_0 也就是通过驻波管法来测定的。当声波斜向入射时，入射角为 θ，这时的吸声系数称为斜入射吸声系数 α_θ。在建筑声环境中，出现上述两种声入射条件是较少的，而普遍的情形是声波从各个方向同时入射到材料和结构表面。如果入射声波在半空间中均匀分布，即入射角 θ 在 0°到

90°之间均匀分布，同时入射声波的相位是无规的，干涉效应可以忽略，则称这种入射状况为"无规入射"或"扩散入射"。这时材料和结构的吸声系数称为"无规入射吸声系数"或"扩散入射吸声系数"，以 α_T 表示。这种入射条件是一种理想的假设条件，但在混响室中可以较好地接近这种条件，通常也正是用混响室法来测定 α_T。在建筑环境中，材料和结构的实际使用情况和理想条件是有一定差别的，α_0 和 α_T 相比，还是比较接近 α_T 的情况。一般来说，α_0 和 α_T 之间没有普遍适用的对应关系。在一些资料中介绍 α_0 和 α_T 的换算关系，都是在某种特定条件下才可近似地适用，因此，在使用时必须慎重。

某一种材料和结构对于不同频率的声波有不同的吸声系数，α_0 和 α_T 都和频率有关。工程上通常采用 125 Hz，250 Hz，500 Hz，1 000 Hz，2 000 Hz，4 000 Hz 六个频率的吸声系数来表示某一种材料和结构的吸声频率特性。有时也把 250 Hz，500 Hz，1 000 Hz，2 000 Hz 四个频率吸声系数的算术平均值（取为 0.05 的整数倍）称为"降噪系数"（NRC），主要针对语言频率范围内，用在吸声降噪时粗略地比较和选择吸声材料。

本书附录中给出了各种材料和结构的吸声系数测量值。因为材料性能的离散性和施工误差，以及测试条件的差异，表中所列的测量值有的不具备很好的重复性，即按表中构造作法去做，所得的吸声

系数和表中所列会有不同。所以，在重要的使用场合，需要比较精确地了解和控制所设计的构造作法的吸声特性，最好是用试件直接进行测量的结果为准。

13.1.2 吸声量

吸声系数反映了吸收声能所占入射声能的百分比，它可以用来比较在相同尺寸下不同材料和不同结构的吸声能力，却不能反映不同尺寸的材料和构件的实际吸声效果。用以表征某个具体吸声构件的实际吸声效果的量是吸声量，它和构件的尺寸大小有关。对于建筑空间的围蔽结构，吸声量 A 是：

$$A = \alpha \cdot S \quad m^2 \qquad (13\text{-}2)$$

其中，S 是围蔽结构的面积，m^2。

如果一面墙的面积是 50 m^2，某个频率（如 500Hz）的吸声系数是 0.2，则该墙的吸声量（在 500 Hz）是 10 m^2。如果一个房间有 n 面墙（包括顶棚和地面），各自面积为 S_1，S_2，$\cdots$，S_n；各自的吸声系数是 α_1，α_2，$\cdots$，α_n，则此房间的总吸声量是：

$$A = S_1\alpha_1 + S_2\alpha_2 + \cdots + S_n\alpha_n = \sum_{i=1}^{n} S_i\alpha_i \qquad (13\text{-}3)$$

对于在声场中的人（如观众）和物（如座椅），或空间吸声体，其面积很难确定，表征他（它）们的吸声特性，常常不用吸声系数，而直接用单个人或物的吸声量。当房间中有若干个人或物时，他（它）们的吸声量是用数量乘个体吸声量。然后，再把所得结果纳入房间总吸声量中。

把房间总吸声量 A 除以房间界面总面积 S，得到平均吸声系数 $\bar{\alpha}$：

$$\bar{\alpha} = \frac{A}{S} = \frac{\sum_{i=1}^{n} S_i\alpha_i}{\sum_{i=1}^{n} S_i} \qquad (13\text{-}4)$$

【例题 13-1】 有一房间，尺寸为 4 m×5 m×3 m。在 500 Hz，地面的吸声系为 0.02，墙面的吸声系数为 0.05，顶棚的吸声系数为 0.25。求总吸声量和平均吸声系数。

【解】 地面吸声量为：

$$S_1\alpha_1 = 20 \times 0.02 = 0.4 \ m^2$$

墙面吸声量为：

$$S_2\alpha_2 = 54 \times 0.05 = 2.7 \ m^2$$

顶棚吸声量为：

$$S_3\alpha_3 = 20 \times 0.25 = 5 \ m^2$$

总吸声量：

$$A = S_1\alpha_1 + S_2\alpha_2 + S_3\alpha_3 = 8.1 \ m^2$$

界面总面积：

$$S = S_1 + S_2 + S_3 = 94 \ m^2$$

平均吸声系数：

$$\bar{\alpha} = \frac{A}{S} = 0.086$$

13.2 多孔吸声材料

多孔吸声材料是普遍应用的吸声材料，其中包括各种纤维材料：超细玻璃棉、离心玻璃棉、岩棉、矿棉等无机纤维，棉、毛、麻、棕丝、草质或木质纤维等有机纤维。纤维材料很少直接以松散状使用，通常用胶粘剂制成毡片或板材，如玻璃棉毡（板）、岩棉板、矿棉板、木丝板、软质纤维板等。微孔吸声砖等也属于多孔吸声材料。泡沫塑料，如果其中的孔隙相互连通并通向外表，可作为多孔吸声材料。

13.2.1 多孔材料的吸声机理

多孔吸声材料具有良好吸声性能的原因，不是因为表面的粗糙，而是因为多孔材料具有大量内外连通的微小空隙和孔洞。图 13-1（a）所示粗糙表面和多孔材料的差别。那种认为粗糙墙面（如拉毛水泥）吸声好的概念是错误的。当声波入射到多孔材料上，声波能顺着微孔进入材料内部，引起空隙中空气的振动。由于空气的黏滞阻力、空气与孔壁的摩擦和热传导作用等，使相当一部分声能转化为热能而被损耗。因此，只有孔洞对外开口，孔洞之间互相连通，且孔洞深入材料内部，才可以有效地吸收声能。

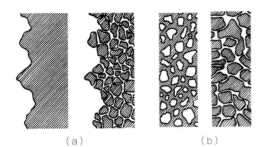

图 13-1　多孔吸声材料区别
（a）与粗糙表面的区别；（b）与闭孔材料的区别

这一点与某些隔热保温材料的要求不同。如聚苯和部分聚氯乙烯泡沫塑料，以及加气混凝土等材料，内部也有大量气孔，但大部分单个闭合，互不联通，如图 13-1（b）所示，它们可以作为隔热保温材料，但吸声效果却不好。

13.2.2　影响多孔材料吸声系数的因素

多孔材料一般对中高频声波具有良好的吸声。影响和控制多孔材料吸声特性的因素，主要是材料的孔隙率、结构因子和空气流阻。孔隙率是指材料中孔隙体积和材料总体积之比。结构因子是由多孔材料结构特性所决定的物理量。空气流阻反映了空气通过多孔材料阻力的大小。三者中以空气流阻最为重要，它定义为：当稳定气流通过多孔材料时，材料两面的静压差和气流线速度之比。单位厚度材料的流阻，称为"比流阻"。当材料厚度不大时，比流阻越大，说明空气

穿透量就小，吸声性能会下降；但比流阻太小，声能因摩擦力、黏滞力而损耗的效率就低，吸声性能也会下降。所以，多孔材料存在最佳流阻。当材料厚度充分大，比流阻小，则吸声就大。

在实际工程中，测定材料的流阻、孔隙率通常有困难，但可以通过容重加以粗略控制。同一种纤维材料，容重越大，孔隙率越小，比流阻越大。如图 13-2 所示不同厚度和容重的超细玻璃棉的吸声系数。从图中可看出，随着厚度增加，中低频吸声系数显著增加，高频变化不大。厚度不变，增加容重，也可以提高中低频吸声系数，不过比增加厚度的效果小。在同样用料情况下，当厚度不受限制时，多孔材料以松散为宜。容重继续增加，材料密实，会引起流阻增大，减少空气穿透量，引起吸声系数下降。所以材料容重也有一个最佳值。但同样容重，增加厚度，并不改变比流阻，所以吸声系数一般总是增大；但厚度增至一定时，吸声性能的改善就不明显了。

多孔材料的吸声性能还和安装条件密切有关。当多孔材料背后留有空腔时，与该空气层用同样的材料填满的效果近似。这时对中低频吸声性能比材料实贴在硬底面上会有所提高，其吸声系数随空气层厚度的增加而增加，但增加到一定值后就效果不明显了（图 13-3）。

在实际使用中，对多孔材料会做各种表面处理。为了尽可能地保持原来材料的吸声特性，饰面应具

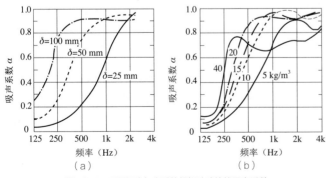

图 13-2　不同厚度与容重的超细玻璃棉的吸声系数
（a）容重为 27 kg/m³ 超细玻璃棉厚度变化对吸声系数的影响；（b）5 cm 厚超
细玻璃棉容重变化时对吸声系数的影响

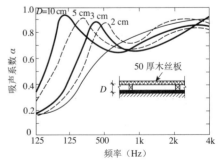

图 13-3　背后空气层对吸声性能影响的实例

有良好的透气性。例如用金属格网、塑料窗纱、玻璃丝布等罩面，这种表面处理方式对多孔材料吸声性能影响不大。也可用厚度小于 0.05 mm 的极薄柔性塑料薄膜、穿孔薄膜、穿孔率在 20% 以上的薄穿孔板等罩面，这样做吸声特性多少会受影响，尤其对高频的吸声系数会有所降低。膜越薄，穿孔率越大，影响越小。但使用穿孔板面层时，低频吸声系数会有所提高；使用薄膜面层，中频吸声系数有所提高。所以多孔材料使用穿孔板、薄膜罩面，实际上是一种复合吸声结构。

对于一些成型的多孔材料板材，如木丝板、软质纤维板等，在进行表面粉饰时，要防止涂料把孔隙封闭，以采用水质涂料喷涂为宜，不宜采用油漆涂刷。

高温高湿不仅会引起材料变质，而且会影响到吸声性能。材料一旦吸湿吸水，材料中孔隙就要减少，首先使高频吸声系数降低，然后随着含湿量增加，其影响的频率范围将进一步扩大。在一般建筑中，温度引起的吸声特性变化很少，可以忽略。

多孔材料用在有气流的场合，如通风管道和消声器内，要防止材料的飞散。对于棉状材料，如超细玻璃棉，当气流速度在每秒几米时，可用玻璃丝布、尼龙丝布等作为护面层；当气流速度大于每秒 20 m 时，则还要外加金属穿孔板面层。

13.3　亥姆霍兹共振吸声

建筑空间的围蔽结构和空间中的物体，在声波激发下会发生振动，振动着的结构和物体由于自身内摩擦和与空气的摩擦，要把一部分振动能量转变成热能而损耗。根据能量守恒定律，这些损耗的能量都是来自激发结构和物体振动的声波能量，因此，振动结构和物体都要消耗声能，产生吸声效果。结构和物体有各自的固有振动频率，当声波频率与结构和物体的固有频率相同时，就会发生共振现象。

这时，结构和物体的振动最强烈，振幅和振速达到极大值，从而引起能量损耗也最多。因此，吸声系数在共振频率处为最大。

一种常有的看法认为：声场中振动着的物体，尤其是薄板和一些腔体，在共振时会"放大"声音。这是一种误解，是把机械力激发物体振动（如乐器）向空气辐射声能时的共鸣现象和空气中声波激发物体振动时的共振现象混淆了。即使前者，振动物体也不是真正地放大了声音，而是提高了辐射声能的效率，使机械激发力做功更有效地转化成声能，而振动物体自身还是从激发源那里吸收能量并加以损耗。

利用共振原理设计的共振吸声结构一般有两种：一种是空腔共振吸声结构，一种是薄板或薄膜吸声结构。需要指出的是，处于声场中的所有物体都会在声波激发下产生振动，只是振动的程度强弱不同而已。有时，一些预先没有估计到的物体会产生相当大的吸声，例如大厅中薄金属皮灯罩，可能在某个低频频率发生共振，因为灯多，灯罩展开面积大，结果产生不小的吸声量。

13.3.1　穿孔板共振吸声结构

穿孔板共振吸声结构，是结构中间封闭有一定体积的空腔，并通过有一定深度的小孔和声场空间连通，其吸声机理可以用亥姆霍兹共振器来说明。图 13-4（a）为共振器示意图。当孔的深度 t 和孔径 d 比声波波长小得多时，孔颈中的空气柱的弹性变形很小，可以看作是质量块来处理。封闭空腔 y 的体积比孔颈大得多，起着空气弹簧的作用，整个系统类似图 13-4（b）中所示的弹簧振子。当外界入射声波频率 f 和系统固有频率相等时，孔颈中的空气柱就由于共振而产生剧烈振动，在振动中，空气柱和孔颈侧壁摩擦而消耗声能。

亥姆霍兹共振器的共振频率 f 可用下式计算：

$$f_0 = \frac{c}{2\pi} \sqrt{\frac{S}{V(t+\delta)}} \quad \text{Hz} \qquad （13-5）$$

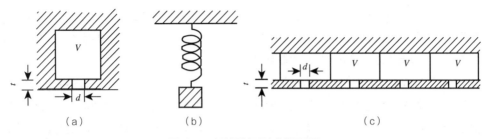

图 13-4　穿孔板共振吸声结构原理图
（a）亥姆霍兹共振器示意图；（b）机械类比系统；（c）穿孔板吸声结构

式中　c——声速，一般取 34 000 cm/s；

S——颈口面积，cm²；

V——空腔容积，cm²；

t——孔颈深度，cm；

δ——开口末端修正量，cm。因为颈部空气柱两端附近的空气也参加振动，所以要对 t 加以修正。对于直径为 d 的圆孔，$\delta = 0.8\,d$。

亥姆霍兹共振器在共振频率附近吸声系数较大，而共振频率以外的频段，吸声系数下降很快。吸收频带窄和共振频率较低，是这种吸声结构的特点，因此建筑上较少单独采用。在某些噪声环境中，噪声频谱在低频有十分明显的峰值时，可采用亥姆霍兹共振器组成吸声结构，使其共振频率和噪声峰值频率相同，在此频率产生较大吸收。亥姆霍兹共振器可用石膏浇注，也可采用专门制作的带孔颈的空心砖或空心砌块。不同的砌块或一种砌块不同砌筑方式，可组合成多种共振器，达到较宽频带的吸收，见图 13-5。如果在孔口处放上一些多孔材料（如超细玻璃棉、矿棉），或附上一层薄的纺织品，则可提高吸声性能，并使吸收频率范围适当变宽。

各种穿孔板、狭缝板背后设置空气层形成吸声结构，也属于空腔共振吸声结构。这类结构取材方便，并有较好的装饰效果，所以使用较广泛，见图 13-6。常用的有穿孔的石膏板、纤维水泥板 、胶合板、硬质纤维板、钢板、铝板等。

对于穿孔板吸声结构，相当于许多并列的亥姆

图 13-5　清华大学游泳馆墙面砌筑的狭缝吸声砌块

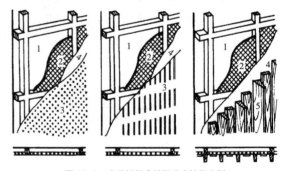

图 13-6　穿孔板组合共振吸声结构实例
1—空气层；2—多孔吸声材料；3—穿孔板；4—布（玻璃丝布）等护面层；5—木板条

霍兹共振器，每一个开孔和背后的空腔对应，见图 13-4（c）。穿孔板吸声结构的共振频率是：

$$f_0 = \frac{c}{2\pi}\sqrt{\frac{P}{L(t+\delta)}} \qquad \text{Hz} \qquad (13\text{-}6)$$

式中　c——声速，cm/s；

L——板后空气层厚度，cm

t——板厚，cm；

δ——孔口末端修正量，cm；

P——穿孔率，即穿孔面积与总面积之比。圆孔正方形排列时，$P=\dfrac{\pi}{4}\left(\dfrac{d}{B}\right)^2$；圆孔等边三角形排列时，$P=\dfrac{\pi}{2\sqrt{3}}\left(\dfrac{d}{B}\right)^2$。其中 d 为孔径，B 为孔中心距。

【例题 13-2】 穿孔板厚 6 mm，孔径 6 mm，穿孔按正方形排列，孔距 20 mm，穿孔板背后留有 10 cm 空气层。求共振频率。

【解】 穿孔率

$$P=\frac{\pi}{4}\left(\frac{d}{B}\right)^2=\frac{3.14}{4}\times\left(\frac{0.6}{2}\right)^2\approx0.07$$

共振频率

$$f_0=\frac{c}{2\pi}\sqrt{\frac{P}{L(t+\delta)}}=\frac{34\,000}{2\times3.14}\sqrt{\frac{0.07}{10\times(0.6+0.8\times0.8)}}$$

$\approx440\,\text{Hz}$

穿孔板结构在共振频率附近有最大的吸声系数，偏离共振峰越远，吸声系数越小。孔颈处空气运动阻力越小，则吸声频率曲线越尖锐；反之，则较平坦。为了在较宽的频率范围内有较高的吸声系数，一种办法是在穿孔板后铺设多孔性材料，来增加空气运动的阻力。这样做共振频率会向低频移动，但通常

偏移不超过一个倍频程范围，而整个吸声频率范围的吸声系数会显著提高，见图 13-7。另一种办法是穿孔的孔径很小，小于 1 mm，称为微穿孔板。孔小则周界与截面之比就大，孔内空气与孔颈壁擦阻力就大，同时微孔中空气黏滞性损耗也大。微穿孔板常用薄金属板，一般不再铺设多孔材料，它比未铺吸声材料的一般穿孔板结构具有较好的吸声特性，见图 13-8。这种结构能耐高温高湿和不掉粉尘，适用于高温、高湿、洁净和高速气流等环境中。

穿孔板用作室内吊顶时，背后的空气层厚度往往很大，这时为了较精确地计算共振频率，应采用以下公式：

$$f_0=\frac{c}{2\pi}\sqrt{\frac{P}{L(t+\delta)+PL^2/3}}\qquad\text{Hz}\qquad（13\text{-}7）$$

因为空腔深度大，共振频率往往在低频，若在板后铺设多孔吸声材料，不仅可使共振峰处吸声范围变宽，而且还可使其对高频声波具有良好的吸收。

如果穿孔板背后没有吸声材料，穿孔率不宜过大，一般以 2%~5% 合适。穿孔率大，则最大吸声系数下降，且吸声带宽也变窄。如果穿孔板背面铺设有多孔材料，则穿孔串可以提高，一般高频吸声性能随穿扎率提高而提高；当穿孔率超过 20%，则穿孔板已作为多孔材料的罩面层而不属于空腔共振吸声结构了。

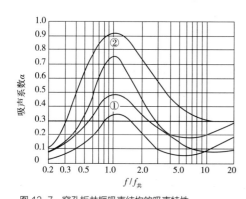

图 13-7 穿孔板共振吸声结构的吸声特性
①背后空气层内无吸声材料
②背后空气层内 25~50 mm 厚玻璃棉等吸声材料

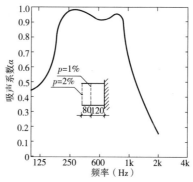

图 13-8 双层微穿孔板吸声结构的实例
（板厚 0.8 mm，孔径 0.8 mm）

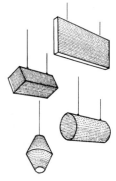

图 13-9 空间吸声体

13.4　薄膜、薄板共振吸声

皮革、人造革、塑料薄膜等材料具有不透气、柔软、受张拉时有弹性等特性。这些薄膜材料可与其背后封闭的空气层形成共振系统。共振频率与膜的单位面积质量、膜后空气层厚度和膜的张力大小有关。在工程实际中，很难控制膜的张力，而且张力随时间会松弛。

对于不受张拉或张力很小的膜，其共振频率可按下式计算：

$$f_0 = \frac{1}{2\pi}\sqrt{\frac{\rho_0 c^2}{M_0 L}} \approx \frac{600}{\sqrt{M_0 L}} \quad \text{Hz} \quad （13\text{-}8）$$

式中　M_0——膜的单位面积质量，kg/m^2；

L——膜与刚性壁之间空气层的厚度，cm。

薄膜吸声结构的共振频率通常在 200~1 000 Hz 范围，最大吸声系数为 0.3~0.4，一般把它作为中频范围的吸声材料。

当薄膜作为多孔材料的面层时，结构的吸声特性取决于膜和多孔材料的种类以及安装方法。一般说来，在整个频率范围内的吸声系数比没有多孔材料只用薄膜时普遍提高。

把胶合板、硬质纤维板、石膏板、纤维水泥板、金属板等板材周边固定在框架上，连同板后的封闭空气层，也构成振动系统。这种结构的共振频率可用下式计算：

$$f_0 = \frac{1}{2\pi}\sqrt{\frac{\rho_0 c^2}{M_0 L} + \frac{K}{M_0}} \quad \text{Hz} \quad （13\text{-}9）$$

式中　ρ_0——空气密度，kg/m^3；

c——空气中声速，m/s；

M_0——板的单位面积质量，kg/m^3；

L——板与刚性壁之间空气层厚度，m；

K——结构的刚度因素，$kg/(m^2 \cdot s^2)$。

K 与板的弹性、骨架结构、安装情况有关。对

于矩形简支薄板（边长为 a 和 b，厚度为 h）：

$$K = \frac{Eh^3}{12(1-\sigma^2)} \cdot \left[\left(\frac{\pi}{a}\right)^2 + \left(\frac{\pi}{b}\right)^2 \right]^2 \quad （13\text{-}10）$$

E 为板材料的动态弹性模量（N/m^2），σ 为泊松比。对于一般板材在一般构造条件下，$K=（1\sim3）\times10^6$ $kg/(m^2 \cdot s^2)$。当板的刚度因素 K 和空气层厚度 L 都比较小时，则根号内第二项比第一项小得多，可以略去，结果就和式（4-8）相同了。但是当 L 值较大，超过 100 cm，根号内第一项将比第二项小得多，共振频率就几乎与空气层厚序无关了。

建筑中薄板结构共振频率多在 80~300 Hz 之间，其吸声系数约为 0.2~0.5，因而可以作为低频吸声结构。如果在板内侧填充多孔材料或涂刷阻尼材料，可增加板振动的阻尼损耗，提高吸声效果。

大面积的抹灰吊顶顶棚、架空木地板、玻璃窗、薄金属板灯罩等也相当于薄板共振吸声结构，对低频有较大的吸收。

13.5　其他吸声结构

13.5.1　空间吸声体

室内的吸声处理，除了把吸声材料和结构安装在室内各界面上，还可以用前面所述的吸声材料和结构做成放置在建筑空间内的吸声体。空间吸声体有两个或两个以上的面与声波接触，有效的吸声面积比投影面积大得多，有时按投影面积计算，其吸声系数可大于 1 对于形状复杂的吸声体，实际中多用单个吸声量来表示其吸声性能（图 13-9）。

空间吸声体可以根据使用场合的具体条件，把吸声特性的要求与外观艺术处理结合起来考虑，设计成各种形状（如平板形、锥形、球形或不规则形状），可收到良好的声学效果和建筑效果。见图 13-10 鄂尔

多斯东胜体育场、图 13-11 河南济源体育馆顶棚满布的空间吸声体应用案例。

13.5.2 强吸声结构

比较典型的强吸声结构是吸声尖劈，如图 13-12（a）所示安装吸声尖劈的消声室。消声室室内声场要求尽可能地接近自由声场，因此所有界面的吸声系数应接近于 1。

吸声尖劈构造如图 13-12（b）所示，用棉状或毡状多孔吸声材料，如超细玻璃棉、玻璃棉等填充在框架中，并蒙以玻璃丝布或塑料窗纱等罩面材料制成。对吸声尖劈的吸声系数要求在 0.99 以上，这在中高频容易达到，而低频时则较困难，达到此要求的最低频率称为"截至频率"f_c，并以此表示尖劈的吸声性能。

吸声尖劈的截止频率与多孔材料的品种、尖劈的形状尺寸和劈后有没有空腔及空腔的尺寸有关。一般人可用 $0.2 \times c/l$ 来估算，其中 c 为声速，l 为尖劈的尖部长度。如果填充尖劈的多孔材料的容重能从外向里逐步从小增大，尖劈长度可以有所减小。此外，工程实际中，有时把尖端截去约尖劈全长的 10%~20%，这对吸声性能影响不大，但却增大了消声室的有效空间。

强吸声结构中，除了吸声尖劈以外，还有在界面平铺多孔材料，只要厚度足够大，也可做到在宽频带中有强吸收。这时，若从外表面到材料内部其容重从小逐渐增大，则可以获得类似尖劈的吸声性能。

13.5.3 帘幕

纺织品中除了帆布一类因流阻很大、透气性差而具有膜状材料的性质以外，大都具有多孔材料的吸

图 13-10 鄂尔多斯东胜体育场顶棚满布的空间吸声体

图 13-11 河南济源市体育馆顶棚满布的空间吸声体

（a）

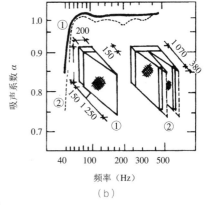
（b）

图 13-12 吸声尖劈
（a）德国斯图加特的弗朗霍夫建筑物理研究所的大型消声室；
（b）吸声尖劈的吸声特性（材料：玻璃棉；容重 48 kg/m³）

声性能，只是由于它的厚度一般较薄，吸声效果比厚的多孔材料差。如果幕布、窗帘等离开墙面、窗玻璃有一定距离，恰如多孔材料背后设置了空气层，尽管没有完全封闭，对中高频甚至低频的声波仍具有一定的吸声作用。设帘幕离刚性壁的距离为 L，具有吸声峰值的频率是 $f=(2n-1)\frac{c}{4}L$（Hz），n 为正整数。由图13-13 所示测定结果可以看出第一个吸收峰值频率随空气层厚度 L 而变化，该频率大致在 $\frac{c}{4}L$ 附近。如果帘幕有褶，吸声性能会改善，见图 13-14。

13.5.4　洞口

向室外自由声场敞开的洞口，从室内角度来看，入射到洞口上的声波完全透过去了，反射为零，即吸声系数为 1。

如果孔洞的尺度比声波波长小，其吸声系数将小于 1。

洞口如不是朝向自由场，而是朝向一个体积不大、界面吸收较小的房间，则透射过洞口的声能会有一部分反射回来，此时洞口的吸声系数小于 1。

在剧院中，舞台台口相当于一个大洞口，台 El 之后的天幕、侧幕、布景等有吸声作用。

根据实测，台口的吸声系数为 0.3~0.5。

13.5.5　人和家具

处于声场中的人和家具都要吸收声能。因为人和家具很难计算吸声的有效面积，所以吸声特性一般不采用吸声系数表示，而采用个体吸声量表示，其总吸声量为个体吸声量乘以人和家具的数量。

人的吸收主要是人们穿的衣服的吸收。衣服属于多孔材料，但衣服常常不是很厚，所以对中高频声波的吸收显著，而低频则吸收较小。人们的衣服各不相同，并随时间季节而变化，所以个体吸声特性有差异，只能用统计平均值来表示。

在剧院、会堂、体育馆等观众密集排列的场合，观众吸收还和座位的排列方式、密度、暴露在声场中的情况等因素有关。观众吸声的一般特点是：随着声波频率的增加，吸声系数先是增加，但当频率高于2 000 Hz 时，吸声系数又下降。这可能是由于吸声面相互遮掩引起的，在高频时这种遮掩作用影响较大。此外，等间距的有规则的座位排列，会因为座位间空隙的空气共振，在某个频率，往往在 100 ~ 200Hz 范围内，引起较大的吸收。空场时，纺织品面料的软座椅可较好地相当于观众的吸收，使观众厅的空场吸声情况和满场时相差不大，这对排练和观众到场不多时的演出是有利的。人造革面料的座椅，面层不透气，

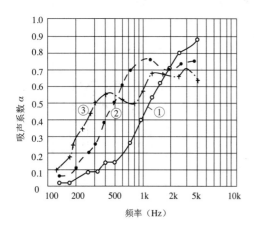

图 13-13　帘幕的吸声特性
帘幕：面密度 0.26 kg/m²
空气层厚度 L：①—30 mm；②—100 mm；③—250 mm

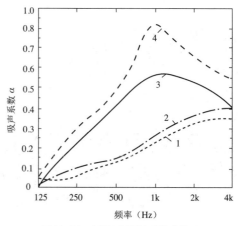

图 13-14　帘幕吸声性能与褶裥的关系
1—直挂与墙紧贴；2—褶裥 12.5%；3—褶裥 25%；
4—褶裥 50%

对高频吸收不大；硬板座椅相当于薄板共振吸声结构。对于密集排列的观众席，有时也用吸声系数表示吸声特性，这时吸声量等于吸声系数乘以观众席面积。

13.5.6　空气吸收

声音在空气中传播，能量会因为空气的吸收而衰减。空气吸收主要由以下三个方面引起的：一是空气的热传导性；二是空气的黏滞性；三是分子弛豫现象。正常状态下，前两种因素引起的吸收比第三种因素引起的吸收小得多，可以忽略。在空气中，是氧分子振动能量的弛豫引起了声频范围内的声能大部分被吸收。在给定频率情况下，弛豫吸收和空气中所含水分密切有关，即依赖于相对湿度和温度。空气吸收，高频时较大，在混响时间计算时要加以考虑，见第11章。在模型试验时，应用的声波频率很高，空气吸收会较大地影响试验结果，通常用干燥空气或氮气来充填模型空间，以减少弛豫吸收。

13.6　反射和反射体

13.6.1　声波在介质分界面上的反射

当声波从一个介质传到另一个介质时，在两种介质的分界面上会发生反射。最简单的情形是声波传播方向和界面垂直，界面是无限界面，第二种介质的厚度很大，见图13-15（a），则反射波的方向和入射波反向，反射系数 r（反射声波能量与入射声波能量之比）为：

$$r=\left(\frac{\rho_2 c_2-\rho_1 c_1}{\rho_2 c_2+\rho_1 c_1}\right)^2 \qquad （13-11）$$

式中　$\rho_1 c_1$——介质1的密度和声波在其中传播的声速；

$\rho_2 c_2$——第二种介质的密度和其声速。

如果声波斜入射到界面上，则反射波的传播方向满足几何反射定律，反射角等于入射角，见图13-15（b）。

在许多实际情况下，界面不一定是平面，也不一定是无限、等厚和均匀的。入射声波的方向也常常是无规的，这时反射系数是很难甚至是不可能计算的，这就需要通过实验测试来了解。在测量了一种材料和结构的吸声系数 α（往往包括了透射在内）以后，反射系数是：

$$r=1-\alpha \qquad （13-12）$$

有时，对一种界面（如墙面、顶棚）的设计，一方面要控制它的反射系数（也就是吸声系数），更重要的是要控制反射的方向，最常见的是定向反射和扩散反射两种。

13.6.2　扩散反射

起伏的几何形状可以起到扩散（散射）声音的作用。图13-16是几种扩散体，根据经验，它们的尺寸关系可由下式估算：

$$\frac{2\pi f}{c}a \geqslant 4, \frac{b}{a} \geqslant 0.15, \lambda \leqslant g \leqslant 3\lambda$$

式中　a——扩散体宽度，m；

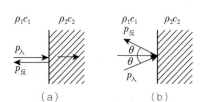

图 13-15　声波在不同介质分界面的反射

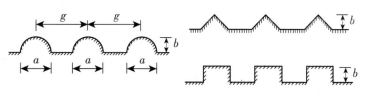

图 13-16　有效的扩散体尺寸和声波波长应有一定关系

b——扩散体凸出高度，m；

g——扩散体间距，m；

c——空气中声速，m/s；

f——声波的频率，Hz；

λ——声波的波长，m。

近年来有的学者提出了一种扩散表面，称为"二次剩余扩散面"。这是按照数论中的二次剩余序列来设计扩散面的起伏，可以使扩散面在较宽的频率范围内有近乎理想的扩散反射，见图13-17。扩散体踏步宽度 W 取常数，$W=\dfrac{\lambda_0}{2}$，踏步单元高度五。按二次剩余序布置：$h_n=(\dfrac{\lambda_0}{2}N)S_n^1$。$N=7$ 时 S_n 以 0，1，4，2，2，4，1；周期性重复。二次剩余扩散面在 f_0 以下约半个倍频程仍有效，再低就成定向反射了。上限频率则到 $(N-1)f_0$，在 Nf_0 以上各突起表面又要作定向反射。因此 N 越大，扩散反射的有效带宽越大，但起伏形状越复杂。

还有一种应用数学理论设计的声扩散形式，称作最大长度序列扩散体 *MLS*。采用 *MLS* 设计的声扩散墙面，看上去像凸凹起伏的、不规则排列的竖条，目的是扩散声音，可保证室内声场的均匀性，使声音更美妙动听。*MLS* 是一种数论算法，其扩散声音的原理是，声波到达墙面的某个凹凸槽后，一部分入射到深槽内产生反射，另一部在槽表面产生反射，两者接触界面的时间有先后，反射声会出现相位不同，叠加在一起成为局部非定向反射，大量不规则排列的凹凸槽整体上形成了声音的扩散反射。如图13-18 所示，是数列 {1,1,0,1,1,0,10,1,1,1,1,0,0,0,1,0} 的 *MLS* 扩散体示意图。

在房间里无规则地悬吊不规则形状的扩散板或扩散体，可以使房间里的声场更好地扩散。这对声学测量用的混响室是有用的，在混响室中要求声场尽可能地充分扩散（图13-19、图13-20）。

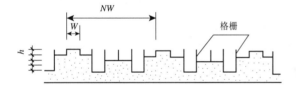

图 13-17　二次剩余扩散体示意（$N=7$）

$S_n=n^2 \bmod N$（$n=1,2,3,\cdots$）。即 S_n 是 n^2 除以 N 的余数。S_n 以 N 为周期重复，且以（$N\pm1$）/2 对称。

图 13-18　*MLS* 扩散体示意图

图 13-19　中央电视台录音控制室 *QRD* 声扩散墙面
（有利于录音监听和回放）

图 13-20　中国国家大剧院戏剧院的大面积 *MLS* 声扩散墙面

13.6.3 反射构件

作为反射构件，通常要求其反射系数要大，即吸声系数要小，所以反射构件要求其反射表面密实光洁。为了减少反射构件在声波激发下振动而吸收声能，在施工安装条件许可下，做得厚重一些。在墙面上做的固定的反射体可用混凝土、砖砌体直接构筑，然后做光洁的表面装修，如抹灰油漆、釉面砖或磨石面层，有的局部甚至采用大理石面层（这往往是和建筑装修要求结合而做的）。顶棚反射面和悬挂的或可移动的反射板（体），通常不能做得太厚重，一般采用金属结构或木结构框架，外面罩以密实的木板、木夹板、塑料板等板材；还可利用增强石膏 GRG 结构制成各种形状的反射体。对于面层板材较轻薄的结构，可以在背面设置阻尼层来抑制面板的振动。有时为了使悬吊的反射板不遮挡照明灯光或室内装修，反射板可采用有机玻璃。

13.7 吸声应用

13.7.1 厅堂音质

在厅堂音质设计中，吸声材料的选择在满足建筑各项要求的条件下（防火、强度、美观等），必须要满足设计混响时间及其频率特性的要求，还要考虑装修的效果。吸声处理可用于消除音质缺陷，如回声和颤动回声，例如剧场观众厅后墙，以及眺台栏板，时常布置吸声材料，消除长延时的反射声，防止扩声系统声反馈产生的啸叫。在穹顶、圆或椭圆形平面等特殊厅堂形式中，可通过在弧形表面上布置吸声材料，消除声聚焦。剧场舞台中，为了防止舞台墙面、顶面的不良声反射，降低舞台耦合空间对观众厅混响的影响，墙面上、顶棚需要布置吸声材料。有些剧场采用座椅下送风的置换送风方式，

座椅楼板下为一大静压箱，静压箱空间的侧壁和棚顶也常铺以吸声材料，形成消声静压箱，起到降低通风系统噪声的作用。在音乐厅建筑中，需要较长的混响时间，观众及软座椅的吸声量可能已经足够，因此音乐厅中的所采用的吸声材料比较少。为了使得反射声更加均匀、柔和，观众厅的墙面多采用声扩散体的形式。值得注意的是，音乐厅宜采用厚重的板材作为界面材料，或将薄板实贴在结构基层上，目的是防止过多的低频共振吸收，采用木板、金属板、石膏板等板材装修的音乐厅尤其需要重视低频混响问题。

歌剧院、多功能礼堂等出于控制混响时间、消除长延时反射声的目的，往往在侧墙的一部分及后墙安装吸声材料，具体安装面积及构造方式需要计算和设计确定。

话剧院等自然声为主的厅堂，为了保证语言清晰度，混响时间不可过长，采用的吸声量更大。可采用在多孔性吸声材料后设空腔的构造，并适当配置低频吸声结构，如木装饰墙面，大面积石膏板顶棚等。由于短混响容易暴露回声、颤动回声等缺陷，后墙、平行侧墙、楼座正对舞台的栏板上有必要布置强吸声材料。

教室、讲堂、会议室等需要良好的语言清晰度，采用吸声处理可保证混响时间降低到合理的要求并保证尽可能平直的混响时间频率特性，往往将顶棚设计成吸声吊顶。

影院主要要保证电影音还原的真实感，同时还要保证多声道之间的分离度，形成立体声效果，因此应采用强吸声，即顶面、侧墙、座椅都是吸声的，并通过吸声材料的合理设计保证中高低频等频率上吸声的均衡性。

录音室、演播室、同期录音的摄影棚等，为了降低不良混响声对录音的影响，周墙和吊顶应做强吸声处理。

还有，排练厅、琴房、听音室、审判庭、播音室等，为了保证室内音质效果，都需要使用吸声材料。

13.7.2　语言类空间吸声提高清晰度

语言中的每个字是一个音节，音节又多由一个声母音素和一个韵母音素构成。例如，我们讲"声学"的"声"，即为声母"sh"和韵母"eng"两个音素构成。声母发音频率高，且短暂，例如"sh"的主频率在 2 000 Hz 左右，持续时间在 10~20 ms 范围；韵母发音频率比较低，时间长，例如"eng"的主频率在 500 Hz 左右，持续时间可达 300~500 ms。如果声母和韵母先后连续发出，人们就清晰地听到了音节，但是，如果声母和韵母同时发出或发出顺序颠倒，人们要么无法分辨、要么会听错。

大空间中，如体育馆内观众众多，为保证解说、报分、演讲，以及紧急状态下有秩序疏散（如遇火警），语言清晰度至关重要。由于室内容积大，发出的声音会在顶棚、墙面、地面多次反射，声音出现延迟，造成音节之间相互混叠，使人们无法听清语言的内容。在浴室中讲话很混浊就是这个道理。

提高语言清晰度只有两个方法，一是提高直达声强度，压过反射声的干扰，再有就是降低反射声的强度，弱于直达声。当声源与听音者之间有较大距离，直达声强度受限。这时，吸声处理可以有效地降低反射声的强度，当反射声不对直达声造成干扰时，声音就清晰可辨了。对于一连串的语言而言，因为相互间存在逻辑关系，不需要必须听清每一个音素，大约听清其中的 40% 以上就可以理解整句的含义了。

13.7.3　吸声降噪

吸声降噪的近似计算公式为：

$$\Delta L_p = 10 \lg \frac{\bar{\alpha}_2}{\bar{\alpha}_1} = 10 \lg \frac{A_2}{A_1} = 10 \lg \frac{T_2}{T_1} \quad \text{dB} \tag{13-13}$$

式中　$\bar{\alpha}_1$——处理前房间的平均吸声系数；

　　　A_1——处理前房间的总吸声量，m^2；

　　　T_1——处理前房间的混响时间，s；

$\bar{\alpha}_2$——处理后房间的平均吸声系数；

A_2——处理后房间的总吸声量，m^2；

T_2——处理后房间的混响时间，s。

目前，国内外采用"吸声降噪"方法进行噪声控制已非常普遍，一般可获得 6~10 dB 的降噪效果。

需要强调的是吸声降噪只能降低混响声，面对直达声无效只靠吸声降噪降低噪声级 10 dB 以上，通常是不可能的。如果室内分布多个声源，室内各处的直达声都很强，吸声效果就比较差，往往只能降低 3~4 dB。尽管降低量有限，但减少了混响声，室内工作人员的主观上消除了噪声来自四面八方的混乱感，感觉会好些。吸声处理对于距离声源近的测量点位置效果差（在声源混响半径内，直达声为主），对于距离声源远的位置效果好，对传到室外的噪声降低效果也很明显。

如果房间容积很大，且人们的活动区域靠近声源，墙和顶的反射声声程较长，这时，直达声占主导地位，吸声降噪效果差。容积较小的房间，声音在顶棚和墙壁上反射多次后与直达声混合，反射声多，此时吸声降噪效果才明显。不过，若房间体型瘦长，顶棚低，房间长度大于高宽的 5 倍以上（如隧道、地下车站等），由于声音的反射类似与在管道中爬行，吸声处理的降噪效果也较好。

13.7.4　大空间降低嘈杂声

人群进入大空间时，如候车候机厅、博物馆、展览馆、开敞办公室、营业厅、餐厅、购物中心、酒店大堂等，走动及相互间的交流形成人为噪声。当人数较多时，嘈杂声会非常严重，甚至影响建筑空间的正常使用。

人听到的正常谈话声约 70 dB（A）左右，当噪声超过 70 dB（A）时，人们为了互相听清，不得不提高音量或缩短谈话距离。噪声超过 75 dB（A）以后，正常交谈受到干扰，1 m 以内的交谈必须提高音量，1 m 以上时需要喊叫。一般认为，50~60 dB（A）左右，是购物中心、餐厅、展览馆、候车候机厅等建筑空间较理想的、有利于交流的噪声水平。

吸声可以减少室内声反射，降低混响时间，进而降低嘈杂的环境声。声源是存在心理因素的人，因此吸声必须达到够量，使人群噪声控制在50~60 dB（A）左右。室内空间中重要的吸声表面是顶棚，不但面积大，而且是声音长距离反射的必经之地。也可以在墙体等其他位置安装吸声材料，但与顶棚相比，吸声面积偏小，且可能受门窗等条件限制，吸声效果差一些。

13.8　吸声材料应用的建筑因素

吸声材料大多应用于建筑室内的表面，基本上是视觉可触的，因此往往与装修材料结合在一起使用，吸声材料应用时必须考虑建筑因素。建筑因素一般包括防火性、耐久性、无毒性、施工方便性、廉价性、装饰性等。在一些特殊场所，还可能有相应的特殊要求。如游泳馆中需要防潮性，篮球馆中需要防撞性，医院病房需要洁净性，等等。这里，就最常规的建筑因素进行介绍。

13.8.1　防火性

建筑内部装修的消防安全关系到使用者的生命安全，不容忽视。国家相关的防火标准，均为强制性标准，必须认真执行。按国家标准《建筑材料及制品燃烧性能分级》GB 8624—2012，将建筑材料的防火性能划分为4个等级。A级（含A_1和A_2），不燃性，在空气中受到火烧（高温）不起火、不燃烧、不炭化，无机矿物质（石材、玻璃棉、矿棉等）和部分金属（铝板、钢板等）属于这一等级。B_1级，难燃性，当火源离开后，燃烧停止，如阻燃聚酯纤维、蜜胺海绵（三聚氰胺泡沫），以及经过防火处理的

木质密度板等属于这一等级。B_2级，可燃性，受到火烧（高温）起火，离开火源继续燃烧，如木材等。B_3级，易燃性，受到火烧（高温）立即起火并燃烧，如室内轻织物等。

建筑室内材料防火应用的基本原则是：吊顶顶棚采用A级材料，遇火不燃烧，结构不破坏，不会掉落伤人；墙面、地面采用B_1级以上难燃型材料，防止室内火灾的蔓延；在规定条件允许的情况下可部分使用B_2级材料，如隔断、家具、窗帘等；禁止使用B_3级易燃材料。

国家标准《建筑内部装修设计防火规范》GB 50222—2017中规定，装修材料的燃烧性能等级，应由专业检测机构检测确定。安装在钢龙骨上的纸面石膏板，可作为A级装修材料使用。当胶合板表面涂覆一级饰面型防火涂料时，可作为B_1级装修材料使用。单位重量小于300 g/m^2的纸质、布质壁纸，当直接粘贴在A级基材上时，可作为B_1级装修材料使用。施涂于A级基材上的无机装饰涂料，可作为A级装修材料使用。施涂于A级基材上，湿涂覆比小于1.5 kg/m^2的有机装饰涂料，可作为B_1级装修材料使用。当采用不同装修材料进行分层装修时，各层装修材料的燃烧性能等级均符合标准规定。复合型装修材料应由专业检测机构进行整体测试并划分其燃烧性能等级。

地下建筑或无窗房间或高层建筑的内部，原则上顶棚和墙面装修材料必须采用A级。图书室、资料室、档案室和存放文物的房间，其顶棚、墙面应采用A级装修材料，地面应采用不低于B_1级的装修材料。建筑物内的厨房，其顶棚、墙面、地面均应采用A级装修材料。当歌舞厅、卡拉OK厅（含具有卡拉OK功能的餐厅）、夜总会、录像厅、放映厅、桑拿浴室（除洗浴部分外）、游艺厅（含电子游艺厅）、网吧等歌舞娱乐放映游艺场所（以下简称歌舞娱乐放映游艺场所）设置在一、二级耐火等级建筑的四层及四层以上时，室内装修的顶棚材料应采用A级装修材料，其他部位应采用不低于B_1级的装修材料；

当设置在地下一层时，室内装修的顶棚、墙面材料应采用 A 级装修材料，其他部位应采用不低于 B₁ 级的装修材料，等等。

13.8.2　耐久性

作为建筑材料，必须具有良好的耐久性。一般地，建筑主体耐久年限大多在 50 年以上，装修改造周期至少也要 5~10 年或更长，吸声材料的耐久性一般应达到 15 年以上。耐久性应考虑三个方面，材料自身耐久性、材料构造耐久性和装饰耐久性。

材料自身耐久性是指材料不会因时间的流逝而自然损毁。大多数吸声材料，如矿棉吸声板、玻璃棉（岩棉）装饰吸声板、穿孔纸面石膏板、木丝吸声板等材料的自身耐久性是很好的。但是，一些金属穿孔板、木质穿孔板等，如果应用的场合不当，受到潮湿、酸碱腐蚀、害虫蚀刻等，也许在很短时间内就会损坏。设计应用时应注意考虑材料的适应性。

材料构造耐久性是指构造能否经得起岁月的考验。例如轻钢龙骨加矿棉吸声板系统（带有吸声空腔），作为吸声吊顶，会有比较好的耐久性，但是，如果作为墙面应用，因防撞性差，这种墙面构造难以持久。还有一些表面平帖材料，只用胶粘粘贴，不如采用胶粘加钉接相结合的方式，防止开胶，更加牢固耐久。

装饰耐久性是指吸声构造装饰效果的耐久性，这一点最能体现设计师对材料、构造，以及应用环境的认识与控制。例如，矿棉吸声板作为吊顶使用时，长时间吸湿膨胀变形会出现板中间下垂现象，虽不影响结构安全，但使得平整度和美观度受到很大影响。如果采用纸面石膏板做底表面平帖的方法，或将大块材料分成小块材料（如 600×1200 一块改为 600×600 一块的小格），时间久了也不会变形。

13.8.3　无毒害性

近年来，随着新材料的不断引入，特别是化学合成建材越来越多，人们越来越重视装修材料对健康的毒害性，即对室内空气质量的污染性。有关研究机构发现，某些墙壁涂料、复合板胶粘剂等会放出高浓度的甲醛（HCOH）和挥发性有机化合物（VOC）。有调查显示：甲醛、苯、二甲苯、乙酸乙酯、乙酸丁酯、重金属等有害物质在有些胶粘剂、稀释剂、胶合板制造、各种纤维板、涂料和壁纸粘贴中常常被使用，甚至在建筑发泡保湿材料中使用。现代室内的化学污染大部分来源于建筑和装修材料所产生的甲醛及挥发性有机化合物（VOC）。

国家标准《民用建筑工程室内环境污染控制标准》GB 50325—2020 中规定，民用建筑工程室内装修中所采用的人造木板及饰面人造木板，必须有游离甲醛含量或游离甲醛释放量检测报告，并应符合设计要求和国家标准的规定。民用建筑工程室内装修中所采用的水性涂料、水性胶粘剂、水性处理剂必须有总挥发有机化合物（TVOC）和游离甲醛含量报告、游离甲苯二异氰酸酯（TDI）（聚氨酯类）含量检测报告，并应符合设计要求和国家标准的规定。

13.8.4　装饰性

人们的需要既有物质的，也有精神的。对于吸声装修来讲，既需要有实际的功能性，也需要有美的精神享受。物质性的体察需要时间，而美的与否是一眼便可看穿的。随着人们生活水平的不断提高，对美的需求也更加重视了。因此，吸声材料的装饰性逐渐成为关键的建筑因素之一。

各种吸声材料的装饰特点可能有很大不同。有的材料规则、平整，大面积使用时庄重大方，如砂岩吸声板、穿孔金属板吊顶、装饰矿棉板吊顶、穿孔木装饰板墙面、布饰面玻璃棉板等；有的材料粗犷、不单调，如木丝吸声板、GRG扩散吸声体、烧结铝板等；也有一些材料近看装饰效果差，如纤维素喷涂、蛭石板、泡沫玻璃板等，常需要远距离或隐蔽使用。

建筑营建者和使用者对美的体验与感觉主观性很强，往往还会因人而异，因时而异，因地而异。

吸声材料运用的成功与否，决定于设计者对材料本身材性的掌握、对室内设计效果的控制，以及对大众审美认同感的悟性。将合适的材料、推荐给合适的人、以合适的方式、安装在合适的位置，才能获得令人满意的效果。

思考题与习题

1. 在游泳馆设计吸声时，不能选用 _____ 材料。（提示：要考虑吸声，还要考虑防水）

A. 玻璃棉　　　　B. 胶合板共振吸声结构

C. 穿孔石膏板　　D. 穿孔铝合金板

E. 狭缝吸声砖

2. 以下说明正确的有：

A. 相同容重的玻璃棉，厚度越大吸声效果越大，并成正比关系

B. 声源功率越大，测量得到的材料吸声系数越大

C. 声源在不同位置，材料的吸声情况会略有不同

D. 使用12 mm厚和9 mm厚相同穿孔率的穿孔石膏板吊顶，吸声性能完全相同

3. 为了不影响多孔吸声材料的吸声特性，可以使用 _____ 穿孔率的穿孔板做罩面

A. 5%　　B. 10%　　C. 20%　　D. 32%

4. 以下说明正确的有：

A. 一般地，剧场空场混响时间要比满场混响时间长

B. 房间穿孔石膏板吊顶内的玻璃棉受潮吸湿后，房间的混响时间会变短

C. 某厅堂低频混响时间过长，铺架空木地板和木墙裙后会有所改善

D. 剧场后墙上常会看到穿有孔洞，目的是美观

5. 玻璃棉材料厚度从50 mm增加到150 mm时，_____ 吸声能力提高最多。

A. 低频　　B. 中频　　C. 高频　　D. 全部频带

6. 穿孔吸声板作为墙面装饰板时，常在板与墙之间填入离心玻璃棉，目的是 _____。

A. 增大吸声　　B. 减小吸声　　C. 防火　　D. 保温

7. 下列说法正确的有： _____。

A. 表面粗糙的材料具有吸声性能

B. 材料内部具有大量孔洞的材料，具有良好的吸声性能

C. 与墙面或顶棚存在空气层的穿孔板，即使材料本身吸声性能很差，这种结构也具有吸声性能

D. 吸声材料吸声系数越小，吸声面积越多，吸声效果越明显

8. 薄板共振吸收大多在 _____ 具有较好的吸声性能。

A. 高频　　B. 中频　　C. 低频　　D. 所有频率

9. 以下不属于多孔吸声材料的有： _____。

A. 离心玻璃棉板　　B. 矿棉板

C. 铝纤维吸声板　　D. 穿孔水泥压力板

10. 下列哪些吸声原理不属于亥姆霍兹共振吸声原理 _____。

A. 穿孔的石膏板、木板、金属板、狭缝吸声砖

B. 薄膜或薄板与墙体或顶棚存在空腔时

C. 纸面石膏板本身并不具有良好的吸声性能，但穿孔后并安装成带有一定后空腔的吊顶或贴面墙

D. 用金属穿孔板做成的吸声吊顶

第14章 Chapter 14 Sound Insulation Materials and Structures
隔声与隔声构造

对于一个建筑空间，它的围蔽结构受到外部声场的作用或直接受到物体撞击而发生振动，就会向建筑空间辐射声能，于是空间外部的声音通过围蔽结构传到建筑空间中来，这叫作"传声"。传进来的声能总是或多或少地小于外部的声音或撞击的能量，所以说围蔽结构隔绝了一部分作用于它的声能，这叫作"隔声"。传声和隔声只是一种现象从两种不同角度得出的一对相反相成的概念。围蔽结构隔绝的若是外部空间声场的声能，称为"空气声隔绝"；若是使撞击的能量辐射到建筑空间中的声能有所减少，称为"固体声或撞击声隔绝"。这和隔振的概念不同，前者最终的是到达接受者的空气声，后者最终的是接受者感受到的固体振动。但采取隔振措施，减少振动或撞击源对围蔽结构（如楼板）的撞击，可以降低撞击声本身。

14.1 透射系数与隔声量

14.1.1 透射系数

建筑空间外部声场的声波入射到建筑空间的围蔽结构上，一部分声能透过构件传到建筑空间中来。如果入射声能为 E_0 透过构件的声能为 E_τ，则构件的透射系数。为：

$$\tau = \frac{E_\tau}{E_0} \qquad (14\text{-}1)$$

14.1.2 隔声量

在工程上常用构件隔声量 R（或称为透射损失 TL）来表示构件对空气声的隔绝能力，它与透射系数 τ 的关系是：

$$R = 10\lg\frac{1}{\tau} \quad \text{dB}$$

$$\text{或：} \tau = 10^{-\frac{R}{10}} \qquad (14\text{-}2)$$

若一个构件透过的声能是入射声能的千分之一，则 $\tau = 0.001$，$R = 30$ dB。可以看出：τ 总小于 1，R 总大于零；τ 越大则 R 越小，构件隔声性能越差；反之，τ 越小则 R 越大，构件隔声性能越好。透射系数 τ 和隔声量 R 是相反的概念。

14.1.3 隔声频率特性和计权隔声量

同一结构对不同频率的入射声波有不同的隔声量。在工程应用中，常用中心频率为 125~4 000 Hz 的 6 个倍频带，或 100~3 150 Hz 的 16 个 1/3 倍频带的隔声量来表示某一个构件的隔声性能。前者用于一般的表示，后者用于标准的表达。构件隔声量通常在标准隔声试验室中按一定的规则进行测量。考虑到人耳听觉的频率特性和一般构件的隔声频率特性，使用单一数值评价构件的隔声性能，即计权隔

声量 R_w，R_w 能较好地反映构件的隔声效果，使不同构件之间有一定的可比性。

R_w 应按《建筑隔声评价标准》GB/T 50121—2015 确定，过程如下：

将一组精确到 0.1 dB 的 1/3 倍频带空气声隔声测量量在坐标纸上绘制成一条测量量的频谱曲线。将具有相同坐标比例的并绘有 1/3 倍频程空气声隔声基准曲线（图 14-1，表 14-1）的透明纸覆盖在绘有上述曲线的坐标纸上，使横坐标相互重叠，并使纵坐标中基准曲线 0 dB 与频谱曲线的一个整数坐标对齐。将基准曲线向测量量的频谱曲线移动，每步 1 dB，直至不利偏差（同一频带上隔声曲线比标准曲线低的值）之和尽量的大，但不超过 32.0 dB 为止，此称 32 分贝原则。此时基准曲线上 0 dB 线（500 处）所对应的绘有测量量频谱曲线的坐标纸上纵坐标的整分贝数，就是该组测量量所对应的单值评价量 R_w（图 14-2）。

表 14-1　空气声隔声基准曲线基准值
（500 Hz 处定为 0 dB）

频率（Hz）	1/3 倍频程基准值的（dB）
100	−19
125	−16
160	−13
200	−10
250	−7
315	−4
400	−1

续表

频率（Hz）	1/3 倍频程基准值的（dB）
500	0
630	1
800	2
1 000	3
1 250	4
1 600	4
2 000	4
2 500	4
3 150	4

在一些国际标准中采用标准传声等级 STC，基本概念同 R_w，所不同的是，STC 的频率范围在 125~4 000 Hz，R_w 在 100~3 150 Hz。

采用单一评价量 R_w 评价构件隔声性能时，在不同声源条件下，由于声源频谱特性不同，R_w 相同的不同构件所得到的隔声性能还有可能有较大差异。例如，240 mm 厚砖墙构造和 75 mm 轻钢龙骨双面双层 12 mm 纸面石膏板空腔内填棉构造 R_w 同为 52 dB，对于讲话等以中高频为主的声源（如用于酒店房间之间的隔墙），两者隔声效果是差不多的，但是，对于类似于机械噪声或交通噪声等低频为主的声源来讲，由于砖墙比石膏板墙重很多（约 10 倍以上），隔声效果要更好一些。为了反映声源频谱特性不同所引起的隔声效果差异，引入了两个频谱修正量 C 和 C_{tr}（应用范围见表 14-2），作为标准计权隔声量 R_w 的补充，书写方法为：$R_w(C, C_{tr})$。

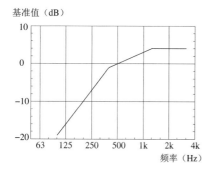

图 14-1　空气声隔声基准曲线（1/3 倍频程）

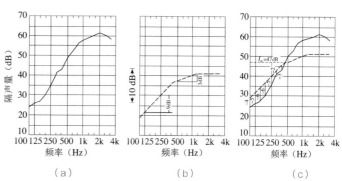

（a）　　　　　　（b）　　　　　　（c）

图 14-2　隔声量频率特性曲线和计权隔声量 R_w 的确定
（a）隔声量的频率特性曲线；（b）确定计权隔声量 R_w 的标准曲线；
（c）R_w 的确定（图中隔声曲线低于标准折线的 dB 数之和低于 32 dB，但把标准折线再往上移 1 dB，就会超过 32 dB）

表 14-2　不同种类的噪声源及其宜采用的频谱修正量

噪声源种类	宜采用的频谱修正量
日常活动 （谈话、音乐、收音机和电视） 儿童游戏 轨道交通，中速和高速 高速公路交通，速度＞80 km/h 喷气飞机，近距离 主要辐射中高频噪声的设施	C（频谱 1）
城市交通噪声 轨道交通，低速 螺旋桨飞机 喷气飞机，远距离 Disco 音乐 主要辐射低中频噪声的设施	C_{tr}（频谱 2）

表 14-3　计算频谱修正量的声压级频谱

频率 Hz	声压级 L_{ij}(dB)			
	用于计算 C 的频谱 1		用于计算 C_{tr} 的频谱 2	
	1/3 倍频程	倍频程	1/3 倍频程	倍频程
100	−29		−20	
125	−26	−21	−20	−14
160	−23		−18	
200	−21		−16	
250	−19	−14	−15	−10
315	−17		−14	
400	−15		−13	
500	−13	−8	−12	−7
630	−12		−11	
800	−11		−9	
1 000	−10	−5	−8	−4
1 250	−9		−9	
1 600	−9		−10	
2 000	−9	−4	−11	−6
2 500	−9		−13	
3 150	−9		−15	

频谱修正量 C_j 计算式：

$$C_j = -10 \lg \sum 10^{(L_{ij}-R_i)/10} - R_w \quad \text{dB} \quad (14\text{-}3)$$

式中　j——频谱序号，j=1 或 2，1 为计算 C 的频谱 1，2 为计算 C_{tr} 的频谱 2（图 14-3）；

R_w——按 32 分贝原则确定的空气声隔声单值评价量；

i——100 Hz 到 3 150 Hz 的 1/3 倍频程序号；

L_{ij}——表 14-3 中第 j 号频谱的第 i 个频带的声压级；

R_i——第 i 个频带的测量量，精确到 0.1 dB。

频谱修正量在计算时应精确到 0.1 dB，得出的结果应修约为整数。

14.1.4　空气声隔声性能分级

在《建筑隔声评价标准》GB/T 50121—2015 中，将建筑构件的空气声隔声性能分成 9 个等级，每个等级单值评价量的范围按表 14-4 确定。

表 14-4　建筑构件空气声隔声性能分级

等级	范围
1 级	20 dB ≤ $R_w + C_j$ <25 dB
2 级	25 dB ≤ $R_w + C_j$ <30 dB
3 级	30 dB ≤ $R_w + C_j$ <35 dB
4 级	35 dB ≤ $R_w + C_j$ <40 dB
5 级	40 dB ≤ $R_w + C_j$ <45 dB
6 级	45 dB ≤ $R_w + C_j$ <50 dB
7 级	50 dB ≤ $R_w + C_j$ <55 dB
8 级	55 dB ≤ $R_w + C_j$ <60 dB
9 级	$R_w + C_j$ ≥ 60 dB

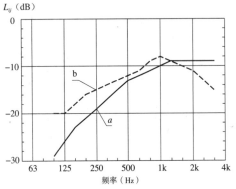

图 14-3　计算频谱修正量的声压级频谱（1/3 倍频程）
a—用来计算 C 的频谱 1；b—用来计算 C_{tr} 的频谱 2

注：R_w 为计权隔声量。C_j 为频谱修正量，用于内部分隔构件时，C_j 为 C，用于围护构件时，C_j 为 C_{tr}。

如表 14-5 所示为部分常见隔声构件实验室测量值。

表 14-5　为部分常见隔声构件实验室测量值

构件	$R_w(C；C_{tr})$（dB）
240 砖墙，两面 20 mm 抹灰	54(0；−2)
120 砖墙，两面 20 mm 抹灰	48(0；−2)
100 mm 厚现浇钢筋混凝土墙板	48(0；−1)
180 mm 厚现浇钢筋混凝土墙板	52(0；−1)
75 mm 轻钢龙骨双面双层 12 mm 纸面石膏板墙，内填玻璃棉 glass wool 或岩棉 minal wool	50−53(−1；−7)
75 mm 轻钢龙骨双面双层 12 mm 纸面石膏板墙	42−44(−2；−7)

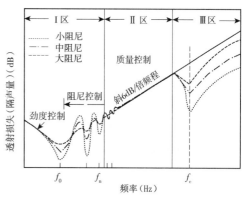

图 14-4　单层匀质墙典型隔声频率特性曲线

14.2 空气声隔声

14.2.1 单层墙隔声频率特性的一般规律

单层匀质密实墙的隔声性能和入射声波的频率有关，其频率特性取决于墙本身的单位面积质量、刚度、材料的内阻尼以及墙的边界条件等因素。严格地从理论上研究单层匀质密实墙的隔声是相当复杂和困难的。这里只作简单的介绍。单层匀质密实墙典型的隔声频率特性曲线如图 14-4 所示。频率从低端开始，板的隔声受劲度控制，隔声量随频率增加而降低；随着频率的增加，质量效应增大，在某些频率，劲度和质量效应相抵消而产生共振现象，图中 f_0 为共振基频，这时板振动幅度很大，隔声量出现极小值，大小主要取决于构件的阻尼，称为"阻尼控制"；当频率继续增高，则质量起主要控制作用，这时隔声量随频率增加而增加；而在吻合临界频率 f_c 处，隔声量有一个较大的降低，形成一个隔声量低谷，通常称为"吻合谷"，关于这一点将在后面作进一步地讨论。在一般建筑构件中，共振基频 f_0 很低，

常在 5~20 Hz 左右。因而在主要声频范围内，隔声受质量控制，这时劲度和阻尼的影响较小，可以忽略，从而把墙看成是无刚度无阻尼的柔顺质量。

14.2.2 质量定律

如果把墙看成是无刚度无阻尼的柔顺质量，且忽略墙的边界条件，假定墙为无限大，则在声波垂直入射时，可从理论上得到墙的隔声量 R_0 的计算公式：

$$R_0 = 10\lg\left[1+\left(\frac{\pi mf}{\rho_0 c}\right)^2\right]\ \text{dB} \qquad (14\text{-}4)$$

其中 m——墙体的单位面积质量，kg/m^2；

ρ_0——空气的密度，取 1.18 kg/m^3；

c——空气中声速，取 344 m/s；

f——入射声的频率，Hz。

一般情况下 $\pi mf \geqslant \rho_0 c$，上式可简化为：

$$R_0 = 20\lg\left(\frac{\pi mf}{\rho_0 c}\right) = 20\lg m + 20\lg f - 43 \qquad (14\text{-}5)$$

如果声波是无规入射，则墙的隔声量 R 大致比正入射时的隔声量低 5 dB，即：

$$R \approx R_0 - 5 = 20\lg\frac{\pi mf}{\rho_0 c} = 20\lg m + 20\lg f - 48 \qquad (14\text{-}6)$$

上面两个式子说明墙的单位面积质量越大，隔声效果越好，单位面积质量每增加一倍，隔声量增加 6 dB，

这一规律通常称为"质量定律"。同时还可看出，入射声频率每增加一倍，隔声量也增加 6 dB。因此，以单位面积质量 m 和频率 f 的乘积作为横坐标（用对数刻度），隔声量 R 为纵坐标（用线性刻度），则按上式画出的隔声曲线是一个 mf 每增加一倍、上升 6 dB 的直线，称为"质量定律直线"。见图 14-5 中的直线。

以上公式是在一系列假设条件下导出的理论公式。一般来说，实测值达不到 m 每增加一倍则 R 增加 6 dB 和 f 每增加一倍则 R 增加 6 dB 的结果，实测值都要比 6 dB 小，前者约为 4~5 dB，后者约为 3~5 dB。有些作者提出了一些经验公式，但各自都有一定的适用条件和范围。因此，通常都以标准实验室测定数据作为设计依据。

14.2.3 吻合效应

实际上的单层匀质密实墙都是有一定刚度的弹性板，在被声波激发后，会产生受迫弯曲振动。

在不考虑边界条件，即假设板无限大的情况下，声波以入射角 $\theta\left(0<\theta\leq\dfrac{\pi}{2}\right)$ 斜入射到板上，板在声波作用下产生沿板面传播的弯曲波，其传播速度为：

$$c_{\mathrm{f}}=\frac{c}{\sin\theta}\quad \mathrm{m/s}$$

c 为空气中声速。

但板本身存在着固有的自由弯曲波传播速度 C_b，和空气中声波不同的是它和频率有关：

$$c_b=\sqrt{2\pi f}\sqrt[4]{\frac{D}{\rho}}\quad(\mathrm{m/s}) \qquad (14\text{-}7)$$

式中 D——板的弯曲刚度，$D=\dfrac{Eh^2}{12(1-\sigma^2)}$；（$E$ 为

板材料的动态弹性模量，N/m²；h 为板的厚度，m；σ 为板材料的泊松比；）

ρ——板材料的密度，kg/m³；

f——自由弯曲波的频率，Hz。

如果板在斜入射声波激发下产生的受迫弯曲波的传播速度 c_f 等于板固有的自由弯曲波传播速度 c_b，则称为发生了"吻合"，见图 14-6。这时板就非常"顺从"地跟随入射声波曲，使入射声能大量透射到另一侧去。

当 $\theta=\dfrac{\pi}{2}$，声波掠入射时，可以得到发生吻合效应的最低频率——"吻合临界频率 f_c"：

$$f_{\mathrm{c}}=\frac{c^2}{2\pi}\sqrt{\frac{\rho}{D}}=\frac{c^2}{2\pi h}\sqrt{\frac{12\rho(1-\sigma^2)}{E}}\quad \mathrm{Hz}\quad(14\text{-}8)$$

在 $f>f_c$ 时，某个入射声频率 f 总和某一个入射角 $\theta\left(0<\theta\leq\dfrac{\pi}{2}\right)$ 对应，产生吻合效应。但在正入射时，$\theta=0$，板面上各点的振动状态相同（同相位），板不发生弯曲振动，只有和声波传播方向一致的纵振动。

入射声波如果是扩散入射，在 $f=f_c$ 时，板的隔声量下降得很多，隔声频率曲线在 f_c 附近形成低谷，称为"吻合谷"。谷的深度和材料的内损耗因素有关，内损耗因素越小（如钢、铝等材料），吻合谷越深。对钢板、铝板等可以涂刷阻尼材料（如沥青）来增加阻尼损耗，使吻合谷变浅。吻合谷如果落在主要

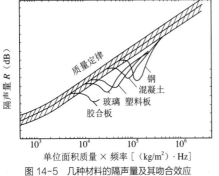

图 14-5   几种材料的隔声量及其吻合效应

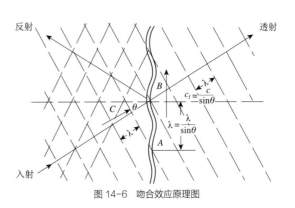

图 14-6   吻合效应原理图

声频范围 100~2 500 Hz 之内，将使墙的隔声性能大大降低，应该设法避免。由式 14-8 可以看出：薄、轻、柔的墙，f_c 高；厚、重、刚的墙，f_c 低，见图 14-7。

14.2.4 双层墙的空气声隔绝

从质量定律可知，单层墙的单位面积质量增加一倍，即材料不变，厚度增加一倍，从而重量增加一倍，隔声量只增加 6 dB。实际上还不到 6 dB。显然，靠增加墙的厚度来提高隔声量是不经济的；增加了结构的自重，也是不合理的。如果把单层墙一分为二，做成双层墙，中间留有空气间层，则墙的总重量没有变，而隔声量却比单层墙有了提高。换句话说，两边等厚的双层墙虽然比其中一叶单层墙用料多了一倍，重量加了一倍，但隔声量的增加要超过 6 dB。

双层墙可以提高隔声能力的主要原因是空气间层的作用。空气间层可以看作是与两层墙板相连的"弹簧"，声波入射到第一层墙板时，使墙板发生振动，此振动通过空气间层传至第二层墙板，再由第二层墙板向邻室辐射声能。由于空气间层的弹性变形具有减振作用，传递给第二层墙体的振动大为减弱，从而提高了墙体总的隔声量。双层墙的隔声量可以用单位面积质量等于双层墙两侧墙体单位面积质量之和的单层墙的隔声量加上一个空气间层附

加隔声量来表示。空气间层附加隔声量与空气间层的厚度有关。根据大量实验结果的综合，两者的关系如图 14-8 所示。图中实线是双层墙的两侧墙完全分开时的附加隔声量。但是实际工程中，两层墙之间常有刚性连接，它们能较多地传递声音能量，使附加隔声量降低，这些连接称为"声桥"。"声桥"过多，将使空气间层完全失去作用。在刚性连接不多的情况下，其附加隔声量如图 14-8 中虚线所示。图 14-9 是实验室条件下，三种不同厚度的空气间层的附加隔声量，这时两层墙在基础上也完全分开。

因为空气间层的弹性，双层墙及其空气间层组成了一个振动系统，其固有频率 f_0 可由下式得出：

$$f_0 = \frac{600}{\sqrt{L}}\sqrt{\frac{1}{m_1} + \frac{1}{m_2}} \quad \text{Hz} \quad (14\text{-}9)$$

式中 m_1, m_2——每层墙的单位面积质量，kg/m³；

L——空气间层厚度，cm。

当入射声波频率 f 和 f_0 相同时，会发生共振，声能透射显著增加，隔声量有很大下降；只有当 $f > \sqrt{2}\,f_0$ 以后，双层墙的隔声量才能使用前面的附加隔声量方法，隔声量才会提高。图 14-10 为双层墙的隔声量与频率的关系。虚直线表示重量与双层墙总重量相等的单层墙的隔声（按质量定律）。用字母 c 表示的第一个下降，相当于双层墙在基频 f_0 的共振，这时隔声量很小。在 $f < f_0$ 的 a，b 段上，双层墙如同一个整体一样振动，因此与同样重量的单层墙差不多。当 $f > \sqrt{2}\,f_0$ 的 d，e，f 段，隔声量高于同样

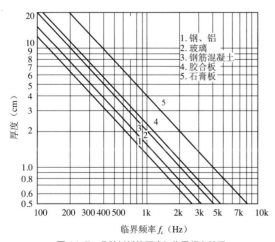

图 14-7 几种材料的厚度与临界频率关系

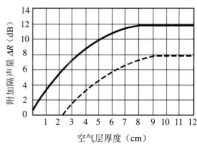

图 14-8 空气间层的附加隔声量

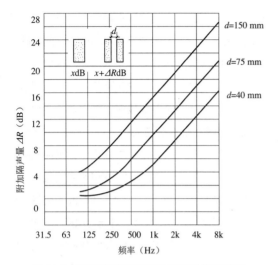

图 14-9　轻墙的空气间层在不同频率时的附加隔声量

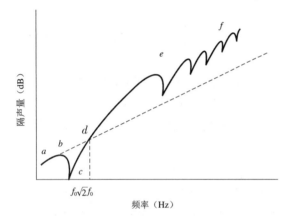

图 14-10　双层墙的隔声与频率的关系

重量的单层墙，并在 f_0 的一些谐频上发生谐波共振，形成一系列下凹，为了使 f_0 不落在主要声频范围内，在设计时应使 $f_0 < \dfrac{100}{\sqrt{2}} \approx 70\,\mathrm{Hz}$。另外，在双层墙空气间层中填充多孔材料（如岩棉、玻璃棉等），既可使共振时的隔声量下降减少，又可在全频带上提高隔声量。

双层墙的每一层墙都会产生吻合现象，如果两侧墙是同样的，则两者的吻合临界频率 f_c 是相同的，在 f_c 处，双层墙的隔声量会下降，出现吻合谷。如果两侧的墙不一样厚，或不同材料，则两者的吻合临界频率不一样，可使两者的吻合谷错开。这样，双层墙隔声曲线上不至出现太深的低谷。

14.2.5　轻型墙的空气声隔绝

随着大量住宅建设和高层建筑的发展，要求建筑的工业化程度越来越高，同时要求减轻建筑的自重，保护耕地，墙体逐步摆脱传统的黏土砖墙，转而采用轻型结构与成型板材。目前国内主要采用纸面石膏板、加气混凝土板、膨胀珍珠岩墙板等。这些板材自重轻，从每平方米十几公斤到几十公斤，如果按普通构造做法，根据质量定律，它们的隔声性能就很差，必须通过一定的构造措施来提高轻型墙的隔声效果。

提高轻型墙隔声的主要措施有下述几种：

1）将多层密实板材用多孔材料（如玻璃棉、岩棉等）分隔，做成夹层结构，则隔声量比材料重量相同的单层墙可以提高很多（图 14-11）。

2）避免板材的吻合临界频率落在（100～2 500）Hz 范围内。例如 25 mm 厚纸面石膏板的 f_c 约为 1 250 Hz，若分成两层 12 mm 厚的板叠合起来，f_c 约为 2 600 Hz。60 mm 厚的轻型圆孔板，吻合临界频率在 600 Hz，正在主要声频区，加之中心圆孔的共振传声，使得隔声性能变差，还不如重量相同的厚度减小了的实心板。

3）轻型板材的墙若做成分离式双层墙，因为材料刚度小，周边刚性联接的声桥作用影响较小，因此，附加隔声量比同样构造的双层墙要高。如果空气间层中再填充多孔材料，可使隔声性能进一步改善。双层墙两侧的墙板若采用不同厚度，可使各自的吻合谷错开。

4）轻型板材常常是固定在龙骨上的，如果板材和龙骨间垫有弹性垫层（如弹性金属片、弹性材料垫），比板材直接钉在龙骨上有较大的隔声量。

5）采用双层或多层薄板叠合，和采用同等重量的单层厚板相比，一方面可使吻合临界频率上移到主要声频范围之外，另一方面多层板错缝叠置可避免板缝隙处理不好的漏声，还因为叠合层间摩擦也可使隔声比单层板有所提高（图 14-12）。

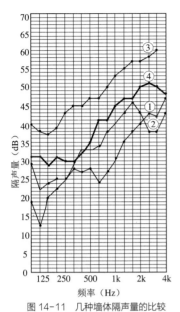

图 14-11　几种墙体隔声量的比较

①—60 mm 圆孔石膏板，R_w=31；

②—12+75+12 纸面石膏板，R_w=36；

③—240 mm 砖墙勾缝，R_w=49；

④—150 mm 加气混凝土板，R_w=40

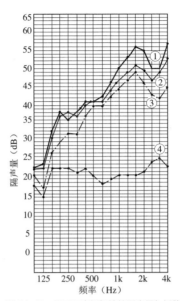

图 14-12　纸面石膏板轻墙的隔声量与板缝处理的关系

①—四层纸面石膏板，内外层错缝，勾缝；

②—四层纸面石膏板，只外层勾缝；

③—两层纸面石膏板，勾缝；

④—两层纸面石膏板，未勾缝

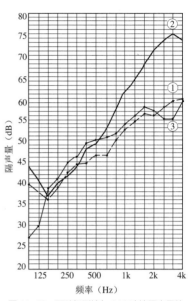

图 14-13　两种轻型墙与 240 砖墙隔声量的比较

①—240 砖墙，双面抹灰；

②—150+100+150 加气混凝土板；

③—2×12+75 轻钢龙骨 +2×12 纸面石膏板，内填玻璃棉毡

总之，对轻型墙提高隔声的措施，不外是多层复合、双墙分立、薄板叠合、弹性连接、加填吸声材料、增加结构阻尼等。通过适当的构造措施，可以使一些轻型墙的隔声量达到 24 cm 砖墙水平，具有较好的隔声效果。图 14-13 中的③为轻钢龙骨每边双层 12 mm 厚纸面石膏板、轻钢龙骨、内填玻璃棉的轻型墙，空气声隔声量 R_w 与 24 cm 厚砖墙相当，而重量仅为后者的十分之一（表 14-6、表 14-7）。

表 14-6　不同构造的纸面石膏板（厚 12 mm）轻墙隔声量的比较（R_w）

板间的介质	石膏板层数	钢龙骨	木龙骨
空气层	1—1[①]	36	37
	1—2	42	40
	2—2	48	43
玻璃棉	1—1	44	39
	1—2	50	43
	2—2	53	46
岩棉板	1—1	44	42
	1—2	48	45
	2—2	52	47

① 1—1 表示龙骨两边各有一层石膏板；1—2 为一边一层，另一边两层；余类推。

表 14-7　纸面石膏板（厚 12 mm）的不同层数和有无填充材料的隔声量改善值（dB）

填充材料	(1—1) 层			(1—2) 层			(2—2) 层		
	低频	中频	高频	低频	中频	高频	低频	中频	高频
无	0	0	0	6~8	3~5	3~5	9~11	6~8	9~11
2.5 cm 玻璃棉	6~8	6~8	6~8	9~11	12~14	9~11	12~14	12~14	12~14
5.0 cm 玻璃棉	6~8	9~11	9~11	12~14	12~14	9~11	15+	15+	15+
7.5 cm 玻璃棉	9~11	12~14	12~14	12~14	15+	15+	15+	15+	15+

注：隔声量改善值大于 15 dB。

14.2.6　门的隔声

普通建筑用门主要考虑轻便、灵活、经济等因素，没有专门的隔声处理，隔声性能很低。木门常用木板、木夹板、纤维密度板制成，门扇重量较轻，门缝隙大，隔声差，一般 R_w 在 15~20 dB 左右。钢制门以角钢为框架，钢板作为面层，重量大一些，门缝一般加装密封条，隔声比木门好，常在 20~25 dB 左右。还有一种塑料门（塑钢门），门框为塑钢型材，门扇为塑料板拼和，重量很轻，五金密封较差，隔声量一般不超过 15 dB。

在高噪声隔声中需要使用隔声门，提高门的隔声性能一方面需要提高门扇的隔声量，另一方面需要处理好门缝。提高门扇自身隔声量的方法有：

①增加门扇重量和厚度。但重量不能太大，否则难于开启，门框支撑也成问题；太厚也不行，不但开启不方便，而且还可能受到锁具等附件的限制。常规建筑隔声门重量在 50 kg/m² 以内，厚度一般不大于 8 cm。

②使用不同密度的材料叠合而成，如多层钢板与木质密度板复合，各层的厚度不同，有利于减弱共振和吻合效应的影响。

③在门扇内形成空腹，内填吸声材料，形成中空复合结构，门扇的隔声量 R_w 可做到 50~55 dB。

门缝处理的方法有：

①将门框作成多道企口，并使用密封胶条或密封海绵密封。采用密封条时要保证门缝各处受压均匀，密封条处处压紧。有时采用两道密封条，但必须保证门扇和门框的加工精度，配合良好，否则反倒局部漏缝，弄巧成拙。

②采用机械压紧装置，如压条等。门的周边安装压紧装置，锁门转动扳手时，通过机械联动将压紧装置压在门框上，可获得良好的密封性。对于下部没有门槛的隔声门，可在门扇底部安装一种机械密封装置，关门时，压条自动压在地面上密封。通过良好门缝处理的单隔声门隔声量 R_w 可达到 45~55 dB。

14.2.7　声闸

单门受到重量、厚度、门缝等因素的限制，除非特别设计，隔声量 R_w 一般很难超过 45 dB，为了获得更高的隔声性能，可以采用双层门。在双层门之间留有一定空间，空间内四壁和顶棚安装强吸声材料，那么就形成了隔声量很高的声闸（Sound Lock）结构。声闸在使用时，总保持有一扇门是关闭的，对进入房间的开门过程也具有较好的隔声性能，如图 14-14 所示。

声闸内表面的吸声量愈大，两门的距离与夹角 φ 愈大，则隔声量愈大。声闸整体隔声量的估算可按两扇门中隔声量高的数值上再加一个附加隔声量。附加隔声量与两层之间的门斗体积和吸声有关，体积越大，吸声越强，附加隔声量越大。当门斗内各界面平均吸声系数达到1时，附加隔声量达到最大值，即为另一扇门的隔声量。例如，常规声闸的两扇门隔声量分别为 40 dB，附加隔声量为 25 dB，那么声闸的隔声量可达 65 dB。

14.2.8　窗的隔声

隔声最薄弱之处往往是窗。单层 8 mm 左右玻璃的隔声量 R_w 只有 25 dB 左右。虽然玻璃很重，确实是一种好的隔声材料，同样厚度，玻璃的隔声量比水泥还大，但是，建筑上难以见到 100 mm 厚以上的玻璃板。

中空隔声玻璃是在两层玻璃之间形成一个空气中空层，如 5+9A+5，即表示一层 5 mm 玻璃，中间

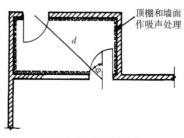

图 14-14　声闸示意图

空气层 9 mm（A 代表 Air，空气），再加一层 5 mm 玻璃。一般地，两层之间的空气层很窄，一般不足 1 cm，两层玻璃被密封的空气严重地耦合在一起，振动方式就像连在一起的单层玻璃一样，这种情况下，空气层的附加隔声量很小，几乎为零。中空玻璃具有更理想的保温性能，但认为比普通同样厚度的玻璃隔声性能好很多是错误的。空气层厚度是影响中空玻璃隔声性能的重要因素，只有 20 mm 以上的空气层厚度才有显著的附加隔声效果，但是，空气层太厚会产生空气对流，降低了中空玻璃的保温性能。还有一种想当然的错误认识是，三层玻璃两道空气层的中空玻璃隔声性能更好，实际上很窄的空气层对隔声没有太大帮助，实验显示，6+9A+6+9A+6 的三层玻璃的中空玻璃隔声量反倒不如将中间那层玻璃去掉的 6+24A+6 的双层中空玻璃隔声性能好，其原因即在于中间那层玻璃将空气层分割得更小，不能获得更好的附加隔声量造成的 。

有一种积层玻璃，近似于汽车前挡风的那种安全玻璃，玻璃是夹层三明治式，两层玻璃之间夹有透明 PVB 胶片，对两部分玻璃的振动过程形成阻尼，低频隔声性能更好。

还有一种真空玻璃，由于两层玻璃之间被抽成真空，这种玻璃的绝热性能非常好，但是，为了承受外界巨大的大气压力，两层玻璃之间会放入一些微小的支撑物，外观上看去相似玻璃上有很多小点点，这些支撑物形成了声桥，因此真空玻璃的隔声性能并不比同等厚度的普通玻璃更好。

可以使用两层玻璃完全分离的方法，形成双层窗提高隔声性能，玻璃的间距至少大于 50 mm，大于 100 mm 更好。很大的空气层使得两层玻璃独立地振动，隔声可以提高 10~15 dB。更重要的是双层窗的隔声能力在 250 Hz 以及 250 Hz 以下低频范围有所提高。里外安装良好的、周边安装有吸声材料的、密封严实的双层窗隔声量 R_w 可以达到 45 dB（图 14-15）。

采用两层窗时，最好两层窗玻璃不等厚，可以减弱吻合效应。如果将其中一层玻璃作成倾斜的，

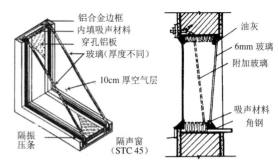

图 14-15　双层窗隔离　　图 14-16　三层隔声窗构造示意图

使得上下具有不同的空气层厚度，有利于防止两层玻璃之间的共振。更高要求的隔声窗可以采用三层不等厚、不平行的玻璃，做成三层窗，两层空气层每层厚度都在 50 mm 以上，这样的隔声窗可以达到 R_w=50~55 dB 的隔声量，见图 14-16。

窗同样有缝隙漏声的问题。平开窗比推拉窗的密闭性好，隔声性能也要好。隔声窗需要在窗扇和窗框之间使用密封橡胶条。

14.3　撞击声隔声

14.3.1　撞击声隔声评价及其指标

对撞击声的激发、传播和辐射等的原理虽已有一定的研究，但由于问题的复杂性，至今没有满意的结果。加之隔绝撞击声的材料发展缓慢，撞击声的控制尚无很好的办法。对于特殊要求的场合，可以通过一些措施做到有效地隔绝撞击声，但往往是造价很高，使这些措施难以广泛应用。撞击声隔绝是目前大量民用建筑中噪声隔绝的薄弱环节。

撞击声是建筑空间围蔽结构（通常是楼板）在外侧被直接撞击而激发的，但接收的是被撞结构向建筑空间辐射的空气声。为了能比较不同材料和构造方式的楼板对撞击声的隔绝性能，必须保证各自受到的撞击能量和形态是一样的，为此，需要使用一个国际标

准的打击器在楼板上撞击，同时，在楼板下的房间中
（在实验室条件下是一个有确定容积的混响室，在现
场测量时是被使用的房间），测出 100~3 150 Hz 范
围内 1/3 倍频带声压级 L_{pi}。然后根据接收房间的吸声
量对 L_{pi} 进行修正，得到规范化撞击声级 L_{pn}：

$$L_{pn}=L_{pi}-10\lg\frac{A_0}{A}\quad\text{dB}\quad（14\text{-}10）$$

式中　A——接收室中吸声量，m^2；

　　A_0——标准条件下的吸声量，规定为 $10\ m^2$。

L_{pn} 越大表示楼板隔绝撞击声效果越差；反之就
好。和空气声计权隔声量 R_w 相类似，在《建筑隔声
评价标准》GB/T 50121—2005 中规定了单一指标表
达构件撞击声隔绝性能的计权规范化撞击声级 $L_{pn,w}$。
当测量量用 $\frac{1}{3}$ 倍频程测量时，将一组精确到 0.1 dB 的
$\frac{1}{3}$ 倍频带撞击声隔声测量量在坐标纸上绘制成一条测
量量的频谱曲线。将具有相同坐标比例的并绘有 $\frac{1}{3}$
倍频程撞击声隔声基准曲线（图 14-17，表 14-8）的
透明纸覆盖在绘有上述曲线的坐标纸上，使横坐标相
互重叠，并使纵坐标中基准曲线 0 dB 与频谱曲线的
一个整数坐标对齐。将基准曲线向测量量的频谱曲线
移动，每步 1 dB，直至不利偏差之和尽量的大，但
不超过 32.0 dB 为止。此时基准曲线上 0 dB（500 处）

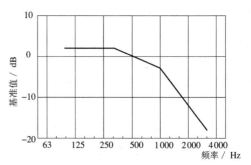

图 14-17　撞击声隔声基准曲线（1/3 倍频程）

线所对应的绘有测量量频谱曲线的坐标纸上纵坐标的
整分贝数，就是该组测量量所对应的单值评价量。计
权规范化撞击声级 $L_{pn,w}$。显然 $L_{pn,w}$ 越小，楼板隔绝
撞击声效果越好。这和空气声计权隔声量 R_w 的说法
也是相反的（图 14-18）。

表 14-8　撞击声隔声基准曲线基准值
（500 Hz 处定为 0 dB）

频率（Hz）	1/3 倍频程基准值的（dB）
100	2
125	2
160	2
200	2
250	2
315	2
400	1

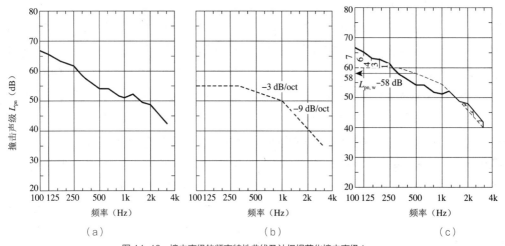

图 14-18　撞击声级的频率特性曲线及计权规范化撞击声级 $L_{pn,w}$，
（a）撞击声级的频率特性曲线；（b）确定计权撞击声级 $L_{pn,w}$ 的基准曲线；
（c）$L_{pn,w}$ 的确定（图中撞击声级曲线高于标准曲线的 dB 数 26<32 dB，若折线再下移 1 dB，就超过 32 dB）

续表

频率（Hz）	1/3 倍频程基准值的（dB）
500	0
630	−1
800	−2
1 000	−3
1 250	−6
1 600	−9
2 000	−12
2 500	−15
3 150	−18

典型楼板的 $L_{pn,w}$：① 80 ~ 120 mm 的光裸混凝土楼板：$L_{pn,w}$ 约等于 84 dB。②同①再加实贴木地板：$L_{pn,w}$ 约等于 63 dB。③同①再加地毯：$L_{pn,w}$ 约等于 52 dB。

在《建筑隔声评价标准》GB/T 50121—2005 中，将建筑构件的撞击声隔声性能分成 8 个等级，每个等级单值评价量的范围按表 14-9 确定。

表 14-9　建筑构件撞击声隔声性能分级

等级	范围
1 级	70 dB< $L_{pn,w}$ ≤ 75 dB
2 级	65 dB< $L_{pn,w}$ ≤ 70 dB
3 级	60 dB< $L_{pn,w}$ ≤ 65 dB
4 级	55 dB< $L_{pn,w}$ ≤ 60 dB
5 级	50 dB< $L_{pn,w}$ ≤ 55 dB
6 级	45 dB< $L_{pn,w}$ ≤ 50 dB
7 级	40 dB< $L_{pn,w}$ ≤ 45 dB
8 级	$L_{pn,w}$ ≤ 40 dB

14.3.2　撞击声隔绝措施

撞击声的产生是由于振动源撞击楼板，楼板受撞而振动，并通过房屋结构的刚性连接而传播，最后振动结构向接收空间辐射声能形成空气声传给接收者。因此，撞击声的隔绝措施主要有三条：一是使振动源撞击楼板引起的振动减弱，这可以通过振动源治理和采取隔振措施来达到，也可以在楼板上面铺设弹性面层来达到。二是阻隔振动在楼层结构中的传播，这通常可在楼板面层和承重结构之间设置弹性垫层来达到，这种做法通常称为"浮筑楼面"。

三是阻隔振动结构向接收空间辐射的空气声，这通常在楼板下做隔声吊顶来解决。

为了评价采取隔绝措施的效果，有时用撞击声改善值 ΔL_p 来表示：

$$\Delta L_p = L_{pn,w0} - L_{pn,w} \qquad (14\text{-}11)$$

式中　$L_{pn,w0}$——采取措施前的规范化撞击声级，dB；

$L_{pn,w}$——采取改善措施后的规范化撞击声级，dB。

（规范化撞击声压级的确定方法详见《建筑隔声评价标准》GB/T 50121—2005，与第 14.2 节确定计权隔声量的方法有类似之处。）

1）面层处理

在楼板表面铺设弹性面层可使撞击能量减弱。常用的材料是地毯、橡胶板、地漆布、塑料地面、软木地面等，见图 14-19。铺设这些面层，通常对中高频的撞击声级有较大的改善，对低频要差些；但材料厚度大且柔顺性好（如厚地毯），对低频也会有较好的改善。

2）浮筑地板

当楼板等建筑构件受到撞击时，振动将在构件及其连接结构内传播，最后通过墙体、顶棚、地面等向房间振动辐射声音。振动在固体中传播时的衰减很小，只要固体构件一直是连接在一起的，振动将会传播很远，将耳朵贴在铁轨上可以听到几公里以外火车行驶的声音就是这个原理。在建筑中振动还有一个特点，就是向四面八方传播，所有有固体连接的部分都会振动，在房间中，由于四周都会振动发声，往往很难辨别振动声源的位置。但是，如果固体构件是脱离的（哪怕只是非常小的缝隙）或构件之间存在弹性的减振垫层，振动的传播将在这些位置处受到极大的阻碍，当使用弹簧或与弹簧效果类似的玻璃棉减振做垫层将地面做成"浮筑地板"，将提高楼板撞击声隔声的能力（图 14-20）。

隔振楼板和下面的支撑弹性垫层构成了一个弹性系统，一般的隔振规律是，楼板越重、垫层弹性

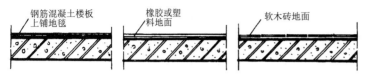

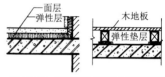

图 14-19 楼板面层的几种做法   图 14-20 两种浮筑式楼板的构造方案

越好、静态下沉度（楼板压上去以后的压缩量）越大，隔振效果就越好。8 cm 厚的混凝土楼板比 4 cm 的楼板更重，减振效果更好；两层 2.5 cm 厚的离心玻璃棉垫层的静态下沉度大于一层 2.5 cm 厚的同样垫层，减振效果要好一些。压缩后的垫层必须处于弹性范围内，也就是说，将楼板移去后，垫层可以在弹性的作用下恢复原来的厚度，如果垫层被压实而失去回弹性，将失去减振效果。因此，使用离心玻璃棉做减振垫层时，需要使用容重较大的垫层，防止玻璃棉被压实，上层混凝土越厚重，玻璃棉就要越厚，容重也需要越大，一般容重应大于 96 kg/m³。

在用于隔绝机器振动的减振台或减振地面时需要更加专业的设计，如果设计不当，造成减振系统的固有频率与机器的振动频率接近时，不但不能起到减振作用，还会使振动加大，甚至损坏机器及楼板结构。

楼板撞击声隔声是建筑中最难处理的隔声部分之一（图 14-21～图 14-23）。使用玻璃棉减振垫层上面现浇混凝土的做法可以获得 20～30 dB 以上的撞击声隔声效果。对于住宅，由于层高所限，一般的做法是使用 2.5 cm 厚（压缩后为 2 cm 左右）96～150 kg/m³ 的离心玻璃棉做垫层，上铺一层塑料布或 1 mm 聚乙烯泡沫做防水层，再灌注 4 cm 厚的混凝土形成浮筑地板。这种做法已经在北京格林小镇房地产开发中得以应用，效果非常好，经实测，普通水泥地面的 $L_{pn,w}$=78 dB，这种浮筑地板的 $L_{pn,w}$=56 dB，隔声性能提高了 22 dB。在有楼板隔声要求的公建中，如演播室、录音室或上部房间为球馆及迪斯科舞厅的地板做法是，使用 5 cm 厚（压缩后为 4.5 cm 左右）150~200 kg/m³ 的离心玻璃棉做垫层，上铺一层塑料布或 1 mm 聚乙烯泡沫做防水层，再灌注 8~10 cm 厚的混凝土。经实测，这种地面做法的 $L_{pn,w}$ 达到 44 dB，隔声性能提高了 34 dB。

使用离心玻璃棉做浮筑地板时需非常注意几个问题。一是玻璃棉容重不能过低，否则玻璃棉将被压实，失去回弹性，无法起到减振效果。二是整体式刚性浮筑面层要有足够的强度（混凝土必须配筋）和必要的分缝，防止地面断裂，可以采用 ϕ6 的钢筋间距 20 cm 排列；配筋时，必须防止刺破防水层而造成混凝土浇灌时玻璃棉渗水。还有一点是，不能出现两层地面之间的硬连接，如水管、钢筋等，这样会导致声桥传声；浇灌地面与墙面连接处应使用玻璃棉、橡胶垫隔开，防止墙体将两层地面连接在一起。

3）弹性隔声吊顶

在楼板下做隔声吊顶以减弱楼板向接收空间辐射的空气声。吊顶必须是封闭的。若楼上房间楼板上有较大的振动，如人员的活动、机器振动或敲击等，在楼下做隔声吊顶时需要采用弹性吊件，否则振动会通过刚性的吊杆传递给到吊顶，再将声音辐射到房间中。这种吊顶做法叫作弹性吊顶系统。同样，如果房间内的噪声很大，会引起顶棚较大振动。为了隔绝传

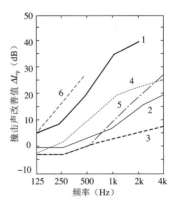

图 14-21 几种弹性地面的撞击声改善值

1—6 厚甘蔗板加 1.7 厚 PVC 塑料面（或 3 厚油地毡）；2—干铺 3 厚油地毡；3—干铺 1.7 厚 PVC 塑料地面；4—30 厚细石混凝土面层加 17 厚木屑垫层；5—10 厚矿棉垫层；6—厚地毯

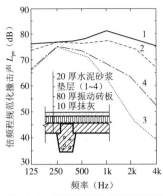

图 14-22　浮筑楼板不同浮筑垫层的隔
声性能比较
1—无垫层；2—40厚炉渣混凝土；
3—8厚纤维板；4—8厚纤维板，地面
与踢脚有刚性连接

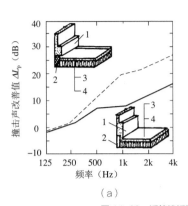
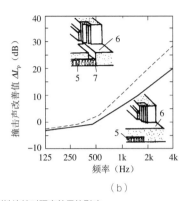

图 14-23　浮筑楼板刚性连接对隔声效果的影响
（a）浮筑面层与水泥踢脚板之间；（b）浮筑楼板与门槛之间
1—踢脚；2—130厚甘蔗板；3—面层；4—170厚木屑垫层；5—10厚矿渣棉；
6—门槛；7—凿开

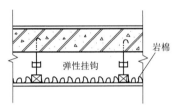

图 14-24　一种隔声吊顶的构造方案

递给顶棚的振动，也需要使用弹性隔声吊顶。

　　设计弹性隔声吊顶时，必须根据声源的频率特性对弹性吊件及其吊顶系统进行减振计算，使系统固有频率远小于声源的振动频率的 $\frac{1}{\sqrt{2}}$ 倍，尽量减少振动的传递。弹性吊竿的弹簧弹性应适中，过硬将失去弹性，成为刚性连接，不能起到减振作用；亦不能过软，防止吊顶荷载分布不均匀时，吊顶的整体性和平整性受到影响（图 14-24）。

4）房中房

　　房中房是隔声隔振效果最好的一种建筑形式，即在房间中再建一个房间，内层房间位于在弹簧或其他减振设备上，四周墙壁及顶棚与外部房间之间没有任何连接。房间之间形成空气层，不但有利于空气声的隔声，而且有利于隔离撞击产生的声音。若采用良好的隔声门（或声闸），空气声标准计权隔声量可以达到 70 dB，撞击声标准计权隔声量可低于 35 dB。选择房中房使用的弹簧或弹性材料，需认真计算荷载和静态下沉量，尽可能降低内层房间与弹簧系统的共振频率。

5）柔性连接

　　为防止设备振动传递到与其连接的建筑结构上，需要采用柔性连接。振动传递具有刚性越强传递的振动衰减越小的特点。例如，在风机与风道连接时，为防止振动随风道传递出去，在接口处使用帆布或橡胶片作为柔性连接。水泵的喉管与管道连接时，常采用一小段橡胶或金属软接管作为柔性连接，降低水泵的振动延管道传播。柔性连接不但要满足减振的要求，还要具有抗压，密封、耐劣化等相关特性。

14.4　民用建筑隔声设计

　　从建筑设计角度，隔声设计主要是运用整体规划布局、功能平面分区、建筑材料控制、设备隔声减振处理等手段，使建筑室内达到满足使用功能的噪声限值和声音私密性。

根据不同类型的建筑要求，相关标准给出了相应的隔声指标，是隔声设计重要的目标参考。这些标准有《民用建筑隔声设计规范》GB 50118—2010、《绿色建筑评价标准》GB/T 50378—2019、《健康建筑评价标准》T/ASC 02—2016 等。隔声指标主要包括两类，一类是室内应满足的噪声限值，目的是为建筑使用者创造所需的安静环境；另一类是围护结构隔声性能指标，目的是防止临近房间之间的相互干扰，保障空间的私密性。

为了降低外界噪声的干扰，在总平面设计上，噪声敏感的民用建筑，如住宅、学校、医院、旅馆、办公建筑、会议中心等，应尽可能避开或远离噪声源，尤其是机场、铁路线、城市轨道、车站、港口、码头等存在显著噪声影响的设施。应充分利用绿化隔离带的缓冲、有利地形（如堆坡、地面高差等）的遮蔽，以及噪声不敏感建筑物的阻挡等条件，进一步降低噪声传入，必要时，可采取隔声屏障措施。

为了降低区域内部的噪声干扰，产生较大噪声的建筑服务设施，如锅炉房、水泵房、变压器室、制冷机房等宜单独设置在噪声敏感建筑之外。如条件所迫不得不设置在建筑物内，宜将此类噪声设备机房置于地下，但不宜与建筑主体毗邻或设在主体建筑下。冷却塔、热泵机组等应设置在对噪声敏感建筑影响较小的位置，若设置在楼顶或裙楼房顶上时，还用设计必要的隔声减振措施。

在进行建筑设计之前，应对环境和建筑物内外的噪声源做详细的调查和核定，若通过上述防噪间距、平面布置等综合考虑后，仍不能达到室内噪声限值的要求时，应采取建筑构造上的隔声防噪措施。

14.4.1　住宅隔声

住宅是人们日常生活和休息最重要的场所，八小时工作之外，人们每天很大一部分时间是在居家度过的。住宅隔声设计一方面是防噪，防止噪声对生活、睡眠的干扰，另一方面是为邻里间提供私密、和谐的声环境。

防噪设计应注意如下问题：

①当住宅位于交通干线或其他高噪声环境区域时，应根据外界噪声状况以及室内安静允许的指标限值见《民用建筑隔声设计规范》GB 50118—2010，合理确定建筑外墙、外窗、外门的设计隔声量，并相应选用切实可行的材料及构造。

②平面设计上，户与户之间（含水平和垂直），应将噪声敏感程度近似的房间相邻布置，如卧室（起居室）对卧室（起居室）或厨卫对厨卫。

③电梯井不应与卧室或起居室紧邻布置。电梯运行时，井道会产生较严重的结构声传播，应利用走廊、过道、厨房、卫生间等噪声不敏感房间形成降噪过渡空间。

④当厨房、卫生间与卧室、起居室相邻时，厨房、卫生间内的管道、设备等有可能传声的物体，不宜设在两者共用隔墙上，对固定于墙上且可能引起传声的管道等物件，应采取有效的减振、隔声措施。

⑤主卧室内卫生间使用水流冲击噪声大的 PVC 排水管道时（包括横管和竖管），均应做隔声包覆处理，或采用同层排水技术，以降低楼上住户排水噪声的干扰。

⑥卧室或起居室设计有风机或风机盘管等暖通设备时，建筑设计阶段应控制选用低噪声产品，或提出科学合理的降噪措施，以达到室内噪声限值的要求。

私密性设计应注意：

①分户墙不隔声将造成相邻住户日常生活的严重干扰，分户墙隔声指标必须满足隔声设计规范的要求。利用重墙隔声量高的特性，宜将承重墙设计为分户墙。采用轻质填充隔墙时，应选用隔声指标达标的材料和构造。

②分户楼板仅采用光裸混凝土楼板是不能达到楼层间撞击声隔声要求的。建筑设计中应考虑采用木地板装修面层或浮筑楼板做法等提高楼板的撞击声隔声能力。

③从隔声角度考虑，住宅设计应尽量避免采用

玻璃幕墙作为外围护结构，因为户间隔墙与玻璃幕墙交接处，或分户楼板与玻璃幕墙交界处，容易形成缝隙漏声，造成相邻户与户之间的"侧向传声"。

④相邻两户间的排烟、排气通道，宜采取防止相互串声的措施。

⑤施工的影响在设计也是应考虑在内，如对分户墙上施工洞口或剪力墙抗震设计所开洞口的封堵，应采用满足分户墙隔声设计要求的材料和构造；

14.4.2 旅馆客房隔声

旅馆客房与住宅的卧室类似，既需要安静，也需要私密性。随着人们对旅行品质需求的日益提高，客房的隔声越来越受到旅客的关注，隔声不良令人烦恼，甚至造成住客的投诉。

旅馆客房隔声设计应重点关注以下几个方面：

1）降低交通噪声干扰

合理地设计外窗的隔声量，防止临街客房受到噪声干扰。距离机场、铁路较近时，声源的噪声级高、低频成分大，不仅需要加强外窗的隔声设计，还需考虑围护外墙的隔声能力。从隔绝外界噪声角度而言，应尽量避免使用隔声性能有限的玻璃幕墙结构。

2）降低商业噪声的干扰

旅馆建筑内或邻近设置有酒吧、KTV、娱乐中心等噪声级较高的商业场所时，建筑设计必须考虑加强隔声处理，甚至进行隔声专项设计，保证客房免遭这些噪声打扰。

3）降低设备设施噪声

建筑平面设计分区应考虑到噪声影响。产生噪声或振动的房间或设备设施，如餐厅、厨房、停车场、机房、电梯井、冷却塔、排风机、变电器等，尽量远离酒店客房、会议室等需要安静的放房间，并应对设备采取隔声、隔振措施。

4）降低客房内设备噪声

客房内的风机盘管开启时常常成为室内主要噪声源之一，影响旅客的休息住宿。在设计时，应尽可能控制采用满足客房室内限值的低噪声产品，或根风机盘管的噪声情况，合理地采取消声降噪措施。

5）保证客房与客房之间的隔声私密性

为了降低荷载、扩大使用面积，旅馆客房之间的隔墙常常采用轻薄型的分隔墙，一旦处理不当容易造成隔声问题，出现相邻客房旅客的声干扰，令人不快。隔声达需到 45 dB 限值时，至少应采用单排轻钢龙骨双面双层纸面石膏板墙（或其他达标隔墙）隔声构造，需到 50 dB 限值时，至少应采用双排轻钢龙骨三面双层纸面石膏板墙（或其他达标隔墙）隔声构造。设计阶段，应考虑防止漏声因素造成的隔声下降，如：隔墙未砌到结构顶棚形成孔洞缝隙、施工洞封堵不严、隔墙两侧电源盒采用未错开的背对背布置方式造成贯通传声、配电箱或其他嵌在墙体里的配套构件形成的局部隔声薄弱，以及玻璃幕墙与客房墙体或楼板连接处缝隙处理不当等。

走廊两侧布置客房时，相对客房门错开设置有利于降低对门之间的声传递，而且走廊使用吸声吊顶，能够进一步降低客房之间经走廊传播的声音。

旅馆客房和走廊常采用地毯，能够较好地改善楼板撞击声隔声问题。当客房采用硬质地面时，如混凝土地面、水磨石地幔、瓷砖地面等，应考虑有效的楼板撞击声隔声设计。

14.4.3 办公建筑隔声

办公建筑中的噪声敏感房间主要为办公室和会议室。我国针对酒店中建筑构件的隔声限值在《民用建筑隔声设计规范》GB 50118—2010 中有明确的规定。办公建筑的总体布局应利用对噪声不敏感的用房遮挡噪声源，减少噪声对办公用房的影响。办公室和会议室的相邻房间及上层房间不宜布置产生高噪声的房间。

特别需要注意的是相邻办公室之间的隔墙应延伸到吊顶高度以上，并于承重楼板相连，不留缝隙。办公室、会议室的墙体或楼板有管线穿过时，应在孔洞周边采取密封隔声措施。固定于墙面可能引起结构噪声的管道应采取隔振措施。隔墙中的电气插座、配电箱或嵌入墙内对墙体构造损伤的配套构件，在背对背设置时应相互错开位置，并应对所开的孔洞有相应的隔声封堵措施。

现在很多办公建筑采用了玻璃幕墙作为外围护结构，幕墙与办公室、会议室隔墙及楼板连接时，应采用符合分室墙隔声要求的构造，并且应特别注意采用防止相互传声的封堵隔墙措施。

14.4.4　工业建筑隔声

工业建筑中的隔声通常是对机器设备等噪声源在传播途径中进行阻格遮挡，从而达到保护敏感点、降低噪声干扰的作用。

从噪声传播形式来讲，工业建筑中的噪声可分为空气声和固体声。空气声一般包括发动机排气声、通风机进排风噪声、振动设备表面辐射到空气中的声波等。固体声一般包括设备锤击地面、机器运转激发地面的弯曲振动产生噪声等。辨明两种不同特征的噪声将有助于采取不同的隔声措施。比如重质密实的钢筋混凝土楼板对隔离空气声效果很好，但对固体声的隔离效果很差；橡胶垫、地毯等对降低空气声的效果很差，但是对固体声则有较好的隔声效果。

工业建筑的厂房通常为高噪声场所，所以必须对与其相邻的值班室和控制室进行隔声处理。对厂房的隔声处理通常采用围护结构隔声和声源隔绝两类：围护结构隔声是指利用围护结构，即墙体、顶棚、门窗进行隔声处理，防止噪声对外传播。需要注意的是，隔声处理必须与工业生产工艺相结合，如通风散热、换液换气、维护检修，甚至排烟泄爆等，因此常需要设计合理有效的通风消声通道，而且对隔声材料的重量也有一定的限值；二是声源隔

绝，即对高噪声设备增加封闭或半封闭式的隔声罩。如果有露天的高噪声设备，通常也采取增加封闭或半封闭式的隔声罩的方式。隔声罩的设计也应考虑通风散热、设备检修等工艺要求。

14.5　隔声量计算

14.5.1　组合隔声量

当墙上有门窗时，因门窗的隔声量比墙低，因此整体隔声量下降。组合墙体隔声量与墙和门的隔声量、面积有关。一般来讲，墙比门的隔声量最多高 10 dB 为好，墙体隔声量再高，由于门的影响，组合隔声量也不会提高。计算组合隔声量的公式是：

$\tau=\dfrac{\tau_\text{w}\cdot S_\text{w}+\tau_\text{d}\cdot S_\text{d}}{S_\text{w}+S_\text{d}}$，其中 τ 是组合墙的透射系数，τ_w 是墙体的透射系数，τ_d 是门的透射系数，S_w 是墙的面积，S_d 是门的面积。

透射系数 τ 和隔声量 R 的关系是：$\tau=10^{-\frac{R}{10}}$。

【例题 14-1】 某墙隔声量 $R_\text{w}=50$ dB，面积 $S_\text{w}=18$ m²，墙上一门，其隔声量 $R_\text{d}=20$ dB，面积 2 m²，求其组合墙隔声量。

【解】 组合墙平均透射系数为：

$$\tau=\frac{\tau_\text{w}\cdot S_\text{w}+\tau_\text{d}\cdot S_\text{d}}{S_\text{w}+S_\text{d}}$$

其中：$R_\text{w}=50$ dB，$\tau_\text{w}=10^{-\frac{R_\text{w}}{10}}=0.000\,01$，$R_\text{d}=20$ dB，$\tau_\text{d}=10^{-\frac{R_\text{d}}{10}}=0.01$

故，$\tau=\dfrac{0.000\,01\times20+0.01\times2}{18+2}=0.001\,01$

故，

$$R=10\lg\frac{1}{\tau}=10\lg\frac{1}{0.001\,01}=10\lg 990.1\approx30\text{ dB}$$

则该组合墙的隔声量为 30 dB。

由例题可以看出，墙上有门时，如果门的隔声

量不高，墙的隔声量即便很高，组合隔声量也不会高。墙上设计有门时，最合理的隔声设计是两者透射量相等。即 $\tau_w \cdot S_w = \tau_d \cdot S_d$。从经济角度来讲，通常，墙的隔声量略大于门即可，最大可不超过 10 dB。

14.5.2 两房间之间降噪量的计算

两房间之间噪声的降低量 D，不但和房间之间隔墙的隔声量 R 有关，还与隔墙的面积 S 及接收房间室内的吸声量 A 有关。隔墙的隔声量 R 越高，隔墙的面积 S 越小，接收房间室内的吸声量 A 越大，降噪效果越好。降噪公式为：$D = R + 10\lg \dfrac{A}{S}$。

【例题 14-2】 甲乙两室相邻，隔墙面积 S 为 9.6 m²。甲室有一气泵，发出 L_1=100 dB 的噪声。乙室为一休息房间，体积 V=240 m³，混响时间为 T=0.4 s，允许噪声 L_2 为 40 dB，问该隔墙隔声量应为多少？

【解】 需要的降噪量 $D = L_1 - L_2 = 100 - 40 = 60$ dB。

接收房间的吸声量为

$$A = \frac{0.161V}{T} = \frac{0.161 \times 240}{0.4} = 96.6 \text{ m}^2$$

根据公式 $D = R + 10\lg \dfrac{A}{S}$，有

$$R = D - 10\lg \frac{A}{S} = 60 - 10\lg \frac{96.6}{9.6} \approx 50 \text{ dB}$$

则该隔墙需要至少 50 dB 的隔声量。

思考题与习题

1. 什么是质量定律？

2. 什么是吻合效应？在隔声构件中应如何避免或减小吻合效应对隔声的影响？

3. 什么是等传声量设计原则？

4. 为什么使用标准计权隔声量 R_w？

5. 什么是 32 分贝原则？

6. 有一隔墙的隔声量为：频率 (Hz) 100 125 160 200 250 315 400 500 630 800 1k 1.25k 1.6k 2k 2.5k 3.15k

隔声量 (dB) 29 33 38 42 45 44 48 48 51 53 55 56 57 56 51 47

请画出隔声频率曲线，并求出标准计权隔声量 R_w（精确到 1 dB）。（纵坐标每 1 cm 为 5 dB，横坐标每 1.5 cm 为一个倍频程）

7. 一面隔墙，尺寸为 3 m×9 m，其隔声量为 50 dB，如果在墙上开了一个尺寸为 0.8 m×1.2 m 的窗，其隔声量为 20 dB，而窗的四周有 10 mm 的缝隙，该组合墙体的隔声量将为多少分贝？

8. 120 mm 厚的混凝土墙面上凿了一个 110 mm 深的电源盒，面积约为墙的 2%，隔声量会 _____。答：[ ]

    A. 较大下降   B. 下降很少，约 2%

    C. 不会下降   D. 下降为零

9. 以下使用两层 12 mm 厚纸面石膏板的隔墙构造中，空气声隔声性能最好的是 _____。答：[ ]

    A. 两层纸面石膏板叠合钉在轻钢龙骨的一侧

    B. 一边一层纸面石膏板钉在轻钢龙骨的两侧

    C. 两层纸面石膏板叠合钉在轻钢龙骨的一侧，龙骨内填玻璃棉

    D. 一边一层纸面石膏板钉在轻钢龙骨的两侧，龙骨内填玻璃棉

10. 关于建筑隔声的论述中，下列 _____ 是错误的。答：[ ]

    A. 240 mm 厚的砖墙，其各频带隔声量的平均被称为 R_w，约为 53 dB

    B. 墙的单位面积质量越大，空气声隔声效果越好

    C. 墙的面积越大，空气声隔声量越大

    D. 轻钢龙骨纸面石膏板隔墙空气声隔声量与空气层厚度无关

第15章 Chapter 15 Noise Nuisance and Abatement
噪声的危害及降低

15.1 噪声的危害

在人们每天从事工作、休息或学习等活动时，凡使人思想不集中、烦恼或有害的各种声音，都被认为是噪声。作为一个标准定义是：凡人们不愿听的各种声音都是噪声。因此，即使是语言声或音乐声，当不愿意听时，也可以认为是噪声。一个人对一种声音是否愿意听，不仅取决于这种声音的响度，而且取决于它的频率、连续性、发出的时间和信息内容，同时还取决于发出声音的主观意愿以及听到声音的人的心理状态和性情。一首优美的歌曲对欣赏者是一种享受，而对一个下夜班需要休息的人则是引起反感的噪声。交通噪声在白天人们还可以勉强接受或容忍，而对夜间需要休息的人则是无法忍受的。

噪声的危害是多方面的，它可以使人听力衰退，引起多种疾病，同时，还影响人们正常的工作与生活，降低劳动生产率，特别强烈的噪声还能损坏建筑物，影响仪器设备的正常运行。

15.1.1 听力损伤

人们在强噪声环境下暴露一段时间会出现听力下降现象，但是到安静的环境待一段时间，听觉就会恢复原状，这个现象叫作暂时性听阈偏移（TTS），也叫听觉疲劳。然而，长年累月在高噪声环境下工作，持续不断受强噪声刺激，则听觉有可能不能复原，甚至导致内耳感觉器官发生器质性病变，由暂时性听阈偏移变成永久性听阈偏移（PTS），这就是噪声性听力损失或噪声性耳聋。噪声性耳聋的问题其实在很久以前就有铁匠聋、铜匠聋的报道，但大家都不注意这些人群，直到第二次世界大战以后很多人从战场上下来发现耳聋情况严重，才开始注意。ISO 1964 年的规定，以 500 Hz、1k Hz、2k Hz 频率上听力损失平均值超过 25 dB 作为听力损伤的起点。该听力损伤临界值表示语言听力发生轻度障碍的起点，即某人的听力损失超过这一临界值，则将该人视为发生听力损伤或称噪声性耳聋，简称噪声聋，这一级称为轻度聋，听力损失 40~55 dB 的称为中度聋，听力损失 55~70 dB 的称为显著聋，听力损失 70~90 dB 的称为重度聋，听力损失 90 dB 以上的称为极度聋。

15.1.2 噪声对神经系统的影响

长期在噪声环境下工作和生活的人，常常会发生头疼、昏晕、脑涨、耳鸣、失眠、多梦、嗜睡、心悸、全身疲乏、记忆力衰退等症状。这些症状，在医学上俗称神经衰弱症候群。

噪声作用于人的中枢神经系统，引起大脑皮层的兴奋和抑制平衡失调，导致条件反射异常、脑血管受损害、脑电位改变、神经细胞边缘出现染色质的溶解，严重的会引起渗出性出血灶。这些生理学变化，如果是短期接触噪声引起的，可以在 24 h 内复原，但如果噪声长期作用，将形成牢固的兴奋灶，累及植物神经系统，产生病理学影响，导致神经衰弱症。

噪声对机体的长期刺激，可使大脑和丘脑下部交感神经兴奋。当这个现象反复发生时，兴奋所导致的疲劳性影响将累及大脑皮质功能。国内外大量的资料表明，如果长期在 85 dB（A）以上的噪声环境下工作，工人的脑电反应、工作效率、睡眠状态会出现不利影响。噪声的反复持续作用将影响大脑不同部位血脑屏障的通透性，而且影响大脑结构含磷大分子的能量代谢过程，可能影响中枢神经系统的功能状态。

15.1.3 噪声对心血管系统的影响

噪声可导致交感神经紧张、心率加快、心律不齐、心肌结构损伤、心电图异常等，甚至引起心律失常、高血压、冠心病、血管痉挛、急性心肌梗死。

有人研究了不同声级的白噪声对血压的影响，发现在 90 dB 的白噪声作用下，出现血压升高、心脏收缩次数增加。对噪声接触工人和非接触工人血脂水平进行调查，结果表明接触组血清总胆固醇（TC）和三酰甘油（TG）与对照组相比有显著性差异，并随接触噪声强度和接触噪声工龄的增加而增高，存在剂量－反应关系。噪声导致 TC 增高，而 TC 增高是心血管发病的危险因素，故 TC 的升高有可能是噪声致心血管疾病的原因之一。近年来还发现，高噪声，尤其是间歇性突发噪声对心房和心室心肌细胞有显著的 DNA 损伤。

15.1.4 噪声对消化系统、视觉器官、内分泌系统等的影响

有调查研究发现，接触噪声的工人极易发生胃功能紊乱，表现为食欲不振、恶心、吃饭不香、无力、

消瘦以及体质减弱等。

虽然噪声直接作用于听觉器官，但可能通过神经传入系统的相互作用，引起其他一些感觉器官功能状态发生变化，如视觉。调查发现，长期在噪声环境下工作的工人，由于听觉器官受损伤，常常出现眼痛、眼花、视力减退等症状。现代解剖生理学认为，来自人体感觉器官的向心传导，均会通过间脑的丘脑和丘脑下部，该部位正是植物性神经中枢辨别外来刺激的神经结构。因此，当刺激任一感受器官时，除了其固有的反应外，也会使其他感觉器官出现反应。视觉在噪声影响下所出现的变化，也是噪声对中枢神经系统产生综合作用的客观反映。

对于内分泌系统，医学界认为，在噪声环境下工作的病人体内物质代谢被破坏，血液中的油脂和胆固醇升高，甲状腺活动增强并有轻度肿大。

15.2 噪声的评价

噪声评价是对各种环境条件下的噪声作出其对接收者影响的评价，并用可测量计算的评价指标来表示影响的程度。噪声评价涉及的因素很多，它与噪声的强度、频谱、持续时间、随时间的起伏变化和出现时间等特性有关；也与人们的生活和工作的性质内容和环境条件有关；同时与人的听觉特性和人对噪声的生理和心理反应有关；还与测量条件和方法、标准化和通用性的考虑等因素有关。早在 20 世纪 30 年代，人们就开始了噪声评价的研究。自那时以来，先后提出上百种评价方法，被国际上广泛采用的就有二十几种。现在的研究趋势是如何合并和简化。下面介绍常用的几种噪声评价方法及其评价指标：

15.2.1 A声级 L_A（或 L_{pA}）

这是目前全世界使用最广泛的评价方法，几乎所

有的环境噪声标准均用 A 声级作为基本评价量，它是由声级计上的 A 计权网络直接读出，用 L_A（或 L_{pA}）表示，单位是 dB（A）。A 声级反映了人耳对不同频率声音响度的计权，其计权特性见第 11.9 节。

长期实践和广泛调查证明，不论噪声强度是高是低，A 声级皆能较好地反映人的主观感觉，即 A 声级越高，觉得越吵。此外 A 声级同噪声对人耳听力的损害程度也能对应得很好。

用下列公式可以将一个噪声的倍频带（或 1/3 倍频带）谱转换成 A 声级：

$$L_A = 10\lg\sum_{i=1}^{n}10^{(L_i+A_i)/10} \quad dB(A) \qquad (15-1)$$

式中　L_i——倍频带（或 1/3 倍频带）声压级，dB；

A_i——各频带声压级的修正值，dB。其值可由表 15-1 查出。

表 15-1　倍频带中心频率对应的 A 计权响应特性（修正值）

倍频带中心频率（Hz）	A 计权响应（相对 1 000 Hz）/dB	倍频带中心频率（Hz）	A 计权响应（相对 1 000 Hz）（dB）
31.5	−39.4	1 000	0
63	−26.2	2 000	+1.2
125	−16.1	4 000	+1.0
250	−8.6	8 000	−1.1
500	−3.2		

对于稳态噪声，可以直接测量 L_A 来评价。

15.2.2　等效连续 A 声级（简称"等效声级"）L_{eq}（或 L_{Aeq}）

对于声级随时间变化的起伏噪声，其 L_A 是变化的，不能直接用一个人值来表示。因此，人们提出了等效声级的评价方法，也就是在一段时间内能量平均的方法：

$$L_{eq}=10\lg\left[\frac{1}{t_2-t_1}\int_{t_1}^{t_2}10^{L_A(t)/10}\,dt\right] \quad dB(A) \quad (15-2)$$

式中　$L_A(t)$——随时间变化的 A 声级。等效声级的概念相当于用一个稳定的连续噪声，其 A 声级值为 L_{eq}，来等效起伏噪声，两者在观察时间内具有的能量相同。

一般在实际测量时，多半是间隔读数，即离散采样的，因此，上式可改写为：

$$L_{eq}=10\lg\left[\frac{1}{\sum\limits_{i=1}^{N}T_i}\sum_{i=1}^{N}T_i\cdot10^{L_{Ai}/10}\right] \quad dB(A) \quad (15-3)$$

式和 L_{Ai} 是第 i 个 A 声级测量值，相应的时间间隔为 T_i。N 为样本数。

当读数时间间隔相等时，即 T_i 都相同时，则上式变为：

$$L_{eq}=10\lg\left[\frac{1}{N}\sum_{i=1}^{N}10^{L_{Ai}/10}\right] \quad dB(A) \quad (15-4)$$

建立在能量平均概念上的等效连续 A 声级，被广泛地应用于各种噪声环境的评价。

但它对偶发的短时的高声级噪声的出现不敏感。例如，在寂静的夜间有为数不多的高速卡车驰过，尽管在卡车驶过时短时间内声级很高，并对路旁住宅内居民的睡眠造成了很大干扰，但对整个夜间噪声能量平均得出的 L_{eq} 值却影响不太大。

15.2.3　昼夜等效声级 L_{dn}

一般噪声在晚上比白天更容易引起人们的烦恼。根据研究结果表明，夜间噪声对人的干扰约比白天大 10 dB 左右。因此，计算一天 24 小时的等效声级时，夜间的噪声要加上 10 dB 的计权，这样得到的等效声级称为昼夜等效声级。其数学表达式为：

$$L_{dn}=10\lg\left[\frac{1}{24}(15\times10^{L_d/10}+9\times10^{(L_n+10)/10})\right] \quad (15\text{-}5)$$

式中　　L_d——为白天（07:00—22:00）的等效声级，
dB(A)；

　　　　L_n——为夜间（22:00—7:00）的等效声级，
dB(A)。

15.2.4　累积分布声级 L_N

实际的环境噪声并不都是稳态的，比如城市交通噪声，是一种随时间起伏的随机噪声。对这类噪声的评价，除了用 L_{eq} 外，常常用统计方法。累积分布声级就是用声级出现的累积概率来表示这类噪声的大小。累积分布声级 L_N 表示测量时间的百分之 N 的噪声所超过的声级例如 $L_{10}=70$ dB，表示测量时间内有 10% 的时间超过 70 dB，而其他 90% 时间的噪声级低于 70 dB。换句话说，就是高于 70 dB 的噪声级占 10%，低于 70 dB 的声级占 90%。通常在噪声评价中多用 L_{10}，L_{50}，L_{90}。L_{10} 表示起伏噪声的峰值，L_{50} 表示中值，L_{90} 表示背景噪声。英、美等国以 L_{10} 作为交通噪声的评价指标，而日本用 L_{50}，我国目前用 L_{eq}。

当随机噪声的声级满足正态分布条件，等效声级 L_{eq} 和累积分布声级 L_{10}，L_{50}，L_{90} 有以下关系：

$$L_{eq}=L_{50}+\frac{(L_{10}-L_{90})^2}{60} \quad \text{dB(A)} \quad (15\text{-}6)$$

15.2.5　噪声评价曲线 NR 和噪声评价数 N

噪声评价曲线（NR 曲线）是国际标准化组织 ISO 规定的一组评价曲线，见图 15-1。

图 15-1 中每一条曲线用一个 N 或 NR 值表示，确定了 31.5~8 000 Hz 9 个倍频带声压级值 L_p。也可以通过下式近似计算对应于 N 值的各个倍频带的 L_p：

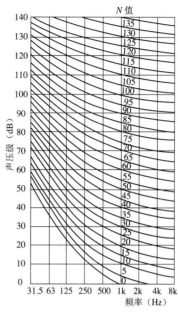

图 15-1　噪声评价曲线 NR

$$L_p=a+bN \quad \text{(dB)} \quad (15\text{-}7)$$

式中　a, b 为常数，其数据见表 15-2。

表 15-2　a, b 数值表

倍频带中心频率（Hz）	a (dB)	b (dB)
63	35.5	0.790
125	22	0.870
250	12	0.930
500	4.8	0.974
1 000	0	1.000
2 000	-3.5	1.015
4 000	-6.1	1.025
8 000	-8.0	1.030

用 NR 曲线作为噪声允许标准的评价指标，确定了某条曲线作为限值曲线，就要求现场实测的噪声的各个倍频带声压级值不得超过由该曲线所规定的声压级值。例如剧场的噪声限值定为 NR25，则在空场条件下测量背景噪声（空调噪声、设备噪声、室外噪声的传入等），63 Hz，125 Hz，250 Hz，500 Hz，1k Hz，2k Hz，4k Hz 和 8k Hz 8 个倍频带声压级分别不得超过 55 dB，43 dB，35 dB，29 dB，25 dB，21 dB，19 dB 和 18 dB。

和 NR 曲线相似的有 NC 曲线，其评价方法相同，但曲线走向略有不同。NC 曲线以及后来对其做了修改的 PNC 曲线适用于评价室内噪声对语言的干扰和噪声引起的烦恼。NR 曲线是在 NC 曲线基础上综合考虑听力损失、语言干扰和烦恼三个方面的噪声影响而提出的。

除了上述介绍的较为普遍使用的评价方法和评价指标外，常用的还有交通噪声指数 TNI，噪声污染级 NPL，语言干扰级 SIL，用于评价职业性噪声暴露的噪声暴露指数 D 等。飞机噪声和航空噪声评价是建立在感觉噪声级 PNL 基础上的一套较为复杂的体系。

15.3 噪声允许标准与法规

噪声的危害已如上述。对于声环境中的噪声允许到什么程度，即有害噪声需要降低到什么程度，这将涉及噪声允许标准问题。确定噪声允许标准，应根据不同场合的使用要求和经济与技术上的可能性，进行全面、综合的考虑。例如长年累月暴露在高噪声下作业的工人，听力会受到损害，大量的调查研究和统计分析得到：40 年工龄的工人作业在噪声强度为 80 dB 的环境下，噪声性耳聋（只考虑受噪声影响引起的听力损害，排除年龄等其他日素）的发生率为 0%；当噪声强度为 85 dB 时，发生率约为 10%，90 dB 时约为 20%，95 dB 时约为 30%。如果单纯从保护工人健康出发，工业企业噪声卫生标准的限值应定在 80 dB。但就现在的工业企业状况，技术条件和经济条件都不可能达到这个水平，世界上大多数国家都把限值定在 90 dB。如果暴露时间减半，允许声级可提高 3 dB，但任何情况下均不得超过 115 dB。

噪声允许标准通常由国家颁布的国家标准和由主管部门颁布的部颁标准及地方性标准。在以上三种标准尚未覆盖的场所，可以参考国内外有关的专业性资料。

我国现已颁布和建筑声环境有关的主要噪声标准有:《城市区域环境噪声标准》GB 3096—2008,《民用建筑隔声设计规范》GB 50118—2018，《工业企业噪声控制设计规范》GB/T 50087—2013，《工业企业厂界环境噪声排放标准》GB 12348—2008,《建筑施工场界环境噪声排放标准》GB 12523—2011，《铁路边界噪声限值及其测量方法》GB 12525—90，《机场周围飞机噪声环境标准》GB 9660—88 和卫生部与劳动部联合颁布的《工业企业噪声卫生标准》等。此外，在各类建筑设计规范中，也有一些有关噪声限值的条文 。

在《民用建筑隔声设计规范》GB 50118—2018 中规定了住宅、医院、旅馆和学校四类建筑的室内允许噪声级，见表 15-3。在《工业企业噪声控制设计规范》GB/T 50087—2013 中规定了工业企业厂区内各类用房的噪声标准。在《剧场建筑设计规范》JGJ 57—2016 中规定观众席背景噪声宜 ≤ $NR25$（甲等）和 ≤ $NR35$（乙等、丙等）。在《电影院建筑设计规范》JGJ 58—2008 中规定观众席噪声 ≤ 40 dB（A）（甲等、立体声影院）和 ≤ 45 dB（A）（乙等、丙等）。在《办公建筑设计规范》JGJ/T 67—2019 中规定办公用房、会议室、接待室的噪声 ≤ 55 dB（A），电话总机房、计算机房、阅览室噪声 ≤ 50 dB（A）。

表 15-4 中列出了不同类型建筑的室内允许噪声值，这些数值是不同的学者提出的建议值，不是法定的标准，可供噪声控制评价和设计时参考。

《声环境质量标准》GB 3096—2008 规定了不同城市区域室外环境噪声的最高限值，见表 15-5。标准条文中还规定，夜间突发的噪声，其最大值不准超过标准值 10 dB。

城市区域环境噪声的测量点选在居住或工作建筑物窗外 1 m。对于住宅，大量的测量统计表明，室外环境噪声通过打开的窗户传入室内，室内噪声级大致比室外低 10 dB。比较表 15-3 和表 15-5 就会发现，在 3 类区域（工业区）和 4 类区域（交通干线两侧），即

表 15-3　民用建筑室内允许噪声级　dB(A)

建筑类别	房间名称		时间	高要求标准	最低限
住宅	卧室、书房（或卧室兼起居室）		昼间 夜间	≤ 40 ≤ 30	≤ 45 ≤ 37
	起居室			≤ 40	≤ 45
办公	单人办公室、电视电话会议室			≤ 35	≤ 40
	多人办公室、普通会议室			≤ 40	≤ 45
商业	商场、商店、购物中心、会展中心			≤ 50	≤ 55
	餐厅			≤ 45	≤ 55
	员工休息室			≤ 40	≤ 45
	走廊			≤ 50	≤ 60
医院	病房、医护人员休息室		昼间 夜间	≤ 40 ≤ 35	≤ 45 ≤ 40
	诊室、手术室、分娩室			≤ 40	≤ 45
	入口大厅、候诊厅			≤ 50	≤ 55
	人工生殖中心净化区、化验室、分析实验室			≤ 40	
	洁净手术室			≤ 50	
	听力测听室			≤ 25	

建筑类别	房间名称		时间	特级	一级	二级
旅馆	客房		昼间 夜间	≤ 35 ≤ 30	≤ 40 ≤ 35	≤ 45 ≤ 40
	会议室、办公室			≤ 40	≤ 45	≤ 45
	多用途厅			≤ 40	≤ 45	≤ 50
	餐厅、宴会厅			≤ 45	≤ 50	≤ 55
学校	教学用房	语言教室、阅览室		≤ 40		
		普通教室、实验室、计算机房、音乐教室、琴房		≤ 45		
		舞蹈教室		≤ 50		
	教学辅助用房	教师办公室、休息室、会议室		≤ 45		
		健身房、教学楼中封闭的走廊（楼梯间）		≤ 55		

使环境噪声达到了标准要求,白天分别不大于65 dB（A）和 70 dB（A）,夜间不大于 55 dB（A）,建在这两类区域中的住宅、学校、医院和旅馆都有可能满足不了室内噪声限值;白天低于 40~50 dB（A）,夜间低于 30~40 dB（A）。这说明,不能将住宅、学校、医院和旅馆建在工业区和交通干线两侧,除非不开窗,这对一些全空调的旅馆有可能,而住宅、学校和医院不开窗是不行的。事实上,凡是建在交通干线两侧的住宅,居民普遍抱怨交通噪声的干扰。

表 15-4　各类建筑的室内噪声建议允许值

房间名称	允许的噪声 评价数 NR	允许的 A 声级 [dB(A)]
广播录音室	10~20	20~30
音乐厅、剧院的观众厅	15~25	25~35
电视演播室	20~25	30~35
电影院观众厅	25~30	35~40
体育馆	35~45	45~55
个人办公室	30~35	40~45
开敞办公室	40~45	50~55
会议室	30~40	40~50
图书馆阅览室	30~35	40~45

表 15-5　声环境质量标准 L_{eq} [dB(A)]

类别		适用区域	昼间	夜间
0 类		康复疗养区等需要特别安静的区域	50	40
1 类		居民住宅、医疗卫生、文化教育、科研设计、行政办公	55	45
2 类		商业金融、集市贸易，或居住、商业、工业混杂区	60	50
3 类		工业生产、仓储物流等工业区	65	55
4 类	4a 类	高速公路、一级公路、二级公路、城市快速路、城市主干路、城市次干路、城市轨道交通（地面段）、内河航道等两侧	70	55
	4b 类	铁路干线两侧	70	60

在住宅、学校、医院、旅馆、办公、商业等民用建筑中，使用者在日常使用活动中会产生相互间干扰的噪声。这个问题不是去制定噪声允许标准限制使用者日常生活产生的噪声，而是制定建筑隔声标准来保证相邻住户和房间之间有足够的隔声，以防止相互间的干扰。国家标准《民用建筑隔声设计规范》GB 50118—2018 中规定了住宅分户墙和楼板的空气声隔声标准和楼板撞击声隔声标准。

标准中既给出了建筑设计时选用构件的隔声性能指标要求（实验室构件测量值），也给出了建筑完成后现场需达到的隔声效果要求（现场房间之间测量值）。有些指标又分为最低限要求和高标准要求两个级别，最低限要求是设计中必须达到的，高标准要求是设计师自行选用，或供设计委托方提出更高要求而给出的。如住宅隔声标准见表 15-6、表 15-7。

噪声控制一方面是工程技术问题，另一方面是行政管理问题，而行政管理的依据是噪声法规。噪声法规包括由全国人民代表大会及其常务委员会通过批准的法律、法令，以及由各级人民政府、政府职能管理部门颁布的条例、规定等政令。

为了保障在工业企业生产车间或作业场所中工人的身体健康，我国有关部门参考 ISO 标准，制定了《工业企业噪声卫生标准》。按此标准规定，凡新建或改、扩建企业按每天工作 8 小时，允许噪声为 85 dB（A），现有企业暂时达不到标准时，可适

表 15-6　住宅空气声隔声标准（dB）

类别	名称	指标评价量	高要求	最低限
构件	分户墙、分户楼板	R_w+C	> 50	> 45
	分隔住宅与非居住用途空间的楼板	R_w+C_{tr}	—	> 51
	交通干线两侧卧室、起居室（厅）的外窗	R_w+C_{tr}	—	≥ 30
	其他窗	R_w+C_{tr}	—	≥ 25
	外墙	R_w+C_{tr}	—	≥ 45
	户（套）门	R_w+C	—	≥ 25
	户内卧室墙	R_w+C	—	≥ 35
	户内其他分室墙	R_w+C	—	≥ 30
房间	卧室、起居室（厅）与临户房间之间	$D_{nt,w}+C$	≥ 50	≥ 45
	住宅与非居住用途空间分隔楼板上下房间之间	$D_{nt,w}+C_{tr}$	—	≥ 51
	相邻两户的卫生间之间	$D_{nt,w}+C_{tr}$	—	≥ 45

注：R_w、$D_{nt,w}$、C、C_{tr} 分别是按国家标准《建筑隔声评价标准》GB/T 50121—2005 确定的计权隔声量、计权标准化声压级差、粉红噪声频谱修正量、交通噪声频谱修正量。

表 15-7　住宅撞击声隔声标准（dB）

部位	类别	指标	高要求	最低限
卧室、起居室（厅）的分布楼板	构件（实验室测量）	$L_{n,w}$	< 65	< 75
	房间之间（现场测量）	$L_{n,w}$	≤ 65	≤ 75

注：$L_{n,w}$、$L_{n,w}$ 分别是按国家标准《建筑隔声评价标准》GB/T 50121—2015 确定的计权规范化撞击声压级、计权标准化声压级。

当放宽，但不得超过 90 dB（A）。对每天接触噪声不到 8 小时的工种，噪声标准可按接触噪声时间减半噪声限值增加 3 dB 相应放宽。

为了对工业企业及可能造成噪声污染的事业单位进行控制，我国还制定了《工业企业厂界环境噪声排放标准》GB 12348—2008。该标准根据可能被干扰的四类区域，规定了该工业企业单位的厂界允许噪声值（等效连续 A 声级）。测量点选在法定厂界外 1 m，高度 1.2 m 以上的噪声敏感处。如厂界有围墙，测点应高于围墙。

15.4 噪声控制的原则与方法

15.4.1 噪声控制原则

噪声污染是一种物理性的污染，它的特点是局部性和没有后遗症。噪声在环境中只是造成空气物理性质的暂时变化，噪声源的声输出停止以后，污染立即消失，不留下任何残余物质。噪声的防治主要是控制声源的输出和声的传播途径，以及对接收跳行保护。显然，如条件允许，首先在声源处降低噪声是最根本的措施。例如，打桩机在施工时严重影响附近住户，若对每个住宅采取措施，势必花费较多，而将打桩机由气锤式改为水压式，就可以彻底解决噪声干扰。又如，降低汽车本身发出的噪声，则会使沿街建筑的隔声处理较为简易。此外，在工厂中，改造有噪声的工艺，如以压延代替锻造，以焊接代替铆接等，都是从声源处降低噪声的积极措施。

1）对声源的具体噪声控制有两条途径

一是改进结构，提高其中部件的加工质量与精度以及装配的质量，采用合理的操作方法等，以降低声源的噪声发射功率。二是利用声的吸收、反射、干涉等特性，采取吸声、隔声、减振等技术措施，以及安装消声器等，以控制声源的噪声辐射。

采用各种噪声控制方法，可以收到不同的降噪效果。如将机械传动部分的普通齿轮改为有弹性轴套的齿轮，可降低噪声 15~20 dB；把铆接改为焊接；把锻打改为摩擦压力加工等，一般可降低噪声 30~40 dB。采用吸声处理可降低 6~10 dB；采用隔声罩可降低 15~30 dB；采用消声器可降低噪声 15~40 dB。对几种常见的噪声源采取控制措施后，其降噪声效果如表 15-8 所示。

表 15-8 声源控制降噪效果（dB）

声源	控制措施	降噪效果
敲打、撞击	加弹性垫等	10~20
机械转动部件动态不平衡	进行平衡调整	10~20
整机振动	加隔振机座(弹性耦合)	10~20
机械部件振动	使用阻尼材料	3~10
机壳振动	包裹、安装隔声罩	3~30
管道振动	包裹、使用阻尼材料	3~20
电机	安装消声器	10~20
烧嘴	安装消声器	10~30
进气、排气	安装消声器	10~30
炉膛、风道共振	用隔板	10~20
摩擦	润滑、提高光洁度、弹性耦合	5~10
齿轮啮合	隔声罩	10~20

2）在传声途径中的控制

①声在传播中的能量是随着距离的增加而衰减的，因此使噪声源远离安静的地方，可以达到一定的降噪的效果。②声的辐射一般有指向性，处在与声源距离相等而方向不同的地方，接收到的声音强度也就不同。低频的噪声指向性很差，随着频率的增高，指向性就增强。因此，控制噪声的传播方向（包括改变声源的发射方向）是降低高频噪声的有效措施。③建立隔声屏障或利用天然屏障（土坡、山丘或建筑物），以及利用其他隔声材料和隔声结构来阻挡噪声的传播。④应用吸声材料和吸声结构，将传播中的声能吸收消耗。⑤对固体振动产生的噪声采取隔振措施，以减弱噪声的传播。⑥在城市建设中，采用合理的城市防噪规划。

3）在接收点，为了防止噪声对人的危害，可采取以下防护措施

①佩戴护耳器，如耳塞、耳罩、防噪头盔等。②减少在噪声中暴露的时间。③根据听力检测结果，适当地调整在噪声环境中的工作人员。人的听觉灵敏度是有差别的，如在 85 dB 的噪声环境中工作，有人会耳聋，有人则不会。可以每年或几年进行一次听力检测，把听力显著降低的人员调离噪声环境。

合理地选择噪声控制措施是根据使用的费用、噪声允许标准、劳动生产效率等有关因素进行综合分析而确定的。在一个车间里，如噪声源是一台或少数几台机器，而车间内工人较多，一般可采用隔声罩。如车间工人少，则经济有效的办法是采用护耳器。在车间里噪声源多而分散，并且工人也多的情况下，则可采取吸声降噪措施；如工人不多，则可使用护耳器或设置供工人操作或值班的隔声间。

15.4.2　噪声控制的工作步骤

根据工程实际情况，一般应按以下步骤确定控制噪声的方案：

1）调查噪声现状，确定噪声声级。为此，需使用有关的声学测量仪器，对所设计工程的噪声源进行噪声测定，并了解噪声产生的原因与其周围环境的情况。

2）确定噪声允许标准。参考有关噪声允许标准，根据使用要求与噪声现状，确定可能达到的标准与各个频带所需降低的声压级。

3）选择控制措施。根据噪声现状与噪声允许标准的要求，同时考虑方案的合理性与经济性，通过必要的设计与计算（有时尚需进行实验）确定控制方案。根据实际情况可包括：总图布置、平面布置、构件隔声、吸声降噪与消声器等方面。

噪声控制设计的具体程序如图 15-2 所示。

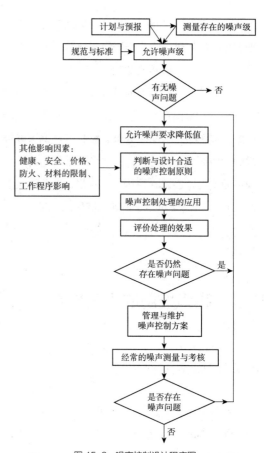

图 15-2　噪声控制设计程序图

15.4.3　城市噪声控制

1）城市噪声概述

城市噪声的影响早在 20 世纪 30 年代前后已引起人们的注意。1929 年美国密执安州庞蒂亚克城就制订了控制噪声的法令。1930 年美国纽约市首次进行了城市的噪声调查。1935 年德国制定了汽车噪声标准，第二次世界大战以后，随着现代工业、交通运输、城市建设的发展和城市规模与城市人口的增长，城市噪声污染日益严重。美国、苏联等一些国家从 20 世纪 60 年代到 70 年代的 10 年里，大城市的噪声提高了 10 dB。日本从 1966 年到 1974 年全国公害诉讼事件统计，噪声年年都占第一位，达事件总数的 30% 以上。20 世纪 80 年代中期以后的发达

国家，一方面因为城市化过程的完成和城市产业结构的变化，另一方面因为对城市噪声管理和控制的重视，城市噪声问题没有继续恶化。

在我国，20世纪50年代，人们还把工业噪声当作国民经济发展的标志："机器开动轰隆隆的响"；直到20世纪60年代中期，人们才开始认识到城市噪声问题，1966年春北京进行了第一次噪声调查。20世纪70年代环境保护工作提上了日程，城市噪声引起了广泛的关注。进入20世纪80年代以来，我国国民经济持续高速增长，城市化进程进入加速阶段，工业、交通运输和城市建设急剧发展，城市数量、规模和入口急剧增加，城市噪声已成为城市四大环境污染之一，引起了城市居民普遍的反应。从北京、上海、天津、广州等十几个城市的统计，噪声扰民的投诉占环境污染投诉事件总数的比例，十多年来一直接近1/2。城市噪声已引起了政府部门和有关专家学者的重视，制定了一系列的有关法规和标准，提出了一些控制措施，实施以后取得了一定的效果，但形势仍然相当严峻，需要足够的重视和不懈的努力。

2）城市噪声的来源

城市噪声来自交通噪声、工厂噪声、施工噪声和社会生活噪声。其中交通噪声的影响最大，范围最广。

（1）交通噪声

主要是机动车辆、飞机、火车和船舶的噪声。这些噪声源是流动的，影响面广。

城市区域内交通干道上的机动车辆噪声是城市的主要噪声，约占城市噪声的40%以上。城市交通干道两侧噪声级（k）可达65~75 dB（A），汽车鸣笛较多的地方可超过80 dB（A）。在我国，一方面交通干道噪声级高，80%的交通干道噪声超过标准限值70 dB（A）；另一方面在交通干道两侧盖住宅，尤其是高层住宅，有相当的普遍性，全国城镇人口约有16%居住在交通干道两侧，近年来，我国高速公路和城市高架道路建设发展很快，城市机动车辆

数量急剧增加，车辆噪声问题更趋严重。

道路交通噪声主要与车流量、车速和车种比（不同种类车辆如卡车、轿车等的比率）有关，也和道路状况如道路形式、宽度、坡度、路面条件等以及周围建筑物、绿化和地形状况等有关。图15-3给出了不同车种不同车速时的噪声级的范围。

当航线不穿越市区上空时，飞机噪声主要是指飞机在机场起飞和降落时对机场周围的影响，它和飞机种类、起降状态、起降架次、气象条件等因素有关。图15-4是一架B747飞机起降时的噪声影响区域。飞机和机场噪声在一些发达国家是主要的噪声污染源；在我国，直到20世纪80年代中期，飞

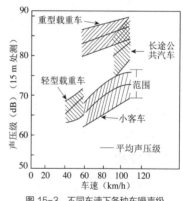

图15-3 不同车速下各种车噪声级

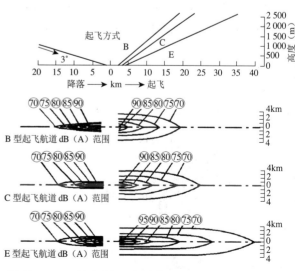

图15-4 B747型飞机在起飞时对跑道周围的等噪声级 dB(A) 曲线

机噪声还未成问题，但随着我国民用航空事业以近20%的年增长率高速发展，和机场建设在全国各地普遍展开，飞机噪声问题日渐凸显。

火车在运行时的噪声在距铁路100 m处约为75 dB（A）。穿行城市市区的铁路，火车噪声对铁路两侧居民的干扰十分严重。

船舶噪声在港口城市和内河航运城市也是城市噪声源。

（2）工厂噪声

城市中的工厂噪声直接对生产工人带来危害，而且对附近居民的影响也很大。特别是分散在居民区内部的一些工厂影响更为严重。一般工厂车间内噪声大多在75~105 dB（A）之间，少部分在75 dB（A）以下，但也有的高达110~120 dB（A）。图15-5表示10类工厂噪声级范围。一般情况下工厂噪声对周围居住区造成超过65 dB（A）的影响，就会引起附近居民的强烈反响。

此外，居住区内的公用设施，如锅炉房、水泵房、变电站等，以及邻近住宅的公共建筑中的冷却塔、通风机、空调机等的噪声污染，也相当普遍。

（3）施工噪声

施工噪声对所在区域的影响虽然是暂时性的，但因为施工噪声声级高、难控制，干扰也是十分严重的。有些工程施工要持续数年，影响时间也相当长。尤其是在城市建成区中的施工和在一个区域内先后施工、反复施工，影响更为严重。近年来，我国基建规模很大，城市建设和开发更新面广量大，施工噪声扰民相当普遍。施工机械的现场噪声，见图15-6。

（4）社会生活噪声

社会生活噪声是指城市中人们生活和社会活动中出现的噪声，如集贸市场、流动商贩、街头宣传、歌厅舞厅、学校操场、住宅楼内住户个人装修等。随着城市人口密度的增加，这类噪声的影响也在增加。

15.4.4　城市噪声管理

城市噪声控制问题涉及面十分广泛，这是因为城市噪声来源很广，不仅有交通噪声，而且有工厂噪声、施工噪声及社会生活噪声等。如果这些噪声都能解决，当然会使整个城市噪声水平降低。而控制这些噪声的途径主要是对噪声源、传播途径与接收点的控制。从技术措施上，控制的途径有吸声、隔声、消声、隔振、减振以及个人防护等这里着重介绍户外环境噪声的控制，其他方将在以后各节中叙述。

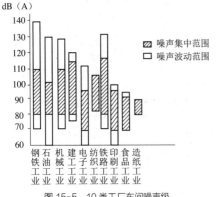

图15-5　10类工厂车间噪声级

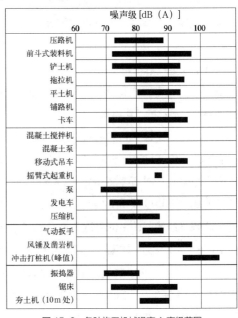

图15-6　各种施工机械噪声A声级范围

1）城市噪声管理——噪声控制法规

噪声控制法规是为保证已制订的环境噪声标准的实施，从法律文件上保证人民群众在适宜的声环境中工作与生活，消除人为的噪声对环境的污染。

城市噪声立法基本内容有以下几方面：

（1）交通噪声管理

城市中使用的车辆，必须符合国家颁布的《机动车辆允许噪声标准》GB 1495—79，否则不准驶入市区。车辆噪声检验列为车辆年检标准之一。市区行驶车辆限制随意鸣笛，禁止夜间鸣笛。需要安静的地区限制车速，并禁止卡车驶入。

火车进入市区禁止使用汽笛，合理使用风笛。新建铁路不许穿过市区。市区已有铁路应建立隔声屏障等防护措施。

限制飞机在市区上空飞行。

（2）工业噪声管理

凡有噪声源的单位，都要采取有效的噪声控制措施，使之达到所在地区的环境噪声标准。无法消除噪声的单位，要有计划地改产或搬迁。

工厂设备的噪声不得超过设备噪声标准。车间内噪声不得超过国家规定的《工厂企业噪声卫生标准》中的要求。

（3）施工噪声管理

施工设备，应符合国家规定的噪声标准，必要时还要采取有效的防噪措施。

施工作业场地边界，噪声不许超过《建筑施工场界环境噪声排放标准》GB 12523—2011 的规定。

在居民区施工时，夜间禁止使用噪声大的施工机械设备，必要时应禁止夜间施工。

（4）社会生活噪声管理

禁止在商业经营活动中使用高音喇叭或者采用其他发出高声级的方法招揽顾客；文化娱乐场所的边界噪声不得超过环境噪声标准；禁止任何单位和个人在居民和文教区内使用高音产播喇叭。居民使用电器、乐器或进行家庭室内娱乐活动，或在住宅楼内进行装修活动，要避免和减少对周围邻居的干扰。

立法中还应将环境噪声监测、监督执行及违法制裁等内容列入条款。

2）城市规划

合理的城市规划，对未来的城市噪声控制具有战略意义。为了控制噪声，城市进行规划时应考虑以下三方面问题：

（1）城市人口的控制

城市噪声随着人口的增加而增加，现今世界各国城市噪声之所以日益严重，是由于人口的过度集中。美国环保局发表的资料指出，城市噪声与人口密度之间有如下的关系：

$$L_{dn}=10\lg\rho+26 \quad dB \qquad (15\text{-}8)$$

式中 ρ——人口密度，人 /km^2。

因此，严格控制人口重要。为了解决人口过度集中，许多国家正在采取卫星城或带形城市规划的办法。

（2）功能分区

在规划中尽量避免居民区与工业、商业区混合。例如日本东京，将主要工厂都集中在飞机场附近而远离居民区。由于工业区内本身噪声高，因此对飞机噪声的干扰感觉不明显。

图 15-7 为一城市规划的合理分区示意图。从图中可以看出，将需要安静环境的居住区远离机场、铁路、高速公路和工业区，并在之间规划商业区和绿化隔离带。

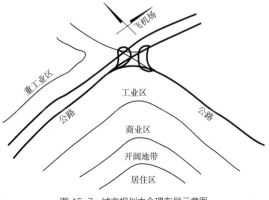

图 15-7 城市规划中合理布局示意图

一个城市规划不合理，居住区、文教区等需要安静环境的区域和产生噪声污染的工业区、商业区混杂和毗邻，并被交通干线穿越，将造成严重的噪声污染，带来难以挽救的后果。因此，搞好城市规划中的合理分区，对控制城市噪声污染是第一位重要的。

（3）建设项目环境噪声预测和评价

不同类型的建筑有不同的环境噪声要求，要根据有关的噪声允许标准来选择建设的场地和位置。在进行建设项目可行性研究和规划设计时，要对周围环境进行调查，作出环境噪声预测，判断是否符合该建筑的环境噪声要求。对于兴建工业企业、交通运输工程等可能产生噪声污染的建设项目，必须进行噪声污染预评价，顶估它们建成后对周围环境的影响以及应采取的措施，并报送环境保护部门审批。在工程项目竣工后，还应进行环境噪声污染是否达到有关标准的验收。

3）道路交通噪声控制

道路交通噪声，是城市环境噪声的主要来源，整个城市的30%~80%面积受它的影响，是道路两侧的居民、文教机关、医院的主要干扰源，是当前城市噪声主要控制对象。控制办法有改善道路设施，增加交通噪声衰减，以及注意道路两侧建筑合理的布局等。

（1）改善道路设施

交通噪声不仅与车辆本身的声功率和车流量多少有关，还与交通管理及道路设施有关，特别是在城市中心区域，由于道路上快、慢车辆与行人互相争路，会明显增加机动车鸣笛、变速和刹车的噪声。因此，改善道路设施使快、慢车和行人各行其道，不仅使车辆行驶畅通，也控制了行车附加噪声的干扰。表15-9列举北京市若干条道路改善道路设施后对降低噪声的明显效果。表中 Q 为车流量，辆/4 小时。

（2）交通噪声的衰减

道路上行驶的机动车辆，具有不连续的线声源特征，随着测点与声源距离的增加，其统计声级和等效声级的衰减规律如下列方程所示：

$$\Delta L = K(10\lg D - 0.68) \quad \text{dB} \qquad (15\text{-}9)$$

式中 ΔL——为随距离引起的衰减量，dB(A)；

   D——为测量点离开的距离，m；

   K——为与地面吸收有关的系数（表 15-10）

表 15-9 道路设施控制交通噪声的效果 [dB(A)]

道路设施的改善	改善前					改善后				
	L_{10}	L_{eq}	L_{50}	L_{dn}	车流量 Q	L_{10}	L_{eq}	L_{50}	L_{dn}	车流量 Q
1. 加宽路面，由 12 m 加宽到 21 m（永定门西街）	79	68	60	74	408	73	69	64	70	700
2. 增设道路快慢隔离（崇文门西街）	80	74	63	78	592	69	65	61	66	1 576
3. 双行线改单行（西单北大街）	82	73	65	78	712	76	70	62	73	632
4. 架跨路天桥（西单北大街）	83	72	64	78	540	77	71	67	74	726
5. 建立交桥（阜成门大街）	74	68	63	78	1124	72	68	63	68	1 500

表 15-10 与地面吸收有关的系数 K 值

参数	水泥地面	土地	草地
L_{10}	10.5	13.62	14.8
L_{eq}	9.5	13.22	15.4
L_{50}	8.4	12.00	11.1
L_{dn}	6.1	9.00	7.8

在路边设置声屏障可加大交通噪声的衰减。

15.4.5　居住区规划中的噪声控制

1）居住区道路网规划设计中，应对道路的功能与性质进行明确的分类、分级，分清交通性干道和生活性道路。

交通性干道主要承担城市对外交通和货运交通。它们应避免从城市中心和居住区域穿过，可规划成环形道等形式从城市边缘或城市中心区边缘绕过。在拟定道路系统，选择线路时，应兼顾防噪因素，尽量利用地形设置成路堑式或利用上提等来隔离噪声。必须从城市中心和居住区域穿过时，可考虑采取下述措施：①将干道转入地下。其上布置街心花园或步行区。②将干道设计成半地下式，例如结合地形将干道下沉布置，以形成路堑式道路，或利用悬臂构筑物来作为防噪构筑物（图 15-8）。后者可结合边坡加固的需要一并考虑。③当干道铺设在水平地面上时，可结合地形，利用既有的绿化土堤来作为与居住区的防噪屏障，绿化土堤背向道路的边

坡可兼作居民休息地（图 15-9）。当有城市建设中大量弃上可资利用时，也可设置人造土堤或德文式提（图 15-10）来隔离干道噪声。必要时，还可考虑沿干道两侧设置种植墙或专用声屏障。声屏障还可结合绿化一道布置，在声屏障朗干道一例布置灌木丛、矮生树，既可绿化街景，又可减弱不利的声反射。在声屏障后面布置具有浓密树冠的高大树种得以降低声屏障高度（图 15-11）。④在交通性干道两侧也可设置一定宽度的防噪绿带（一般至少需要至干道中心 100 m 左右），作为和居住用地的隔离地带。这种防噪绿带宜选用常绿的或落叶期短的树种，高低配植组成林带，方能起减噪作用。这种林带每米宽减噪量约为 0.15~0.3 dB（A）。还可将林带多列布置以进一步提高减噪效果（图 15-12）。

2）生活性道路只允许通行公共交通车辆、轻型车辆和少量为生活服务的货运车辆。必要时可对货运车辆的通行时间进行限制。

在生活性道路两侧可布置公共建筑或居住建筑，

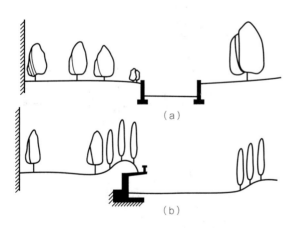

图 15-8　交通性干道防噪断面设计
（a）路堑式道路；（b）利用悬臂构筑物防噪

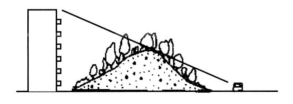

图 15-9　利用绿化土堤防噪

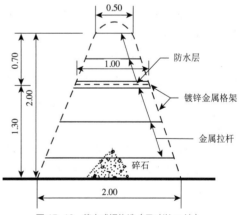

图 15-10　德文式堤构造（尺寸以 m 计）

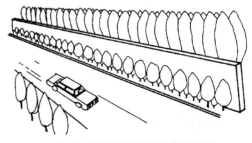

图 15-11　声屏障与绿化相结合的防噪设施

但也必须仔细考虑防噪布局。当道路为东西向时，两侧建筑群布局宜采用平行式布局。路南侧可布置防噪居住建筑，将次要的较不怕吵的房间，如厨房、厕所、储藏室等朝街面北布置，或朝街一面设带玻璃隔音窗的通廊走道。路北侧可将商店等公共建筑或一些无污染、较安静的小工厂集中成条状布置在临街处，以构成基本连续的防噪屏障，并方便居民购物。南侧也可布置公共建筑与住宅综合楼，将公建贴在朝街背阴处，住宅占据阳面。当道路为南北向时，两侧建筑群布局可采用混合式。路西临街布置低层非居住性屏障建筑，如商店等公共建筑，多层住宅则垂直于道路布置。这时低层公共建筑与住宅应分开布置，方能使公共建筑起声屏障的作用（图15-13）。路东临街可布置防噪居住建筑。

建筑的高度应随着离开道路距离的增加而渐次提高，可利用前面的建筑作为后面建筑的防噪屏障，使暴露于高噪声级中的立面面积尽量减小。防噪屏障建筑所需的高度，应通过作剖面几何声线分析团来确定。这时，声源所在位置可定在最外边一条车道中心处，声源高度对于轻型车辆取离地面0.5 m处，对重型车辆取 1 m（图15-14）。

一些经过特别设计和消音减噪处理的住宅和办公建筑，例如设双层隔声窗加空调的建筑、台阶形住宅，或设有减噪门廊的住宅（图15-15）等可以布置在临街建筑红线处。

当防噪屏障建筑数量不足以形成基本连续屏障时，可将部分住宅临街布置，并按所需防护距离后退，留出空间可辟为绿地（图15-16）。

3）居住区内道路的布局与设计应有助于保持低的车流量和车速，例如采用尽端式并带有终端回路的道路网，并限制这些道路所服务的住宅数，从而减少车流量。终端回路的设置可避免车辆由于停车、倒车和发动所产生的较高的噪声级。对车道的宽度应进行合理的设计，只需保持必要的最小宽度。如有可能，道路交叉口宜设计成 T 形道口，还可将居住区道路有意识地设计成曲折形。这些措施可迫使驾驶人员用低速

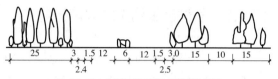
图 15-12　交通干道两侧防噪绿带的设置
（仅表示出部分林带，尺寸以 m 计）

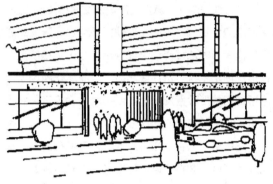
图 15-13　混合式布局：利用低层公共建筑作防噪屏障

图 15-14　建筑物高度随离开道路距离渐次提高及
剖面几何声线分析示意

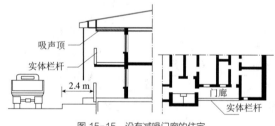
图 15-15　设有减噪门廊的住宅

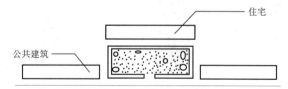
图 15-16　部分住宅后退，空地辟为绿地

并小心地行驶，从而保持较低的噪声级，居住区内道路宜设计成快、慢车与行人道分行系统（图15-17）。

将居住小区划分若干住宅组团，每个组团组成相对封闭的组群院落。一些公共建筑或防噪住宅可布置在临近居住区级或小区级道路处，并作为小区或组团

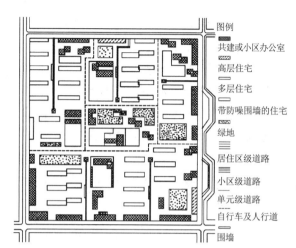

图 15-17 考虑防噪的居住小区规划示例

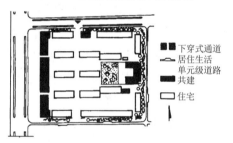

图 15-18 考虑防噪的组团院落布局示例

的入口，必要时可加建围墙或绿带来隔离噪声，使机动车辆在小区或组团院落外部通过（图 15-18）。

4）对锅炉房、变压器站等应采取消声减噪措施，或者将它们连同商店卸货场布置在小区边缘角落处，使之与住宅有适当的防护距离。中小学的运动、游戏场最好相对策中布置，不宜设置在住宅院落内，最好与住宅隔开一定的距离，或者周围加设绿带或围墙来隔离噪声。

5）有噪声干扰的工业区需用防护地带与居住区分开，布置时还要考虑主导风向。现有居住区内的高噪声级的工厂应迁出居住区，或者改变生产性质点用低噪声工艺或经过消声减噪处理来保证邻近住户的安静。L_{eq} 声级低于 60 dB（A）及无其他污染的工厂，允许布置在居住区内靠近道路处。

6）对于居住区或居住区附近产生高噪声或振动级的施工机械，必须限制作业时间以减少对居民休息、睡眠的干扰。

15.5 降噪措施

15.5.1 吸声

1）吸声降噪量的计算

距声源 r 米处之声压级与直达声和混响声的关系式如下：

$$L_p = L_w + 10\lg\left(\frac{Q}{4\pi r^2} + \frac{4}{R}\right) \text{ dB} \quad (15\text{-}10)$$

如进行吸声处理，则处理前后该点的"声级差"（或称"降噪量"）为：

$$\Delta L_p = L_{p1} - L_{p2} = 10\lg\left(\frac{\frac{Q}{4\pi r^2} + \frac{4}{R_1}}{\frac{Q}{4\pi r^2} + \frac{4}{R_2}}\right) \text{ dB} \quad (15\text{-}11)$$

当以直达声为主时，即 $\frac{Q}{4\pi r^2} \gg \frac{4}{R}$，则 $\Delta L_p \approx 0$。当以混响声为主时，即 $\frac{Q}{4\pi r^2} \ll \frac{4}{R}$ 时，则 $\Delta L_p \approx 10\lg\frac{R_2}{R_1} = 10\lg\left[\frac{\bar{a}_2(1-\bar{a}_1)}{\bar{a}_1(1-\bar{a}_2)}\right]$；一般室内在吸声处理以前 $\bar{a}_1$ 很小，所以 $\bar{a}_1 \cdot \bar{a}_2 \ll \bar{a}_1$，可以忽略，上式即可简化为：

$$\Delta L_p = 10\lg\frac{\bar{a}_2}{\bar{a}_1} = 10\lg\frac{A_2}{A_1} = 10\lg\frac{T_2}{T_1} \text{ (dB)} \quad (15\text{-}12)$$

式中 $\bar{a}_1$——处理前房间的平均吸声系数；

A_1——处理前房间的总吸声量，m^2；

T_1——处理前房间的混响时间，s；

$\bar{a}_2$——处理后房间的平均吸声系数；

A_2——处理后房间的总吸声量，m^2；

T_2——处理后房间的混响时间，s。

【例题 15-1】 某车间尺寸为 10 m × 20 m × 4 m，顶棚为钢筋混凝土上表面抹灰，墙面为清水砖墙勾缝，地面为水泥地面。车间管道用珍珠岩包裹，表面积共 24 m²，机器表面积为 20 m²。车间有四个操作工。

试计算顶棚采用 0.8 吸声系数 1000 Hz 的材料后，车间内该频率的噪声降低量。

【解】 车间吸声处理前后吸声量的变化如下表。

吸声处理前后吸声量的变化

吸声材料名称	处理前			处理后		
	S	α_1	A_1	S	α_2	A_2
顶棚	200	0.02	4	200	0.8	160
地面	200	0.02	4	200	0.02	4
墙面	240	0.02	4.8	240	0.02	4.8
管道	24	0.5	12	24	0.5	12
机器	20	0.02	0.4	20	0.02	0.4
人	4 人	0.42	1.68	4 人	0.42	1.68

因此，$\sum A_1 = 26.9 \text{m}^2$；$\sum A_2 = 182.9 \text{m}^2$，带入式（15-12）

$$\Delta L_p = 10 \lg \frac{A_2}{A_1} = 10 \lg \frac{182.9}{26.9} = 8.3 \text{ dB}$$

2) 吸声降噪的设计步骤

目前，国内外采用"吸声降噪"方法进行噪声控制已非常普遍，一般效果约为 6~10 dB。其设计步骤归纳如下；

（1）了解噪声派的声学特性。如声源总声功率级 L_w，或测定距声源一定距离处的各个频带声压级与总声压级 L_p，以及确定声源指向性因数 Q。

（2）了解房间的声学特性。除几何尺寸外，还应参照有关材料吸声系数表，估算各个壁面各个频带的吸声系数 $\bar{\alpha}_1$，以及相应的房间常数 R_1（或房间每一频带的总吸声量 A_1）；如必要时，可进行现场实测混响时间来推算出总吸声量 A_1，最后，由噪声允许标准所规定的噪声级，求出需要的降噪量。

（3）根据所需降噪量，求出相应的房间常数 R_2（或总吸声量 A_2）以及平均吸声系数 $\bar{\alpha}_2$。当所要求的 $\bar{\alpha}_2 > 0.5$ 时，则在经济上已不合理，甚至难以做到，这就说明，此时，只依靠利用吸声处理来降低噪声将难以奏效，必须采取其他补充措施。

（4）确定了材料的吸声系数以后，如何合理选择吸声材料与结构，以及安装方法等是设计工作的最后一步。选择材料时，要注意材料机械强度、施工难易程度、经济性、装饰效果以及防火、防潮等。

15.5.2 隔声

1) 房间噪声的降低值

噪声通过墙体传至邻室的声压级为 L_2，而发声室的声压级为 L_1，两室的声压级差值 $D = L_1 - L_2$。D 值是判断房间噪声降低的实际效果的最终指标。D 值的大小首先决定于隔墙的隔声量 R，同时，还与接收室的总吸声量 A，以及隔墙的面积 S 有关。它们之间的关系为：

$$D = R + 10 \lg A - 10 \lg S = R + 10 \lg \frac{A}{S} \quad \text{dB} \quad （15-13）$$

从式中可以看出，同一隔墙当房间的总吸声与墙面积不同时，房间的噪声降低值是不同的。因此，除了提高隔墙的隔声量之外，增加房间的吸声量与缩小隔墙面积，也是降低房间噪声的有效措施。

式（15-13）在实际隔声设计中是十分有用的。首先，它可以检查在使用已知隔声量的隔墙时，房间的总效果是否能满足"允许噪声"标准的要求。例如，已知发声室的噪声级为 L_1，而接收室的允许噪声级为 L_2' 时，则要求降低的噪声级为 $L_1 - L_2'$。如已知墙的隔声量及与房间的吸声量以及墙面积时，则利用式（15-13）即可求出实际声级差 D，如 $D \geq L_1 - L_2'$，则证明隔墙满足了设计要求。否则，需要采用隔声量更大的墙。或增加房间的吸声量。

利用式（15-13）还可以选择隔墙的隔声量 R，如已知 L_1 与 L_2、接收室的吸声量 A 与墙面积 S，则可令 $L_1 - L_2 = D$，代入公式中，即可求出隔墙应有的 R 值，即：

$$R = D - 10 \lg \frac{A}{S} \quad \text{dB} \quad （15-14）$$

求出 R 值后，即可根据已有的资料选出恰当的隔墙构造方案。图 15-19 是隔墙隔声设计的程序。

2) 隔声间

在噪声强烈的车间内建造有良好隔声性能的小室供工作人员在其中操作或观察、控制车间各部分工作之用。良好的隔声间，能使其中工作人员免受听力

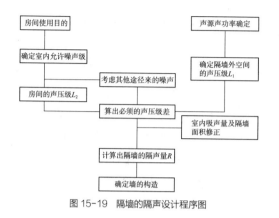

图 15-19　隔墙的隔声设计程序图

损害，得到舒适的工作条件，从而提高劳动生产率。

隔声间的位置，应使在隔声间中工作人员能看到车间的生产情况。为此，可将车间的隔声间放在车间的角落或紧靠车间的一面墙，也可以安排在车间的中部，但必须照顾隔声间内工作人员出入方便，不影响车间内加工材料的流通，以及便于供电和通风。隔声间的具体形状与尺寸，见图 15-20。

隔声间的空间尺寸，以符合工作需要的最小空间为宜。隔声间的墙体可采用砖墙、混凝土预制板、薄金属板或纸面石膏板等材料。顶棚亦可采用类似材料。

隔声间内表面应铺放吸声系数高的材料，或悬吊空间吸声体。常用的吸声材料是超细玻璃棉或矿棉 5~7 cm 厚，外表面敷盖适当的罩面层。

隔声间门的面积应尽量小，密封应尽量好些。如观察窗使用单层玻璃隔声量不够时，可使用双层甚至三层玻璃。例如。用单层 3 mm 玻璃其隔声量为 25 dB；而双层 3 mm 玻璃，相距 10 cm 时，则隔声量为 36 dB。如用 6 mm 玻璃，单层时隔音量为 27 dB；双层间距为 10 cm 时，其隔声量为 38 dB，间距为 20 cm 时，则隔声量可达 44 dB。

隔声间的形式应根据需要而定，常用的有封闭式、三边式或迷宫式。迷宫式隔声间的特点是入口曲折，能吸收更大的噪声，由于它可以不设门扇，工作人员出入比较方便。

3）隔声屏障

隔声屏障是用来遮挡声源和接收点之间直达声的措施。一般主要用于室外街道两侧以降低交通噪声的干扰，有时也用在车间或办公室内。这种用屏障隔声的办法，对高频声最为有效；而降低高频声，

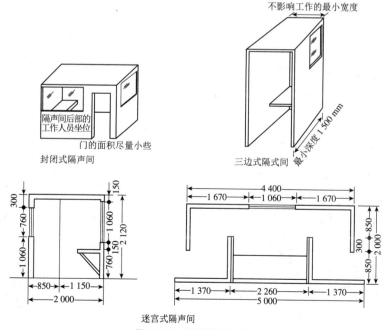

图 15-20　各种类型的隔声间

人的主观感觉最为明显。

隔声屏障的隔声原理，在于它可以将波长短的高频声反射回去，使屏障后面形成"声影区"，在声影区内感到噪声明显下降。对波长较长的低频声，由于容易绕射过去，因此隔声效果较差。降噪效果可用计算图表或公式估算，其效果主要取决于噪声的频率成分与传播的行程差，而传播行程差和屏障高度、声源与接收点相对于屏障的位置有关；此外，声屏障降噪效果也和屏障的形状构造、吸声和隔声性能有关。

有关估算声屏障降噪量的公式和图表为数不少，不同估算方法有其适用的条件和范围。最常用的也是最基本的是薄屏障的"菲涅耳数法"，见图 15-21。图 15-22 中：d 是声源和接收点的直线距离，在声屏障不存在时，是声波直接传播的直达路程，$A+B$ 是声屏障存在时声波绕射的路程。再根据声波波长 λ 可以算出菲涅耳（Fresnel）数 N：

$$N = \frac{2}{\lambda}(A+B-d) = \frac{2\delta}{\lambda} = \frac{\delta \cdot f}{170} \qquad (15-15)$$

式中　$\delta = A+B-d$——绕射路径与直达路径的声程差；

　　　　f——声波的频率。

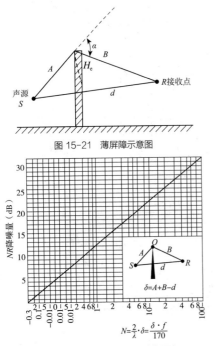

图 15-21　薄屏障示意图

图 15-22　隔声屏障减噪量计算图表

图中 H_e 称为声屏障有效高度，α 为绕射角。由菲涅耳数 N 查计算图 15-22 可得到降噪量 NR。图表中 N 取负号是指声源点和接收点的连线在屏障顶部越过，不和屏障相交，即屏障对此连线无遮挡，但因为屏障的存在，仍会使传播的声波有所衰减。在 $N=1\sim10$ 范围内，可以用下式近似地估算声屏障降噪量：

$$NR \approx 13 + 10\lg N \quad \text{dB} \qquad (15-16)$$

因为菲涅尔数 N 和声波频率 f 成正比，所以声波频率增高一倍，即增加一个倍频程，声屏障降噪量大约增加 3 dB。

应当指出，当隔声屏障的隔声量超过该频率的降噪量 10 dB 以上时，则声屏障的透射声能对屏障的降噪量无影响。换句话说，设计声屏障时，屏障自身的隔声量应大于屏障降噪量 10 dB 以上。此外，如果屏障朝向声源的一面加铺吸声材料，以及尽量使屏障靠近声源，则会提高降噪效果。

实际上，任何设置在声源和接收点之间的能遮挡两者之间声波传播直达路径的物体都起到声屏障的作用，它们可以是土堤、围墙、建筑物、路堑的挡土墙等。而薄屏障的做法也多种多样，可以是砖石和砌块砌筑，也可以是混凝土预制板结构，在北美还采用木板墙；在市区的高架道路上，为了减轻重量，亦可采用钢板结构的隔声屏，有的还采用玻璃钢，这些做法当然造价较高。声屏障的设计要综合考虑降噪量的要求、结构的安全和耐久性、施工和维护的简便、造价和维护费用的经济性，以及城市景观等诸多因素。图 15-23～图 15-25 是一些声屏障的做法。

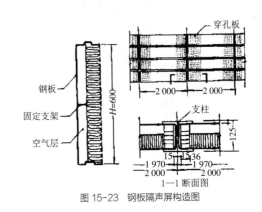

图 15-23　钢板隔声屏构造图

4）隔声罩

采用隔声罩来隔绝机器设备向外辐射噪声，是在声源处控制噪声的有效措施。隔声罩通常是兼有隔声、吸声、阻尼、隔振和通风、消声等功能的综合体，根据具体使用要求，也可使隔声罩只具有其中几项功能。

隔声罩可以是全封闭的，也可以留有必要的开口、活门或观察孔具有开启与拆卸方便的性能以满足生产工艺的要求。

（1）主要结构

外层通常用 1.5~2 mm 厚的钢板制成，在钢板里面涂上一层阻尼层，阻尼层可用待制的阻尼漆，或用沥青加纤维织物或纤维材料。外壳加阻尼层是为了避免吻合效应和钢板的低频共振，使隔声效果变差。外壳也可以用胶合板、纸面石膏板或铝板制作。为了提高降噪效果，在阻尼层外可再铺放一层吸声材料（通常为超细玻璃棉或泡沫塑料），吸声材料外面应敷盖一层保护层（穿孔板、钢丝网或玻璃布等）。在罩与机器之间至少要留出 5 cm 以上的空隙，并在罩与基础之间垫以橡胶垫层，以防止机器的振动传给隔声罩。对于需要散热的设备，应在隔声罩上设置具有一定消声性能的通风管道。隔声罩在采用不同处理时的隔声效果如图 15-26 和图 15-27 所示。

（2）隔声罩的原理

衡量一个罩的降噪效果，通常用插入损失 IL 来表示。它表示在罩外空间采点，加罩前后的声压级差值，这就是隔声罩实际的降噪效果。插入损失的计算公式为：

$$IL=10\lg\frac{\alpha}{\tau}=R+10\lg\alpha \quad dB \quad (15-17)$$

式中　α——罩内表面的平均吸声系数；

　　　τ——罩的平均透射系数。

当 $\alpha=\tau$ 时，IL 比为 0，因此内表面吸收系数过小的罩子，降噪效果很差。

许多设备，如球磨机、空气压缩机、发电机、电动机等部可以采用隔声罩降低其噪声的干扰。

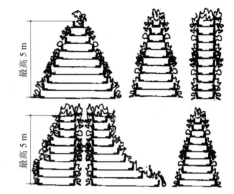

图 15-24　围裙式混凝土块，分内倾式和外斜式两种围裙板
（最大高度可达 5 m）

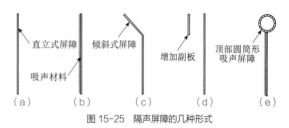

图 15-25　隔声屏障的几种形式

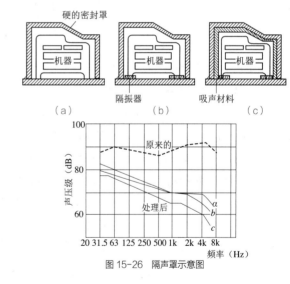

图 15-26　隔声罩示意图

15.5.3　消声

使气流通过且能降低噪声的隔声措施称为消声。能够实现消声作用的设备称为消声器。

对于消声器有三方面的基本要求：一是有较好的消声频率特性；二是空气阻力损失小；三是结构简单，施工方便，使用寿命长，体积小，造价低。以上三方面，根据具体要求可以有所侧重，但这三

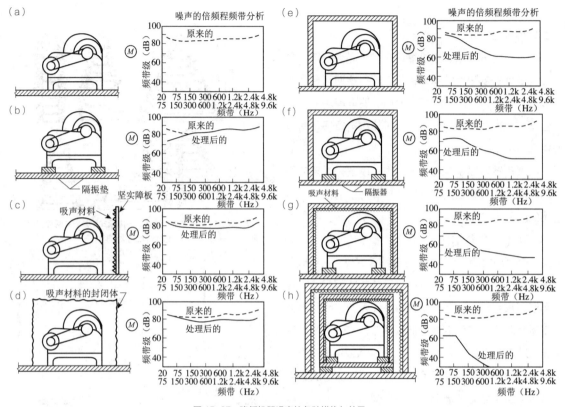

图 15-27 降低机器噪声的各种措施与效果

方面的基本要求是缺一不可的。

　　上述三方面的要求又是互相影响、互相制约的。如缩小通道面积，即缩小声音传播的面积，既能提高消声器的泊声量，又能缩小消声器的总体积。但通道过小时，气流阻力增加，将使气流速度加大，这时将产生"再生噪声"，即气流激发管壁或构件产生振动而再次辐射出来的声音。当噪声控制要求较高时，应使气流速度低一些。如在一般管道中应为 6~8 m/s，出口处应为 2 m/s。在加工消声器时，应注意其密封性与有足够的隔声能力。此外，消声器中使用的吸声材料的容重、厚度与护面层的加工亦应严格控制。所有这些，若处理不当均将严重影响消声效果。

1）确定消声器消声特性的步骤

　　消声器作为噪声控制手段之一，它的设计应结合总体设计综合考虑。消声器的具体设计，主要是使消声器在指定的领带内具有一定的泊声量，即确定消声

器应具备的泊声频谱。消声器的设计步骤如下：

（1）对吸声源的调查与分析

　　测定噪声源的频谱，即以 63 Hz，125 Hz，250 Hz，500 Hz，1 000 Hz，2 000 Hz，4 000 Hz，8000 Hz 为中心的倍频带声压级，或在此领带范围内 1/3 倍领带的声压级。如遇有明显的啸叫声，则应尽可能进行窄带的噪声分析。

　　在风机噪声中，噪声声级最大的频率通常是风扇扰动空气的频率。如风扇或叶轮的转数为 m 转/分钟（rpm），叶片数为 z，则其频率 f 为：

$$f = \frac{mz}{60} \ \text{Hz} \qquad (15\text{-}18)$$

（2）确定噪声控制标准

　　根据具体情况与要求，确定各个领带允许的最高声级。在采取措施后。以及经过其他的自然衰减，最后到达控制区域的噪声不应超过此允许标准。不同场合对环境噪声的要求不同，应按照环境噪声标准确定消声器必须具备的消声量。

（3）计算消声器所需达到的消声量

通常对各频带所需的消声量是不相等的。每一频带所需要的消声量可用下式分别进行计算：

$$\Delta L = L_w - \Delta L_1 - L_p + \Delta L_2 \quad dB \qquad （15-19）$$

式中 ΔL——该频带所需的消声量，dB；

L_w——声源在该频带的声功率级，dB；

ΔL_1——声源至控制点的自然衰减量，dB；

L_p——控制点所允许的噪声级，dB；

ΔL_2——由不利因素所引起的噪声级，dB。

（4）选择消声器的结构形式

一般根据所需要的消声频谱特性来选择相应的结构形式。消声器类型很多，可归纳为阻性、抗性以及各种阻抗复合式等三种类型（图15-28）。阻性消声器是一种吸收性消声器，其方法是在管道内布置阻性吸声材料（如多孔吸声材料）将声能吸收。抗性消声器是利用声音的共振、反射、叠加、干涉等原理达到消声目的。通常，阻性消声器对中高频噪声有显著的消声效果，对低频则较差；抗性消声器常用于消除中低频噪声。如噪声频带较宽则需采用阻性与抗性组合的复合式消声器。

2）阻性消声器的设计

阻性消声器具有结构简单、对中高频消声效果良好等特点，因此，在实际工程中被广泛采用。常用的有直管式与片式两种。

（1）直管式消声器

在直管（方管或圆管）内壁装贴吸声材料，就是一种最简单的直管式消声器，如图15-29（a、b）所示。

这类消声器的消声量可按下式进行计算

$$\Delta L = \varphi_{(\alpha)} \frac{Pl}{S} \quad dB \qquad （15-20）$$

式中 ΔL——消声量，dB；

$\varphi_{(\alpha)}$——消声系数，它与阻性材料的吸声系数有关，通常取表15-11所示数值；

l——通道有效断面的周长，$(2a+2b$ 或 $\pi d)$m；

P——消声器的有效长度，m；

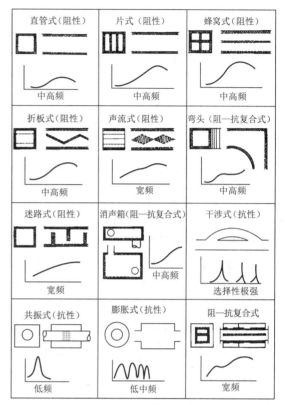

图15-28 各种类型的消声器

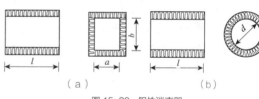

图15-29 阻性消声器
（a）方直管阻性消声器；（b）圆直管阻性消声器

S——气流通道的横断面面积，m^2。

表15-11 消声系数 $\varphi_{(\alpha)}$ 与吸声系数 α_0 的关系

α_0	0.10	0.20	0.30	0.40	0.50	0.6~1.0
$\varphi_{(\alpha)}$	0.11	0.24	0.39	0.55	0.75	1. ~1.5

上式反映了如下规律：吸声材料表面积和材料吸声系数越大，气流通道的有效面积越小，消声量就越大。

【例题15-2】 设在断面尺寸为400 mm × 600 mm管道内壁，装厚度为50 mm的吸声材料，该材料对

250 Hz 的 α_0=0.5。如该频率所需的消声量为 8 dB，求所需消声管道的长度。

【解】 参看图 15-30，根据条件有：

a=0.4−2×0.05=0.3 m

b=0.6−2×0.05=0.5 m

P=2a+2b=1.6 m

S=0.3×0.5=0.15 m² 查表得

$\varphi_{(\alpha)}$=0.75，根据式 15-19 计算得

$$l=\frac{8\times0.15}{0.75\times1.6}=1\ \text{m}$$

实际上，消声系数不仅与材料的吸声系数有关，它还与材料（结构）的声阻抗率、吸收频率以及通道断面积等因素有关。当吸声系数较大、频率较高、通道断面较大时，理论计算的误差较大，一般较实测值高。特别是通道断面较大时，高频声波以窄声束形式沿通道传播，致使消声量急剧下降。如将消声系数明显下降时的频率定义为上限失效频率人，则

$$f_c=1.8\frac{c}{D}\quad \text{Hz}\qquad（15-21）$$

式中　c——空气中的声速，m/s；

　　　D——通道断面边长平均值，m；如断面为矩形，则为$\frac{(a+b)}{2}$；如为圆形即为直径。

（2）片式阻性消声器

为了增加直管式阻性消声器的消声量，一般常将整个通道分成若干小通道，做成蜂窝式或片式阻性消声器。

在设计此式消声器时（图 15-30），每个通道尺寸应该相同，这时，每个通道的消声频谱才相同，计算消声量仍用式（15-22）。但对片式消声的计算公式可以简化为：

$$\Delta L=\varphi_{(\alpha)}\frac{Pl}{S}=\varphi_{(\alpha)}\frac{n\cdot 2hl}{n\cdot ha}=2\varphi_{(\alpha)}\frac{1}{\alpha}\quad \text{dB}\qquad（15-22）$$

式中　n——气流通道个数；

　　　h——气流通道的高度，m；

　　　l——消声器有效长度，m；

　　　a——通道宽度，m；

　　　$\varphi_{(\alpha)}$——消声系数。

片式消声器的消声量与每个通道的宽度有关，宽度越小，消声量越大，而与通道的个数、高度无关，但通道个数与高度却影响消声器的空气动力性能。为了保证足够的有效流通面积以控制流速，需要有足够的通道高度与个数。

对其他类型消声器，此处不做介绍，必要时可参阅有关资料。图 15-31 为一种通风口的消声器，其不同频率的消声效果见表 15-12。此种迷宫式消声器，只能应用于气流速度很低的场合。

表 15-12　通风消声器消声效果

倍频带中心频率（Hz）	63	125	250	500	1 000	2 000	4 000	8 000
减噪量（dB）	4.0	11.0	25.0	35.0	41.5	39.5	46.0	47.0

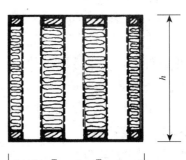

图 15-30　片式消声器断面

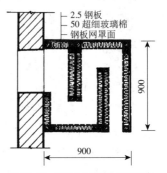

2.5 钢板
50 超细玻璃棉
钢板网罩面

图 15-31　窗口上安装的通风消声器

图 15-32 是通风系统中使
用消声器与吸声处理的几个实
例。根据所介绍的原理可在建
筑设计中灵活应用，但其消声
效果则需通过声学实验来确定。

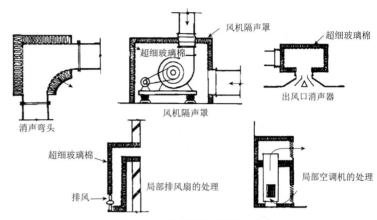

图 15-32　几种类型的消声处理方案

15.5.4　减振

1）转动设备的振动

转动的设备产生振动，振
动通过基础向四周结构传递。
对于旋转的转动设备，如风机、水泵和某些机床等，
主要以旋转频率为主导振动频率。如某风机的转动
频率为 3 000 转 / 分钟，那么它正常工作时，振动频
率主要在 50 Hz。对于往复运动的设备，如气泵、活
塞泵、压缩机、内燃机和蒸汽机等，因其运动形式
不但包括旋转，还包括曲柄连杆的来回运动，往复
发生冲力和撞击，振动形式复杂，存在各种频率分
量的振动频率。如气泵的振动，每次活塞的往复冲
击相当于在设备上使用锤子敲打，从低频到高频都
有很大的振动。

设备产生的某一频率的振动在建筑结构中传播
过程中，频率将保持不变，振动的强度可能发生不
同变化，既可能增大，也可能降低。降噪工程中总
是希望尽可能降低振动的传播，减少结构辐射噪声。
但是，当振动发生共振时，振动被增大，严重时会
损坏设备和结构。

2）固有频率

转动设备和其支撑结构是一个振动单体，振动
通过支撑结构传递给基础。每一个振动单体都存在
固有频率，即设备在该频率上振动时，发生共振，
振动传递给基础的幅度最大。固有频率是物体的自
然属性，只与物体的重量和支撑的弹性有关，不受
外界作用的影响，与设备运转的状态无关。物体重
量越大，支撑结构弹性越软，固有频率越低。发生

共振时，能量在固有频率上无穷止地叠加，理论上
传递到基础的振动幅度将达到无穷大，基础将被破
坏，无坚不摧。曾经发生士兵列队行进时步伐的频
率与大桥共振频率一致，发生共振，大桥坍塌。一
般情况下，发生共振的时间很短，能量有限，而且，
振动时由于阻尼消耗了能量，共振不会达到无限大。
但是，共振时，能量叠加到原来的 10 倍、100 倍、
1 000 倍或更大也是可能发生的事情。

设备启动时，转动频率会由静止逐渐增大到稳
态频率，设备停止时，转动频率会从稳态频率逐渐
降低到静止。如果发生共振的频率低于稳态频率，
那么，设备启停时，转动频率将在某一小段时间内
和共振频率相同或近似而发生共振，共振的频率区
域被称为共振区。设备启停应尽量迅速通过共振区，
防止因共振产生过大的振动。

弹簧系统固有频率与弹簧静态下沉量有关。弹
簧静态下沉量是指，在静态荷载状态下，弹簧被压
缩的长度。经验计算公式为：$f_0 = \dfrac{1}{2 \cdot \sqrt{delt}}$，其中 f_0
为固有频率，单位 Hz；$delt$ 为静态压缩量，单位 m。

3）撞击振动

使用手指敲击桌面时，会发出"当当"的声音，
其原因是，手指撞击使桌面发生了振动，振动向外
辐射了声音。撞击振动的特点，作用时间短，振动
冲击能量大，频率分量丰富。我们听到的"当当"

声音与桌面的固有频率有关，手指撞击到桌面在桌面上产生了各种频率分量的振动，固有频率附近的振动被加强，较多地辐射到空气中，形成空气声被人听闻。锣鼓等由于缺少阻尼，敲击后，共振非常强烈，能量消耗比较持久，声音很大，如果将其贴上胶皮，阻尼增大，共振减弱，声音变小。

4）隔振原理

如图 15-33 所示，为振动传递的频率特性曲线。横坐标是频率比 z，即设备振动频率与固有频率的比值。纵坐标是传递系数 η，即设备振动的幅度与传递到基础上的幅度的比值。设备频率 f 等于固有频率 f_0 时，即频率比 $z=1$ 时，发生共振，设备传递给基础的振动达到最大。当 f 小于 $\sqrt{2}\,f_0$ 时，即频率比 $z<\sqrt{2}$ 时，设备传递给基础的振动大于设备自身的振动。当设备频率 f 大于固有频率 f_0 的 $\sqrt{2}$ 倍时，即频率比 $z>\sqrt{2}$ 时，设备传递给基础的振动将小于设备的振动，而且 f 与 f_0 的比值越大，传递给基础的振动越小。当设备频率 f 等于固有频率 f_0 的 $\sqrt{2}$ 倍时，即频率比 $z=\sqrt{2}$ 时，设备传递给基础的振动等于设备的振动，即振动无衰减地

传递。以上理论为理想振动的传递规律。存在阻尼时，传递规律有所变化：振动频率在共振频率附近（$z\approx1$）时传递到基础的振动幅度将随阻尼的加大而降低；振动频率较高时（$z>\sqrt{2}$）传递到基础的振动幅度将随阻尼的加大而增大，但不会大于设备振动幅度。

因此，基本的隔振原理是：使振动尽可能远大于共振频率的 $\sqrt{2}$ 倍，最好设计系统的固有频率低于振动频率的 5~10 倍以上。振动通过共振区时还需增大阻尼，防止短时激振。

隔振器及隔振元件：

（1）金属弹簧隔振器

金属弹簧隔振器是目前国内应用最广泛的隔振器，常作为振动设备的减振支撑。优点是，固有频率可控制在 20 Hz 以内，价格便宜、性能稳定、耐高温、耐低温、耐油、耐腐蚀、不老化、寿命长。可适用于不同要求的弹性支撑，可预压，也可做成悬吊型使用。缺点是，阻尼性能差，高频振动隔振效果差。在高频，弹簧逐渐呈刚性，弹性变差，隔振效果变差，被称为"高频失效"。目前较多使用的是小型螺旋钢弹簧组合并配以铸铁外壳，并做一定的阻尼处理，但实际阻尼改善不大。将在安装减振器时垫入橡胶垫可减弱高频失效的影响，但有些橡胶在承压状态下容易老化，有时也可安装在浮筑地面上，效果更理想。

（2）橡胶隔振器

将橡胶固化、减切成型，可以形成各式各样的橡胶隔振器。优点是，不仅在轴向，而且在回转方向均具有隔离振动的性能，固有频率可控制在 15 Hz 以内。橡胶内部阻尼比金属大很多，高频隔振效果好。安装方便，容易与金属牢固地粘结，体积小，重量轻，价格低。缺点是耐老化问题，普通橡胶使用温度范围是 0~70 ℃，特殊工艺下限温度方可达-50 ℃，在空气中容易老化，特别是在阳光直射下会加速老化，一般寿命 5~10 年，荷载特性常不一致，经受长时间大荷载的作用，会产生松弛现象。橡胶隔振器的性能与质量主要取决于橡胶的配方和硫化工艺，硫化

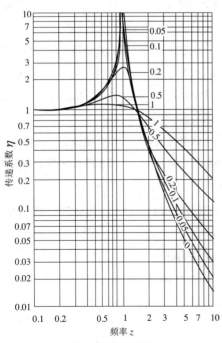

图 15-33　隔振曲线

温度和时间是非常重要的，常需经过反复试验总结才能确定最佳工艺。

（3）橡胶隔振垫

与橡胶隔振器不同，橡胶隔振垫是一块橡胶板，可大面积地垫在振动设备与基础之间。橡胶隔振垫表面常切划出一些凹槽，是为了受压时变形的需要。因其具有持久的高弹性，有良好的隔振、隔冲、隔声性能，使用非常广泛。橡胶隔振垫的适用隔振固有频率在 10~15 Hz，多层叠放可低于 10 Hz。橡胶隔振垫与橡胶隔振器的缺点类似，容易受温度、油

质、日光及化学试剂的腐蚀，造成性能下降、老化，一般寿命为 5~10 年，应定期检查更换。

（4）玻璃棉板和岩棉板

玻璃棉作为弹性垫层，对机器或建筑物基础都能起到很好的减振作用，荷载在 1~2 T/m² 时，最佳厚度为 10~15 cm，容重 64 kg/m³，固有频率约 10 Hz。隔振用岩棉板容重一般在 120 kg/m³，荷载在 250 kg/m² 厚度 10 cm 时，固有频率约 16 Hz。玻璃棉板和岩棉板的优点是防火、耐腐蚀、耐高低温。缺点是需防水，受潮后变形，隔振效果下降。

思考题与习题

1. 目前城市主要噪声来源是：_____。

A. 交通噪声　　B. 工业噪声

C. 社会生活噪声　D. 施工噪声

2. 声环境质量标准使用 _____ 为评价量。

A. A 声级　　　B. 声压级

C. 频谱　　　　D. 连续等效 A 声级

3. 五星级宾馆客房允许噪声级为不超过 35 dB(A)，在建筑设计中，换为噪声评价曲线，NR 约为 _____。

A. NR30　B. NR35　C. NR40　D. NR45

4. 以下关于 L_{eq} 说法正确的有 _____：

A. L_{eq} 和 A 声级实际是一回事，没什么不同

B. 测量时间段越长，L_{eq} 的值越大

C. L_{eq} 越大，说明平均噪声水平越高

D. 在 60 s 内，前 30 s A 声级维持为 80 dB(A)，后 30 s 无声，则 60 s 内的 L_{eq} 为 74.6 dB(A)

5. 已知 L50=60 dB，那么 _____：

A. L10=10 dB　　B. L10=100 dB

C. L10>60 dB　　D. L10<60 dB

6. 某大学位于开发区内，学生公寓旁边有一工厂，在以下 _____ 哪种情况下学生可以使用法律武器要求对工厂噪声进行治理并达到相应噪声排放标

准（注：开发区一般为 2 类声环境功能区）。

A. 噪声吵得晚上睡不着觉

B. 请有关部门进行测定，工厂厂界围墙外 1 m 处，噪声白天 >L_{eq}60 dB(A)，晚上 >L_{eq}50 dB(A)

C. 请有关部门进行测定，宿舍窗外 1 m 处，工厂产生的噪声白天 >L_{eq}60 dB(A)，晚上 >L_{eq}50 dB(A)

D. 请有关部门进行测定，宿舍内白天噪声 >45 dB(A)，晚上 >37 dB(A)

7. 某使用钢弹簧的隔振系统，设计固有频率为 10 Hz，则其静态压缩量应达到 _____ cm。

A. 0.25　B. 0.5　C. 2.5　D. 5

8. 甲乙两室相邻，隔墙面积 24 m²，甲室因一台风机噪声水平为 90 dB，乙室为一计算机房，尺寸为 3 m×8 m×12 m，室内平均吸声系数 α 为 0.13。为了使乙室噪声水平小于 35 dB，隔墙至少应选择多少隔声量？

9. 请解释为什么汽车行驶时，空载比满载振动要更强烈？

10. 有一车间，尺寸为 6 m×18 m×36 m，500 Hz 的混响时间为 3.5 s。为了使室内噪声水平下降 6 dB，问需要增加多少吸声量。

第16章　Chapter 16 Acoustic Design of Auditorium
厅堂音质设计

室内音质设计是建筑声学设计的一项重要组成部分。在以听闻功能为主要使用功能的建筑中，如音乐厅、剧院、电影院、多功能厅、体育馆、会议厅、报告厅、审判庭、大教室以及录音室、演播室等厅堂，其音质设计的成败往往是评价建筑设计优劣的决定性因素之一。室内最终是否具有良好的音质，不仅取决于声源本身和电声系统的性能，而且取决于室内固有的音质条件。为了创造出理想的室内音质，就必须防止室外噪声与振动传入室内，也就是在使室内背景噪声低于有关建筑设计规范所规定值的前提下，依据室内基本声学原理进行音质设计。室内音质设计最终体现在室内容积（或每座容积）、体形尺寸、材料选择及其构造设计中，并与建筑的各种功能要求和建筑艺术处理有机地统一于一体。由此可知，室内音质设计应在建筑方案设计初期就同时进行，而且要贯穿在整个建筑施工图设计、室内装修设计和施工的全过程，直至工程竣工前经过必要的测试鉴定和主观评价，进行适当的调整、修改，才可能达到预期的效果。

室内音质问题不仅与房间的物理条件有关，也不仅与人的听觉生理特性有关，它还与民族特点、文化传统、艺术风格等有密切关系，因素极其复杂。目前的研究水平距完全解决这一问题还有相当距离。一个音质极其优秀的大厅的出现，还多少带有一点偶然性；但是，要设计一个音质上能够满足使用要求的大厅，已经有规律可循了。

室内音质设计的一个前提条件就是防止室外的噪声和振动传入室内，使室内保持足够低的背景噪声级。其具体要求和做法在之后的章节中要作详细阐述。音质设计应当在满足这一前提的基础上进行。这一点必须充分注意。

近年来，在礼堂、剧场、会议室等厅堂中，电声系统的应用已经相当普及。电声系统不仅用于会议和讲演，也常用于音乐和戏剧的演出，而对于流行音乐，电声设备更是不可缺少。因此电声系统的规模和性能成为决定这些厅堂的音质效果的重要因素之一。当然，对于演出严肃音乐的音乐厅和歌剧院，也有只能用自然声不用电声的主张。需要指出的是，一个厅堂在用于演出时，不论是只用自然声还是要用电声扩声，都必须同时做好厅堂的建筑声学设计，只是在设计原则和方法上两者有很大不同。因此，必须在设计之前就确定厅堂中电声系统的应用范围，才能进行正确的音质设计。

室内音质设计应当在建筑物的计划阶段就开始，并贯穿整个设计过程。在施工过程中还必须做必要的测试、修改、调整，直到达到预期的目标。

16.1　音质的主观评价与客观指标

判断室内音质是否良好的标准是使用者（听众或

演员们）能否得到满意的主观感受。一般这种主观感受可以归纳为下面五个方面的具体要求。每一项音质要求又与一定的客观声场物理量相对应。人们对不同的声信号（语音或音乐）的主观感受要求有所差异，这些要求则通称为音质（主观）评价标准。室内音质设计则是通过建筑设计与构造设计使得各项客观物理指标符合主要使用功能对良好音质的要求。

16.1.1　主观评价标准

1）合适的响度。响度是人感受到的声音大小，合适的响度使人们听起来既不费力又不感到吵闹，它是室内具有良好音质的基本条件。对于语言声，听众要求其响度级为60~70方；对于音乐声，响度要求的变化范围一般在响度级50~85方，有时还会更大。

2）较高的清晰度和明晰度。语言声要求具有一定的清晰度，而音乐需达到期望的明晰度。语言的清晰度常用"音节清晰度"来表示。它是由人发出若干单音节（汉语中一字一音），这些音节之间毫无语意上的联系，由室内的听者聆听并记录，然后统计听者正确听到的音节占所发音音节的百分数，这一百分数则为该室的音节清晰度，即：

$$音节清晰度 = \frac{正确听到的音节数}{发出的全部音节数} \times 100\%$$

实验结果表明：汉语的音节清晰度与听者感觉之关系如表16-1所示。人们在听讲话时，由于每一句话有连贯的意思，往往不必每个字也能听懂句子。一般用"语言可懂度"表示对语言的听懂程度，汉语的音节清晰度与语言可懂度之间有如图16-1所示的关系。可见只要测得一个厅堂的室内音节清晰度则可知其中听众的相应语言可懂度。

表16-1　音节清晰度与听音感觉关系

音节清晰度（%）	听音感觉
<65	不满意
65~75	勉强可以
75~85	良好
>85	优良

音乐的明晰度具有两方面含意，其一是能够清楚地辨别出每一种声源的音色，其二是能够听清每个音符，对于演奏较快的音乐也能够感到其旋律分明。

3）足够的丰满度。这一要求主要是对音乐声，对于语言则是次要的。丰满度的含意有：余音悠扬（或称活跃），坚实饱满（或称亲切），音色浑厚（或称温暖）。总之，它可以定义为声源在室内发声与在露天发声相比较，在音质上的提高程度。

4）良好的空间感。是指室内声场给听者提供的一种声音在室内的空间传播感觉。其中包括听者对声源方向的判断（方向感），距声源远近的判断（距离感又可称为亲切感）和对属于室内声场的空间感觉（环绕感、围绕感）。

5）没有声缺陷和噪声干扰。声缺陷是指一些干扰正常听闻使原声音失真的现象，如回声、声聚焦、声影、颤动回声等。声缺陷的出现会使听众感到听觉疲劳、厌烦、难以集中注意力。尤其是短促的语言声比音乐声更容易发现回声现象，因此，在音质设计中应全力避免声缺陷。

噪声的侵入对室内音质有破坏作用。连续的噪声，特别是低频噪声会掩蔽语言和音乐；间断性噪声则会破坏室内宁静的气氛或录音效果。

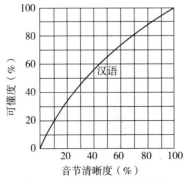

图 16-1　汉语清晰度与可懂度关系

16.1.2　客观指标

　　上述的各项主观评价标准，是音质设计的出发点和最终目标。但进行实际的音质设计时，还必须借助与音质的主观评价有关的物理指标。

1）声压级与混响时间

　　与音质的主观评价中量的因素有关的物理指标，有声压级和混响时间。各个频率的声压级与该频率声音的响度是相对应的。一般的语言、音乐都有较宽的频带，它的响度大体上与经过 A 特性计权的噪声级 dB（A）相对应。混响时间则与室内的混响感、丰满度有对应关系；较长的混响时间有较长的混响感，较高的丰满度。混响时间的频率特性（各个频率的混响时间）还与主观评价中质的因素有密切关系。为保持声源的音色不致失真，各个频率的混响时间应当尽量接近。感到声音"温暖"是低频混响时间较长的结果，而"华丽""明亮"则要求有足够长的高频混响时间。

　　混响时间与室内音质评价有密切的对应关系，而且它是最为稳定的一项指标。但在不同的大厅中，或一个大厅中的不同位置，尽管混响时间相同或者接近，音质的主观评价常有很大差异，不仅空间感觉不同，而且在量与质的方面也有不同。这说明，混响时间不能完全反映与室内音质有关的全部物理特性。这是因为导出混响时间这个概念的基本假定——扩散声场与实际的室内声场并不一致。下面我们来分析实际的声场。

2）反射声的时间与空间分布

　　听者接收到的直接来自声源的声音叫直达声。经过顶棚、墙面等的反射后接收到的叫作反射声。其中经过一次反射就被接收的叫作一次反射声，经过多次反射后被接收的叫作多次反射声。最先到达听者的是直达声，以后是各次反射声。由于各个反射声走过的路程长度各不相同，到达时间也就各不

相同（迟于直达声到达的时间叫作"延时"），它们在时间轴上形成一个序列。观察这种序列的方法一般采用脉冲测量法，就是在声源位置上发出一个持续时间很短的声音（脉冲声），在接收点上用传声器接收，经过放大后在计算机或示波器的荧光屏上显示，见图 16-2。得到的图像叫作"回声图"（图 16-3）。

　　"回声图"的横坐标是时间，纵向高度表示声压的相对幅值。任何一个在室内测得的"回声图"中声信号时间序列都可以分成三个部分：直达声（最左面的一个脉冲），近次反射声（直达声后一段时间里到达到的一个一个的反射声）和混响声（近次反射声以后的密集的反射声群）。近次反射声是经过次数不多的反射（一般是一次或二次）后到达听者的，因此能量较大，与直达声在时间上距离较近（延时较短）。混响声是经过多次反射以后到达的为数众多的能量较小的、在时间轴上十分密集的反射声所构成的。这些反射声的个数随时间越来越多（大

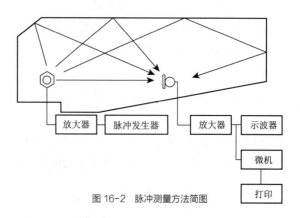

图 16-2　脉冲测量方法简图

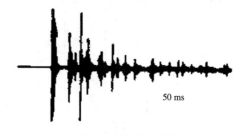

50 ms

图 16-3　"回声图"的例子

体上与时间的平方成正比），它们的包络线大体上按指数曲线衰减，各个入射方向有相同的概率。因此，严格说来，只有混响声这一部分是符合扩散声场的假定的，而在进入混响声阶段之前，在只有直达声和其后的近次反射声到达时，声场还不是扩散的。在不同的大厅或厅内的不同位置，直达声与近次反射声的能量及时间和空间构成不同，正是造成音质的主观感受不同的重要原因。下面我们详细分析这个问题。

时间分布：实验表明，直达声以后35~50 ms以内到达的反射声有加强直达声（提高响度）和提高清晰度的作用；同时，听者对声源方向的感觉仍取决于直达声到来的方向。也就是说，在这个时间范围内，不管有来自什么方向的反射声，听者感觉到的只是来自声源方向的声音得到了加强。这样的反射声就是一般所说的近次反射声。对于音乐，近次反射声的时间范围可以扩大到直达声后80 ms。

与近次反射声相反，混响声则起降低清晰度的作用。我们可以把语言的音节看作是一个一个的脉冲声，当前面的音节发出后，它的混响声还要在室内延续，并随时间衰减以至消失。如果衰减的速率较慢（混响时间较长），它就会掩蔽随后发出的音节（图16-4），使单词或句子听起来含混不清。

有人根据直达声、近次反射声与混响声对清晰度的不同影响，提出了一个清晰度指标（Difinition），又称 D 值，它的表达式是：

$$D=\frac{\int_0^{50ms}\left|p(t)\right|^2dt}{\int_0^{\infty}\left|p(t)\right|^2dt}\qquad(16\text{-}1)$$

式中　p——声压。

D 值的意义是，直达声及其后 50 ms 以内的声能与全部声能之比。D 值越高，对清晰度越有利。

与此相似，对于音乐信号有一个"明晰度"（Clarity）的指标。它的定义是：

$$C=10\lg\frac{\int_0^{80ms}\left|p(t)\right|^2dt}{\int_{80ms}^{\infty}\left|p(t)\right|^2dt}\qquad(16\text{-}2)$$

有的研究结果表明，为保证有满意的明晰度，

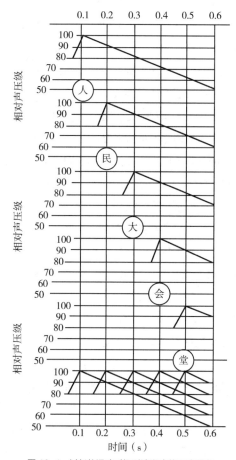

图16-4　过长的混响时间对清晰度的影响示意

必须 c=0~±3 dB。

与清晰度相反，音乐的丰满度要求有足够的混响声，要求保持室内有较长的"余音"（混响感），所谓"余音绕梁"，造成一种整个室内都在"响应"的效果。一定程度的前后声音的叠合，虽然对语言的清晰度不利，却有助于美化音乐音质。

近次反射声对于音乐的丰满度也是重要的。首先，它能加强直达声，提高响度，增强力度感。其次，使直达声与混响声连续，不使中间脱节，从而使声音的成长与衰减曲线滑顺。某些容积较大的厅，虽然混响时间不短，但丰满度不够，重要原因之一就是缺少必要的近次反射声。

"亲切感"要求在直达声之后 20~35 ms 之内有

较强的反射声。在小型厅里，20~35 ms 正是直达声与最早的第一次反射声的时间间隔。在大型厅里，这样的反射声要靠布置专门的反射面来获得。

根据脉冲测量法得到的反射声序列（回声图）可以预测出现回声的可能性。一个单个的反射声是否能够形成回声，取决于它与直达声的时间差（延时）和它与直达声相比的相对强度。图 16-5 给出了单个反射声的回声干扰度曲线。图 16-5 曲线上的百分数表示有百分之几的听者感到有回声干扰。可以看出，延时在 30~50 ms 之内的反射声，其强度即使比直达声高，多数人仍不会感到有回声干扰；相反，感到的是直达声被加强了。以后随着延时的加长，干扰度百分数逐渐提高。但实际情况是，大厅里不会只有一个强的反射声，它的前后总有一些较强的反射。而且显然，声源信号的性质（脉冲宽度、频率成分等）、强反射声到来的方向等，都会对是否被察觉出是回声有关。因此，在实际中大厅回声的预测问题比图 16-5 给出的结果要远为复杂，图 16-5 只能用于初步的估计。

空间分布：上面已经谈到，混响声可以看作是向听众作无规入射（各个入射方向的概率相同）的，但近次反射声则各自有一定的方向，它与房间的形状、比例等有密切关系。

近次反射声不仅在时间分布上与音质有关，而且在其方向分布上也与音质有密切关系。来自前方

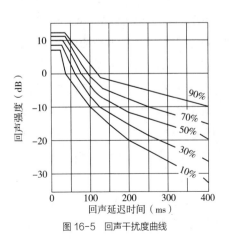

图 16-5　回声干扰度曲线

（与声源方向相近）的近次反射声有加强亲切感的作用，而来自侧面的近次反射声，有形成围绕感的作用。这是音乐演出用房间，特别是音乐厅所不可缺少的。在对已有的音乐厅的测定和分析表明，音质优秀的音乐厅，其近次反射声中，不仅侧向反射的声能所占比例较大，而且在时间上也比正前方的反射声先到达听众。与侧向反射有关的指标中，有代表性的如"房间响应"（Room Response，简称 RR）。

$$RR = 10\lg \frac{\int_{25ms}^{80ms} p_L^2 + \int_{80ms}^{160ms} p^2}{\int_0^{80ms} p^2} \qquad (16\text{-}3)$$

式中　p_L——侧向反射声压；

　　　P——来自全部方向的声压。

分子的第一项为近次侧向反射声能，第二项实际上是混响声能；分母是直达声与全部方向上的近次反射声能。RR 越大，围绕感越强。此式表明，围绕感除与侧向反射声能的大小有关外，而且混响声能也对围绕感有所贡献。

一般说来，听者左右两耳接收的直达声信号以及来自前方的近次反射声信号都大体相同，而左右两耳接收到的侧向反射声信号却差异很大。所以也有人用听者左右耳接收的信号的相关程度来表征由于侧向反射产生的围绕感。

两耳互相关函数（IACC）

$$\varphi_{LR}(\tau) = \lim_{T\to\infty} \frac{1}{2T} \int_{-T}^{+T} f_L(t) f_R(t+\tau)dt \qquad (16\text{-}4)$$

式中　f_L, f_R——分别为左右耳接收的信号。两耳互相关函数 φ_{LR} 越小，围绕感就越强。

以上我们分析了混响时间及其频率特性，以及反射声的时间构成和空间构成与音质的主观评价之间的关系。虽然目前的研究水平还不可能做到音质的主观评价指标与客观指标有定量的对应关系，但如上所述，两者相关的趋势还是很清楚的。下面具体说明根据不同房间的使用要求如何实现上述物理指标，以期得到所需要的音质。

16.2 音质设计的方法与步骤

根据上一节对音质的主观评价与客观指标的分析，音质设计时应遵循以下几个原则：

1）防止外部的噪声及振动传入室内，使室内的背景噪声级足够低。

2）使室内各处都具有足够的响度。对此，以自然声为主的大厅，要注意选择适当的规模。

3）安排足够的近次反射声。

4）使室内具有与使用目的相适应的混响时间。

5）防止出现回声、多重回声等声学缺陷。

必须注意，由于大厅的用途不同，音质的要求也不同，音质设计的重点问题也不同。例如，以自然声为主的大厅为保持足够的音量必须控制大厅的规模，并注意尽可能安排近次反射声以提高响度与清晰度；而以电声为主的大厅，厅的规模、形状可不受限制，设计的重点是把混响声限制在一定范围，同时注意适当安排电声扬声器，以保证声场均匀。又例如，剧场、音乐厅等空间较大的厅，要注意防止出现回声；而录音室、听音室等较小的空间，则应把重点放在室的长、宽、高的比例以及注意布置吸声材料和吸声结构，特别注意防止低频混响时间过长，避免产生低频嗡声等。

16.2.1 大厅容积的确定

室内音质设计首先应在建筑方案设计初期，根据建筑功能和声学要求来确定厅堂的容积值。厅堂容积的大小不仅影响到音质的效果，而且也直接影响到建筑的艺术造型、结构体系、空调设备和经济造价等诸多方面，为此，容积的确定必须综合加以考虑。从完全利用自然声的角度来考虑，一般应从保证有足够的响度和合适的混响时间这两方面的基本要求来确定；若有电声扩声设备介入厅堂环境中，厅堂容积的确定则可依据电声系统的性能与布置方式来定。也就是说，此时的厅堂容积在一定程度上可以大于自然声条件下的厅堂容积值，并依据实际情况选配相应的电声设备。

下面我们所讨论的厅堂容积确定是以自然声为声源，只从建筑声学角度出发，来确定其值。

1）保证厅内有足够的响度

自然声（人声、乐器声等）的声功率是有限的。厅的容积越大，声能密度越低，声压级越低，也就是响度越低。因此，用自然声的大厅，为保证有足够的响度，容积有一定的限度。表 16-2 给出了用自然声的大厅的最大容许容积的参考数值，超过这个数就应当考虑设置电声扩声系统。

表 16-2 用自然声的大厅的最大允许容积

用途	最大允许容积（m³）
讲演	2 000~3 000
话剧	6 000
独唱、独奏	10 000
大型交响乐	20 000

2）保证厅内有适当的混响时间

由混响时间的计算公式可知，房间的混响时间与容积成正比，与室内的吸声量成反比。在室内的总吸声量中，观众的吸声量所占比率最大，一般都在一半左右。这里我们引进一个"每座容积"的指标，即折合每个观众所占的室容积：V/n；V 为室容积，m³；n 为观众数。为了获得适当的混响时间，不同用途的大厅有不同的适当的每座容积。在厅的规模（观众席数）确定之后，即可用适当的每座容积估算出为获得适当的混响时间所需的厅的容积：$V = \dfrac{V}{n} \times n$，从而确定大厅的大致尺寸（表 16-3）。

表 16-3 不同用途大厅的每座容积推荐值

用途	V/n（m³）
音乐厅	8~10
歌剧院	6~8
多用途剧场、礼堂	5~6
讲演厅、大教室	3~5
电影院	4

由于厅堂容积是室内相互联系的内表面所围合成的空间体积值，所以它的确定与设计方法是灵活多变的。如在同一结构空间内，利用整体吊顶或间断式"浮云"吊顶，或用一些机械设备控制某些可活动的隔墙、舞台反射板等，调控容积的大小，从而达到调节室内混响时间的目的。由此可见，在方案设计中初步按每座容积建议值确定的厅堂空间，在建筑施工图设计和室内装修设计过程中完全有可能按具体混响时间与吸声量大小来调控其最终值，以达到较为理想的效果。

另外，厅堂室内容积的设计不仅决定于声学要求，有时还要兼顾建筑设计和室内设计效果。一方面，有些厅堂很高大，但容纳人数较少，如指挥大厅有大屏幕，层高高，指挥人数不多；另一方面，高大的空间能够给人以恢弘、富丽的感觉。因此，厅堂设计实践中，室内容积常常出现大于、甚至远大于声学的推荐值。室内容积过大，且缺乏吸声处理时，音质效果一般难于保证，这种情况下应认真进行建筑声学设计。

16.2.2　大厅的体型设计

大厅的体型设计直接关系到厅内反射声的时间与空间构成，是音质设计的重要一环；同时，它又与厅的建筑艺术构思，厅的各种功能要求，如电声系统的布置、照明、通风、观众的疏散，以及各种开口的布置等密切相关。一个好的体型设计，应当把声学与建筑融为一体。根据声学要求，大厅的体型设计的原则及方法如下：

1）体型设计方法

声的本质是波动，但是用波动理论分析一个具体的大厅的声场问题，由于边界条件复杂，近于不可能。考虑到音频范围内的声波比大厅的尺寸要小得多，可以近似地用几何光学的方法描述大厅中声的传播、反射等现象。这种方法叫做"几何声学方

法"或"声线法"。它以垂直于声的波阵面的直线（声线）代表声传播的方向，在遇到反射物体时，遵守入射角等于反射角的定律。厅内的声波是在同一种媒质中传播的，因此不考虑由此造成的折射与衍射。两个声音相加时，不考虑干涉，只作能量相加。这种方法大大简化了分析工作，而且在相当大的程度上符合实际，是大厅体型设计中常用的方法。

图 16-6 给出了一个用声线法设计观众厅顶棚断面的例子。声源 S 的位置一般定在舞台大幕线后 2~3 m，高 1.5 m。我们要求从台口外的 A' 点开始的第一段顶棚向 A 到 B 点的一段观众席提供第一次反射声（A，B 等接收点的高度取地面上 1.1 m）。连 SA' 与 $A'A$，作 $\angle SA'A$ 的分角线 $A'Q_1$，过 A' 作 $A'Q_1$ 的垂线 $A'A''$。以 $A'A''$ 为轴，求出声源 S 的对称点 S_1。连 S_1B。它与 $A'A''$ 相交于 A''。$A'A''$ 就是第一段顶棚的断面。第二段顶棚的第一次反射声要求提供给从 B 到 C 点的一段观众席，则在 SA'' 的延长线上的适当位置取 B'，以后用与第一段同样的方法求出第二段顶棚的断开 $B'B''$。S_1，S_2 等叫作"虚声源"，此种方法又叫"虚声源法"，它也可用于设计侧墙平面。应注意的是，观众厅的平、断面还要满足灯光、出入口等以及建筑造型上的要求，设计时要综合考虑。

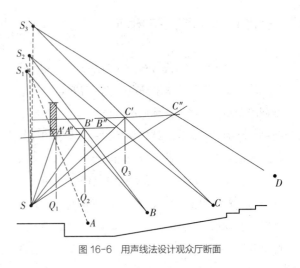

图 16-6　用声线法设计观众厅断面

2）体型设计原则

（1）保证直达声能够到达每个听众

在一般情况下，主要是防止前面的观众对后面观众的遮挡。在小型讲演厅，可设讲台以抬高声源。在较大的观众厅中，地面应从前到后逐渐升高，见图16-7。地面的升起一般是根据视线要求计算得到的。但是，并不是只要不遮挡视线就不遮挡直达声，因为声波比光波长得多，它的传播要求波阵面有足够的宽度，因此地面升高的标准取比视线要求的更高为好。

（2）保证前次反射声的分布

根据前节，不同延时的反射声对音质有不同的作用。图16-8给出了计算第一次反射声延时的方法。

对于规模不大的厅（例如高度在10 m左右，宽度在20 m左右），体型不做特殊处理，在绝大多数座位上接收到的第一次反射声的延时都在50 ram之内。但在尺寸更大的厅，为达到这一要求，就必须在厅的体型设计上下功夫。

平面形状：图16-9表示几种基本的平面形状的大厅中，第一次侧向反射声的分布。可以看出，扇形平面的大厅的中间部分不易得到来自侧墙的第一次反射声。从以上几种基本形状，可以发展出如图16-10所示的各种较复杂的平面形状，其中，反射声分布情况与厅的宽度和进深的比例有密切关系，在进行厅的平面形状设计时必须首先注意选择。

①与进深相比厅的宽度较大的厅，有相当大的区域不能得到侧墙的第一次反射声，而来自宽大后墙的延时较长的第一次反射声增多，不易得到适于听闻、特别是适于听取音乐演出的声场条件。但此种形状由于多数座位距舞台较近而常被剧场等采用。在这种情况下应将顶棚设计成能使多数座位得到第一次反射声的形状；同时，后墙应设计成扩散的。如需布置吸声材料，也可间隔布置，以利扩散，避免回声。规模较大的厅，在缺乏第一次反射声的区域应考虑用电声加以补助，见图16-10（a）。

②厅的宽度与进深尺寸相近的多边形或近似圆形平面的厅。

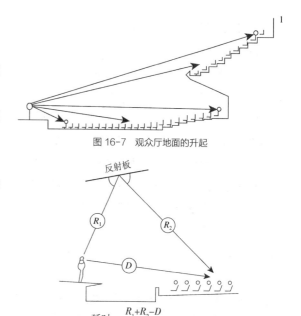

图16-7 观众厅地面的升起

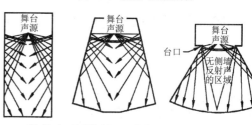

$$延时 = \frac{R_1+R_2-D}{0.94} \ ms$$

图16-8 反射声延时的计算

图16-9 几种基本平面形状大厅的第一次反射声分布

第一次反射声容易沿墙反射，而厅的中部没有第一次反射声。为改变这种状况，靠近舞台的两侧墙应考虑做成折线形状，后墙应作成有起伏的扩散体，也可考虑设浅的挑台，以利反射声的均匀分布。同时，应使靠近舞台的顶棚能够将声音反射到大厅中部区域，见图16-10（b）。

③与进深相比宽度较窄的大厅。这种大厅的平面形状一般都接近矩形，由于两侧墙距离较近，厅内容易得到侧向的第一次反射声，是听取音乐演出的较理想的声场。如果将两个平行的侧墙上做适当的起伏，还可使听众得到来自更宽的墙面的第一次反射。在规模较大的厅，靠近舞台的侧墙可做成折线形，以减小开角，使第一次反射声能够到达厅的中前部。还应注意，由于进深较大，从后墙反射到

厅的前部的反射声可能形成回声，必须采取措施加以避免，见图16-10（c）。

断面形状：断面设计的主要对象是顶棚。由于来自顶棚的反射声不像侧墙反射那样易被观众席的掠射吸收所减弱，因此对厅内音质的影响最为有效，必须充分加以利用。顶棚设计的原则是，首先使厅的前部（靠近舞台部分）顶棚产生的第一次反射声均匀分布于观众席，见图16-11。为此可将顶棚设计成从台口上缘逐渐升高的折面或曲面。中部以后的顶棚，可设计成向整个观众席及侧墙反射的扩散面。

呈凹曲面的顶棚，容易发生声聚焦现象，使反射声分布不均匀，应当避免采用。如必须采用时，应在内表面做有效的吸声处理，或在其下面设置"浮云"式的反射板（图16-12）。

侧墙在一般大厅中都是垂直的，这使它能够提供给观众席第一次反射声的面积很小。如果使侧墙略向内倾，则可以有更大面积提供第一次反射声（图16-13）。有条件时可以考虑采用这种形状。为此目的，也可以在垂直的侧墙上布置纵向为楔形的起伏。

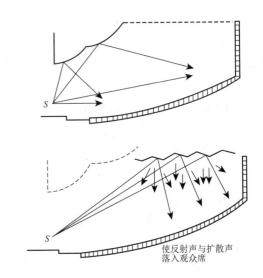

使反射声与扩散声落入观众席

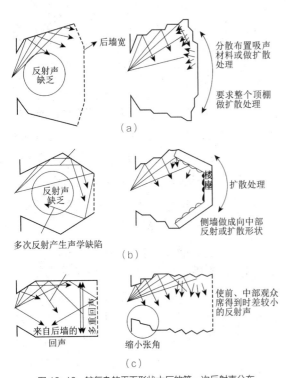

（a）

（b）

多次反射产生声学缺陷

来自后墙的多重回声
回声

缩小张角

（c）

图 16-10　较复杂的平面形状大厅的第一次反射声分布
（a）宽度比进深大的厅平面；（b）宽度与进深尺寸相近的厅平面；
（c）宽度比进深小的窄长形平面

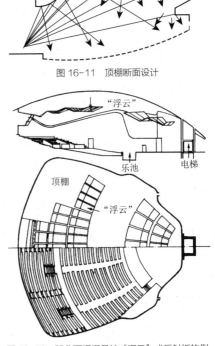

台口前顶棚曲线使反射声均匀分布与观众席

图 16-11　顶棚断面设计

图 16-12　凹曲面顶棚悬挂"浮云"式反射板的例

在横向很宽的大厅，为向中间坐席提供侧向的第一次反射声，可将靠近侧墙的座位抬高，利用这些座位下面的矮墙向厅的中部提供第一次反射声（图16-14）。

观众席较多的大厅，一般要设挑台，以改善大厅后部坐席的视觉条件，但挑台下部坐席的声学条件往往不利。首先，如挑台下空间过深，则除了掠射过前部观众到达的直达声和部分侧墙反射声以外，顶棚的反射声难以到达。同时，这部分空间的混响时间会比大厅的其他部分为短。为了避免产生这种现象，挑台下空间的进深不能过大，一般剧场及多功能大厅，不应大于挑台下空间开口的2倍；对于音乐厅，进深不应大于挑台下空间的开口，图16-15。同时，挑台下顶棚应尽可能作成向后倾斜的，使反射声落到挑台下坐席上。挑台前沿的栏板，有可能将声音反射回厅的前部形成回声，为此应将其形状作成扩散反射的或使其反射方向朝向附近的观众席。

（3）防止产生回声及其他声学缺陷

前节谈过，回声的产生是个复杂的问题，在设计阶段不可能完全准确地预测，但在实际的设计工作中，为了安全必须对所设计的大厅是否有出现回声的可能性进行检查。方法是利用声线法检查反射声与直达声的声程差是否超过17 m（延时是否超过50 res）。检查时，设定的声源位置应包括各种可能的部位（如舞台上的若干典型位置以及乐池等）。如有电声系统，还应检查扬声器作为声源时的情况。接收点除观众席外，还应包括舞台上。

观众厅中最容易产生回声的部位是后墙（包括挑台上后墙）、与后墙相接的顶棚，以及挑台栏杆的前沿等（图16-16）。如果后墙为凹曲面，更会由于反射声的聚集加强回声的强度。在有可能产生回声的部位，应适当改变其倾斜角度，使反射声落入近处的观众席，或者做吸声处理（图16-17）。吸声处理最好能与扩散处理并用。用吸声处理时，应当与大厅的混响设计一起考虑。

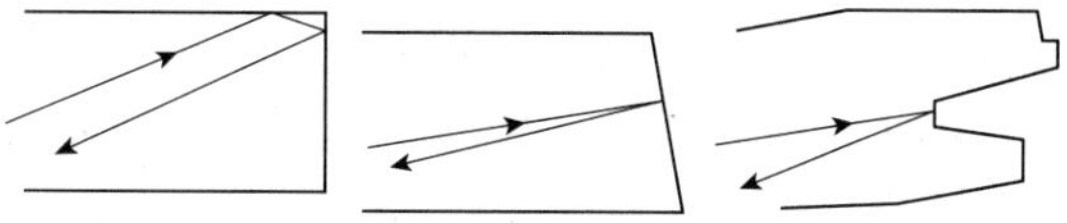

多重回声的产生是由于大厅内特定界面之间产

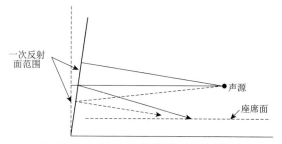

图16-13　垂直侧墙与倾斜侧墙第一次反射面比较

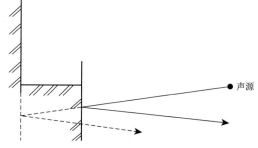

图16-14　抬高边座，利用边墙向厅的中部反射

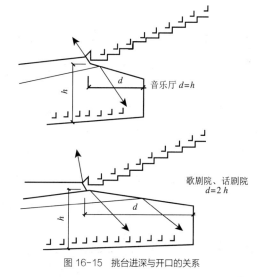

图16-15　挑台进深与开口的关系

反射性后墙垂直　　反射性后墙内倾　　挑台前沿成为反射面

图16-16　回声的产生示意

生的多次反复反射。在一般观众厅里，由于声源在吸声性的舞台内，厅内地面又布满观众席，不易发生这种现象。但在体育馆等大厅中，场地地面与顶棚可能产生反复反射，形成多重回声。即使在较小

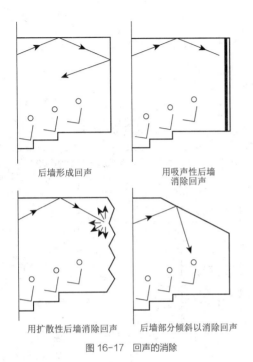

后墙形成回声　　　　　用吸声性后墙
　　　　　　　　　　　消除回声

用扩散性后墙消除回声　　后墙部分倾斜以消除回声

图 16-17　回声的消除

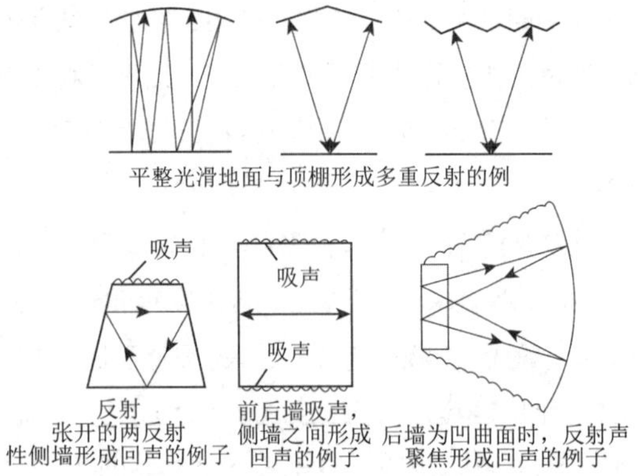

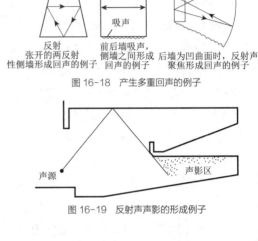

平整光滑地面与顶棚形成多重反射的例

吸声　　　　　吸声
　　　　　　　　吸声

反射　　　前后墙吸声，
张开的两反射　侧墙之间形成　　后墙为凹曲面时，反射声
性侧墙形成回声的例子　回声的例子　　聚焦形成回声的例子

图 16-18　产生多重回声的例子

声源　　　　　　　　　　　　　声影区

图 16-19　反射声声影的形成例子

的厅中，由于形状或吸声处理不当，也有可能产生多重回声，在设计时必须注意（图 16-18）。

　　除回声与多重回声之外，大厅中常见的声学缺陷还有声聚焦和声影。声聚焦是由凹曲面的反射性顶棚或墙面造成的。反射声集中于形成焦点的位置附近，其他位置的反射声声音很小。由于遮挡使近次反射声不能到达的区域叫作声影区（图 16-19）。二者都使大厅内声场极不均匀，必须注意防止。具体办法前面已有叙述。

（4）采用适当的扩散处理

　　扩散处理就是用起伏的表面或吸声与反射材料的交错布置等方法，使反射声波发生散乱。它不仅用于消除回声和声聚焦，而且可以提高整个大厅的声场扩散程度，增加大厅内声能分布的均匀性，使声音的成长和衰减过程滑顺；同时，它还有助于避免强反射可能造成的"染色现象"[1]。扩散处理一般布置在第一次反射声的反射面以外的各个面，如侧墙与顶棚的中、后部、后墙等。

　　起伏状扩散体的扩散效果取决于它的尺寸和声波的波长。只有当扩散体的尺寸与要扩散的声波波长相当，才有扩散效果；如果扩散体的尺寸比波长小很多，就不会产生乱反射；如扩散体的尺寸比波长大很多，就会根据扩散体起伏的角度产生定向反射，二者都没有扩散的效果。为了在更宽的频带上取得更好的扩散效果，可以设计几种不同尺寸（包括不同形状）的扩散体，把它们不规则地组合排列。

　　扩散体是大厅建筑造型的重要部分，结合建筑的艺术处理可以做成各种形式。

（5）舞台反射板

　　有镜框式台口的剧场或礼堂，舞台上演员的声音有相当大的部分进入了舞台内部，不能被观众接收。在举行音乐会等不需吊下布景的演出时，如将舞台的上部、两侧和后部用反射板封闭起来，使上述声能反射到观众厅，就能显著提高观众席上的声能密度。不仅如此，舞台反射板还有加强演员的自我听闻和演员与乐队，以及乐队各部分之间的互相

----

[1] "染色现象"是单个的强反射声或间隔相近的一系列强反射声与直达声叠加产生的声音频谱变化，它使原有声音的音色失真。

听闻的作用。这是音乐演出，特别是交响乐演出的一个重要条件。

舞台反射板在全频带上应当都是反射性的。特别要注意，不要使产生过度的低频吸收。材料一般选用厚木板或木夹板（厚度在 1 cm 以上）并衬以阻尼材料。其形状应使反射声有一定的扩散。舞台反射板的背后结构一般是型钢骨架。它的装、拆宜采用机械化的方法。

舞台反射板所围绕的空间的大小，取决于乐队的布置和规模，同时还应使反射声的延时有利于台上演员的听闻（17~35 ms）。表16-4是推荐的与不同演出规模相适应的舞台反射板的内空间尺寸。图16-20 和图 16-21 是舞台反射板的两个实例，前者是多功能厅的舞台上设置反射板的实例，后者反射板设置于音乐厅演奏台上部。

表 16-4　不同演出规模的舞台反射板内空间尺寸

演出规模	宽	深	高 (m)
大型管弦乐队 (70 ~ 120人，可有合唱队)	15	10	7
室内乐队 (平均25人) 重奏、独奏，重唱，独唱	8	6	7

16.2.3　大厅的混响设计

混响设计是室内音质设计的一项重要内容，它的任务是使室内具有适合使用要求的混响时间及其频率特性。这项工作一般是在大厅的形状已经基本确定、容积和表面积能够计算时开始进行。具体内容是：

1）确定适合于使用要求的混响时间及其频率特性；

2）混响时间的计算；

3）室内装修材料的选择与布置。

1）最佳混响时间及其频率特性的确定

不同使用要求的大厅，有不同的混响时间的最佳值。这个最佳值又是大厅的容积的函数，即同样用途的大厅，容积越大，最佳混响时间越长。推荐的最佳混响时间是通过对已有大厅的实测、统计归纳得到的。因此，不同作者的推荐值各有不同。图16-22 给出了一般常用的最佳混响时间的推荐值。图中，横坐标是大厅的容积，纵坐标是中频 500 Hz 的

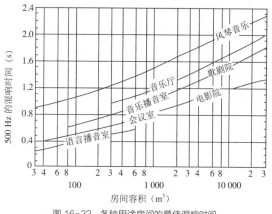

图 16-22　各种用途房间的最佳混响时间

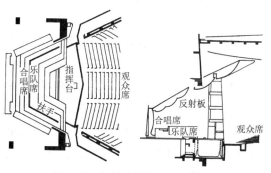

图 16-20　舞台反射板的设置实例（一）

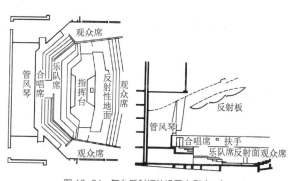

图 16-21　舞台反射板的设置实例（二）

最佳混响时间。在得到 500 Hz 的最佳混响时间值以后，还要以此为基准，根据使用要求，确定全频带上各个频率的混响时间，即混响时间的频率特性。图 16-23 是一般推荐的混响时间的频率特性曲线。横坐标是频率，纵坐标是与 500 Hz 的混响时间的比率。它表明，高频混响时间应当尽可能与中频一致，而中频以下可以保持与中频一致，或者随着频率的降低适当延长，这取决于大厅的用途。

音乐演出用大厅应有较长的混响时间，同时希望低频比中频略长，在 125 Hz 附近可以达到中频 500 Hz 的 1.2~1.5 倍，这主要是考虑到使人们感觉到的低频声响度的衰减与中频大体接近。

讲演、话剧等以语言为主的大厅，混响时间应当较短，其频率特性应当从低频到高频保持平直，以保证厅内声音的清晰度。

语言、音乐兼用的多功能大厅，混响时间及其频率特性可根据情况取上述二者的折衷。

在实际的声场中，由于空气对高频声有较强的吸收，特别是在大型厅堂中，很难使高频混响时间达到与中频一致。但由于人们已经习惯，除非有特殊原因，也不宜故意加长高频混响时间，以免产生不自然的感觉。

2）混响计算

混响计算的步骤如下：

（1）根据设计完成的体型，求出厅的容积 V 和内表面积 S。

（2）根据厅的使用要求，参照图 16-22 及图 16-23 确定混响时间及其频率特性的设计值。

（3）根据混响时间计算公式求出大厅的平均吸声系数 $\bar{a}$。一般采用的混响时间的计算公式为：

$$T = \frac{0.161V}{-S\ln(1-\bar{a})+4mV} \quad \text{s}$$

式中　T——混响时间，s；

　　　V——厅的容积，m^3；

　　　S——总内表面积，m^2；

　　　$\bar{a}$——平均吸声系数；

　　　m——空气吸收衰减系数。在 1 000 Hz 以下，
　　　　　　式中的 $4mV$ 一项可以省略。

（4）计算大厅内总吸声量 A 及各部分的吸声量，$A=S\bar{a}$。它由两部分构成，一是人（听众）和家具（座椅等）的吸声量 $\sum a_j$，一是厅内所有界面的吸声量 $\sum S_i a_i$（S_i 与 a_i 分别表示某种材料或构造的面积和吸声系数）。

$$A=\sum a_j+\sum S_i a_i \quad (\text{m}^2)$$

因此，从厅内总吸声量中减去人（观众）和家具（座椅等）的吸声量，就是厅内各界面所需的吸声量：

$$\sum S_i a_i=A-\sum a_j$$

（5）查阅材料及构造的吸声系数数据，从中选择适当的材料及构造，确定各自的面积，使大厅内各界面的总吸声量符合上式。一般常需反复选择、调整，才能达到要求。

以上计算要求在 125~4 000 Hz 的各个倍频程的中心频率上进行。

3）室内装修材料的选择与布置

进行室内装修材料和构造的选择，要结合建筑艺术处理的要求，同时充分了解各种材料和构造的吸声特性，对低频、中频、高频的各种吸声材料和构造应搭配使用，以取得比较理想的频率特性。所用的吸声系数，应注意它的测定条件与设计大厅的实际安装条件是否一致。即使是同样的材料，安装条件不同（例如背后空气层的有无、厚薄、大小等），吸声特性会有很大差异，选用时应取与实际条件一

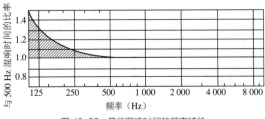

图 16-23　最佳混响时间的频率特性

致或接近的数据。

混响计算所用的吸声系数，应采用混响室法吸声系数。垂直入射吸声系数不能直接用于混响计算。

关于各种材料及构造的布置位置，对于观众厅，舞台 El 周围的墙面、顶棚应当主要布置反射材料，以保证向观众席提供近次反射声；吸声系数较大的

材料及构造，应尽量布置于厅的侧墙中部、上部，以及后墙等有可能产生回声的部位。

下面给出了一个大厅的混响时间计算实例。大厅容积为 8 023 m³，观众席数是 1 400。表 16-5 是混响时间的计算表。

表 16-5(a)　观众厅混响时间计算表（V=8 023 m³）

序号	项目	材料	面积 S(m²)	吸声系数和吸声单位（m²）											
				125 Hz		250 Hz		500 Hz		1 000 Hz		2 000 Hz		4 000 Hz	
				α	$S\alpha$	α	$S\alpha$	α	$S\alpha$	α	$S\alpha$	α	$S\alpha$	α	$S\alpha$
1	观众	1 400 人（满场）	560	0.20	280	0.20	280	0.33	462	0.36	504	0.38	532	0.39	546
	座椅	1 400 个（空场）	560	0.20	280	0.18	252	0.30	420	0.28	392	0.15	210	0.05	70
2	乐队	60 人（带乐器、座椅）	37.5	0.38	22.8	0.79	47.4	1.07	64.2	1.30	78	1.21	72.6	1.12	67.2
3	走道	光面混凝土（包括乐池）	267	0.01	2.7	0.01	2.7	0.02	5.3	0.02	5.3	0.02	5.3	0.03	8
4	墙面 1	三夹板后空气层为 5 cm 龙骨间距 50 cm×50 cm	250	0.597	149.2	0.382	95.5	0.181	45.3	0.05	12.5	0.041	10.3	0.082	20.5
5	墙面 2	抹灰拉毛，面涂漆	335	0.04	13.4	0.04	13.4	0.07	23.5	0.024	8.0	0.09	30	0.05	16.8
	墙面 3	砖墙抹灰	278	0.024	6.7	0.027	7.5	0.03	8.3	0.037	10.3	0.036	10.6	0.034	9.5
6	顶棚	预制"水泥船"，板厚 16 mm	793	0.12	95.2	0.10	7.9	0.08	63.4	0.05	40	0.05	40	0.05	40
7	洞口	面光、耳光、通风口、舞台口	222	0.16	36	0.20	44.4	0.30	67	0.35	78	0.29	64.3	0.31	69
	洞口	疏散门洞（丝绒幕，离墙 10 cm）	22.5	0.06	1.4	0.27	6	0.44	10	0.50	11.2	0.40	9	0.35	7.9
8	4 mV											72.2		176.5	
	空场	$\sum S \cdot \alpha$（只有观众座椅）		584.4		429.4		642.8		557.3		379.5		241.2	
	满场	$\sum S \cdot \alpha$（有观众和乐队）		607.2		504.8		749		747.3		774.1		784.9	
	$\sum S$		2 765												

表 16-5(b)　六个倍频程混响时间（$\sum S$=2 765 m³）

V=8 023 m³		125 Hz	250 Hz	500 Hz	1 000 Hz	2 000 Hz	4 000 Hz
空场	$\sum S \cdot \alpha$	584.4	429.4	642.8	557.3	379.5	241.2
	$\bar{\alpha}$	0.211	0.155	0.232	0.201	0.137	0.087
	$-\ln(1-\bar{\alpha})$	0.237	0.169	0.264	0.224	0.147	0.091
	T_{60}/s	2.0	2.8	1.8	2.1	2.2	3.0
V=8 023 m³		125 Hz	250 Hz	500 Hz	1 000 Hz	2 000 Hz	4 000 Hz
满场	$\sum S \cdot \alpha$	607.2	504.8	749	747.3	774.1	784.9
	$\bar{\alpha}$	0.218	0.181	0.269	0.268	0.278	0.281
	$-\ln(1-\bar{\alpha})$	0.246	0.200	0.313	0.312	0.325	0.330
	T_{60}/s	1.9	2.3	1.5	1.5	1.3	1.2

4）改造旧建筑时的混响设计

已有建筑改变使用功能或借助于完善室内装修来提高音质是经常遇到的问题。一般的音质不理想多是混响时间过长，或响度不合适，或存在某些声缺陷与噪声干扰。从理论上讲，改善已建成厅堂的音质有多种方法，但通常受到环境和预算经费的制约，不大可能过多地改造原有的结构、体形和通风、照明系统。采用吸声处理最为切实可行。一则可以控制混响时间，二则可以消除声缺陷，降低噪声的干扰，更为新增电声系统提供较为理想的建声环境，充分体现电声系统的良好性能。

改善音质采用吸声处理时，首先应考虑对后墙进行处理，然后对侧墙中后部处理，最后考虑处理顶棚的周边和后部，究竟选用什么吸声材料，选用多少，则必须在分析了已有厅堂体形特征的基础上，做混响设计与计算，计算出已有混响时间及频率特性，与同类厅堂的最佳混响时间及频率特性加以比较，找出差异，着手选用新增材料与构造。

【例题 16-1】 有一个 200 人的大教室，房间尺寸为 20 m×10 m×5 m，走道及门窗尺寸见下表。室内各种材料的吸声系数见下表 16-6。当空气温度为 20 ℃、相对湿度为 60% 时，求 125 Hz、500 Hz、2 000 Hz 的混响时间，并评价其是否有利于语言听闻。

表 16-6 某教室混响时间计算表（V=1 000 m³）

序号	项目	面积（m²）	材料	吸声系数和吸声单位（m²）					
				125 Hz		500 Hz		2 000 Hz	
				α	$S \cdot \alpha$	α	$S \cdot \alpha$	α	$S \cdot \alpha$
1	顶棚	200	光面混凝土射浆	0.02	4.80	0.03	6.00	0.04	7.20
2	墙面	270	砖墙抹灰	0.02	6.47	0.03	8.10	0.04	9.70
3	黑板	9	玻璃嵌墙上	0.01	0.09	0.01	0.09	0.02	0.18
4	玻璃窗	15	玻璃装木框上	0.35	5.25	0.18	2.70	0.07	1.05
5	门	6	玻璃装木框上	0.35	2.10	0.18	1.08	0.07	0.42
6	地面	64	水磨石	0.01	0.64	0.02	1.28	0.02	1.28
7	学生 200 人	占地 136	坐在木椅上	0.27（A 值）	200×0.27 =54.0	0.37（A 值）	200×0.37 =74.0	0.54（A 值）	200×0.54 =108.0
8		总面积 $\sum S$=700		$\sum S \cdot \alpha$ =73.35 α =0.105		$\sum S \cdot \alpha$ =93.25 α =0.133		$\sum S \cdot \alpha$ =126.63 α =0.181	
9	$-\ln(1-\bar{\alpha})$			0.111		0.143		0.20	
10	$4\,mV$								
11	混响时间 T_{60}			2.1 s		1.6 s		1.1 s	

【解】 利用伊林混响时间计算公式和表 16-6 中的数据：

$$T_{60}(125\ \text{Hz})=\frac{0.161\times1\,000}{700\times0.111}=2.1\ \text{s}$$

$$T_{60}(500\ \text{Hz})=\frac{0.161\times1\,000}{700\times0.143}=1.6\ \text{s}$$

对于 2 000 Hz，需考虑空气吸收。温度为 20 ℃、相对湿度为 60% 时的 4 m=0.009，故 4 mV=0.009×1 000=9。

$$T_{60}(2\,000\ \text{Hz})=\frac{0.161\times1\,000}{700\times0.2+9}=1.1\ \text{s}$$

参考图 16-22，有 T_{60}（500 Hz）的最佳混响时间约为 0.8s，又由于该房间用于语言，为了保证语言的清晰度，低频混响世界不应高于中频，一般认为频率特性曲线以平直为理想，由此可知，该教室的低频混响时间过长，中、高频混响时间也远高于最佳值，完全有必要对其进行吸声改造。

16.3　各类建筑的音质设计

以下分别叙述音乐厅、各类剧场、电影院、多功能大厅、教室、讲堂、体育馆以及录音室等的音质设计。必须注意的是，上述各类建筑物的音质要求各不相同，设计中要解决的主要问题也不一样，应当根据以上几节中阐述的原则和方法，结合实际，灵活处理。还必须注意，这些建筑中都有很多附属房间，如门厅、休息厅、走廊，等等。它们对创造整个建筑的声环境也起着重要作用，不可忽视。例如沉寂的门厅、走廊，会使人感到观众厅的音质更加丰满。相反，混响很长的门厅、走廊，不仅会使整个建筑给人以嘈杂的印象，而且会影响人们对观众厅音质丰满度的感受。总之，应当把整个建筑物作为一个整体，进行声环境的设计，其中也包括使建筑物的各个部分都能保证在适当的噪声水平之下，孤立地设计观众厅等部分，往往不能取得应有的效果。

16.3.1　音乐厅

音乐厅是为交响乐、室内乐、声乐等音乐演出用的专用大厅。它在建筑上与一般剧场的主要不同之处在于没有单独的舞台空间，不设乐池，演奏席与观众席在同一空间之中。演出大多靠自然声。音乐厅的规模视其用途有大有小，交响乐大厅的规模多在 1 200 座到 2 000 座之间。

在厅的体型方面，上一世纪建造的音乐厅多是矩形平面，宽度较窄，顶棚较高，即所谓"鞋盒式"。厅的两侧及后部有浅的挑台。内墙面和顶棚多为木板或抹灰，表面有丰富的浮雕等装饰，顶部有大型吊灯。这种古典音乐厅的音质一直受到很高的评价，有的至今仍被奉为音乐厅音质的典范，如图 16-24 和图 16-25 所示。

以后，音乐厅的体型开始多样化，其共同特点是平面变宽，两侧墙面形成张角，顶棚相对降低。这种大厅的音质多数都不如古典大厅。近 50 年来，

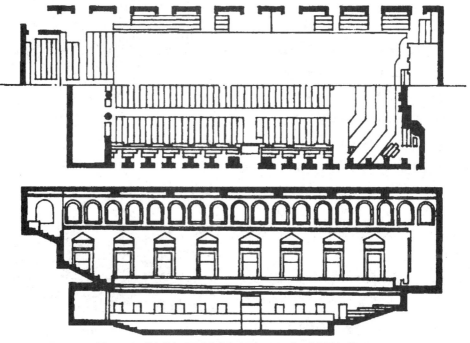

图 16-24　维也纳音乐厅（古典音乐厅）1 680 座，中频混响时间 2 s

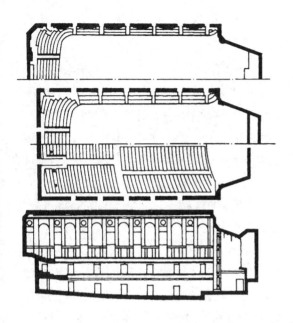

图 16-25　波士顿音乐厅（古典音乐厅）2 631 座，
中频混响时间 1.8 s

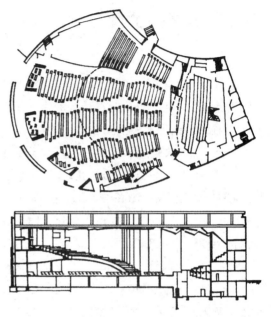

图 16-26　斯图加特音乐厅（近代形式音乐厅）2 000 座，
中频混响时间 1.62 s

为增加观众席的近次反射声，增加扩散，在体型处理上进行了许多新的尝试，出现了各式各样的新型音乐厅（图 16-26）。

在新型音乐厅中，影响最大的要算 1963 年建成的柏林交响乐大厅（Berlin Philharmonic Hall，图 16-27）。它彻底改变了传统的"鞋盒式"音乐厅的形式，以演奏台为中心，在其周围布置不同高度的观众席，使观众与演奏台的距离大为缩短。由于观众席平面的高度不同，其侧墙还能形成一定的反射声。演奏台的上部布置了曲面的扩散板，使乐队声可以向周围扩散。这种形式的音乐厅后来被称为"梯田式"音乐厅，被广泛应用于以后的现代音乐厅的设计。

也有一些音乐厅采用了古典的"鞋盒式"与"梯田式"相结合的形式，大阪的 The Symphony Hall（图 16-28）就是一个例子。

人们对音乐厅音质的要求是各类厅堂中最高的。实际上不同风格的音乐作品所要求的音质条件也不尽相同。根据已有音乐厅的经验，音乐厅的音质设计大体上应当遵循以下原则：

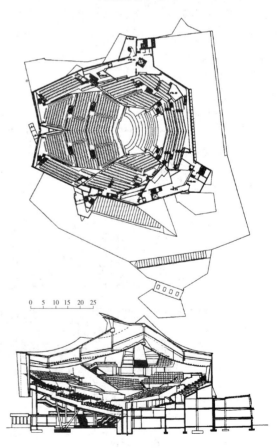

图 16-27　柏林交响乐大厅，"梯田式"大厅（近代形式音乐厅）
1963 年完工，2 300 座，中频混响时间 2.0 s

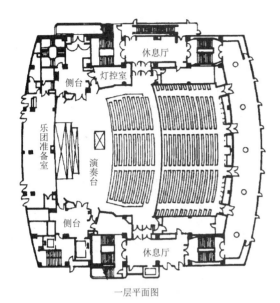

一层平面图

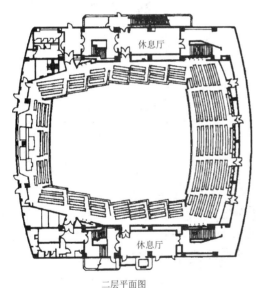

二层平面图

断面图

图 16-28　日本大阪 The Symphony Hall，1 700 座，
中频混响时间 2 s

1）使大厅具有较长的混响时间以保证厅内声场有足够的丰满度。音质评价好的音乐厅都是混响时间长的。为此，必须有足够的每座容积，一般应在 8~10 m。同时厅内尽量少用或不用吸声材料。在混响时间的频率特性上，应当使低频适当高于中频，以取得温暖感。

2）充分利用近次反射声，使之均匀分布于观众席，以保证大多数座位有足够的响度和亲切感，特别注意增加侧向反射，使厅内有良好的围绕感。在古典的"鞋盒式"大厅，由于两侧墙是平行的，而且相距较近，顶棚较高，因此来自侧墙的近次反射声丰富。而侧墙向两侧展开的厅，必须将其形状处理成能向厅的中部反射声音，或为此特别设置反射面。厅顶部的处理，除考虑向观众席反射外，还应有适当部分的反射声返回演奏席，以利演唱、演奏者的互相听闻。

3）保证厅内具有良好的扩散。古典式大厅有丰富的装饰构件，可起扩散作用，新式大厅也应布置扩散体。

此外，音乐厅的允许噪声标准要高于其他厅堂，评价指数 N 在 20 以下。为此，音乐厅的选址应注意远离交通干道等噪声较高地区，内部要做好隔声，通风系统要有足够的消声处理。

音乐厅内的演出一般不用扩声设备，但要考虑到语言扩声、现场转播及录音的需要，还需设置声控室。

16.3.2　剧院

剧院的类型很多，有歌剧院（西洋歌剧、新歌剧）、地方戏剧院（如京剧院）、话剧院等。它们都有单独的舞台空间，以镜框式台口与观众厅相连，一般还有乐池。

西方古典的歌剧院多是马蹄形平面，侧面及后面有多层包厢。新式的歌剧院平面多为扇形、六角形等形式，台口后有大型舞台。我国最早的剧场，

舞台三面伸入观众席，没有乐池。目前这种形式已
不多见。京剧及其他地方戏的演出也大多是在镜框
式台口之内进行，只是伴奏仍在台侧，不用乐池。

歌剧是以歌唱、音乐为主，混响时间应当较长，
但比音乐厅短。京剧及我国其他地方戏的最佳混响
时间尚无定论，一般可按歌剧院考虑，或较之略短。

话剧院一般较歌剧院规模为小，一般也有镜框
式台口，也有的话剧院，舞台可以伸到观众席中，
即所谓伸出式舞台。

话剧院应按语言用大厅的要求，取较短的混响
时间，以保证有足够的清晰度。

歌剧院、话剧院在体型上都应考虑近次反射声
在观众席上的均匀分布。歌剧院还应有适当的扩散
处理；话剧院要特别注意避免出现回声。

乐池的声学特性也必须注意：一是要保持乐池
内各声部声音的平衡；二是不使观众厅内听到的乐
池中的伴奏声压倒舞台上的演员声。这要求乐池的
开口与进深保持适当的比例，乐池上部的顶棚有适
当的形状与倾角。

近年来，歌剧、话剧演出使用电声的情况越来
越多，同时，还有效果声的需要，因此，剧院应当
有较为完善的电声系统。电声系统最理想的使用状
态应当是，既加强了观众席上的声级，又能控制其
音量，不使其破坏自然的方向感，使观众几乎感觉
不到它的存在。

剧院的允许噪声级可采用 NR20 或 25。

图 16-29~图 16-31 是古典及现代剧院的实例。

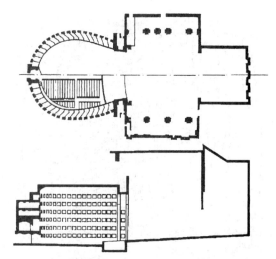

图 16-29　古典歌剧院，意大利米兰斯卡拉剧院 2 289 座，
中频混响时间 1.2 s

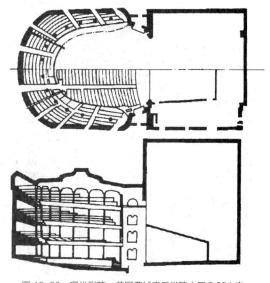

图 16-30　现代剧院，美国费城音乐学院大厅 2 984 座，
中频混响时间 1.4 s

16.3.3　电影院

电影院按放声方式分为扬声器布置在银幕后面、
片宽为 35 ram 的普通电影、遮幅法和变形法宽银幕
立体声影院，和片宽为 70 mm，扬声器不只在银幕
之后，在观众厅墙面、顶棚上也布置环绕声扬声器
的宽银幕数字式立体声影院两类。

在片宽为 35 mm 的电影院中，观众听到的是位
于银幕后扬声器发出的影片录音的重放声。影片在录
音时已经加入了与场景相应的声音效果，它要求电影
院大厅能够重现这些效果，不致因大厅的声学特性
（例如混响过长）而影响这些效果。同时，因为是重
放系统，不存在声反馈问题，扬声器的音量可以开到
任意大，以使观众席上有足够的声级。因此，混响时
间应当以短为好。但在实际上，过于沉寂的大厅会使
前排座位与后排座位上的声级相差过大，保持一定的

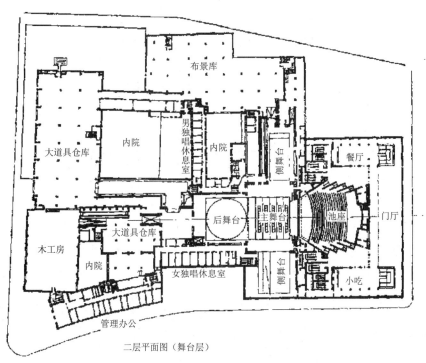

二层平面图（舞台层）

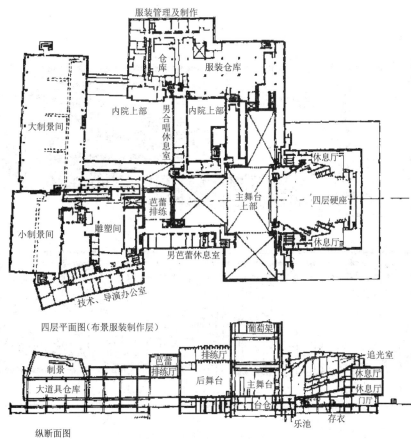

四层平面图（布景服装制作层）

纵断面图

图 16-31　现代剧院，柏林，德意志歌剧院，1961年，1 885座

混响，有利于厅内声场的均匀。这类电影院的中频混响时间可取 1.0 s 左右。为此，每座容积取 3~4 m。为宜。此外，为保证后部有足够的声级，前部又不致过响，厅的长度不宜超过 40 m，超过此限，后部观众还会感到画面与声音脱节（声音落后于画面）。

对于片宽为 70 mm 的宽银幕数字式立体声电影院，在观众厅的侧墙面和后墙面上以及顶棚上还布置有扬声器以形成"环绕声"的效果（约距 3.5 ~ 4.0 m 一个）。为保证这些扬声器发出的声音有明确的方向感，厅内混响时间应当更短一些，其中频混响时间应当控制在 0.7 s 左右。

电影院的放映室与观众厅之间应有良好的隔声。放映孔应有双层玻璃，并加以密封。放映室内部应做吸声处理，以减低机械噪声。

电影院观众厅的容许噪声级可比剧场高些，例如 N 取 25~30。宽银幕立体声电影院希望 N 不低于

25。图 16-32 是电影院建筑的实例。

有许多电影院常将银幕附近设计成一个小舞台，舞台上也可进行小型演出。在这种情况下必须使这一空间有足够的吸声，不使其混响长于观众厅。特别是舞台后墙离银幕较远时，后墙应做强吸声处理。

16.3.4 多用途大厅

目前在我国建造的大多数大厅都属于多用途大厅，俗称多功能厅，一般常称作"影剧院"或"礼堂"。其用途从举行集会、放映电影直到进行各种戏剧和音乐演出，可以说无所不包。这种多功能大厅在形式上与剧场大体相同，都有舞台和观众厅两个空间，多数并设有乐池。规模多在 1 000 座以上，大的可达 1 700~1 800 座。

根据调查，这些多功能厅堂多用于举行会议和

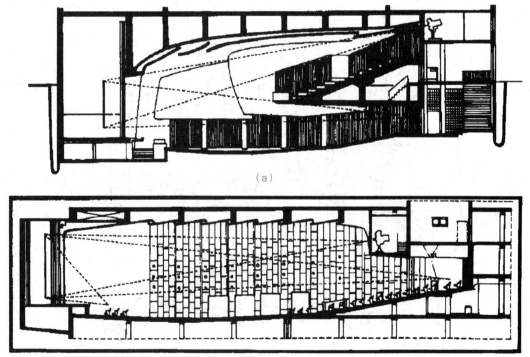

（a）

（b）

图 16-32　电影院观众厅实例
（a）日内瓦 Elios 电影院；（b）西德 UFA 电影院

放映电影，戏曲、歌舞演出也多用电声系统扩声，完全用自然声的演出并不多见，因此一般多功能大厅的音质设计应当以适于电声扩声为主要原则，即短混响，同时设置一套功率足够、声场分布较为均匀的电声系统。多功能大厅根据使用情况，还可设置可变混响装置，改变厅内的混响时间。可变混响装置有电声的与建筑的两种，这里介绍一种用建筑方法改变混响时间的装置。这种方法是将厅内部分顶棚或墙面做成一面反射、另一面吸声的活动构造。根据需要使反射面或吸声面露出，即可改变混响时间。具体的有转动式、开闭式、悬吊式、帷幕式、百叶式，等等（图16-33）。必须注意，由于在一般的观众厅中，观众的吸声量占大厅总吸声量的主要部分，同时又不可能使所有界面都作为活动的，因此靠这种办法能够改变的混响时间的幅度是有限的，一般不宜超过10%。为了扩大变化幅度，需要加大大厅的容积，增加可变界面的面积。

在多功能大厅中，如有可能，应设置活动的舞台反射板，以增加音乐演出时的近次反射声。同时，用舞台反射板将舞台空间封闭，也可以延长观众厅内的中、高频混响时间。舞台反射板与厅内的可变混响装置共同作用，可使厅内混响时间的变化幅度（中、高频）达到20%。图16-34为多功能大厅的实例。

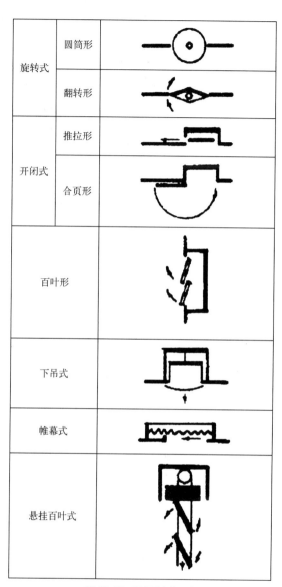

图 16-33 观众厅中的可变

16.3.5 教室、讲堂

教室、讲堂的主要音质要求是保证语言清晰度。在一般小型教室，主要是防止混响时间过长，特别是在听众没有坐满时。大型教室或讲堂还要注意适当设置反射表面，以充分利用第一次反射声，保证室内有足够的声级。如果设计适当，500座位以内的教室或讲堂可以不用电声系统（图16-35、图16-36）。为使室内有足够的声级和短的混响时间（小型教室在0.6 s以内，500人的教室不超过1 s），教室、讲堂的每座容积应不超过3~3.5 m。

外语实验室及其他电化教育教室，因为要用电声系统，混响时间还应更短一些。为此在顶棚及后墙上可做一部分吸声处理。

影响教室、讲堂清晰度的另一重要因素是背景噪声。室内的允许噪声级不应超过 N-25，一栋教室楼内常集中有许多间教室，要特别注意防止相邻教室的声音传入。为此要使隔墙有足够的隔声量。此外，走廊、门厅、楼梯间等要做吸声处理，不使其混响过长。

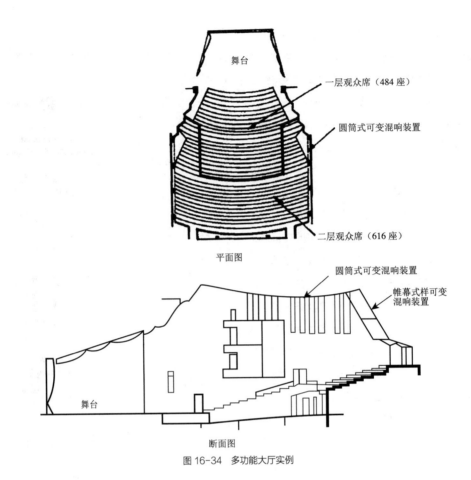

平面图

断面图

图 16-34　多功能大厅实例

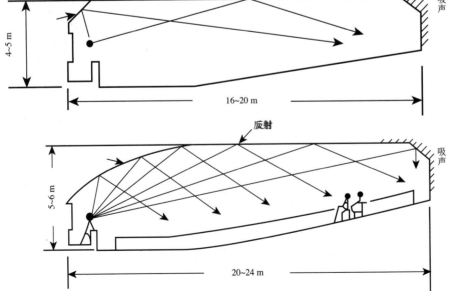

图 16-35　教室的断面设计（不用电声）

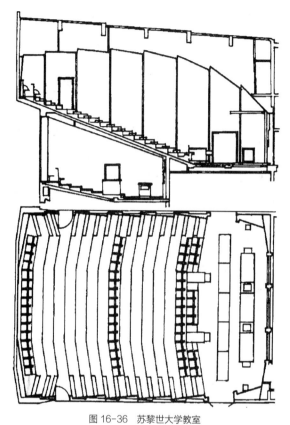

图 16-36 苏黎世大学教室

16.3.6 体育馆

体育馆包括田径馆、体操馆、游泳馆以及综合体育馆等多种类型。这里主要谈容纳大量观众的综合性体育馆。

1）综合性体育馆的声场条件与剧院观众厅等有很大不同，主要是：

（1）容积大，观众多。由于体育比赛的需要，都有很大的空旷场地和很高的顶棚。一般每座容积都在 8 m³ 以上，有的达数十立方米。观众最少有数千人，多的达数万人。

（2）屋顶跨度大，而且常常采用凹曲面，因此，顶棚与场地的重复反射容易产生多重回声。

（3）除举行体育比赛之外，常常兼作大型会场，举行文艺演出，甚至放映电影等。

2）对体育馆音质设计的主要要求是：

（1）观众能够听清广播通知及其他语言广播。

（2）运动员能够及时、准确地听到发令声。

（3）运动员及观众都能听到节奏清楚的伴奏音乐。

（4）兼作文艺演出用的体育馆，还应具有适于这些演出的音质。

3）根据上述条件及要求，体育馆音质设计的要点是：

（1）防止顶棚与场地间的多重反射。

（2）控制混响时间。

（3）设置强指向性扩声系统。

前两项主要靠吸声性顶棚解决。除吸声吊顶外，还可以在顶棚上悬挂空间吸声体，以取得更大的吸声效果。此外，厅内侧墙也尽可能做吸声处理。有举行会议要求的体育馆，混响时间应控制在 2 s 以内。

体育馆内部的噪声较高。因为既有比赛产生的噪声，还有成千上万观众发出的噪声。因此，要求观众席上得到的扩声级应比一般观众厅高。同时，馆内混响时间较长，更要求有强指向性的扬声器。体育馆内常用的扬声器有声柱及其组合和号筒扬声器及其组合。布置方式一般有集中与分散两种。集中式是在场地中央上部悬挂组合声柱或其他组合式扬声器，令其主轴指向四面的观众席（组合体中还应有少量扬声器指向场地，供运动员听闻）；分散式是将若干个扬声器或组合分散布置在观众席的前上方，每个扬声器或扬声器组合负担一部分观众席，在大的体育馆中，也可在观众席中布置两排。集中式的优点是方位感好，而且观众席上没有来自较远处扬声器的长延时声的干扰。但这种布置方式声源与观众席距离不能太远，否则扬声器组合体积过大，建筑上难以处理，因此适用于中、小型体育馆（例如在 6 000~8 000 座以内的体育馆）。较大型的体育馆一般采取分散的布置方式，其优点是能够保证观众席上有足够而均匀的声级，缺点是方位感不佳，观众明显地感到声音不是来自场上，而是来自距自己最近的扬声器。这在一般比赛时并无妨碍，但在有音乐伴奏的体育项目以及文艺演出时，就成了一个缺点。

为消除这个缺点，在大型体育馆中可以采用集中与分散并用的布置方式。具体做法是在场地中央或演出区上部设置集中式扬声器组，同时又在观众席上分散布置扬声器。分散布置的扬声器上加延时器，使观众首先听到从集中式扬声器传来的声音，然后再听到距自己最近的分散扬声器的声音。这样，既能使观众席上有足够的声级，同时又有正常的方向感。

体育馆的容许噪声级在文艺演出时 NR 可取35，体育比赛时 NR 可取45。

体育馆的空调负荷大，空调噪声往往是馆内最大的噪声源，因此必须注意它的减噪、消声处理。

图 16-37 是体育馆声学处理和电声布置的实例。

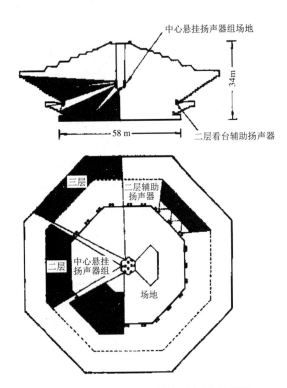

图 16-37　体育馆中集中与分散并用方式电声系统图

由于规模较大，采用了集中与分散相结合的电声系统，二层挑台上设辅助扬声器，并加了延时。

16.3.7　录音室、广播室、演播室

广播电视、电影制片、唱片、录音光盘等制作用的录音室、广播室、演播室，是制作音像节目的技术设备的一部分，它们的声学特性与一般的观众厅有所不同。

首先，最终接收声音的是传声器。传声器与人不同，人是用"双耳"听闻的，声信号在"双耳"之间产生的强度差、时间差和相位差，使人能够判断声源的方向，能够在许多声音中选择自己要听的声音；而传声器是"单耳"的，它没有判断方向、选择信号的能力，只能无差别地接收所有声信号。录音室等的声学条件必须适应传声器的这种特性。

其次，录音技术的发展十分迅速，这导致对录音室声学条件的要求不断发展变化。以音乐录音为例，最初，在录音室中录制音乐节目时只用一个传声器，称作"一点录音"。声音的"加工"全靠录音室的声学特性，因此要求录音室有一定的混响。为了易于找到合适的传声器位置，强调录音室要有良好的扩散。这种录音室称作"自然混响录音室"。为了弥补"一点录音"中各组乐器声音不易取得平衡的缺点，以后又采用了"一点录音"为主，另加若干辅助传声器的办法；后来又有了每个乐器组都设传声器的方法，这就是"多点录音"。"多点录音"还要依靠录音室的自然混响，有的在这以外，在后期制作时又用电混响器加入人工混响。

近年来，又出现了一种与上述方法不同的"多声轨录音"。它是把每组乐器的声音单独录在各自的声轨上（声轨可以多达24或36条），然后用电的方法对每条声轨的声音进行加工（调节音量，加人工混响、延时，及其他音色加工等），最后合成。为了后期加工，要求每组乐器在录音中尽量减小其他乐器声混入，即要求各组乐器之间有高度的"声

隔离"。为此，录音室中，各组乐器之间设置了隔声屏，有的还设置了"隔声小室"。为了"声隔离"的需要，录音室本身也做成了强吸声的。这就是目前流行的"强吸声录音室"。

采用"自然混响录音室"还是"强吸声录音室"，取决于采用什么样的录音方法。今天看来，两种方法各有长短，所以至今两种录音室还都在使用。与此同时，也出现了一些声学条件介于两者之间的录音室。今后随着录音技术的发展，录音室还会有新的变化。

各种录音室、广播室等有别于厅堂的另一个特点是，由于生产的产品有明确的性能指标，因此录音室等的技术要求要比一般的观众厅严格得多，例如混响时间必须准确达到设计值，噪声严格不准超过允许值等。但由于室内没有为数众多的观众，只有少量演员、播音员，声学特性几乎全部可以由建筑处理决定，只要审慎地进行设计、计算，并在施工过程中不断调整，是可以达到预期目标的。

1）自然混响录音室

自然混响录音室适于录制古典交响乐及室内乐，一般的语言录音室也都属此类。其音质设计的主要原则是选择适当的容积和形状、比例，采取适当的吸声及扩散处理，以取得要求的混响时间及其频率特性，并保证有充分的扩散。

（1）录音室的容积和形状

录音室一般要比剧院、音乐厅小很多。小的语言录音室甚至只有十几个平方米（几十立方米）。这就出现了一个剧院、音乐厅不常遇到的低频声染色的问题。所谓低频声染色，又叫低频嗡声，是在小房间中由于低频共振频率的"简并"，某一频率被大大加强，使声源的固有音色失真的现象。特别是较小的语言录音室，要注意采取扩散措施防止这种现象的出现。

对于是矩形的录音室，为了防止低频共振频率的"简并"，它的长、宽、高的尺寸应避免彼此相

等或成整数倍。根据经验，可参照表16-7的比例加以选择。

表16-7 矩形录音室的推荐比例

录音室形状	高	宽	长
大型	1	1.25	1.60
中型	1	1.50	2.50
顶棚较低	1	2.50	3.20
平面较长	1	1.25	3.20

室的容积在700 m³以上的录音室，低频共振频率的数目较多，可以不必强调上述比例关系。

音乐录音，特别是乐队录音，录音室应有足够的容积。这不仅由于低频应有良好的扩散，而且为了取得声音的平衡与融合，避免产生声饱和（声功率过大时，引起媒质的非线性产生的失真）现象。经验表明，人数在50人到80人的乐队，录音室的容积不能小于3 500 m³，10人左右的小型乐队，容积应在2 000 m³左右。

为了提高声场的扩散程度，还可以将录音室的形状设计成不规则的，或者在顶棚下、墙面上设置各种起伏不平的扩散体。图16-38是这种做法的例子。

图16-38 录音室的扩散处理

（2）录音室的混响时间

上面谈到，自然混响录音室应有一定的混响，以便对所录声音进行"加工"。但由于传声器是"单耳"的，混响时间应当比较短些，也就是使直达声与近次反射声对于混响声的比例更高些，一般推荐的自然混响录音室的最佳混响时间曲线如图 16-39 所示。

关于混响时间的频率特性有不同的主张，有人认为从低频到高频应当尽量平直，也有的主张低频和高频可以略长于中频。实际经验表明，对于小的语言录音室，宁可多一些低频吸收，以减小由于简正方式的简并而产生的声染色现象——低频嗡声。

在一般的自然混响录音室，吸声处理的布置应力求均匀，并与扩散体相间布置，以利于室内的声扩散。

图 16-40、图 16-41 是自然混响录音室的实例。

有的录音室在墙面上设置可变混响装置，以适应音乐与戏剧对白两用或不同风格乐曲的要求。这种可变装置与厅堂中的相似，也有靠悬挂帷幕改变室内混响时间曲。图 16-42 为录音室内可变混响可变装置的一些作法。

（3）活跃——沉寂型录音室

"多点录音"方法常用一种活跃—沉寂型录音室。录音室一端的界面是反射性的，另一端是吸声性的，使室内形成一个从活跃（混响声多）到沉寂（混响声少）的渐变声场。根据各种乐器对活跃度的不同要求，把它们布置在适当位置。各个乐器组还可以用隔声屏隔开。图 16-43 是这种录音室的一例。

2）强吸声录音室

如前所述，这种录音室适用于多声轨录音。对声学条件的主要要求是各乐器组之间应有足够的声隔离。为此，大量设置隔声屏，并把整个录音室做成强吸声性的。

强吸声录音室的混响时间，在室容积为 2 000 m³ 到 3 000 m³ 时，一般是 0.5~0.6 s，有的还要更短。

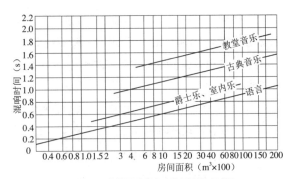

图 16-39　自然混响录音室的最佳混响时间

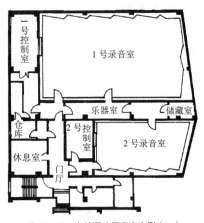

图 16-40　自然混响录音室实例（一）

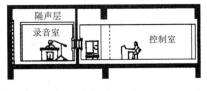

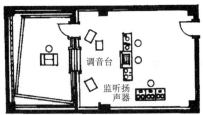

图 16-41　自然混响录音室实例（二）

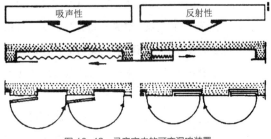

图 16-42　录音室内的可变混响装置

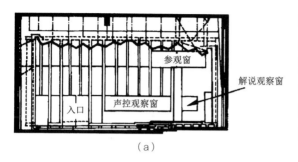

（a）

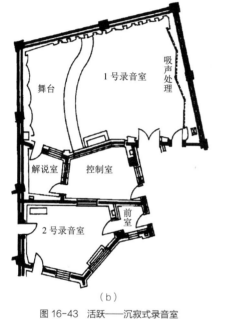

（b）

图 16-43 活跃——沉寂式录音室
（a）断面图；（b）平面图

这要求室内表面的平均吸声系数在 0.6 以上。隔声屏是可移动的，高度为 3~5 m，一面为反射性，一面为吸声性。音量较大的乐器（如打击乐器）放在隔声小室内，通过玻璃门窗在视觉上与主室联系。为防止小室内的低频染色现象，小室内应有足够的低频吸收。图 16-44 为两个强吸声录音室的实例。

3）演播室

演播室是用作电视直播和制作录像节目的房间。电视直播和制作录像节目有一定的声学要求。

演播室的规模有大有小，学校等的电化教育用的演播室一般多为几十平方米。电视台的演播室较大，一般在 200~700 m³，有的还要更大。

由于各种类型的节目都要在演播室制作，室内又有大量的灯光、设备、布景、道具，还有演员及各种工作人员，混响时间和噪声都很难确定，也很难控制，因此，一般都采取短混响，即在墙面及顶棚上做吸声处理，这也有利于减低室内噪声。根据演播室的容积，混响时间可取 0.6~1 s，允许噪声级 N 可以取 20~25。一般是靠用强指向性传声器来提高录音的信号噪声比。图 16-45、图 16-46 是录像演播室的例子。

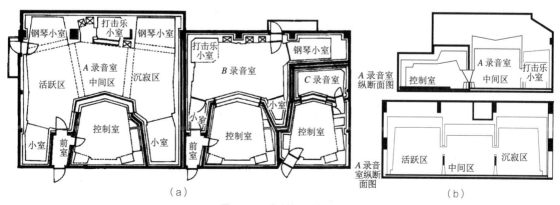

（a）   （b）

图 16-44 多声轨录音室实例
（a）平面图；（b）断面图

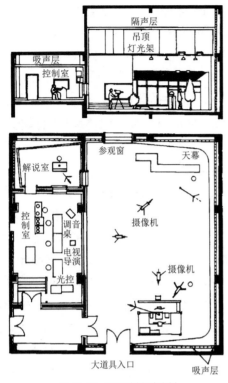

图 16-45 电视剧演播室实例

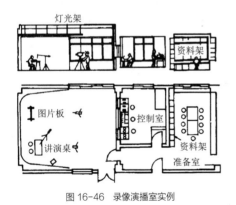

图 16-46 录像演播室实例

4）控制室

录音室、广播室、演播室都有控制室通过观察窗与之相连。录音师通过观察窗观察演播室内的活动，通过控制室内的监听扬声器监听录音室或演播室内的声音，操纵控制系统对录音加以调整。观察窗应有良好的隔声。自然混响录音室的控制室的混响时间一般取 0.4 s 左右。多声轨录音控制室的声学要求比较严格，因为录音师在这里不仅是监听、

调整，而且加工制作，它应当有尽可能大些的容积，以便室内的近次反射声的延时尽可能与厅堂内接近。由于立体声的监听扬声器是在录音师的前方左右对称布置的，因此要求室内的声学特性也尽可能左右对称。室内的混响时间应更短些，例如 0.25~0.4 s。

5）噪声隔绝

录音室、广播室的允许噪声级应当比厅堂为低，以保证录制的节目有足够的信号噪声比，一般 N 取 15 或 20。为此，一般都把隔墙、顶棚做成双层分离结构，楼板或地面也应做成浮式结构或者双层分离结构，以防止撞击声的传入。此外，录音室与公共通道、走廊之间应有吸声性的前室，起"声锁"的作用。门应当是隔声门。

通风系统的噪声也不应忽视，应有良好的隔振、消声处理，同时尽可能降低室内送风、回风 VI 的风速，以避免引起风口格栅或分流片的振动而产生二次噪声。

16.3.8 报告厅与审判庭

用于行政会议、公众交流和司法审判的厅堂，对室内音质有共同的要求，即较高的语言可懂度。由于语言声源有可能来自厅堂的不同部位，声源本身还要求有良好的听闻条件，所以要求厅堂内不仅混响时间短且应无回声干扰。所有发言内容都需留有录音资料，高质量的扩声、录音设备必不可少。

这类厅堂的建筑平面有扇形、半圆形、马蹄形和多边形等。顶棚的高度因为需要创造庄严气氛而较高，与按音质要求所推荐的每座容积 2.3~4.3 m³ 有较大的矛盾。观众席就座人数变化较大，观众的吸声量不稳定。因此，在音质设计时应严格控制体形，以防止后墙的反射声或弧形墙体引起的声聚焦，尽可能压缩室内的容积，顶棚做反射和扩散处理，后墙与侧墙布置吸声材料，抬高声源，地面起坡，

选择吸声量较大的沙发式座椅，座位以外的区域铺设地毯，安装一套完善的电声设备。

16.3.9 声学实验室

这主要是指用于声学测量的混响室与消声室。它们不仅是声学研究单位的必备设施，而且在声学材料、机械、电机等生产部门以及广播、电视、电影、录音等部门都有广泛应用。混响室与消声室与一般的建筑物不同，它们的声学条件有严格的规范规定。以下就它们对建筑上的要求作简单介绍。

1）混响室

（1）主要用途与性能要求

混响室主要用于吸声材料与构造的吸声性能测定，以及各种声源（如电声元件、机械、电气设备等）的声功率测定。吸声性能测定的原理是，测定吸声材料或构造在放入混响室前后室内混响时间的变化，从而推算出材料或构造的吸声系数。声源声功率的测定则是根据声源在室内产生的声压级和室内混响时间，计算出声功率。为保证测定有足够的准确性与可重复性，要求混响室有长的混响时间和充分的声扩散。此外，作为声学试用实验室，应有足够低的背景噪声级。

（2）建筑设计与处理

为保证混响室从低频就有足够的声扩散，室的容积不应小于 200 m³。室的形状可以是矩形、或由不平行以及不规则界面（如半圆柱、半圆锥等）组成的其他形状。室的各个尺寸（长、宽、高）中，不应有两个相等或成整数比。此外，规范还规定室内最大线度（矩形房间的主对角线，不规则形状房间的最长的对角线）不应大于 $1.9 V^{\frac{1}{3}}$。（V 为房间容积）。

为提高室的扩散性，混响室内还可以悬挂扩散板。扩散板一般是厚度为 3~8 mm 的塑料板，每块面积约 0.8~3 m²，板面略加弯曲，在室内无规则地

悬挂。这种方法对扩散相当有效，特别对于墙面没有起伏等扩散处理的混响室，悬挂一定数量的扩散板后会显著减小不同测点上混响时间值的离散程度，同时提高可重复性。它的缺点是，由于板的共振吸收，使室的低频混响时间变短；同时，室内悬挂大量扩散板后，限制了测点的选择范围。室内是否悬挂扩散板，可根据混响室的扩散情况来决定。

为保证室内有足够长的混响时间，混响室内表面应当采用坚硬、光滑的材料，其吸声系数多在 0.02 到 0.03 之间。例如水泥抹面或瓷砖贴面等。

为防止外部噪声及振动的传入，混响室的地面、顶棚及隔墙一般都做成双层结构，门一般都采用双层隔声门。图 16-47 是一个声学实验室的实例，右边是混响室。图 16-48 是一个悬挂扩散板的混响室的内部。

2）消声室

（1）主要用途与性能要求

消声室所要求的声场特性与混响室正好相反，

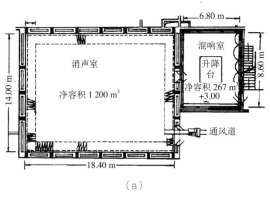

（a）

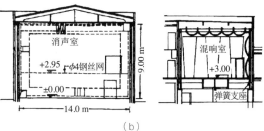

（b）

图 16-47 声学实验室例
（a）平面图；（b）断面图

图 16-48　混响室内的扩散板

它要求室内完全没有声反射，以得到一个接近理想的自由声场。因此消声室的内表面需要作成在所测定的频率上是完全吸收的。在这样的声场中，可以进行电声器件（传声器、扬声器）的指向性、频率特性及声功率或灵敏度的测定，声级计的校准，也用于机电产品的噪声辐射特性和声功率的测定等。此外，还可以进行模拟声场的听感实验（例如，用有不同延时、不同方向的扬声器发声，研究反射声的时间与空间特性与音质的主观评价的关系）。消声室不仅是声学研究单位和电声器件厂的必备设施，也为机电产品的生产、研究部门所广泛利用。

在理想的自由声场中，声压是按反平方定律衰减的。就是与点声源的距离增加一倍，声压级衰减 6 dB。为此，消声室的内表面的吸声系数应当等于 1。这在实际上难以达到，一般的消声室内表面的吸声系数多数略高于 0.99，根据用途的不同，也有的略低于此值。因此，声场也与反平方定律有一定的偏差。对用于测定声源声功率用的消声室，这个偏差不应大于下列数值：

≤ 630 Hz：1.5 dB

800~5 000 Hz：±1 dB

≥ 6 300 Hz：5 dB

注：所列频率为 1/3 倍频程的中心频率。

对于特殊用途的消声室，偏差应当比以上数值更小。

具体的检查方法是，沿着从室中心放置声源位置到室的八个角的直线测量声压，检查测得的数据与反平方定律的计算值是否在上述允许偏差之内。图 16-49 是一个消声室的测定例。

消声室内的背景噪声应当足够低，一般要求应在所测声源产生的声压级以下不小于 10 dB。

（2）消声室的建筑处理

根据不同的用途，消声室的大小很不相同。它的尺寸取决于所测声源的体积和声源与传声器的距离，即所要求的自由声场的范围。图 16-50 是消声室的测定范围的示意。a 是所测声源的尺寸，测定范围从直径为 $2a$ 的球面开始，到距内表面为最低测定频率的 1/4 波长处。因此消声室的尺寸要大于测定范围，规范还规定，消声室的容积应为所测声源的最大体积的 200 倍以上。

室内表面的吸声处理的一般做法是在围护结构内紧密布置吸声尖劈。尖劈的材料有散状玻璃棉和板状的玻璃棉毡。前者要包以玻璃丝布或其他纺织品，外部有铁丝边框以保持形状。玻璃棉毡可直接切割成尖劈状。尖劈的吸声特性取决于它的形状、长度以及材料密度。尖劈的造价较高，设计时要根据实际用途加以选择，既要保证消声室有需要的精度，又不致造成消费。

消声室的 6 个内表面都要布置吸声尖劈，因此需要在当中设置水平的供人行走和安置声源及传声器等设备的格栅。此种格栅应能承受实验时的荷重，同时又要尽量避免产生声反射。标准的做法是采用直径为 3~4 mm 的钢丝格网；也有采用 6~9 mm 直径的圆钢做格栅的，这使在高频上的测试精度有所

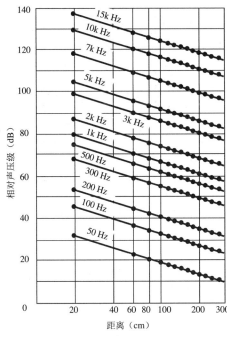

图 16-49　消声室内的声压衰减

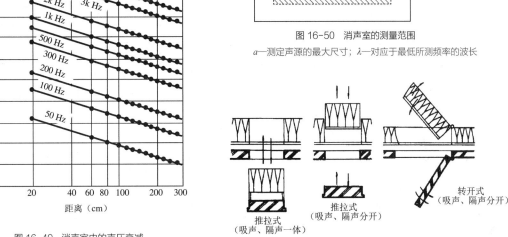

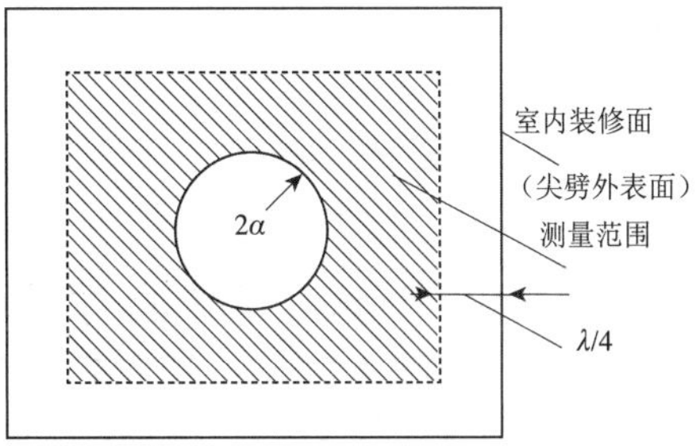

图 16-50　消声室的测量范围
a—测定声源的最大尺寸；λ—对应于最低所测频率的波长

推拉式
（吸声、隔声一体）

推拉式
（吸声、隔声分开）

转开式
（吸声、隔声分开）

图 16-51　消声室门的开闭方式

降低，但使用比较方便。

消声室一般要做成双层结构，以防止外部噪声和振动的传入。隔声门的设计应当注意使它的尺寸能够允许所测的最大试件的出入，它的隔声性能应与围护结构尽量相同。同时，内表面也要安装与其他内表面相同的吸声尖劈。因此隔声门都十分厚重。它的开闭方式有如图 16-51 所示的几种，一般常在下部设轨道，较轻的可用手动，重的应采用电动。

消声室内应根据需要设置空调或通风系统。例如用于听觉实验的，室内有被试者，最好能有空调。测定机械噪声的，特别是内燃机，因为要发热和排除废气，必须要有通风装置。空调和通风系统都应采取良好的消声措施。

3）半消声室

除了室内 6 个面都有吸声处理的消声室之外，在工业部门还常设置一种将地面作成平整、光滑表面，其他 5 个面作吸声处理的消声室。这种消声室特别适于测试大型设备，例如大型机械、汽车等的噪声。其测量范围是声源所在面以上的空间，因此称为半消声室。在理论上，只有在地面上的声源，其高度不超出地面，不会产生地面的反射，上部空间才是自由声场。实际上，声源总有一定高度，反射难于避免，因此它的精度不如全消声室。但它可以承受全消声室的格栅无法承受的重型设备，而且搬运方便，空间可以节约一半，如做得好，测量精度也能满足工业产品检定的要求，因此还是被广泛建造。半消声室的反平方定律的允许偏差如下。

≤ 630 Hz：±2.5 dB

800~5 000 Hz：±2 dB

≥ 6 300 Hz：±2.5 dB

注：所列频率为 1/3 倍频程的中心频率。

如在半消声室的地面上布置可以装拆的吸声结构（尖劈），在其上部适当位置安设格栅，也可以作为全消声室使用。在较小的室内，这样做是可能的（图 16-52）。

4）隔声室

隔声室是用于测定墙板和楼板隔声性能的实验装置。前者是两间相邻的混响室。一间用于发声，称发声室；另一间是受声室。两室之间有一矩形开口（一般为 10 m），用于安装所测墙板。后者为上、下两间混响室。上为发声室，下为受声室。两室之间的楼板上开一孔洞，用于安装所测楼板。测定时在楼板上用专用的步音发生器（打击器）打击楼板发出撞击声，在下面的受声室测定声级。一般的隔声室常把上述两个发声室合成一个（图 16-53）。

隔声室的内表面处理大体上与混响室相同。此外还须注意使发声室与受声室在结构上完全脱离，以尽量避免发声室的声音透过结构传入受声室。

16.3.10 国内剧院声学设计实例

1）洛阳歌剧院

洛阳歌剧院（人民会堂）是位于河南省洛阳市新区，紧邻洛阳市政府和洛阳市人大办公地点。洛阳歌剧院集文艺演出、会议等多项功能为一体，是大型多功能会堂。观众厅 1 420 座，用于歌剧、会议使用时有效容积 12 760 m³，每座容积为 8.9 m³。用于交响乐演出时，舞台设置闭合音乐反射罩，有效容积 13 360 m³。

剧院观众厅设计采用了传统的声学设计形式，池座平面近似于矩形，弧形顶棚，设有二层楼座。台口宽度 18 m，台口至后墙长 34 m，两侧墙宽 30 m，第一排座位顶棚高度 16.5 m。顶棚为双 12 mm 厚石膏板构造，采用分段式弧曲面设计，满足声反射均匀分布的要求。侧墙采用实贴红橡木饰面的双层 15 mm 厚密度板（防火处理），折线式设计，实贴的目的是防止过多的低频吸收，折线设计目的在于扩散声音。眺台栏板为木质穿孔吸声板，防止声反馈。后墙采用圆柱面弧形木质穿孔吸声板，同时满足扩散和吸声的作用。座椅为吸声软座椅。为适应自然声音，演奏的需要，舞台设有"闭合式"

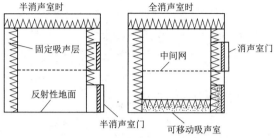

图 16-52 半消声室、全消声室两用的例子

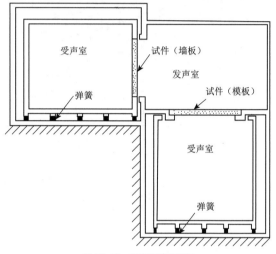

图 16-53 隔声实验室断面

活动音乐反射罩和升降乐池，反射罩反射板设计为 20 厚密度板（面密度）25 kg/m²，外贴橡木纹装饰面层，乐池侧壁为木质穿孔吸声板，保证了乐队演出时合理的声音平衡。舞台为品字型舞台，根据声学需要，在部分墙面上设置了穿孔板吸声处理（图 16-54～图 16-58）。

剧院于 2007 年 6 月竣工验收，经过声学验收测试，各项指标达到设计要求。空场中频 500 Hz 混响时间实测 1.6 s，由此推算满场（80% 上座率）情况下，观众厅混响时间为 1.4 s，使用舞台音乐反射罩的推算混响时间约为 1.6～1.7 s。会议、大型芭蕾舞《天鹅湖》演出等使用中，各方反映良好。

值得一提的是，观众厅耳光后墙原设计为弧面形，计算机音质模拟显示，会在观众厅中前部形成

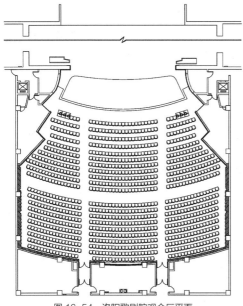

图 16-54 洛阳歌剧院观众厅平面

图 16-57 洛阳歌剧院观众厅室内景（侧面）

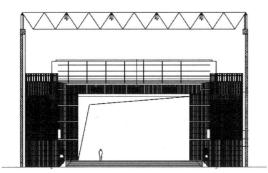

图 16-56 洛阳歌剧院台口立面

图 16-58 洛阳歌剧院观众厅内景（舞台看向观众厅）

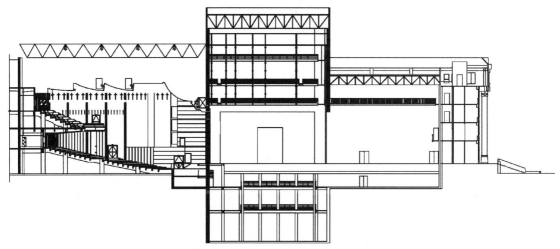

图 16-55 洛阳歌剧院剖面

（歌剧院屋盖为轻质金属复合屋盖，为防止雨噪声干扰，观众厅部分网架上弦处增加了一道双层硅酸钙
上铺玻璃棉的隔声层，可降低雨噪声 15 dBA）

两处聚焦点，后改为直形墙，将这一音质缺陷消除于未然。如图 16-59～图 16-62 所示。

2）大庆市大剧院

大庆市大剧院位于中国石油城——黑龙江省大庆市，是大庆市乃至黑龙江省的重点文化设施，建成于2007 年。剧院主要为一般音乐及歌舞演出并兼作集会使用，满场 1 480 座，观众厅容积约为 14 000 m³，每座容积率 9.5 m³，舞台容积为 42 000 m³，属于以歌舞为主兼顾语言要求的多功能大厅。

大庆市大剧院观众厅顶棚设计为平面顶棚，并安装有巨大的灯环，其艺术目的在于，突出石油城能源照亮世界的主题。但是，平行顶棚对室内声反射的均匀度是不利的，为了解决装修艺术与音质设计之间的矛盾，在清华大学建筑物理实验室专门进行了 1 ∶ 10 音质缩尺比例模型测试和计算机模拟分

析，结论是，通过合理地台口上方三段式跌落顶棚设计、顶棚部分吸声部分反射、墙面合理的吸声反射和扩散设计，可以满足良好的声学效果（图 16-63、图 16-64）。

大庆市大剧院最终确定的观众厅池座平面为马蹄形，顶棚为平表面，台口上方为三段式跌落顶棚，设有二层、三层楼座。台口宽度 18 m，台口至后墙长 33 m，两侧墙最宽处 32 m，第一排座位顶棚高度29 m。顶棚为双 12 mm 硅酸改版膏板构造，圆弧灯外部分刷灰色涂料，反射性，圆弧灯内外部分实贴18 mm 厚矿棉吸声板，喷灰色涂料，吸声性，平均吸声系数 0.5。侧墙采用木装饰板（防火处理），后墙采用圆柱面弧形木质穿孔吸声板，既扩散又吸声。眺台栏板为木质穿孔吸声板，防止声反馈。座椅为吸声软座椅，乐池侧壁为木质穿孔吸声板。舞台为品字型舞台，根据声学需要，舞台墙面上设置了木

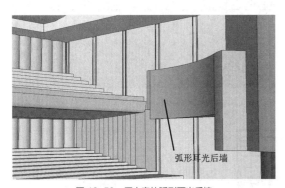

图 16-59　原方案的弧形耳光后墙

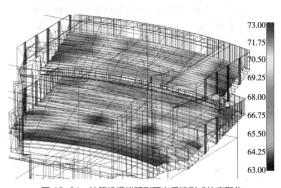

图 16-61　计算机模拟弧形耳光后墙形成的声聚焦

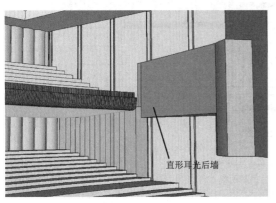

图 16-60　改进方案的直形耳光后墙

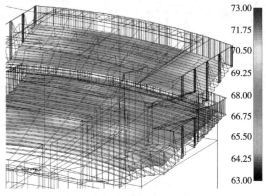

图 16-62　改进方案的直形耳光后墙消除了声聚焦

图 16-63　大庆市大剧院音质比例模型照片

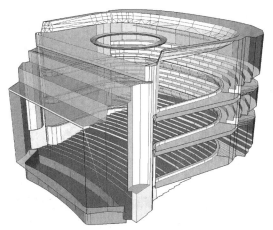

图 16-64　大庆市大剧院计算机模拟分析模型

丝吸声板（图 16-65~图 16-69）。

　　剧院于 2007 年 7 月竣工验收，经过声学验收测试，各项指标达到设计要求。空场中频 500 Hz 混响时间实测 1.66 s，由此推算满场（80% 上座率）情况下，观众厅混响时间为 1.4~1.5 s。会议演出等使用中反映良好。

3）西昌凉山民族艺术中心大剧场

　　西昌凉山民族艺术中心位于四川省凉山州西昌市凉山民族文化公园内"火把广场"的东侧，建于 2006 年，是一座以演艺中心为主体，融学术交流、展览、商业、休闲、娱乐为一体的多功能文化建筑。艺术中心大剧场 860 座，主要功能是民族歌舞演出，兼顾会议使用，是当地日常接待参观旅游演出的重要剧场，也是每年"火把节"的主会场。艺术中心观众厅的体型为正圆形，建筑设计结合当地彝族火把节文化，其形态围绕日月同辉的天文意境和天文崇拜，贴合西昌市"月城""太阳城""中国航天城"的城市主题。

　　该大剧场基本情况为：观众厅台口宽度 16 m，圆形观众厅直径 30 m，第一排座位顶棚高度 15.5 m，观众厅体积 10 690 m³，每座容积 12.4 m³（图 16-70、图 16-71）。

　　该剧场声学设计的重点是解决正圆形体型的声

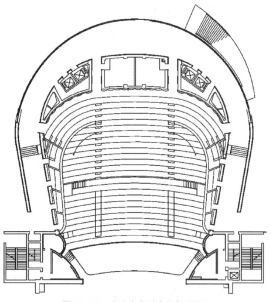

图 16-65　大庆市大剧院观众厅平面

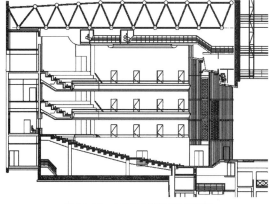

图 16-66　大庆市大剧院观众厅剖面

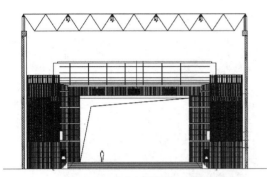

图 16-67 大庆市大剧院台口立面

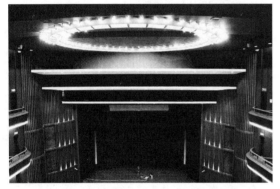

图 16-68 大庆市大剧院观众厅内景（台口上方的跌落顶棚）

图 16-69 大庆市大剧院观众厅内景（平面顶棚及墙面）

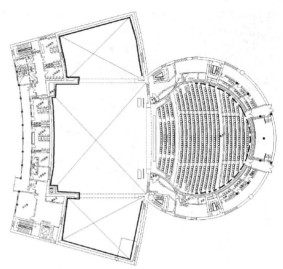

图 16-70 西昌凉山民族艺术中心大剧场平面

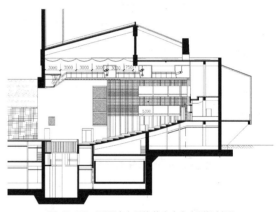

图 16-71 西昌凉山民族艺术中心大剧场剖面

聚焦问题。设计的基本思路是在弧形墙面上设置声扩散体，破坏声聚焦的产生，使观众厅内获得均匀的声场，如图 16-72、图 16-73 所示。

声扩散体做法为，在耳光后的墙面上，使用三种不同类型的扩散体见图 16-74，排列顺序按照计算机生成的随机序列，示意见图 16-75。因观众厅体积较大，每座容积率高，因此所设计的扩散体还具有

吸声性，达到保证室内混响时间的计算要求。

通过计算机音质模拟，确定了扩散设计达到声场均匀分布的要求，如图 16-76、图 16-77 是未采取扩散处理和采取扩散处理的观众厅内声压级分布图。

考虑声扩散体的视觉效果，在扩散体外安装了一层透声的木格栅金属丝网，具有遮蔽视线的作用，同时不影响扩散声音，如图 16-78、图 16-79 所示。

从室内艺术效果考虑，在木格栅金属丝网内向外采用了电光源照明，一方面反射体更暗，有

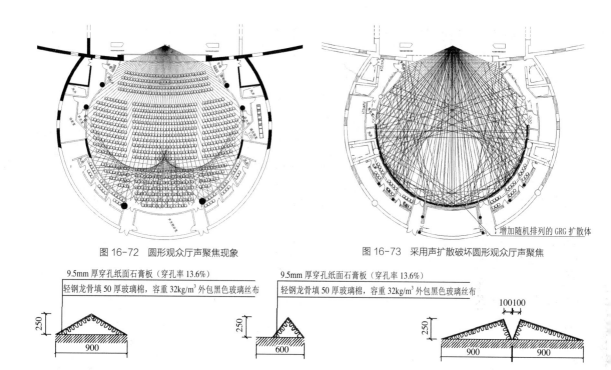

图 16-72 圆形观众厅声聚焦现象

图 16-73 采用声扩散破坏圆形观众厅声聚焦

9.5mm 厚穿孔纸面石膏板（穿孔率 13.6%）

轻钢龙骨填 50 厚玻璃棉，容重 32kg/m³ 外包黑色玻璃丝布

9.5mm 厚穿孔纸面石膏板（穿孔率 13.6%）

轻钢龙骨填 50 厚玻璃棉，容重 32kg/m³ 外包黑色玻璃丝布

④号扩散体做法结构大样 20：30

⑤号扩散体做法结构大样 20：30

⑥号扩散体做法结构大样 20：30

图 16-74 三种不同类型的扩散体

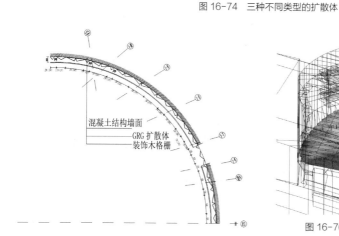

混凝土结构墙面
GRG 扩散体
装饰木格栅

图 16-75 按照随机序列排列的扩散体示意图

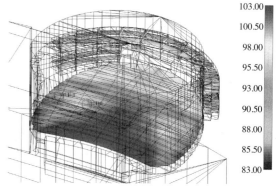

图 16-76 未采取扩散处理的 500 Hz 声压级分布图

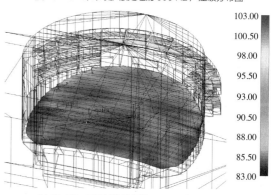

图 16-77 采取扩散处理的 500 Hz 声压级分布图

利于隐蔽，另一方面形成金碧辉煌的处处灯火，看起来与当地的"火把节"更为贴近（图 16-80、图 16-81）。

观众厅顶棚为格栅顶，对于声音是通透的，为了更好地满足使声场均匀的要求，在反射性顶棚上设计了大型的弧形反射体，起到良好的扩散反射作

图 16-78　扩散体实景照片

图 16-80　西昌凉山民族艺术中心大剧场观众厅内景（侧面）

图 16-79　透声的木格栅金属丝网

图 16-81　西昌凉山民族艺术中心大剧场观众厅内景
（舞台看向观众厅）

用。这些弧形顶棚被涂成暗色，隐藏在格栅顶中，不易被视线所注意（图 16-82）。

　　该大剧场于 2006 年 11 月竣工验收，经过声学验收测试，各项指标达到设计要求。空场中频 500 Hz 混响时间实测 1.48 s，由此推算满场（80% 上座率）情况下，观众厅混响时间为 1.3 s。在演出和会议等使用中反映良好。

4）中国国家大剧院

（1）概述

　　早在 1958 年，中国国家大剧院拟选址于北京人民大会堂西侧，并进行了多家设计单位参加的方案设计竞赛，并确定了清华大学的设计方案，但是，后因国力所限而延迟。1996 年 10 月，中共十四届六中全会决议确定建设国家大剧院。1999 年通过国际

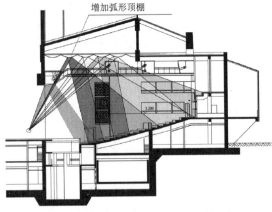

图 16-82　隐藏在格栅顶后部的弧形反射顶棚

招标方式确定了椭球形建筑设计方案，2001 年 11 月国家纪委批准初步设计，概算投资 28 亿人民币左右，2001 年 12 月正式开工，历时 6 年，于 2007 年 12 月验收并首演。

中国国家大剧院总建筑面积 15 万 m²。主体建筑由外部围护钢结构壳体和内部 2 416 座的歌剧院、2 017 座的音乐厅、1 040 座的戏剧院、公共大厅及配套用房组成。外部围护钢结构壳体呈半椭球形，东西长 210 m，南北长 140 m，高 46 m，地下部分深−32.5 m。椭球形屋面主要采用钛金属板饰面，中部为渐开式玻璃幕墙。椭球壳体外环绕人工湖，入口和通道设在水面下。

中国国家大剧院举世瞩目，它是我国科技实力和综合国力的充分体现，也是我国文化艺术事业受到高度重视和飞速发展的标志。国家大剧院不但建筑形式、建筑结构、建筑设备等方面新颖独特，在建筑声学上也有很多创新应用（图 16-83～图 16-85）。

（2）三大厅堂

a. 歌剧院：主要用于大型歌舞剧演出。观众厅视觉为马蹄形的金色金属网面，网面后的墙面为矩形。品字形舞台，台口宽度 18 m，观众厅一层池座：台口中线到后墙长 32 m，最宽处 35 m，第一排座位顶棚高度 20 m。共 3 层楼座。座位数 2 416，容积 18 900 m³，每座容积 7.8 m³。中频 500 Hz 混响时间满场实测 1.5 s（图 16-86～图 16-89）。

b. 戏剧院：主要用于京剧、地方戏曲、话剧等演出。观众厅椭圆形，半品字形舞台，台口宽度 15 m，观众厅一层池座：台口中线到后墙长 24 m，最宽处 30 m，第一排座位顶棚高度 18 m。共 2 层楼座。座位数 1 040，容积 7 000 m³，每座容积 6.7 m³。中频 500 Hz 混响时间满场实测 1.1 s（图 16-90～图 16-93）。

c. 音乐厅：主要用于交响乐、室内乐、独唱、独奏等音乐演出。观众厅为改良的鞋盒型，岛式是演奏台，演奏台宽度 22 m，深度 15 m，上方悬挂巨型透明玻璃声反射板。观众厅一层池座：前后长 50 m，左右宽 32 m，第一排座位顶棚高度 15 m。共 2 层楼座。座位数 2 017，容积 20 000 m³，每座容积 10.0 m³。中频 500 Hz 混响时间满场实测 2.0 s（图 16-94～图 16-97）。

（3）国家大剧院建筑声学的创新应用

a. "外壳"底层喷涂纤维素防止雨噪声。国家大剧院的 4 万 m² "外壳"屋盖非常巨大，为减轻结构荷载，采用了钛金属为装饰面的轻型屋盖。存在的一个问题是：降雨时，室内会受到雨点撞击金属屋面所产生的雨噪声干扰。在清华大学建筑物理实验室进行了该屋盖结构的空气声隔声和雨噪声隔绝实验研究，在进行大量实验数据分析的基础上，创造性地提出在屋盖底层采用纤维素喷涂防止雨噪声的方案，并最终得到了应用实施。即在屋盖板下，喷涂一层 25 mm 厚的 K-13 纤维素喷涂吸声材料。

实验显示，未喷涂纤维素前，屋盖空气声隔声量最高只能达到 R_w=37 dB。喷涂后，屋盖的空气声隔声性能可提高到 R_w=47 dB。在雨强 1 mm/min 的

图 16-83　国家大剧院外景及声学设计团队

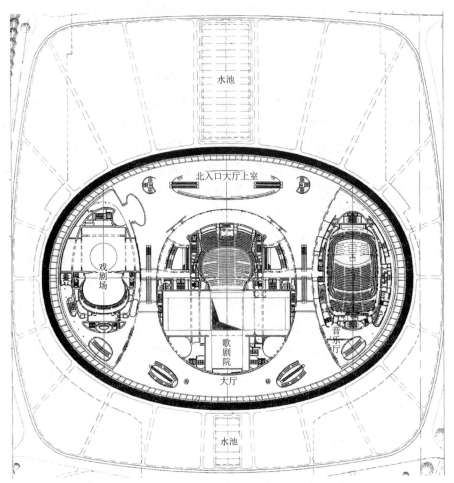

图 16-84　国家大剧院总平面（地面层）

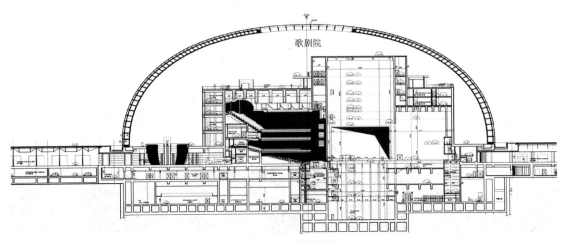

图 16-85　国家大剧院剖面

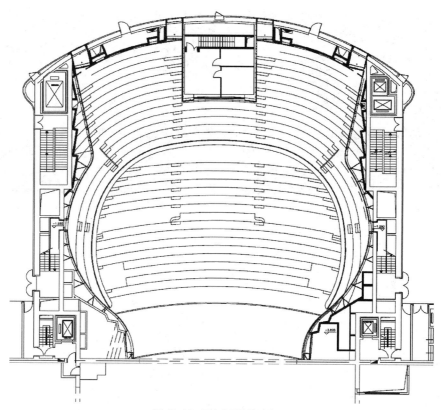

图 16-86　国家大剧院歌剧院平面

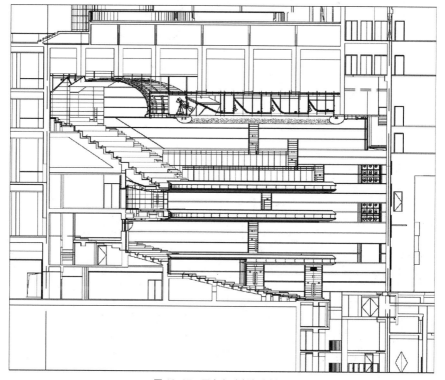

图 16-87　国家大剧院歌剧院剖面

图 16-88 国家大剧院歌剧院内景（舞台）

图 16-89 国家大剧院歌剧院内景（侧面）

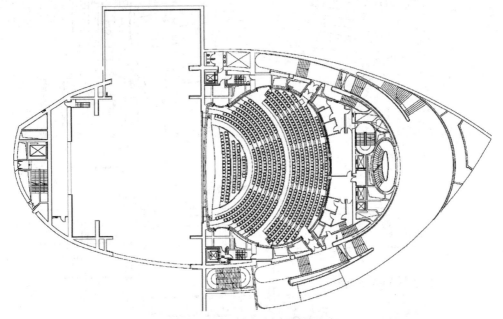

图 16-90 国家大剧院戏剧院平面

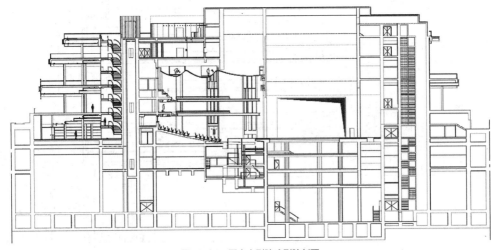

图 16-91 国家大剧院戏剧院剖面

图 16-92　国家大剧院戏剧院内景（侧面）

图 16-93　国家大剧院戏剧院内景（后墙）

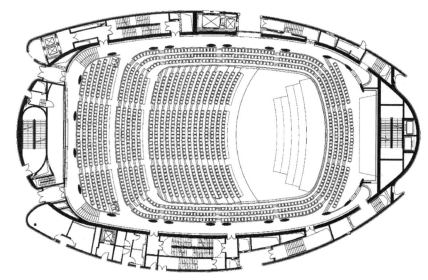
图 16-94　国家大剧院音乐厅院平面

音乐厅

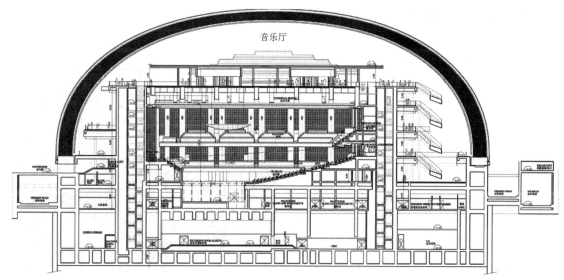
图 16-95　国家大剧院音乐厅院剖面

图 16-96 国家大剧院音乐厅内景（管风琴）

图 16-97 国家大剧音乐厅内景（全景）

大雨下，雨击隔声量可达到 $L_{pn,w}$=40 dB，估算大厅室内噪声小于 25 dB（A）。

纤维素喷涂能够大大提高屋盖隔声性能的主要原因是：①纤维素均匀喷涂附着在屋盖底的 2 mm 厚钢板上起到了一定的声阻尼作用，改善了钢板本身的振动模式，较大提高了中低频的隔声性能。②纤维素为密实颗粒状黏稠材料，喷涂后起到了良好密封作用。

另外，纤维素喷涂材料具有良好的吸声性能，据检测，25 mm 厚纤维素喷涂层降噪系数 NRC 达到 0.75。国家大剧院的屋盖经纤维素喷涂后，大厅内混响明显降低，语言清晰度明显提高。另外，纤维素喷涂还具有良好的保温隔热作用，建筑节能效果明显（图 16-98）。

b. 戏剧场的 MLS 声扩散墙面。戏剧场观众厅墙面采用了 MLS 设计的声扩散墙面，看上去像凸凹起伏的、不规则排列的竖条，目的是扩散、反射声音，可保证室内声场的均匀性，使声音更美妙动听。戏剧场 MLS 墙面的凹槽深度 15 cm，每个凸起或凹陷的单元宽度约 20 cm，面层为约 4 cm 厚的木板外贴粉红色装饰布，凸起单元内部填充高密度岩棉。其热烈夺目的视觉氛围和神秘十足的声学造型，为戏剧场增添了令人遐想的艺术效果（图 16-99、图 16-100）。

c. 音乐厅 GRG 声扩散装饰板。一个世纪以来，大量的音乐厅设计实践，使声学家们认识到声扩散

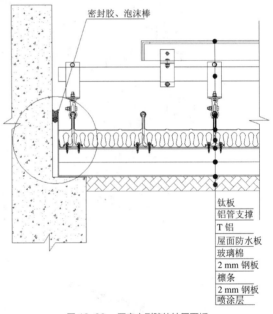

密封胶、泡沫棒

钛板
铝管支撑
T 铝
屋面防水板
玻璃棉
2 mm 钢板
檩条
2 mm 钢板
喷涂层

图 16-98 国家大剧院的钛屋面板

图 16-99 戏剧场 MLS 声扩散墙面

图 16-100　实验室声扩散测试

图 16-101　国家大剧院音乐厅声扩散墙面

的重要性。研究显示，众多被世界公认音乐厅的音质效果，如维也纳金色大厅，均得益于墙面上的浮雕和顶面上的藻井造型所形成的扩散反射。音乐厅的顶棚和墙面采用了平均厚度达到 4 cm 的 GRG（增强纤维石膏成型板）。顶棚上的 GRG 装饰有看似凌乱的沟槽，侧墙 GRG 为起伏的表面，目的在于扩散反射声音。另外，厚重的 GRG 板能够有效地防止低频吸收，增强厅内的低频混响时间，使低音效果（如管风琴、大管、大提琴等）更加具有震撼力和感染力。舞台侧墙上采用了类似于歌剧院墙面的栅状间隔的 MLS 扩散墙面，能扩散反射来自演奏台的声音，保障演出者之间具有良好的自我听闻和相互听闻，有利于乐队更好地发挥表演水平（图 16-101~图 16-103）。

图 16-102　国家大剧院音乐厅的声扩散顶棚

　　d. 歌剧院金属透声装饰网。长久以来，剧院的体型问题使设计师苦恼。长方的体型有利于反射声音，音质最好，但视觉效果太古板；而椭圆的体型会使声音聚焦，音质难于控制，但有曲线的优美视觉效果。国家大剧院的歌剧院墙面上使用了一种透声装饰网，完美地解决室内视觉效果和听觉效果之间的矛盾问题。这是一种金色网子，看上去像优美的墙，但可以透过声音。网是弧形的，声音透过去后的墙是长方形的，这样就使视觉为弧形，而听觉为长方形，一举两得。这种网的设计应用于剧院在世界上是第一次。

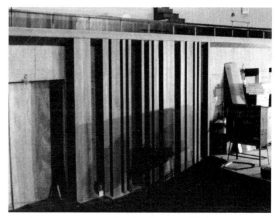

图 16-103　音乐厅舞台的 MLS 声扩散墙面

　　为了保证金属透声网透声的效果，并防止与大音量的剧场扬声器发生共振出现"哗啦啦"的颤响，网面大面积施工前先安装了 20 m² 左右的实验墙面，并经过了严格的声学测试（图 16-104、图 16-105）。

图 16-104　金碧辉煌的歌剧院

图 16-105　网面透声性测试

图 16-106　座椅空椅、坐人的实验室吸声测试

　　e. 歌剧院木装饰板顶棚的混凝土覆层。歌剧院的顶棚是实木板拼接装饰顶棚，配合大型的椭圆形灯带，在侧墙金色网的辉映下，显得金碧辉煌，古典而别致。为了防止顶棚因木板产生的不良低频吸收，以顶棚为模板，在其上密质地浇灌了一层 4 cm 厚度的混凝土，增加了重量，提高了低频反射效果。

　　f. 舒适的观众厅声学软座椅。国家大剧院的软座椅，采用了人体工程学设计，外形优美，安坐舒适。而且，软座椅还具有重要的吸声作用。观众厅内大量的观众所形成的吸声量是不容忽视的，为了控制室内吸声，座椅吸声系数必须符合设计要求。座椅的聚氨酯内填料、织物面料、软垫的面积、软垫的厚度等都经过了严格的设计，一方面达到了观

众厅吸声的设计要求，另一方面坐人时和不坐人时具有相同的吸声系数，保证观众厅的室内，在空场、满场、部分上座率等不同观众人数时，具有基本一致的室内声学效果。座椅批量生产前，预先制作了18 把样椅，在清华大学建筑物理实验室进行了坐人和空椅的吸声实验，根据实验结果，再进行座椅的调整和改进，直到实验数据满足了声学要求后，正式的座椅生产才开始进行（图 16-106）。

　　g. 座椅下送风静音均流风口。国家大剧院观众厅每个座椅下有一个送风口，采用了座椅下送风，属于"下送上回"的置换送风方式。与常规的"上送下回"的顶棚送风方式相比，置换送风的优点在于，一方面每个风口有针对性地向人体周围送风，使得送风均匀、风量平衡，另一方面。重点保障人体周

围的舒适温度，避免了能量在巨大空间中的耗散，对节能非常有利。

但是，由于风口距离人体很近，必须消除风口噪声对观众听闻的影响，而且，人脚踝处是全身对风最敏感之处，还要防止"冷风吹腿"之感。

清华大学建筑物理实验室为此专门建造了"极低背景噪声通风实验室"，通过实验研制了一种静音均流风口。风口内有均流和静音结构，不但气流场均匀，而且噪声极低。风口在常规 50 m³/h 的风量下，垂直流场风速低于 0.2 m/s，噪声声功率小于 5 dB（A）。

如图 16-107 为普通设计的座椅下送风风口，由于气流垂直向上，撞击到顶板后，气流集中在顶板周围区域散出，造成局部风速过大，过大的风速同时也产生了气流噪声，而底部周围因无气流经过又出现无风的状态。实验显示，顶板周围局部风速达 0.9 m/s，吹腿感严重（应小于 0.2 m/s），噪声也很高，达到 15 dBA（应小于 10 dBA）。如图 16-108 为改进后的风口，在原风口内加入了一个"小雨伞"形的阻风装置，一部分中心轴周围的风被"小雨伞"阻挡，主要散流到风口靠近地面的区域，周边不受"小雨伞"阻挡的气流直接撞击到顶板上，散流到风口上部区域，根据实验调节"小雨伞"的直径和垂直高度，从而可以控制风口气流的分布。气流流速降低了，噪声同时变小了。

观众厅内，数千个风口在人们的座位下，不引起人们任何的注意，默默地、静悄悄地输送着新鲜的气流（图 16-109、图 16-110）。

h. 录音室"房中房"弹簧减振隔声结构。国家大剧院的录音室为"房中房"全浮筑结构，隔振的关键技术在于"房中房"的支撑弹簧。为了研究和验证所选弹簧的减振效果，在清华大学建筑物理实验室进行了弹簧减振实验。实验显示，弹簧采用子母簧、阻尼浆、防高频失效橡胶垫等多项技术，在单个弹簧支撑 10 t 的条件下，该"房中房"浮筑结构的撞击声声压级达到 $L_{pn,w}$=32 dB，与刚性支撑的撞击声声压级

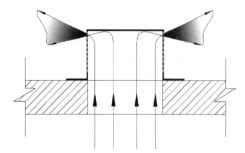

图 16-107 普通设计的座椅下送风风口

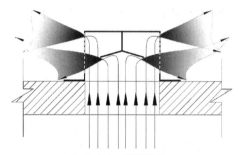

图 16-108 改进后的风口

图 16-109 座椅下送风工地考察

图 16-110 座椅下送风实验

$L_{pn, w}$=78 dB 相比，可降低振动噪声 46 dB，是目前已知隔振效果最好的浮筑系统（图 16-111）。

  i. Z 型轻钢减振龙骨轻质隔声墙。为了保证国家大剧院的录音室、演播室、琴房等轻质隔墙的隔声性能，采用了一种特殊结构的 Z 型轻钢减振龙骨，用于安装石膏板隔墙。Z 型轻钢减振龙骨比常规的 C 型轻钢龙骨更有弹性，隔声性能更好，尤其在难于隔绝的低频部分隔声优势更大。Z 型轻钢减振龙骨构造安装与 C 型轻钢龙骨完全一致，是高隔声量要求条件下 C 型轻钢龙骨最佳替代产品。经检测，双排 Z 的型轻钢减振龙骨、6 层纸面石膏板的 30 cm 厚轻质隔墙的空气声计权隔声量可达 R_w=65 dB，理论上与 1 m 厚的混凝土墙隔声量相当。

  j. 音乐厅的单侧透明隔声玻璃。国家大剧院音乐厅西侧二层墙面上有一巨大的参观窗，人们在走廊经过时，可以透过玻璃看到室内音乐演出的盛况。这是一块特殊的玻璃，特殊之处在于隔声性和电控单反性。参观窗由两层隔声玻璃组成，每层玻璃都是厚重的夹胶玻璃，窗的隔声量达到 R_w=55 dB，相当于 20 cm 厚的钢筋混凝土墙的隔声效果，目的是防止观众厅外参观人员的噪声干扰。另外，其中一层玻璃上覆有电子反光薄膜，演出时，在电子控制下，玻璃为单面透光，走廊里的人可以看到演出，而观众厅内的人看到的是一块黑玻璃。可以想见，当人们以参观的身份经过音乐厅走廊时，在巨型蛋壳围合的庞大空间里，透过参观窗静静地欣赏无声的音乐，也是别有一番风味。

图 16-111 减振弹簧的实验室测试

思考题与习题

1. 简述音质的主观评价与室内声场物理指标的关系。

2. 为什么混响时间相同的两个大厅音质可能不同？

3. 在音质设计中，大厅的容积应如何确定？

4. 大厅的体型设计要注意什么问题？简述声线法的适用范围。

5. 熟练掌握大厅的混响时间计算方法。

6. 扩散处理与音质有什么关系？扩散处理的设计应当注意什么？

7. 厅堂用扬声器有几种类型？各有什么特点？如何根据厅的不同情况布置扬声器？

8. 简述声反馈的产生及其控制方法。

9. 声控室的声学设计要注意些什么问题？

10. 简述音乐厅、剧院、电影院、多功能大厅、教室、讲堂，以及体育馆的声学特点和声学设计的具体要求。

11. 录音室与一般厅堂的声学要求有什么基本的不同？

12. 简述自然混响录音室与强吸声录音室的设计原则。

13. 混响室与消声室的声学要求是什么？二者根本不同之处是什么？有什么相同之处？

建筑声学附录 1
各种材料和构造的吸声系数、吸声量

材料构造及其安装情况	吸声系数 α					
	125 Hz	250 Hz	500 Hz	1 000 Hz	2 000 Hz	4 000 Hz
平板玻璃	0.18	0.06	0.04	0.03	0.02	0.02
混凝土（水泥抹面）	0.01	0.01	0.02	0.02	0.02	0.03
磨光石材（大理石等）瓷砖	0.01	0.01	0.02	0.02	0.02	0.03
塑料地面（混凝土基层）	0.01	0.01	0.02	0.02	0.03	0.03
木地板（有龙骨架空）	0.15	0.12	0.10	0.08	0.08	0.08
石膏板（9~12 mm 厚，后空45 mm）	0.26	0.13	0.08	0.06	0.06	0.06
木夹板（厚6 mm，后空45 mm）	0.18	0.33	0.16	0.07	0.07	0.08
木夹板（厚6 mm，后空90 mm）	0.25	0.20	0.10	0.07	0.07	0.08
木夹板（厚9 mm，后空45 mm）	0.11	0.23	0.09	0.07	0.07	0.08
木夹板（厚9 mm，后空90 mm）	0.24	0.15	0.08	0.07	0.07	0.08
钙塑板（6 mm 厚）	0.03	0.04	0.03	0.03	0.06	0.08
玻璃棉毡（表观密度16~24 kg/m³，25 mm厚，无后空）	0.12	0.30	0.65	0.80	0.80	0.85
玻璃棉毡（表观密度16~24 kg/m³，25 mm厚，后空100 mm）	0.25	0.65	0.85	0.80	0.80	0.85
玻璃棉毡（表观密度16~24 kg/m³，50 mm厚，无后空）	0.20	0.65	0.90	0.85	0.80	0.85
玻璃棉毡（表观密度16~24 kg/m³，50 mm厚，后空100 mm）	0.40	0.90	0.95	0.85	0.85	0.85
岩棉（板状）（40~180 kg/m³，25 厚，无后空）	0.10	0.35	0.75	0.85	0.85	0.85
岩棉（板状）（40~180 kg/m³，25 mm厚，后空100 mm）	0.35	0.65	0.90	0.85	0.80	0.80
岩棉（板状）（40~180 kg/m³，50 mm厚，无后空）	0.20	0.75	0.95	0.90	0.85	0.90
岩棉（板状）（40~180 kg/m³，50 mm厚，后空100 mm）	0.55	0.90	0.95	0.90	0.85	0.85
岩棉装饰吸声板，12 mm厚（浮雕花纹表面，无后空）	0.14	0.22	0.36	0.32	0.28	0.22
岩棉装饰吸声板，12 mm厚（浮雕花纹表面，后贴石膏板后空200 mm）	0.78	0.21	0.45	0.36	0.25	0.21
岩棉装饰吸声板，12 mm厚（浪花花纹表面，无后空）	0.06	0.16	0.53	0.67	0.73	0.90
木条吸声结构（木条宽30 mm，厚90 mm，空隙10 mm，后衬玻璃布，玻璃棉厚50 mm，空气层40 mm）	0.69	0.70	0.68	0.62	0.50	0.50
9.5 mm厚，开槽缝，开槽率8%，空腔50 mm 石膏板后贴桑皮纸	0.14	0.35	0.78	0.52	0.30	0.28
9.5 mm厚，开槽缝，开槽率8%，空腔360 mm 石膏板后贴桑皮纸	0.48	0.76	0.48	0.34	0.33	0.27
12 mm厚，穿孔率8%，空腔50 mm 石膏板后贴无纺布	0.14	0.39	0.79	0.60	0.40	0.25
12 mm厚，穿孔率8%，空腔360 mm 石膏板后贴无纺布	0.56	0.85	0.58	0.56	0.43	0.33
聚碳酸酯吸声板20 mm厚	0.10	0.25	0.39	0.72	0.87	0.90

材料构造及其安装情况	吸声系数 α					
	125 Hz	250 Hz	500 Hz	1 000 Hz	2 000 Hz	4 000 Hz
聚碳酸酯吸声板15 mm厚	0.10	0.13	0.26	0.50	0.82	0.98
软质木纤维半穿孔装饰吸声板（13 mm厚，半穿孔，穿孔率4.6%）	0.10	0.15	0.21	0.32	0.48	0.54
穿孔石膏板吸声结构石膏板9.5 mm厚，穿孔率8%，后贴桑皮纸空腔50 mm	0.17	0.48	0.92	0.75	0.31	0.13
穿孔石膏板吸声结构石膏板9.5 mm厚，穿孔率8%，后贴桑皮纸空腔360 mm	0.58	0.91	0.75	0.64	0.52	0.46
18 mm厚木质穿孔吸声板（穿孔率4.8%，穿孔直径10 mm，开槽宽度3 mm，后附吸声无纺布）+ 50 mm离心玻璃棉（32 kg/m³）+50 mm空腔	0.33	0.75	0.92	0.72	0.69	0.74
18 mm厚木质穿孔吸声板（穿孔率6.2%，穿孔 直径10 mm，开槽宽度4 mm，后附吸声无纺布）+50 mm离心玻璃棉（32 kg/m³）+200 mm空腔	0.52	0.93	0.91	0.79	0.75	0.73
18 mm厚木质穿孔吸声板（穿孔率3.8%，穿孔直径9 mm，开槽宽度3 mm，后附吸声无纺布）+50 mm离心玻璃棉（32 kg/m³）	0.25	0.90	0.79	0.41	0.27	0.39
18 mm木质穿孔吸声板（穿孔率7.2%，穿孔直径10 mm，开槽宽度3 mm，后附吸声无纺布）+50 mm离心玻璃棉（32 kg/m³）+ 150 mm空腔	0.61	1.00	0.92	0.80	0.57	0.56
15 mm厚木质穿孔吸声板（穿孔率3.4%，穿孔直径9 mm，开槽宽度3 mm后附吸声无纺布）+50 mm离心玻璃棉（32 kg/m³）+290 空腔	0.79	0.77	0.68	0.41	0.35	0.31
15 mm 厚木质穿孔吸声板（穿孔率4.6%，穿孔直径10 mm，开槽宽度4 mm，后附吸声毡）+50 mm 离心玻璃棉（32 kg/m³）	0.35	0.83	0.92	0.50	0.29	0.28
2.5 mm厚穿孔铝板（穿孔率14.5%，穿孔直径3 mm，后附双层吸音毡）+300 mm空腔	0.41	0.81	0.59	0.58	0.50	0.51
20 mm厚微穿孔铝蜂窝吸声板（面、背板均为0.8 mm微穿孔板，穿孔率0.95%，穿孔直径0.8 mm）+200 mm空腔	0.38	0.55	0.43	0.57	0.29	0.07
50 mm厚 T-19 超细无机纤维喷涂层 +10 mm厚水泥板	0.21	0.54	0.94	0.97	0.95	0.98
20 mm厚玻璃棉吸声装饰板（110 kg/m³）+200 mm空腔	0.41	0.91	0.98	0.79	0.89	0.99
12 mm厚穿孔吸声铝蜂窝板（穿孔率16.6%，穿孔直径2.3 mm，材料后附吸声纸）+ 50 mm离心玻璃棉（32 kg/m³）+150 mm空腔	0.64	0.90	0.81	0.71	0.85	0.85
3 mm厚波纹状冲孔铝板（穿孔率19.6%，后附吸声无纺布）+347 mm空腔 [内填 50 mm离心玻璃棉（48 kg/m³）]	0.66	0.88	0.89	0.97	0.92	0.73
25 mm厚玻纤布艺吸声软包墙板及顶棚（表面防火装饰布）+50 mm空腔	0.19	0.55	0.87	0.83	0.88	0.97
25 mm厚玻纤布艺吸声软包墙板及顶棚（表面防火可擦洗装饰布）+50 mm空腔	0.20	0.59	0.87	0.91	0.96	0.96
25 mm厚玻纤布艺吸声软包墙板及顶棚（表面防火装饰布）+100 mm空腔	0.24	0.69	0.98	0.82	0.95	0.98
25 mm厚玻纤布艺吸声软包墙板及顶棚（表面防火可擦洗装饰布）+100 mm空腔	0.33	0.77	0.97	0.85	0.97	0.92

材料构造及其安装情况	吸声系数 α					
	125 Hz	250 Hz	500 Hz	1 000 Hz	2 000 Hz	4 000 Hz
25 mm厚玻纤布艺吸声软包墙板及顶棚（表面防火装饰布）	0.11	0.29	0.49	0.74	0.98	0.96
25 mm厚玻纤吸声顶棚及墙板（表面专用喷涂）+100 mm空腔	0.34	0.81	0.98	0.84	0.98	0.93
20 mm厚玻纤吸声顶棚及墙板（表面专用喷涂）+350 mm空腔	0.54	0.96	0.70	0.90	0.90	0.91
25 mm厚玻纤吸声顶棚及墙板（表面专用喷涂）+350 mm空腔	0.65	0.98	0.77	0.86	0.91	0.91
25 mm厚抗冲击玻纤吸声无缝墙体（表面2～3 mm厚室内装饰涂料）后50空腔	0.53	0.79	0.65	0.26	0.11	0.05
28 mm软包吸声板（后372 mm空腔）	0.64	0.96	0.72	0.94	0.96	0.98
15 mm厚穿孔吸声铝蜂窝板（穿孔率16%，穿孔直径2.5 mm）+ 双层50 mm厚玻璃棉+200空腔	0.67	0.98	1.01	1.02	1.02	0.95
20 mmGRG板 + 380 mm空腔	0.03	0.01	0.00	0.00	0.00	0.00
4 mmGRG穿孔板（穿孔率3.14%，穿孔直径3 mm，后附吸声毡）+50 mm离心玻璃棉+346 mm空腔	0.51	0.65	0.63	0.53	0.28	0.14
50 mm三聚氰胺吸声泡沫（面密度0.475 kg/m²，容重9.5 kg/m³）+50 mm空腔（温度16.1 °C，相对湿度18.6%）	0.15	0.51	0.88	0.97	0.92	0.93
100 mm三聚氰胺吸声泡沫（面密度0.95 kg/m²，容重9.5 kg/m³）+ 原墙（温度16.1 °C，相对湿度18.6%）	0.32	0.69	0.95	0.94	0.99	0.97
100 mm三聚氰胺吸声泡沫（面密度0.95 kg/m²，容重9.5 kg/m³）+ 原墙（温度15.3 °C，相对湿度96.5%）	0.36	0.73	0.87	0.93	0.96	0.96
14 mm木石纤维板+386 mm空腔	0.04	0.04	0.03	0.04	0.04	0.00
20 mm木丝板+50空腔	0.03	0.13	0.34	0.61	0.37	0.55
25 mm木丝板+50空腔	0.06	0.15	0.36	0.58	0.40	0.63
20 mm木丝板+100 mm空腔内填50 mm离心玻璃棉（32 kg/m³）	0.24	0.70	0.90	0.74	0.80	0.83
25 mm木丝板+100 mm空腔内填50 mm离心玻璃棉（32 kg/m³）	0.28	0.70	0.93	0.80	0.89	0.96
0.5 mm厚双层彩涂钢板内夹结构岩棉80 mm（内层板穿孔，穿孔率30%，孔直径3.25 mm）+320 mm空腔	0.48	0.97	0.96	0.96	0.98	0.96
0.5 mm厚双层彩涂钢板内夹结构岩棉100 mm（内层板穿孔，穿孔率30%，孔直径3.25 mm）+300 mm空腔	0.57	0.96	0.98	0.98	0.87	0.75
0.5 mm厚双层彩涂钢板内夹结构岩棉150 mm（内层板穿孔，穿孔率30%，孔直径3.25 mm）+250 mm空腔	0.54	0.99	0.93	0.97	0.95	0.97
6 mm厚穿孔吸声板（穿孔率7.27%，穿孔直径7 mm，后附吸声毡）+50 mm离心玻璃棉+344 mm空腔	0.71	0.88	0.73	0.62	0.36	0.21
8 mm厚穿孔吸声板（穿孔率19.6%，穿孔直径10 mm，后附吸声毡）+50 mm离心玻璃棉+342 mm空腔	0.83	0.95	0.92	0.89	0.78	0.67
3 mm厚透声织物+50 mm厚阻燃吸声板（合成阻燃树脂泡棉）+ 150 mm空腔	0.38	0.85	0.87	0.85	0.98	0.99

材料构造及其安装情况	吸声系数 α					
	125 Hz	250 Hz	500 Hz	1 000 Hz	2 000 Hz	4 000 Hz
3 mm厚透声织物 +50 mm厚阻燃吸声板（合成阻燃树脂泡棉）实贴地面	0.21	0.59	0.98	0.94	1.00	0.97
3 mm厚透声织物 +25 mm厚阻燃吸声板（合成阻燃树脂泡棉）+ 175 mm空腔	0.27	0.61	0.76	0.65	0.85	0.96
3 mm厚透声织物 +25 mm厚阻燃吸声板（合成阻燃树脂泡棉）实贴地面	0.12	0.29	0.61	0.85	0.99	0.99
门（人造革、泡沫塑料软包）	0.10	0.15	0.20	0.25	0.30	0.30
木地板（木龙骨架设）	0.15	0.12	0.10	0.08	0.08	0.08
吊顶：预制水泥板（厚16）	0.12	0.10	0.08	0.05	0.05	0.05
舞台声音反射罩（九夹板）	0.18	0.12	0.10	0.09	0.08	0.07
吊顶（27 mm木板）	0.16	0.15	0.10	0.10	0.10	0.10
毛地毯（10厚）	0.10	0.10	0.20	0.25	0.30	0.35
吸声帷幕（0.25~0.30 kg/m³，打双摺，后空50~100 mm）	0.10	0.25	0.55	0.65	0.70	0.70
舞台口	0.30	0.35	0.40	0.45	0.50	0.55
灯光口（内部反射性）	0.10	0.15	0.20	0.22	0.25	0.30
灯光口（内部吸声性）	0.25	0.40	0.50	0.55	0.60	0.60
通风口（送、回风）	0.80	0.80	0.80	0.80	0.80	0.80
相当每个的吸声量（m²）						
剧场座椅（毛织品面）（空椅）	0.18	0.34	0.38	0.37	0.42	0.52
剧场座椅（毛织品面）（人坐）	0.27	0.43	0.49	0.48	0.51	0.54
剧场座椅（人造革面）（空椅）	0.04	0.13	0.22	0.17	0.16	0.11
剧场座椅（人造革面）（人坐）	0.20	0.20	0.33	0.36	0.38	0.39
木椅（教室用）	0.02	0.02	0.02	0.04	0.04	0.03
人坐木椅上	0.10	0.19	0.32	0.38	0.38	0.36

注：本表所列数据均系混响室法测定的数据。

建筑声学附录 2
常用各类隔墙的计权隔声量 R_w

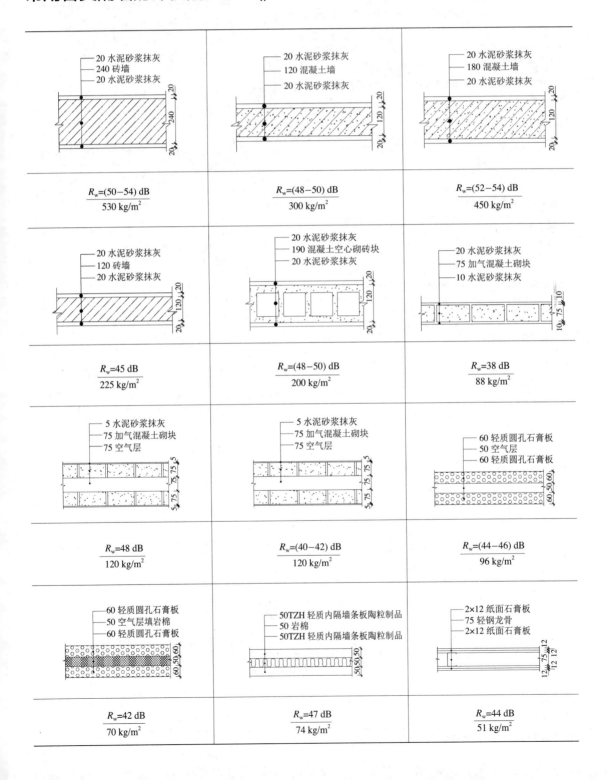

20 水泥砂浆抹灰 240 砖墙 20 水泥砂浆抹灰	20 水泥砂浆抹灰 120 混凝土墙 20 水泥砂浆抹灰	20 水泥砂浆抹灰 180 混凝土墙 20 水泥砂浆抹灰
$\dfrac{R_w=(50-54)\,dB}{530\,kg/m^2}$	$\dfrac{R_w=(48-50)\,dB}{300\,kg/m^2}$	$\dfrac{R_w=(52-54)\,dB}{450\,kg/m^2}$
20 水泥砂浆抹灰 120 砖墙 20 水泥砂浆抹灰	20 水泥砂浆抹灰 190 混凝土空心砌砖块 20 水泥砂浆抹灰	20 水泥砂浆抹灰 75 加气混凝土砌块 10 水泥砂浆抹灰
$\dfrac{R_w=45\,dB}{225\,kg/m^2}$	$\dfrac{R_w=(48-50)\,dB}{200\,kg/m^2}$	$\dfrac{R_w=38\,dB}{88\,kg/m^2}$
5 水泥砂浆抹灰 75 加气混凝土砌块 75 空气层	5 水泥砂浆抹灰 75 加气混凝土砌块 75 空气层	60 轻质圆孔石膏板 50 空气层 60 轻质圆孔石膏板
$\dfrac{R_w=48\,dB}{120\,kg/m^2}$	$\dfrac{R_w=(40-42)\,dB}{120\,kg/m^2}$	$\dfrac{R_w=(44-46)\,dB}{96\,kg/m^2}$
60 轻质圆孔石膏板 50 空气层填岩棉 60 轻质圆孔石膏板	50TZH 轻质内隔墙条板陶粒制品 50 岩棉 50TZH 轻质内隔墙条板陶粒制品	2×12 纸面石膏板 75 轻钢龙骨 2×12 纸面石膏板
$\dfrac{R_w=42\,dB}{70\,kg/m^2}$	$\dfrac{R_w=47\,dB}{74\,kg/m^2}$	$\dfrac{R_w=44\,dB}{51\,kg/m^2}$

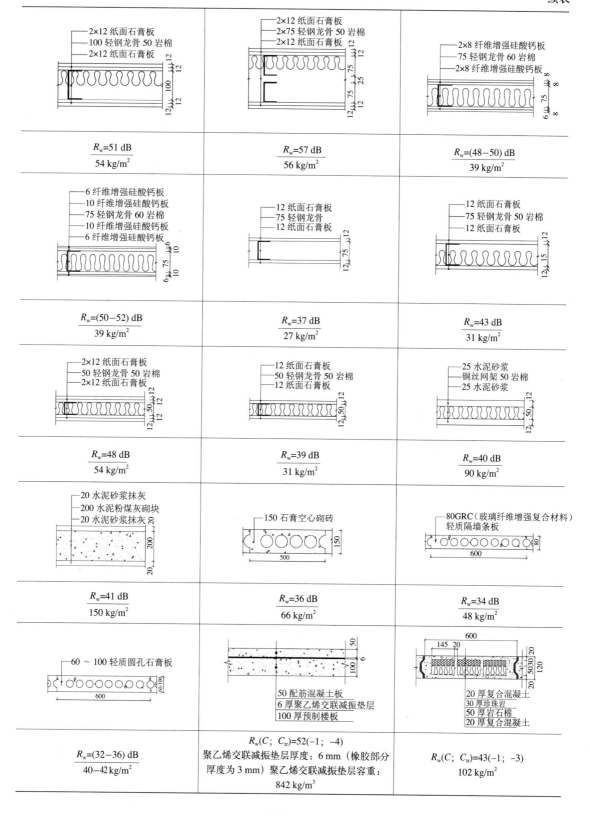

$\dfrac{R_{\mathrm{w}}=51\ \mathrm{dB}}{54\ \mathrm{kg/m^2}}$	$\dfrac{R_{\mathrm{w}}=57\ \mathrm{dB}}{56\ \mathrm{kg/m^2}}$	$\dfrac{R_{\mathrm{w}}=(48-50)\ \mathrm{dB}}{39\ \mathrm{kg/m^2}}$
$\dfrac{R_{\mathrm{w}}=(50-52)\ \mathrm{dB}}{39\ \mathrm{kg/m^2}}$	$\dfrac{R_{\mathrm{w}}=37\ \mathrm{dB}}{27\ \mathrm{kg/m^2}}$	$\dfrac{R_{\mathrm{w}}=43\ \mathrm{dB}}{31\ \mathrm{kg/m^2}}$
$\dfrac{R_{\mathrm{w}}=48\ \mathrm{dB}}{54\ \mathrm{kg/m^2}}$	$\dfrac{R_{\mathrm{w}}=39\ \mathrm{dB}}{31\ \mathrm{kg/m^2}}$	$\dfrac{R_{\mathrm{w}}=40\ \mathrm{dB}}{90\ \mathrm{kg/m^2}}$
$\dfrac{R_{\mathrm{w}}=41\ \mathrm{dB}}{150\ \mathrm{kg/m^2}}$	$\dfrac{R_{\mathrm{w}}=36\ \mathrm{dB}}{66\ \mathrm{kg/m^2}}$	$\dfrac{R_{\mathrm{w}}=34\ \mathrm{dB}}{48\ \mathrm{kg/m^2}}$
$\dfrac{R_{\mathrm{w}}=(32-36)\ \mathrm{dB}}{40-42\,\mathrm{kg/m^2}}$	$R_{\mathrm{w}}(C;\ C_{\mathrm{tr}})=52(-1;\ -4)$ 聚乙烯交联减振垫层厚度：6 mm（橡胶部分厚度为 3 mm）聚乙烯交联减振垫层容重：842 kg/m³	$R_{\mathrm{w}}(C;\ C_{\mathrm{tr}})=43(-1;\ -3)$ 102 kg/m²

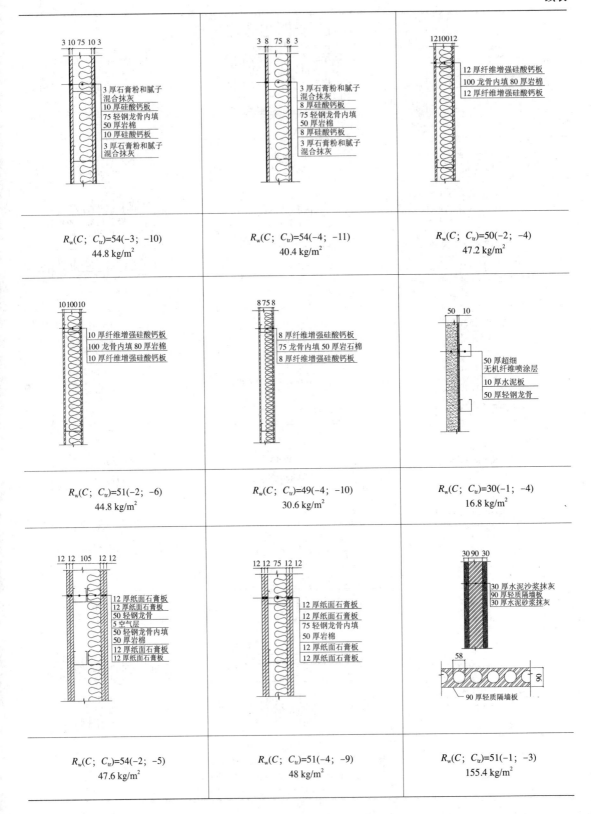

3 厚石膏粉和腻子混合抹灰 10 厚硅酸钙板 75 轻钢龙骨内填 50 厚岩棉 10 厚硅酸钙板 3 厚石膏粉和腻子混合抹灰	3 厚石膏粉和腻子混合抹灰 8 厚硅酸钙板 75 轻钢龙骨内填 50 厚岩棉 8 厚硅酸钙板 3 厚石膏粉和腻子混合抹灰	12 厚纤维增强硅酸钙板 100 龙骨内填 80 厚岩棉 12 厚纤维增强硅酸钙板
$R_w(C;\ C_{tr})=54(-3;\ -10)$ 44.8 kg/m²	$R_w(C;\ C_{tr})=54(-4;\ -11)$ 40.4 kg/m²	$R_w(C;\ C_{tr})=50(-2;\ -4)$ 47.2 kg/m²
10 厚纤维增强硅酸钙板 100 龙骨内填 80 厚岩棉 10 厚纤维增强硅酸钙板	8 厚纤维增强硅酸钙板 75 龙骨内填 50 厚岩棉 8 厚纤维增强硅酸钙板	50 厚超细 无机纤维喷涂层 10 厚水泥板 50 厚轻钢龙骨
$R_w(C;\ C_{tr})=51(-2;\ -6)$ 44.8 kg/m²	$R_w(C;\ C_{tr})=49(-4;\ -10)$ 30.6 kg/m²	$R_w(C;\ C_{tr})=30(-1;\ -4)$ 16.8 kg/m²
12 厚纸面石膏板 12 厚纸面石膏板 50 轻钢龙骨 5 空气层 50 轻钢龙骨内填 50 厚岩棉 12 厚纸面石膏板 12 厚纸面石膏板	12 厚纸面石膏板 12 厚纸面石膏板 75 轻钢龙骨内填 50 厚岩棉 12 厚纸面石膏板 12 厚纸面石膏板	30 厚水泥沙浆抹灰 90 厚轻质隔墙板 30 厚水泥砂浆抹灰 90 厚轻质隔墙板
$R_w(C;\ C_{tr})=54(-2;\ -5)$ 47.6 kg/m²	$R_w(C;\ C_{tr})=51(-4;\ -9)$ 48 kg/m²	$R_w(C;\ C_{tr})=51(-1;\ -3)$ 155.4 kg/m²

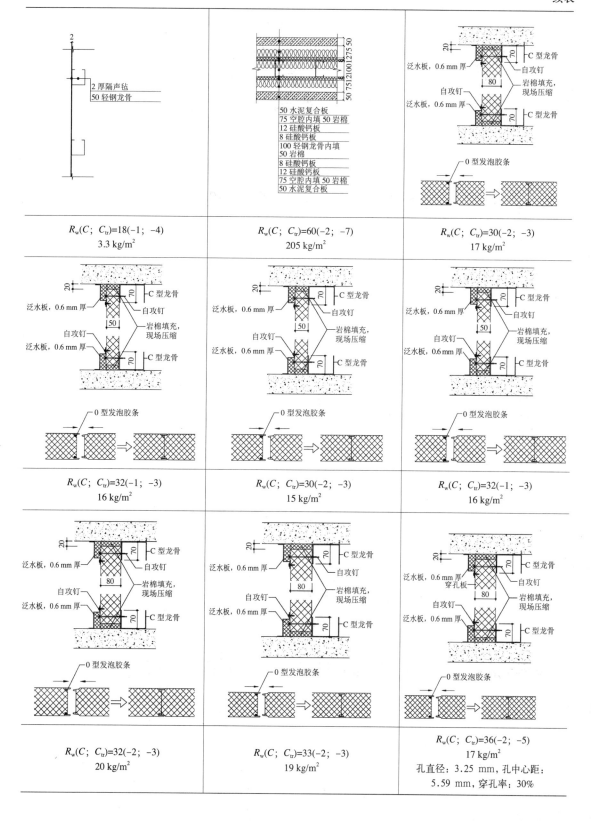

$R_w(C; C_{tr})=18(-1; -4)$
3.3 kg/m²

$R_w(C; C_{tr})=60(-2; -7)$
205 kg/m²

$R_w(C; C_{tr})=30(-2; -3)$
17 kg/m²

$R_w(C; C_{tr})=32(-1; -3)$
16 kg/m²

$R_w(C; C_{tr})=30(-2; -3)$
15 kg/m²

$R_w(C; C_{tr})=32(-1; -3)$
16 kg/m²

$R_w(C; C_{tr})=32(-2; -3)$
20 kg/m²

$R_w(C; C_{tr})=33(-2; -3)$
19 kg/m²

$R_w(C; C_{tr})=36(-2; -5)$
17 kg/m²
孔直径: 3.25 mm, 孔中心距:
5.59 mm, 穿孔率: 30%

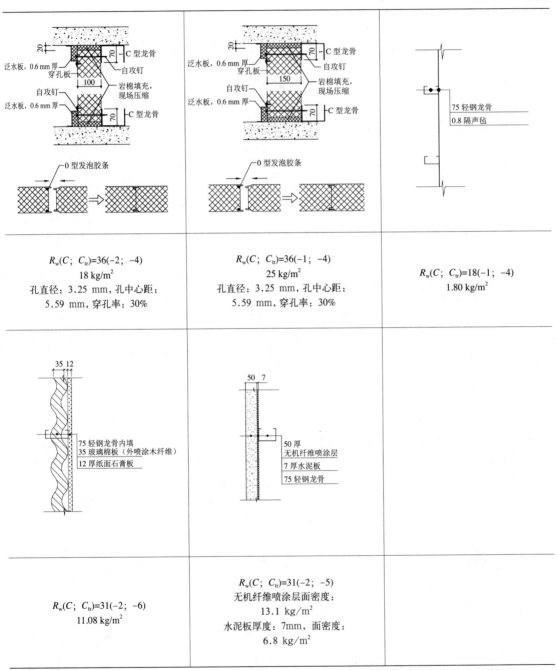

$R_w(C; C_{tr})=36(-2; -4)$ 18 kg/m² 孔直径：3.25 mm，孔中心距： 5.59 mm，穿孔率：30%	$R_w(C; C_{tr})=36(-1; -4)$ 25 kg/m² 孔直径：3.25 mm，孔中心距： 5.59 mm，穿孔率：30%	$R_w(C; C_{tr})=18(-1; -4)$ 1.80 kg/m²
$R_w(C; C_{tr})=31(-2; -6)$ 11.08 kg/m²	$R_w(C; C_{tr})=31(-2; -5)$ 无机纤维喷涂层面密度： 13.1 kg/m² 水泥板厚度：7mm，面密度： 6.8 kg/m²	

注：空气声隔声计权隔声量 R_w、R_w（C；C_{tr}）测试标准《声学 建筑和建筑构件隔声测试》GB/T 19889.1—2005

建筑声学附录 3
常用各类楼板的计权标准撞击声级 $L_{pn,w}$ (dB)

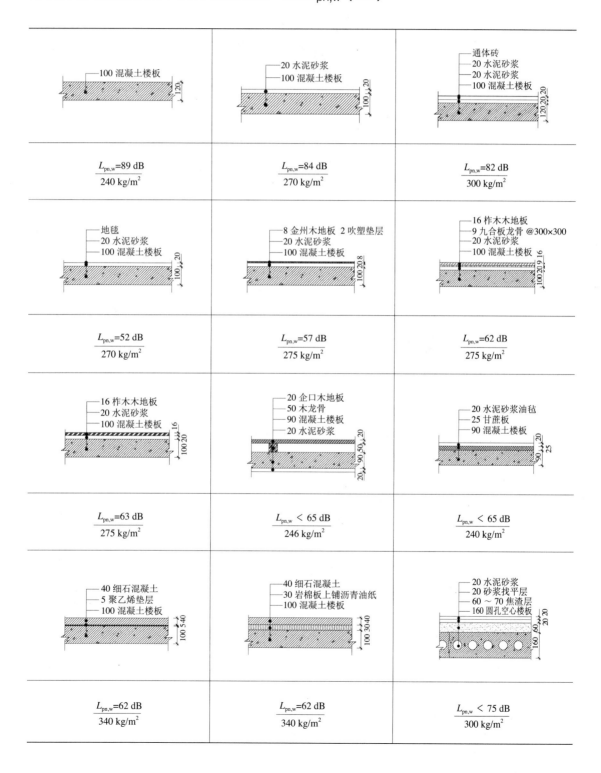

100 混凝土楼板	20 水泥砂浆 100 混凝土楼板	通体砖 20 水泥砂浆 20 水泥砂浆 100 混凝土楼板
$\dfrac{L_{pn,w}=89\ dB}{240\ kg/m^2}$	$\dfrac{L_{pn,w}=84\ dB}{270\ kg/m^2}$	$\dfrac{L_{pn,w}=82\ dB}{300\ kg/m^2}$
地毯 20 水泥砂浆 100 混凝土楼板	8 金州木地板 2 吹塑垫层 20 水泥砂浆 100 混凝土楼板	16 柞木木地板 9 九合板龙骨 @300×300 20 水泥砂浆 100 混凝土楼板
$\dfrac{L_{pn,w}=52\ dB}{270\ kg/m^2}$	$\dfrac{L_{pn,w}=57\ dB}{275\ kg/m^2}$	$\dfrac{L_{pn,w}=62\ dB}{275\ kg/m^2}$
16 柞木木地板 20 水泥砂浆 100 混凝土楼板	20 企口木地板 50 木龙骨 90 混凝土楼板 20 水泥砂浆	20 水泥砂浆油毡 25 甘蔗板 90 混凝土楼板
$\dfrac{L_{pn,w}=63\ dB}{275\ kg/m^2}$	$\dfrac{L_{pn,w}<65\ dB}{246\ kg/m^2}$	$\dfrac{L_{pn,w}<65\ dB}{240\ kg/m^2}$
40 细石混凝土 5 聚乙烯垫层 100 混凝土楼板	40 细石混凝土 30 岩棉板上铺沥青油纸 100 混凝土楼板	20 水泥砂浆 20 砂浆找平层 60～70 焦渣层 160 圆孔空心楼板
$\dfrac{L_{pn,w}=62\ dB}{340\ kg/m^2}$	$\dfrac{L_{pn,w}=62\ dB}{340\ kg/m^2}$	$\dfrac{L_{pn,w}<75\ dB}{300\ kg/m^2}$

402

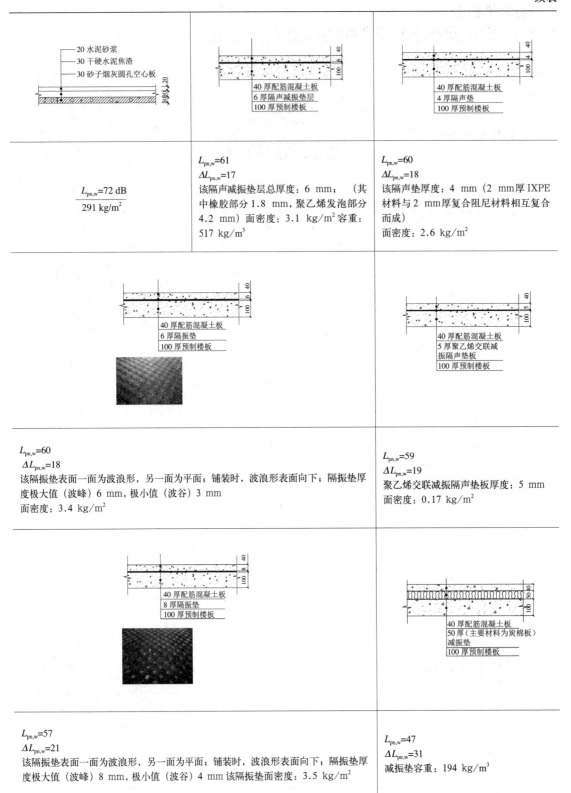

左侧图标注：
- 20 水泥砂浆
- 30 干硬水泥焦渣
- 30 砂子烟灰圆孔空心板

$L_{pn,w}=72$ dB
291 kg/m²

中上图标注：40 厚配筋混凝土板 / 6 厚隔声减振垫层 / 100 厚预制楼板

右上图标注：40 厚配筋混凝土板 / 4 厚声垫 / 100 厚预制楼板

$L_{pn,w}=61$
$\Delta L_{pn,w}=17$
该隔声减振垫层总厚度：6 mm；（其中橡胶部分 1.8 mm，聚乙烯发泡部分 4.2 mm）面密度：3.1 kg/m² 容重：517 kg/m³

$L_{pn,w}=60$
$\Delta L_{pn,w}=18$
该隔声垫厚度：4 mm（2 mm厚 IXPE 材料与 2 mm厚复合阻尼材料相互复合而成）
面密度：2.6 kg/m²

中图标注：40 厚配筋混凝土板 / 6 厚隔振垫 / 100 厚预制楼板

右中图标注：40 厚配筋混凝土板 / 5 厚聚乙烯交联减振隔声垫板 / 100 厚预制楼板

$L_{pn,w}=60$
$\Delta L_{pn,w}=18$
该隔振垫表面一面为波浪形，另一面为平面；铺装时，波浪形表面向下；隔振垫厚度极大值（波峰）6 mm，极小值（波谷）3 mm
面密度：3.4 kg/m²

$L_{pn,w}=59$
$\Delta L_{pn,w}=19$
聚乙烯交联减振隔声垫板厚度：5 mm
面密度：0.17 kg/m²

下图标注：40 厚配筋混凝土板 / 8 厚隔振垫 / 100 厚预制楼板

右下图标注：40 厚配筋混凝土板 / 50 厚（主要材料为炭棉板）减振垫 / 100 厚预制楼板

$L_{pn,w}=57$
$\Delta L_{pn,w}=21$
该隔振垫表面一面为波浪形，另一面为平面；铺装时，波浪形表面向下；隔振垫厚度极大值（波峰）8 mm，极小值（波谷）4 mm 该隔振垫面密度：3.5 kg/m²

$L_{pn,w}=47$
$\Delta L_{pn,w}=31$
减振垫容重：194 kg/m³

续表

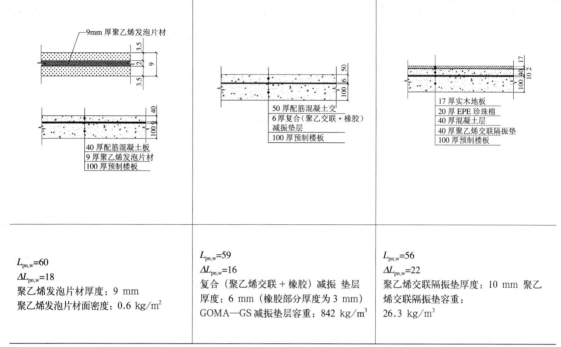

$L_{pn,w}=60$
$\Delta L_{pn,w}=18$
聚乙烯发泡片材厚度：9 mm
聚乙烯发泡片材面密度：0.6 kg/m²

$L_{pn,w}=59$
$\Delta L_{pn,w}=16$
复合（聚乙烯交联＋橡胶）减振 垫层
厚度：6 mm（橡胶部分厚度为 3 mm）
GOMA—GS 减振垫层容重：842 kg/m³

$L_{pn,w}=56$
$\Delta L_{pn,w}=22$
聚乙烯交联隔振垫厚度：10 mm 聚乙
烯交联隔振垫容重：
26.3 kg/m³

注：计权规范化撞击声级 $L_{pn,w}$；$\Delta L_{pn,w}$ 测试标准均依据《声学　建筑和建筑构件隔声测试》GB/T 19889.1—2005

建筑声学附录 4
建筑声学名词英汉对照表

A

absorption	吸收
acoustics	声学、音质
acoustic criteria	首质评价标准
acoustical design	音质设计
acoustical feedback	声反馈
acoustic impedance	声阻抗
acoustical measurement	声学测重
acoustical reflectivity	声反射系数
airborne sound	空气声
ambient noise	环境噪声
amplifying system	扩声系统
anechoic room	消声室
antinode	波腹
architectural acoustics	建筑声学
articulation	清晰度
artificial reverberation	人工混响
auditory fatigue	听觉疲劳

B

background noise	背景噪声
bending wave	弯曲波

C

coincidence effect	吻合效应
critical coincidence frequency	临界吻合频率
coloration	染色
condenser microphone	电容传声器
clarity	明晰度
criteria for noise	噪声标准

D

damping	阻尼
dacibel	分贝
definition	清晰度
directivity factor	指向性因数
direct sound	直达声

E

early decay time	早期衰减时间
echo	回声
echo time pattern 或 echo diagram	回声图
effective sound pressure	有效声压
equivalent absorption area	等效吸声面积
equivalent continuous sound level	等效连续声级

F

filter	滤波器
flanking transmission	侧向透射
flutter echo	颤动回声
free field	自由场
frequency	频率
frequency spectrum	频谱
fullness	丰满度
functional absorber	空间吸声体
fundamental frequency	基频

G

geometrical acoustics	几何声学

H

harmonic	谐波
H8SS effect	哈斯效应
hearing loss	听力损失
Herz	赫兹

I

IACC	两耳相关函数
impact noise	撞击声
impulse response	脉冲响应
impulsive sound	脉冲声
intelligibility	可懂度

L

level recorder	声级记录器
longitudinal wave	纵波
loudness	响度
loudspeaker	扬声器
loudspeaker system	扬声器系统

M

masking	掩蔽
mass law	质量定律
mean free path	平均自由程
microperforate absorber	微穿孔板吸声结构

参考文献 References

[1] （美）诺波特·莱希纳.建筑师技术设计指南—采暖·降温·照明（原著第二版）[M].张利,周玉鹏,汤羽扬,等,译.北京:中国建筑工业出版社,2004.

[2] 刘加平,杨柳.室内热环境设计[M].北京:机械工业出版社,2005.

[3] 刘加平.建筑物理（第四版）[M].北京:中国建筑工业出版社,2009.

[4] 朱颖心.建筑环境学（第二版）[M].北京:中国建筑工业出版社,2005.

[5] 刘加平.建筑物理（第三版）[M].北京:中国建筑工业出版社,2001.

[6] 薛志峰,等.超低能耗建筑技术及应用[M].北京:中国建筑工业出版社,2005.

[7] 柳孝图.建筑物理环境与设计[M].北京:中国建筑工业出版社,2008.

[8] 杨柳.建筑气候学[M].北京:中国建筑工业出版社,2010.

[9] 杨柳,朱新荣,刘大龙,张毅.建筑物理[M].北京:中国建材工业出版社,2014.

[10] （日）小原淳平.百万人的空调技术[M].刘军,王春生,译.北京:中国社会科学出版社,2012.

[11] 吴向阳.国外著名建筑师丛书——杨经文[M].北京:中国建筑工业出版社,2007.

[12] 汪芳.国外著名建筑师丛书——查尔斯·科里亚（第二辑）[M].北京:中国建筑工业出版社,2003.

[13] 陈仲林,唐鸣放,谢辉.建筑物理（图解版）（第二版）[M].北京:中国建筑工业出版社,2020.

[14] （美）M.戴维·埃甘,维克多·欧尔焦伊.建筑照明（原著第二版）[M].袁樵,译.北京,中国建筑工业出版社,2006.

[15] 李建华,于鹏.室内照明设计[M].北京:中国建材工业出版社,2010.

[16] （美）G.Z.布朗,马克·德凯.太阳辐射·风·自然光——建筑设计策略（原著第二版）[M].常志刚,刘毅军,朱宏涛,译.北京:中国建筑工业出版社,2008.

[17] 詹庆旋.建筑光环境[M].北京:清华大学出版社,1988.

[18] 谢秀颖,等.实用照明设计[M].北京:机械工业出版社,2011.

[19] 郝洛西.城市照明设计[M].沈阳:辽宁科学技术出版社,2005.

[20] 俞文光,周克超,吕厚均,等.我国四大回音建筑的声学现象研究[J].黑龙江大学自然科学学报.1999,16(4):70-79.

[21] 吕厚均,俞文光,俞慕寒,等.西安小雁塔蛙声回声的发现及叠涩密檐式砖塔蛙声回声形成机理初探[J].中国科技史杂志,2008,39(3):241-249.

[22] 周鼎金.建筑物理[M].台北:茂荣图书有限公司,1996.

[23] 孙广荣.扩散声场与声场扩散[J].声频工程.2007,(3):18-19.

[24] 康玉成.实用建筑吸声设计技术[M].北京:中国建筑工业出版社,2007.

[25] 项端祈.实用建筑声学[M].北京:中国建筑工业出版社,1992.

[26] 吴硕贤.建筑声学设计原理[M].北京:中国建筑工业出版社,2000.

[27] 刘念雄,秦佑国.建筑热环境[M].北京:中国建筑工业出版社,2005.

[28] 刘加平.城市物理环境[M].西安:西安交通大学出版社,1994.

[29] 刘加平,戴天兴.建筑物理实验[M].北京:中国建筑工业出版社,2006.

[30] 江亿,林波荣,曾剑龙,朱颖心,等.住宅节能[M].北京:中国建筑工业出版社,2006.

[31] 中华人民共和国住房和城乡建设部.民用建筑设计统一标准:GB 50352—2019[S].北京:中国建筑工业出版社,2019.

[32] 中华人民共和国建设部 . 建筑气候区划标准：GB 50178—93[S]. 北京：中国计划出版社，1993.

[33] 中华人民共和国住房和城乡建设部 . 民用建筑热工设计规范：GB 50176—2016[S]. 北京：中国计划出版社，2016.

[34] 中国建筑科学研究院 . 民用建筑节能设计标准（采暖居住建筑部分）：JGJ 26—95[S]. 北京：中国建筑工业出版社，1996.

[35] 全国民用建筑工程设计技术措施：节能专篇：2007 建筑 [M]. 北京：中国计划出版社，2007.

[36] 中华人民共和国住房和城乡建设部 . 公共建筑节能设计标准：GB 50189—2015[S]. 北京：中国建筑工业出版社，2005.

[37] 建筑物理教材编写小组 . 建筑物理 [M]. 北京：中国工业出版社，1961.

[38] 西安冶金建筑学院建筑物理实验室 . 建筑热工设计 [M]. 北京：中国建筑工业出版社，1977.

[39] 中国太阳能学会太阳能建筑专业委员会 . 中国太阳能建筑设计竞赛获奖作品集 [M]. 北京：中国建筑工业出版社，2005.

[40] 徐占发 . 建筑节能技术实用手册 [M]. 北京：机械工业出版社，2004.

[41] 华南工学院亚热带建筑研究室 . 建筑防热设计 [M]. 北京：中国建筑工业出版社，1978.

[42] 建筑科学研究室建筑物理研究室 . 炎热地区建筑降温 [M]. 北京：中国工业出版社，1965.

[43] 陈世训 . 中国的气候 [M]. 北京：新知识出版社，1957.

[44] （日）松浦邦男 . 建筑环境工学 [M]. 东京：朝仓书店，1974.

[45] （日）金谷英一，等 . 建筑环境工学概论 [M]. 东京：明现社，1978.

[46] R.M.E. 狄曼特 . 建筑物的保温 [M]. 吕绍泉，译 . 北京：中国建筑工业出版社，1975.

[47] K.Φ. 福庚，谭天佑 . 房屋围护部分的建筑热工学 [M]. 梁绍俭，译 . 北京：中国建筑工业出版社，1957.

[48] A.M. 什克洛维尔，等 . 住宅和公用房屋建筑热工学基础 [M]. 宓鼎梁，等，译 . 北京：中国工业出版社，1959.

[49] A.A.Y. 弗兰裘克 . 房屋围护结构部分受潮理论与计算 [M]. 谭天佑，译 . 北京：中国工业出版社，1964.

[50] A.B. 雷柯夫，裘烈钧 . 热传导理论 [M]. 丁履德，译 . 北京：高等教育出版社，1955.

[51] A.M.A. 米海耶夫 . 热传学基础 [M]. 王补宣，译 . 北京：高等教育出版社，1954.

[52] （日）田中俊六 . 最新建筑环境工学 [M]. 东京：井上书院，1985.

[53] （日）山田雅士 . 建筑の断学 [M]. 东京：井上书院，1974.

[54] 李元哲 . 被动式太阳房热工设计手册 [M]. 北京：清华大学出版社，1993.

[55] 杨公侠 . 视觉与视觉环境（修订版）[M]. 上海：同济大学出版社，2002.

[56] 杨光璿，罗茂羲 . 建筑采光和照明设计（第二版）[M]. 北京：中国建筑工业出版社，1998.

[57] Robbins, Claude L. Daylighting [M]. Washington: Van Nostrand Reinhold Co. ,1986.

[58] William M. C. Lam. Sunlighting as Formgiver for Architecture [M]. Washington: Van Norstrand Reinhold Co., 1986.

[59] M. David Egan. Concepts in Architectural Lighting [M]. New York: McGraw-Hill Book Company, 1983.

[60] Н. М. гусеВеННое ОсВеЩеНие зДаНиЙ гиС [M]. 1961.

[61] 日本建筑学会 . 采光设计 [M]. 东京：彰国社，1972.

[62] 日光与建筑 [M]. 肖辉乾，等，译 . 北京：中国建筑工业出版社，1988.

[63] CIE. Guide On Interior Lighting(Draft) [M]. Publication

CIE N029/2(TC-4.1), 1983.

[64] IES. IES Lighting Hand Book [M].1982.

[65] 日本照明学会 . 照明手册（第二版）[M]. 李农，杨燕，译 . 北京 : 科学出版社，2005.

[66] 建筑光学译文集——电气照明 [M]. 詹庆璇，等，译 . 北京 : 中国建筑工业出版社，1982.

[67] D. Philips. Lighting in Architecture Design [M]. New York: Mc Craw-Hill Book Co., 1964.

[68] J. R. 柯顿，A. M. 马斯登 . 光源与照明 [M]. 陈大华，等，译 . 上海 : 复旦大学出版社，2000.

[69] A. C. ЩипаНоВ. ОсВеЩеНие В Архи'1иКТуре иНТербера [M]. пиС,1961.

[70] 北京电光源研究所，北京照明学会 . 电光源实用手册 [M]. 北京 : 中国物资出版社，2005.

[71] 朱小清 . 照明技术手册 [M]. 北京 : 机械工业出版社，1995.

[72] 柳孝图，等 . 人与物理环境 [M]. 北京 : 中国建筑工业出版社，1996.

[73] 荆其诚，等 . 色度学 [M]. 北京 : 科学出版社，1979.

[74] 宋越新 . 颜色光学基础理论 [M]. 济南 : 山东科学出版社，1981.

[75] 北京照明学会，北京市政管理委员会 . 城市夜景照明技术指南 [M]. 北京 : 中国电力出版社，2004.

[76] 国家经贸委 /UNDP/GEF 中国绿色照明工程项目办公室，中国建筑科学研究院 . 绿色照明工程实施手册 [M]. 北京 : 中国建筑工业出版社，2003.

[77] 中华人民共和国住房和城乡建设部 . 建筑采光设计标准 : GB/T 50033—2013[S]. 北京 : 中国建筑工业出版社，2013.

[78] 中华人民共和国住房和城乡建设部 . 建筑照明设计标准 : GB 50034—2013[S]. 北京 : 中国建筑工业出版社，2013.

[79] 中国建筑科学研究院，等 . 建筑照明术语标准 : JGJ/T 119—2008[S]. 北京 : 中国建筑工业出版社，2008.

[80] 中国建筑科学研究院，等 . 光源显色性评价方法 : GB/T 5702—2019. 北京 : 中国标准出版社，2019.

[81] 全国颜色标准化技术委员会，等 . 建筑颜色的表示方法 : GB/T 18922—2008. 北京 : 中国标准出版社，2008.

[82] （德）Kuttruff. 室内声学 [M]. 沈嚎，译 . 北京 : 北京中国建筑工业出版社，1982.

[83] 车世光，项端祈 . 噪声控制与室内声学设计原理及其应用 [M]. 北京 : 中国工人出版社，1981.

[84] （德）Cremer 1, Müller H. A. 室内声学设计原理及其应用 [M]. 王季卿，等，译 . 上海 : 同济大学出版社，1995.

[85] Erich Schild. 建筑环境物理学 [M]. 岳文其，等，译 . 北京 : 中国建筑工业出版社，1997.

[86] Michael Rettinger. Acoustic Design and Noise control [M]. New York: Chemical Publishing Co., 1997.

[87] Smith B. J, etc. Acoustic and Noise control [M]. London: Longman Group Limited, 1982.

[88] Cyril M. Harris. Handbook of noise control [M]. New York: McCraw-Hill, 1979.

[89] Beranek Leo L. Music, Acoustics and Architecture [M]. Hoboken: John Wiley and Sons Inc., 1962.

[90] Beranek Leo L. Concert and Opera Halls: How They Sound [J]. Jouranal of the Acoustical Society of America, 1996.

[91] （日）安藤四一 . 音乐厅声学 [M]. 戴根华，译 . 北京 : 科学出版社，1989.

[92] （日）前川纯一 . 建筑音响（增订版）[M]. 东京 : 共立出版株式会社，1979.

[93] （日）日本音响学会编音响工学讲座 . 建筑音响 [M]. コロナ社，1988.

[94] 秦佑国，王炳麟 . 建筑声环境（第二版）[M]. 北京 : 清华大学出版社，1999.

[95] 聂梅生，秦佑国 . 中国生态住宅技术评估手册（第二

版）[M]. 北京：建筑工业出版社，2003.

[96] 江亿，秦佑国，等，绿色奥运建筑评估体系 [M]. 北京：中国建筑工业出版社，2003.

[97] 秦佑国，等 . 绿色奥运建筑实施指南 [M]. 北京：中国建筑工业出版社，2004.

[98] 李安桂，李海明，赵志安 . 村镇太阳能及住宅设备标准化设计技术 [M]. 北京：中国建筑工业出版社，2012.

[99] 孟庆林，等 . 建筑蒸发冷却降温基础 [M]. 北京：科学出版社，2006.

[100] 孟庆林 . 泛亚热带地区可持续建筑设计与技术 [M]. 北京：中国建筑工业出版社，2006.

[101] 孟庆林 . 建筑表面被动蒸发冷却 [M]. 广州：华南理工大学出版社，2001.

[102] 丁勇，李百战 . 太阳能光热技术的建筑应用 [M]. 北京：科学出版社，2014.

[103] 丁勇，李百战 . 重庆地区地源热泵系统技术应用 [M]. 重庆：重庆大学出版社，2011.

[104] 陈滨 . 中国典型地区居住建筑室内健康环境状况调查研究报告 [M]. 北京：中国建筑工业出版社，2017.

[105] 陈滨 . 居住建筑室内健康环境评价方法 [M]. 北京：中国建筑工业出版社，2017.

致谢

Acknowledgement

本书内容是多年来建筑物理教学、科研和实践成果的呈现，在本书的成书过程中，得到了业内同仁们的大力支持和帮助。

在本书热工篇的编写过程中，李岳岩教授提供了太阳能建筑设计竞赛的案例资料；研究生杨轩、杨晓静和王若煜进行了热工学研究进展梳理及标准规范的更新工作；梁嘉、邱杨和冯伟建同学重新绘制了书中的图片，调整了格式并参与了编写过程的组织和协调工作。王雪、宋冰、王赏玉、彭家龙、张楠、韩冰、孟祥鑫、曹其梦、仓玉洁、吕凯琳、高斯如、乔宇豪、赵胜凯等多位老师和同学对该篇进行了认真的校对。

在建筑光学篇的编写过程中，喻泉博士完成了大量的协调、组织工作；翟会芳、关杨和何思琪对本篇的内容进行了梳理，将建筑光学研究的进展和成果进行了及时的更新；研究生黄媛媛、刘玮、玉凯元、陆家明、高立蕾和胡涛参与了资料收集、图片绘制和格式调整工作。王立雄教授对本篇的编写提供了宝贵的建议。

清华大学建筑学院建筑声学实验室和清华大学建筑环境检测中心等单位提供的近十年来的宝贵资料及数据，使本版内容展现出建筑声学专业的新进展和新应用。薛小艳、李卉、郭静等对教材内容的梳理、更新与组织，保证了本书内容条理清晰、全面周到。

感谢各位老师和同学的支持和帮助，正是由于他们的出色的工作，才使多年来的教学、科研和实践成果得以更清晰地呈现；同时也感谢各兄弟院校的热工、光学和声学专家及知名设计师为本教材提供了案例图片。

最后，感谢中国建筑工业出版社陈桦编审和柏铭泽编辑，是他们的大力支持让本书得以顺利、如期地完成。